MEMOIRES
POUR SERVIR
A L'HISTOIRE
DES
INSECTES.

Par M. DE REAUMUR, de l'Académie Royale des Sciences, de la Société Royale de Londres, des Académies de Petersbourg & de Berlin, & de celle de l'Institut de Bologne, Commandeur & Intendant de l'Ordre royal & militaire de Saint Louis.

TOME SIXIÉME.

Suite de l'Histoire des Mouches à quatre aîles, avec un Supplément à celle des Mouches à deux aîles.

A PARIS,
DE L'IMPRIMERIE ROYALE.

M. DCCXLII.

TABLE DES MÉMOIRES CONTENUS DANS CE VOLUME.

Préface, dont la première partie donne une idée générale des Mémoires contenus dans ce volume, & la seconde apprend ce qui a été nouvellement découvert, tant par rapport aux Insectes qu'on multiplie en les coupant par morceaux, que par rapport à diverses productions prises jusqu'ici par les Botanistes pour des plantes, quoiqu'elles soient des ouvrages d'Insectes, & leurs domiciles. page j.

PREMIER MÉMOIRE. *Histoire des Bourdons velus, dont les nids sont de mousse..* page 1.

SECOND MÉMOIRE. *Des Abeilles Perce-bois..* 39.

TROISIÉME MÉMOIRE. *Des Abeilles Maçonnes..* 57.

QUATRIÉME MÉMOIRE. *Des Abeilles qui creusent la terre pour y faire leurs nids; Et des Abeilles coupeuses de feuilles, ou de celles qui font de très-jolis nids avec des morceaux de feuilles.* 93.

CINQUIÉME MÉMOIRE. *Des Abeilles dont les nids sont faits d'especes de membranes soyeuses; Et des Abeilles tapissiéres.* 131

SIXIÉME MÉMOIRE. *Histoire des Guêpes en général, & en particulier de celles qui vivent sous terre en société.* 155

SEPTIÉME MÉMOIRE. *Des Frêlons, des Guêpes*

cartonnières, & de quelques autres Guêpes qui vivent en société. 215

HUITIÉME MÉMOIRE. *Des Guêpes solitaires en général, & en particulier des Guêpes ichneumons.* 247

NEUVIÉME MÉMOIRE. *Des Mouches ichneumons.* 293

DIXIÉME MÉMOIRE. *Histoire des Formica-leo.* 333

ONZIÉME MÉMOIRE. *Des Mouches à quatre aîles nommées Demoiselles.* 387

DOUZIÉME MÉMOIRE. *Des Mouches appellées Ephémeres.* 457

TREIZIÉME MÉMOIRE. *Addition à l'histoire des Pucerons, donnée dans le troisiéme volume, sur la maniére dont ils se multiplient.* 523

QUATORZIÉME MÉMOIRE. *Sur la maniére extrêmement singuliére dont naissent quelques especes de Mouches à deux aîles, appellées Mouches araignées.* 569

PREFACE.

PRÉFACE,

Dont la premiére partie donne une idée générale des Mémoires contenus dans ce volume, & la seconde apprend ce qui a été nouvellement découvert, tant par rapport aux Insectes qu'on multiplie en les coupant par morceaux, que par rapport à diverses productions prises jusqu'ici par les Botanistes pour des plantes, quoiqu'elles soient des ouvrages d'Insectes, & leurs domiciles.

LE genre des Abeilles n'est pas borné aux seules especes de ces Mouches admirables qui nous fournissent la cire & le miel, il en comprend beaucoup d'autres qui ne sçavent pas travailler utilement pour nous, aussi sont-elles peu connuës. Les premiers Mémoires de ce volume sont destinés à nous apprendre que ces especes sur lesquelles on daigne à peine jetter les yeux, ont pourtant des façons de vivre singuliéres, & d'industrieux procédés dont nous devons aimer à être instruits. Il est vrai qu'elles ne se trouvent pas favorablement placées à la suite des mouches à miel. Les huit derniers Mémoires du volume précédent ont été employés, & ont à peine suffi à raconter les merveilles que celles-ci nous offrent, & à en prouver la réalité. Il semble qu'elles ont dû épuiser tout ce que nous pouvons donner d'admiration à des mouches. Y en a-t-il de dignes de leur être comparées! Le nombre des abeilles d'une ruche bien peuplée égale celui des habitants d'une grande ville; toutes y travaillent de concert au bien de leur société: leurs gâteaux sont des ouvrages inimitables à l'art des hommes, qui ignorent jusqu'au secret de ramasser & de préparer la matiére dont ils sont faits. La plus sublime géométrie n'eût pu déterminer une figure plus avantageuse à tous égards pour les cellules dont elles composent leurs gâteaux, que celle dont elles ont fait choix. Leur attention à rendre de bons offices à leur reine, ou plûtôt à leur mere commune, ne se dément pas dans les circonstances les plus critiques: les petits qui lui doivent le jour, sont l'objet continuel des tendres soins des autres mouches, elles en sont les nourrices. Enfin il a été prouvé qu'elles agissent comme si elles n'étoient animées que par l'amour de leur postérité. L'air de grandeur qu'ont, pour ainsi dire, les établissements des mouches à miel, l'ordre qui y regne, les ouvrages qui s'y exécutent, & l'utilité dont ils nous sont, ne doivent pourtant pas nous éblouir au point de nous ôter le desir de sçavoir comment se conduisent d'autres abeilles dont les sociétés sont peu nombreuses, & ce que font dans le cours de leur vie d'autres mouches du même genre, dont le goût est de vivre solitaires. On admire avec raison ces grandes manufactures dont les atteliers sont remplis d'ouvriers qui s'entr'aident, où les uns ne sont destinés qu'à ébaucher l'ouvrage, les autres le dégrossissent mieux, les autres l'avancent encore plus, les autres le perfectionnent, & les autres le finissent; on pense avec plaisir à ce qu'il y a à gagner en faisant passer successivement la même piéce par différentes mains; mais quand on est au fait des différentes pratiques de nos Arts, on n'en estime pas moins un ouvrage pour avoir été commencé & fini dans une boutique obscure par un seul ouvrier, & on en fait plus de cas de celui qui seul y a mis la main. C'est ainsi que le vrai connoisseur en ouvrages de la Nature, que le bon obſervateur ſçaura encore admirer les abeilles ſolitaires dans leur travail, malgré le plaiſir qu'il a eu cent & cent fois à voir tant de milliers de mouches occupées en même temps à différens ouvrages dans une même ruche. Enfin ces ruches ſi peuplées ſont des eſpeces de grandes villes; mais on peut être curieux de connoître les mœurs ſimples des Villageois, & même celles des Sauvages, après avoir étudié les mœurs des habitants des plus grandes villes & des plus policées.

Les Abeilles dont le premier Mémoire nous donne l'hiſtoire, ſont de vrayes villageoiſes par rapport aux mouches à miel; à peine en trouve-t-on cinquante ou ſoixante raſſemblées dans une même habitation dont tous les dehors ſont très-ruſtiques. Elles volent de plante en plante dans nos champs, dans nos prairies & dans nos jardins: leur vol aſſés lourd eſt accompagné d'un bourdonnement qui avertit de leur préſence, & qui leur a valu le nom de *Bourdons*. Il y a d'ailleurs des bourdons d'une grandeur propre à les faire remarquer, elle ſurpaſſe beaucoup celle de nos mouches à miel; ils ſont proportionnellement plus courts, très-couverts de longs poils différemment colorés dans différentes eſpeces, & quelquefois même dans les individus de la même eſpece. Les eſſaims des mouches à miel, abandonnés à eux-mêmes, ont beſoin de trouver, ſoit dans des troncs d'arbres, ſoit dans des murs, des trous tout faits pour ſe loger. Les bourdons ſçavent, s'il eſt néceſſaire, fouiller un creux dans la terre, & faire juſqu'aux fondements de leur habitation que j'ai nommée un nid, parce qu'elle eſt deſtinée principalement à en ſervir aux petits. Les dehors de chaque nid ne ſont pas propres à le faire remarquer, les bourdons en le conſtruiſant ne cherchent ni à lui attirer nos regards, ni à lui mériter nos éloges; il ne paroît au premier coup d'œil qu'une motte de terre couverte de mouſſe, à peu près hémiſphérique, & plus élevée que les environs, de ſix à ſept pouces. Mais lorſqu'on l'examine de plus près, on reconnoît que le tas de mouſſe eſt composé d'une infinité de brins qui ont été apportés de plus loin, qui ne tiennent à la terre en aucune façon, & entre leſquels il n'y a pas le moindre grain de terre; qu'enfin ils ont été liés enſemble par une eſpece d'entrelacement, pour former une voute épaiſſe d'un ou de pluſieurs pouces, qui empêche l'eau de pénétrer dans la cavité qu'elle couvre. Si on rompt cette voute pour mettre l'intérieur du nid à découvert, il y a des temps où l'on voit que les bourdons ne s'en ſont pas reposés ſur ſa ſeule épaiſſeur pour empêcher l'eau des pluies trop continuës de la percer, qu'ils ont eu le ſoin d'enduire toute la ſurface intérieure d'une couche mince d'une eſpece de cire dont nous ne ferions pas autant de cas que de celle des mouches à miel, mais auſſi propre à arrêter l'eau.

Sous cette voute on trouve deux ou trois gâteaux, tantôt plus, tantôt moins, de forme aſſés irréguliére, mis en pile les uns ſur les autres, mais ſans être attachés les uns aux autres. L'affection des bourdons pour les gâteaux en retient pluſieurs dans le nid qui vient d'être dérangé. Entre ceux qui y reſtent ordinairement, on en diſtingue de trois grandeurs très-ſenſiblement différentes. Les plus grands, qui ſont au rang des plus groſſes mouches de ce pays, ſont des fémelles; car il n'en eſt pas de ces nids comme des ruches des mouches à miel, le même en a plus d'une. Les mouches de la plus petite taille ſont extrêmement petites en comparaiſon des autres, auſſi petites que des mouches à miel ouvriéres; & armées comme le ſont auſſi les fémelles, d'un aiguillon. Enfin il y a des bourdons d'une grandeur moyenne entre les deux précédentes; parmi lesquels on en trouve qui n'ont point d'aiguillon, ce sont les mâles, & d'autres qui en ont un, quoiqu'ils ne soient ni mâles ni fémelles. Parmi les bourdons, comme parmi les mouches à miel, il y a donc des fémelles, des mâles & des mouches sans sexe; & on trouve de plus parmi eux, des mouches sans sexe de deux grandeurs fort différentes. La même fémelle met au jour de ces quatre sortes de mouches; toutes quatre sont nées pour le travail. C'est encore en quoi, comparées aux mouches à miel, elles sont de vrayes villageoises. Le privilége de ne rien faire n'a point été accordé parmi celles-ci, comme parmi les autres, aux fémelles & aux mâles: on les voit toutes travailler de concert à réparer les dérangements qui ont été faits à leur nid. La présence même d'un observateur par qui il vient d'être bouleversé, ne les en détourne point: toutes s'occupent à remettre en place & à arranger la mousse, quoiqu'elle ait été jettée à plus d'un pied ou deux du nid; elles ne la portent pas, elles la poussent. Un bourdon se pose sur un petit tas de mousse, ayant le derriére tourné vers le nid; avec ses dents & ses deux premiéres jambes il charpit cette mousse, comme nos ouvriers charpissent avec leurs doigts de la laine ou du coton; les brins qui ont été bien démêlés, sont mis sous le corps par les deux jambes de la premiére paire, celles de la seconde les prennent & les poussent à celles de la troisiéme paire, & celles de la troisiéme paire les poussent tout le plus loin qu'elles peuvent par-delà le bout du derriére, ce qui approche ces brins de mousse du lieu où ils doivent être conduits, de toute la longueur du bourdon, & de quelque chose de plus. Quand celui-ci a formé ainsi par-delà son derriére un tas de mousse, pour ainsi dire, bien cardée, lui-même, ou un autre bourdon qui s'en empare, le pousse vers le nid. C'est ainsi que de proche en proche des tas de mousse sont conduits au pied du nid délabré, & montés jusqu'à son sommet. Quatre à cinq bourdons à la file les uns des autres, sont quelquefois occupés à ce travail. Quand il s'agit de faire un nouveau nid, ou d'aggrandir l'ancien, leur maniére de travailler est la même, excepté qu'ils ont de plus la peine d'arracher la mousse des endroits voisins de celui où ils se sont établis.

Les gâteaux qui occupent l'intérieur du nid, ne sçauroient être comparés par la régularité de leur figure & celle des parties qui les composent, à ceux des mouches à miel; aussi ne sont-ils pas faits pour la même fin, ni même par les bourdons. Ils ne sont qu'un amas de coques oblongues, d'une figure approchante de celle d'un œuf, dont chacune a été filée par un ver prêt à se métamorphoser en nymphe. Il y a de ces coques de trois grandeurs proportionnées aux trois grandeurs des vers par qui elles ont été filées, & à celles qu'auront ces vers après avoir passé à l'état de mouches; de-là naissent des inégalités dans l'épaisseur du gâteau formé de coques appliquées les unes contre les autres suivant leur longueur, c'est ce qui le rend brut, il a même un air mal-propre. Entre les bouts des coques il reste nécessairement des vuides, il y en a plusieurs plus que remplis par une matiére brune & molle sans être coulante. Si on ouvre quelques-unes de ces masses qui nous semblent informes, on apprendra qu'elles sont ce que le nid a de plus intéressant pour les bourdons, & comment ils s'y prennent pour élever leurs petits. Dans l'intérieur des unes on trouvera des œufs oblongs, d'un blanc luisant & argenté; dans l'intérieur des autres on trouvera des vers de différentes grandeurs. Cette matiére qui peut nous paroître dégoûtante, est une espece de bouillie, ou plûtôt, comme je l'ai nommée, une pâtée dont les vers doivent se nourrir; elle est faite de cire brute ou de poussiéres d'étamines assaisonnées de miel. La mere loge dans une masse de pâtée l'œuf qu'elle vient de pondre. Dès que le ver est éclos, il ne tient qu'à lui de manger, il naît au milieu d'une masse faite de l'aliment le plus à son goût. C'est probablement pour humecter la pâtée dont nous parlons, que les bourdons ont toûjours une petite provision de miel: ils attachent à chaque gâteau, & sur-tout au supérieur, trois à quatre petits pots en forme de goblets, faits d'une cire grossiére, & ouverts en-dessus, qu'ils tiennent pleins d'un miel coulant & fort doux.

Chaque nid de bourdon est petit dans son origine, & n'a d'abord été fait & habité que par une seule mere, mais qui au moins a commencé à y avoir de la société, & à être aidée dans ses travaux, lorsque les vers sortis des œufs qu'elle a pondus, ont été transformés en mouches; elle n'a eu à passer dans la solitude qu'une partie de sa vie, mais d'autres abeilles y passent toute la leur. Le second Mémoire nous raconte les travaux qu'ont à soûtenir des mouches qui ne sont pas faites pour joüir des douceurs de la société: celles dont il s'y agit, ne le céderoient guéres en grosseur aux plus gros bourdons, si elles étoient aussi veluës qu'eux: leur corps est plus applati, presque ras. Si on excepte leurs aîles qui sont violettes, toutes leurs parties extérieures sont d'un noir beau & luisant. Quoiqu'elles ne soient pas à beaucoup près aussi communes que les bourdons, on peut pourtant parvenir assés aisément à en voir: elles volent dans les jardins, & à grand bruit; elles s'y rendent dès le commencement du Printemps: chaque femelle cherche à y faire un établissement, c'est-à-dire, à y préparer un ou plusieurs nids dans lesquels les petits vers qui doivent naître des œufs qu'elle y pondra, puiſſent croître, & parvenir à être des mouches. C'eſt dans l'intérieur de certains morceaux de bois qu'ils doivent être logés pour ſe trouver à leur aiſe; auſſi le talent qui a été accordé à ces abeilles, eſt celui de creuſer dans le bois de longs trous, & il eſt aſſés exprimé par le nom de *Perce-bois* que j'ai cru leur devoir impoſer. Elles ſont réellement très-habiles dans l'art de le percer en flûte: elles ſçavent creuſer dans un morceau de bois planté debout, un trou long de 12 à 15 pouces, qui a par-tout un diametre ſuffiſant pour les laiſſer entrer & ſortir librement. Quelquefois la même mouche perce trois à quatre de ces longs trous dans un ſeul morceau de bois, lorſqu'il a une groſſeur qui le permet. Leurs dents ſont les inſtruments avec leſquels elles en viennent à bout. Nos perceuſes ne s'adreſſent pourtant pas au bois le plus dur, elles n'attaquent que celui qui a eu le temps de ſe ſécher, & qui commence à ſe pourrir. Des montants de vieux berceaux, des piliers de contr'eſpaliers, de ſimples échalas, ſont les piéces dans leſquelles elles travaillent le plus ſouvent; elles exercent quelquefois leurs dents ſur des portes épaiſſes, ſur des contrevents & ſur des bancs de jardin. Un trou long de 12 à 15 pouces ſur 7 à 8 lignes de diametre, doit paroître un grand ouvrage pour une mouche, quand on penſe à la quantité de ſciûre qu'elle eſt obligée de détacher & de tranſporter: ce trou n'eſt néantmoins, pour ainſi dire, que la cage du logement que l'abeille veut conſtruire; il lui reſte à le partager en cellules dont chacune eſt haute de 7 à 8 lignes, & deſtinée à un ſeul ver; il lui reſte à en faire un logement à un grand nombre d'étages dont chacun n'a à la vérité qu'une piéce, mais ſéparée de celle qui la ſuit par une eſpece de plancher. Chaque plancher eſt fait de divers anneaux concentriques, compoſés de grains de ſciûre attachés les uns

uns aux autres par de la colle. *Si* le trou est dirigé horisontalement, les cellules au lieu de former des étages, sont en enfilade. Avant que de songer à séparer la premiére piéce de la suivante, avant que de faire le premier plancher ou la premiére cloison, elle y loge l'insecte qui doit l'habiter, ou, pour parler plus exactement, elle y dépose un œuf d'où doit sortir un ver qui par la suite deviendra une abeille. Mais ce n'est pas assés d'avoir pourvû au logement du ver, il faut pourvoir à sa subsistance, le mettre en état de vivre & de croître : il ne sçauroit se nourrir du bois dont il est environné, il a besoin d'une nourriture plus délicate, que la mere ne seroit pas en état de lui apporter, quand les cellules qui doivent être disposées en file, auront été construites.

Cette abeille sçait que la seule nourriture qui convienne à son ver, est une pâtée composée, comme celle des bourdons, d'étamines de fleurs humectées de miel; elle la lui prépare, & lui apporte. C'est une merveille dont nous avons déja eu des exemples; mais ce que cette mouche, comme quelques autres dont il sera fait mention dans la suite de ce volume, sçait & fait de plus, ne sçauroit manquer de nous en paroître une nouvelle. La quantité d'aliments nécessaire pour fournir à l'accroissement complet de chacun de ses vers, lui est connuë, & elle la leur donne avant qu'ils soient nés. Quelle est parmi nous la mere qui connoisse le poids & le volume des aliments de toutes especes qui doivent être consumés par l'enfant qu'elle vient de mettre au jour, pour qu'il parvienne à l'âge viril! La *Perce-bois* instruite, ou qui agit comme si elle l'étoit, de la quantité de pâtée dont a besoin un de ses vers pour parvenir à être mouche, la porte dans sa cellule, & construit ensuite la cloison ou le plancher dont nous avons parlé. Sur ce plancher elle dépose un ſecond œuf, & elle apporte la proviſion de pâtée néceſſaire pour nourrir le ver prêt à éclorre; alors elle ferme cette ſeconde cellule en bâtiſſant la cloiſon qui la doit ſéparer de la troiſiéme cellule. C'eſt ainſi qu'elle remplit & ferme les unes après les autres, toutes les cellules que peut fournir le long trou diviſé en parties égales. Elle perce dans le même morceau de bois, ou dans un autre, plus ou moins de trous, ſelon qu'elle a plus ou moins d'œufs à pondre Le ver qui ſort de chaque œuf, après avoir été logé & pourvû d'aliments, n'a plus beſoin des ſoins de la mere, il conſume peu à peu la proviſion de pâtée qui lui a été donnée: quand il ne lui en reſte plus, il eſt en état de ſe métamorphoſer en une nymphe qui ſe transforme enſuite en mouche: ſi celle-ci eſt une fémelle, elle prépare à ſon tour des logements aux œufs qu'elle doit pondre.

J'ai déja un ſupplément à donner à ce que j'ai rapporté de l'hiſtoire de ces mouches dans le ſecond Mémoire. Lorſqu'il a été imprimé, j'ignorois, & je n'ai pas manqué de le dire, comment elles tranſportent à leur nid les pouſſiéres des étamines des fleurs, qui ſont la baſe de la pâtée qu'elles préparent à leurs vers. Nous avons vû dans le cinquiéme Volume, que les mouches à miel ramaſſent auſſi de pareilles pouſſiéres, qu'elles ſçavent en faire deux petites pelottes, & qu'elles chargent une de leurs jambes poſtérieures d'une de ces pelottes, & l'autre jambe de l'autre. Sur chacune de ces jambes ſe trouve un endroit plus enfoncé que le reſte, qui, au moyen de poils gros & roides dont ſon contour eſt bordé, équivaut à une petite corbeille pour recevoir & retenir une des pelottes. C'eſt dans cette petite corbeille que la mouche à miel porte ſucceſſivement avec une de ſes jambes de la ſeconde paire, & qu'elle colle des pouſſiéres d'étamines, juſqu'à ce que toutes ensemble y composent une masse de la grosseur à peu-près d'une lentille. J'ai dit * que le petit enfoncement en maniére de corbeille ne se trouvoit pas sur la partie des jambes postérieures d'une abeille perce-bois, analogue à la partie des jambes postérieures de la mouche à miel, où on peut l'observer. J'en ai conclu que les poussiéres d'étamines que la perce-bois transportoit à son nid, ne pouvoient pas être réunies en une pelotte fixée sur la partie de sa jambe, analogue à la partie de la jambe de la mouche à miel, qui sert à en retenir une. J'ai depuis eu occasion de m'assûrer que la conclusion que j'avois tirée, étoit juste; mais j'ai appris en même temps que j'avois hazardé une conjecture qui n'étoit pas aussi vraye. J'ai soupçonné que chaque jambe postérieure de la perce-bois avoit une partie autrement placée que sur la jambe de la mouche à miel, qui faisoit l'office de corbeille; & j'ai vû depuis que la perce-bois n'avoit pas la corbeille, ni n'en avoit pas besoin. J'en ai observé à mon aise plusieurs qui, en marchant dans la petite forêt de filets d'étamines qui entoure une tête de pavot, y faisoient de grands desordres par le volume & le poids de leur corps; elles renversoient les filets qui se trouvoient dans leur chemin, elles les couchoient; alors la mouche ne pouvoit manquer de frotter ses jambes postérieures contre les sommets de ces filets, & d'en détacher les poussiéres qui étoient retenuës par les poils & entre les poils dont les deux jambes en question sont hérissées. Après avoir parcouru un ou deux gros pavots, chacune de ces derniéres jambes étoit couverte d'une épaisse couche de poussiéres jaunes, qui lui formoit une espece de botte sans pied. Cette couche avoit plus de consistance qu'on n'eût cru qu'elle en dût avoir: la mouche avoit pris soin de l'humecter avec du miel enlevé par sa trompe à différentes parties de la fleur. C'est de quoi

* Page 52.

j'ai eu une preuve certaine en goûtant de ces petites masses de poussiéres d'étamines que j'avois ôtées à des jambes de nos perce-bois, je leur ai trouvé un goût de miel moins fade que celui du miel ordinaire; au lieu que lorsque j'ai goûté des poussiéres d'étamines que j'avois détachées moi-même sur les mêmes plantes où ces mouches avoient fait leur récolte, je les ai trouvé très-insipides; elles n'avoient pas l'assaisonnement qui avoit été donné aux poussiéres que j'avois enlevées de dessus les jambes.

Des abeilles qui n'ont guéres que la grosseur des mâles des mouches à miel, & plus petites par conséquent que les abeilles perce-bois, sont instruites, comme celles-ci, de la quantité d'aliments qui doit suffire à chacun de leurs vers depuis sa naissance jusqu'au temps où il se transformera en mouche: la mere les loge aussi séparément & un à un, avec une provision de pâtée faite encore de poussiéres d'étamines de fleurs & de miel, mais dans des cellules tout autrement construites que celles des autres, & d'une matiére fort différente. La Nature semble avoir voulu apprendre aux abeilles les différents Arts analogues à ceux qui nous procurent des logements. Les perce-bois sont des especes de Charpentiers, & les abeilles dont il s'agit dans le troisiéme Mémoire, sont des Maçonnes, & nous leur avons donné ce nom. Elles sçavent composer un très-bon mortier avec lequel elles bâtissent leurs nids, qui ne sont que des assemblages de cellules renfermées sous une enveloppe commune. C'est à des murs exposés au soleil pendant une grande partie du jour, &, par préférence, à des murs de pierre de taille, qu'elles attachent leurs nids. Quoiqu'ils ayent souvent la figure & le volume de la moitié d'un gros œuf coupé en deux suivant sa longueur, on en voit tous les jours, sans les reconnoître pour des ouvrages qui supposent de l'intelligence dans les ouvriéres qui les ont faits, & qui ont dû leur coûter bien du travail. Au premier coup d'œil chaque nid ne paroît qu'une petite masse de mortier que des Maçons ont laissée par négligence sur un mur, & quelquefois même il ne semble qu'une épaisse plaque de bouë telle qu'une éclaboussûre jettée par les rouës d'une voiture pesante. Mais quand on a détaché une de ces masses de mortier, on trouve dans son intérieur huit ou dix cavités, plus ou moins, dont chacune est remplie, soit par beaucoup de pâtée & par un très-petit ver, soit par un ver bien plus gros & par peu de pâtée, soit seulement par une nymphe ou par une mouche. Chacune de ces loges ne semble qu'un trou percé dans une masse de mortier. L'abeille en cherchant à rendre son ouvrage solide, cache, pour ainsi dire, l'art avec lequel elle le fait : la masse est un assemblage de cellules qui ont été bâties successivement les unes auprès des autres, & dans différentes directions; elle a donné d'abord à chacune la figure d'un petit dé à coudre, qu'elle a rempli entiérement de pâtée, & dans lequel elle a laissé un œuf; après quoi elle a fermé le bout du dé qui étoit ouvert. Sept à huit cellules de même forme doivent composer un nid; quand elles sont finies, la mouche (car cet ouvrage, quelque grand qu'il paroisse, est l'ouvrage d'une seule) remplit les vuides que les cellules laissent entr'elles, avec du mortier plus grossier que celui dont elle les a faites. Toutes les cellules ne forment plus alors qu'une masse que la maçonne recouvre encore en entier d'une épaisse couche de mortier, afin que les dépôts précieux qui sont renfermés dans son intérieur, soient mieux défendus contre les injures de l'air. Une même mouche ne s'en tient pas probablement à construire un seul nid qui, par rapport à sa grandeur & à ses forces, semble un ouvrage aussi considérable que le seroit pour un ſeul Maçon une maiſon de village. Elle ſeule eſt pourtant chargée du ſoin de ramaſſer les matériaux, & de les mettre en œuvre. Son mortier, comme le nôtre, a du ſable pour baſe, mais mêlé avec un peu de terre; elle va ſur des tas de gravier, ſur des allées ſablées, ſe charger de celui qui lui convient; elle le choiſit grain à grain. Elle ne fait pas entrer, comme nous, de la chaux dans la compoſition de ſon mortier, mais elle y ſupplée par un équivalent, elle le mouille avec une liqueur gluante qu'elle fait ſortir de ſa bouche; cette liqueur retient les uns contre les autres les grains qui ſe touchent. Après avoir formé entre ſes dents une petite pelotte de grains de ſable choiſis, & aſſés humectés, après s'être chargée d'une petite motte du mortier qu'elle a fait, elle ſe rend à ſon attelier pour le mettre en œuvre. C'eſt entre ſes dents qu'elle porte cette motte, ce ſont auſſi ſes dents qui l'appliquent dans l'endroit où elle doit être miſe, qui l'applatiſſent & qui la façonnent; c'eſt de quoi l'adroite ouvriére vient bien tôt à bout: bien tôt auſſi elle repart pour aller chercher une nouvelle charge de mortier. Combien de courſes n'eſt-elle pas obligée de faire pour apporter toute la matiére qui entre dans la compoſition d'une ſeule cellule! D'en faire une entiére, n'eſt pourtant à peu-près pour elle que l'ouvrage d'une journée. Nous ne devrions pas nous en tenir à une admiration ſtérile des procédés de cette mouche, nous devrions tenter de parvenir à faire de meilleurs mortiers, & moins chers que ceux que nous employons journellement, en liant des grains d'un ſable convenable avec quelqu'eſpece de colle à bon marché.

D'autres eſpeces de mouches que celles dont nous venons de parler, font auſſi leurs nids de mortier, mais moins bon, il eſt preſque de pure terre; auſſi les logent-elles dans des trous où ils n'ont rien à craindre de la pluie. Les vers qui naissent dans tous ces nids, n'ont plus besoin du secours de leur mere, qui avant que de les renfermer, a pourvû suffisamment à leur subsistance; ils y deviennent des mouches qui ont des dents assés fortes pour venir à bout de percer les murs de leur habitation, & d'y faire le trou nécessaire pour les en laisser sortir.

C'est encore pour élever leurs petits, que d'autres abeilles dont le quatriéme Mémoire rapporte les procédés, construisent des nids très-différents de ceux dont il s'est agi dans les Mémoires précédents, & qui semblent supposer dans les ouvriéres des adresses, un génie & des connoissances en un mot qu'on ne s'accoûtume point à trouver à des insectes. Ces mouches à peine aussi grosses, ou un peu plus petites que des mouches à miel, cachent sous terre des nids si dignes d'être vûs: la matiére dont ils sont faits, est simple, ils sont composés de morceaux de feuilles. Les mêmes mouches ne mettent ordinairement en œuvre qu'une sorte de feuilles. Les abeilles d'une espece n'employent que des feuilles de rosier, celles d'une autre que des feuilles de marronnier, celles d'une autre que des feuilles d'orme, &c. Les unes construisent les leurs sous terre dans un jardin, d'autres les construisent en plein champ, & quelquefois dans la crête d'un sillon. La figure extérieure de chaque nid ressemble assés à celle d'un étui à cure-dents, & en a à peu-près les dimensions, c'est-à-dire, qu'il est cylindrique, ayant l'un & l'autre de ses bouts arrondis. Quand il est dans sa place naturelle, il est couché horisontalement, & couvert de plusieurs pouces de terre. Le premier ouvrage de la mouche est donc de creuser sous terre un trou cylindrique capable de le contenir; mais ce n'est-là qu'un ouvrage de force & de patience. Pour venir à bout de construire le nid même, il faut de plus bien de l'adresse. Ce seroit quelque chose pour une mouche que de former avec des morceaux de feuilles un tuyau cylindrique fermé par les deux bouts ; mais quand on a ôté à un nid sa premiére enveloppe, on voit qu'il n'est pas un simple tuyau ; on voit qu'il est composé de cinq à six petits étuis mis bout à bout, & faits comme l'enveloppe, de morceaux de feuilles. Chacun de ceux-ci ressemble assés à un dé à coudre dont l'ouverture n'auroit point de rebord ; leur arrangement est tel aussi que celui que les marchands donnent aux dés : le bout du second dé de la file entre & se loge dans l'ouverture du premier ; il en est ainsi des autres. Chaque dé de feuilles est une cellule où un ver doit prendre son accroissement, & en même temps un petit vase destiné à contenir une pâtée où il entre beaucoup de miel, qui quelquefois est très-coulant. Il faut donc que ce petit vase soit assés clos pour contenir du miel ; il n'est pourtant fait que de piéces appliquées les unes contre les autres, sans y être aucunement collées ; elles demandent par conséquent à être ajustées avec bien de la précision. Toutes celles dont est formé le corps du dé, ou du vase, ont à peu-près la même figure qui tient de celle d'une moitié d'ovale faite par une coupe qui a passé par le petit axe. Le bout arrondi de chaque piéce, & le plus étroit, est recourbé pour faire le fond du dé, & le bout le plus large forme partie du contour de l'ouverture. Trois piéces semblables qui sont même en recouvrement les unes sur les autres, suffisent pour former le tuyau creux ; mais pour donner plus de solidité au petit vase, & le mettre plus en état de contenir le miel liquide, la mouche applique encore deux couches de morceaux de feuilles ; ainsi il est composé ordinairement de neuf piéces, & quelquefois de douze.

Dès qu'un des petits dés qui doit être une cellule est fini, la mouche ne tarde pas à le remplir de pâtée, & à y déposer un œuf; mais si on se rappelle que le nid est couché horisontalement, & que la pâtée a de la disposition à couler, on jugera que la mouche est dans la nécessité de bien boucher l'ouverture du petit vase; elle n'y manque pas. La maniére dont elle le fait, est la plus simple & la meilleure qu'elle pût choisir en n'employant que les mêmes matériaux dont elle s'est servie pour former le vase même, qui sont apparemment les seuls qu'elle sçache mettre en œuvre. Elle coupe dans une feuille une piéce bien circulaire & d'un diametre proportionné à celui de l'ouverture qui doit être bouchée; l'abeille fait entrer cette piéce dans le petit vase, & l'ajuste un peu au-dessous de son bord, parallelement au fond. Sur cette premiére piéce circulaire, elle en pose & ajuste une seconde, & sur la seconde elle en applique encore une troisiéme; ainsi elle donne à la cellule un couvercle fait de trois petites rondelles aussi exactement appliquées contre ses parois, que le sont les fonds de nos tonneaux contre les douves.

Il entre donc dans la construction de chaque cellule des piéces de deux figures, des piéces demi-ovales, & des piéces circulaires. Il faut assûrément de l'adresse à la mouche pour courber les piéces ovales, pour mettre les circulaires en place, & pour disposer les unes & les autres de maniére qu'elles forment un petit vase bien clos. Mais il lui faut bien une autre habileté, ce semble, pour tailler ces piéces, pour leur donner précisément les proportions & les figures qui conviennent. C'est ici que nous ne pouvons nous empêcher d'admirer le grand Maître qui a instruit cette mouche. Elle se rend sur l'arbre ou l'arbuste qui peut lui fournir l'étoffe, pour ainsi dire, dont elle a besoin: après avoir voltigé un peu au-dessus, pour reconnoître la feuille à laquelle elle doit s'adresser, elle saisit entre ses jambes le bord de celle pour qui elle s'est déterminée, soit près du pédicule, soit près du bout opposé; aussi-tôt elle fait agir ses dents, & par des coups redoublés elle coupe une piéce oblongue ou une piéce circulaire, plus vîte que nous ne pourrions en couper une semblable dans une feuille de papier où les contours que les ciseaux devroient suivre, auroient été tracés. Si, quand il s'agit de couper une piéce circulaire, elle étoit posée au centre de la piéce qu'elle taille, on pourroit imaginer qu'en pirouettant sur elle-même, son propre corps lui tiendroit lieu de compas; mais elle est alors dans la position la plus desavantageuse, elle est sur la circonférence de la piéce même; la partie qui a été coupée, ne l'aide aucunement à se représenter la figure de celle que ses dents doivent détacher, elle ne voit pas la partie coupée, elle la fait passer sous son ventre. Mais la difficulté de couper sans secours de compas, & sans trait qui guide, une piéce bien circulaire, n'est rien en comparaison de la difficulté qu'il paroît y avoir à donner à cette piéce, comme l'abeille lui donne, précisément le diametre qu'a l'ouverture qu'elle doit boucher. Est-ce que l'idée du diametre du petit vase que la mouche a laissé loin de-là, & caché sous terre, est restée dans sa tête! Une ouvriére si habile à couper de pareilles piéces, doit l'être à les mettre en œuvre, ce qui est un travail beaucoup plus simple. On imagine bien qu'elle ne manque pas de donner une figure cylindrique aux parois du trou qu'elle creuse en terre pour y construire & loger un nid. Les parois de ce trou sont le moule sur lequel elle fait prendre une courbûre convenable, aux piéces qui forment l'enveloppe des cellules, comme la courbûre de celle-là sert à contourner les feuilles du corps de chaque dé. Le ver de chaque cellule, à qui rien ne manque, après avoir mangé toute la pâtée qui lui a été donnée, se file une coque dans laquelle il devient nymphe, & ensuite mouche.

Des observations qui me manquoient lorsque j'ai décrit * les procédés de ces adroites ouvriéres, m'ont appris que parmi elles, comme parmi les autres abeilles, les fémelles portent un aiguillon, & que les mâles sont dépourvûs de cette arme. D'autres observations m'ont encore appris ce que je ne sçavois pas alors, que leur façon de se charger des poussiéres d'étamines dont elles font la pâtée à leurs petits, est différente de celle dont les mouches à miel, & de celle dont les abeilles perce-bois s'en chargent. Elles ne la mettent point, comme les premiéres, en deux pelottes, dont chacune est arrêtée sur une jambe postérieure; & elles n'en font point, comme les secondes, une *espece de lourde botte à chacune de leurs derniéres jambes; elles* s'en recouvrent tout le ventre; peu à peu elles parviennent à y en appliquer une couche si épaisse, que les jointures des anneaux restent à peine sensibles.

* Mém. 4.

Il est fait mention au commencement de ce quatriéme Mémoire, de plusieurs autres especes d'abeilles qui s'en tiennent à des ouvrages plus simples que les étuis de feuilles; elles se contentent de percer en terre des trous cylindriques: les unes les dirigent horisontalement, & les autres verticalement; les unes les creusent dans de la terre compacte, & les autres dans un sable gras. Ces trous n'ont qu'autant de diametre qu'il en faut pour laisser passer le corps de l'abeille qui les a creusés: les uns ont sept à huit pouces de profondeur, & les autres n'en ont que trois à quatre; mais tous ont un fond très-uni sur lequel la mouche apporte la provision de pâtée nécessaire au ver qui sortira de l'œuf qu'elle va pondre. La pâtée n'occupe qu'une petite partie de la longueur du trou, la mouche comble le reste, elle le remplit de la terre même qu'elle en avoit tirée. Ces derniers procédés n'ont rien d'assés frappant pour que nous devions nous y arrêter. Nous rapporterons plus volontiers ceux d'une espece d'abeilles qui fait le sujet le plus intéressant du cinquiéme Mémoire. Ces abeilles n'ont qu'une grandeur au-dessous de la médiocre; comme quelques unes de celles dont nous venons de parler, elles creusent perpendiculairement en terre des trous qui ont environ trois pouces de profondeur, & dont chacun doit être le nid d'un de leurs vers. Elles ne veulent pas que ce nid reste brut, elles semblent se plaire à le parer; au moins est-il réel qu'elles l'ornent, & dans le goût où nous aimons à orner nos appartements. Elles donnent à leurs nids des tentures qui, pour la vivacité de leurs couleurs, ne le cedent pas à nos tapisseries de damas cramoisi: la Nature les leur fournit. Elles en vont couper les piéces dans des fleurs de coquelicot, elles les portent dans leur trou, elles les y étendent, appliquent & assujettissent contre ses parois, qu'elles en recouvrent entiérement; en un mot elles semblent mériter le nom d'abeilles tapissiéres que nous leur avons donné. Si pourtant elles se déterminent pour des tentures de pétales de coquelicot, on ne pensera pas que ce soit parce qu'elles sont touchées de la beauté de leur couleur; probablement elles se sont décidées pour elles par la considération d'un avantage plus réel. Il est peu de fleurs qui puissent fournir des feuilles aussi flexibles que celles des fleurs de coquelicot, ainsi il n'en est point qui puissent être plus aisément & plus exactement appliquées contre les murs circulaires de la cellule. Ces mouches s'écartent pourtant de notre façon de tendre, en ce qu'elles mettent au moins deux tentures l'une sur l'autre. Enfin ce n'est que pendant un temps assés court que la cellule doit rester tenduë, jusqu'à ce que la provision de pâtée ait été portée dans le nid, & que l'œuf y ait été déposé ; alors la tapissiére détend tous les endroits qui se trouvent au-dessus de la pâtée ; elle pousse vers le fond de la cellule les piéces de fleurs qu'elle a détachées, elles ne servent qu'à boucher une espece de sac dans lequel l'œuf & la provision d'aliment se trouvent renfermés ; elle remplit ensuite le reste du trou en y rapportant la terre qu'elle en avoit ôtée. Le ver qui éclôt dans ce logement fait de fleurs, est en état au bout de dix à douze jours de se transformer en nymphe. Ce cinquiéme Mémoire nous fait encore connoître des abeilles qui bâtissent des nids semblables pour la forme & l'essentiel de la construction, à ces nids de feuilles que nous avons admirés dans le Mémoire précédent, & qui de même sont composés de plusieurs cellules en forme de dés à coudre, & mises à la file, comme le sont les dés chés les marchands ; mais ces nids semblables aux autres par leur forme, en different par la matiére ; ils sont faits de membranes soyeuses extrêmement minces, appliquées les unes contre les autres.

Le sixiéme Mémoire est le premier de l'histoire d'un peuple de mouches pour lequel on n'est pas disposé à s'intéresser : il s'y agit des guêpes contre lesquelles nous ne pouvons défendre nos meilleurs fruits, & dont nous craignons les approches pour nous-mêmes. Pour aimer les fruits, elles n'en sont pas moins carnaciéres : souvent elles vont se pourvoir de viande où nous nous en fournissons ; elles vont couper des morceaux de celle qui est étalée dans les boutiques des bouchers, & en emportent d'aussi gros que la moitié de leur corps. Les bouchers ne les voyent pourtant pas de mauvais œil en Eté, ils sçavent qu'elles donnent la chasse aux grosses mouches bleuës qui déposent sur la viande des œufs qui en avancent la corruption. Elles font une guerre continuelle à la plûpart des autres eſpeces de mouches, elles mangent les entrailles de celles qu'elles attrapent. Elles vont par préférence à la chaſſe des abeilles auxquelles elles ſont fort ſupérieures en force ; elles en détruiſent tous les ans un grand nombre. Pendant qu'elles ſont leurs plus redoutables ennemies, elles ſemblent être leurs émules, vouloir diſputer avec elles en induſtries de différents genres. Il y a des guêpes, comme des abeilles, qui vivent en ſociété, celles de quelques eſpeces compoſent de très-nombreuſes républiques, & celles de quelques autres n'en forment que de très-petites. Enfin il y a beaucoup d'eſpeces de guêpes ſolitaires qui ne montrent pas moins de tendreſſe pour leurs petits, que les abeilles ſolitaires en montrent pour les leurs, & qui ont recours à des moyens auſſi ſinguliers que ceux que ces derniéres employent pour les loger commodément, & pourvoir à leur ſubſiſtance. Après avoir donné dans ce ſixiéme Mémoire une idée générale des parties qui caractériſent les guêpes, nous nous y ſommes bornés à l'hiſtoire de celles de l'eſpece la plus commune dans ce pays, qui pour l'ordinaire font leur établiſſement ſous terre ; elles y conſtruiſent ce nid ou guêpier qui en certains temps eſt peuplé de pluſieurs milliers de mouches, c'eſt une eſpece de ville ſoûterraine qui ne doit pas nous paroître moins digne d'admiration que la ruche la mieux fournie de mouches à miel : ſon intérieur, comme celui de celle-ci, eſt rempli de gâteaux compoſés de cellules de figure exagone ; tous ſont renfermés ſous une enveloppe commune, conſtruite avec beaucoup d'art. Il eſt vrai que la matiére dont ſont faites les différentes parties du guêpier, ne peut pas être utilement employée à nos uſages, elle n'eſt qu'un aſſés mauvais papier. Mais quand nous ne voudrions nous prêter à admirer que ce qui peut nous être utile, les guêpes ont de quoi payer l'attention que nous aurons donnée à leurs curieux ouvrages, & les soins que nous aurons pris pour parvenir à voir comment elles les exécutent. Elles nous doivent faire naître des vûës importantes pour une de nos principales fabriques, pour celle du papier, en nous apprenant que nous en pouvons trouver la matiére premiére ailleurs que dans les chiffons: c'est de quoi le Mémoire suivant donne des preuves. Leur architecture differe en bien des points de celle des abeilles; celles-ci se contentent de mettre leurs gâteaux à couvert dans la ruche qui leur a été offerte, ou dans le creux qu'elles ont trouvé tout fait, soit dans un tronc d'arbre, soit dans un mur; au lieu que les guêpes renferment leurs gâteaux dans une espece de boîte de même matiére que celle dont ils sont composés, & d'une figure qui tient de celle d'une boule creuse. Quoiqu'elles puissent trouver sous terre quelque grand trou, elles ont toûjours à remuer & à transporter beaucoup de terre pour donner à ce trou la figure qui lui convient pour loger une espece de boule allongée, dont le grand diametre a souvent plus de quinze à seize pouces, & le plus petit douze à treize. La surface extérieure de cette boule creuse, de cette enveloppe sous laquelle les gâteaux sont renfermés, n'a pas le poli des ouvrages faits au tour, elle a quelque chose de raboteux, mais elle ne paroît pas en avoir été travaillée avec moins de soin; elle est composée d'un grand nombre de piéces dont chacune est semblable au côté convexe d'une coquille bivalve. Si on coupe cette enveloppe, on lui trouve en certains endroits près de deux pouces d'épaisseur; mais on voit qu'elle n'est pas massive, qu'elle est formée d'un grand nombre de couches entre lesquelles des vuides sont ménagés. Cette construction qui épargne beaucoup de matiére, rend l'enveloppe plus propre à produire l'effet auquel elle eſt deſtinée, à empêcher la pluie de pénétrer dans le guêpier, de parvenir juſqu'aux gâteaux qui en rempliſſent l'intérieur. La maniére dont ils y ſont placés, eſt encore un des points dans leſquels l'architecture de nos guêpes differe de celle des abeilles: ces derniéres les diſpoſent verticalement, au lieu que les guêpes tiennent les leurs paralleles à l'horiſon: le premier eſt attaché à la partie la plus élevée de l'enveloppe, le ſecond l'eſt au premier; il en eſt de même de la ſuite des autres gâteaux. Le guêpier eſt un édifice qui a quelquefois plus de douze à quinze étages, mais dont les inférieurs ſont bâtis les derniers. Entre chaque étage regne une colomnade formée par les liens employés à ſuſpendre le gâteau inférieur, à le tenir attaché à celui qui le précede immédiatement. Ces étages ſont proportionnés à la taille des guêpes, & par conſéquent peu élevés. Chaque gâteau eſt compoſé de cellules conſtruites & arrangées réguliérement. Il faut pourtant avouer que dans l'arrangement & la conſtruction de leurs cellules, les guêpes paroiſſent bien inférieures en géométrie aux mouches à miel: ce qu'elles ſemblent avoir ſçu comme ces derniéres, c'eſt que la figure exagone devoit être préférée à toutes les autres; mais les abeilles paroiſſent avoir ſçu de plus qu'il y avoit à gagner pour ménager tant l'eſpace que la cire, en formant chaque gâteau de deux rangs de cellules. Elles ont agi comme ſi elles euſſent eu encore des connoiſſances plus profondes, en donnant à chaque cellule un fond pyramidal compoſé de trois rhombes égaux dont les angles ſont les plus avantageux qui pouvoient être choiſis, pour renfermer plus d'eſpace avec moins de matiére; au lieu que les gâteaux des guêpes ſont faits d'un ſeul rang de cellules dont chacune

a le

a le fond presque plat, mais il n'étoit pas permis aux guêpes de faire usage d'une plus sçavante géométrie. Les édifices sont d'autant plus parfaits qu'ils répondent mieux aux vûës qu'on a euës en les construisant : ceux des guêpes auroient de grands défauts, s'ils étoient construits sur le modéle de ceux des abeilles. Les cellules du guêpier ne sont destinées qu'à servir de logement à des vers à qui les guêpes portent la becquée plusieurs fois chaque jour, & qui tous ont constamment, & par conséquent doivent avoir la tête en embas. Il falloit donc que les ouvertures, les entrées des cellules, fussent aussi en embas, & dès-lors un gâteau ne pouvoit être composé de deux rangs de cellules, puisque celles du supérieur auroient eu leurs ouvertures en en-haut. Enfin dès que les guêpes étoient dans la nécessité de ne donner à leurs gâteaux qu'un rang de cellules, il ne convenoit pas d'en faire le fond pyramidal; car au moyen des fonds pyramidaux, la surface supérieure de chaque gâteau se seroit trouvé toute hérissée de pointes, ce qui eût été très-incommode pour les guêpes qui ont continuellement à marcher dessus, au lieu qu'au moyen des fonds plats, le dessus des gâteaux, le terrain sur lequel elles marchent souvent, est uni. Je me suis arrêté d'autant plus volontiers à faire sentir les raisons qui demandoient que l'architecture des guêpes fût différente de celle des abeilles, que j'ai négligé de les rapporter dans le sixiéme Mémoire. Si on objectoit contre celles que je viens d'en donner, que les guêpes de quelques especes ne font aussi entrer qu'un seul rang de cellules dans des gâteaux qui sont posés presque verticalement comme ceux des abeilles, je répondrois que ces guêpes ont aussi des raisons qui les empêchent de faire leurs gâteaux à double rang de cellules; elles ne les recouvrent point d'une enveloppe; elles veulent que les cellules soient exposées aux rayons du soleil : ces rayons qui échauffent des entrées tournées en partie vers le midi, n'agiroient pas assés sur celles qui le seroient vers le nord, sur celles des cellules du second rang.

Le guêpier, comme une ruche d'abeilles, est habité par trois sortes de mouches : dans certains temps il n'a qu'une seule fémelle, & des mouches sans sexe que nous avons nommées des mulets. Dans une saison plus avancée on y trouve des centaines de fémelles, & encore plus de mâles. Les fémelles surpassent considérablement les mulets en grandeur, une seule de celles-là pese autant que six de ceux-ci. Les mâles sont aussi longs, mais moins gros que les fémelles ; aussi le poids d'un mâle n'est égal qu'à celui de quatre mulets. La condition d'une mere guêpe est bien différente de celle d'une mere abeille : la mere abeille est une vraye reine ; quand elle part pour faire un nouvel établissement, pour fonder un nouvel empire, elle est accompagnée de plusieurs milliers d'ouvriéres qui lui sont plus dévouées que les plus fidéles sujets ne le sont au meilleur roi ; elles la soignent, elles vont au-devant de tous ses besoins, & travaillent sans relâche aux ouvrages nécessaires au nouvel établissement. La mere guêpe est une héroïne par le courage avec lequel elle entreprend de surmonter les plus grandes difficultés : seule, sans le secours d'aucune autre mouche, elle jette au Printemps les fondements de ce guêpier qui à la fin de l'Eté sera un édifice si considérable, & peuplé de tant de mouches qui toutes lui devront leur naissance. Elle est donc obligée de construire elle-même les premiéres cellules dans lesquelles elle dépose ses premiers œufs : ceux-ci donnent des vers qui par la suite deviennent des mouches-mulets. Les guêpes-mulets sont les plus actives & les plus laborieuses, & il a été établi qu'elles naîtroient les premiéres, afin que la mere fût aidée de bonne heure dans les travaux les plus nécessaires, auxquels elle ne pourroit suffire par la suite. Les mâles des guêpes ne sont pas aussi paresseux que ceux des abeilles, ils se chargent de divers soins dans l'intérieur du guêpier; mais l'art de bâtir, celui de faire des cellules & l'enveloppe qui les doit recouvrir, leur est inconnu. Il est très-amusant de voir des guêpes-mulets occupées à ce dernier travail; si on veut s'en mettre à portée sans risque, on logera, comme je l'ai fait, des guêpiers dans des ruches vitrées, semblables à celles où l'on tient des abeilles. Dans les belles heures du jour on verra à tout moment arriver au guêpier des mulets qui portent entre leurs dents une petite boule: cette boule est d'une matiére molle, de pâte à papier. Chaque guêpe ne tarde pas à mettre la sienne en œuvre, *soit pour allonger un des pans d'une cellule*, soit pour commencer la base d'une autre, soit pour aggrandir un de ces ceintres de l'assemblage desquels l'enveloppe est formée. La guêpe applique & colle sa petite boule contre la piéce qu'elle veut étendre, elle la presse en suite pour la réduire en lame. Si la lame qu'elle en fait, est un peu longue, elle va à reculons, & laisse en devant la portion qu'elle vient d'applatir; pour la rendre encore plus mince, elle retourne la prendre où elle l'avoit d'abord attachée, & ainsi à plusieurs reprises. C'est toûjours avec une vitesse surprenante qu'elle travaille. La petite boule est un amas de filaments assés courts & extrêmement fins, humectés d'une liqueur qui est propre à les coller ensemble. Notre papier est fait de linge & par conséquent de fibres de plantes: c'est du bois que les guêpes tirent les fibres dont elles composent le leur. Nous sçavons qu'il faut faire rouir le lin & le chanvre, c'est-à-dire, les tenir dans l'eau pour mettre leurs fibres en état d'être détachées: les guêpes semblent sçavoir qu'elles ne peuvent parvenir à détacher des fibres assés fines que du bois qui a, pour ainsi dire, été roui : la surface de celui qui a été exposé pendant plusieurs années à la pluie, est dans cet état. Ces mouches vont ratisser la surface des treillages d'espalier, des vieux contrevents, des portes, en un mot celle de tout bois qui n'est point peint, & qui a été exposé pendant plusieurs années à l'air libre. La guêpe réunit en un petit tas les fibres qu'elle a arrachées, elle en forme une petite boule qu'elle humecte, & qu'elle porte ensuite à son guêpier.

Dans le septiéme Mémoire il s'agit encore de plusieurs especes de guêpes qui vivent en société, & d'abord de la plus grosse de toutes, connuë sous le nom de *Frêlons* : c'est celle qui compose le plus mauvais papier, le plus cassant : celui des frêlons n'est fait que de sçiûre de bois pourri ; aussi ont-ils soin de mettre leur nid à l'abri des injures de l'air : le plus souvent ils le logent dans un creux de tronc d'arbre où l'eau ne sçauroit pénétrer. D'autres guêpes d'une plus petite espece, qui font des guêpiers dont la grosseur n'égale pas celle d'une orange, les laissent exposés aux injures de l'air, elles les attachent à une branche d'arbre ou d'arbuste ; mais leurs gâteaux sont défendus par une enveloppe composée d'un très-grand nombre de feuilles. Si ces feuilles, au lieu qu'elles sont grises, étoient d'une couleur vermeille, l'enveloppe seroit prise pour une rose à cent feuilles, plus grosse que les ordinaires, & qui commence à s'épanouir. Depuis que nous avons fait graver un de ces nids, nous en avons vû d'autres moins gros qu'un petit œuf de poule, construits cependant sur les mêmes principes par une autre espece de guêpes.

Quelqu'adroites qu'ayent dû nous paroître les guêpes de ce pays dont nous venons de faire mention, leurs ouvrages nous sembleront très-imparfaits, si nous les comparons avec ceux d'une espece de guêpes des environs de Cayenne. Nous devons être bien étonnés de voir que des insectes exécutent des ouvrages précisément semblables à ceux que nous ne sommes parvenus à sçavoir faire que depuis un petit nombre de siécles. Nous n'avons pas sçu faire le carton plûtôt que le papier, & les guêpes dont nous voulons parler, font du carton, & en ont fait de tout temps, qui ne seroit pas desavoué par ceux de nos ouvriers qui le font le plus beau, le plus blanc, le plus ferme & à grain le plus fin. Ces mouches attachent leur guêpier à une branche d'arbre: son enveloppe est une espece de boîte, longue de douze à quinze pouces, & quelquefois plus, de la figure d'une cloche fermée par embas, ou de celle d'une poire. Cette boîte est une vraye boîte de carton, & tous ceux à qui on la montrera sans leur dire par qui elle a été faite, la prendront, sans hésiter, pour l'ouvrage d'un cartonnier très-habile. Son intérieur est occupé en partie par des gâteaux de même matiére, disposés par étages, qui n'ont des cellules que sur leur face inférieure. La circonférence de chaque gâteau fait par-tout corps avec la boîte; chacun d'eux a un trou vers son milieu, qui est une porte qui permet aux mouches d'aller de gâteau en gâteau, d'étage en étage. Si l'on est curieux de connoître plus en détail leur construction, on en sera instruit par ce septiéme Mémoire, & par les figures qui l'accompagnent. Mais ce dont nous devons être plus touchés que de la forme de ces ouvrages, c'est de la matiére dont ils sont faits. Celle du beau carton & celle du papier sont la même; ces mouches nous apprennent donc que sans avoir recours aux chiffons qui suffisent à peine à la consommation prodigieuse de papier qui se fait journellement, & qui va toûjours en augmentant, nous pouvons trouver une abondante matiére à papier, en employant des bois tels que ceux qui sont mis en œuvre par les guêpes de Cayenne, ou des bois semblables.

Ce n'est que pour donner une idée générale des guêpes qui vivent en société, qu'à la fin de ce Mémoire nous en faisons connoître plusieurs especes, qui ne sçavent pas même renfermer sous une enveloppe leurs gâteaux qu'elles laissent exposés aux injures de l'air: il est vrai qu'elles ont au moins recours à une assés bonne pratique pour les défendre contre la pluie, elles les enduisent de vernis.

Si les deux derniers Mémoires nous ont fait voir que les guêpes qui vivent en société, sont de dignes émules des abeilles qui habitent les ruches, le huitiéme Mémoire où il ne s'agit que des guêpes qui menent une vie solitaire, nous apprend que celles-ci ne le cedent aucunement aux abeilles dont le genre de vie est le même, en tendresse pour leurs petits, en prévoyance & en soins pour les nourrir. Nous commençons ce Mémoire par fixer les idées qu'on doit avoir des guêpes proprement dites, des guêpes-ichneumons, & des ichneumons. Lorsque les véritables guêpes sont en repos, elles ont chacune de leurs aîles supérieures pliée en deux suivant sa longueur; mais les guêpes-ichneumons ont toûjours leurs aîles étenduës comme le sont celles du commun des mouches. Les ichneumons different des unes & des autres, soit par la forme de l'aiguillon, soit par la maniére dont il est porté ou logé, & par l'agitation continuelle dans laquelle ils tiennent, soit leurs antennes, soit leurs aîles. Nous nous bornons dans le huitiéme Mémoire à faire connoître quelques especes de guêpes solitaires, & quelques autres de guêpes-ichneumons; mais sur quoi nous nous sommes le plus étendus, c'est sur les procédés au moyen desquels les unes & les autres logent séparément le ver qui sort d'un de leurs œufs, & sur ceux au moyen desquels elles pourvoyent à leur subsistance. Les unes percent dans la terre, d'autres dans du sable, des trous dont chacun doit recevoir un œuf, & être la cellule d'un ver. Des guêpes de certaines especes sçavent rendre faciles à creuser, des enduits sablonneux qui résistent au frottement de l'ongle, elles ramollissent l'endroit qu'elles veulent entamer, en jettant dessus quelques gouttes d'eau qu'elles font sortir de leur bouche. Ces mêmes guêpes élevent un tuyau qui semble de filigrame, & qu'elles forment du sable même du trou qu'elles creusent : ce tuyau quoique bien ouvragé, ne sert qu'à mettre à leur portée le sable qu'elles doivent faire rentrer dans la partie supérieure du trou. D'autres guêpes-ichneumons bâtissent, comme les abeilles maçonnes, des nids avec de la terre, qu'elles attachent quelquefois au plancher d'une chambre où elles peuvent entrer librement ; elles disposent plusieurs cellules oblongues les unes auprès des autres ; l'extérieur de chacune a l'air d'une colomne torse ; l'entrée de chaque cellule est précisément placée à son bout inférieur, ce qui fait que le nid, que l'assemblage des cellules a quelqu'air d'un sifflet de Chauderonnier. D'autres guêpes, & d'autres guêpes-ichneumons sçavent, comme les abeilles perce-bois, creuser dans de vieux morceaux de bois, & presque pourris, de longs trous dont chacun donne au moins un logement à un de leurs vers. Quelle que soit la matiére dont la mouche a fait une cellule, dès qu'elle a déposé un œuf sur son fond, elle songe à y porter la provision d'aliments qui suffira à nourrir le ver prêt à éclorre, jusqu'à ce qu'il soit en état de se transformer. Les vers des guêpes-ichneumons ne s'accommoderoient pas d'une pâtée mielleuse telle que celle que les abeilles donnent aux leurs : ces vers naissent voraces, ils sont même difficiles sur le choix de la chair, pour ainſi dire, dont ils ſe nourriſſent, ils ne veulent manger que celle d'animaux vivants, ou preſque vivants. Ceux que les vers de certaines eſpeces aiment, ſont de mauvais mets pour ceux de différentes autres eſpeces; mais ces vers de différentes eſpeces ſont tous ſervis à leur goût par leur mere. Chacune porte dans la cellule où le ſien eſt prêt à naître, une proviſion de gibier tout vivant : l'une ne lui donne que de petites chenilles, une autre fournit le ſien de vers ſemblables à des chenilles, une autre va pour le ſien, à la chaſſe des mouches, & ne choiſit que celles de certaines eſpeces; car telle porte dans le nid de petites mouches à deux aîles, une autre y en porte de groſſes, l'une n'y fait entrer que de celles qui ont le corps long, & d'autres n'y font entrer que de celles qui l'ont court. Enfin d'autres guêpes, & d'autres guêpes-ichneumons mettent dans la cellule de leur ver une proviſion d'araignées d'une certaine eſpece. Cette proviſion eſt ſouvent de douze ou treize inſectes, plus ou moins, ſuivant leur grandeur. La mere mure enſuite la cellule qu'elle a remplie en partie d'inſectes d'une certaine eſpece. Cette précaution eſt néceſſaire, car ceux qui ont été entaſſés dans la petite caverne étant pleins de vie, n'y reſteroient pas. Non ſeulement ils ſont vivants, mais ils peuvent vivre ſans manger, juſqu'à ce qu'ils ſoient mangés eux-mêmes par le ver qui doit croître à leurs dépens, & qui les dévore les uns après les autres. Quand il a mangé ſa derniére chenille, ſa derniére mouche, ſa derniére araignée, il n'a plus beſoin de prendre de nourriture, il ſe métamorphoſe en une nymphe, qui devient enſuite une guêpe ou une guêpe-ichneumon. C'eſt ordinairement en volant que la mere porte à ſon nid les uns après les autres, les inſectes qui enſemble font l'approviſionnement complet du ver qui y doit naître. Mais j'ai vû une guêpe-ichneumon d'une d'une assés petite espece, qui portoit à son nid une chenille qu'il lui eût été impossible de soûtenir en l'air. C'étoit une de celles qui font des coques en bateau : son poids étoit au moins sept à huit fois plus grand que celui de la guêpe-ichneumon. Lorsque je vis celle-ci traîner sur la terre un si énorme fardeau, & un fardeau qui étant vivant, résistoit plus que par son poids, j'en fus étonné; je le fus bien davantage lorsque je vis que la petite mouche le faisoit monter le long d'un mur, & ensuite le long d'une tige d'arbre.

Le neuviéme Mémoire traite des ichneumons proprement dits, genre de mouches très-étendu, & qui renferme des especes qui different beaucoup entr'elles par la forme & la grandeur de leur corps; car il y a des ichneumons qui sont de très-grandes mouches, & d'autres qui ne sont que des moucherons. Toutes les femelles, & les seules femelles, sont munies d'un aiguillon ou d'une tarriére qui n'est pas une arme offensive, ou au moins une simple arme offensive, comme l'aiguillon des guêpes & des mouches à miel; c'est l'instrument au moyen duquel elles parviennent à bien loger leurs œufs. Les ichneumons sont dispensés du soin de leur construire & préparer des nids, ils leur en sçavent trouver de tout faits & d'excellents : ceux de plusieurs especes introduisent leurs œufs dans le corps d'un autre insecte. Le onziéme Mémoire du second volume, nous en a fait connoître qui vont se poser sur le corps des chenilles qui s'apperçoivent à peine du mal qu'ils vont leur faire. Quand une chenille ou un autre insecte a été choisi par un ichneumon pour servir à loger ses œufs, & à nourrir les petits qui en naîtront, il faut qu'elle subisse une destinée qui par la suite lui coûtera la vie. L'ichneumon perce avec sa tarriére le corps de l'insecte sur lequel il s'est posé, la tarriére porte un œuf au fond de la playe qu'elle a faite. Selon que l'ichneumon est plus ou moins gros, & selon que l'insecte à qui il s'est attaché est plus ou moins grand, il dépose dans son corps plus ou moins d'œufs; car il faut que les petits qui sortiront des œufs, trouvent de quoi se nourrir où ils sont logés, jusqu'au temps où ils n'auront plus à croître. Certains ichneumons sont si petits, que trente à quarante de leurs vers trouvent la provision d'aliments qui leur est nécessaire, dans le corps d'une chenille de grandeur médiocre. Le corps d'une pareille chenille suffit à peine pour nourrir jusqu'au temps de sa premiére métamorphose, un seul ver d'ichneumon de grandeur médiocre. Les ichneumons dont 30 à 40 ont pris ensemble tout leur accroissement sous la forme de ver dans le corps d'une seule chenille, sont grands en comparaison de quelques autres qui logent un de leurs œufs à l'aise dans celui d'un papillon; le ver qui y éclôt ne sort de cet œuf de papillon qu'après être devenu mouche.

D'autres ichneumons collent simplement leurs œufs sur le corps d'une chenille; mais les vers qui en sortent, ne restent pas long-temps exposés aux injures de l'air, ils sçavent percer le corps, & pénétrer dans son intérieur.

Dans le cours de cet ouvrage nous avons donné cent exemples de ce que sçavent faire un grand nombre d'ichneumons de différentes especes, pour bien loger leurs petits: ils s'introduisent dans les nids faits avec le plus d'art & de soin par d'autres insectes; à côté de l'œuf ou des œufs qu'un de ceux-ci a cru avoir mis en sûreté, l'ichneumon va déposer le sien: il épie & saisit le moment où la mere a été obligée de quitter le nid pour aller chercher soit des matériaux nécessaires à sa construction complette, soit des provisions pour nourrir le petit prêt à éclorre. Il n'est point de mere insecte dont la prévoyance ne soit souvent trompée par quelque mouche-ichneumon: le ver de cette derniére se nourrit du petit auquel l'autre a donné naissance.

Les femelles d'ichneumons de différentes especes, dont

quelques-unes portent au bout d'un long corps, une queuë deux ou trois fois plus longue que celui-ci, n'ont pas besoin d'être à l'affût du moment où une mere est obligée de quitter le nid qu'elle a commencé, pour faire des courses à la campagne. Quoique le nid soit clos de toutes parts & fini, quoiqu'il soit d'une matiére très-solide, une femelle ichneumon parvient à placer un ou plusieurs œufs dans son intérieur. Cette queuë d'une longueur si démesurée, & qui ne semble propre qu'à embarrasser, est l'instrument au moyen duquel elle y parvient. Elle est composée de trois piéces ; dont celle du milieu est une tarriére à laquelle les deux autres font un étui. La mouche sçait contourner sa queuë comme elle le veut, & la porter où il lui plaît. Quelques-unes la font passer sous leur ventre, & la conduisent bien en devant de leur tête, pour percer dans des couches d'un sable gras durcies par le soleil, des trous qui pénétrent dans l'intérieur des nids où certaines guêpes ont logé leurs vers avec une provision d'insectes vivants. Le ver qui mange ceux-ci est à son tour mangé par celui qui sort de l'œuf de l'ichneumon.

Nous avons dû voir avec admiration dans les Mémoires précédents, tant de différents moyens, tous singuliers, auxquels des mouches de différentes especes ont recours pour loger & nourrir leurs petits. Les mouches dont il s'agit dans le dixiéme Mémoire, ne paroissent pas être des meres si tendres, ni si bien instruites, & elles n'avoient pas besoin de l'être plus qu'elles le sont; elles laissent tout simplement leurs œufs sur du sable, ou sur une terre pulvérisée qui se trouve au pied d'un vieux mur, ou dans quelqu'autre endroit à l'abri de la pluie. Les mouches dont nous voulons parler, sont de la classe de celles qui ont le corps le plus long & le plus éfilé, d'un des genres des mouches appellées *Demoiselles*; en un mot, ces mouches sont celles qui dans leur premier âge ont été des insectes connus, &, si je l'ose dire, célébres sous le nom de *Formica-leo.*

La figure du *Formica-leo* n'offre pourtant rien d'abord de fort remarquable, il ne paroît pas mériter plus d'attention qu'un cloporte de médiocre grandeur, qui auroit deux cornes en devant de la tête. Il est né vorace, & doit se nourrir dans tous les temps de sa vie du gibier que la chasse lui fournit; mais il ne sçauroit espérer de prendre à la course aucun insecte, même aucun de ceux dont la marche est la plus lente, il ne peut aller qu'à reculons; il lui est impossible de faire un seul pas en avant; mais il sçait dresser un piége aux insectes, au moyen duquel il réussit à se rendre maître de ceux même qui lui sont supérieurs en force. Ce piége n'est qu'un trou en forme d'entonnoir, creusé dans un sable très-mobile, ou dans une terre seche & pulvérisée: l'entonnoir a deux ou trois pouces de diametre à son entrée, & a de profondeur les deux tiers ou les trois quarts de son diametre. Le formica-leo se tient à l'affût au fond de cet entonnoir, son corps y est entiérement caché sous le sable, au-dessus duquel ses deux cornes s'élevent; ce sont deux excellentes armes qu'il peut approcher ou écarter à volonté l'une de l'autre par leur pointe, & avec lesquelles il peut saisir & percer le corps de l'insecte le mieux caparaçonné d'écailles. Malheur à celui, à la fourmi, au cloporte, à la petite chenille, & à tout autre qui, en suivant sa route, passe sur les bords du précipice; ils sont toûjours tout prêts à s'ébouler: l'insecte roule avec les grains de sable qui échappent sous ses pieds, dans la fosse où le lion l'attend. L'animal infortuné ne manque pas de faire tous ses efforts pour se tirer du précipice dans lequel son imprudence l'a conduit, il tâche de grimper le long des parois escarpées;

malgré la pente les grains de sable ne cedent pas toûjours sous ses pieds; lorsqu'il est aussi léger qu'une fourmi, il fait avec succès des pas vers le haut de l'entonnoir. Le formica-leo ne néglige pas alors une ressource qu'il a pour se rendre maître de la proie qui lui échappe : sa tête est platte, mais il peut l'élever en haut, & l'abaisser avec vîtesse, au moyen d'un col très-mobile, à qui elle tient ; avec sa tête, comme avec une pelle, il fait voler du sable en l'air, & cela dans une telle direction, que les grains retombent pour la plûpart sur l'insecte qui grimpe avec beaucoup de peine : ces grains le frappent, & font pour lui ce que seroit pour nous une grêle de pierres. Le formica-leo ne s'en tient pas à ce premier jet de sable, il ne cesse d'en lancer en l'air de nouveaux, de faire pleuvoir le sable, que lorsque le malheureux insecte a été forcé par des coups redoublés de tomber dans le fond du trou. Dès qu'il y est, les cornes du formica-leo le saisissent & le percent. Ces cornes ne sont pas de simples armes meurtriéres; le formica-leo n'a pas une bouche ou une trompe placée comme l'est celle du commun des insectes ; mais il a pour ainsi dire deux bouches, une au bout de chaque corne, ou, pour parler plus exactement, chaque corne est une trompe avec laquelle il succe & fait passer tout ce que l'intérieur de l'insecte pris a de succulent. Il le desseche au point de rendre friable celui qui étoit mol, & le jette ensuite hors de l'entonnoir ; après quoi il attend patiemment le hazard heureux qui lui en procurera un autre. La grandeur de l'entonnoir a quelque proportion avec celle du formica-leo qui l'habite. De le faire n'est pas pour lui un ouvrage aussi simple qu'on l'imagineroit ; il commence par creuser un fossé circulaire qui en limite l'enceinte, au-dehors de laquelle il jette peu à peu le sable ôté de la masse de figure conique qui doit être enlevée : la jambe qui se trouve vers l'intérieur du trou, charge la tête de sable qu'elle fait ensuite voler dehors. Il marche en tournant autour de la masse de sable, mais en faisant beaucoup de poses, car dès qu'il a fait un pas, il s'arrête pour charger sa tête; enfin, après un grand nombre de tours, tout le sable a été jetté hors du trou. Quand le formica-leo a pris son accroissement complet, il se construit une coque sphérique, dont l'enveloppe extérieure est composée de grains de sable, ou de terre liés ensemble par des fils de soye; mais il employe la soye seule pour en tapisser l'intérieur d'une tenture blanche qui a le luisant du plus beau satin. La filiére qui fournit la soye, est à son derriére. Enfin, l'insecte renfermé dans sa coque s'y métamorphose en une nymphe qui devient une demoiselle, dont les couleurs n'ont rien de frappant, elle est presque grise.

C'est l'onziéme Mémoire qui fait passer sous nos yeux un grand nombre d'especes de Demoiselles, dont le corps est paré de belles couleurs souvent rehaussées par un brillant doré ou argenté. Toutes ces demoiselles peuvent être distinguées des autres par le surnom d'aquatiques, non seulement parce qu'elles se tiennent volontiers au bord des rivieres, des ruisseaux, des étangs & des mares, mais sur-tout parce que c'est dans l'eau qu'elles sont nées, & qu'elles ont pris leur accroissement. Nous les rangeons sous trois genres, dont chacun comprend beaucoup d'especes. Le corps de celles du premier genre, quoique long, l'est moins proportionnellement que le corps de celles des deux autres genres, & est plus gros à son origine qu'à son extrémité, au lieu que celui des autres est tout d'une venuë. La forme de la tête fait distinguer les demoiselles du second genre, de celles du troisiéme : la tête des premiéres est ronde, & celle des autres a plus de diametre d'un côté à l'autre que du devant au derriére. Les demoiselles des trois genres viennent d'insectes aquatiques, qui dans l'état de vers different peu de ce qu'ils sont dans l'état de nymphes. Les vers & les nymphes ont six jambes qui semblent plûtôt faites pour porter des insectes sur terre, que pour les faire nager. Ces insectes respirent pourtant l'eau comme les poissons, mais c'est par leur anus qu'ils la font entrer dans leur corps, comme nous faisons entrer l'air par notre bouche dans nos poulmons; c'est aussi par leur anus qu'ils la font sortir par jets. Ce qui est plus particulier, c'est qu'ils portent tous un masque qui ne monte pas à la vérité jusqu'à leurs yeux, mais qui couvre tout le reste du devant de la tête, & sur-tout la bouche qu'ils ont fort grande & bien munie de dents. Ces masques d'ailleurs ne ressemblent pas aux nôtres, *ils sont de véritables & belles machines; leur construction est différente* dans les trois genres de nymphes qui répondent aux trois genres de demoiselles: ceux des nymphes du premier genre sont faits en devant de casque, & ont sur le front deux especes de volets; l'insecte peut les ouvrir tous deux à la fois, ou n'en ouvrir qu'un seul. Avec ces volets il peut attraper des insectes, & les tenir pendant que les dents les dépiecent & les hachent. Les masques des nymphes, tant du second que du troisiéme genre, à la place des volets ont de grands crochets singuliérement contournés, & disposés de maniére qu'ils ne paroissent ce qu'ils sont, que lorsque la nymphe veut s'en servir pour prendre des insectes. Quand ces demoiselles ont fini leur croît, elles abandonnent l'eau, elles grimpent sur quelque plante exposée au soleil, & s'y cramponnent ayant la tête en en-haut. Après y être restées tranquilles pendant plus ou moins d'heures, le moment arrive où elles vont changer d'état; il se fait sur le corcelet une fente qui bien tôt s'allonge, gagne la tête, & s'étend ensuite de chaque côté jusqu'aux yeux. Par cette fente sort la mouche qui doit être une demoiselle: les aîles se déplient, se séchent, & deviennent en état de la porter dans les airs, & de l'y soûtenir. Les demoiselles s'y tiennent volontiers pour une fin semblable à celle qui y fait rester les oiseaux de proye; elles fondent sur les mouches & sur les papillons qui en volant passent à portée d'elles. Les mâles contre la régle presque générale pour les autres insectes, sont souvent plus gros que les fémelles, & au moins presqu'aussi gros; ils les cherchent avec ardeur. Soit que la fémelle qui a besoin d'être fécondée, se tienne en l'air, soit qu'elle s'arrête sur quelque plante, elle en a bien-tôt un, & souvent plusieurs qui volent autour d'elle. Celui qui sçait mieux diriger son vol, se pose sur la tête de la fémelle qu'il saisit avec ses six jambes: pendant qu'il lui tient la tête, il recourbe son corps en boucle presque fermée, & cela pour en ramener le bout sur le col de la fémelle; son but est de le faire passer entre deux crochets qui le serrent de chaque côté. Cela fait, la fémelle ne peut plus lui échapper, les jambes du mâle peuvent abandonner, & abandonnent la tête qu'elles tenoient saisie, il redresse son corps au bout duquel la fémelle est bien arrêtée par le col. On voit voler ainsi en l'air des paires de demoiselles dont l'une, la fémelle, est à la file de l'autre. De quelque côté qu'il plaise à ce mâle de voler, la fémelle est obligée de le suivre, il s'est rendu maître d'elle. Il n'est pourtant pas en son pouvoir de finir l'opération par laquelle l'Auteur de la Nature a voulu que l'espece fût conservée; la jonction par laquelle elle peut être achevée, dépend de la volonté de la fémelle, & elle seule peut la rendre complette. C'est près du derriére de celle-ci qu'est l'ouverture par laquelle les œufs doivent sortir, & par laquelle

laquelle ils doivent avoir été fécondés auparavant; elle est placée comme elle l'est communément dans les autres insectes. Mais les parties du mâle qui operent la fécondation, sont tout autrement situées que dans les mâles des autres mouches; elles sont près du bout du corps de ceux-ci, & près de l'origine du corps de la demoiselle mâle, tout près du corcelet. Pour que l'accouplement se fasse, il faut donc que le bout du derriére de la fémelle vienne s'appliquer sous le ventre du mâle, tout près de son corcelet; il faut que ce soit la fémelle elle-même qui conduise là le bout de son derriére; c'est ce que le mâle desire d'elle, & c'est à quoi elle se refuse d'abord. C'est pour l'y engager par ses caresses, si c'en est une parmi ces insectes de serrer le col, ou pour l'y forcer par ses importunités, que le mâle la promene en l'air. Ceux de certaines especes conduisent leur fémelle sur une plante à laquelle ils vont s'attacher: là le mâle recourbe son corps pour inviter la fémelle à courber le sien; enfin celle-ci vaincuë par des agaceries tendres, ou par le desir de devenir libre, se rend après s'être souvent défenduë plus d'une demi-heure; elle recourbe son corps, elle en fait passer le bout sous celui du mâle, & le conduit jusqu'auprès du corcelet: là l'union intime s'acheve. Les corps des deux demoiselles sont alors contournés de façon qu'ils forment un las en cœur: c'est dans l'échancrûre du cœur que se trouvent la tête de la fémelle & le derriére du mâle, qui n'abandonne pas le col de celle-ci; la tête du mâle est à la pointe du las. L'accouplement dure quelquefois une heure & plus; après qu'il est fini la fémelle peut aller confier à l'eau même, ou à quelque plante qui en est baignée, les œufs d'où sortiront des vers qui après avoir vécu & crû pendant près d'une année à la maniére des poissons, deviendront à leur tour des demoiselles.

C'eſt encore dans l'eau que vivent pendant tout le temps qu'ils ont à croître, des inſectes dont le douziéme Mémoire nous donne l'hiſtoire, qui deviennent des mouches qui n'ont rien de plus ſingulier à nous offrir que la courte durée de leur vie de mouche; elle n'eſt pas aſſés exprimée par le nom d'éphémeres qu'on leur a impoſé. Une vie d'un jour eſt par rapport aux mouches de quelques-unes de ces eſpeces, ce que la vie des Patriarches a été par rapport à la longueur de la nôtre: le cours naturel de celle de certaines éphémeres, n'eſt que de peu d'heures, & même de moins d'une heure. Il y a pourtant des mouches, qui ont d'ailleurs les caractéres des éphémeres, qui vivent communément pluſieurs jours. Toutes ont été d'abord des ſix-pieds ou vers hexapodes; ces vers ſe transforment enſuite en des nymphes d'une figure peu différente de la leur, & qui comme eux, marchent ſur ſix jambes. Elles & les vers ont des ouïes, ainſi qu'en ont les poiſſons, mais placées en-dehors du corps: chacun des ſix à ſept premiers anneaux en a une de chaque côté. Ces ouïes au premier coup d'œil paroiſſent des houppes de poils, quelques-unes en ſont auſſi, mais d'autres ſont de petites palettes en maniére de feuilles; d'autres ſont échancrées. On s'arrête volontiers à conſidérer avec quelle vîteſſe l'inſecte les agite lorſqu'il eſt en repos. Quelques nymphes d'éphémeres les tiennent couchées ſur leur dos, d'autres les portent paralleles, & d'autres perpendiculaires au plan ſur lequel elles ſe tiennent poſées. Ces différents ports des ouïes nous ont mis en état de diſtinguer trois genres de nymphes. Il y en a des eſpeces des unes & des autres qui ſont errantes, qui nagent & qui marchent dans l'eau, qui y vont ſur des plantes, qui ſe cachent ſous des pierres; mais d'autres dont les premiéres jambes ſont des inſtruments propres à fouiller la terre, & qui en devant de la tête ont deux crochets encore plus propres à un pareil usage, se font chacune un trou dans les berges des rivieres, où elles se tiennent assés constamment. Les berges des bords de la Seine & de la Marne sont criblées au-dessous du niveau de l'eau, de trous qui se touchent, sur-tout dans les endroits où il y a des lits de glaise, ou d'une terre compacte. La direction de chaque trou est pour l'ordinaire horisontale; il est moins simple que ceux que se creusent la plûpart des autres insectes; le même a deux ouvertures, & est divisé dans presque toute sa longueur, en deux branches paralleles, par une mince cloison de terre. Les insectes qui habitent de pareils trous le long des bords de la Seine & de la Marne, sont ceux à l'histoire desquels nous nous sommes le plus arrêtés; elle nous fournit peu de faits pour tout le temps où ils sont sous l'eau, quoiqu'ils y vivent environ deux ans: ils se nourrissent de la terre même du trou où ils sont logés. Les faits les plus intéressants qu'ils ont à nous offrir, se passent en moins d'une heure, c'est-à-dire, depuis le moment où ils commencent à se transformer en mouches, jusqu'à celui où les femelles ont pondu leurs œufs, après quoi il ne leur reste plus qu'à mourir. Tout doit s'achever promptement dans des mouches si pressées de vivre. Elles ont quelque chose de la forme des papillons, & doivent être mises au rang des mouches papillonnacées; elles sont aussi grandes que des papillons d'une grandeur peu au-dessous de la médiocre. Leurs aîles supérieures d'un blanc jaunâtre, ont de l'ampleur; leur corps est long & terminé par une queuë beaucoup plus longue; celle des femelles est faite de trois filets égaux: le filet du milieu de la queuë des mâles, est court en comparaison des deux autres. Ces mouches donnent chaque année sur les bords de la Seine & de la Marne aux environs de Paris, un ſpectacle ſingulier pendant trois à quatre jours de ſuite, qui tantôt viennent avant, & tantôt après la mi-Août.

Lorſque le ſoleil eſt couché, il y a des heures où il paroît en l'air une quantité ſi immenſe de ces mouches, que pour s'en faire une juſte idée, il faut ſe rappeller ces jours d'hiver où la neige tombe à plus gros floccons, & plus preſſés les uns contre les autres. La terre n'eſt pas alors plus vîte couverte de neige qu'elle l'eſt d'éphémeres dans les ſoirées dont nous parlons. Les nymphes qui ſont ſous l'eau attendent que la nuit ſoit venuë pour ſe métamorphoſer. En 1738, les plus diligentes quitterent leur dépouille après huit heures du ſoir, & les plus pareſſeuſes vers les neuf heures. Cette opération difficile pour la plûpart des autres inſectes, & ſouvent longue, eſt facile pour ceux-ci, & très-courte. Les nymphes ſe ſont à peine élevées à la ſurface de l'eau, que leur fourreau ſe briſe, & que par la fente qui s'y eſt faite, ſort une mouche dont les aîles ſe développent dans le même inſtant, & qui dès qu'elles ſont développées, ſont en état de la porter en l'air; auſſi prend-elle l'eſſor ſur le champ. Des milliers ou plûtôt des millions de nymphes ſe rendent en même temps à la ſurface de l'eau, & devenuës mouches s'élevent dans l'air qui en eſt bien-tôt rempli. Mais comme elles ne s'y peuvent ſoûtenir long-temps, une abondante pluie de ces mouches ne tarde pas à tomber. En moins d'un quart d'heure j'en ai vû des tas de ſept à huit pouces d'épaiſſeur ſe former à mes pieds. La quantité de mouches qui paroît alors, n'eſt pas concevable, elles tombent auprès de tous les corps qu'elles ont touchés. Les femelles ne cherchent qu'à faire leurs œufs, elles ſont ſi preſſées de s'en délivrer, que celles qui ſont tombées à terre, les y laiſſent; mais les autres vont pondre les leurs dans la riviere. Pendant qu'elles voltigent près de la ſurface de l'eau, elles font sortir à la fois de leur corps deux grappes, dont chacune contient environ trois cens cinquante œufs. C'est l'affaire d'un moment : un autre insecte ne pond guéres plus vîte un seul œuf, que cette mouche en pond autour de sept cens. Swammerdam a prétendu que ces œufs étoient fécondés, comme on croit communément que le sont ceux des poissons, par un lait jetté dessus après qu'ils sont sortis du corps de la mere, ce qui me paroît combattu par beaucoup de difficultés. Quoique la lumiére d'un flambeau ne soit pas favorable pour observer ce qui se passe parmi des insectes dont le nombre met tout en confusion, j'ai cru voir de courts accouplements : s'il y en a, ils doivent être plus courts qu'aucun de ceux qui sont connus.

Il y a des *éphémeres de certaines especes*, qui après être devenuës aîlées, ont encore à quitter une dépouille : quelque minces que leurs aîles ayent paru d'abord, & quoique la mouche s'en soit servie pour voler, elles étoient pourtant, comme toutes les autres parties du corps, recouvertes chacune d'un fourreau que la mouche laisse. Celles que j'ai vûës dans la nécessité de se défaire de cette derniére dépouille, vivent pendant plusieurs jours, & ce n'est quelquefois que plus de vingt-quatre heures, ou même deux fois vingt-quatre heures après qu'elles sont devenuës mouches, qu'elles se tirent d'un dernier vêtement complet, mais extrêmement mince.

Nous revenons dans le treiziéme Mémoire à de fort petits insectes, dont nous avons traité très au long dans le *troisiéme volume*, qui ne sont que trop communs dans la campagne, & sur-tout dans nos jardins ; nous y revenons aux pucerons. Nous avons assés dit ailleurs que le nombre de leurs especes est prodigieux. Parmi ceux de chaque espece, il y en a de non-aîlés, & d'autres qui ont quatre aîles transparentes : les pucerons sont donc des mouches. Ce qu'ils ont de plus singulier, & on peut dire de plus étrange à nous apprendre, n'a été que soupçonné dans le volume qui vient d'être cité : nous y avons dit que toutes les especes de pucerons que nous connoissions, étoient vivipares, & que dans chaque espece les aîlés & les non-aîlés mettoient au jour des petits vivants ; mais nous sommes restés indécis sur l'article le plus important, sur celui de leur fécondation. Jusqu'ici tout a prouvé la nécessité du concours de deux individus de la même espece pour la propagation de chaque espece. On croyoit que l'Auteur de la Nature avoit voulu que cette loi fût générale : si elle avoit eu à souffrir des exceptions, il sembloit que c'eût dû être dans les genres d'insectes, dont chaque *individu a en lui les deux sexes réunis*; cependant *des individus mâles & femelles en même temps*, comme les limaçons, les limaces, les vers de terre, &c. sont dans l'impuissance de se féconder eux-mêmes ; ils sont comme les autres soûmis à la loi de l'accouplement. Divers faits & plusieurs observations m'ont forcé néantmoins de soupçonner que les pucerons lui avoient été soustraits, qu'ils étoient des hermaphrodites du genre le plus singulier, qu'ils se suffisoient à eux-mêmes. Heureusement qu'il n'étoit pas difficile d'imaginer des expériences propres à confirmer ce soupçon, ou à le détruire, il ne s'agissoit que de saisir un puceron dans l'instant où il venoit de sortir du corps de sa mere, de le faire croître & de lui faire passer ses jours dans une solitude où il ne lui fût pas permis d'avoir communication avec un autre insecte de son espece, ni même avec insecte quelconque de grandeur sensible. J'ai dit que j'avois tenté ces expériences, mais que divers accidents avoient fait périr les pucerons tenus en solitude, avant qu'ils fussent parvenus à l'âge où ils mettent des petits au jour. J'ai exhorté ceux qui travaillent au progrès de l'histoire naturelle, à répéter cette expérience. M. Bonnet de Géneve a été le premier qui l'ait faite avec toutes les précautions & la circonspection qu'elle demandoit; aussi ses peines & ses soins ont été récompensés comme ils le méritoient. Il a eu le plaisir de voir accoucher un puceron du fusain qui depuis l'instant de sa naissance, avoit été gardé dans un lieu où il n'avoit pu avoir de commerce avec aucun autre puceron. Il ne s'en est pas tenu à cette seule expérience, il l'a répétée plusieurs fois avec succès, & sur des pucerons de différentes especes; elle a été faite aussi par d'autres excellents observateurs, à Strasbourg par M. Bazin, & à la Haye en Hollande, par M.rs Trembley & Lyonet. On eût eu un juste reproche à me faire si *je ne l'eusse pas tentée de nouveau*: elle m'a enfin réussi comme à ces M.rs j'ai eu à mon tour le plaisir de voir mettre un petit au jour par un puceron du pavot, qui n'étoit né que depuis sept jours qu'il avoit passés dans la plus parfaite solitude. Les moyens qui ont été pris par les différents observateurs, pour ôter toute communication au puceron nouveau-né, avec ceux de son espece, sont décrits dans le Mémoire: ces moyens n'ont pas été les mêmes; mais tous étoient très-sûrs. Enfin, l'expérience a été faite avec succès sur des pucerons d'especes différentes; ainsi il est très-prouvé qu'il y a dans la Nature plusieurs especes d'un genre d'insectes qui, sans avoir été fécondés par l'accouplement, mettent des petits au jour. Dès-là il étoit très-probable que le genre des pucerons n'étoit pas le seul auquel cette propriété avoit été accordée; aussi a-t-on découvert depuis d'autres insectes de genres fort différents du leur, dont chaque individu est fécond par lui-même.

Le quatorziéme & dernier Mémoire est un supplément

à ceux que nous avons donnés dans le quatriéme volume sur l'histoire des mouches à deux aîles: il nous apprend la maniére singuliére dont naît une mouche de leur classe, de médiocre grandeur, connuë de ceux qui aiment les chevaux; elle est de celles qui les tourmentent le plus. On l'appelle en quelques cantons de la France, mouche Bretonne, & dans d'autres, mouche d'Espagne; mais en lui imposant le nom de *mouche araignée* j'ai voulu lui en donner un qui rappellât l'image de son corps applati, comme l'est celui des araignées de quelques especes: il a plus de consistance que celui des mouches ordinaires, les doigts ont peine à l'écraser. Mais ce n'est pas par sa forme que cette mouche mérite notre attention, c'est par sa façon de naître qui assûrément tient du prodige. S'il y a une loi de la Nature qu'on eût cruë hors de toute exception, c'est celle qui veut que l'animal naissant ait à croître, qu'il soit plus petit que pere & mere. Si quelqu'un au retour d'un voyage en des pays très-éloignés & peu fréquentés, osoit nous raconter qu'il a vû un grand oiseau, une poule, par exemple, d'une certaine espece, qui pond un œuf d'une grosseur démesurée, duquel sort un poulet, qui dès l'instant qu'il est hors de la coque, n'a plus à croître, parce qu'il égale sa mere en grandeur, ou même le coq par qui elle a été fécondée; si quelqu'un, dis-je, osoit nous rapporter un pareil fait, croirions-nous qu'il méritât d'être écouté! Quand il l'attribueroit à l'oiseau de la plus petite espece, à un colibri, ou à un oiseau-mouche, son récit ne nous en sembleroit pas moins fabuleux. L'imagination ne sçauroit se prêter à concevoir un animal qui dès le moment de sa naissance, a toute la grandeur de son pere ou de sa mere: qu'on veuille nous le faire croire d'un éléphant, d'un colibri, ou d'une mouche, la difficulté sera par-tout la même. Il est pourtant très-vrai, très-vrai, & je n'oserois l'assûrer, si pour le revoir il falloit aller aux Indes, qu'il y a une mouche, c'est notre mouche araignée, qui pond un œuf si gros qu'on a peine à concevoir qu'il ait pû être contenu dans son corps. Sa coque est noire, luisante, dure & incapable d'extension; aussi l'œuf conserve-t-il la forme & le volume qu'il avoit lorsqu'il a été pondu. Il vient cependant un temps où il en sort une mouche qui, dans l'instant de sa naissance, est dans le cas du poulet qui naîtroit poule parfaite, ou coq parfait. J'ai comparé plusieurs fois la mouche naissante avec les meres mouches, & les mouches mâles de cette espece, sans avoir jamais trouvé aucune différence sensible entre sa grandeur & celle des autres. Des mouches araignées d'une espece plus petite que la précédente, se tiennent dans les nids des hirondelles qu'elles chargent du soin de couver leurs œufs: ils sont pour l'essentiel semblables à ceux des mouches araignées des chevaux, & il sort de même de chacun une mouche qui dès qu'elle est éclose, a la grandeur de la mere, ou celle du pere.

Après nous avoir fait connoître des animaux qui deviennent féconds sans accouplement, après nous en avoir montré d'autres qui dès le moment de leur naissance, égalent en toutes dimensions le pere ou la mere à qui ils la doivent, l'histoire des insectes pourroit-elle encore nous offrir des prodiges capables de nous étonner! Elle en a néanmoins un autre à nous apprendre auquel nous n'avons pas encore été assés préparés par ceux dont il vient d'être fait mention. Il faut porter la foi humaine plus loin qu'il n'est permis à des hommes éclairés, pour le croire sur le premier témoignage de celui qui le raconte, & assûre l'avoir vû. Peut-on se résoudre à croire qu'il y ait dans la Nature des animaux qu'on multiplie en les hachant, pour ainsi dire, par morceaux! Que d'un animal on puisse en avoir deux complets après un temps affés court, en le coupant en deux parties! Que si on le coupe en trois, on aura trois animaux semblables & égaux à celui qui a été divisé! Qu'enfin il y a tel animal qui étant divisé en 8, 10, 20, 30 & 40 parties, est multiplié autant de fois! chaque huitiéme, chaque dixiéme, chaque vingtiéme, chaque quarantiéme, devient un animal semblable à celui dont il a été une petite portion. Il est cependant certain que des insectes peuvent nous faire voir un phénomene si peu concevable : ils ont la propriété très-admirable, même dans les plantes, de pouvoir être, pour ainsi dire, multipliés par boutures. Ceux à qui elle a été accordée, ne sont pas assujettis à passer par différentes métamorphoses; ils ne sont donc pas de ceux dont il s'est agi dans ce Volume & dans les précédents, ni de ceux même dont il s'agira dans le Volume qui suivra celui-ci; car après y avoir traité des fourmis, nous viendrons aux insectes dont les aîles sont recouvertes par des fourreaux, soit crustacées ou écailleux, soit membraneux, & tous ces insectes ont à subir des transformations. Ce ne sera que dans le dernier Volume que nous parlerons des animaux qui conservent pendant toute leur vie la forme qu'ils avoient en naissant; & c'est à des especes de ces derniers qu'on a découvert la propriété de pouvoir être multipliés par une voye qu'on ne croyoit efficace que pour les faire périr. Nous n'avons pas jugé néantmoins devoir différer jusqu'à ce que la suite de notre ouvrage nous eût conduits à donner l'histoire de ces insectes, à attester la vérité d'un fait qui a intéressé la curiosité de tous ceux qui en ont entendu parler. La nécessité de le faire plûtôt m'a été montrée par le grand nombre de questions qui m'ont été faites, soit verbalement, soit par écrit, sur sa réalité. Autrefois c'étoit peut-être un titre à un fait pour être cru, que d'être merveilleux; mais ce qui m'a paru prouver à l'honneur de notre siécle, que généralement parlant, on est parvenu à sçavoir douter, c'est que quoique la découverte des insectes qu'on multiplie en les coupant par morceaux, ait fait une nouvelle dont on s'est beaucoup entretenu à la Cour & à la ville, cependant je n'ai vû aucune personne qui l'ait crüe sur le premier récit qu'elle en avoit oüi.

D'ailleurs on ne sçauroit trop tôt rendre très-publique une découverte qui à la vérité déroute nos anciennes idées, & nous jette dans de nouveaux embarras sur la nature des animaux & sur leur conformation la plus intime, mais qui étend nos vûës & peut nous en faire naître de nouvelles. Au moins nous apprend-elle que toutes les merveilles que nous avons entrevûës dans l'organisation de certains animaux, ne sont rien en comparaison *de celles qui y existent réellement*. Au reste ce n'est pas assés d'attester la vérité d'un fait si étrange, il est nécessaire & juste de mettre en état de le voir & revoir, ceux qu'on veut convaincre de sa réalité.

Un hazard a pu seul donner occasion de faire une découverte que la raison permet à peine de croire après qu'on l'a vûë ; mais ç'a été un de ces hazards qui ne s'offrent qu'à ceux qui sont dignes de les avoir, ou plûtôt, qu'à ceux qui sçavent se les procurer. M. Trembley qui fait actuellement sa résidence à la Haye en Hollande, instruit que dans différentes eaux on trouve différentes especes d'insectes qui méritent d'être étudiés, voulut connoître celles qui se tenoient dans l'eau d'un fossé, qui étoit couverte de lentilles : il en remplit un vase de verre, & n'oublia pas d'y mettre flotter de la lentille. Il ne fut pas long-temps sans appercevoir de petits corps d'un beau verd, dont plusieurs s'attacherent contre les parois transparentes du vase ; ils lui parurent mériter son attention; ils étoient mols, & sans changer de place ils pouvoient prendre successivement de nouvelles formes. Sous celle qui étoit la mieux terminée & la plus allongée, chaque petit corps ressembloit assés à un cylindre dont un des bouts étoit appliqué contre les parois du vase, & dont l'autre jettoit des especes de branches, ou plûtôt des cornes, tantôt plus & tantôt moins longues, dont le nombre n'étoit pas toûjours égal; quelquefois sept à huit se montroient en même temps; quelquefois il n'en paroissoit que deux ou trois, & quelquefois toutes étoient cachées. Ces corps de cylindriques pouvoient devenir coniques, & se changer en des cones si applatis, que de longs de cinq à six lignes qu'ils avoient été, ils se réduisoient à l'être de moins d'une ligne: il étoit aussi en leur pouvoir de prendre beaucoup d'autres figures. Quoiqu'ils se tinssent ordinairement dans une même place, M. Trembley découvrit qu'ils avoient un mouvement progressif, à la vérité très-lent; il s'assûra même qu'ils cherchoient la lumiére, qu'ils quittoient le côté du vase qui étoit dans l'obscurité, pour se rendre sur le côté le plus éclairé. Malgré leur mouvement progressif, & malgré leurs changements de forme, M. Trembley douta s'il devoit les prendre pour des animaux, ou s'il ne devoit pas plûtôt les regarder comme des plantes d'un genre de sensitives, qui avoient un sentiment plus exquis que ne l'ont celles dont les racines sont fixées en terre, & qui étoient capables d'exécuter des mouvements qu'il n'est pas possible aux autres de faire. Ces petits corps ne ressemblent sous aucune de leurs formes, aux animaux qui se présentent ordinairement à nos yeux. Il a été heureux que M. Trembley ait sçu douter, & qu'il ait cherché à se tirer de son incertitude. Il eut recours au moyen qui sembloit le plus propre à décider la question qui le tenoit en suspens ; il coupa en deux transversalement quelques-uns de ces petits corps, espérant que s'ils étoient des plantes, chaque moitié étant remise dans l'eau, continueroit d'y végéter, & qu'il s'y referoit une nouvelle partie semblable à peu-près à celle dont elle avoit été séparée. Il se fit aussi dans chacune une reproduction, & plus promptement qu'on ne s'y seroit attendu. Les cornes manquoient à l'une ; après un jour ou deux, des cornes repousserent sur le bout de celle-ci, fait par la section. L'autre partie, celle à qui les anciennes cornes étoient restées, avoit besoin que son bout produit par la section se refaçonnât de maniére à devenir propre à s'attacher contre le verre ; il fut refaçonné en moins de vingt-quatre heures. Pendant que cela se passoit, pendant que chaque partie croissoit pour redevenir un corps complet, & que M. *Trembley* continuoit journellement de couper de ces petits corps, il ne cessoit pas de considérer ceux qu'il avoit laissé entiers ; tous les jours ils lui montroient de nouvelles manœuvres, comme pour le forcer à reconnoître qu'ils étoient de vrais animaux. Mais cette sage défiance sans laquelle on ne sçauroit avoir des observations sûres, cette défiance qui doit s'augmenter à mesure que les faits se présentent avec un plus grand air de merveilleux, ne permit pas d'abord à M. Trembley de décider sur la nature de ces petits corps d'une forme si différente de celle des autres animaux qu'il avoit eu occasion de voir, & dans lesquels il trouvoit une propriété si surprenante & qu'on croyoit n'appartenir qu'aux seules plantes : il desira que je l'aidasse à prononcer ; après m'avoir fait part dans le mois de Décembre 1740, de ses observations, il me fit parvenir par la poste plusieurs de ces petits corps singuliers dans une bouteille pleine d'eau : je les reçus pleins de vie. Malgré ce qu'il m'avoit écrit du prodige qu'ils lui avoient fait voir, je ne pus leur refuser une place parmi les insectes aquatiques. L'Académie à qui je sçavois faire plaisir en les lui montrant, & à qui j'en fis bien davantage en lui communiquant les curieuses observations de M. Trembley, les regarda aussi comme des animaux. De concert avec M. Bernard de Jussieu qui en avoit observé aux environs de Paris, & fait dessiner une espece du même genre, mais plus grande, & d'une autre couleur, je leur imposai le nom de *Polypes*, parce que leurs cornes nous parurent analogues aux bras de l'animal de mer qui est en possession de ce nom. M. Trembley l'adopta d'autant plus volontiers, que ses observations assiduës lui firent bien-tôt découvrir que ces petits corps ou polypes d'eau douce, étoient voraces, que leurs cornes étoient de vrais bras avec lesquels ils sçavoient attraper des insectes qui souvent n'étoient guéres plus petits qu'eux, & qu'ils avaloient cependant tout entiers.

Les premiers que je reçus, périrent chés moi, peut-être parce que je ne sçus pas les nourrir; mais M. Trembley ne tarda pas à m'en procurer d'autres en état de soûtenir cette opération dont j'étois si impatient de voir le succès. Il n'est aucune expérience qui demande moins d'appareil; tout se réduit à couper un polype en deux transversalement, soit avec un canif, soit avec des ciseaux, enfin avec un outil tranchant quelconque, & à mettre les deux parties qu'on a séparées l'une de l'autre, dans un ou deux petits vases pleins d'eau, mais peu profonds, où on puisse les voir toutes les fois qu'on le veut. Il n'étoit dont pas possible de soupçonner que dans une expérience si simple, quelque circonstance eût pu faire illusion, même à un observateur beaucoup moins éclairé & moins attentif que M. Trembley. J'avouë pourtant que lorsque je vis pour la premiére fois deux polypes se former peu à peu de celui que j'avois coupé en deux, j'eus peine à en croire mes yeux ; & c'est un fait que je ne m'accoûtume point à voir, après l'avoir vû & revû cent & cent fois. Non seulement d'un polype coupé en deux ou en trois transversalement, on a souvent au bout de peu de jours deux ou trois polypes, mais les morceaux d'un de ces insectes coupé longitudinalement, deviennent de même des complets, & plus vîte encore : en moins de vingt-quatre heures chaque moitié se trouve en état d'attraper d'autres petits animaux, de les avaler & de les digérer. Cette derniére façon de les couper, a même fait imaginer une maniére aisée de faire des monstres beaucoup plus composés que ceux dont la Nature nous a donné jusqu'ici des exemples. *Selon le bout par lequel on commence des sections longitudinales qu'on ne pousse pas jusqu'à l'autre* bout, on voit dans la suite plusieurs têtes sur un même corps, ou plusieurs corps appartenants à une seule tête. Mais je n'ai garde d'entrer actuellement dans le détail de ces singularités, & d'un grand nombre d'autres extrêmement surprenantes que nous offrent de petits animaux qu'on n'avoit presque pas apperçûs jusqu'ici ; on en sera instruit par l'histoire complette de ces polypes, à laquelle M. Trembley met actuellement la derniére main : le public l'attendroit avec une extrême impatience, s'il sçavoit comme je le sçais, combien elle doit lui apprendre de faits curieux, & avec quel plaisir il lira les observations fines, au moyen desquelles M. Trembley est parvenu à voir tant de singularités.

Dès que la découverte de M. Trembley fut connuë des Sçavants qui se plaisent à étudier les insectes, ils jugerent que les polypes ne devoient pas être les seuls auxquels il eût été accordé de pouvoir être multipliés d'une façon si étrange. Plus on examine les productions & les opérations de la Nature, & plus on reste convaincu qu'il ne s'y trouve rien d'unique. Un grand nombre d'insectes aquatiques furent bien-tôt exposés à périr cruellement sous l'instrument dont on se servoit pour essayer de les multiplier. M. Bonnet ne fut pas long-temps néantmoins sans découvrir une espece de vers, longs quelquefois de plus de 15 à 16 lignes, mais très-déliés, qui se tiennent au fond de l'eau dans la bouë, pour la multiplication de laquelle on travaille utilement, lorsqu'on en met les individus en piéces. Après s'être assûré qu'un de ces vers partagé en deux, devenoit deux vers en assés peu de temps, il poussa ses expériences plus loin, & elles lui apprirent que d'un même ver on pouvoit en avoir quatre, huit, si on le coupoit en un pareil nombre de parties, que même des vingtiémes & de plus petites parties pouvoient devenir des vers parfaits. Des expériences semblables réussirent à M. Lyonet, sur des trentiémes, & même sur des quarantiémes parties de vers d'une espece plus grande que celle dont il vient d'être parlé : leur longueur est d'environ trois pouces & demi, & leur grosseur est à peu-près celle de la chanterelle d'un violon. M. Lyonet s'étant servi de ces vers pour nourrir des nymphes de demoiselles aquatiques dès 1739, remarqua avec surprise que la partie antérieure de quelques-uns des premiers vers, dont le bout postérieur avoit été mangé apparemment par les nymphes des demoiselles, restoit sur le fond du bacquet sans y périr; il remarqua de plus que la partie postérieure du corps de quelques vers entiers, étoit d'une couleur plus claire que celle de l'antérieure, ce qui lui fit soupçonner que le bout rompu avoit repoussé : il m'a fait l'honneur de m'écrire que dès-lors il en fit l'expérience, qui lui réussit; mais ce ne fut que vers la fin de l'hiver 1741, qu'il se mit à la répéter, & qu'il qu'il la poussa jusqu'à faire une famille de vers, d'un seul ver haché en trente ou quarante morceaux. Le Pere Mazolleni Prêtre de l'Oratoire, grand amateur de l'histoire naturelle, qui demeure à Rome, méritoit de sçavoir des premiers la singularité nouvellement découverte. Il n'eut pas été plûtôt instruit par une de mes lettres, que d'un seul insecte on en pouvoit faire plusieurs, en divisant son corps en plusieurs parties, qu'il coupa en trois des vers aquatiques un peu moins grands que les vers de terre ordinaires, mais qui d'ailleurs leur sont semblables : il eut bien-tôt le plaisir de voir la reproduction qui commençoit à se faire dans chaque portion, & au moyen de laquelle elle devoit devenir un animal complet.

Après avoir rapporté ce que des Sçavants auxquels on doit une pleine confiance, m'ont appris qu'ils avoient vû, je ne daignerois pas faire mention de ce que j'ai vû moi-même, s'il ne s'agissoit que de prouver que la propriété de devenir un animal complet, réside dans chaque portion du corps de certains animaux, qu'un tronçon de leur corps, quelque part qu'il ait été pris, pousse par son bout antérieur une tête & une partie antérieure complette, & qu'il pousse par l'autre bout une queuë, ou une partie postérieure; mais on doit être curieux de sçavoir quelles sont les especes, & sur-tout quels sont les genres d'insectes auxquels une si singuliére fécondité a été accordée. Je l'ai trouvée à trois différentes especes de polypes, & peut-être ne manque-t-elle à aucune de celles d'un genre d'animaux si aisé à caractériser par la bizarrerie de sa forme. Il n'est pas aussi facile de caractériser (au moins pour y parvenir faudroit-il s'étendre plus que je ne me suis proposé de le faire ici) les différentes especes de vers sans jambes, dont les unes ont une forme telle précisément que celle des vers de terre, & dont les autres par la figure de leur corps & sur-tout par leur vivacité, ressemblent plus de petites anguilles: parmi les unes & les autres il y en a de brunes, de rougeâtres, de blancheâtres, & de différentes grandeurs. Mais ce qui peut encore aider à faire distinguer les uns des autres les vers de ces différentes especes, c'est qu'il y en a qui se tiennent au milieu de l'eau; d'autres rampent sur le fond; d'autres restent entiérement cachés sous la bouë, & d'autres n'y sont enfoncés qu'en partie; ils élevent le reste de leur corps au-dessus, & lui font faire des ondulations continuelles. J'ai fait des essais sur plusieurs especes de ces insectes, dont le succès me dispose à croire qu'on regardera à l'avenir comme des especes qui ont été exceptées de la régle générale, celles de l'un & de l'autre genre dont les portions en lesquelles leurs individus auront été divisés, ne seront pas, pour ainsi dire, des boutures propres à donner des animaux parfaits & semblables en tout à celui dont elles ont été une partie, & quelquefois assés petite.

Il y a pourtant des genres d'insectes, dont quelques especes seulement ont en partage la propriété d'être multipliées par des sections. Les especes de sangsuës, par exemple, les plus connuës, les plus grandes & les plus communes, des especes de médiocre grandeur, & d'assés petites & plus rares, se sont mal trouvées de mes épreuves; quoique les portions en lesquelles je les ai coupées, ayent souvent vécu pendant plusieurs jours, & quelquefois pendant plusieurs semaines, elles ont péri sans que ce qui leur manquoit ait paru commencer à se former. Peut-être pourtant croira-t-on devoir placer dans le genre des sangsuës des insectes d'une très-petite espece, pour qui, d'être coupés en deux, trois ou quatre parties, n'est qu'un bien, si ç'en est un pour eux de se multiplier. Je les appelle des *Sangsuës-limaces*, parce qu'elles ont quelque chose d'une très-petite limace; jamais elles ne s'allongent autant que les sangsuës, & elles marchent en glissant. Entre les figures sous lesquelles elles se montrent successivement, elles en prennent volontiers une qu'on ne voit jamais aux autres sangsuës; leurs deux bouts sont alors coupés quarrément, & leurs côtés sont aussi en ligne droite: au milieu du bout antérieur paroît quelquefois une pointe triangulaire & charnuë, & de chaque côté sort aussi en devant une pointe charnuë.

Dans le genre des insectes qui doivent le nom de *Mille-pieds* au grand nombre de jambes dont ils sont pourvûs, & malgré lequel ils ne font que ramper, dans ce genre d'insectes, dis-je, il y en a d'aquatiques aussi déliés qu'un fil, & qui n'ont guéres que sept à huit lignes de longueur. En devant de la tête, ils portent une espece de trompe ou de dard charnu aussi long que le quart ou le tiers du corps, qu'on ne trouve pas aux mille-pieds des autres especes. Ils tiennent cette partie qui est très-organisée, dans une agitation continuelle, & s'en servent pour se saisir de très-petits insectes dont ils se nourrissent. J'ai coupé plusieurs fois de ces mille-pieds en deux parties, & j'ai suivi avec plaisir le progrès de l'accroissement qui s'est fait en chaque moitié; souvent en moins de dix à douze jours elle est devenuë un insecte complet, malgré le grand nombre de parties extérieures, & malgré la quantité de jambes qui devoient y pousser, malgré ce dard singulier ou cette trompe qui devoit se former au bout qui devenoit la tête, & qui avoit été auparavant au milieu du corps. Les expériences que j'ai fait faire sur des mille-pieds de mer, d'une toute autre longueur, sur de ces mille-pieds longs de sept à huit pouces, n'ont pas eu le même succès; mais les essais n'ont peut-être pas été encore assés répetés ni assés suivis.

J'ai pourtant pensé qu'il y avoit des especes d'animaux de mer, beaucoup plus grandes que toutes celles d'eau douce sur lesquelles on a fait des épreuves, qui pouvoient être multipliées par des sections. Dans le volume des Mémoires de l'Académie de 1710 *, j'ai parlé de quelques especes d'animaux de mer qui ont été nommés des orties, dont j'ai même fait graver des figures *; quand ces orties s'ouvrent & qu'elles épanouissent, pour ainsi dire, leurs cornes, elles imitent une fleur. Il y en a de plus grosses que des oranges d'une grosseur médiocre. Je crus pouvoir prédire à l'Académie, que ces orties se trouveroient dans la classe des insectes qui ont un si grand fond de reproduction. Ce qui me disposoit à le croire, c'est que si on fait attention à ce qui les caractérise, elles appartiennent au genre des polypes, elles sont des polypes qui ont des bras courts, mais qui en ont un très-grand nombre; ou si l'on veut, on peut réciproquement regarder les polypes comme appartenants au genre des orties, & alors ils sont des orties qui ont peu de cornes, mais qui les ont longues. Je me crus encore fondé à prédire que cette source de reproduction devoit se trouver dans un autre genre d'insectes de mer d'une forme très-différente de celle des orties, mais aussi singuliére, dans celui des étoiles de mer. Elles sont plattes & composées pour la plûpart de cinq rayons égaux; le diametre de quelques-unes est de plus de 7 à 8 pouces. Je me rappellai que j'avois vû des étoiles à qui il ne restoit que deux ou trois rayons, & qui sembloient se porter bien; que j'avois vû une étoile qui n'étoit qu'un seul rayon. Les coups de mer, & peut-être des animaux voraces mettent des étoiles dans l'état où les mettroit un observateur qui voudroit s'assûrer qu'une maniére de les multiplier, est de les déchirer en cinq piéces. Mon projet avoit été de leur faire de ces sortes de traitements pendant

*Pag. 466.

* Pl. 10. du même volume.

les vacances de 1741, & de ne pas épargner davantage les orties de mer; mais des affaires qui me retinrent chés moi, à Reaumur, ne me permirent pas de l'exécuter. Je m'en consolai sur ce que je connoissois le desir qu'avoit M. Guettard d'être chargé de faire les expériences que j'avois projettées: il me quitta donc volontiers pour aller couper & recouper à douze lieuës d'où j'étois, les étoiles, les orties & les autres insectes que la mer laisseroit à découvert en se retirant. Pendant ces vacances de 1741, ces especes d'animaux furent menacées de dangers auxquels elles n'avoient pas été apparemment exposées depuis qu'elles existent. Monsieur Bernard de Jussieu se rendit sur les côtes de Normandie, & les parcourut avec des intentions semblables à celles qui conduisirent M. Guettard sur les côtes de Poitou. Les observations qu'ils firent sur les étoiles de mer qui se présenterent à leurs yeux, n'eussent-elles pas été soûtenuës par des expériences, eussent suffi pour justifier ma prédiction, pour prouver que la faculté de se reproduire, de devenir une étoile complette, avoit été accordée à chacune de leurs parties. Ils virent des étoiles, & m'en apporterent qui n'avoient que quatre grands rayons égaux, & un cinquiéme encore naissant: ils en trouverent d'autres à qui il n'étoit resté que trois grands rayons, & qui en avoient deux extrêmement petits; d'autres qui n'avoient que deux grands & anciens rayons accompagnés de trois très-petits, & probablement très-jeunes. Enfin ils virent plus d'une fois un grand & seul rayon, duquel quatre petits commençoient à sortir. La pitié ne sembloit donc pas exiger qu'on se fist quelque peine de mettre des étoiles en piéces, aussi ne furent-elles pas épargnées. Des pêcheurs qui remarquerent que M. de Jussieu les coupoit & les déchiroit, lui dirent qu'il auroit beau faire, qu'il ne parviendroit pas à leur ôter la vie : ils étoient accoûtumés à voir une reproduction dont les Physiciens n'avoient pas même soupçonné la possibilité. Les parties en lesquelles M.rs de Jussieu & Guettard avoient divisé chaque étoile, leur parurent se porter bien, ils virent leurs playes se cicatriser & se consolider ; mais il ne leur fut permis de rester sur la côte qu'environ une quinzaine de jours, temps trop court pour suivre le progrès d'une reproduction qui, selon les apparences, n'est complette qu'après plusieurs mois, ou peut-être après plus d'une année : elle se fait moins lentement dans les parties des orties, quoique quinze jours ou trois semaines ne suffisent pas cependant pour la rendre complette. Ces derniers insectes varient leur figure à leur gré, de cent façons différentes ; mais leur forme tient ordinairement de celle d'un cone tronqué qui dans quelques-uns a à sa base plus de quatre pouces de diametre, & guéres moins de hauteur. Plusieurs de ces animaux coniques ont été divisés en deux par une section faite selon l'axe ; les deux moitiés après avoir été séparées l'une de l'autre, ont paru se bien porter. Il y en a eu qui ayant été tirées de la mer quinze jours après qu'elles avoient été coupées, & voiturées chés moi à plus de douze grandes lieuës, y ont encore vécu dix à onze jours ; quoique la nouvelle eau de mer que je leur donnois chaque jour fût assés vieille, qu'elle fût arrivée chés moi avec ces portions d'orties, des demi-cones étoient déja presque devenus des cones complets.

Mais j'ai eu une excellente ressource pour m'assûrer que les reproductions que j'avois vû fort avancées dans différentes especes d'animaux de ce dernier genre, seroient devenuës complettes avec le temps. M. Gerard de Villars Docteur en Médecine, que la reconnoissance m'a déja engagé à citer dès le premier volume de ces Mémoires, ayant quitté le Poitou, & repris la Rochelle pour le lieu de sa résidence, j'ai pu sûrement me promettre que son amour pour l'histoire naturelle, joint aux dispositions que je lui sçais à me faire plaisir, l'engageroit à tenter des expériences qui ne pouvoient être bien suivies que par ceux qui habitent pendant toute l'année les bords de la mer. Il s'est prêté avec autant de zéle que d'intelligence, à faire toutes celles que je souhaitois. Ce n'est pas ici le lieu de détailler les précautions qu'il a prises pour retrouver les animaux qu'il avoit coupés pendant que la mer s'étoit retirée, & qu'elle venoit recouvrir ensuite : je ne rapporterai pas même quelques expériences extrêmement singuliéres que je lui avois indiquées, dont le succès a été dû à son attention & à son adresse ; je me contenterai pour le présent de dire qu'il m'a écrit qu'il étoit parvenu à avoir des moitiés d'orties dont les cicatrices s'étoient parfaitement rebouchées, & étoient devenuës des orties parfaites, & qu'il en gardoit plusieurs pour me les faire voir pendant les vacances de 1742. Il a vû aussi à des étoiles des rayons naissants en la place de ceux qu'il avoit emportés.

L'eau qui humecte continuellement les playes des portions de l'insecte qui a été coupé en deux, en trois, ou en un plus grand nombre de parties, conserve ces playes dans un état favorable à la formation de la cicatrice, & à l'espece de végétation qui s'y doit faire ; mais faute de cette circonstance favorable aux reproductions des parties des animaux dont l'eau, soit douce, soit salée, est l'élément, la propriété qui a été accordée à plusieurs especes de ceux-ci, n'auroit-elle pu l'être à des especes d'insectes terrestres, & leur auroit-elle été refusée à toutes ? Il y a des especes de ces derniers qui vivent dans des lieux où leurs playes peuvent être tenuës continuellement humides, telles sont les différentes especes de vers de terre. Il étoit donc naturel de soupçonner que ces vers pourroient être de ceux qu'on multiplie en les coupant; & on étoit d'autant plus invité à faire sur eux des essais, qu'ils ressemblent beaucoup à des vers aquatiques de plusieurs especes différentes, dont les tronçons ont le plus de facilité à redevenir des insectes parfaits. M. Bonnet & moi avons mis chacun de notre côté des vers de terre à l'épreuve que soûtiennent si bien les vers aquatiques qui leur ressemblent : j'ai commencé par en couper en deux; la partie antérieure, quoique je ne lui eusse pas laissé la moitié de la longueur de la partie postérieure, a paru avoir peu souffert d'avoir été séparée de celle-ci; souvent en moins de deux jours elle a été un nouvel animal, beaucoup plus court à la vérité que celui dont elle avoit fait partie, mais en état de remplir toutes ses fonctions. L'anus s'étoit bien formé au bout produit par la section, & étoit rebordé comme il l'est dans l'état ordinaire. Il ne manquoit plus à ce nouveau ver que de croître en longueur, d'acquérir celle qu'avoit euë l'ancien, c'est ce qui s'est fait peu à peu, & qui a demandé plusieurs mois. Mais la reproduction qui se doit faire dans la playe de la partie postérieure d'un pareil ver, est bien un autre ouvrage que celle d'un anus, & que celle d'une suite d'anneaux assés uniformes: une tête s'y doit former, ou développer; à peu de distance de cette tête doivent se reproduire, tant dans l'intérieur qu'à l'extérieur, les parties propres au sexe du mâle, & d'autres propres à celui de la femelle ; les unes & les autres doivent non seulement se trouver dans le même ver, elles doivent y être doubles; aussi n'est-ce qu'au bout de trois à quatre mois ou environ que la partie postérieure des vers de terre les plus communs, devient un ver parfait. Plusieurs de ces parties postérieures périssent avant

avant que d'y parvenir, sur-tout si on ne sçait pas les mettre à l'abri des dangers dont nous parlerons ailleurs, & si on n'a pas le soin de les tenir dans une terre humide à un point convenable; elles périssent dans la terre trop imbibée d'eau, comme dans celle qui n'est pas suffisamment humectée. Mais le temps que demande cette reproduction, & les attentions nécessaires pour la faire réussir, ne diminuent en rien le fond de la merveille. Il est d'ailleurs heureux que les vers de terre nous la puissent faire voir, étant de très-longs & d'assés gros insectes, dont on peut avoir des milliers en toute saison; ils offrent des facilités pour suivre le progrès d'un développement si digne d'être étudié, que ne donneroient pas des insectes plus petits, & dont il est plus difficile d'avoir une quantité qui suffise à des essais assés multipliés. La dissection qui peut nous faire voir combien la portion antérieure du corps de ces vers renferme de parties qui ne se trouvent pas dans la portion postérieure, combien celles qui sont contenuës dans l'une, different de celles qui sont logées dans l'autre; la dissection, dis-je, aide à nous faire concevoir une plus grande & plus juste idée des prodiges qui arrivent lorsqu'une portion du corps redevient un corps entier, lorsqu'elle acquiert toutes les parties qui étoient restées aux portions dont elle a été séparée. Parmi les vers de terre il y en a plusieurs especes différentes de celle qui se présente le plus souvent à nos yeux; j'en connois deux dans lesquelles les reproductions se font plus vîte que dans l'espece la plus commune.

Les vers de terre ne sont pas apparemment les seuls insectes terrestres qui puissent être multipliés par une voye qu'on ne devoit pas soupçonner propre à être employée pour cette fin; mais les especes que nous avons indiquées, tant d'insectes d'eau douce, que de ceux de mer, ſuffiroient pour nous prouver qu'une propriété ſi inconcevable a été accordée à bien des eſpeces d'animaux; peut-être s'étonnera-t-on par la ſuite, du moins ne ſçauroit-on s'empêcher de regretter qu'elle n'ait pas été accordée généralement aux animaux de toutes les eſpeces. Mais il ſemble qu'elle étoit dûë par préférence à ceux dont le corps fragile eſt ſouvent en riſque de ſe caſſer, quelques-uns auſſi des vers d'eau douce qui l'ont, ſe caſſent aiſément en deux. Apparemment qu'elle aura été accordée encore aux inſectes à qui il arrive ſouvent de n'être mangés qu'en partie par d'autres inſectes, ou par de plus grands animaux, pour la pâture deſquels ils ſont deſtinés. Les vers de terre, par exemple, ſont ſouvent expoſés à avoir l'un ou l'autre bout de leur corps mangé par les taupes.

Nous ne nous ſommes nullement propoſés de diſcuter ici à fond tout ce qui tient à une matiére ſi curieuſe & ſi nouvelle; on la traitera avec plus d'étenduë & de ſolidité, quand on aura eu le temps de multiplier les obſervations, quand on pourra combiner les faits vûs par différents obſervateurs, & quand enfin nous ſerons un peu revenus de l'étonnement dans lequel nous ont jettés des faits auxquels nous aurions dû ſi peu nous attendre. Tout ce qui ſe paſſe pendant le progrès de chaque reproduction, ou au moins ce qui en peut être vû, méritera d'être rapporté au long. Ces nouvelles productions ſerviront peut-être à nous donner des éclairciſſements ſur ce myſtére de la Nature, ſi caché & ſi intéreſſant pour nous, ſur la génération des animaux. Dans les bouts de ces portions d'animaux, qui deviennent peu à peu des animaux complets, une ſorte de génération ſe fait à découvert, là des développements de germes ſe paſſent ſous nos yeux; enfin, nous pouvons y ſuivre le progrès de l'accroiſſement d'un animal preſqu'entier depuis le moment où il n'étoit qu'un embrion qui a commencé à se montrer, comme il nous est permis de suivre dans tous ses états, une branche d'arbre qui doit son origine à un bouton que nous avons vû s'épanouir. Mais nous n'avons pas autant d'éclaircissements à espérer par rapport à des questions métaphysiques auxquelles la nouvelle découverte donne lieu. Un sentiment intérieur, & même une espece d'esprit de justice, font que le commun des hommes ne sçauroit se résoudre à refuser une ame aux animaux: peu de *Philosophes* se croyent fondés à les traiter de pures machines; mais y a-t-il des ames sécables? Quelles sortes d'ames seroient-ce que celles qui, comme les corps, se laisseroient couper par morceaux & se reproduiroient de même? Si l'ame dans les bêtes a un lieu affecté, où elle se tient à la maniére des ames, si ce lieu est dans la tête, imaginerons-nous que chaque tronçon du corps est non seulement pourvû à son bout antérieur d'un germe de tête, mais que de plus ce germe de tête en contient un d'ame; c'est-à-dire qu'au germe propre à devenir une tête, est attachée une ame qui ne sera en état d'exercer ses fonctions, que quand le germe de tête se sera développé, qu'il aura acquis la puissance de faire les fonctions de tête, & qu'il sera devenu celle d'un animal? A quelque point que nos découvertes se multiplient en physique, nous ne devons pas nous promettre d'en devenir plus éclairés par rapport à des vérités d'un autre ordre, par rapport à celles qui ont pour objet des êtres qui ne sont ni corps ni matiére.

Nous avons cru ne devoir entrer ici dans aucun détail de l'*histoire* des premiers insectes auxquels on a découvert la *propriété* de pouvoir être multipliés comme les plantes, par boutures. Nous nous sommes même abstenus d'indiquer beaucoup de faits singuliers que les polypes peuvent nous apprendre: nous ne sçaurions pourtant nous résoudre à mettre fin à cette très-longue préface, sans revenir encore à eux. Nous ne devons pas laisser ignorer qu'il y en a qui se font des habitations véritablement dignes d'être connuës, très-agréables à voir, & que les Sçavants voyent depuis long temps avec plaisir, sans les connoître pour ce qu'elles sont; que celles des polypes de différentes especes sont construites sur des modeles très-différents. Il importe que les observateurs, & ceux surtout dont les recherches ont les plantes pour objet, soient avertis que s'ils ne sont pas assés instruits des variétés que les logements des polypes peuvent offrir, ils se trouveront exposés à de grandes & singuliéres méprises.

Les travaux de plusieurs Naturalistes, & ceux entr'autres de plusieurs habiles Botanistes, nous ont valu un grand nombre d'ouvrages ornés de planches gravées, par lesquelles ces Sçavants ont prétendu mettre sous nos yeux les figures de diverses plantes marines, qui le disputent aux plantes terrestres par le nombre de leurs branches & de leurs ramifications, par la grace (s'il est permis de parler ainsi) de leur port, par l'élégance avec laquelle sont découpées & articulées les différentes & petites portions qui sont disposées à la file les unes des autres pour composer un rameau; par la nature de leur substance qui dans les unes semble tenir plus ou moins de la corne, & dans les autres plus ou moins de la pierre, & qui leur donne l'avantage de pouvoir être conservées hors de l'eau, telles qu'elles étoient lorsqu'on les a tirées de celle de la mer. Auroit-on pu prévoir qu'il falloit étudier les polypes pour apprendre que ces productions qu'on avoit prises pour de belles plantes, & qu'on n'avoit pu soupçonner être autre chose, n'en étoient pas cependant; qu'elles n'étoient que des assemblages de cellules de ces petits animaux, & de cellules bâties par eux; que ces corps qui sembloient avoir végété dans la mer, étoient pour les polypes ce que les guêpiers sont pour les guêpes; qu'on ne devoit plus leur laisser le nom de plantes, & que pour leur en imposer un qui exprimât exactement ce qu'ils sont, on devoit les appeller des *polypiers!*

Je ne me lasserai point de faire remarquer combien de nouvelles connoissances nous a valu l'attention que M. Trembley a donnée à quelques insectes très-petits; c'est encore celle qu'il a donnée aux polypes, qui nous a mis sur la voye de découvrir que les cellules de ceux de diverses especes, étoient arrangées les unes au bout des autres, & les unes sur les autres, avec tant d'art & de régularité, qu'elles formoient des touts qui avoient trompé les yeux les plus connoisseurs en plantes. M. Trembley m'excita à observer ceux d'une espece, qui, par un joli pennache qu'ils montrent assés ordinairement, & par les jeux qu'ils lui font faire pour s'en servir comme d'un filet avec lequel ils attrappent de très-petits insectes aquatiques, ne sçauroient manquer de plaire à tous ceux qui les considéreront. Il m'offrit de m'en envoyer; mais M. Bernard de Jussieu, à qui les plus petits animaux sont aussi connus que les plus petites plantes, qui sçait où se nichent ceux de chaque espece, me procura de ceux pour qui ma curiosité avoit été excitée, presqu'aussi-tôt que je lui eus parlé du desir que j'avois de les voir. Il fut lui-même déterminé à les mieux examiner qu'il n'avoit fait jusqu'alors. M. Guettard ne tarda pas aussi à trouver aux environs de Paris, des eaux qui fournissoient de ces insectes en très-grande abondance.

Ce que ces polypes offrent de plus agréable aux yeux, n'étoit pas cependant ce qui méritoit le plus d'être observé, & ce qui devoit nous donner plus de connoissances d'un nouveau genre. Chaque polype à pennache est logé en partie, & ſouvent ſe retire tout entier dans une eſpece de cellule ou tuyau de quelques lignes de longueur, tantôt brun, tantôt d'une couleur preſque blancheâtre, & qui a de la tranſparence au moins vers ſon ouverture, ou à ſa partie antérieure, & qui quelquefois eſt tranſparent par-tout; il eſt fait d'une matiére flexible, qui par ſa conſiſtance, & ſouvent par ſa couleur, peut être comparée à une ſorte de parchemin. Ces tuyaux ſe trouvent en certains endroits entaſſés les uns ſur les autres, d'une façon qui ne préſente aucune figure diſtincte; mais dans les endroits moins peuplés de polypes, leurs tuyaux ſont arrangés avec plus d'ordre, ou avec un ordre plus aiſé à reconnoître. Le premier au moins eſt collé contre quelque appui fixe, contre un morceau de bois, contre une feuille, contre une pierre: ce premier ſert d'appui au ſecond; celui-ci part d'aſſés près de l'ouverture de l'autre: le troiſiéme eſt poſé d'une maniére ſemblable ſur le ſecond; il en eſt de même des ſuivants. Une file de courts tuyaux diſpoſés de la ſorte, paroît une tige qui à l'origine de chaque nouveau tuyau ſemble avoir un nœud, ou une articulation: de cette tige partent ſouvent de deux côtés oppoſés d'autres files de tuyaux qui ſont comme autant de branches. L'eſpece de tige ainſi garnie de ſes branches, qui eſt ce que nous nommons un polypier, reſſemble très-bien à une plante dépouillée de ſes feuilles. Quand un de ces polypiers eſt appliqué ſur une grande feuille, comme j'en ai vû ſur celles du potamogéton, ou qu'il rampe ſur quelque morceau de bois, il ſera toûjours pris pour une plante paraſite par quelqu'un qui ne l'aura vû qu'hors de l'eau, c'eſt-à-dire, que dans un temps où chaque polype eſt rentré dans ſa cellule.

La quantité des différentes eſpeces d'animaux, qui ſont

couvertes par les eaux de la mer, eſt bien autrement grande que celle des eſpeces qui ſe tiennent dans les eaux douces: il étoit donc à préſumer que non ſeulement on devoit trouver des polypes dans la mer, mais qu'on y en devoit trouver beaucoup plus d'eſpeces qu'on n'en avoit vû dans les eaux qui croupiſſent, & dans celles des rivieres & des ruiſſeaux. Les orties & les étoiles de mer ne furent pas le ſeul objet du voyage que fit M. Bernard de Juſſieu ſur les côtes de Normandie pendant les vacances de 1741, il s'étoit ſur-tout propoſé de chercher à découvrir des eſpeces de polypes. La recherche des polypes étoit auſſi entrée pour beaucoup dans la miſſion de M. Guettard ſur les côtes de Poitou. M. de Fontenelle * nous a dit de M. de Tournefort, *il ſemble qu'autant qu'il le pouvoit, il transformoit tout en ce qu'il aimoit le mieux;* des pierres même les plus communes, il en vouloit faire des plantes. L'amour que M. Bernard de Juſſieu a pour les plantes, n'eſt pas moins vif que celui que M. de Tournefort avoit pour elles; mais c'eſt un amour plus équitable: il ne lui permit pas de balancer à faire une grande reſtitution au genre animal, quoiqu'elle dût lui être faite aux dépens du genre végétal. Après avoir obſervé dans l'eau même de la mer, pluſieurs eſpeces de ces productions ſi bien formées à la maniére des plantes, il vit ſortir des bouts de toutes leurs branches & de tous leurs nœuds, ou de toutes leurs articulations, de petits animaux qui, comme les polypes à pennache d'eau douce, ſe donnoient tantôt plus, tantôt moins de mouvement, qui comme ceux-ci s'épanouiſſoient en certains temps, & qui dans d'autres rentroient en entier dans leur petite cellule, hors de laquelle leur partie poſtérieure ne ſe trouvoit jamais. Enfin, il reconnut que pluſieurs eſpeces de ces corps, dont chacun avoit l'extérieur d'une très-belle plante, n'étoient que des

* *Mémoires de l'Académie 1708. page 151.*

assemblages d'un nombre prodigieux de cellules de polypes, en un mot, que plusieurs de ces productions de la mer, que tous les Botanistes qui les ont décrites, ont prises pour des plantes, & ont fait représenter comme telles avec complaisance, n'étoient que des polypiers. Les observations de M. Guettard lui firent voir aussi sur les côtes de Poitou, & il m'en apporta, toutes les especes de polypiers, avec les petits habitants dont ils fourmillent, que M. de Jussieu avoit vûës sur celles de Normandie, & même quelques-unes de plus; mais M. de Jussieu étant retourné cette année au printemps sur ces derniéres côtes, y a découvert de nouvelles especes de polypiers, & il y en reste apparemment encore beaucoup d'autres à découvrir.

Cette idée singuliére jusqu'à paroître trop bizarre, que des productions si parfaitement semblables aux plantes les plus réguliérement ouvragées, n'étoient point des plantes, qu'elles n'étoient que des assemblages de nids d'insectes, a déja été proposée il y a seize ou dix-sept ans; elle fut alors mal reçûë, & il n'en a pas été question depuis. Ce n'est pas assés d'annoncer des vérités, sur-tout lorsqu'elles sont peu vraisemblables, il faut être en état de les faire reconnoître pour ce qu'elles sont. Depuis que les Physiciens s'étoient convaincus que malgré ce que Pline & plusieurs anciens en avoient écrit, le corail n'étoit pas plus mol dans la mer que les pierres ne le sont dans leurs carriéres, que son écorce seule étoit molle alors, & que de même les madrépores, les rétépores, &c. avoient dans la mer la dureté des pierres; depuis, dis-je, que les Physiciens s'étoient convaincus de la réalité de ces faits, il leur avoit semblé bien difficile de faire végéter les coraux & toutes les productions appellées plantes pierreuses. Mais des observations que fit M. le Comte de Marsigli, pendant son séjour aux environs de Marseille, parurent avoir constaté

constaté l'état du corail, & lui avoir assûré pour toûjours, & aux productions analogues, un rang parmi les végétaux. Elles le conduisirent à voir sur le corail de petits corps organisés & découpés en plusieurs parties, auxquels il crut trouver tous les caractéres des fleurs. Ce fut une découverte qui fit grand bruit dans le monde naturaliste, que celle des fleurs du corail. M. de Marsigli poussant plus loin ses recherches, trouva de pareilles fleurs à beaucoup de ces productions appellées plantes pierreuses, & à beaucoup d'autres productions marines plus souples, dont quelques-unes même sont molles, & qui toutes ont aussi été placées parmi les plantes.

La difficulté de faire végéter des corps pierreux, ne laissa pas de subsister. Mais comment ôter de la classe des végétaux des corps qui se chargeoient de fleurs! J'ai cru donner un dénouement par rapport à leur végétation, dans un Mémoire imprimé parmi ceux de l'Académie de 1727, en la réduisant à celle de la seule écorce, en regardant l'écorce seule comme une plante, mais qui se bâtissoit une tige en déposant des grains rouges & sablonneux dont je l'avois trouvé remplie. Quelque temps avant que je publiasse ce Mémoire, on en communiqua un autre à l'Académie, où l'on donnoit une idée fort différente de la formation du corail, & en général des corps pierreux que M. le Comte de Marsigli avoit cru voir en fleur. On assûroit avoir reconnu par des observations réïtérées, que toutes ces prétenduës fleurs étoient de très-petits, mais de véritables animaux semblables à des orties de mer; & on prétendoit que les coraux, les madrépores, les rétepores, les corallines, les lithophytons, &c. n'étoient que des assemblages de coquilles de ces insectes.

Les nouvelles observations sur lesquelles on fondoit ce sentiment, ont été rapportées dans mon Mémoire de 1727, avec les éloges justement dûs à celui qui les avoit faites; mais je ne crus pas alors devoir adopter les conséquences qui en avoient été tirées, & j'y opposai des difficultés. L'estime que j'ai pour M. Peyssonel * me fit même éviter de le nommer pour l'auteur d'un sentiment qui ne pouvoit manquer de paroître trop hazardé. Quelque disposé que je sois aujourd'hui à regarder ce même sentiment comme vrai, quoique l'exactitude & le prix des observations sur lesquelles M. Peyssonel avoit voulu l'établir, me soient mieux connus, il me paroît cependant encore qu'elles étoient insuffisantes pour prouver que les coraux & les productions analogues étoient les ouvrages de petits insectes de différentes especes. J'ai montré des doutes dans mon Mémoire, que je n'aurois peut-être pas dû avoir, ou au moins que je n'ai pas aujourd'hui, sur la transformation faite par M. Peyssonel, des fleurs du corail en petits animaux; mais après avoir accordé que ces prétenduës fleurs n'étoient réellement que de petits animaux, qu'en pouvoit-il résulter? Il semble que la seule conséquence qu'on étoit en droit d'en tirer, est que comme les tiges de différentes plantes terrestres sont couvertes, les unes de pucerons, les autres de gallinsectes, les autres de galles, de même l'écorce des plantes marines étoit remplie d'insectes qui aimoient à s'y loger; qu'on ne devoit pas plus regarder ces derniers comme les ouvriers des corps sur lesquels ils se trouvoient en si grand nombre, qu'on regarde les autres comme ceux des plantes auxquelles nous les voyons attachés. La grande difficulté, celle sur laquelle j'ai le plus insisté, & qui me paroissoit insoluble, c'étoit d'expliquer comment des insectes pouvoient construire les corps pierreux sur lesquels on les trouvoit; comment de pareils corps pouvoient résulter de plusieurs de leurs cellules ou coquilles réunies; & c'est

* *Médecin alors de Marseille, & à présent Médecin du Roy à la Guadeloupe.*

une difficulté que M. Peyssonel a laissée dans tout son entier, & par rapport à laquelle il étoit impossible alors d'entrevoir aucun dénouement.

Il est néantmoins très-certain à présent que des productions qui semblent bien plus organisées à la maniére des plantes, que ne le paroissent les coraux, qui ont tout autrement l'air de plantes, sont véritablement l'ouvrage des polypes, qu'elles sont de purs polypiers. Mais on n'auroit été nullement fondé à le conclurre, ni même à l'imaginer, si on eût seulement vû que ces productions étoient très-peuplées de polypes : ils pouvoient s'y être établis, s'y être pratiqués des logements analogues aux galles des plantes & des arbres, sans avoir construit la totalité d'un édifice qui paroît tellement au-dessus des forces & de l'adresse des insectes, qu'on ne sçauroit concevoir que des milliers réunis ensemble ayent pu concourir à le former. Aussi ni l'adresse, ni la force de ces insectes, ni leur esprit de société, n'ont aucune part à la production d'ouvrages si singuliers : pour voir d'où elle dépend, il a fallu être parvenu à découvrir que la Nature a voulu que les polypes pussent se multiplier de toutes les façons dont les plantes se multiplient. Les œufs des animaux sont analogues aux graines des plantes ; & il n'y a rien de singulier en ce qu'au moins des polypes de quelques especes font des œufs ; mais on n'a pas oublié la surprenante propriété dont il a été tant parlé ci-dessus, qu'ils ont de pouvoir, comme les plantes, être multipliés par boutures. Il leur a encore été accordé de se multiplier d'une autre façon qui n'est guéres moins étrange, & qui aussi leur est commune avec les plantes, qui même se trouve chés eux dans un plus grand degré de perfection. Un polype pousse hors de son corps un jeune polype, comme une tige d'arbre pousse une branche, comme une branche pousse un rameau.

Il a fallu découvrir que des animaux avoient une façon de se multiplier qu'il n'étoit pas permis de leur soupçonner, pour parvenir à reconnoître que les polypiers ne sont nullement des plantes, & qu'ils sont véritablement l'ouvrage des insectes par qui ils sont habités, & sur-tout pour comprendre comment ces petits animaux peuvent disposer avec régularité la suite des cellules dont leurs polypiers sont composés, comment ils sont faits par ces petits animaux.

Entre les polypes il y en a qui marchent, & il y en a d'autres dont la vie est aussi sédentaire que celle des huitres; chacun de ceux-ci est logé dans une espece de cellule ou de tuyau membraneux. Les petits qui poussent sur le corps des polypes qui changent de place, végetent, pour ainsi dire, jusqu'à ce qu'ils soient parvenus à une grandeur souvent peu inférieure à celle du polype mere; alors le petit ou les petits s'en détachent. C'est ce qui sera très-bien expliqué dans leur histoire par M. Trembley, à qui cette découverte est dûë. Nous avons observé M. Bernard de Jussieu & moi que les polypes d'eau douce à pennache, qui passent constamment & nécessairement leur vie dans un même lieu, ont une façon de se multiplier qui leur est commune avec un grand nombre d'autres animaux, ils pondent des œufs bruns, & un peu applatis. Nous avons vû naître des petits de ces œufs; mais ces polypes sont déja vieux, & peut-être prêts à périr lorsqu'ils pondent. Pendant qu'ils sont jeunes, & encore très-jeunes, ils se multiplient d'une autre façon plus remarquable, & précisément la même que celle dont se multiplient les polypes mobiles. C'est avec une seule différence bien essentielle à sçavoir; elle explique clairement la formation de ces polypiers qui ressemblent à des plantes; c'est que le tuyau du polype nouveau né reste pour toûjours greffé en quelque sorte sur le tuyau de celui qui lui a donné naissance; du corps, ou, pour dire plus exactement ce qu'il est permis de voir, du tuyau d'un polype, nous avons vû sortir peu à peu un tuyau qui contenoit un polype naissant, nous avons vû ce nouveau tuyau s'allonger, & le polype par qui il étoit habité, se montrer pour faire toutes ses manœuvres. Il avoit à peine quelques jours qu'il donnoit naissance lui-même à un petit dont le tuyau étoit & restoit uni au sien. C'est ainsi que nous avons vû se former des files de tuyaux de polypes, greffés les uns sur les autres, que nous avons vû se former des polypiers, que nous n'eussions pas hésité à prendre pour des plantes si nous ne les eussions pas suivis dans le progrès de leur accroissement, & s'il ne nous eût pas été permis de nous assûrer qu'ils n'étoient qu'un assemblage singulier de cellules construites les unes après les autres, & habitées par de très-petits animaux.

Après être parvenu à voir ainsi des polypiers d'eau douce se former & croître sous ses yeux, on ne s'en laisse plus imposer par la figure élégante, par le nombre des branchages, par celui des articulations plus artistement faites, & plus proches les unes des autres qu'ont diverses productions de la mer, dont M. Tournefort a fait un genre à qui il a imposé le nom de corallines; il a donné à ces plantes pour caractére *d'être découpées fort menu, & de croître au fond des eaux*. Chacune de ces parties attachées à la file les unes des autres par une sorte d'articulation, est reconnuë pour ce qu'elle est, lorsqu'on en a vû sortir l'insecte qui y est niché; on juge que les articulations marquent les endroits où finit une cellule, & où une autre commence; que ces assemblages de cellules, quelque ressemblance qu'ils ayent avec des plantes, sont en entier des ouvrages de polypes, des polypiers. Quand on sçaura aussi que les prétenduës fleurs des coraux, que des fleurs semblables que M. le Comte de Marsigli a cru voir à ces productions dont la consistance & la nature approchent de celles de la corne, & qu'on appelle des Lithophytons, & à d'autres productions plus molles nommées Alcyonium ; quand on sçaura, dis-je, que ces fleurs sont des insectes, des polypes, on aura peine à croire qu'il faille attendre un plus long examen avant que d'ôter toutes ces productions de la classe des plantes, pour les ranger parmi les polypiers. L'attention que M. Peyssonel avoit apportée à faire ses observations, auroit dû me convaincre plûtôt que ces fleurs que M. le Comte de Marsigli avoit accordées aux différentes productions dont nous venons de parler, étoient réellement de petits animaux. Mais ce que mes propres yeux m'ont fait voir depuis, ne m'a pas permis de rester dans le doute. Une production de la mer du genre des Alcyonium, porte le nom de main de mer ou de main de larron, elle est de celles que M. le Comte de Marsigli a observées; il lui a trouvé des fleurs assés semblables à celles du corail & des autres prétenduës plantes pierreuses. J'ai vû ici une main de mer apportée par M. de Jussieu des côtes de Normandie, dans de l'esprit de vin affoibli, qui étoit très-chargée de ces corps organisés, qui avoient été des fleurs pour M. le Comte de Marsigli. Ils étoient incontestablement de petits animaux aux yeux de tous ceux qui connoissoient les polypes. La liqueur spiritueuse dans laquelle ils avoient perdu la vie, en les faisant souffrir, les avoit forcés à se tirer en grande partie hors de leurs cellules, & à se montrer presqu'en entier.

Les coraux & les lithophytons ressemblent bien moins à des plantes que les corallines, & que diverses autres productions très-articulées & très-ramifiées; il faut pourtant avouer que l'on trouve à les faire former par de petits animaux des difficultés qui ne sçauroient être entiérement levées par ces observations sur les polypes à pennache d'eau douce, qui nous ont fait voir si clairement comment des cellules s'arrangent les unes au bout des autres, pour donner la représentation d'une plante. Les coraux & les lithophytons sont composés d'une tige dure & compacte, & d'une écorce molle & spongieuse. Celle-ci seule est habitée par les polypes. Comment les polypes viennent-ils à bout de construire la tige solide qui soûtient leurs cellules ? C'est ce que nous ne devons pas nous hazarder d'expliquer, jusqu'à ce que nous ayons rassemblé assés d'observations immédiates sur ces polypes mêmes, ou sur d'autres d'un genre approchant du leur.

Tant de belles productions de la mer, dont les figures enrichissent les ouvrages où elles sont gravées, qui elles-mêmes étalées dans les cabinets des curieux, en sont une grande parure, & dont quelques-unes, comme les différents coraux, sont un objet de commerce, & fournissent une matiére qui occupe beaucoup d'ouvriers; tant de belles productions, dis-je, paroissent donc uniquement dûës à des insectes. Plus on étudie ces petits animaux, & plus on se trouve leur être redevable. Les Physiciens doivent leur sçavoir gré de ce qu'ils les débarrassent d'avoir à expliquer la végétation des plantes pierreuses, & celle des lithophytons, qui ne présentoit pas moins de difficultés. Tout ce que nous avons dit cependant des polypes de mer, n'est qu'une espece d'annonce qui ne sçauroit guéres manquer de produire l'effet que nous nous en sommes promis: elle excitera sans doute la curiosité des Naturalistes qui se trouveront sur les bords de la mer, pour des insectes si dignes d'être mieux connus. Ils en chercheront les différentes especes; ils se plairont à nous décrire les variétés que peuvent offrir leurs formes toûjours bizarres;

ils étudieront les figures & les dispositions des cellules de ceux de différentes especes, la maniére dont ces insectes se nourrissent, croissent & se multiplient; ils mettront ainsi dans un plus grand jour tout ce qui a rapport aux différents polypiers & à leur formation. Enfin, une partie de l'Histoire Naturelle si intéressante, si nouvelle, & qui n'est encore qu'ébauchée, sera approfondie comme elle mérite de l'être.

Le sujet de la Vignette est pris du douziéme Mémoire. Elle représente un bras de riviere qui coule le long d'un escalier sur lequel se sont rendues des personnes de l'un & de l'autre sexe, pour voir tomber, pendant une nuit obscure, à la lueur de plusieurs flambeaux, une pluie d'éphémeres. Les marches, & la partie de la riviere qui en est proche, sont couvertes de ces mouches. L'air en est aussi rempli qu'il l'est certains jours d'hiver de gros floccons de neige.

MÉMOIRES

Haussard inv. et Sculp.

MEMOIRES
POUR SERVIR
A L'HISTOIRE DES INSECTES.

PREMIER MEMOIRE.

HISTOIRE DES BOURDONS VELUS, DONT LES NIDS SONT DE MOUSSE.

ES promenades, soit dans la campagne, soit dans les jardins, donnent souvent occasion de voir de ces Mouches qui sont appellées *Bourdons* *, & par l'histoire desquelles nous allons commencer ce volume; aussi sont-elles très-connuës. Elles appartiennent au genre des Abeilles; elles sont armées d'un aiguillon & pourvûës d'une trompe

* Pl. 1. fig. 1 & 2.

qui, pour l'eſſentiel, eſt conſtruite comme celle des mouches à miel. Enfin, elles vont ſur les fleurs pour y faire des récoltes de miel & de cire brute. Mais les bourdons qu'on voit le plus ſouvent, ſont conſidérablement plus gros que les abeilles ordinaires; ils volent avec plus de bruit, & avec un bourdonnement auquel ils doivent leur nom.

Des poils longs, très-preſſés les uns contre les autres, couvrent preſque toutes leurs parties extérieures, & les font paroître plus gros qu'ils ne ſont réellement. Chacun de ces
* Pl. 4. fig. 2. poils*, comme ceux des abeilles communes, vû au microſcope, reſſemble à une petite plante. Différents bourdons, & différentes parties du même bourdon, nous montrent des couleurs différentes qui ne ſont que celles de leurs poils.
* Pl. 1. fig. 1 & 2. Les uns * n'ont que leurs anneaux poſtérieurs d'une couleur cannelle, pendant que le reſte de leur corps eſt noir. D'autres ont le corcelet couvert de poils blancs, & ſur le corps une raye tranſverſale & jaune, qui eſt ſuivie d'une raye blanche. D'autres ont de plus vers le milieu du corps, une bande tranſverſale de couleur citron. Quelques-uns ont encore la partie antérieure de leur corcelet, bordée de
* Pl. 3. fig. 1. poils blancs ou jaunes qui forment une eſpece de collier*. D'autres ont le corcelet couvert de poils blancs, & ſur le corps une large raye de poils jaunes, qui eſt ſéparée par une bande noire d'une derniere bande faite de poils blan-
* Pl. 2. fig. 1. cheâtres. D'autres ſont blonds*, le deſſous de leur corps n'a que des poils de la plus pâle nuance de citron, & le deſſus de leur corcelet a des poils un peu roux. Entre les blonds, il y en a de plus pâles & de plus rougeâtres. Mais c'eſt trop nous arrêter à décrire des varietés peu importantes en elles-mêmes, & qui d'ailleurs ne ſçauroient être employées ici, comme par rapport à d'autres inſectes, pour déterminer des eſpéces; car dans le même nid j'ai vû

naître des bourdons de même taille, qui différoient entr'eux par les couleurs ou les distributions de couleurs dont nous venons de parler. Par exemple, dans le nid peuplé de bourdons dont le derriére seul étoit feuille-morte, j'en ai vû naître quelques-uns qui avoient sur le corps une ou deux bandes transversales de couleur de citron; mais parmi les blonds, je n'ai point observé de ceux sur lesquels les poils noirs dominent. Tous, au reste, ont les jambes noires.

Outre les bourdons qui sont presque couverts de longs poils, il y en a qui n'en ont de longs que sur le corcelet, & qui les ont courts sur le corps. M. Granger m'en a envoyé de ceux-ci * d'Egypte, dont tous les poils sont d'une belle couleur d'olive, & dont les aîles tirent sur le violet. Il m'en a envoyé d'autres * du même pays, dont le corcelet est couvert par-dessus, de longs poils d'un beau citron, & dont les anneaux du corps sont ras, & même lisses & luisants. Ces anneaux sont d'un noir qui tire sur le violet; un violet moins noir, mais pourtant foncé, est aussi la couleur de leurs aîles. Au reste, les bourdons dont il s'agira dans ce Mémoire, ont de longs poils sur le corps comme sur le corcelet.

* Pl. 3. fig. 2.

* Fig. 3.

Il faut avoir suivi ces mouches dès leur origine, pour sçavoir que des bourdons *, auprès desquels les abeilles ordinaires sont très-petites, que d'autres aussi petits & plus petits que des abeilles ordinaires *, & enfin que d'autres * d'une grandeur moyenne entre les deux précédentes; que ces bourdons, dis-je, de grandeurs si différentes, doivent leur naissance à une même mere; que ce sont trois sortes de mouches qui ne different qu'en sexe. Les très-grands bourdons sont des femelles, ceux de moyenne grandeur sont des mâles, & ceux de la petite taille sont dépourvûs de tout sexe. Ce sont les trois sortes de mouches que nous avons

* Pl. 1. fig. 1 & 2. pl. 2. fig. 1.

* Pl. 1. fig. 4. & pl. 2. fig. 3.

* Pl. 1. fig. 3. & pl. 2. fig. 2.

prouvé ailleurs se trouver dans une ruche d'abeilles, mais qui, parmi celles-ci, ne différent pas autant en grandeur que parmi les autres.

Les bourdons vivent aussi, comme les mouches à miel, en societé; mais si on compare les habitations de ces derniéres, le nombre des mouches qui y sont rassemblées, les ouvrages dont elles sont remplies, avec les logements des bourdons, & tout ce qui s'y trouve, les unes paroîtront par rapport aux autres, ce qu'est une très-grande ville, très-peuplée, & où les arts sont en honneur, par rapport à un simple village. Après s'être plû à faire des réflexions sur tout ce qui se passe dans les plus superbes villes, on peut aimer à s'instruire de la vie des villageois. Nos bourdons, que nous comparons à ces derniers, ne laissent pas d'avoir à nous apprendre des faits par rapport à la façon dont ils se conduisent, qui meritent d'être connus. Je n'en ai jamais trouvé plus de 50 à 60 réunis dans un même domicile; on n'en a que plus de facilité à observer leurs différentes manœuvres.

Les mouches à miel qui ont été abandonnées à elles-mêmes, celles qu'on n'a pas logées dans des ruches, cherchent pour s'établir, quelque grande cavité qui les mette à l'abri des rayons du Soleil & de la pluye; elles ne sçavent pas se faire une habitation, elles ont besoin de la trouver faite. Nos bourdons se font la leur; l'extérieur * en est extrêmement simple & rustique: tel qu'il est, il leur coûte du travail. On ne le prendroit à la premiére inspection, que pour un ouvrage de la nature, que pour une motte de terre un peu élevée & recouverte de mousse; mais toute la mousse qui s'y trouve, y a été apportée par les bourdons, qui en ont dépouillé la terre des environs.

* Pl. 1. fig. 6.

J'appellerai des nids ces endroits où plusieurs bourdons habitent ensemble; ils en font aussi; c'est-là que les œufs ſont dépoſés, & que les vers qui en écloſent, prennent leur accroiſſement juſqu'à ce qu'*ils* ſoient en état de ſubir leurs différentes métamorphoſes. Quoique je ſçuſſe où l'on devoit trouver de ces ſortes de nids, que c'étoit principalement dans les prairies & dans les champs de ſainfoin & de luzerne, quoiqu'ils n'y ſoient pas rares, & que leur volume puiſſe les rendre très-ſenſibles (car le diametre de leur circonférence a ſouvent cinq à ſix pouces & plus, & ils s'élevent au-deſſus de la ſurface de la terre de quatre à cinq pouces) j'en ai cependant cherché inutilement moi-même pendant pluſieurs années; & beaucoup d'enfants de la campagne, que j'ai intéreſſés à m'en découvrir par des récompenſes promiſes, n'ont pu y réuſſir. L'expédient des récompenſes promiſes m'en a pourtant procuré par la ſuite autant que j'en ai voulu, & plus. Je penſai que c'étoit aux faucheurs à qui je devois m'adreſſer. Quand leur faux coupe l'herbe bien près de la terre, elle met à découvert les nids de bourdons qui s'élevent au-deſſus de ſa ſurface; ſouvent même le tranchant de ce grand inſtrument diviſe ces nids en deux, & détermine les mouches à en partir. Auſſi n'ai-je point trouvé de faucheurs qui ne connuſſent les nids dont il s'agit. Les premiers que je voulus engager à m'en procurer, en leur promettant de les leur payer chacun douze ſols, furent extrêmement contents du marché. Je le fus fort moi-même d'avoir dès le même jour à leur donner le prix de cinq à ſix de ces nids. Bientôt il fut ſçû par tous les faucheurs du pays, que le commerce de nids de bourdons méritoit attention: on m'en offrit de toutes parts. Quoique j'en euſſe beaucoup rabbaiſſé la valeur, que je l'euſſe diminuée des deux tiers, même pour ceux qui étoient les plus gros & les plus peuplés, il me fut facile d'en avoir près d'une centaine, & il n'eût tenu qu'à moi d'en avoir beaucoup davantage. Enfin, dans toutes les années ſuivantes, le même expédient m'en a fourni le nombre que j'ai voulu en avoir.

* Pl. 1. fig. 6.

L'extérieur du nid *, comme je l'ai déja dit, reſſemble aſſés à une motte de terre couverte de mouſſe. Quand on l'examine pourtant de près, il paroît mieux façonné, plus arrondi qu'une pareille motte ne le feroit. Il y en a de plus & de moins élevés, & de plus & de moins écraſés; quelques-uns ont la convexité d'une demi-ſphere, ou même celle d'une plus grande portion de ſphere; & quelques autres ſont des ſegments bien plus petits que la demi-ſphere. Dès qu'on tente de les découvrir, on reconnoît que ce qu'on prenoit pour une mouſſe touffuë, eſt un aſſemblage d'une infinité de petits brins détachés & entaſſés les uns ſur les autres.

* Fig. 6. *E.*

Une porte * a été ménagée quelque part au bas du nid, c'eſt-à-dire, qu'il y a un trou qui permet aux plus gros bourdons d'entrer & de ſortir. Souvent on découvre un chemin de plus d'un pied de long, par lequel chaque mouche peut arriver à la porte, ſans être vûë. Ce chemin eſt vouté de mouſſe. Quelquefois pourtant les bourdons entrent par le deſſus du nid même; mais ce n'eſt guéres que lorſque le nid n'eſt pas encore en bon état.

C'eſt une choſe très-aiſée que de voir l'intérieur de ce nid, & comment tout y eſt diſpoſé; on peut le découvrir ſans s'expoſer à aucune aventure fâcheuſe. Quoique les bourdons ſoient armés d'un fort aiguillon, & quoique le bruit qu'ils font entendre, ſemble menaçant, ils ne laiſſent pas d'être aſſés pacifiques. Quand on ôte le toit de leur habitation, quelques-uns ne manquent pas d'en ſortir par en haut; mais ils ne cherchent point à ſe jetter ſur celui qui les a mis à découvert, comme le feroient les abeilles en pareil cas; pluſieurs même alors n'abandonnent pas le nid. Ils en ont toûjours uſé au mieux avec moi; il n'y en a jamais eu un ſeul qui m'ait piqué, quoique j'aye mis ſans deſſus-deſſous des centaines de nids.

Le premier objet qui ſe préſente, lorſque le nid a été découvert, eſt une eſpéce d'épais gâteau * mal façonné, & composé d'un aſſemblage de corps oblongs comme des œufs, ajuſtés les uns contre les autres. Ce gâteau, que nous ferons mieux connoître dans la ſuite, eſt tantôt plus & tantôt moins grand; tantôt il eſt ſeul, tantôt il eſt poſé ſur un ſecond, qui ſouvent lui-même l'eſt ſur un troiſiéme. Après que le ſupérieur a été mis au grand jour, on voit marcher deſſus des bourdons, & on en voit d'autres qui paſſent par-deſſous, ou par-deſſous les autres gâteaux *.

* Pl. 1. fig. 5. & pl. 2. fig. 4.

* Pl. 3. fig. 7.

Dès qu'on ceſſe de les inquiéter, ils ſongent à recouvrir leur nid, & n'attendent pas même pour ſe mettre à l'ouvrage, que celui qui a fait le deſordre, ſe ſoit éloigné. Si la mouſſe du deſſus a été jettée aſſés près du pied du nid, comme on l'y jette, même ſans penſer qu'on doit le faire pour épargner de la peine à ces mouches, bientôt elles s'occupent à la remettre dans ſa premiére place. Les bourdons des trois ſortes, c'eſt-à-dire, les grands, ceux de moyenne grandeur & les petits y travaillent. Nos bourdons reſſemblent encore en ceci aux villageois, auxquels nous les avons comparés; tous ſe croyent nés pour le travail, & tous travaillent. Il n'y a point parmi eux, comme parmi les abeilles, des mouches qui ayent la prérogative de ne rien faire, de paſſer leur vie dans l'oiſiveté. Les oiſeaux & les inſectes qui ont à conſtruire des nids, ou de petits bâtiments équivalents, vont ſouvent prendre au loin les matériaux qu'ils y veulent faire entrer, ils s'en chargent & les tranſportent. La façon dont les bourdons ont été inſtruits à faire parvenir ſur leur nid la mouſſe qu'ils y veulent placer, eſt différente; c'eſt en la pouſſant,

& non en la portant, qu'ils l'y conduisent. Ils n'ont même en aucun temps à l'y conduire de loin; les environs du lieu qui a été choisi pour établir un nouveau nid, en sont remplis. Le bourdon, comme l'abeille, a deux dents
* Pl. 4. fig. 4 & 5. écailleuses * très-fortes, dont le bout est large & dentelé; avec ces dents, il lui est aisé d'arracher & même de couper des brins de ces petites plantes. Mais lorsqu'il ne s'agit que de rétablir un nid autour duquel se trouve la mousse dont il a déja été couvert, il seroit inutile aux bourdons de songer à en couper ou à en arracher de nouvelle; aussi leur unique objet est-il de remettre l'ancienne en place.
* Fig. 1. a. Considérons-en un seul occupé à ce travail *; il est posé à terre sur ses jambes, à quelque distance du nid; sa tête en est la partie la plus éloignée, & directement tournée vers le côté opposé. Avec ses dents, il prend un petit paquet de brins de mousse; les jambes de la premiére paire se présentent bientôt pour aider aux dents à séparer les brins les uns des autres, à les éparpiller, à les charpir, pour ainsi dire; elles s'en chargent ensuite pour les faire tomber sous le corps; là, les deux jambes de la seconde paire viennent s'en emparer, & les poussent plus près du derriére. Enfin, les jambes de la derniére paire saisissent ces brins de mousse, & les conduisent par de-là le derriére, aussi loin qu'elles les peuvent faire aller.

Après que la manœuvre que nous venons d'expliquer, a été répétée un grand nombre de fois, il s'est formé un petit tas de mousse bien conditionnée par de-là le derriére du bourdon, c'est-à-dire, que toute celle de ce tas a été approchée du nid, d'une longueur qui surpasse celle du corps du bourdon, de la distance qu'il a du derriére à l'endroit où ses jambes postérieures peuvent atteindre. Un
* b. autre bourdon *, ou le même, qui a toûjours le derriére tourné vers le nid, répéte sur ce petit tas une manœuvre semblable

semblable à celle par laquelle il a été formé & porté où il est; par cette seconde manœuvre, le tas est conduit une fois plus loin. C'est ainsi que de petits tas de mousse sont poussés jusqu'au nid, & c'est ainsi qu'ils sont montés jusqu'à sa partie la plus élevée. Enfin, c'est toûjours en poussant avec ses jambes & vers son derriére, les brins de mousse, que le bourdon les fait avancer. Tant qu'il n'est question que de transport, il a constamment la tête tournée du côté opposé à celui où est le nid; mais il y a des temps, ceux où il s'occupe à en façonner la voute, à entrelacer les brins, des temps, dis-je, dans lesquels les dents agissent seules, ou aidées des jambes antérieures. Quelquefois il fait passer sa tête sous la mousse, il l'y enfonce pour arranger celle qui est au-dessous de la surface supérieure. Une couche de mousse épaisse de plus d'un pouce, & souvent de deux, forme au nid une voute legére, & en état de le mettre à l'abri contre des pluyes ordinaires.

Il est constant que les bourdons ne sçavent employer que la mousse qui se trouve autour de leur nid. Je n'en ai vû aucun de ceux qui y arrivent en volant, chargé du plus leger brin de plante. Quand je leur ai ôté la mousse de leur nid, & que la terre des environs ne leur en pouvoit fournir, ils ont œconomisé du mieux qu'il leur a été possible, celle que je leur avois laissée, mais ils n'en ont pas augmenté la quantité. J'ai déja dit qu'ils font aussi avec de la mousse, des galeries couvertes, par lesquelles ils peuvent arriver au nid sans être vûs; les traînées de mousse qui voûtent ces chemins, ont encore un autre usage. Quand celle du nid a été emportée par le vent, quand il faut augmenter l'épaisseur des couches de celle qui a été employée, ils en trouvent-là de toute préparée; ils se contentent de galeries plus courtes, ou renoncent tout-à-fait à en avoir, dans les cas où ils ont besoin de matériaux pour augmenter la solidité de leur logement.

Un toit de mousse suffit pour les mettre à l'abri pendant un certain temps; la surface intérieure ou concave de la voute des nids, est alors de pure mousse comme leur surface extérieure ou convexe; mais par la suite la couverture doit être plus en état de résister à la pluye & aux autres injures de l'air. Les bourdons mettent un enduit sur toute la surface intérieure, ils y font d'abord une sorte de platfond* d'une espece de cire brute, & en recouvrent ensuite toutes les parois. La couche de cette matiére n'a environ qu'une épaisseur double de celle d'une feuille de papier ordinaire; mais outre qu'elle n'est pas pénétrable à l'eau, elle tient liés tous les brins de mousse qui parviennent jusqu'à l'intérieur, au moyen de quoi les brins qui se trouvent entrelacés avec ceux-ci, sont plus solidement arrêtés. Les grands vents alors n'ont plus la même prise sur les nids, qu'ils y ont lorsque cet enduit leur manque. Enfin cet enduit donne du lisse & du poli à toutes leurs parois intérieures. J'ai trouvé de ces enduits à des nids de bourdons qui sont entiérement jaunâtres, & à ceux des bourdons sur lesquels le noir domine, & qui ont des bandes jaunes. Les nids qui les ont, sont bien façonnés par dehors, bien arrondis, comme le seroit un nid d'oiseau renversé, ou un nid d'oiseau couvert par-dessus, comme l'est celui du roitelet.

* Pl. 3. fig. 7. pp.

La matiére de ces enduits a une odeur de cire; elle n'est cependant qu'une cire brute qui, quoique plus tenace que celle que les abeilles ordinaires rapportent à leurs jambes, n'a pas reçû les préparations capables de la rendre de véritable cire. Elle se laisse pêtrir comme une pâte; mais la chaleur ne peut la rendre liquide, ni même l'amollir sensiblement. Après avoir fait une petite boule de cette matiére que j'avois roulée entre mes doigts, je l'ai mise dans une cuillier à caffé que j'ai posée sur des charbons ardents; la boule a eu beau s'échauffer, elle n'a point coulé, comme eût fait en pareil cas, une boule de cire. Quand elle a été échauffée à un certain point, elle s'est enflammée, elle a brûlé pendant quelque temps; après que la flamme a été éteinte, il est resté une petite masse de charbon noir: ce charbon étoit pourtant fort différent des charbons ordinaires; au bout de deux heures, je l'ai trouvé réduit en une poudre humide.

La couleur de cette cire est d'un gris-jaunâtre; elle seroit propre à faire tout ce qu'on fait avec de la cire ramollie par la térébenthine avec laquelle on l'a mêlée; comme à prendre des empreintes. On peut la pêtrir entre les doigts, sans qu'elle s'y attache.

Selon que le nid qu'on vient de découvrir, est plus ou moins ancien, on y trouve plus ou moins de gâteaux, ou s'il n'en a encore qu'un, il est plus ou moins grand. Il s'en faut beaucoup qu'ils paroissent composés de parties aussi réguliéres & aussi réguliérement arrangées que le sont les cellules des gâteaux des abeilles. Leur surface supérieure est convexe *, l'inférieure est concave. D'ailleurs, la figure de l'une & celle de l'autre sont pleines d'inégalités, & celles de la surface inférieure sont plus considérables que celles de la supérieure. La masse de chaque gâteau est faite de corps oblongs * comme des œufs, appliqués les uns contre les autres, suivant leur longueur; celle-ci donne la mesure de l'épaisseur du gâteau. Ces corps oblongs sont d'un jaune pâle ou blancheâtre; il y en a de trois grandeurs différentes; le grand diametre des uns a plus de sept lignes, & leur petit diametre a environ quatre lignes & demie; il y en a dont le grand diametre n'a pas trois lignes, & dont l'autre est plus petit à proportion; enfin il y a de ces corps d'une grandeur moyenne entre les précédentes. Il est aisé de

* Pl. 1. fig. 5.

* Pl. 2. fig. 8, 9 & 10. *a, a, a.*

juger des inégalités qui peuvent se trouver dans l'épaisseur d'un gâteau fait de ces trois sortes de corps, posés les uns contre les autres, & d'ailleurs posés assés irréguliérement. Dans certains temps, ceux qui composent un gâteau, sont tous fermés par les deux bouts; & dans d'autres temps, ils sont ouverts pour la plûpart par leur bout inférieur. C'est alors sur-tout qu'on est tenté de les regarder comme analogues aux cellules de cire construites par les abeilles; mais il est aisé de reconnoître qu'ils ne sont faits, ni de vraye cire, ni même de cire brute. Tous ceux qui sont ouverts, sont vuides.

Ces corps en forme d'œufs, ou d'œufs ouverts par un bout, ne sont pas même l'ouvrage des bourdons, ou, plus exactement, des bourdons aîlés. Chacun de ces corps est une solide coque de soye qui a été filée par un ver, & dans laquelle il s'est renfermé lorsqu'il a été prêt à subir sa premiére métamorphose. Enfin, ceux qui sont ouverts par un bout, sont des coques qui ont été percées par la mouche, par le bourdon, lorsqu'après s'être tiré de toutes ses enveloppes, il a été en état de paroître avec des aîles.

Outre les coques qui font le corps de chaque gâteau, on ne sçauroit manquer de remarquer des masses de la figure la plus irréguliére *, d'une couleur brune, dont plusieurs sont posées en-dessus, & remplissent non seulement des vuides que les coques laissent entr'elles, mais s'élevent assés pour cacher quelques-unes de celles qui leur servent de base. Les plus considérables de ces masses se trouvent sur les bords & les côtés du gâteau; il y en a quelquefois d'aussi grosses que de petites noix, & que je ne sçaurois comparer à rien à quoi elles ressemblent plus par leur couleur & leur figure, qu'à des truffes: elles n'ont pourtant pas à beaucoup près, la consistance de ces derniéres, elles n'ont que celle d'une pâte qui se laisse étendre aisément.

* Pl. 1. fig. 5. *p, p,* &c. & pl. 2. fig. 7 & 9. *p.*

Ces masses, qui ne semblent être pour les gâteaux qu'une mal-propreté & une difformité, sont le grand & l'important ouvrage des bourdons, & ont à nous offrir des objets dignes d'attention. Quand on a enlevé les couches supérieures de quelques-unes avec un canif, jusqu'assés près du centre, on trouve un vuide * rempli par des œufs* oblongs d'un beau blanc un peu bleuâtre. Leur longueur est d'environ une ligne & demie, & leur diametre n'a guéres que le tiers de leur longueur. Il y a eu telle masse dans laquelle j'ai trouvé plus de 30 de ces œufs, je n'en ai vû que 15 à 20 dans d'autres, & que 3 à 4 dans quelques autres; quand il y en a beaucoup, ils ne sont pas tous dans la même cavité.

* Pl. 2. fig. 10.
* *o*.

Ces masses de matiére sont donc quelquefois des nids d'œufs. Tout informes qu'elles sont, elles sont des nids qui peuvent le disputer en singularité à ceux qui sont faits avec le plus d'art; & cela, parce qu'elles ne sont pas uniquement destinées à bien couvrir les œufs, elles le sont aussi à fournir la nourriture aux vers qui en doivent éclorre. Leur matiére est une espéce de pâtée, c'est même le nom que nous lui donnerons, dont le ver qui sort de chaque œuf, doit se nourrir.

Quand on ouvre certaines masses de pâtée, ce ne sont plus des œufs qu'on trouve dans leur intérieur, on n'y trouve que des vers *, & on y en trouve plus ou moins, selon que la masse est plus ou moins grosse, & selon que les vers sont plus petits ou plus gros. Ces vers * sont assés semblables à ceux des mouches à miel; leur couleur dominante est le blanc, ils ont seulement sur les côtés, des taches noires de figure irréguliére, plus longues que larges, & disposées transversalement. Telle masse de pâtée est occupée par un seul, & l'autre l'est par deux ou trois vers. De-là il suit qu'après qu'ils sont nés, ils s'écartent les uns

* Fig. 11. *u*, *u*, & fig. 12.
* Fig. 13.

des autres, mangeants la pâtée qui les entoure; & que les bourdons du nid connoissent les endroits où les couches de cette matiére sont devenuës trop minces, où le ver seroit exposé à être à découvert; que ces mouches ont soin d'y apporter de nouvelle matiére qui sert à le nourrir & à le mettre à l'abri de toutes les impressions de l'air.

Quelqu'un qui a étudié les abeilles, qui sçait ce que c'est que la cire brute, n'hésite point sur la nature de la pâtée dont vivent les vers de bourdons; il reconnoît sans peine que des poussiéres d'étamines en font la base. Mais ces poussiéres trop séches demandent à être humectées, elles le sont par un miel aigrelet. La consommation qui se fait de cette pâtée dans chaque nid, doit être grande. On ne voit pourtant pas que les bourdons qui y arrivent, ayent ordinairement leurs deux jambes postérieures chargées de cire brute, comme le font souvent celles des abeilles qui rentrent chés elles; ce qui dispose à croire qu'ils font passer les poussiéres d'étamines dans leurs estomacs, qu'ils les mangent, & les dégorgent après les avoir tenuës en digestion. J'ai pourtant observé une masse de cire brute à chaque jambe postérieure de quelques bourdons, elle étoit si oblongue, qu'elle tenoit à la derniére partie qui répond à celle des jambes des abeilles, que nous avons nommée la brosse, & à la partie précédente & analogue à celle où les abeilles placent leur pelote; mais rarement voit-on des bourdons ainsi chargés, & ils le devroient être souvent s'ils apportoient à leurs jambes toute la cire brute qui se consume chés eux.

A moins que les bourdons, comme leurs vers, n'aiment la pâtée, & ne la mangent, ils ne font pas de grandes provisions pour eux-mêmes. Tout ce qu'on trouve de plus dans leur nid, & qu'on ne manque pas d'y trouver, ce sont trois à quatre especes de petits pots * tantôt plus tantôt moins

* Pl. 1. fig. 5. *m*, *m*. &c.

pleins d'un fort bon miel. Les faucheurs les connoissent, & s'amusent volontiers à les ôter des nids qu'ils ont découverts, pour en boire le miel. Ces petits vases sont des especes de gobelets presque cylindriques, ils font partie du gâteau supérieur, & ne se trouvent pas placés constamment dans les mêmes endroits; il y en a de proches du milieu, & de proches des bords, ou même sur les bords; leur capacité égale au moins celle d'une des grandes coques. Quelquefois un pot à miel s'éleve au-dessus du reste du gâteau; ils sont toûjours ouverts. Ils sont faits d'une sorte de cire grossiére de couleur assés semblable à celle de la pâtée, mais qui a plus de consistance que cette derniére matiére; en un mot, ils sont formés d'une cire pareille à celle avec laquelle le nid est platfonné. Au reste, elle n'y est pas employée avec grande œconomie; les parois de chaque pot à miel, sont assés épaisses. Les bourdons se servent peut-être du miel de ces pots pour humecter de temps en temps la pâtée qui se desséche trop.

Je n'ai point vû de bourdons commencer un nid; mais j'en ai mis quelques-uns dans la nécessité de recommencer le leur, & ils ont bien voulu le faire devant moi. Ce que j'appelle commencer ou recommencer un nid, n'est pas le couvrir ou le recouvrir de mousse, nous avons assés expliqué tout ce qui regarde cette derniére manœuvre; c'est de jetter les fondements de l'intérieur. J'enlevai à des bourdons tous les gâteaux de leur nid, j'en rendis l'intérieur parfaitement vuide; ils ne se dégoûtérent pas cependant de leur habitation, ils la raccommodérent, ils la rajustérent, ils la remirent dans l'état où elle étoit lorsqu'elle renfermoit les objets les plus précieux pour eux. Je la découvris pendant deux à trois jours de suite, pour voir si quelqu'ouvrage y avoit été fait, & je ne pus y en appercevoir aucun; craignant ensuite de troubler ces mouches dans leur travail,

& de les dégoûter de celui que je voulois qu'elles fissent, en cherchant trop tôt à le voir, je les laissai tranquilles pendant huit jours. Au bout de ce temps, je revins découvrir leur nid, & je trouvai dans l'intérieur une masse de pâtée grosse comme une noisette, & de même arrondie. A cette boule tenoit un pot à miel, ainsi il est la premiére piéce du ménage. La boule étoit posée sur un lit de mousse qui couvroit la terre sans y être aucunement adhérente; c'est ainsi qu'est placé le gâteau inférieur dans les nids ordinaires; il ne tient à rien. Le gâteau qui se trouve au-dessus de celui-ci, ne lui est pas plus adhérent que ce premier l'est à la terre. Enfin, les gâteaux, quelque nombre qu'il y en ait, ne tiennent aucunement les uns aux autres, ni à aucune partie du nid. Il étoit évident qu'une des premiéres choses que les bourdons avoient à faire dans l'intérieur du nid, étoit d'y rassembler une masse de cette matiére nécessaire à la mere pour loger ses œufs. La boule de pâtée que je trouvai dans celui dont tous les gâteaux avoient été emportés, renfermoit probablement des œufs, peut-être des vers; mais pour conserver les uns & les autres, je ne voulus pas ouvrir la boule.

Nous avons déja dit que les vers sortis des œufs, s'écartent les uns des autres, & que les bourdons les tiennent toûjours enveloppés de pâtée. Mais quand un ver est parvenu à n'avoir plus besoin de manger, quand il est près de perdre sa forme de nymphe, c'est à lui à songer à se faire un logement d'une tout autre matiére que celle dans laquelle il s'est tenu jusques-là. La nature l'a mis en état de filer, & elle l'a instruit du temps où il le doit faire. Lorsqu'il commence à travailler à sa coque, il est encore au milieu de la pâtée. J'ai ouvert une grosse truffe de cette matiére, dans l'intérieur de laquelle j'ai trouvé trois coques de soye bien blanche, qui étoient les domiciles d'autant de vers

Pour

Pour l'ordinaire les coques sont néantmoins à découvert en entier, ou en très-grande partie; mais c'est apparemment que dès qu'il y en a une de finie, les bourdons enlevent la pâtée dont elle étoit couverte, & la mangent eux-mêmes, ou la portent dans d'autres endroits où elle sera placée plus utilement. Une autre masse de pâtée que je détachai plus tard que la précédente, confirme ce que je viens de dire; je vis qu'elle tenoit à une coque qui n'en étoit couverte qu'en partie.

Comme tous les vers ont besoin d'être dans une position semblable pendant qu'ils se métamorphosent en nymphe, & pendant qu'ils vivent sous cette derniére forme, ils donnent tous une même position à leurs coques, & telle que leur grand axe est à peu près perpendiculaire à l'horison. Enfin, comme le ver qui s'en construit une, aime qu'elle ait un appuy fixe, il ne manque pas de l'attacher contre une de celles qui ont été filées auparavant. C'est ainsi que se forment les gâteaux de plusieurs coques attachées les unes contre les autres. Mais il importe peu au ver que la sienne soit un peu plus élevée ou un peu plus basse que celles des autres; & de-là viennent en partie les inégalités des surfaces du gâteau. Ce qui rend encore les inégalités plus considérables, & fait que le gâteau est inégalement épais, c'est que les coques filées par des vers qui doivent se transformer en gros bourdons, ont un volume qui surpasse de beaucoup celui des coques des vers qui doivent se transformer en des bourdons très-petits par rapport aux premiers.

Chaque coque d'où l'insecte est sorti après s'être transformé en mouche, est ouverte par son bout inférieur; il suit de-là que chaque nymphe est placée dans sa coque la tête en embas, comme le sont parmi les abeilles les seules nymphes qui doivent devenir des fémelles.

Dans l'inſtant que la mouche vient de ſortir de ſa coque, la couleur de ſes poils n'eſt pas telle qu'elle ſera lorſqu'ils auront été expoſés pendant quelque temps au grand air. J'ai vû paroître au jour un bourdon avec une couleur ardoiſée dans un nid dont tous les bourdons étoient citron-pâle; & j'ai tout lieu de croire qu'il ſeroit lui-même devenu un bourdon citron ou blond, parce que je n'ai point trouvé dans ce pays de bourdon de couleur ardoiſée. Dans un autre nid habité par des bourdons dont la couleur dominante étoit du noir, ſur lequel ſe trouvoient des rayes jaunes & blanches, j'en ai vû quelques-uns dont le fond de la couleur étoit gris, & qui ſur ce gris avoient des rayes d'un gris preſque blanc; leur gris le plus foncé devoit par la ſuite devenir noir, & leur gris-blanc devoit devenir jaune ou blanc.

Ce qu'on ſçait de l'hiſtoire des abeilles, conduit naturellement à juger que les plus gros des bourdons d'un nid, ſont les fémelles, que les petits ne ſont deſtinés qu'au travail; auſſi ſont-ils actifs & laborieux; & enfin que ceux de médiocre grandeur, ſont des mâles. C'eſt ce qui eſt confirmé par des obſervations immédiates ſur ces trois ſortes de mouches. Lorſqu'on ouvre dans des temps convenables, le corps d'une des plus groſſes mouches de cette eſpece, on y trouve de chaque côté un ovaire, une file d'œufs de grandeur ſenſible. Mais il s'en faut bien que le nombre des œufs qu'on y apperçoit, approche du nombre de ceux qu'on peut découvrir dans le corps d'une mere abeille; auſſi la fécondité de la premiére n'eſt-elle pas comparable à la fécondité de la ſeconde: on peut reconnoître que celle-ci en a plus de cinq à ſix mille dans ſon corps, pendant qu'on a peine à s'aſſûrer que l'autre en ait une vingtaine. Le nombre des œufs qu'une mere bourdon peut mettre au jour, ne ſe borne pourtant pas à une ſi petite quantité; mais tous ceux qu'elle doit pondre, ne doivent pas être ſenſibles en même temps, parce que, comme les poules, elle ne fait ſa ponte complete qu'à bien des repriſes. Il n'en eſt point du genre des abeilles, comme de ceux de la plûpart des inſectes dont les fémelles pondent tout de ſuite, & quelquefois dans un inſtant ou du moins dans peu d'heures, tous leurs œufs, quelque grande qu'en ſoit la quantité.

Les républiques des mouches à miel dès leur premiére fondation, ſont compoſées d'un peuple nombreux. Une jeune mere qui ſort de la ruche où elle eſt née, pour faire un nouvel établiſſement, eſt ſuivie de pluſieurs milliers d'ouvriéres toutes diſpoſées à travailler avec ardeur pour le bien commun; au lieu qu'il y a grande apparence que les ſocietés des bourdons, toûjours très-petites en comparaiſon des précédentes, ne ſont commencées chacune que par une ſeule mere, qui d'abord eſt chargée de tout faire, & qui n'eſt aidée que lorſqu'elle eſt parvenuë à avoir des enfants aîlés. J'ai pourtant cherché inutilement un de ces nids très-petits où une mere eſt encore toute ſeule; mais ce qui ſuppléra à cette obſervation, c'eſt qu'à la ſortie de l'hyver, je n'ai jamais vû voler que des meres bourdons, je n'ai pu voir ni mâles ni ouvriéres. Dans des nids encore très-mal peuplés, j'ai trouvé une mere avec deux ou trois autres mouches ſeulement, & un gâteau encore très-petit, ou compoſé de peu de coques: quelques-unes de ces coques cependant étoient vuides, & déja ouvertes par un bout, ce qui ſembloit prouver aſſés déciſivement que les compagnes de la mere étoient ſes enfants, qu'elles étoient nées dans le nid. Mais peu à peu le nid ſe peuple de mouches de différentes ſortes, & même de pluſieurs fémelles; car il n'en eſt pas encore parmi les bourdons, comme parmi les abeilles, par rapport aux fémelles, pluſieurs des leurs vivent enſemble en bonne intelligence. Il y en a eu tel nid peu fourni encore de mouches, où j'ai compté presque autant de fémelles que d'ouvriéres.

Les petits bourdons, comme les fémelles, sont armés d'un aiguillon; mais on ne trouve dans leur intérieur aucune des parties propres à celles-ci, ni aucune des parties qui le sont aux mâles. Ces derniers, comme ceux des abeilles, sont dépourvûs d'aiguillon; leur taille seule ne suffit pas pour les faire reconnoître; dans chaque nid on trouve des mouches d'une grandeur moyenne, de celle des mâles, qui portent un aiguillon, & dans le corps desquelles la dissection n'a pu me faire découvrir des parties de l'un ou de l'autre sexe. On doit donc encore regarder ces bourdons de grandeur moyenne, comme des ouvriers; ainsi dans le même nid, il y en a de deux tailles fort différentes, dont les uns apparemment sont capables de faire des ouvrages que les autres ne pourroient exécuter. Les petits m'ont paru plus agissants & plus adroits, & les grands sont plus forts. Des quatre sortes de mouches qui sont dans chaque nid, Swammerdam ne semble en avoir connu que deux, encore ne sçais-je s'il en a connu une des deux pour ce qu'elle est. Il dit n'avoir trouvé dans le nid qu'une mere accompagnée de plusieurs mâles. Il y a beaucoup d'apparence qu'il a pris pour des mâles, des ouvriers de la grande taille.

Ce n'est pas au reste la seule conformation des parties qui m'a convaincu que les bourdons privés d'aiguillon sont les mâles, car je suis parvenu à en observer un dans des circonstances qui ne m'auroient pas permis de rester incertain sur son sexe. Le matin, vers la mi-Juillet, j'ôtai un à un, avec une pince, tous les bourdons qui se trouvérent dans un nid; il n'y en avoit que dix, trois bourdons des plus gros, & qui étoient par conséquent trois fémelles, trois bourdons de grandeur moyenne, & quatre ouvriers extrêmement petits. Tous furent mis dans un poudrier avec un gâteau aſſés conſidérable, & en bon état; ils s'y tinrent tranquilles. Un des trois de la moyenne taille, étoit un mâle né nouvellement. Il n'y avoit pas une heure qu'il étoit dans une priſon qui ne paroiſſoit pas lui déplaire, lorſque je le vis monter ſur une femelle, & recourber ſon derriére de maniére qu'il en appliqua le bout contre le bout du derriére de l'autre. Ils étoient alors tous deux ſur un gâteau; la femelle changea de place, paſſa ſous ce même gâteau; le mâle s'y laiſſa tranſporter, il ſe tint conſtamment cramponné ſur elle, & toûjours dans la même attitude, dans laquelle il reſta pendant près d'une demi-heure.

Quand je ne ſerois pas parvenu à obſerver l'accouplement dont je viens de parler, j'aurois eu un autre moyen de m'aſſûrer que parmi les bourdons de médiocre grandeur, il y en a qui ſont des mâles. J'ai déja dit qu'il y en a qui ne montrent point d'aiguillon, & qui en ſont réellement dépourvûs; on a beau leur preſſer le derriére, on n'en fait point ſortir cette arme ſi pointuë que les autres ne manquent pas de darder continuellement, dès qu'on les tient entre deux doigts. Mais la preſſion des doigts fait ſortir du derriére de ceux qui ſont privés d'un aiguillon, des parties analogues à celles des mâles de divers inſectes; elle force d'abord à paroître au jour, & ſéparées l'une de l'autre, deux piéces ſemblables *, écailleuſes, brunes, ſolides & propres à ſaiſir le derriére de la femelle. Leur baſe eſt maſſive; en s'en éloignant elles diminuent de diametre; elles jettent l'une & l'autre vers les deux tiers de leur longueur, une branche chargée de poils *, & elles ſe terminent par un bout mouſſe & courbe qui forme une gouttiére; celle d'une piéce eſt tournée vers celle de l'autre. Entre ces deux piéces écailleuſes, il y en a deux autres *; la tige de celles-ci eſt déliée, à peu près ronde, & porte une lame dont la figure a une ſorte de reſſemblance avec celle d'un fer de

* Pl. 3. fig. 4. *il, il.*

* *i, i.*

* *f, f.*

pique. Enfin, la preſſion continuée fait ſortir une cinquiéme partie * d'entre les quatre précédentes. Cette derniére eſt membraneuſe, mais toute couverte de poils roux; ſa figure approche de la cylindrique, elle eſt pourtant un peu courbe, & n'eſt pas auſſi groſſe à ſon bout que près de ſon origine; elle paroît plus ou moins gonflée, plus ou moins longue, & plus ou moins groſſe, ſelon que la preſſion qui l'a obligée de ſe montrer, a été plus ou moins forte, & d'une plus longue ou plus courte durée.

* Pl. 3. fig. 4, 5 & 6. u.

La derniére des parties que nous venons de faire connoître, eſt celle qui eſt deſtinée à féconder les œufs de la fémelle; & on n'eſt pas auſſi embarraſſé ſur la maniére dont elle peut opérer leur fécondation, qu'on l'eſt par rapport à la partie des mâles des abeilles, qui lui eſt analogue. J'ai appliqué le doigt contre ſon bout; lorſque je l'en ai retiré, il a été ſuivi d'un filet d'une liqueur viſqueuſe, que j'ai rendu très-long quand je l'ai voulu. Cette liqueur gluante eſt probablement la liqueur ſeminale.

La diſpoſition des ovaires dans le corps des fémelles, & la maniére dont les œufs y ſont arrangés à la file, ne m'ont rien offert qui mérite que nous nous y arrêtions; mais dans l'intérieur des fémelles ouvertes en certains temps, j'ai trouvé une ſingularité digne d'être rapportée, & qui feroit capable d'en impoſer à ceux qui ne l'examineroient que dans des temps pareils à ceux dont je veux parler; qui les feroit prendre pour vivipares, & pour les plus fécondes de toutes les fémelles vivipares. Au milieu de leur corps paroît alors une maſſe qui ſemble charnue*, dont la groſſeur égale quelquefois celle d'une petite ceriſe. Quand on a déchiré ſes premiéres enveloppes pour examiner ce que ſon intérieur renferme, l'on voit qu'il n'eſt qu'un amas d'une infinité de filets courts & extrêmement déliés. Quelques mouvements que je crus appercevoir dans ces

* Pl. 4. fig. 10 & 11. e.

filets, me déterminérent à les obſerver à la loupe, & enſuite à un microſcope à liqueur. Je reconnus alors que chaque filet étoit plein de vie, qu'il étoit un petit ver blanc de la figure d'une anguille *. La maſſe dont il s'agit, contient ſeule pluſieurs millions de ces petits vers, cependant elle a un long appendice * qui en eſt de même entiérement rempli. La quantité de ceux qui y ſont, égale ou ſurpaſſe la quantité des autres. Pourquoi tant de vers ſe trouvent-ils dans le corps de la fémelle, & pourquoi ne les trouve-t-on que dans le corps de la ſeule fémelle, au moins ne les ai-je trouvés que dans le leur! Une idée qui ſe préſente naturellement, c'eſt que ces vers ſont de ceux qui doivent entrer dans les œufs, qu'ils en ſont les germes ou les embrions. Mais quand mes recherches m'ont eu fait mieux connoître les lieux dans leſquels ils ſe tiennent, j'ai cru les devoir mettre au rang des vers deſtinés à vivre aux dépens d'animaux qui les ſurpaſſent beaucoup en grandeur. Tout le canal des aliments eſt la partie qu'ils occupent; en s'y multipliant, en y croiſſant, ils en augmentent les dimenſions au point de rendre ce canal méconnoiſſable. La maſſe qui frappe par la grandeur de ſon volume, eſt apparemment le ſecond eſtomac prodigieuſement dilaté. Je n'ai point trouvé d'œufs aux fémelles qui avoient tant de vers, ſoit que leur ponte fût finie, ſoit que l'état violent où elles ſe trouvoient, n'eût pas permis à leurs œufs de ſe développer.

* Pl. 4. fig. 12.

* Fig. 11. *eu.*

Les bourdons, ſoit mâles, ſoit fémelles, ſoit ceux qui ſont dépourvûs de ſexe, ſont ſujets à avoir des inſectes d'une autre eſpece qu'il eſt plus aiſé de leur voir; ils ſe tiennent ſur leur extérieur; ce ſont de petits poux * très-vifs & très-actifs qui ſont quelquefois placés à centaines ſous le corcelet, quelquefois autour du col, & quelquefois en d'autres endroits; ſouvent on les voit marcher avec

* Pl. 4. fig. 13 & 14.

vîtesse sur le corps. Ils ont été connus de tous les Naturalistes; mais Goedaert est, je crois, le seul qui ait imaginé qu'ils avoient été donnés aux bourdons pour leur bien, pour les tirer de leur indolence, de leur espece d'engourdissement : des animaux pesants & lents, lui ont paru avoir besoin d'être aiguillonnés par des animaux beaucoup plus petits, mais très-actifs. Je ne sçais pourtant si ces poux tirent leur nourriture du corps même des bourdons, comme tant d'autres poux la tirent des animaux sur lesquels ils vivent. Il y a quelqu'apparence qu'ils ne cherchent qu'à nettoyer, pour ainsi dire, les parties du bourdon de la liqueur miellée dont elles sont souvent mouillées, c'est-à-dire, qu'ils aiment cette liqueur & qu'ils s'en nourrissent. Ce qui semble le prouver, c'est qu'on les voit courir à centaines, & quelquefois à milliers sur les gâteaux des nids. De ces gâteaux ils passent sur le corps d'un bourdon, & quand celui à qui ils se sont attachés part pour la campagne, ils se laissent conduire par-tout où il lui plaît de les voiturer, sûrs qu'il les ramenera en bon lieu. Je ne sçais rien de plus sur l'histoire de ces poux, je ne connois pas leur premiére origine; s'ils étoient de ceux qui subissent des métamorphoses, on conjectureroit volontiers qu'ils viennent de ces petits vers que nous venons de voir à millions dans le corps des meres bourdons; mais il n'y a presque rien pour appuyer une pareille conjecture, contre laquelle on peut faire beaucoup de bons raisonnements.

Les bourdons ont à craindre les pillages qui peuvent être faits dans leurs nids par beaucoup d'autres insectes. Les fourmis sont de ceux qu'ils ont à redouter ; elles sont friandes de la pâtée qu'ils y mettent en provision pour nourrir leurs petits. Il m'est arrivé plus d'une fois d'avoir placé inconsidérement auprès des fourmilliéres qui

sont

ſont en terre, des nids de bourdons que j'avois fait tranſporter chés moi. Lorſqu'ils étoient mal peuplés, qu'ils n'avoient que quatre à cinq mouches, elles n'ont pas été aſſés fortes pour s'oppoſer aux incurſions des fourmis. Au bout d'une demi-journée, j'en ai quelquefois vû le nid rempli : les bourdons s'étant trouvés trop foibles pour le défendre, l'avoient abandonné à leurs ravages.

Dans un des Mémoires que j'ai fait imprimer ſur les mouches à deux aîles *, j'ai déja fait connoître une eſpece de gros ver qui ſe transforme en une mouche qui reſſemble au frêlon, & qui l'égale en groſſeur. J'ai rapporté que c'eſt dans les nids des bourdons que ces vers prennent leur accroiſſement, & qu'ils ne s'en tiennent pas pour ſe nourrir à la pâtée deſtinée aux vers des bourdons, ils mangent les vers mêmes, & les nymphes dans leſquelles ils ſe transforment. Dans les mêmes nids, j'ai obſervé en aſſés grand nombre, d'autres vers qui ſe transforment en de plus petites mouches à deux aîles. Enfin, dans ces mêmes nids, j'ai trouvé plus d'une eſpece de chenilles qui ont beaucoup de rapport avec celles que j'ai nommées fauſſes teignes de la cire *, au goût deſquelles eſt la cire brute des nids des bourdons; elles ſe métamorphoſent en des papillons plus petits que les moins grands de ceux qui viennent des fauſſes teignes des ruches des mouches à miel.

* *Tome IV. Mem. 11. p. 482.*

* *Tome III. Mem. 8. pl. 19.*

Mais de tous leurs ennemis, les plus redoutables ſont des animaux à quatre pieds qui habitent la campagne; diverſes eſpeces de rats, comme les mulots, des animaux plus carnaciers, comme les belettes, ſont peut-être de ce nombre; mais il eſt certain au moins que les fouines font les plus terribles ravages dans les nids de bourdons. J'en ai eu quelquefois plus d'une douzaine totalement détruits dans une ſeule nuit; non ſeulement ils avoient été entiérement découverts, les gâteaux en avoient été ôtés, tranſportés à plusieurs pas, & entiérement hachés; les bourdons eux-mêmes avoient été mangés, comme il étoit prouvé par les débris qu'on en trouvoit. Pareille aventure est arrivée plusieurs fois à mes nids, sans que je pusse connoître avec certitude l'animal qui avoit fait tant de desordre; mais enfin je vis un jour dans trois à quatre des nids ravagés, de la fiente de fouine encore très-molle & très-fraîche, & que sa forte odeur de musc ne permettoit pas de méconnoître. Les fouines ont pourtant quelquefois mangé les gâteaux des nids, sans avoir mangé les bourdons eux-mêmes, au moins sans avoir fait de mal à ceux qui avoient été les plus diligents à s'envoler. J'ai trouvé ceux-ci le matin voltigeants autour des débris, & occupés à rétablir leur habitation.

Alors je voulus sçavoir s'ils étoient d'humeur à prendre soin des gâteaux tirés d'un autre nid; & en cas qu'ils le fussent, si de leur en donner ne seroit point un moyen de les encourager à rétablir leur domicile. Je donnai donc un gâteau à des bourdons désolés; il avoit été tiré d'un nid que des fourmis avoient fait abandonner. Il parut que je leur avois fait un present agréable; ils ne le trouvérent pourtant pas bien où je l'avois posé, il étoit trop près d'un côté, de l'enceinte de mousse, ils passérent dessous, & à force de le soûlever & de le pousser avec leur dos, ils le conduisirent au milieu de l'espace. Je leur aidai à le recouvrir de mousse; ils arrangérent mieux dans la matinée celle que j'y avois mise. Le gâteau manquoit de pot à miel, dans la journée ils en firent un qui fut attaché à la circonférence du gâteau, & le remplirent de miel dans cette même journée.

Tout ce que nous avons dit de la structure de la trompe des abeilles, nous exempte d'autant plus de parler de celle de la trompe des bourdons *, que pour bien expliquer

* Pl. 4. fig. 3.

l'organisation de la trompe de ces mouches utiles, pour mieux faire entendre la position & la forme de leur bouche, nous avons emprunté des figures que les bourdons nous ont fournies. Ce que nous avons vû aussi dans l'intérieur des abeilles, par rapport à la disposition & la conformation du canal des aliments, se voit dans le canal analogue des bourdons: chés les bourdons comme chés les abeilles, la vessie à miel n'est que la premiére portion de ce canal, dilatée, que le premier estomac.

La structure des poulmons, semblable encore pour l'essentiel, dans les mouches à miel & dans les bourdons, est plus aisée à observer dans ceux-ci: on y voit aisément * que les leurs regnent de chaque côté tout du long du corps; qu'ils sont des especes de sacs ou de vessies formées de membranes très-blanches, dont celle qui *précede*, communique avec celle qui *suit*, & sur laquelle elle est posée, par une ou deux ouvertures souvent rondes *; que les vessies d'un côté viennent vers le milieu du corps s'appliquer contre celles de l'autre côté; qu'une très-grosse trachée apporte l'air aux premiéres, aux antérieures. Mais qui voudroit donner une idée assés exacte de la structure de ces poulmons, seroit obligé de s'engager dans des détails qui, quoique curieux, pourroient ennuyer ceux qui se contentent des idées les plus générales sur l'anatomie des insectes.

* Pl. 4. fig. 5.

* Fig. 6 & 7.

Par rapport à leurs aiguillons, & à la liqueur qui en rend les piqûres douloureuses, il suffira que je renvoye à ce qui a été dit au long, des aiguillons des mouches à miel *. Sans avoir été piqué par les bourdons, je sçais qu'ils peuvent faire encore plus de mal que les abeilles, ils sont plus fournis de la liqueur redoutable. J'ai quelquefois fait l'expérience de cette liqueur sur ceux qui étoient bien-aises que je leur prouvasse que l'aiguillon,

* *Tome V. Mem. 7. pl. 29.*

comme aiguillon, ne feroit pas à craindre. Je les laiffois fe faire à eux-mêmes deux piquûres avec une épingle; j'introduifois enfuite dans l'une des deux avec la pointe de la même épingle, de la liqueur prife à un bourdon. Ceux qui ont fouffert cette expérience, ont toûjours été très-mécontents de l'avoir demandée. Les aiguillons des meres font gros, & recourbés vers le dos.

C'eft principalement pendant l'hyver que les nids fembleroient néceffaires aux bourdons; c'eft alors qu'ils paroiffent avoir plus de befoin d'être défendus contre le froid & contre toutes les injures de l'air; cependant j'ai vû la plûpart de leurs habitations defertes avant la fin de l'été; je n'en ai jamais eu aucune où il fut refté une feule mouche à la Touffaint. En quelque temps que ce foit, les nids ne font jamais auffi peuplés qu'ils le devroient être, à en juger par le nombre des coques. J'ai compté plus de 150 de celles-ci dans un nid que je n'ai jamais vû habité par plus de 50 à 60 bourdons. Quelque part qu'on cherche pendant l'hyver, on n'en trouve plus de raffemblés dans un même lieu; tout paroît prouver que les mâles & les ouvriéres périffent avant qu'il arrive; que l'efpece alors ne fe conferve que dans des meres qui ont été fécondées. J'ai déja dit que je n'ai jamais pu voir au commencement du printemps que des bourdons fémelles; elles fe tiennent apparemment pendant la rude faifon, dans des creux de murs ou dans des trous encore plus profonds, qu'elles ont faits en terre.

Je ne ferois point embarraffé de rendre raifon de la maniére dont une fémelle parvient à creufer de pareils trous; elles fçavent remuer la terre & la fouiller: il me paroît plus difficile de deviner à quelle fin elles la fouillent en certaines circonftances. J'en ai obfervé une infinité de fois qui travailloient avec une grande activité à ouvrir en terre & à approfondir des trous ronds. Leurs ſerres détachoient des grains de terre, les premiéres jambes s'en faiſiſſoient, & les pouſſoient aux jambes de la ſeconde paire; & celles-ci les mettoient à portée des derniéres jambes qui la jettoient le plus loin qu'il étoit poſſible. En un mot, je leur ai vû faire par rapport à la terre une manœuvre ſemblable à celle à laquelle elles ont recours, & qui a été expliquée ci-devant, pour conduire des brins de mouſſe ſur leur nid. Il eſt aſſés vraiſemblable que les bourdons ont beſoin tantôt d'applanir, & tantôt de creuſer le terrein où ils veulent s'établir. Mais j'ai dans mon jardin de Charenton, un terrein ſur le penchant d'une petite montagne, qui, ſur une longueur de 15 à 20 pieds étoit percé de trous aſſés proches les uns des autres, dans chacun deſquels mon pouce pouvoit entrer plus d'à moitié, & qui tous avoient été faits par des bourdons. Le même bourdon qui avoit creuſé un de ces trous avec beaucoup de travail, qui y avoit employé pluſieurs heures, alloit en commencer un autre tout auprès. Ceux que j'ai vû occupés à cette ſorte de beſogne étoient des fémelles. Je croirois être en état de deviner quel étoit leur objet, ſi j'euſſe vû par la ſuite des nids ſe former dans cet endroit: on jugeroit avec vraiſemblance qu'elles y ſondoient le terrein, pour choiſir le plus convenable; mais dans tout l'eſpace où tant de bourdons ont travaillé ſucceſſivement ſous mes yeux, je n'ai jamais trouvé même un nid commencé. On ne peut pas ſoupçonner non plus que les bourdons fouillent alors la terre pour chercher des aliments ou des matériaux propres à être tranſportés à leur nid, car on ſçait aſſés où ils prennent les uns & les autres. Il n'y avoit pas même dans ces trous des racines de plantes. C'eſt un exemple à joindre à tant d'autres qui nous apprennent, que les cauſes des faits les plus ſimples peuvent nous échapper. Je répéterai que les bourdons que j'ai vû fouiller en terre au printemps, ont toûjours été des fémelles.

Au reste, je terminerai ici l'histoire de ces mouches, sans en raconter des merveilles que Goedaert, qui ne paroît en avoir eu en sa possession qu'un seul nid, prétend avoir vûës & avoir fait voir à d'autres; & cela, parce que je n'ai pu les observer, & que je ne suis pas assés disposé à les regarder comme réelles. Il a cru, par exemple, être bien certain que parmi les bourdons, il y en a un chargé d'être le trompette ou le tambour, un qui paroît réguliérement le premier chaque jour, & qui, par le bruit qu'il fait, avertit les autres que l'heure du travail est venuë: mais il ne nous dit pas avoir pris les précautions nécessaires pour s'assûrer que c'est le même qui est toûjours chargé de cet emploi; il ne nous dit pas si celui qui l'exerce est fémelle, mâle ou ouvrier; & il ne paroît pas même qu'il ait sçû qu'il y avoit de ces différences si remarquables entre ces sortes de mouches. Les insectes nous offrent assés de merveilles réelles à observer, pour nous paroître admirables; ils n'ont pas besoin de celles dont notre imagination peut les gratifier. La charge du bourdon trompette a bien l'air d'en être une de la derniére espece. Celui qui est sorti le premier de mes nids, n'a pas été le même dans différents jours; ça été tantôt un ouvrier de la grande, tantôt un ouvrier de la petite taille, & quelquefois une mere.

EXPLICATION DES FIGURES DU PREMIER MEMOIRE.

PLANCHE I.

LES Figures 1, 2, 3 & 4 repréſentent quatre bourdons des trois grandeurs différentes qu'ont ceux du même nid. Tous les quatre ſont colorés de la même maniére; ils ſont entiérement noirs, excepté à leur partie poſtérieure qui eſt de couleur cannelle ou feuille-morte.

Les Figures 1 & 2 ſont celles du même bourdon, qui eſt une fémelle, dont les aîles ſont poſées ſur le corps, figure 1, comme elles le ſont ordinairement, & dont les aîles, figure 2, ſont écartées du corps, comme elles le ſont lorſque la mouche vole.

La Fig. 3 nous montre un bourdon de taille moyenne; les mâles & les ouvriers qui ſont les plus grands, ont cette grandeur.

La Figure 4 fait voir un des ouvriers de la petite taille; ceux-ci, comme ceux de moyenne taille, ſont dépourvûs de ſexe.

La Figure 5 repréſente un gâteau tiré d'un nid de bourdons; la figure de ces ſortes de gâteaux eſt ordinairement auſſi irréguliére que l'eſt celle de celui-ci. Il eſt compoſé de coques filées par les vers qui doivent devenir des bourdons, & appliquées les unes contre les autres ſuivant leur longueur. Les maſſes *p, p, p, p,* &c. plus brunes que les coques, ſur leſquelles & entre leſquelles elles ſont collées irréguliérement, ſont des maſſes de cette matiére que j'ai nommée de la pâtée, parce que les vers qu'elle couvre s'en nourriſſent. Les deux petits vaſes *m, m,* ouverts par-deſſus, ne doivent pas être confondus avec les coques, celles-ci sont faites de soye, & ceux-là de cire brute, ce sont deux pots à miel.

La Figure 6 est celle d'un nid de bourdon dessiné beaucoup plus petit que nature; il est de ceux dont la figure est bien arrondie. En *E*, est la porte du nid, on y voit le derriére d'un bourdon qui se rend dans l'intérieur de l'habitation.

PLANCHE II.

Les Figures 1, 2 & 3 représentent trois bourdons de ceux qui sont couverts de poils blonds, ou d'un citron pâle, & qui en ont seulement quelques-uns principalement sur le corcelet, qui tirent sur le rougeâtre. La figure 1 est celle d'une fémelle. La figure 2 celle d'un mâle ou d'un ouvrier de la grande taille. La figure 3 est celle d'un ouvrier de la petite taille.

La Figure 4 montre l'intérieur d'un nid, dont on n'a dessiné qu'une portion. La couche de mousse qui en couvroit le dessus a été emportée; aussi les coques, dont le gâteau supérieur est composé, sont ici en vûë.

Dans la Figure 5, un œuf de bourdon est vû dans sa grandeur naturelle. Le même œuf est vû grossi à la loupe, figure 6.

La Figure 7 est celle d'une masse de pâtée tirée d'un gâteau avec de petites coques. *p, p, p,* cette pâtée. *a, a* bouts de coques, qui ne sont à découvert que parce qu'on a emporté la portion de pâtée qui les cachoit.

La Figure 8 représente quatre des coques d'un gâteau, & un pot à miel *m*. En *p* une des coques est noircie & cachée par un reste de pâtée.

La Figure 9 fait voir trois coques *a, a, a,* au-dessus desquelles s'éleve une masse de pâtée *p*.

Dans la Figure 10, une masse de pâtée *p*, telle que celle

celle de la figure 9, a été ouverte, & par-là les œufs *o, o,* renfermés dans son intérieur, ont été mis à découvert.

La Fig. 11 fait voir aussi une grosse masse, une espece de truffe de pâtée *p p,* dans l'intérieur de laquelle étoit une cavité qu'on a mise en vûë en jettant sur le côté les portions *d, d.* Dans cette cavité paroissent plusieurs vers *u, u,* encore très-petits.

La Figure 12 représente encore une masse de pâtée *pp,* telle que celle de la figure 9, dont la partie supérieure a été emportée; dans sa cavité il n'y a qu'un seul ver, mais plus grand que ceux de la figure 11. Quand les vers commencent à grossir, ils se séparent les uns des autres; par la suite, ils n'ont aucune communication entr'eux, des especes de cloisons de pâtée la leur ôtent.

La Figure 13 est celle d'un ver qui n'a pas à croître beaucoup pour être en état de se transformer en nymphe. *t,* sa partie antérieure. *a,* sa partie postérieure.

La Figure 14 montre une coque filée par un ver de bourdon, qui a été ouverte dans toute sa longueur. *l,* le lambeau qui en a été emporté. *a t,* marquent la nymphe renfermée dans cette coque, vûë du côté du dos. En *t,* est sa tête, en *a,* sa partie postérieure. Cette nymphe est dans la même position où elle se trouvoit lorsqu'elle étoit dans le nid.

Les Figures 15, 16 & 17 représentent trois nymphes de bourdons, vûës du côté du ventre. Celle de la figure 15 est de la grandeur des nymphes qui deviennent des bourdons femelles. La nymphe de la figure 16 est de la grandeur de celles qui deviennent des bourdons mâles, ou des ouvriers de la grande taille; & la nymphe de la figure 17, est de celles qui ne donnent que des ouvriers qui sont d'assés petites mouches en comparaison des autres. Toutes ces nymphes sont d'abord très-blanches, mais elles prennent des teintes de gris lorſque le temps de leur transformation approche. Les yeux à rezeau perdent leur blancheur peu à peu, de jour en jour ils deviennent de plus en plus rougeâtres.

PLANCHE III.

La Figure 1 eſt celle d'un bourdon fémelle, commun dans ce pays. Le noir eſt ſa couleur dominante, mais il a trois bandes, dont deux ſont ſur le corps, & très-larges, & la troiſiéme eſt à l'origine du corcelet, & forme une eſpece de collier. Les poils qui compoſent cette premiére bande, ſont blancs ſur quelques bourdons, & jaunes ſur d'autres. Ceux de la ſeconde bande ſont jaunes, & ceux de la troiſiéme ou du bout du corps, ſont blancs ou jaunâtres.

La Figure 2 repreſente un bourdon qui m'a été envoyé d'Egypte par feu M.r Granger, dont tous les poils ſont de couleur d'olive; ceux du corps ſont courts, & ceux du corcelet ſont longs.

La Figure 3 nous montre encore un bourdon d'Egypte. Le deſſus des anneaux du corps de celui-ci eſt liſſe, luiſant, & d'un noir qui tire ſur le violet; les aîles ſont d'un violet foncé; & le corcelet eſt tout couvert de longs poils d'une belle couleur de citron.

Les Figures 4, 5 & 6 font voir les parties propres aux bourdons velus mâles, tels que celui de la figure 3 de la pl. 1, & celui de la figure 2 de la pl. 2, & elles font voir ces parties groſſies, & dans le temps où la preſſion les a forcées de ſe montrer. Dans la fig. 4, le bout poſtérieur du corps eſt vû par-deſſous. *a a* le dernier anneau. *l, l,* grandes piéces écailleuſes, concaves vers le bout, dont chacune a un appendice *i*. C'eſt apparemment avec ces deux piéces que le mâle ſaiſit le derriére de la fémelle. *f, f,* deux autres piéces écailleuſes terminées en fer de pique, qui accompagnent la partie propre au mâle. *u,* cette partie ſur laquelle des poils roux & très-courts ſont ſemés.

Dans la Figure 5, la partie qui eſt vûë dans la figure 4, eſt retournée le haut en bas, & repréſentée dans un moment où la preſſion à moins agi ; auſſi les deux piéces *l, l,* y ſont-elles moins écartées de la partie *u* propre au mâle, & elles cachent les deux piéces marquées *f, f,* dans la figure précedente.

La *Figure 6* préſente la partie du mâle de côté & par-deſſus, dans un temps où la preſſion l'a extrêmement gonflée. *a a* le deſſus du dernier anneau. *l,* une des piéces marquée par la même lettre dans les figures 4 & 5. *f* piéce écailleuſe qui accompagne la partie du mâle, & qui eſt beaucoup plus viſible dans la figure 4. *u,* la partie propre au mâle; du bout *b,* ſort une liqueur gluante qui peut être tirée en un fil *k.*

La Figure 7 eſt celle d'un nid de bourdons, dont la grandeur a été reduite au-deſſous des dimenſions naturelles. Il a été entiérement ouvert par-deſſus & pardevant, ce qui permet de voir quelques-unes des coques d'un des gâteaux de ſon intérieur, un pot à miel, & divers bourdons. On s'eſt contenté d'emporter la mouſſe qui couvroit une voute de cire *p p.* La feuille qui forme cette voute eſt mince, & recouvre toutes les parois intérieures du nid juſqu'à ſa baſe ; mais le fond du même nid n'a qu'un ſimple lit de mouſſe.

PLANCHE IV.

La *Figure 1* fait voir trois bourdons diſpoſés à la file les uns des autres pour faire paſſer le tas de mouſſe qui eſt en *a,* en *o,* & plus loin où l'on ſuppoſe le nid. Le bourdon *a* pouſſe avec ſes jambes en *h* la mouſſe qu'il a tirée du tas *m*. Le bourdon *b*, prend la mousse qui est en *h*, & avec ses jambes la conduit en *n*; d'où le bourdon *c* la pousse en *o*. C'est ainsi que sont disposés & que travaillent les bourdons qui ont à réparer un nid qu'on a bouleversé.

La Figure 2 représente un poil de bourdon vû au microscope.

La Figure 3 montre le bout de la tête d'un bourdon & sa trompe assés grossie pour en faire distinguer les principales piéces. *a* le bout de la tête. *f g h* un des deux grands demi-étuis; ils ont été relevés tous deux pour laisser à découvert la trompe qu'ils embrassent lorsqu'ils sont dans leur position naturelle. *f* la partie de demi-fourreaux qui est plus épaise que le reste. *g* espece d'articulation, ou jonction de la partie *f* avec la partie *h*. *ki*, *ki*, sont les deux demi-étuis les plus courts & les plus déliés, qui ne s'appliquent que contre la partie antérieure de la trompe. *t*, le bout de la trompe. Depuis *t* jusqu'en *k*, la trompe est couverte de poils courts & roux, couchés les uns sur les autres, & dirigés vers le bout *t*. Tout ce qui paroît blanc dans la partie postérieure de la trompe, est membraneux; & tout ce qui est brun, est cartilagineux ou écailleux. *mnp*, filet écailleux qui peut se plier en *n*. Quand la trompe est raccourcie & appliquée sous la tête, la partie *mn* est presque couchée sur la partie *np*, au moins l'angle *n* est-il alors extrêmement aigu.

La Figure 4 fait voir une dent par son côté extérieur & convexe, grossie au microscope, laquelle est vûë par son côté concave, & le plus proche de la tête dans la figure 5.

La Fig. 6 est celle d'une portion du corps du bourdon, grossie & vûë du côté du ventre, & composée de quatre anneaux *d*, *d*, *d*, *d*. Chaque anneau est lui-même composé de deux piéces écailleuses. Le *d* à droite, & le *d* à gauche, marquent les deux bouts de chaque ceintré écailleux qui, après avoir couvert le dos, se courbe vers le ventre, & vient passer sur une partie de la bande écailleuse qui est sous le ventre. *u*, une de ces lames écailleuses.

La Figure 7 représente le corps d'un bourdon coupé tout du long d'un de ses côtés, & grossi ; on a voulu y faire voir la disposition des membranes blanches & des sacs qui composent les poulmons de cet insecte. *e* espece de cornet percé en *e* de plusieurs trous. Au-dessus & au-dessous, des membranes forment de grandes cavités.

Les Figures 8 & 9 montrent deux coupes transversales d'un corps de bourdon grossi. Celle de la figure 8, est prise entre le milieu du corps & le corcelet, & celle de la figure 7 est prise assés près de l'anus. Elles sont encore destinées l'une & l'autre à donner quelqu'idée de la structure des poulmons de cette mouche. *ff* figure 8, marquent la séparation de deux membranes blanches qui se recourbent pour former deux sacs pulmonaires. On ne voit ici que la partie antérieure & extérieure du sac. Ces membranes sont percées de différents trous. Dans la figure 9, il ne semble y avoir qu'un seul sac, parce que les deux qui se trouvoient dans l'endroit où a été faite la section, étoient plus exactement appliqués l'un contre l'autre que dans la figure 8. Les deux trous ronds *m, m,* laissent passer l'air dans la cavité qui est au-dessous.

La Figure 10 fait voir l'intérieur du corps d'un bourdon qui étoit rempli de vers faits en anguilles. *a c,* les anneaux qui pour avoir été tiraillés, forment une plus grande longueur que dans l'état naturel, & sont moins gros proportionnellement. Les parties entre *u e,* sont gonflées par des vers, ou plûtôt ne sont presque que des masses de vers.

La Figure 11 est celle du conduit des aliments & de quelques autres parties de l'intérieur d'un bourdon attaqué des vers. *e* l'estomac qui n'est qu'un massif de vers.

La Figure 12 représente quelques vers tirés de la masse *e*, figure 11, ou des parties comprises entre *u e*, figure 10, vûs au microscope; ils forment des lacis. Chaque ver a l'air d'une petite anguille.

La Figure 13 est celle d'un de ces poux qui se tiennent en très-grand nombre sur les bourdons, grossi au microscope. Leur couleur est un brun rougeâtre; ils semblent écailleux, leur extérieur est lisse & même luisant. Ils ont huit jambes. Du bout antérieur de leur tête sort une espece de trompe *t*, qui, quoiqu'assés longue & assés grosse, par rapport à la grandeur de l'animal, est trop petite pour que nous puissions parvenir à bien distinguer les parties dont elle est composée. On trouve encore sur les bourdons velus, mais plus rarement, d'autres poux qu'on voit en grand nombre sur les abeilles qui feront le sujet du memoire suivant, & qui sont représentés pl. 5. fig. 8. & 9.

Dans la Figure 14, le poux de la figure 13, est représenté de la grandeur dont il paroît à la vûë simple.

Pl. 1. pag. 38. Mém. 1. de l'Hist. des Insectes. Tome 6.
Fig. 1.
Fig. 2.
Fig. 3.
Fig. 4.
Fig. 5.
Fig. 6.
p
m
E

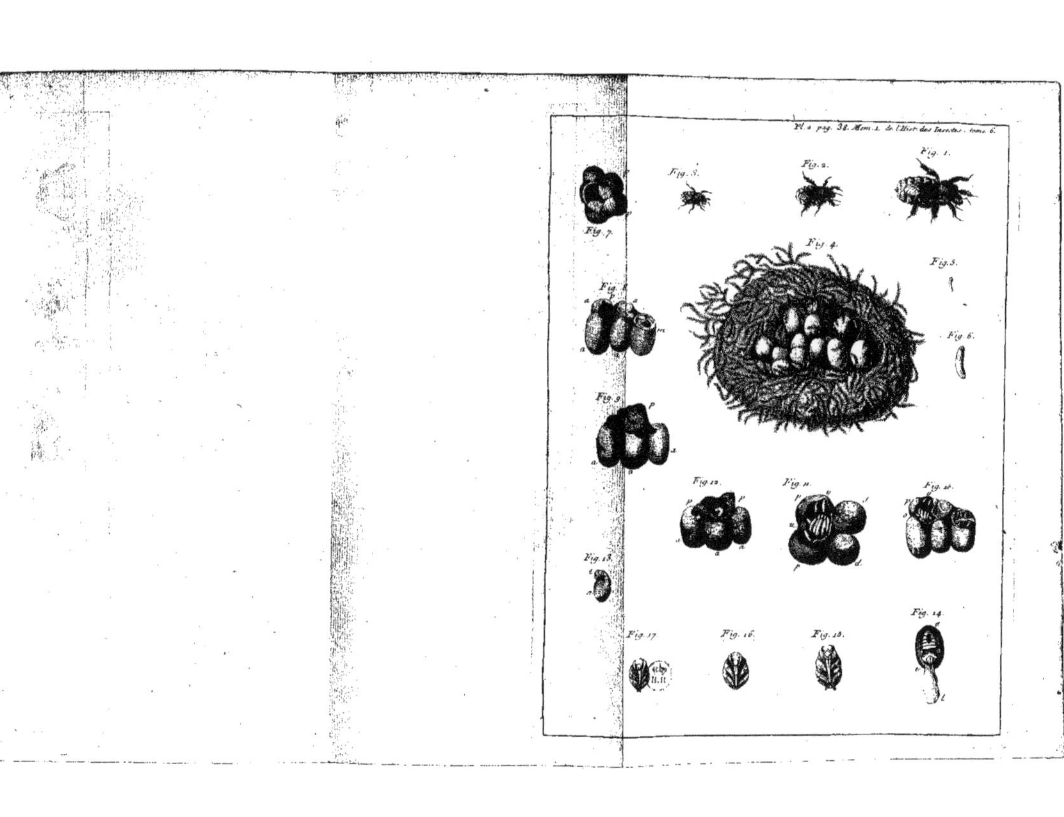

Pl. 1 pag. 38. Mem. 1. de l'Hist. des Insectes. tome 6.

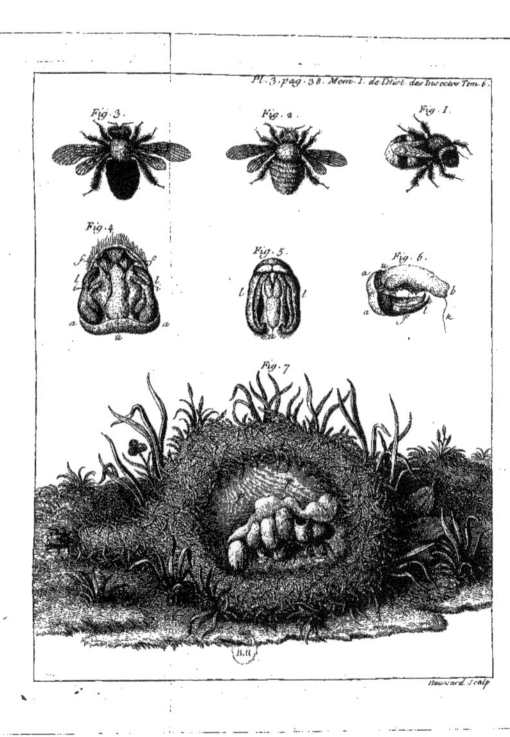
Pl. 3. pag. 38. Mem. I. de l'Hist. des Insectes Tom. 6.
Fig. 3.
Fig. 2.
Fig. I.
Fig. 4
Fig. 5.
Fig. 6.
Fig. 7
Nouvard. Sculp.

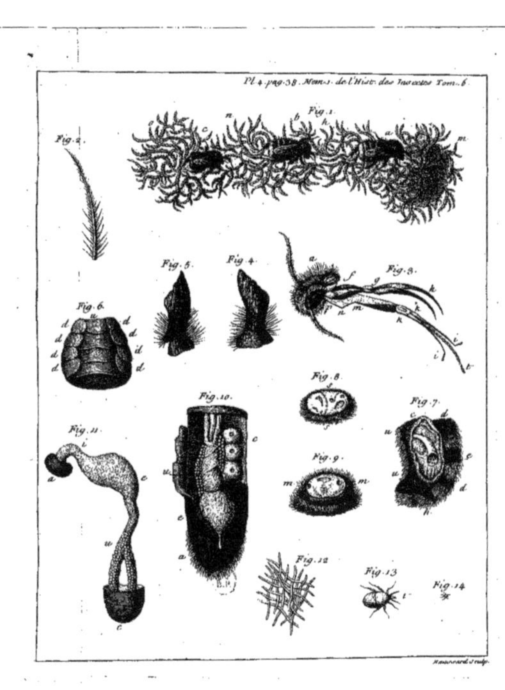

Pl. 4. pag. 38. Mem. de l'Hist. des Insectes Tom. 6.
Fig. 1.
Fig. 2.
Fig. 3.
Fig. 4.
Fig. 5.
Fig. 6.
Fig. 7.
Fig. 8.
Fig. 9.
Fig. 10.
Fig. 11.
Fig. 12.
Fig. 13.
Fig. 14.

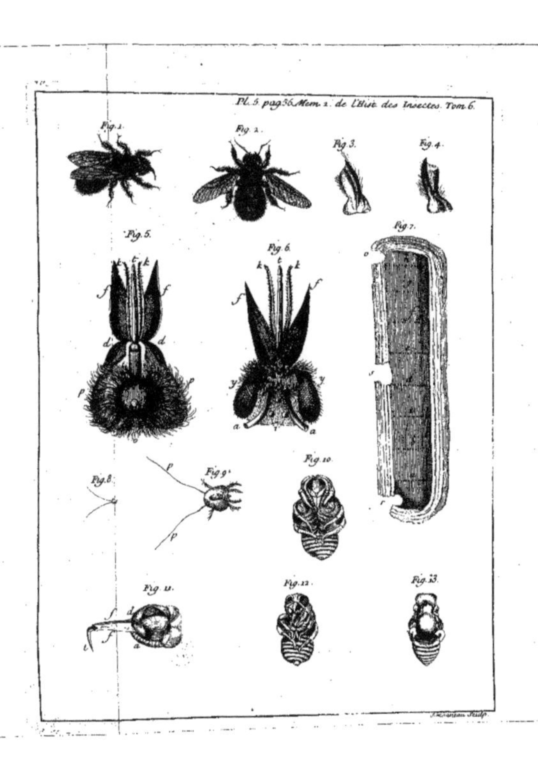
Pl. 5. pag 36. Mem. 2. de l'Hist. des Insectes. Tom. 6.
Fig. 1.
Fig. 2.
Fig. 3.
Fig. 4.
Fig. 5.
Fig. 6.
Fig. 7.
Fig. 8.
Fig. 9.
Fig. 10.
Fig. 11.
Fig. 12.
Fig. 13.

SECOND MEMOIRE.

DES ABEILLES PERCE-BOIS.

APRÈS avoir traité assés au long dans le Volume précédent, & dans le premier Memoire de celui-ci, des Abeilles qui composent des societés, nous allons rapporter les faits remarquables que nous font voir d'autres abeilles qui vivent solitaires. Je mets au nombre de ces derniéres, des mouches de certaines especes qu'on trouve cependant comme réunies dans un même lieu; & cela, lorsqu'elles n'y sont plusieurs ensemble, que parce qu'elles y sont nées, & qu'elles n'y sont pas pour s'entr'aider, pour travailler de concert à des ouvrages qui les intéressent toutes; alors elles ne forment pas une véritable societé; elles doivent être regardées comme solitaires, dès que chacune ne s'y occupe que pour soi.

Les différentes especes d'abeilles solitaires exécutent diverses sortes d'ouvrages qui ne peuvent être faits que par des ouvriéres extrêmement industrieuses, & qui semblent prouver qu'elles sont pleines de prévoyance & animées par l'amour le plus tendre pour les vers qui doivent sortir des œufs qu'elles se sentent prêtes à mettre au jour. Car tous leurs travaux & tous leurs soins n'ont pour objet que de pourvoir ces vers de tout ce qui leur est nécessaire pour devenir eux-mêmes des abeilles. Si l'Auteur de la nature paroît avoir pris plaisir à varier prodigieusement les especes de ces petits animaux, il ne semble pas s'être moins plû à varier les moyens qu'il a employés pour les perpetuer. Dans plusieurs memoires du volume précédent, nous avons suivi ces abeilles qui employent la cire avec tant d'art; & dans le premier memoire de ce volume-ci, nous avons vû que d'autres abeilles, les bourdons velus, ſçavent ſe conſtruire des logements avec de la mouſſe; nous allons parler actuellement d'une eſpéce d'abeille qui ſe loge dans le bois, qui le creuſe, mais moins pour elle-même que pour élever ſes petits.

Nous diſtinguerons les abeilles de cette eſpece par le nom de *Perce-bois,* qui leur convient mieux que celui de perce-oreille ne convient à des inſectes à qui on l'a donné, quoiqu'il n'y en ait jamais eu apparemment un ſeul qui ait entamé le moins du monde les membranes d'une oreille. Ces mouches * ſurpaſſent beaucoup en grandeur les meres des mouches à miel; leur volume ne le cederoit gueres à celui des fémelles des bourdons, ſi elles étoient auſſi couvertes de poils que ceux-ci. Elles volent avec bruit; auſſi pourroit-on encore les appeller des bourdons liſſes, car leur corps eſt liſſe & luiſant, & d'un noir bleuâtre. La vûë ſimple n'y apperçoit des poils que ſur les côtés; leurs quatre aîles ſont d'un violet foncé; leur corps eſt plus applati que celui des bourdons velus; elles ont ſur les côtés, autour du derriére & ſur le corcelet, de longs poils noirs.

* Pl. 5. fig. 1 & 2.

La trompe des mouches à miel dont la ſtructure a été décrite ailleurs très au long, différe ſi notablement de celle des trompes des autres mouches, que nous avons cru devoir prendre pour principal caractére des eſpeces qui appartiennent au genre des abeilles, une trompe faite pour l'eſſentiel ſur le modéle de celle des mouches à miel. Telle eſt la trompe de notre perce-bois *. L'une & l'autre ſont compoſées des mêmes parties; mais les proportions des parties y ſont différentes. On ſe rappellera que dans le temps de l'inaction, ces ſortes de trompes ſont couvertes par quatre demi-étuis, dont deux ſont plus grands que les deux autres.

* Fig. 5 & 6.

Les

Les grands * de la mouche perce-bois, sont bien plus larges proportionnellement que les deux de la mouche à miel, qui leur sont analogues.

* Pl. 5. fig. 5 & 6. *f, f.*

Ces mouches ne sont pas fort communes; il n'est pourtant guéres de jardins où l'on n'en puisse voir quelques-unes en différentes saisons. Elles paroissent bien-tôt après la fin de l'hyver; elles volent volontiers autour des murs exposés au Soleil, & dans les heures où ses rayons tombent dessus, sur-tout lorsqu'ils sont garnis d'arbres & de treillages. Dès qu'on a remarqué une de ces mouches dans un jardin, on est presque sûr de l'y revoir à bien des reprises dans le même jour, & pendant les jours suivants. Elle voltige autour d'un mur, elle s'appuye dessus pour quelques instants, après quoi elle part pour faire plusieurs tours en l'air, & aller ensuite se poser sur un autre endroit du même mur. Elle prend de fois à autres des essors dans lesquels l'observateur ne la peut suivre; mais il la revoit au bout de quelques heures, tantôt plûtôt, tantôt plus tard; le bruit qu'elle fait en volant, avertit de son retour; & il est toûjours aisé de l'appercevoir alors, car ses aîles écartées du corps la font paroître encore plus grosse qu'elle ne l'est.

Celle qui rode ainsi au printemps dans un jardin, y cherche un endroit propre à faire son établissement, c'est-à-dire, quelque piéce de bois mort d'une qualité convenable, qu'elle entreprendra de percer. Jamais ces mouches n'attaquent les arbres vivants. Il y en a telle qui se détermine pour un échalas; une autre choisit une des plus grosses piéces qui servent de soûtien aux contr'espaliers. J'en ai vû qui ont donné la préférence à des contre-vents, & d'autres qui ont mieux aimé s'attacher à des piéces de bois aussi grosses que des poutres, posées à terre contre des murs où elles servoient de banc. La qualité du bois & sa position entrent pour beaucoup dans les raisons qui décident la mouche. Elle n'entreprendra point de travailler dans une piéce de bois placée dans un endroit où le soleil donne rarement, ni dans une piéce d'un bois encore vert; elle sçait que celui qui non seulement est sec, mais qui commence même à se pourrir, à perdre de sa dureté naturelle, lui donnera moins de peine.

Enfin lorsqu'une de nos grosses abeilles d'un noir luisant, a fait choix d'un morceau de bois, elle commence à le creuser quelque part. L'ouvrage qu'elle entreprend demande qu'elle ait de la force, du courage & de la patience. Supposons le morceau de bois qu'elle a choisi, à peu près cylindrique, & posé de bout ou perpendiculairement à l'horison, elle ouvre d'abord quelque part un trou * qui se dirige vers l'axe un peu obliquement. Quand elle l'a poussé à quelques lignes de profondeur, elle lui fait prendre une autre direction *; elle le conduit à peu près parallelement à l'axe, elle perce le bois en flute; quelquefois pourtant elle dirige le trou obliquement d'un bout du morceau de bois à l'autre. Le volume de son corps demande que ce trou ait un assés grand diametre, il faut qu'elle puisse se retourner dedans; aussi y en a-t-il tel dans lequel j'ai fait entrer à l'aise mon doigt index. Elle lui donne quelquefois plus de 12 à 15 pouces de longueur. Si la grosseur du bois y peut suffire, elle perce 3 ou 4 de ces longs trous dans son intérieur *. J'en ai trouvé trois rangs * dans un montant de treillage qui avoit 6 à 7 pouces de diametre, & qui m'avoit été donné par M. de Fouchy. C'est-là assûrément un grand ouvrage pour une abeille; mais aussi n'est-ce pas celui d'un jour, elle y est occupée pendant des semaines & même pendant des mois.

* Pl. 5. fig. 7. & pl. 6. fig. 1. o.

* Pl. 5. fig. 7.

* Pl. 6. fig. 7.

* f, g, h, i.

Quand on est parvenu à observer le morceau de bois dans lequel il y en a une qui travaille, on voit sur la terre au-dessous du trou qui donne entrée à la perceuse, un tas de sciûre aussi grosse que celle que des scies à main font tomber. Ce tas croît journellement. La mouche entre & sort du trou un grand nombre de fois dans chaque journée; il ne faut pas l'épier long-temps pour parvenir à la voir entrer; & on n'a quelquefois qu'à rester tranquille pendant quelques instants pour appercevoir le bout de sa tête au bord du trou, hors duquel elle fait tomber la sciûre qu'elle y a apportée. Je n'ai pourtant pu bien observer si elle ne jette dehors que les grains qu'elle tient entre ses dents, ou si elle en pousse avec sa tête plus que les dents n'en pourroient tenir.

Ce qui est très-certain, c'est que les deux dents dont elle est pourvûë, sont les seuls instruments qui lui ont été accordés pour faire des trous si considérables. Il n'y a pas moyen de les voir agir dans l'intérieur d'un morceau de bois; mais lorsqu'on les considere à la vûë simple & surtout à la loupe *, on les juge bien capables de hacher le bois, & même de le percer. Elles sont semblables & égales; chacune d'elles est une solide piéce d'écaille, courbée en quelque sorte en tarriére, convexe par-dessus & concave par-dessous, & qui se termine par une pointe fine, mais forte.

* Pl. 5. fig. 3 & 4.

C'est pour loger les vers qui doivent sortir des œufs que notre mouche perce-bois doit pondre bien-tôt, qu'elle ouvre de si longs trous. Son travail & ses soins ne se bornent pourtant pas là. Les œufs ne doivent pas être empilés les uns sur les autres, ni être dispersés dans une même cavité; il ne convient pas aux vers qui en éclorront, de vivre ensemble, chacun d'eux doit croître sans avoir de communication avec les autres: aussi chaque long trou, chaque long tuyau, n'est que la cage d'un bâtiment où se trouveront par la suite plusieurs piéces en enfilade;

bien-tôt il y aura dans chaque trou une enfilade de cellules *, mais qui, à la différence des piéces d'un appartement, n'auront aucune communication les unes avec les autres.

* Pl. 5. fig. 1 & 2, & pl. 6. fig. 1.

Enfin la mouche n'eſt pas ſeulement inſtruite de la figure, de la capacité du logement qui convient à chacun de ſes vers, & de la nature des matériaux dont il doit être fait, elle ſçait bien plus que tout cela; elle a des connoiſſances dont nous devons être étonnés. Quelle eſt parmi nous la mere qui ſçache au juſte le nombre des livres de pain, de viande & d'aliments de toutes autres eſpeces, & la quantité de différentes boiſſons que conſumera l'enfant qu'elle vient de mettre au jour, juſqu'à ce qu'il ſoit parvenu à l'âge d'homme! Le ver naiſſant pour parvenir à être mouche, n'a pas beſoin de prendre des aliments auſſi variés que les nôtres; une ſorte de pâtée aſſés ſemblable à celle dont les bourdons à nids de mouſſe nous ont donné occaſion de parler, eſt ſa ſeule nourriture. Mais ce que nous devons admirer, c'eſt que la mouche à laquelle ce ver doit le jour, ſçait la quantité de cette pâtée qui lui eſt neceſſaire pour fournir à tout ſon accroiſſement; elle la connoît cette juſte quantité d'aliment, & la lui donne. C'eſt une prévoyance tendre & éclairée dont nous n'avons pas eu occaſion de parler juſqu'ici, & dont d'autres mouches du genre des abeilles & de celui des guêpes, nous donneront des exemples.

Mais ce n'eſt actuellement que la maniére dont ſe conduit notre perce-bois, que nous devons admirer. Suppoſons qu'elle a creuſé un trou qui a 7 à 8 lignes de diametre, & plus d'un pied de longueur; elle va diviſer cette cavité en douze logements ou environ *; c'eſt-à-dire, que ſi la direction du trou eſt de haut en bas, comme elle y eſt le plus ſouvent, elle va faire une eſpece de bâtiment

* Pl. 5. fig. 7. & pl. 6. fig. 1 & 2.

dont la base à la vérité est étroite, mais qui aura onze ou douze étages. Elle fixe la hauteur qu'elle veut à chaque cellule à un pouce ou environ, elle construit des cloisons, ou, si l'on veut, des planchers qui forment des divisions; le plancher qui fait le dessus d'une cellule, est celui du fond de la suivante.

Chaque plancher a environ l'épaisseur d'un écu, il est de bois, & fait de morceaux proportionnellement plus petits que les piéces de nos parquets, il n'est composé que de grains tels qu'en fournit du bois scié. Ces grains de sciûre de forme irréguliére, ne tiennent pas ensemble par quelque engrainement ou quelque assemblage; la mouche humecte ceux qu'elle veut employer, d'une liqueur propre à les coller à ceux qu'elle a déja mis en place & assujettis. On imagine assés qu'elle doit suivre un ordre dans le travail de chaque cloison. Elle commence par faire une lame annulaire qu'elle attache contre la circonférence de la cavité; le bord intérieur de cette lame fournit l'appuy d'un second anneau d'un diametre plus petit; celui-ci devient ensuite l'appuy d'un troisiéme anneau; quatre à cinq anneaux pareils ne laissent plus au centre qu'un petit vuide qui est rempli par une lame circulaire. Si on observe une cloison *, on distingue très-bien les lames annulaires & la circulaire, qui la font paroître assés joliment ouvragée, & qui apprennent l'ordre dans lequel le travail a été conduit.

* Pl. 6. fig. 4 & 5.

On n'est pas embarrassé de sçavoir comment la mouche peut se fournir de sciûre pour construire les différents planchers; il me reste pourtant un doute sur l'endroit où elle prend celle qu'elle employe: il semble qu'elle pourroit laisser de trop aux parois de la cavité, ce qu'il faut de bois pour fournir aux cloisons. Mais cette pratique qui paroîtroit lui épargner du travail, pourroit avoir ses inconvénients. L'intérieur de chaque cellule doit être extrêmement propre dans le temps où la mouche la ferme, & il feroit difficile qu'il n'y tombât pas des grains de la sciûre qu'elle détacheroit; aussi m'a-t-il paru qu'elle va en prendre hors du morceau de bois de celle qu'elle y a jettée, & qui y est en tas.

On verra mieux pourquoi il feroit à craindre qu'il ne tombât de la sciûre dans l'intérieur d'une cellule, lorsque la mouche en fait la cloison supérieure, après que nous aurons dit en quel état il est alors. Nous l'avons laissé imaginer vuide, & il est plein. Nous avons parlé de la construction des différents planchers, comme si elle se faisoit tout de suite; mais il y a un travail intermédiaire, & un grand travail dont nous n'avons encore rien dit. Pour l'expliquer, retournons à considérer la longue cavité * dans le temps où elle n'a encore aucune cloison. La premiére cellule n'a besoin d'en avoir qu'une *; le fond du trou lui tient lieu de celle qui fait le fond des autres, & est beaucoup plus solide. Sur le fond du trou, l'abeille perce-bois apporte de la pâtée, c'est-à-dire, une matiére rougeâtre composée de poussiéres d'étamines bien humectées de miel. Cette pâtée a la consistance d'une terre molle. La mouche ne cesse d'y en apporter, de l'y accumuler jusqu'à ce qu'elle s'éleve à peu près à un pouce de haut, c'est-à-dire, à la hauteur où doit être mis le premier plancher *. Mais avant que de travailler à ce premier plancher, elle a à faire la plus importante de ses opérations; elle a à pondre un œuf qu'elle enfonce dans la pâtée, ou qu'elle laisse soit dessous soit dessus. Elle ne tarde pas à fermer la cellule à qui le précieux dépôt a été confié, avec une cloison qui fera le fond de la cellule suivante: sur cette cloison elle apporte de la pâtée, comme elle en a apporté sur le fond de la premiére; & quand elle en a rempli la

* Pl. 5. fig. 7.

* *a*.

* *a*.

capacité qui convient à la grandeur de la seconde cellule, & pondu un second œuf, elle bâtit un second plancher. C'est ainsi qu'elle remplit, & qu'elle ferme toutes les cellules successivement.

Quand il y en a une de fermée, la mouche a fait, par rapport à l'œuf qu'elle y a déposé, & au ver qui en éclorra bien-tôt, tout ce qu'elle avoit à faire. Elle n'a plus à être inquiéte pour le sort du ver naissant, elle a pourvû à tout; elle l'a logé convenablement; elle a mis de la pâture à portée de lui, & elle lui en a donné la provision nécessaire pour fournir à tout son accroissement. Lorsqu'il aura consumé toute celle qui est dans sa cellule, il sera en état de subir ses transformations, de devenir nymphe, & ensuite mouche. L'aliment qu'elle lui a préparé est de nature à ne se corrompre ni s'altérer aucunement, quand le ver seroit plus long-temps à croître qu'il ne l'est. D'ailleurs il conserve son onctuosité; comme il est dans un vase bien clos, ce qu'il a de liquide, n'est pas exposé à s'évaporer.

Le ver naissant n'a que très-peu de place pour se retourner dans sa cellule, qui est presque remplie par la pâtée; à mesure qu'il croît, il a besoin d'un plus grand espace pour se loger; l'espace aussi ne manque pas de s'aggrandir, & dans la proportion que l'accroissement du ver le demande; puisqu'il ne croît qu'aux dépens de la pâtée, le volume de l'une diminuë quand celui de l'autre augmente.

Je profitai il y a huit à neuf ans d'un morceau de bois cylindrique creusé par une de nos abeilles, que M. Pitot m'avoit apporté de sa terre de Launay, pour voir comment chaque ver se comporte dans l'intérieur de sa cellule. Ce morceau de bois * qui n'avoit que 15 à 16 lignes de diametre, étoit aisé à manier & propre à être disposé comme je le voulois. J'emportai avec un coûteau, assés

* Pl. 6. fig. 3.

de bois pour mettre à découvert l'intérieur de deux cellules. Chacune de ces cellules avoit un ver que je me proposai d'obſerver tous les jours, & je ſçavois que les impreſſions de l'air pouvoient leur être funeſtes; j'appliquai donc & collai exactement ſur l'ouverture que j'avois faite, un morceau de verre *. Les cellules étoient alors preſque remplies de pâtée. Les deux vers étoient encore très-petits, chacun n'occupoit dans ſa loge, que le peu d'eſpace qui reſtoit entre ſes parois & la maſſe de pâtée; ce peu d'eſpace ſuffiſoit pour leur donner paſſage. Je les vis changer ſouvent de place; celui que j'avois trouvé en haut le matin, je le trouvois l'après-midi ou le jour ſuivant à un des côtés, ou même près du fond. La maſſe de pâtée devenoit journellement de plus en plus petite. Je commençai à les obſerver le 12 Juin, le 27 du même mois la pâtée de chaque cellule étoit preſque toute mangée, & le ver plié en deux rempliſſoit en grande partie ſon logement. Le 2 Juillet ils avoient l'un & l'autre conſumé toute leur proviſion; il ne reſtoit dans chaque cellule que quelques petits grains noirs, oblongs, qui étoient le peu d'excréments qu'ils avoient jetté. Ils firent pendant cinq à ſix jours un jeûne qui apparemment leur étoit néceſſaire, & pendant lequel ils parurent très-inquiets. Souvent ils augmentoient la courbûre de leur corps, ils faiſoient deſcendre leur tête en embas; ils ſe redreſſoient enſuite un peu, & relevoient un peu leur tête. Ces mouvements les préparoient à la grande opération qui devoit les faire changer d'état. Entre le 7 & le 8 du même mois, ils ſe défirent de la peau qui les faiſoit paroître des vers, & ils furent des nymphes.

* Pl. 6. fig. 5. *q q, R R.*

Nous ne nous ſommes pas arrêtés à décrire ces vers, qui ſont très-blancs *, & qui ne different pas dans l'eſſentiel de ceux des abeilles ordinaires, & de ceux des bourdons velus,

* Fig. 6.

velus. Leur tête est de même très-petite, & munie de deux dents bien distinctes, placées comme celles des chenilles. Rien aussi n'exige que nous décrivions la figure des nymphes * qui viennent de ces vers, & la disposition de leurs parties. La différence de grandeur est presque la seule qui se trouve entre ces nymphes & celles des abeilles. D'abord elles sont extrêmement blanches, mais leur blanc se salit de jour en jour. Je les ai vû prendre peu à peu des nuances qui tendoient au brun, devenir brunes, & ensuite noirâtres. Le 30 Juillet le corps & le corcelet de celles qui avoient quitté la forme de ver entre le 7 & le 8 du même mois, étoient d'un beau noir luisant. Les jambes & les aîles n'étoient pourtant encore que d'un brun caffé, elles noircirent deux ou trois jours plus tard que le reste. Enfin, les nymphes furent alors en état de quitter leur dépouille, & de devenir des mouches.

* Pl. 5. fig. 10, 12 & 13.

Si l'on ouvre tout du long un morceau de bois * dans lequel une de nos abeilles perceuses travaille depuis un ou plusieurs mois, & sur-tout si le morceau de bois s'est trouvé assés gros pour être percé selon sa longueur en trois à quatre endroits, on y pourra observer des vers de différents âges, & par conséquent de différentes grandeurs; on y verra des cellules pleines de pâtée, & d'autres presque vuides; enfin, on pourra trouver des nymphes dans quelques-unes; & cela, parce que la ponte de la mouche se fait successivement: il ne pouvoit être établi qu'elle la fît dans un jour ou dans un petit nombre de jours, qui n'auroit pas suffi pour lui donner le temps d'amasser & de transporter la provision de pâtée nécessaire à chaque ver.

* Pl. 6. fig. 1.

Dans une rangée de cellules, les vers sont donc de différents âges, & ceux des cellules les plus basses sont plus vieux que ceux des cellules supérieures; ils sont donc aussi les premiers qui se doivent transformer en nymphes & en mouches. Ceci demandoit encore à être prévû par la mere des nouvelles mouches; car si celle qui vient de se transformer, & qui est impatiente de sortir d'un logement qui est devenu pour elle une prison, vouloit prendre sa route par la cellule supérieure, elle n'y trouveroit pas à la vérité grande résistance; mais il faudroit qu'elle passât sur le corps de la nymphe qui y est logée, ou du ver, s'il y est encore ver. Il faudroit même qu'elle hachât l'un ou l'autre, qu'elle le mit en piéces pour se faire place. Avec des dents capables de percer le bois, elle en viendroit aisément à bout. Cette premiére action de sa vie seroit trop barbare, & iroit contre la multiplication de l'espece, c'est-à-dire, contre la vûë de l'Auteur de la nature. Aussi a-t-il reglé que la nymphe auroit la tête en embas; la mouche se trouve donc l'avoir *dans cette même position*; & comme il est naturel que les premiéres tentatives qu'elle fait pour marcher, soient pour aller en avant, sa route ne la conduit pas vers les cellules pleines. Elle auroit pu être instruite à percer les parois de sa cellule pour sortir par un des côtés; mais ç'auroit été donner beaucoup d'ouvrage à des dents encore mal affermies; aussi n'est-ce pas par-là qu'elle sort: si cela étoit, le morceau de bois qui est percé en flûte, auroit aussi sur son extérieur des trous comme ceux des flûtes, au moins de pouce en pouce; on n'en trouve point qui soient percés de la sorte. J'ai jugé que la mere avoit dû songer à ménager une sortie commode aux mouches naissantes, & qu'elle n'avoit eu besoin pour cela que de percer à la partie inférieure de chaque cavité oblongue, un trou pareil à celui qui communique avec la partie supérieure de cette cavité; que celui d'embas donneroit aux jeunes mouches une sortie commode qu'elles sçauroient bien trouver. J'ai aussi observé ce trou * dans quelques piéces de bois que j'ai eu entiéres.

* Pl. 5. fig. 7. & pl. 6. fig. 1. r.

Outre le trou supérieur * & le trou inférieur * dont les ouvertures sont sur la surface du morceau de bois, & qui communiquent avec une grande cavité, j'ai quelquefois vû un trou semblable * à distance à peu près égale de l'un & de l'autre. Celui-ci peut abbréger le chemin aux mouches nées dans les cellules mitoyennes, lorsqu'elles veulent sortir. Mais il y a grande apparence que la mere mouche en le perçant, a cherché à s'abbréger à elle-même celui qu'elle a à faire pour le transport des décombres dans le temps qu'elle creuse l'intérieur de la piéce de bois.

* Pl 5. fig. 7. & pl. 6. fig. 1. *o.*
* *r.*
* *s.*

Nous n'avons encore parlé que de la mouche perce-bois, qui est fémelle; elle a un mâle dont l'extérieur est assés semblable au sien; il ne lui cede même que peu en grandeur; on ne le reconnoît sûrement pour ce qu'il est, que lorsqu'on lui presse le derriére. C'est inutilement qu'on tente de faire sortir du sien un aiguillon; il n'en a pas, pendant que celui dont la fémelle est pourvûë, est très-grand. Mais en revanche en pressant le derriére du mâle, on fait paroître des parties écailleuses capables de saisir le derriére de la fémelle; & entre celles-ci, une partie charnuë propre à opérer la fécondation des œufs. On aimera mieux apparemment que nous nous contentions de dire que ces parties ressemblent à celles des bourdons velus, que de nous voir engagés dans une exacte & longue description de chacune.

Au reste, je ne sçais point si le mâle aide la fémelle dans ses travaux. La mouche que j'ai vû entrer dans un morceau de bois, en faire tomber de la sciûre, m'a toûjours paru la même; mais j'ai négligé de prendre des précautions qui auroient pu m'en assûrer, comme de lui faire une tache sur le corcelet avec un vernis coloré.

Je n'ai pu observer la mere perce-bois dans le temps où

elle fait sur les plantes la récolte des poussiéres d'étamines dont elle compose la pâtée qu'elle donne à ses vers; & les jambes postérieures d'aucune de celles que j'ai prises, ne se sont trouvé chargées, comme le sont si souvent celles des mouches à miel, de deux pelottes de ces poussiéres. Si les perce-bois rapportent de ces pelottes, il ne paroît pas que ce puisse être sur la partie de leurs jambes postérieures, correspondante à celle sur laquelle les abeilles ordinaires en placent une, car cette partie * est, comme le reste de la jambe, couverte de longs poils; on n'y voit point une portion creuse & lisse que nous avons remarquée ailleurs avec admiration à une pareille jambe des abeilles. Mais sur le côté intérieur de chaque jambe postérieure de la mouche perce-bois, & sur la partie analogue à celle de la jambe de l'abeille, qui a été nommée la brosse, il y a une portion ovale *, rase, lisse & luisante, dont le milieu est saillant, & près du bord de laquelle regne tout autour une cavité qui paroît propre à retenir les poussiéres des étamines, à empêcher la pelotte qui se grossit peu à peu de tomber. Nous sommes d'autant plus fondés à soupçonner que c'est-là le véritable usage de cette partie, qu'on ne la trouve que sur l'une & sur l'autre jambe postérieure, & qu'il n'y en a aucun vestige sur les quatre premiéres jambes.

* Pl. 6. fig. 7. p.

* Fig. 8. c.

Il n'est peut-être point d'animal qui ne serve à nourrir d'autres animaux, il n'en est point qui ne soit pour des animaux plus petits, ce que la terre est pour nous. Il se trouve ici, comme par-tout dans la nature, une progression dont le terme ne nous est pas connu. Nos perce-bois sont le monde d'une espece de poux * d'un brun un peu rougeâtre, qui ne sont pas plus gros que la tête d'une petite épingle. Ce que ce poux a de plus remarquable, c'est que de chaque côté auprès de son derriére, part

* Pl. 5. fig. 8 & 9.

un poil * qui ſurpaſſe trois ou quatre fois le corps en longueur. Ces deux poils ne nous ſembleroient propres qu'à l'incommoder; il eſt cependant hors de doute qu'ils lui ſont utiles, puiſqu'ils lui ont été donnés, & il eſt preſque auſſi certain que nous nous tromperions ſi nous aſſignions leur uſage.

* Pl. 5. fig. 8 & 9. *p, p.*

EXPLICATION DES FIGURES DU SECOND MEMOIRE.

PLANCHE V.

LA Figure 1 eſt celle d'une abeille ou bourdon perce-bois, qui a ſes aîles ſur le corps.

Dans la Figure 2, la même mouche perce-bois eſt vûë ayant les aîles écartées du corps, ce qui permet de remarquer que le deſſus de celui-ci eſt ras & liſſe.

Les Figures 3 & 4 nous montrent une dent de la perce-bois, groſſie; la figure 3 la fait voir par-deſſus, & la figure 4 par-deſſous.

Les Figures 5 & 6 repréſentent une tête de l'abeille perce-bois, dont la trompe eſt allongée & développée en partie. La figure 5 en montre le deſſous, & la figure 6, le deſſus. *o*, figure 5, le trou autour duquel le col eſt attaché. *p, p,* grands poils dont le deſſous de la tête eſt couvert. *d, d,* les dents. *f, f,* les deux demi-fourreaux extérieurs de la trompe, ou les deux grands. *k, k,* les demi-fourreaux intérieurs, ou ceux qui ſont étroits. *t,* la trompe. Les lettres employées dans la figure 5, & qui le ſont encore dans la figure 6, y déſignent les mêmes parties. Dans cette derniére, *y, y,* ſont les yeux à rezeau. *i,* les trois petits yeux. *a, a,* les deux antennes coupées en *a, a.*

La Figure 7 eſt un plan fait par la coupe longitudinale d'un morceau de bois percé preſque tout du long par une de nos mouches. *a, b, c, d, e, f, g, h,* marquent les différentes cloiſons conſtruites par la mouche pour diviſer le trou en cellules. Cette figure a été deſſinée pour montrer les directions de trois autres trous *o, ſ, r.* Le trou *o,* eſt le premier que la mouche a ouvert pour pénétrer juſqu'à l'axe du morceau de bois. *ſ,* eſt un autre trou qui devient commode à la mouche lorſqu'elle a percé depuis *h,* juſque vers *d.* Ce trou *ſ,* lui abbrege bien du chemin pour le tranſport de la ſciûre qu'elle détache vers *c, b.* Le trou *r,* a un autre uſage que les précédents. Les œufs ſont dépoſés dans les cellules *a* & *b,* avant qu'il y en ait de mis dans les cellules *c, d,* & les autres ſupérieures. Le ver de la cellule *a,* doit donc devenir mouche plûtôt que celui de la cellule *c.* La mouche qui eſt dans la cellule *a,* ſans incommoder la mouche de la cellule ſupérieure *b,* briſe la cloiſon *a,* & ſort par le trou *r,* par lequel peuvent ſortir de même ſucceſſivement les mouches des cellules *b* & *c.* Les mouches des cellules *d, e, f, g,* peuvent ſortir par le trou *ſ.*

La Fig. 8 eſt celle d'un poux qui ſe tient ſur nos mouches perce-bois; il y en a telle qui a des centaines de ces poux.

La Figure 9 fait voir le poux de la figure 8, groſſi au microſcope. Il traîne après lui deux grands poils *p, p,* qui ne nous doivent paroître propres qu'à l'incommoder, & qui ſans doute lui ſont néceſſaires.

La Figure 10 repréſente une nymphe d'abeille perce-bois vûë du côté du ventre, & groſſie.

La Figure 11 eſt celle de la tête de la même nymphe, encore plus groſſie, & dont la trompe a été allongée. *d,* une des dents. *a,* une des antennes. *t,* la trompe. *f, f,* les étuis qui la couvrent.

La Figure 12 montre la nymphe presque dans sa grandeur naturelle du côté du ventre, & la figure 13, la fait voir du côté du dos.

PLANCHE VI.

La Figure 1 représente un morceau d'un bâton qui avoit servi de montant à un contr'espalier, & qui avoit été creusé par une abeille perce-bois. Il n'a ici que la moitié de son diametre, & que la moitié de la longueur dans laquelle il avoit été creusé; on lui a seulement laissé sa rondeur près de son bout inférieur *a a c c*; mais depuis *a a*, jusqu'au bout supérieur *g h*, on a emporté une partie du bois pour mettre l'intérieur à découvert, afin que l'on pût voir comment il avoit été travaillé. *o, f, r,* sont les ouvertures des trous qui servoient de portes aux mouches pour se rendre dans les longues cavités intérieures. On distingue dans ce morceau de bois quatre cavités cylindriques *f, g, h, i,* dont chacune est partagée en plusieurs petites loges, par des cloisons transversales.

La Figure 2 est celle d'une portion du morceau de bois de la figure 1, à laquelle on a laissé sa grosseur naturelle. *l m, i k, n o,* sont les coupes de trois cavités cylindriques divisées en cellules. La coupe qui a emporté une partie du bois, a passé par l'axe de la seule cavité *i k*. Celle-ci est aussi la seule qui paroisse dans toute sa largeur. *V,* un ver posé sur le tas de pâtée qui remplit en grande partie la cellule supérieure *i*. On voit des masses de pâtée dans la cellule *k*, & dans la cellule qui est entre celle-ci & la cellule *i*. Un ver paroît aussi en *f*, sur la pâtée de la cellule qui occupe le milieu de la cavité *n o*.

La Figure 3 représente dans toute sa grosseur, mais seulement dans une partie de sa longueur, un morceau de bois cylindrique qui avoit été creusé par une perce-bois, mais où elle n'avoit trouvé à placer qu'une seule rangée de cellules. *a a c c,* bout qui a été laissé entier, & qui est cylindrique. Depuis *g h,* jusqu'en *a a,* un segment a été emporté pour mettre en vûë l'intérieur. *p p, q q,* les deux cloisons qui ferment une cellule. Celle qui est comprise entre *p p,* & *q q,* est vuide; la pâtée & le ver en ont été ôtés. *q q R R,* plaque de verre qui couvre une cellule dans laquelle est un ver qui a consumé sa provision de pâtée. Cette plaque qui défendoit le ver contre les impressions de l'air, permettoit d'observer tous ses mouvements.

La Figure 4 montre dans son entier & dans sa grandeur naturelle une cloison de cellule. La même est vûë à la loupe dans la figure 5. Dans cette derniére figure, on distingue les quatre anneaux de sciûre dont la cloison est formée, & le petit disque circulaire de même matiére, qui remplit le vuide du centre.

La Figure 6 est celle d'un ver encore assés petit qui doit devenir une abeille perce-bois.

La Figure 7 représente une des jambes postérieures de l'abeille perce-bois, planche 5. figure 1 & 2, vûë par sa face extérieure. *p,* la partie correspondante à celle d'une jambe postérieure de mouche à miel, sur laquelle cette derniére mouche rapporte sa pelotte de cire brute. La partie *p,* de cette figure n'est pas propre au même usage.

La Figure 8 montre par sa face intérieure la jambe vûë par sa face extérieure, fig. 7. Sur la partie *b,* de cette jambe paroît en *c,* une portion lisse & ovale qu'on soupçonne destinée à retenir la pelotte de poussiéres d'étamines.

TROISIE'ME

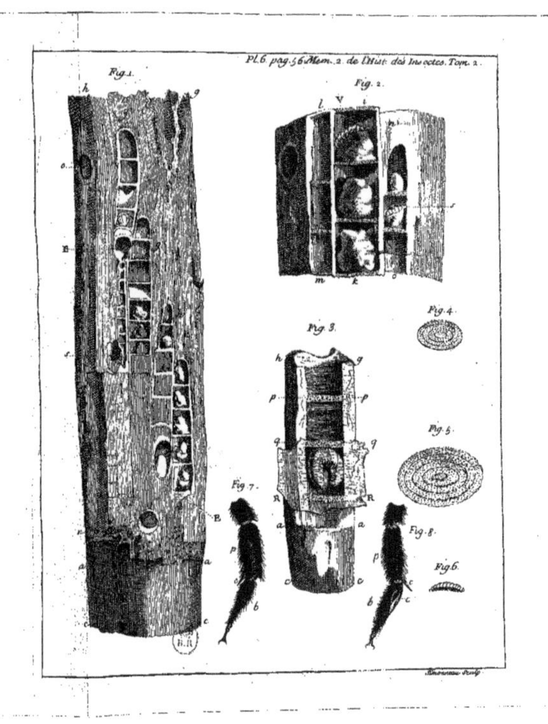
Pl. 6. pag. 56. Mem. 2. de l'Hist. des Insectes. Tom. 2.
Fig. 1.
Fig. 2.
Fig. 3.
Fig. 4.
Fig. 5.
Fig. 6.
Fig. 7.
Fig. 8.

TROISIE'ME MEMOIRE.

DES ABEILLES MAÇONNES.

NOus avons vû des Abeilles travailler en bois dans le Mémoire précédent; dans celui-ci nous allons suivre les manœuvres de celles d'une autre espece qui font de véritables ouvrages de maçonnerie, & que nous nommerons aussi des abeilles *maçonnes*. Leurs travaux & leurs soins, comme presque tous ceux des autres insectes, tendent à se donner une postérité. Les vers qui sortent des œufs de nos mouches maçonnes, pour parvenir à être eux-mêmes des mouches, demandent à être renfermés dans des loges faites d'une espece de mortier; leurs industrieuses meres sçavent leur en bâtir de cette matiére, elles s'y livrent avec ardeur, & ne sont point rebutées par les peines & les fatigues, sans lesquelles elles ne sçauroient finir de tels ouvrages.

Il n'en est pourtant pas des habitations que nous voulons faire connoître, comme des gâteaux de cire construits par les mouches à miel; leur extérieur ne fait pas soupçonner l'art avec lequel elles sont bâties, il ne les fait pas même soupçonner des logements d'insectes. Plusieurs cellules posées les unes auprès des autres, sont cachées sous une enveloppe commune * faite de la matiére qui les compose elles-mêmes; elles forment une masse peu propre à s'attirer l'attention de quelqu'un accoûtumé à s'arrêter aux premiéres apparences. Quand il voit contre un mur des plaques qui ont quelque relief, mais dont les contours n'offrent rien de bien régulier; en un mot, des plaques quelquefois assés semblables à celles de bouë qui y a été

* Pl. 7. fig. 15.

jettée par les rouës des voitures & les pieds des chevaux, il ne s'avise pas de penser qu'elles ont été mises là à dessein, sur-tout lorsqu'elles ont, comme l'ont ces masses de cellules en certains pays, une couleur de bouë ou de terre séche. Celles qui approchent plus de la couleur de la pierre ou de celle du mortier, sont prises pour une malpropreté que les maçons ont eu la négligence de laisser sur les murs.

Mais lorsqu'on est dans l'habitude d'observer, & de faire des réflexions sur ce qu'on observe, on juge bien-tôt par la hauteur où sont quelques-unes de ces masses, & par les endroits où elles sont posées pour la plûpart, qu'elles ne sont pas l'ouvrage du hazard. On n'en découvre aucune sur les murs tournés vers le Nord. Les murs exposés au Midi sont ceux où on en voit le plus; & si on en trouve sur ceux qui sont tournés vers l'Est, & sur ceux qui le sont vers l'Oüest, c'est sur-tout dans des places où les unes peuvent jouir du Soleil pendant plusieurs heures après qu'il est levé, & les autres pendant plusieurs heures avant qu'il se couche. Ces especes de plaques sont des nids dans lesquels des œufs ont été déposés; pour que les vers en puissent éclorre, & pour que ces vers puissent dans la saison convenable devenir des mouches, le nid a besoin d'être échauffé par les rayons du Soleil.

Les ouvriéres construisent ces nids d'une matiére qui acquiert une dureté égale à celle de certaines pierres. Ce n'est qu'avec des instruments de fer qu'on peut les briser; la lame d'un coûteau en est souvent un trop foible pour cet effet. Aussi nos abeilles maçonnes se gardent bien de les attacher sur des murs enduits de quelque crespi. L'appui de la base seroit alors moins solide que le corps du bâtiment. J'en ai souvent trouvé sur des murs de jardin ou de parc, dont les pierres n'étoient pas recouvertes de mortier. C'étoit contre les pierres mêmes que les nids étoient attachés, & jamais contre la terre ou le mortier qui servoit à les lier les unes avec les autres. Dans les murs qui entrent dans le corps d'un édifice, les abeilles maçonnes paroissent préférer aux autres parties de ces murs, celles qui sont faites de pierre de taille; & elles ne manquent guéres d'y choisir pour établir leurs nids, les endroits où ils peuvent être le plus solidement assujettis. Des vûës de commodité ou d'ornement, engagent à donner à certaines parties des bâtiments du relief au-dessus du reste; les plintes, les corniches, les entablements, les saillies des fenêtres, &c. forment des angles avec le plan du mur. C'est dans ces angles* que nos abeilles travaillent le plus volontiers. Le nid qui est logé dans un angle, y est bien mieux arrêté que ne le seroit celui qui seroit appliqué sur le plat du mur. On en voit pourtant dans cette derniére position; mais si on en détache quelqu'un de ceux-ci, on se met à portée d'observer que l'endroit de la pierre qui lui servoit de base, a des inégalités qui offrent des avantages équivalents à celui d'un angle.

* Pl. 7. fig. 13.

Dans plusieurs endroits du Royaume, & même des environs de Paris, on peut aisément parvenir à voir de ces nids, si on les cherche sur les faces des grands bâtiments qui sont tournées vers le Midi, & sur-tout sur celles des bâtiments isolés. Le château de Saint-Maur, par exemple, & celui de Madrid, en ont un grand nombre. Je n'ai pas eu même besoin de me transporter jusque-là pour les étudier, depuis que je me suis logé dans le fauxbourg Saint-Antoine; car la façade de ma maison qui regarde le Midi, a plu aux abeilles maçonnes. Au reste, comme je l'ai déja dit, l'extérieur de ces nids n'offre rien d'intéressant; pendant la plus grande partie de l'année, on ne voit pas même les mouches voler autour. Dès qu'il ne manque plus rien à leur construction, celles qui les ont bâtis les abandonnent pour ne plus venir les visiter; elles ont fait pour les insectes qui y sont renfermés, tout ce qu'elles pouvoient faire pour eux, & tout ce dont ils avoient besoin. Mais on pense assés que l'intérieur de ces mêmes nids mérite d'être examiné dans différents temps. On le trouve habité pendant plus de dix à onze mois consecutifs, d'abord par des vers, ensuite par les nymphes dans lesquelles ils se sont transformés. Ces nymphes deviennent enfin des abeilles dont quelques-unes sont en état de prendre l'essor avant la fin d'Avril, & de travailler à leur tour à faire de nouveaux logements pour y déposer les œufs qu'elles pondront.

Chaque nid, comme nous en avons déja averti, & comme nous l'expliquerons mieux bien-tôt, est un assemblage de plusieurs cellules, dont chacune sert à loger un seul ver blanc, *sans jambes*, & pour l'essentiel semblable à ceux des mouches à miel, & à ceux des bourdons velus. Les vers de différentes cellules ne different pas entr'eux sensiblement à nos yeux, quoiqu'ils different par leurs parties intérieures. Les uns doivent devenir des abeilles très-noires *, aussi noires, mais plus veluës que les perce-bois; elles ont seulement un peu de jaunâtre en-dessous à leur partie postérieure. Les autres vers deviennent des abeilles * de couleur fauve & plus approchante de celle des mouches à miel. Le dessus de leur corcelet, & une très-grande partie de celui du corps, sont couverts de poils qui tirent sur le cannelle. Le bout postérieur du corps a cependant en-dessus des poils noirs; & tout le dessous ou le ventre, n'en a que de ceux-ci. Leurs jambes sont noires, mais les poils de leurs parties supérieures sont roux.

* Pl. 7. fig. 1, 2 & 3.

* Fig. 4 & 5.

Les mouches noires & les rousses sont à peu près de même grandeur, il y en a des unes & des autres, de plus petites & de plus grandes, comme il arrive dans toutes les familles des animaux. Celles de la grandeur la plus ordinaire, sont aussi grosses & aussi longues que les faux-bourdons ou mâles des mouches à miel. Elles sont d'une taille moyenne entre celle de ces derniéres mouches, & celle des perce-bois.

Mais la plus grande différence qui se trouve entre nos maçonnes, n'est pas celle des couleurs; il y en a une de sexe. Les noires sont les fémelles, qui sont munies d'un aiguillon pareil à celui des mouches à miel; les rousses n'ont point d'aiguillon. Si on presse le derriére de celles-ci, on fait sortir de leur corps * des parties qui ne permettent pas de les méconnoître pour des mâles, lorsqu'on sçait qu'elle est la forme des parties au moyen desquelles les mâles des mouches à miel, & ceux des bourdons, rendent féconds les œufs des fémelles. Les parties qui caractérisent le sexe des mâles maçons, ressemblent encore plus à celles des mâles bourdons, qu'à celles des mâles des mouches à miel.

* Pl. 8. fig. 4, 5 & 6.

Parmi les insectes les mâles naissent paresseux, ou plûtôt ils ne naissent pas pour le travail. C'est une regle qui paroît assés générale. Ceux des mouches maçonnes se contentent de féconder les fémelles; ils ne leur aident aucunement à construire les nids. L'ouvrage dont l'Auteur de la nature a chargé ici les seules fémelles, est rude; il ne les a point traitées avec autant de distinction que les fémelles des mouches à miel; il ne leur a point accordé des ouvriéres sur qui elles puissent se reposer. Chacune de nos mouches noires est donc obligée de faire le nid ou le nombre de nids nécessaire pour loger les œufs qu'elle doit pondre. La maniére dont elles les bâtissent est la plus curieuse partie de leur histoire. Pour être en état de la bien expliquer, il ne m'en a pas coûté un temps considérable à faire des observations. M. du Hamel ayant remarqué que ces mouches avoient pris beaucoup de goût pour le château de Nainvilliers qui appartient à M. son frere, m'offrit de les étudier avec l'attention dont il est capable. J'acceptai son offre avec reconnoissance; & le public a à partager avec moi celle qui lui est dûë pour la peine qu'il a prise d'épier ces mouches dans tous les moments essentiels. Mon ouvrage seroit moins imparfait & eut été plûtôt fini, si j'eusse trouvé de pareils secours par rapport à la plûpart des autres insectes; car je n'ai qu'à bien rendre les observations que M. du Hamel m'a communiquées, pour ne laisser rien à desirer sur l'espece d'art de maçonnerie dans lequel nos mouches sont si habiles.

Après qu'une mouche a reconnu sur un mur un endroit qui est, pour ainsi dire, un terrein propre au bâtiment qu'elle veut élever, après qu'elle s'est déterminée pour cet endroit, elle va chercher des matériaux convenables. C'est à elle à les trouver, à les préparer, à les transporter, & à les mettre en œuvre. Le nid qu'elle veut construire, doit être fait d'une espece de mortier dont du sable doit être la base, comme il l'est du mortier que nous faisons entrer dans la construction de nos édifices. Elles sçavent comme nous, que tout sable n'est pas également propre à en faire du bon: une certaine grosseur convient aux grains de celui qui doit être préféré: ils ne doivent avoir ni la finesse de ceux du sablon, ni la grosseur de ceux de certains graviers qui ne sont que des amas de petites pierres sensibles. Ce seroit la faute de la mouche si elle n'employoit pas du meilleur sable du pays, car elle choisit grain à grain celui qu'elle veut mettre en œuvre. On la voit se donner de grands mouvements sur un tas de sable où nos maçons prendroient indifféremment celui qui y est amoncelé. Avec ses dents *, aussi fortes & plus grandes que celles des mouches à miel, elle tâte plusieurs grains les uns après les autres; mais ce n'est pas un à un qu'elle

* Pl. 7. fig. 10 & 11.

les transporte; elle sçait mieux ménager le temps. D'ailleurs, pour composer du mortier, ce n'est pas assés d'avoir du sable; pour lui faire prendre corps, pour faire la liaison de ses grains, nous avons très-bien imaginé, & c'est une belle & utile invention, d'avoir recours à la chaux éteinte. La mouche a dans elle-même l'équivalent de la chaux; elle fait sortir de sa bouche une liqueur visqueuse dont elle mouille le grain de sable pour lequel elle s'est déterminée; cette liqueur sert à le coller contre le second grain qui est choisi; celui-ci ayant été mouillé à son tour, un troisiéme peut être attaché contre les deux premiers. La mouche fait ainsi une petite motte de sable de la grosseur d'une dragée de plomb à liévre.

Nous avons déja dit que leurs dents sont fortes & plus grandes que celles des mouches à miel; elles sont taillées de maniére que le côté intérieur de l'une s'applique exactement contre le côté intérieur de l'autre: leur extrémité est aiguë *; en-dessus elles sont convexes *, & concaves en-dessous *. La cavité qu'elles forment lorsqu'elles sont jointes, suffit pour contenir une masse de mortier de grosseur sensible, que les rebords de la cavité empêchent de tomber; une épaisse frange de poils qui borde le côté extérieur de chaque dent, aide encore à la retenir.

* Pl. 7. fig. 10 & 11.
* Fig. 10.
* Fig. 11.

Il suffiroit de comparer les dents des fémelles avec celles des mâles *, pour reconnoître que ceux-ci n'ont pas été faits pour le travail. Les leurs sont sensiblement plus petites, moins creuses, & moins fournies de poils par-dessous.

* Fig. 8 & 9.

Nous devons ajoûter à ce que nous avons dit du sable dont nos maçonnes font leur mortier, que ce sable n'est pas pur, qu'il est pareil à celui que nous nommons du sable gras, c'est-à-dire, qu'il est mêlé avec de la terre. Il faudroit trop de colle pour faire du mortier avec le sable pur; & ce mortier ne feroit pas auffi pêtriffable que nos mouches ont befoin que foit le leur. Lorfque l'on examine les fragments d'un nid, les yeux feuls conduifent à juger que la terre a été employée avec le gravier pour les former. Si on les mouille, & que fur le champ on les approche du nés, on fent une odeur qui, comme nous l'avons dit ailleurs *, ne fçauroit être répanduë par le fable, une odeur propre à la terre. Enfin, on peut, comme on le verra dans la fuite, ramollir ces fragments avec l'eau feule, & enfuite les détremper dans l'eau. L'eau qui en a été renduë bourbeufe, laiffe précipiter fucceffivement des couches de fable de différentes fineffes, & fur la derniére de celles-ci une couche de terre.

* *Mem. de l'Academie, 1730. pag. 280.*

Quand une mouche a trouvé quelque part du fable à fon gré, elle y vient prendre tout celui dont elle a befoin. Pendant cinq à fix jours de fuite, j'ai vû à prefque toutes les heures du jour, une maçonne, & probablement la même, car alors je n'en ai jamais vû deux à la fois, qui s'étoit déterminé pour un efpace d'une allée fablée de mon jardin de Charenton, qui n'avoit pas plus de cinq à fix pouces de diametre. Je me fuis trouvé quelquefois affés près d'elle pour l'obferver à la loupe. Ce fable étoit un affés gros gravier, c'étoit du fable de la riviere de Seine : mais elle m'a toûjours paru ne prendre que les grains fins qui s'y trouvoient mêlés ; elle fembloit les pêtrir entre fes dents, ce qu'elle ne faifoit apparemment qu'après les avoir humectés. Ce qui m'a paru encore plus digne d'être remarqué, c'eft qu'après s'être chargée en partie dans ce premier endroit, elle voloit fur un autre endroit de l'allée éloigné de 15 à 20 pieds du premier. Là, elle ajoûtoit à fa charge quelques grains de gros gravier, après quoi elle fe rendoit au lieu où elle bâtiffoit. M. du Hamel a obfervé que ces mouches vont fouvent prendre

prendre le ſable à plus de cent pas du lieu où elles le mettent en œuvre. Celle-ci le venoit chercher de bien plus loin, car pour retourner où ſa charge devoit être portée, elle s'élevoit au-deſſus des grands ormes d'un jardin ſéparé par la ruë de celui où elle ſe fourniſſoit de ſable.

Ce dont je ne ſçaurois rendre raiſon c'eſt, pourquoi cette mouche ne prenoit pas ſa charge complette dans le premier endroit où elle venoit ſe poſer; car toute l'allée étoit couverte du même ſable. Je n'ai pu appercevoir aucune différence entre celui du premier lieu & celui du ſecond; il y avoit du gravier également gros, & il y en avoit d'également fin dans l'un & dans l'autre endroit. Tout ce que j'ai cru en devoir conclurre, c'eſt que la mouche ſe connoiſſoit mieux que moi en ſable, & que ſes yeux lui faiſoient peut-être voir des particularités qui échappoient aux miens, comme certaines inégalités à la ſurface des grains, qui peuvent être avantageuſes.

Nous ſçavons que l'ouvrage que notre maçonne ſe propoſe, c'eſt de conſtruire un nid compoſé de pluſieurs cellules. Toutes les cellules ſont ſemblables, & à peu près égales en capacité; elles ont chacune avant que d'être fermées*, la figure d'un dé à coudre: la mouche les bâtit les unes après les autres, c'eſt-à-dire, qu'elle ne commence la ſeconde que quand la premiére eſt finie ou preſque finie, & ainſi de ſuite. L'ordre dans lequel le travail de chacune doit être conduit, n'a rien de particulier. Une plaque circulaire compoſée de pluſieurs pelottes de mortier appliquées les unes auprès des autres fait la baſe ſur laquelle il s'agit d'élever une petite tour ronde, en mettant ſucceſſivement des aſſiſes les unes au-deſſus des autres. La maçonne qui arrive chargée de mortier, ſe poſe ſur le bord même qu'elle veut élever; elle y reſte tranquille un inſtant, tantôt la tête en embas, & tantôt la tête haute; elle

* Pl. 7. fig. 12.

tourne & retourne ensuite à plusieurs reprises avec ses premiéres jambes & ses dents, la petite motte de matériaux qu'elle a apportée. Bien-tôt elle reconnoît l'endroit où il convient qu'elle soit appliquée; les dents qui la tiennent sont aussi les deux principaux instruments qui servent à la mettre en œuvre; en la pressant, elles la façonnent, elles lui donnent une forme propre à se bien ajuster contre la portion à laquelle elle doit être attachée; elles la rendent mince au point où elle doit l'être, en faisant glisser des grains qui ne sont retenus que par une colle encore molle. Les jambes & sur-tout les premiéres, aident à soûtenir les grains de sable; les unes se trouvent en-dedans de la cavité, & les autres en-dehors: par leur pression & par les petits coups qu'elles donnent, elles contribuent aussi à la perfection de l'ouvrage. Quelquefois la mouche retranche quelque chose de la petite motte de sable, & cela, lorsqu'elle est trop grosse pour la place qu'elle doit remplir.

Outre la position & l'attitude dans laquelle nous venons de voir notre mouche, il est aisé d'imaginer qu'elle en prend beaucoup d'autres. Un mouvement qui lui est assés ordinaire, c'est de faire entrer sa tête dans la cellule; sans doute pour voir l'effet qu'a produit la matiére qui vient d'être employée, pour juger s'il n'y a rien à redresser; car elle prend bien d'autres soins pour l'intérieur de la cellule que pour son extérieur. Elle laisse celui-ci graveleux, & nous verrons bien-tôt qu'elle a raison de le laisser tel; mais elle polit l'intérieur, autant que les matériaux dont il est fait, le permettent. Ce qui mérite sur-tout d'être remarqué, c'est que la mouche mouille de nouveau la charge de mortier qu'elle met en œuvre. M. du Hamel s'est trouvé plusieurs fois à portée de le voir très-distinctement, ou, ce qui est la même chose, il a vû la couleur de l'endroit où la mouche travailloit, changer subitement, devenir plus grise, & ce n'étoit qu'avec le temps qu'elle reprenoit la blancheur du reste. La liqueur dont la maçonne imbibe le mortier cette seconde fois, sert par la suite à donner une liaison plus forte aux grains dont il est composé, & le rend plus traitable dans le moment présent.

Chaque cellule doit avoir environ un pouce de hauteur & près de six lignes de diametre: pour une mouche ce ne laisse pas d'être un assés grand édifice; cependant elle parvient à en construire à peu près une entiére dans sa journée. Si on fait attention à tous les voyages qu'elle est obligée de faire pour se fournir de matériaux, elle nous paroîtra mériter les titres d'ouvriére diligente & laborieuse.

Le travail de bâtir n'est pourtant pas le seul auquel elle se doive livrer. Lorsqu'une cellule a été élevée environ aux deux tiers de sa hauteur, un tout autre travail doit l'occuper. Ses connoissances sur l'avenir ne le cedent en rien à celles que nous avons déja admirées dans les abeilles perce bois: elle semble sçavoir la quantité d'aliments qui sera nécessaire pour fournir à l'accroissement complet du ver qui doit sortir de l'œuf qu'elle est prête à pondre dans la nouvelle cellule, & pour le mettre en état de subir toutes ses métamorphoses. La nourriture qui convient à ce ver, est encore pour l'essentiel une pâtée semblable à celle que mangent les vers des perce-bois & ceux des bourdons, c'est-à-dire, une espece de bouillie faite de poussiéres d'étamines délayées avec le miel. L'habitation qui vient d'être préparée à l'œuf, ou plûtôt au ver qui en doit éclorre, a une capacité telle, qu'étant à peu près remplie de cette pâtée, elle en contiendra la provision qui lui doit suffire pendant toute sa vie de ver. Avant que d'avoir même achevé de bâtir la cellule en entier, la mouche cesse pour quelque temps de transporter du gravier; elle va sur les fleurs pour y faire deux sortes de récoltes, celle du miel, & celle des poussiéres d'étamines. M. du Hamel a cru la voir revenir à sa loge ayant une pelotte de celles-ci entre ses dents. C'est sur leurs jambes postérieures que les mouches à miel rapportent de pareilles pelottes; mais les derniéres jambes des maçonnes n'ont pas l'espéce de corbeille qu'ont celles des abeilles; les leurs sont toutes couvertes de poils, & elles ont des dents plus grandes que celles des abeilles, & plus propres à se charger d'une boule. La maçonne qui arrive à la cellule, a d'ailleurs son corps & son corcelet tout poudrés de ces poussiéres; elle ne tarde pas à entrer dedans, & n'en sort qu'après avoir bien brossé ses poils, qu'après leur avoir ôté les grains utiles qui s'y étoient attachés.

Nous avons vû ailleurs que c'est dans leur premier estomac que les abeilles logent le miel qu'elles ont à transporter, & qu'elles peuvent, quand il leur plaît, le faire sortir par leur bouche. Notre mouche maçonne, après avoir déposé & entassé dans le fond de la cellule des poussiéres d'étamines, ne manque pas de dégorger dessus, le miel avec lequel elles doivent être délayées pour composer la pâtée, & de pêtrir ces poussiéres séches par elles-mêmes avec une espéce de sirop. Elle fait entrer plus de miel dans la composition de sa pâtée, que les perce-bois & les bourdons n'en font entrer dans celle qu'ils préparent, ou son miel est plus liquide; car M. du Hamel a eu preuve qu'il y restoit encore du miel coulant; il en a vû quelquefois suinter par des endroits des parois où étoient restés des trous ou des fentes que la maçonne n'avoit pas apperçûs. Mais ce sont des défauts qu'elle sçait réparer; un peu de mortier appliqué sur un si petit trou, le bouche bien vîte; & M. du Hamel a observé des mouches qui avoient recours à ce remede.

Enfin, la mouche après avoir porté dans la nouvelle cellule la quantité de pâtée qu'elle peut contenir, acheve de l'élever *, & ensuite de la remplir d'aliments au point où elle le doit être. Elle ne manque pas de déposer dedans un œuf. Quand l'œuf y est, en quelque temps qu'il y ait été mis, & qu'il y est avec une provision suffisante de pâtée, il ne reste plus à la mouche qu'à en maçonner le bout *, qu'à le fermer avec un couvercle du même mortier qui a été employé jusqu'alors. C'est donc dans une loge murée de toutes parts, scellée hermetiquement, & où, s'il entre de l'air, il ne peut en entrer qu'au travers de parois très-compactes; c'est, dis-je, dans cette loge que le ver doit naître, & où il trouvera tout ce qui peut lui être nécessaire jusqu'à ce qu'il soit devenu mouche. Alors sa mere qui n'a plus rien à faire pour lui, paroît l'oublier entiérement.

* Pl. 7. fig. 13. *d.*

* *e.*

J'ai voulu sçavoir si cette cellule étoit pénetrable à l'air, s'il ne pouvoit pas en passer un peu au travers de ses parois, qui serviroit à renouveller en partie celui qui est renfermé avec le ver. J'ai pris un assés gros tube de verre, dont les deux bouts étoient ouverts; contre un de ces bouts, j'ai appliqué un fragment de nid; ensuite avec de la cire ramollie, j'ai achevé de boucher parfaitement les vuides qui pouvoient rester entre le verre & le fragment de nid: après quoy, j'ai rempli le tube de mercure, & je l'ai renversé comme on le fait par rapport au barometre. Le mercure ne s'est pas soûtenu dans le tube, d'où il suit que l'air peut passer au travers du mortier dont les maçonnes construisent leurs nids. L'air peut donc se renouveller dans les logements des vers, quoiqu'ils soient murés de toutes parts.

Dès qu'une premiére cellule est construite, & souvent avant qu'elle le soit entiérement, la maçonne jette les fondements d'une autre qu'elle remplit & finit comme la première. Elle en fait souvent entrer sept à huit dans chaque nid, & quelquefois trois ou quatre seulement. Elle les pose les unes auprès des autres *, sans pourtant chercher à les aligner avec régularité. Sa négligence apparente va plus loin, elle leur donne des inclinaisons différentes par rapport au plan où elles sont posées, & si différentes, que j'ai vû telle cellule couchée sur le mur, pendant que l'axe d'une autre du même nid, étoit perpendiculaire au plan du mur; enfin, plusieurs avoient des directions qui tenoient plus ou moins de l'une ou de l'autre des précédentes. Des cellules cylindriques, fussent-elles arrangées aussi réguliérement & aussi proche les unes des autres qu'il est possible, fussent-elles toutes paralleles, laisseroient des vuides. Mais les différentes inclinaisons que la mouche leur donne, augmentent ces vuides, & les rendent considérables. Cependant plus ceux dont je parle, sont grands, & plus la mouche a d'ouvrage à faire, car elle ne manque pas de les remplir de maçonnerie. Il n'est pas à présumer qu'elle se donne de la besogne de gayeté de cœur; il est plus naturel de penser que si elle se charge de plus de travail, c'est qu'elle voit qu'il contribuë à la solidité du nid. Il en a d'autant plus que le massif de maçonnerie qu'il forme, est plus considérable. Cette laborieuse ouvriére ne se contente pas même de remplir de mortier tous les espaces qui se trouvent entre les cellules, elle donne à la masse qu'elles composent, une enveloppe commune; de sorte que le nid devient un massif d'un mortier dur, percé dans son intérieur de plusieurs trous cylindriques différemment inclinés. On ne peut donc plus voir l'extérieur d'aucune cellule *. Le contour du nid est assés ordinairement arrondi, mais presque toûjours oblong, & tantôt plus, tantôt moins.

* Pl. 7. fig. 13.

* Fig. 15.

Que ce soit dans la vûë de lui donner plus de solidité, ou seulement pour abbréger le travail, toûjours est-il sûr que la mouche fait l'enveloppe extérieure * d'un sable plus gros que celui dont elle a formé les cellules *. Les grains de ce dernier sont quelquefois si fins que les yeux ne les distinguent qu'à peine, pendant que sur la couche extérieure, on ne voit que des grains d'un très-gros gravier, arrangés néantmoins aussi uniment qu'ils le peuvent être. Aussi n'a-t-on pas besoin de considérer les fragments d'un nid avec beaucoup d'attention, pour y remarquer deux couches qui different en couleur & en grainure. Quand il n'est question que de remplir les vuides que les cellules laissent entr'elles, & de recouvrir le massif du nid, la maçonne ne cherche pas avec autant de soin des grains d'un sable fin, qui demandent plus de temps pour être ramassés & transportés.

* Pl. 7. fig. 16. *g h.*

* *g l.*

Si on soupçonnoit que la construction d'un nid que nous avons fait regarder comme un ouvrage qui coûte beaucoup de peines & de fatigues à la maçonne, n'est pour elle qu'un jeu; que les mouvements qu'elle est obligée de se donner, ne sont pour elle qu'un exercice agréable, on en pourroit être détrompé par de curieuses observations faites par M. du Hamel. Ces observations nous apprennent de plus que l'esprit d'injustice ne nous est pas aussi particulier qu'on le croit ; qu'on le trouve chés les plus petits animaux comme chés les hommes; que parmi les insectes comme parmi nous, on veut usurper le bien d'autrui, & s'approprier ses travaux. Pendant qu'une mouche étoit allée se charger de matériaux pour ajoûter ce qui manquoit à une cellule, M. du Hamel a vû plus d'une fois une autre mouche entrer sans façon dans cette cellule, s'y tourner & retourner en tous sens, la visiter de tous côtés, travailler à la ragréer comme si elle lui eût appartenu. La preuve qu'elle le faisoit à mauvaise intention, c'est que quand la vraye maîtresse arrivoit chargée de matériaux, la place *qui* lui étoit nécessaire pour les mettre en œuvre, ne *lui* étoit point cedée par l'autre; elle étoit obligée de recourir aux voyes violentes pour se conserver la *possession* de son bien; elle étoit forcée de livrer un combat à l'usurpatrice, que celle-ci étoit prête à soûtenir.

M. du Hamel a été souvent témoin oculaire de pareils combats, & il en a vû quelquefois qui étoient si opiniâtrés, qu'ils duroient des demi-heures entiéres. C'est en l'air que se donnent les plus rudes chocs. Les deux combattantes volent souvent l'une vers l'autre tête contre tête. Celle qui est la plus élevée, a ordinairement l'avantage: quand elle attrappe l'inférieure, le coup qu'elle lui porte est quelquefois si violent qu'il la précipite à terre. Aussi celle qui se trouve *la plus basse* tâche d'esquiver le coup ou du moins une partie de sa force, soit en plongeant, soit en volant à reculons. Car pendant leurs combats, ces mouches dirigent leurs vols de toutes les façons propres à leur faire porter des coups avec plus d'avantage, & à leur faire éviter des coups trop redoutables. Quelquefois on en voit une s'élever perpendiculairement, & descendre ensuite perpendiculairement sur son ennemie, pour l'accabler du poids de son corps mû avec vîtesse: celle qui est menacée de ce terrible coup, vole aussi en embas; souvent elle se sauve mieux encore en volant à reculons; telle alors se retire plus de vingt pas en arriére. M. du Hamel a très-bien remarqué que le vol à reculons paroît inconnu aux oiseaux; mais beaucoup d'autres mouches s'en servent, même dans les occasions où elles ne semblent voler que pour leur plaisir. On n'a qu'à suivre des yeux les mouches à deux aîles qui aiment nos appartements; il y a des temps où plusieurs de celles-ci se tiennent ensemble en l'air, assés près du plancher, & font cent tours & retours dans un assés petit

petit espace, comme si elles ne cherchoient qu'à s'exercer. Il sera souvent aisé d'y en voir quelqu'une qui vole à reculons. M. l'Abbé de Fontenu, de l'Académie des Belles-Lettres, en qui le goût d'observer les phénomenes de la nature se concilie avec celui d'érudition, me parla il y a quelques années du vol à reculons de ces mouches de nos appartements, comme d'un fait qui lui avoit paru remarquable, & qui l'est effectivement.

Mais pour achever de voir tout ce qui se passe entre nos deux combattantes, il arrive quelquefois qu'allant à la rencontre l'une de l'autre, elles se heurtent tête contre tête si violemment, qu'étourdies l'une & l'autre par la force du coup réciproque, elles tombent toutes deux à terre. Quelquefois aussi dans le moment du choc, l'une saisit l'autre avec ses jambes, ou elles se saisissent mutuellement; elles tombent encore alors toutes deux à terre: c'est-là que se continuë un combat semblable à celui de deux athletes. M. du Hamel n'a pu observer si alors elles ne cherchoient pas réciproquement à se percer avec leur aiguillon. C'est assûrément le temps de se servir de cette arme, qui porte le poison dans les playes qu'elle fait. Aussi y a-t-il apparence que nos maçonnes n'oublient pas alors qu'elles sont munies d'un instrument dont les coups sont mortels; que chacune tâche de faire pénétrer le sien dans le corps de son adversaire, comme les mouches à miel n'y manquent pas en pareil cas. Cependant les combats de nos maçonnes, comme ceux des mouches à miel, quoiqu'acharnés & longs, se terminent souvent sans que mort s'ensuive. La mouche qui est épuisée de fatigues, perd le courage en perdant les forces; elle prend son vol au loin, & ordinairement elle n'est pas poursuivie par son ennemie, qui se contente de pouvoir se mettre en possession de la cellule qui lui a été disputée. Mais si la mouche qui a pris le parti de la fuite, revient à cette même cellule, comme il lui arrive quelquefois, alors le combat recommence.

Sans avoir recours à des combats injustes, une mouche peut quelquefois s'épargner le travail de construire des cellules. Si celle qui en avoit commencé une meurt par quelqu'accident, avant qu'elle soit finie, une autre maçonne s'en empare. Ce cas rare est une petite ressource; mais les maçonnes en ont une plus grande. Les vieux nids dans lesquels les vers, après avoir pris leur accroissement, sont parvenus à être des mouches, les nids d'où ces mouches sont sorties, offrent des logements vuides qui n'appartiennent plus à qui que ce soit, & qui ne demandent que quelques réparations. M. du Hamel a vû des mouches qui s'emparoient de ces vieux nids, qui ôtoient tout ce qui pouvoit y être resté d'ordures, comme sont les dépouilles laissées par le ver, & les excréments qu'il avoit jettés; elles aggrandissoient les ouvertures des cellules, & elles remettoient du mortier dans les endroits qui en avoient besoin. Enfin, elles y portoient de la pâtée, & après en avoir rempli une, & y avoir laissé un œuf, elles la bouchoient, & ainsi des autres; il ne restoit alors qu'à donner une enveloppe commune à des cellules bien conditionnées & bien fournies de tout. Ces vieilles cellules occasionnent plus souvent des combats entre les mouches, que les nouvelles, & des combats qu'on doit moins leur reprocher: elles ont toutes un droit égal sur les anciennes, ou s'il y a quelque droit particulier, c'est celui de la premiére occupante.

Dès que les maçonnes sont d'humeur à profiter des vieux nids, il reste à expliquer pourquoi elles en bâtissent tant de nouveaux chaque année; car ils sont de nature si solide qu'ils peuvent presque durer autant que le bâtiment contre lequel ils sont attachés: ils ne peuvent guéres être détruits que par les hommes, qui ordinairement même ne s'avisent pas de les remarquer, ou de les prendre pour ce qu'ils sont. Enfin, ils sont souvent dans des endroits où on ne peut atteindre sans avoir recours aux plus hautes échelles. Quand il n'y aura pas plus de fémelles dans une année, qu'il y en a eu dans quelqu'une des précédentes, la provision des nids semble faite pour cette année. Mais si un nid qui n'a servi qu'une fois, est convenable encore, peut-être que celui qui a servi deux ou trois fois ne l'est plus: la mouche qui l'a pris vieux, l'a épaissi; elle a été obligée d'y ajoûter un enduit: or les nids épais à un certain point peuvent être sujets à des inconvénients; ils sont plus difficilement échauffés par les rayons du Soleil. Les nids anciens, même ceux qui n'ont qu'une année, peuvent encore être laissés inutiles par d'autres raisons. Nous ne finirons pas ce mémoire sans parler de plusieurs ennemis que les vers des maçonnes ont à redouter, & qui s'introduisent dans leurs cellules. Une mouche évite sans doute de laisser ses œufs dans des nids où se trouvent déja des insectes qui pourroient faire périr cette postérité, qui est l'objet de tous ses soins & de tous ses travaux.

Ne nous bornons point à admirer le génie de nos maçonnes, l'art avec lequel elles travaillent, & la solidité de leurs ouvrages: prêtons-nous aux vûës qu'elles nous doivent faire naître: ne rougissons point de prendre des leçons de ces mouches. Si nous comparons la dureté de leurs nids avec celle des enduits, soit de plâtre, soit de mortier, qui se trouvent sur les murs mêmes où ils sont, nous apprendrons qu'elle est souvent supérieure à celle de ces enduits, & plus en état de résister aux injures de l'air. Nous en conclurons donc que le meilleur mortier n'est pas celui qui est composé de chaux & de sable; qu'on en peut faire un plus parfait en liant ensemble des grains de gravier avec une colle. Nous sommes conduits à faire des expériences pour découvrir s'il n'y a point quelque colle qui coûtât peu, & qui étant délayée avec beaucoup d'eau, lieroit ensemble les grains de gravier aussi solidement que les lie la liqueur visqueuse que les mouches maçonnes employent à cette fin.

Leurs nids n'ont pas seulement une dureté supérieure à celle des matiéres dont nous faisons des enduits, quelquefois ils en ont une égale à celle de certaines pierres propres à bâtir. Sur ce qu'on a vû des pierres d'une grandeur énorme, sans qu'on pût imaginer comment elles avoient été transportées de très-loin dans les endroits où elles sont, quelques Auteurs ont pensé que le secret de fondre la pierre est de ceux qui ont été perdus, que les Anciens sçavoient rendre la pierre liquide & la jetter en moule. Il faut être bien peu au fait des arts pour croire, comme quelques-uns l'ont cru, qu'une grande masse soit de pierre commune, soit de granit, soit de quelqu'autre pierre à grains, doive sa forme à l'état de fluidité où elle a été mise par le feu, avant que d'être jettée en moule. Mais si on prétendoit simplement qu'une masse pareille eût été faite d'une infinité de masses plus petites qui auroient été liées ensemble dans le moule qu'on en auroit rempli, avec quelque espece de colle, on ne soûtiendroit rien d'impossible. Les procédés de nos mouches nous montrent comment cela peut s'exécuter, & nous invitent à l'éprouver. Si après avoir rempli de gravier un moule de la forme & de la grandeur dont on le voudroit, on mouilloit ce gravier d'une colle équivalente à celle des maçonnes, on retireroit ensuite de ce moule une pierre qui imiteroit le granit, le grès ou quelqu'autre pierre à grain, selon la qualité du gravier ou du sable qui auroit été employé. Si la colle convenable étoit à bon marché, on feroit des pierres telles que les places où elles devroient être posées, les demanderoient ; & cela sans avoir besoin de les tailler.

Peut-être même que des especes de colles qui peuvent être dissoutes par l'eau, satisferoient à cette vûë ; car l'eau est capable d'agir sur celle dont les maçonnes se servent. J'ai tenu des fragments de nids couverts d'eau pendant cinq à six jours, au bout desquels ils avoient conservé leur forme & de la dureté, mais une dureté bien inférieure à celle qu'ils avoient euë : il m'étoit aisé en les pressant entre les doigts, de les égrainer, & de les réduire en une poudre propre à être délayée par l'eau. La colle qui unit les grains de mortier de nos maçonnes, est donc dissoluble à l'eau ; mais comme l'eau ne fait que couler sur les nids, qu'elle n'y séjourne pas long-temps, elle emporte peu de la colle nécessaire pour tenir les grains liés. Il en seroit de même de nos pierres factices, leur intérieur n'auroit rien à craindre de l'eau qui n'y pourroit pénétrer bien avant. Des murs dont les pierres ne sont retenuës que par une simple terre, ne laissent pas de se soûtenir contre la pluye. Enfin, s'il en étoit besoin on pourroit défendre l'extérieur des pierres factices par une legére couche de matiére grasse.

M. du Hamel & moi, avons vû des maçonnes travailler à bâtir des nids dès le 15 ou le 20 d'Avril, & j'en ai observé d'autres qui y étoient occupées vers la fin de Juin ; mais j'ai eu beau chercher plus tard de ces mouches sur les murs qu'elles paroissent avoir le plus en affection, je n'ai pu y en découvrir une seule : on n'en retrouve plus même nulle part. Il y a beaucoup d'apparence qu'elles périssent, comme la plûpart des autres insectes, quand elles ont satisfait à ce qu'exige la conservation de leur espece, qui ne subsiste alors que dans les vers des nids. Ce n'est que l'année suivante que les mouches venuës de ces vers, doivent bâtir & pondre à leur tour. Celles qui ont pris leur accroissement dans les nids qui ont été conſtruits les premiers, ſont celles qui paroiſſent les premiéres, & qu'on voit à l'ouvrage avant la fin d'Avril; les autres ſont plus tard en état de paroître au jour. Auſſi ſelon la ſaiſon où l'on détache un nid, & ſelon qu'il eſt de ceux qui ont été faits de bonne heure ou tard, trouve-t-on dedans des vers plus ou moins gros, dont je n'ai rien de particulier à dire, étant blancs, ſans jambes, & ſemblables à ceux des mouches à miel. La proviſion de pâtée remplit une plus petite ou une plus grande portion de la cellule, ſelon que le ver eſt plus ou moins gros. Enfin, avec le temps il conſume toute celle qui lui a été donnée, & cela ordinairement avant la fin de l'Automne. Quand il n'a plus de quoi manger, il n'a plus beſoin d'en avoir; ſon accroiſſement eſt complet, & il ſonge à ſe faire un logement plus convenable à ſon état futur que ne l'eſt une cellule purement de pierre. Il ſe file une coque de ſoye *; il n'a pas beſoin qu'elle ait autant de capacité que la cellule. Vers le bas de celle-ci ſe trouvent tous les excréments * qu'il a jettés pendant le cours de ſa vie. Ce ſont des grains noirs, plus petits que des crottes de ſouris, mais qui d'ailleurs leur reſſemblent. Tous ces grains reſtent en dehors de la coque de ſoye : le tiſſu de celle-ci eſt ſi ſerré, qu'il ſemble membraneux; mais elle eſt mince & très-blanche.

* Pl. 8. fig. 8. *c, c, c.*

* *e, e.*

Il ne reſte plus au ver qui s'eſt filé un logement de ſoye, qu'à ſe transformer en nymphe. C'eſt ce que les uns font avant le mois d'Octobre, car dès les premiers jours de Novembre, j'ai trouvé des mouches parfaites dans pluſieurs cellules. D'autres vers nés apparemment plus tard, reſtent vers dans les coques pendant tout l'hiver. Mais ce n'eſt que dans une ſaiſon où le ſoleil a la force d'échauffer l'intérieur du nid, que les mouches mêmes qui étoient ſous cette forme dès le mois de Novembre, ſongent à en ſortir. Elles ont beſoin que leurs dents ſe ſoient bien affermies pour percer les murs épais qui les renferment de toutes parts; car la porte, c'est-à-dire, l'ouverture supérieure de chaque cellule, a été bien murée, & recouverte encore d'une couche de mortier. Il faut que les dents de la mouche ouvrent un trou * capable de laisser passer son corps, & cela dans une matiére que les couteaux n'attaquent pas sans en souffrir. Si les meres qu'on a vû travailler pendant l'année précédente, passoient l'hiver, on pourroit penser que leur tendresse pour leurs enfants les ramene sur les nids, & qu'elles viennent en ouvrir les cellules; mais M. du Hamel a fait l'expérience la plus propre à démontrer que la mouche naissante est capable de percer sa prison, quelque durs & épais qu'en soient les murs. Il a renfermé un nid sous un entonnoir de verre dont les bords étoient bien appliqués & scellés contre la pierre même à laquelle le nid étoit attaché. Le bout du tuyau de cet entonnoir avoit plus de deux pouces de diametre, c'est-à-dire, beaucoup plus qu'il n'étoit nécessaire pour laisser sortir la mouche qui, après avoir percé son nid, chercheroit à s'échapper de l'entonnoir. Mais afin qu'elle n'en sortît pas trop facilement, & qu'elle jouît de la quantité d'air qui pouvoit lui être devenuë nécessaire, il avoit eu la précaution de boucher avec une simple gaze le bout de l'entonnoir. Trois mouches rousses parurent dans l'entonnoir vers le 20 d'Avril, après être sorties du nid par les trois trous qu'elles avoient percés: elles firent cent tentatives inutiles pour s'échapper de cet entonnoir dans lequel elles périrent. Elles étoient venuës à bout d'un mortier dur comme de la pierre, & ce grand ouvrage fait, elles n'avoient pas tenté ou avoient jugé au-dessus de leurs forces, celui de percer une simple gaze. Communément les insectes ne sçavent faire que ce qu'ils ont besoin de faire dans l'ordre ordinaire de la nature.

* Pl. 7. fig. 15. o.

Il y a pourtant des mouches foibles qui apparemment ne sont pas en état d'entreprendre de percer leur prison. On en trouve de celles-ci mortes dans des cellules qu'elles n'ont pas même tenté d'entamer avec leurs dents. Quelquefois l'ouvrage que la mouche nouvellement née a à faire, paroîtroit devoir être double de l'ouvrage ordinaire; elle sembleroit avoir à percer, outre sa propre cellule, celle d'une autre mouche; car quelquefois un nid se trouve composé de deux couches de cellules mises les unes sur les autres. La bonne opinion que j'ai de l'intelligence des meres maçonnes, ne me permet pas de penser qu'elles fassent des fautes aussi lourdes que celle-ci le paroît. Je suis disposé à croire que quoique les cellules soient posées les unes sur les autres, chaque mouche naissante peut sortir par un des bouts de la sienne sans passer par le logement de sa voisine.

M. du Hamel a observé que les maçonnes rousses ou mâles paroissent quelques jours avant les noires. Dès que ces dernières prennent l'essor, elles trouvent donc des mâles disposés à les féconder. Ni lui ni moi n'avons pu voir l'accouplement d'un de ceux-ci avec une de celles-là. Cette importante action ne s'accomplit pas apparemment sur le mur même où les meres bâtissent. Si elle se passe dans la campagne, elle ne peut être mise sous les yeux que par un hazard heureux.

Les vers sembleroient n'avoir rien à craindre dans les solides nids où ils sont renfermés: je ne leur connois point d'ennemi qui entreprenne d'y pénétrer. Souvent pourtant ils sont dévorés dans leur habitation; ils y deviennent la pâture de vers de plusieurs especes. J'ai quelquefois trouvé dans une cellule plus de 30 petits vers blancs qui avoient crû aux dépens de la propre substance de l'habitant naturel du lieu. Dans d'autres cellules, j'ai vû que le ver de la

maçonne

maçonne avoit ſeulement ſervi à nourrir dix à douze vers, mais plus gros que les précédents. Dans telle autre cellule, je n'ai pu appercevoir que les reſtes du ver pour qui elle avoit été faite, & un ſeul ver blanc comme les derniers, mais bien autrement gros. Ce ſont des obſervations qui n'ont pas échappé à M. du Hamel. Ces vers étrangers ſe transforment en des mouches à quatre aîles du genre des ichneumons. Il n'eſt point de mere inſecte, quelque précaution & quelque vigilance qu'elle apporte pour mettre ſes petits en ſûreté, qui puiſſe ſe promettre de les défendre contre les vers de quelqu'eſpece de mouches ichneumons. Une mere d'une eſpece de celles-ci, va dépoſer ſes œufs dans la cellule que la mouche maçonne travaille à remplir de proviſion : quand cette diligente ouvriére mure la cellule, elle y renferme avec ſon œuf d'autres œufs qui n'y ont été mis que parce que les vers voraces qui en ſortiront, doivent ſe nourrir du ver qui éclorra de l'œuf de la maçonne.

Ce ſeul ver ſuffit pour en nourrir une trentaine des plus petits dont nous venons de parler, pour leur fournir tout l'aliment dont ils ont beſoin juſqu'à leur transformation. Mais dans ces mêmes nids on peut voir un autre ver étranger * capable de faire de plus grands deſordres. Ce n'eſt rien pour lui de manger le ver de la cellule où ils ſont nés l'un & l'autre. Il eſt armé de dents fortes, au moyen deſquelles il perce la cellule voiſine de celle dont il a dévoré le ver ; il n'épargne pas celui de cette ſeconde cellule, ou la nymphe ſi le ver s'eſt transformé. Je ne ſçais pas le nombre des vers & des nymphes qu'il détruit ; mais je crois qu'il lui en faut au moins trois ou quatre des uns ou des autres pour fournir à ſon accroiſſement, car il devient au moins auſſi gros qu'un ver de maçonne prêt à ſe transformer. Tout ſon corps eſt d'un fort beau rouge

* Pl. 8. fig. 9.

d'une nuance plus forte que le couleur de rose: il est ras, quelques poils seulement y sont semés par-ci par-là. Sa tête est noire, écailleuse & armée de bonnes dents, capables, comme celles des maçonnes, d'agir avec succès contre le mortier des nids. Il a six jambes écailleuses, & son anus peut lui tenir lieu d'une septiéme, mais membraneuse. Près du derriére il porte deux petits crochets écailleux; la concavité de l'un est tournée vers celle de l'autre. Le ver dont nous parlons n'a pas été inconnu à Swammerdam, qui, étant à Issy, dans la maison de son bon ami M. Thevenot, observa contre les murs de cette maison des nids de mouches maçonnes. Dans ceux qu'il défit, il trouva de ces vers rouges. Je ne sçais ce qui le porta à soupçonner qu'ils se nourrissoient du mortier du nid; mais s'il en avoit conservé qui eussent eu encore besoin d'aliments, dans des nids peuplés de vers & de nymphes de maçonnes, il eût reconnu qu'il leur faut des mets moins durs & plus succulents que le mortier.

Ce ver se transforme par la suite dans un fort joli scarabé*; il est oblong comme la cantharide ordinaire, & n'est pas moins grand. Sa tête & son corcelet sont d'un très-beau bleu; le fond de la couleur des fourreaux de ses aîles, est rouge; mais cette couleur ne paroît que dans les intervalles que laissent trois larges bandes d'un violet foncé, dirigées obliquement, de maniére que celle d'un des fourreaux forme avec la correspondante de l'autre fourreau, un angle tourné vers la tête. Le dessous de la tête, celui du corcelet & celui du corps, sont entiérement velus. Ce n'est qu'au travers de longs poils blanchâtres qu'on apperçoit que le ventre est d'un beau bleu.

* Pl. 8. fig. 10.

Ce scarabé sçait qu'il y a des mouches maçonnes, & il sçait que le ver qui sortira de l'œuf qu'il est prêt à pondre, pour devenir par la suite un scarabé, demande à être logé dans une cellule construite par une de ces mouches, par conséquent que l'œuf y doit être déposé; il sçait enfin qu'il faut épier le moment où la maçonne est allée se charger de matériaux, ou faire des provisions, & qu'il doit profiter de ce moment pour laisser son œuf dans la cellule. M. du Hamel a observé que quand la mouche qui construit une cellule lui a donné assés de capacité pour s'y pouvoir loger, elle passe la nuit dedans, la tête tournée vers le fond. Ne l'y passeroit-elle pas plûtôt pour y veiller à ce qu'aucun insecte ennemi ne vienne y faire ses œufs, que pour se donner un logement plus commode que celui d'un trou de mur dont elle se contente dans les autres temps?

Lorsque le ver rouge se dispose à se métamorphoser, il fait un retranchement dans la cellule où il se trouve, au moyen d'une toile platte bien tenduë, qui a l'épaisseur & la consistance d'un parchemin, & dont la couleur est d'un brun plus clair que le caffé. Il tapisse de soye de même couleur les parois du logement auquel il s'est restreint. J'ai été extrêmement surpris du temps qu'un de ces vers passa chés moi avant que de subir sa derniére métamorphose. Ce ne fut qu'à peu près au bout de trois ans, qu'il parut sous la forme de scarabé. Je n'aurois pourtant garde d'en conclurre que la métamorphose complette de ces vers ne se doit toûjours faire qu'après un temps d'une telle longueur, quand j'ignorerois que Swammerdam en a eu un qui se transforma bien plûtôt. Ce que j'ai rapporté ailleurs* sur les moyens d'accourcir & ceux de prolonger la vie des insectes, apprend que le ver rouge a dû être de ceux dont la vie a été prolongée, dès qu'on sçait qu'il a été tenu dans une chambre sans feu. Pendant les hivers il y a été peut-être un peu plus chaudement que dans le nid de mortier attaché contre un mur; mais il s'en faut bien que pendant les étés, il ait joui du degré de chaleur qui doit regner dans un nid

* Tom. II. Mem. I.

fur lequel les rayons du foleil tombent pendant la plus grande partie du jour. La chaleur doit être bien confidérable dans ces nids pendant les beaux jours d'été. Des murs expofés au midi, deviennent brûlants. La mouche maçonne fçait que ce degré de chaleur eft néceffaire pour hâter l'accroiffement de fes petits; nous avons commencé par faire remarquer qu'elle fe donne bien de garde de conftruire des nids fur des murs expofés au Nord. Pendant qu'elle travaille à en remplir les cellules de pâtée, elle a fouvent à les défendre contre des infectes friands de miel, & entr'autres, contre les fourmis. Celles-ci fçavent bien découvrir où il y en a. Lorfque la mouche retourne à la campagne pour y continuer fes récoltes, fi une fourmi fait la découverte de l'amas de pâtée, bien-tôt des centaines de fes compagnes fe rendent à la file pour la piller. Quelquefois la mouche ne peut fuffire à les chaffer & à les tuer; elle prend le parti de leur laiffer continuer leur ravage. C'eft ce que M. du Hamel a obfervé.

Ce n'eft pourtant qu'avec peine qu'elles fe réfolvent à abandonner leur nid. Les rifques qu'elles y ont courus pour elles mêmes, ne fuffifent pas quelquefois pour les déterminer à prendre ce parti. M. du Hamel parvint à faifir avec des tenettes une maçonne qui étoit entrée en partie dans une cellule la tête la premiére, pour la remplir de pâtée. Il porta cette mouche dans un cabinet affés éloigné de l'endroit où il l'avoit prife; il eft fur la façade de la cour, & le nid étoit fur celle du jardin. Elle lui échappa dans ce cabinet, & s'envola par la fenêtre. Sur le champ M. du Hamel fe rendit au nid; la maçonne y arriva prefqu'auffitôt que lui; elle reprit fon travail, & le continua; elle en parut feulement un peu plus farouche. Une autre qu'il avoit prife comme la précédente, & portée dans le même cabinet, où il lui donna la liberté, retourna encore à fon nid; mais ce ne fut qu'au bout d'un demi-quart d'heure; il put la reconnoître, parce qu'à dessein il avoit un peu maltraité une de ses aîles.

Pour travailler elles veulent être en *liberté*. M. du Hamel en emprisonna une sous un entonnoir de verre, qui étoit occupée à bâtir son nid; il lui donna & *sable* & miel; il crut l'avoir bien pourvûë de tout ce qu'il lui falloit; cependant elle ne daigna faire aucun ouvrage, ni prendre de la nourriture; il la trouva morte dès le lendemain.

Les mouches de cette espece sont répanduës en différentes provinces du Royaume. C'est par-tout sur les mêmes principes qu'elles bâtissent; mais elles sont, comme nous, obligées de se servir des matériaux que le pays fournit. Aussi en différents pays leurs nids different-ils en couleur. Aux environs de Paris, *ils ont un blanc qui approche de celui de la pierre de taille*; & *j'en ai trouvé en Touraine*, d'aussi gris que la cendre. J'en ai vû ailleurs de bruns. La couleur du sable, & sur-tout celle de la terre avec laquelle il est mêlé, font cause de ces variétés. Dans différents pays le gravier des nids est aussi plus ou moins gros; le mortier semble s'approcher ou s'éloigner plus d'un simple mortier de terre.

Il y a plusieurs especes d'abeilles qui, comme celles de l'espece dont nous avons parlé jusqu'ici, peuvent être appellées des maçonnes, quoique le mortier avec lequel elles bâtissent ne soit pas aussi bon que celui des autres. Le leur n'est fait que d'une terre fine dont les grains ont été humectés par une liqueur propre à les lier ensemble. Une grande dureté lui seroit inutile, parce que ces derniéres maçonnes sçavent placer les cellules qu'elles en construisent, dans des endroits où elles ne sont pas exposées à être détrempées par la pluye, comme le sont celles des nids attachés contre des murs. Les mouches d'une de ces especes qui mettent la terre en œuvre, cherchent des pierres* qui ayent des cavités assés profondes & assés spacieuses pour fournir le logement à un seul ver Elles recouvrent de terre les parois de cette cavité, & l'en remplissent en partie; elles n'y laissent de vuide que l'espace nécessaire pour contenir la provision de pâtée qui doit fournir à l'accroissement du ver qui sortira de l'œuf qu'elles veulent confier à la cellule. Elles choisissent des pierres dont les cavités ne sont pas trop grandes, afin de n'avoir pas trop de terre à y apporter. Elles préférent aussi les cavités dont les entrées n'ont guéres plus de diametre qu'il en faut pour les laisser passer: il est rare que cette entrée se trouve juste; mais elles la retrécissent en attachant de la terre à son bord intérieur, & laissent au milieu un trou bien circulaire & proportionné à la grosseur de leur corps*.

* Pl. 8. fig. 12.

* Fig. 12. *i.*

J'ai pris une abeille* occupée à construire un nid de cette espece, qui est plus courte & plus grosse qu'une mouche à miel ouvriére; elle est toute veluë. Ce qui la rend aisée à reconnoître, c'est qu'elle n'a que des poils de deux couleurs; ceux de son corps tirent sur l'orangé, & ceux de son corcelet sont noirs. Sa trompe qui est assés petite, est faite comme celle des mouches à miel ordinaires; ses dents ressemblent aux lames des ciseaux à Tondeurs, à cela près qu'elles sont dentelées. J'hésite presque à donner le nom d'antennes à deux cornes qui s'élevent en devant de sa tête, car elles ne sont pas flexibles: le bout de chacune est si luisant, que j'eusse été tenté de le prendre pour un petit œil, si je n'eusse pas trouvé à cette mouche les trois petits yeux placés à l'ordinaire. La pâtée que je tirai de quelques-unes des cellules construites par ces mouches, avoit la consistance de bouillie. Le miel qui servoit à délayer les étamines, avoit un goût fort agréable

* Fig. 11.

Au reste, quand la provision de pâtée a été portée dans la cellule, la mouche ne manque pas d'en sceller l'entrée avec de la terre semblable à celle qu'elle a mise en œuvre auparavant.

Une maçonne d'une autre espece que la précédente, mais qui de même employe la terre, fait dans le bois des ouvrages semblables à ceux que l'autre fait dans la pierre: elle profite des trous qu'elle y trouve. J'ai été étonné du peu de timidité d'une de ces mouches, de voir à quel point elle étoit, pour ainsi dire, privée. La porte de ma cuisine de Charenton donne sur la cour, elle a deux battants qui s'ouvrent en dedans. La nouvelle maçonne ayant remarqué qu'il y avoit un trou qui traversoit un des battants de cette porte, il avoit servi autrefois à laisser passer une grosse vis qui avoit tenu la serrure attachée plus bas qu'elle n'étoit alors; la maçonne ayant, dis-je, remarqué ce trou, jugea en devoir profiter; elle y apporta de la terre dont elle se servit pour enduire ses parois intérieures, pour remplir une partie de la capacité, & pour retrécir l'entrée du trou qu'elle avoit trouvée trop grande. Que le battant de la porte fut ouvert ou qu'il fut fermé, elle entroit dans ce trou & en sortoit plusieurs fois à chaque heure du jour; elle n'étoit point épouvantée par le mouvement des gens qui alloient & venoient dans la cuisine. Tous les domestiques se faisoient aussi un plaisir de la voir, & ne cherchoient pas à lui nuire. Je ne voulus pas la prendre. Je ne l'eusse guéres mieux vûë, quand je l'aurois tenuë à la main, que je la vis en bien des circonstances. Sa grandeur & sa figure étoient assés celles d'une abeille ouvriére, mais le dessus du corps avoit moins de poils; il étoit rougeâtre & luisant. Quand elle eut rempli le trou de pâtée, elle le scella par les deux bouts. J'attendis trois semaines ou plus, avant que de déranger l'intérieur de ce nid. Lorsque je voulus sçavoir s'il n'avoit qu'un seul ver, & voir ce ver; il étoit trop tard, la loge étoit vuide. Le ver à qui il ne faut pas apparemment plus de temps pour parvenir à l'état de mouche, qu'il en faut aux vers des mouches à miel, avoit passé par ses différentes métamorphoses; & la mouche en laquelle il s'étoit transformé, avoit ouvert sa prison, & ensuite pris l'essor.

Je pourrois parler de quelques autres especes d'abeilles maçonnes, plus petites que les précédentes, qui construisent de même à leurs vers, des nids d'un mortier de terre; mais ce seroit s'arrêter à des faits qui n'auroient rien d'intéressant, & qu'on peut très-bien laisser ignorer. On aimera mieux apprendre que ce sont probablement les maçonnes de quelqu'espece, qui ont valu aux mouches à miel l'honneur qu'on leur a fait d'une prévoyance & d'une habileté que nous avons prouvé ailleurs qu'elles n'ont pas. Les Anciens ont assûré que les abeilles obligées de se rendre à leur ruche par un grand vent, avant que de prendre leur vol, ne manquoient pas de se lester d'une petite pierre qu'elles tenoient entre leurs pattes. On nous a transmis un grand nombre de faits faux qui n'avoient pas eu un fondement si vraisemblable. Quelqu'un qui aura observé une maçonne dans l'instant qu'elle se chargeoit de gravier, & qui aura ignoré à quelle intention elle le faisoit, aura cru le deviner en imaginant que c'étoit pour courir moins le risque d'être le jouet du vent. Si cette maçonne a été en gros semblable à une mouche à miel, c'en aura été assés pour attribuer aux mouches de cette derniére espece, une industrie qui n'est pas du nombre de celles qui les rendent réellement si dignes de notre admiration.

EXPLICATION

EXPLICATION DES FIGURES DU TROISIEME MEMOIRE.

PLANCHE VII.

LES Figures 1, 2 & 3 repréſentent une mouche maçonne fémelle, vûë par-deſſus, figure 1, & ayant les aîles ſur le corps; elle eſt encore vûë par-deſſus, figure 2, mais ayant les aîles écartées du corps; & elle eſt vûë de côté, fig. 3, & dans l'état où elle eſt ſouvent lorſqu'on la tire du nid, avant qu'elle en ſoit ſortie depuis ſa derniére métamorphoſe. Il eſt aſſés ordinaire de lui trouver alors la trompe *t* allongée, & l'aiguillon *e* dardé hors du corps.

Les Fig. 4 & 5 *ſont celles de l'abeille maçonne mâle qui a ſes aîles ſur le corps, fig.* 4, *& qui ſemble voler, fig.* 5.

La Figure 6 fait voir une aîle ſupérieure de la fémelle, grandie à la loupe, & la figure 7 une aîle inférieure de la même mouche, grandie dans la même proportion que la ſupérieure. La partie la plus proche de la baſe eſt plus noire que le reſte, & a de plus petites nervûres. Les nervûres ſupérieures forment des cavités ſenſibles.

Les Fig. 8 & 9 nous montrent une dent de la maçonne mâle, groſſie au microſcope. Cette dent eſt vûë par-deſſus, figure 8, & par-deſſous, figure 9. *d,* dentelûres.

Dans les Figures 10 & 11, on voit une dent de la maçonne fémelle, groſſie dans la même proportion que l'eſt celle du mâle dans les figures 8 & 9; ce qui montre que les dents de la fémelle ſont beaucoup plus grandes que celles du mâle. La figure 10 repréſente la dent vûë par-deſſus, & la figure 11 la repréſente vûë par-deſſous. On ne trouve point à ces derniéres dents les dentelûres qu'ont celles du mâle, & qui ſont marquées *d,* figures 8 & 9.

La figure 11, comparée avec la figure 8, apprend encore que la dent de la fémelle eſt plus creuſe en-deſſous que celle du mâle. En *b b,* on voit une épaiſſe frange de longs poils qui aident à retenir les matériaux contenus dans la cavité formée par les deux dents appliquées l'une contre l'autre par le côté *e.*

La Figure 12 eſt celle d'une cellule commencée par une mouche maçonne.

La Figure 13 repréſente une portion d'une feuillûre ménagée dans un mur de pierre de taille; cette feuillûre a été choiſie par une mouche maçonne pour y conſtruire un nid. *m o, n p,* les arêtes de la feuillûre. *a, b, c, d,* quatre cellules dont la ſeule *d,* eſt encore ouverte. Toutes quatre ſont dans l'angle fait par l'arête *m o,* avec le mur; mais les deux *a,* & *b,* y ſont autrement poſées que les deux *c,* & *d.*

La Figure 14 montre par devant, la tête & la partie antérieure d'un ver de mouche maçonne, groſſies au microſcope. *d, d,* les deux dents. *l,* levre inférieure.

La Figure 15 repréſente un nid de mouche maçonne vû par dehors, dans lequel ſont renfermées pluſieurs loges telles que les loges *a, b, c, d,* de la figure 13. Le grand diametre *q p,* du nid eſt quelquefois horiſontal, comme il l'eſt ici, & quelquefois vertical. *o,* trou ouvert par une mouche née dans une cellule du nid, & par où elle en eſt ſortie.

La Figure 16 repréſente une portion d'une coupe de nid un peu groſſie, pour faire voir que les couches intérieures *g l, g l,* ſont faites d'un gravier plus fin que celui de la couche extérieure *h g, h g.*

PLANCHE VIII.

La Figure 1 repréſente le bout poſtérieur d'une abeille

maçonne *femelle* vû du côté du ventre, & dans l'inſtant où l'aiguillon commence à ſortir. *e*, l'aiguillon.

La Figure 2 fait voir l'aiguillon *e* plus ſorti que dans la figure précédente, & les deux piéces *f*, *f*, veluës, ſur-tout par le bout, qui enſemble lui forment un étui. Ici on les a écartées l'une de l'autre.

La Figure 3 montre l'aiguillon dans ſon entier, mais logé dans ſon étui comme il l'eſt lorſqu'il n'eſt pas dardé hors du corps.

La Figure 4 eſt celle du bout poſtérieur du corps de l'*abeille* maçonne mâle tel qu'il paroît, vû par-deſſus, lorſque la preſſion a forcé à ſe montrer des parties qui ſont ordinairement cachées dans le corps. *a*, l'anus. *c*, *c*, deux corps écailleux faits en *T*. *b*, *b*, deux baguettes écailleuſes. *m*, partie charnuë très-blanche.

La Figure 5 repréſente le bout poſtérieur du corps de la maçonne mâle de côté, & dans un inſtant où la preſſion a contraint des parties qui paroiſſent déja dans la figure précédente, à ſe montrer davantage. *a*, l'anus. *c*, une des piéces écailleuſes faites en *T*. *b*, une des piéces écailleuſes faites en baguette. *d m e*, la partie qui caractériſe le mâle.

Dans la Figure 6, on voit par-deſſous ou du côté du ventre la partie *m* propre au mâle. Dans cette vûë, les piéces écailleuſes faites en *T*, & celles en baguette, ne ſçauroient paroître. *l*, eſt une languette écailleuſe.

La Figure 7 nous montre un nid qui a été détaché du mur, par la face qui y étoit appliquée. *l*, *l*, *l*, *l*, les cavités de différentes cellules. Ici ces cavités ſont vuides. On ne ſera pas ſurpris de ce que les contours des ouvertures ne ſont pas circulaires; en les détachant, on y produit des irrégularités, il y a des endroits qui s'égrainent. Mais n'y en produisît-on pas, les contours des ouvertures ne pourroient que rarement être circulaires, parce que les cellules ſont des cylindres différemment inclinés à la baſe du nid.

La Figure 8 montre encore un nid, ou une portion de nid par la face qui étoit appliquée contre le mur, mais dont les cellules ſont pleines. *c, c, c,* trois coques formées d'une toile très-blanche, dont chacune a été filée par un ver. *e, e, e,* excréments qui ont été rejettés par le ver, & qui ſe trouvent toûjours en dehors de la coque. *u,* ver qui n'a pas encore conſumé toute ſa pâtée, & qui auſſi ne s'eſt pas encore filé une coque.

La Figure 9 eſt celle d'un ver rouge qui naît dans les nids des maçonnes, & qui en mange les habitans naturels.

La Figure 10 eſt celle du ſcarabé dans lequel ſe transforme le ver de la figure 9.

La Figure 11 repréſente dans ſa grandeur naturelle une mouche maçonne dont la maçonnerie n'eſt que de pure terre; *auſſi la met-elle à couvert dans des trous qui ſe trouvent dans des pierres.*

La Figure 12 eſt celle d'une portion d'une pierre, dans l'intérieur de laquelle étoit une cavité où la maçonne de la fig. 11 avoit fait ſon nid. *t,* l'entrée de la cavité, qui avoit paru trop grande à la maçonne, & qu'elle avoit retrécie en attachant tout autour une couche de terre.

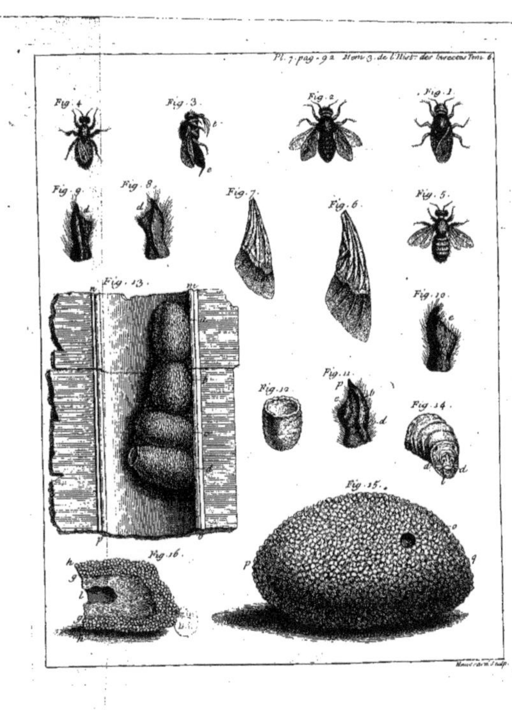
Pl. 7. pag. 92 Mem. 3. de l'Hist. des Insectes Tom. 6.
Fig. 1
Fig. 2
Fig. 3
Fig. 4
Fig. 5
Fig. 6
Fig. 7
Fig. 8
Fig. 9
Fig. 10
Fig. 11
Fig. 12
Fig. 13
Fig. 14
Fig. 15
Fig. 16

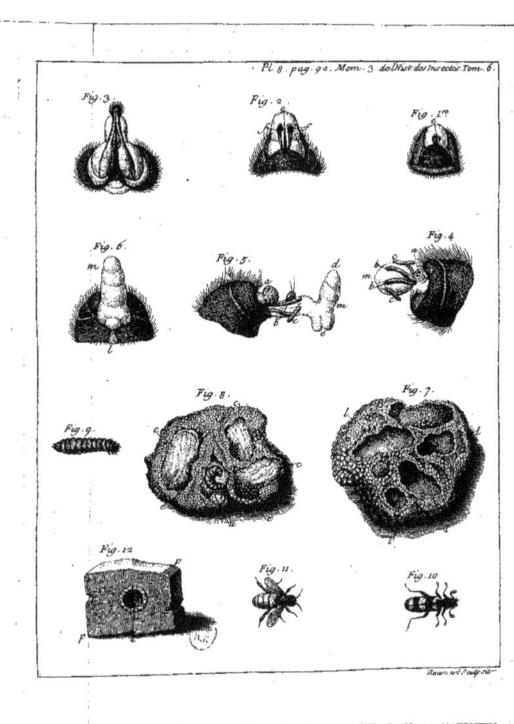
Pl. 8. pag. 92. Mem. 3. de l'Hist. des Insectes. Tom. 6.
Fig. 3.
Fig. 2.
Fig. 1re
Fig. 6.
Fig. 5.
Fig. 4
Fig. 8.
Fig. 7.
Fig. 9.
Fig. 12
Fig. 11.
Fig. 10

QUATRIÉME MÉMOIRE.

DES ABEILLES QUI CREUSENT LA TERRE POUR Y FAIRE LEURS NIDS;

Et des Abeilles coupeuses de feuilles, ou de celles qui font de très-jolis nids avec des morceaux de feuilles.

BEAUCOUP d'especes d'Abeilles solitaires, au lieu de faire des nids de maçonnerie, comme en font celles dont nous avons suivi les manœuvres dans le Mémoire précédent, ne sçavent que fouiller la terre, qu'y creuser des trous presque cylindriques, souvent profonds de cinq à six pouces, & quelquefois de près d'un pied, & qui n'ont que le diametre nécessaire pour que la mouche qui l'a creusé puisse y entrer & en sortir librement. Ce qu'elles nous offrent de plus remarquable, c'est leur patience à soûtenir un travail long & rude; car c'est presque grain à grain que l'abeille tire la terre du trou qu'elle a commencé à ouvrir, & qu'elle la porte sur son bord, où elle en forme une petite montagne.

La terre la plus dure, ou au moins la plus battuë, est celle que quelques-unes préférent. Des allées de jardin sont quelquefois criblées d'un bout à l'autre de trous qu'elles y ont creusés presque perpendiculairement. D'autres especes d'abeilles creusent plus volontiers à peu près horisontalement. Il y en a quelques-unes de celles-ci qui travaillent dans des sables, mais de ceux qui sont gras; d'autres aiment mieux travailler dans de la terre ordinaire. Les terres ou les sables coupés presqu'à pic, & qui s'élevent au-dessus des chemins dont la pente a été adoucie, offrent souvent des milliers de trous ouverts par les unes ou par les autres. On en trouve aussi quelquefois sur les bords de certains fossés. Enfin, il est assés ordinaire à diverses especes d'abeilles de percer la terre employée à la campagne à lier les pierres des murs de jardins.

Les trous dont nous parlons, ne sont pas toûjours percés exactement en ligne droite; quelquefois ils ont un coude. Quand on veut parvenir à en voir le fond, avant que de commencer à enlever la terre qui le cache, on doit avoir la précaution d'introduire par l'entrée du trou, & de faire avancer le plus qu'il est possible quelque brin d'herbe flexible, comme une tige de gramen; par ce moyen on empêche la terre qui s'éboule de remplir le vuide qu'on veut conserver. Les parois du trou n'ont rien de particulier. Près du fond, & sur le fond même, elles sont plus lisses & plus unies que par tout ailleurs. Le fond est quelquefois plus évasé que le reste. Lorsqu'on le met à découvert dans un certain temps, on y trouve une petite masse de pâtée mielleuse, destinée à nourrir le ver qui y doit croître. Dès que la provision de pâtée y a été portée, & que l'œuf a été pondu, l'abeille ne manque pas de faire rentrer dans le trou la plus grande partie de la terre qu'elle en avoit tirée. Si elle tardoit à le faire, inutilement eût-elle pourvû d'aliments le ver qui doit sortir de l'œuf; ils seroient bien-tôt pillés. Les fourmis qui rodent aux environs du nid, & qui sont friandes de miel, ne seroient pas long-temps à découvrir où il y en a d'aisé à prendre; dès qu'une seroit descenduë au fond du trou pour en tâter, bien-tôt des centaines s'y rendroient à la file. Enfin, il convient au ver d'être dans un lieu clos de toutes parts pendant qu'il prend son accroissement.

Nous ne nous arrêterons pas à faire connoître les différentes eſpeces d'abeilles dont l'induſtrie eſt bornée à des ouvrages ſi ſimples. Il y en a de très-petites *, de moins groſſes que les plus petites des mouches à deux aîles qui ſe tiennent volontiers dans nos appartements. Il eſt aiſé d'en obſerver de celles-là ſur différentes ſortes de fleurs où elles ſe poudrent de pouſſiéres d'étamines. D'autres eſpeces de ces abeilles égalent, & d'autres ſurpaſſent en grandeur les mouches à miel ouvriéres. Entre celles de même grandeur, on diſtingue des eſpeces qui different par la forme du corps : les unes l'ont plus allongé *, & les autres plus raccourci *. Enfin, les différences de couleurs ſervent encore à en faire diſtinguer d'autres eſpeces. La plûpart de celles qui fouillent dans les allées des jardins & le long des bords des grands chemins, ont aſſés la couleur des mouches à miel, & ſont petites. Parmi celles qui creuſent dans des terres ſablonneuſes, il y en a de noires *, dont les aîles ſont d'un violet foncé, & qui ont ſeulement des poils blancheâtres tout le long du côté intérieur de leurs jambes. Après avoir vû une de ces mouches creuſer un trou dans un enduit de ſable gras, dont j'avois à deſſein recouvert une portion de mur de jardin, je lui vis boucher ce même trou. Je le rouvris au bout de quelques jours, & je trouvai au fond un ver blanc ſemblable à ceux des autres abeilles. Il repoſoit ſur une pâtée d'une ſorte de miel ſingulier ; ſa couleur & ſa conſiſtance étoient celles du cambouis. Il avoit un goût légérement ſucré, & ſon odeur étoit un peu narcotique. Ce ver mis avec ſon miel dans un tube de verre, ne s'y trouva pas bien ; il y périt.

* Pl. 9. fig. 1.
* Fig. 2, 4 & 5.
* Fig. 3.
* Fig. 2.

D'autres abeilles auſſi groſſes que les précédentes, ſont encore noires, excepté ſur les côtés, tout le long de chacun deſquels elles ont une file de houppes blanches *. Je les ai

* Fig. 3.

vû fouiller dans la terre ordinaire. Leur pratique n'eſt pas comme celle de pluſieurs autres, de faire un monticule de la terre qu'elles ont tirée ; elles l'étalent avec leurs derniéres jambes autour du bord du trou.

Sur la terre du bord d'un foſſé, j'ai quelquefois trouvé des centaines de trous qui laiſſoient entr'eux peu d'intervalle : ils avoient été ouverts par des mouches * qui, comme les abeilles, donnent pour nourriture à leurs vers une pâtée mielleuſe. Peut-être pourtant qu'elles doivent être miſes dans un genre particulier qui auroit le nom de *Proabeilles.* Leur trompe * differe par quelques particularités de celle des mouches à miel : elle eſt en grande partie renfermée dans un étui écailleux & cylindrique * ; le bout de la trompe ſort de cet étui, & eſt accompagné de quatre filets analogues aux quatre demi-fourreaux des autres trompes *, mais autrement conſtruits ; ils paroiſſent grainés. D'ailleurs au lieu que la trompe des abeilles, lorſqu'elle eſt dans l'inaction, a ſon bout tourné vers le col, le bout de la trompe de ces proabeilles ſe trouve ſous les dents *. Immédiatement au-deſſous de celles-ci part un mammelon charnu qui eſt la vraye langue de la mouche. Je l'ai vû en faire uſage pour lécher ſa trompe, pour la frotter & refrotter à une infinité de repriſes. Il n'eſt guéres d'eſpeces d'abeilles qui ayent le corps ſi allongé. Entre les anneaux qui le compoſent, les plus proches du corcelet ſont rougeâtres en-deſſus.

* Pl. 9. fig. 4 & 5.

* Fig. 6 & 7.

* Fig. 7. *l.*

* Fig. 6 & 7. *b, b, b, b.*

* Fig. 6. *t.*

Les cellules qu'elles creuſent en terre, ont neuf à dix pouces de profondeur. J'ai trouvé à l'ordinaire dans le fond de quelques-unes de la pâtée, où des pouſſiéres d'étamines entroient pour beaucoup. Dans quelques autres, j'ai trouvé les vers, & dans d'autres les nymphes en leſquelles ils s'étoient métamorphoſés. J'ai diſtingué trois ſortes de ces nymphes, qui devoient donner trois ſortes de mouches ;

mouches; car entre ces mouches, il y en a de grosses relativement aux autres, & pourvûës d'un aiguillon; ce sont les femelles. D'autres d'une grandeur au-dessous de celle des précédentes, sont privées d'aiguillon. J'ai négligé de le chercher à d'autres qui sont beaucoup plus petites. Je ne sçais si ces derniéres seroient analogues aux ouvriéres des mouches à miel. C'est dans le mois de Septembre que j'ai vû des nymphes dans les trous.

Mais d'autres especes d'abeilles qui, comme celles que nous venons d'indiquer, sçavent fouiller la terre, ont à nous offrir des travaux qui méritent plus d'être connus. Elles ne s'en tiennent pas à creuser des trous & beaucoup plus grands que ceux dont il s'est agi jusqu'ici; dans ces trous elles construisent des nids à leurs petits, avec des morceaux de feuilles arrangés si artistement qu'il est peu d'ouvrages aussi propres à nous donner une grande idée du génie qui a été accordé aux insectes. Aussi avions-nous principalement ces abeilles en vûë, lorsque nous en avons annoncé qui, quoique solitaires, le peuvent disputer en industrie aux mouches à miel.

Ces abeilles cachent sous terre, tantôt dans un champ, tantôt dans un jardin, des nids si dignes d'être vûs. Chacun d'eux est un rouleau, un tuyau cylindrique de la longueur des étuis où nous mettons nos cure-dents, & quelquefois aussi gros. Un grand nombre de morceaux de feuilles de figure arrondie, & un peu ovale, qui ont été courbés & ajustés les uns sur les autres, forment l'extérieur de cette espece d'étui. Si on détache ses premiéres enveloppes, on voit qu'il n'est semblable que par le dehors à ceux à qui nous l'avons comparé; il est composé de divers étuis plus courts*, quelquefois de six à sept, faits aussi de morceaux de feuilles. Chacun de ceux-ci*, ressemble assés à un dé à coudre, dont l'ouverture n'auroit point de rebord; leur

* Pl. 9. fig. 8 & 9. & pl. 11. fig. 9.

* Pl. 9. fig. 10, 11 & 12.

arrangement eſt auſſi tel que celui que les marchands donnent aux dés *. Le bout du ſecond dé de feuilles, entre & ſe loge dans l'ouverture du premier, & ainſi des autres. Cette ſuite de petits étuis forme l'étui total; chacun des petits eſt un logement préparé à un ver. Nous nous contentons actuellement d'avoir donné une idée groſſiére de ces nids de feuilles qui paroîtront bien autrement admirables quand nous en examinerons les particularités. Mais ce ſeront ſur-tout les ouvriéres que nous admirerons dans la ſuite, quand nous ferons attention à toutes les connoiſſances & à l'adreſſe ſurprenante qui ſemblent leur être néceſſaires pour faire de tels ouvrages, avec la facilité & la diligence avec leſquelles elles les exécutent.

* Pl. 9 & 11. fig. 9.

Ray a connu une eſpece de ces abeilles, il a même donné une deſcription de leurs nids, qui, quoique trop conciſe à mon gré, me fit naître le deſir d'en voir. Ce deſir fut rendu bien autrement vif par M. Séguier de Niſmes, que le célébre M. le Marquis Maffei a aſſocié à ſes travaux, & qui, avant que de s'être livré aux recherches d'érudition, s'étoit beaucoup plû à celles qui ont les inſectes pour objet. Fouillant ſous terre, dans ſon jardin, au pied d'un roſier, il y trouva des tuyaux de feuilles qui lui parurent un ouvrage inimitable, & pour leſquels il reſta plein d'une admiration qu'il fit paſſer chés moi lorſqu'il m'entretint à Paris de ce qu'il avoit vû en Languedoc. Il avoit ſoupçonné avec aſſés de vraiſemblance, que ces tuyaux étoient des coques conſtruites par des chenilles qui avoient coupé les feuilles de ſes roſiers. Les circonſtances propres à lui faire connoître les ouvriéres, lui avoient manqué, mais il avoit ſçu faire de leur travail le cas qu'il méritoit. Ayant tenté inutilement de me faire venir de ces tuyaux de Niſmes, où il croyoit en avoir laiſſé quelques-uns chés lui, au moins en traça-t-il d'idée un dessein propre à m'en faire imaginer la construction.

J'ai dû le plaisir de voir de ces *nids pour* la premiére fois à une aventure assés bisarre, & que *je crois* devoir rapporter : elle est propre à montrer qu'ils peuvent paroître très-singuliers même aux hommes les plus grossiers. D'ailleurs elle confirmera encore ce que nous avons prouvé par d'autres exemples, que les connoissances d'histoire naturelle sont quelquefois propres à calmer des esprits trop enclins à la superstition, & à se laisser effrayer par de prétendus prodiges. Car quelque jolis que soient les ouvrages dont nous voulons parler, & précisément parce qu'ils sont jolis, il leur est arrivé de jetter le trouble dans l'ame d'un jardinier, & ensuite dans celle de la plûpart des habitants de son village, comme les prétenduës pluyes de sang qui *étoient dûës à des papillons* *, comme des papillons, sur le corcelet desquels se trouve une image grossiére d'une tête de mort *, & dont le cri paroît lamentable, ont rempli de terreur le peuple de certains cantons.

* *Tom. I. pag. 637.*

* *Tome II. pag. 289.*

Dans les premiers jours de Juillet de 1736, un Auditeur de la Chambre des Comptes de Paris, Seigneur d'un village proche des Andelis, sur la riviere de Seine, & qui n'est éloigné que de quelques lieuës de Roüen, vint voir M. l'Abbé Nollet accompagné entr'autres domestiques, d'un Jardinier qui avoit l'air fort consterné. Il s'étoit rendu à Paris pour annoncer à son Maître qu'on avoit jetté un sort sur sa terre. Il avoit eu le courage, car il lui en avoit fallu pour cela, d'apporter les piéces qui l'en avoient convaincu & ses voisins, & qu'il croyoit propres à en convaincre tout l'univers. Il prétendoit les avoir produites au Curé du lieu qui n'étoit pas éloigné de penser comme lui. A la vûë des piéces, le Maître ne prit pourtant pas tout l'effroi que son Jardinier avoit voulu lui donner; s'il ne resta pas abſolument tranquille, il jugea au moins qu'il pouvoit y avoir du naturel dans le fait, & il crut devoir conſulter ſon Chirurgien: celui-ci, quoiqu'habile dans ſa profeſſion, ne ſe trouva pas en état de donner des éclairciſſements ſur un ſujet qui n'avoit aucun rapport avec ceux qui avoient fait l'objet de ſes études; mais il indiqua M. l'Abbé Nollet, comme très-capable de décider ſi l'Hiſtoire naturelle n'offroit point quelque choſe de ſemblable à ce qu'on lui préſentoit. Ce fut donc ſa réponſe qui vallut à M. l'Abbé Nollet une viſite qui a ſervi à m'inſtruire. Le Jardinier ne tarda pas à mettre ſous ſes yeux ces rouleaux de feuilles qu'il n'avoit pu ſoupçonner être faits que par main d'homme, & d'homme ſorcier. Outre qu'un homme ordinaire ne lui ſembloit pas capable d'exécuter rien de pareil, à quoi bon les eût-il faits, & à quel deſſein les eût-il enfouis dans la terre de la crête d'un ſillon! un ſorcier ſeul pouvoit les avoir placés-là pour les faire ſervir à quelque malefice. Heureuſement que M. l'Abbé Nollet avoit chés lui d'autres eſpeces de rouleaux de feuilles artiſtement travaillés par des ſcarabés: il les montra au Jardinier, & l'aſſûra qu'ils étoient faits par des inſectes, & que d'autres inſectes étoient ſans doute les ouvriers de ceux qui lui cauſoient tant d'inquiétude. Il défit ſur le champ quelques-uns des rouleaux qui avoient paru ſi redoutables au payſan qu'il avoit été bien éloigné d'oſer chercher à porter ſes regards dans leur intérieur; M. l'Abbé tira un gros ver d'un de ces rouleaux. Dès que le payſan l'eut vû, ſon air ſombre & étonné diſparut: un air de gayeté & de contentement ſe répandit ſur ſon viſage, comme s'il venoit d'être tiré d'un affreux péril. On l'avoit effectivement délivré d'un peſant fardeau, en lui faiſant voir qu'il n'avoit plus de ſortilége à craindre. M. l'Abbé Nollet ne lui demanda pour reconnoiſſance, que de laiſſer les rouleaux qu'il avoit apportés, &

d'en ramasser de pareils, d'en remplir une petite boîte, & de l'envoyer au plûtôt par la poste à mon adresse, & sous le couvert de M. d'Ons-en-Bray. C'est ce que le Jardinier promit, & il tint parole.

Dès que la visite fut finie, M. l'Abbé Nollet n'eut rien de plus pressé que de m'apporter les rouleaux qu'il avoit eu soin de retenir. Je vis avec plaisir qu'ils étoient précisément construits comme ceux pour lesquels ma curiosité avoit été excitée par M. Séguier: sur le champ j'en ouvris quelques-uns pour en examiner l'intérieur. Un ver* très-gros que je trouvai dans le premier, & qui y étoit logé dans une coque de soye, me parut semblable à ceux qui se transforment en abeilles. Je jugeai donc que des abeilles devoient être les ouvriéres de ces sortes de nids. Mais c'est sur quoi il ne me resta pas le plus leger doute, lorsqu'ayant ouvert plusieurs de ces petits étuis, dont six à sept réunis en formoient un grand, je trouvai dans chacun un ver plus petit que celui que j'avois vû d'abord, mais plus propre en même temps à m'instruire. Il étoit posé sur une masse de pâtée qui ne différoit de celle des vers des abeilles perce-bois, des abeilles maçonnes & des bourdons, qu'en ce qu'elle étoit plus humectée de miel, & de miel plus coulant.

* Pl. 9. fig. 18.

Il me restoit assés de rouleaux, & en apparence bien conditionnés, pour avoir lieu d'espérer que j'en verrois sortir des abeilles semblables à celles qui les avoient construits: je ne pouvois pas me promettre de même qu'elles auroient la complaisance de travailler sous mes yeux. Mais plusieurs observations anciennes que je me rappellai, jointes à ce que je venois de voir, me firent espérer que non seulement je pourrois connoître avec certitude ces ouvriéres avant que celles que j'avois sous la forme de ver fussent devenuës ailées, mais que je pourrois même les observer en plein travail. Mon efpérance, loin d'être trompée, fut bien-tôt plus que remplie, car je parvins à découvrir plufieurs efpeces de ces faifeufes de rouleaux, dont les unes donnent aux leurs plus de longueur & de diametre que n'en ont ceux des autres; & dont les unes font entrer dans leur compofition, des feuilles différentes de celles que les autres y employent. Ceux qui m'avoient été remis, étoient faits de feuilles d'orme; j'en ai vû d'autres qui l'étoient de feuilles de rofier, d'autres de feuilles de marronier d'inde; & enfin, il m'a été très-bien prouvé que les feuilles de beaucoup d'autres fortes d'arbres & d'arbuftes font mifes en œuvre par des abeilles.

La ftructure des rouleaux faits par des abeilles de différentes efpeces, eft pour l'effentiel la même. Reprenons-en la defcription que nous n'avons encore qu'ébauchée. Chaque long rouleau, comme nous l'avons déja dit, eft compofé de fix à fept rouleaux égaux entr'eux, mis bout à bout, & tous cachés fous une enveloppe commune de morceaux de feuilles. Ne nous arrêtons point encore à confidérer cette enveloppe, fuppofons même que nous l'avons emportée pour mettre à découvert cette *file* * de fix à fept petits rouleaux égaux dont l'affemblage forme une efpece de cylindre. Nous avons encore dit que chacun d'eux eft fait comme un dé à coudre, & qu'ils font difpofés comme des dés emboîtés en partie les uns dans les autres, c'eft-à-dire, qu'ils ont tous leur fond arrondi & convexe en-dehors *, & que l'entrée circulaire du premier * reçoit le fond du fecond *, c'eft dans l'entrée de celui-ci qu'eft logé le fond du troifiéme *, & ainfi de fuite. Chaque petit dé de feuilles eft une cellule deftinée à mettre un feul ver à couvert depuis l'inftant de fa naiffance jufqu'à ce qu'il ait pris fon accroiffement complet, & qu'il ait paffé par les deux métamorphofes dont la derniére le rend abeille,

* Pl. 9. fig. 9.
* Fig. 10.
* Fig. 9. *a*.
* *b*.
* *c*.

c'eſt-à-dire, que leur uſage eſt le même que celui des cellules faites dans le bois par certaines abeilles, & des cellules conſtruites de mortier par d'autres. Elles doivent donc être des vaſes propres à contenir la pâtée qui fournit la nourriture au ver, c'eſt-à-dire, des vaſes ſi clos que le miel coulant dont la pâtée eſt imbibée, ne puiſſe pas s'échapper, car j'ai trouvé dans quelques cellules du miel liquide. Les morceaux de feuilles dont elles ſont compoſées, ne ſont pourtant qu'appliqués les uns ſur les autres; ils ne ſont aucunement collés les uns aux autres. C'eſt donc l'exactitude avec laquelle ces morceaux ſont ajuſtés, qui rend les petits vaſes capables de contenir une liqueur.

Mais pour prendre plus d'idée de la préciſion & de l'adreſſe avec leſquelles nos mouches ſont obligées de travailler, examinons les piéces de l'aſſemblage deſquelles chaque dé eſt formé. Elles ont toutes une figure à peu près ſemblable. Chaque piéce *, avant que d'avoir été miſe en œuvre, étoit platte, comme le doit être tout morceau qui vient d'être coupé dans une feuille. Elles ſont environ une fois plus longues que larges; & c'eſt près d'un de leurs bouts qu'elles ſont le plus larges: depuis celui-ci juſqu'à l'autre, elles vont en ſe rétréciſſant. On peut s'en faire une image en ſe repréſentant la moitié d'une ellipſe coupée ſuivant ſon petit axe; à cela près qu'il ne faut pas concevoir le large bout de notre morceau de feuille comme terminé par une ligne droite; il eſt courbe, mais pourtant il l'eſt ſi peu qu'il ne s'éloigne pas bien ſenſiblement de la ligne droite. Dans des nids conſtruits par des abeilles de différentes eſpeces, les cellules different en grandeur: les plus grandes ſont faites de plus grands morceaux de feuilles. Ceux qui ſont employés pour la même cellule different auſſi entr'eux en proportions: il y en a de ſenſiblement moins larges que les autres, quoiqu'ils ſoient auſſi

* Pl. 9. fig. 14.

longs. Dans le même dé, par exemple, on en trouve qui ont ſept lignes & demie de long, & plus de quatre lignes & demie de large; & d'autres qui ſur la même longueur de ſept lignes, ont moins de trois lignes & demie de largeur. Sur un des grands côtés, ou, ſi l'on veut, ſur un quart de la circonférence de l'ellipſe, on reconnoît les dentelûres de la *feuille* *: ce côté n'a donc que la courbûre qu'avoit le contour de la feuille dans cet endroit: l'autre côté, l'autre quart de la circonférence de l'ellipſe, a été taillé par la mouche, & a une courbûre aſſés ſemblable à celle du premier, mais ſans dentelûres.

* Pl. 9. fig. 14. *f d.*

C'eſt avec des morceaux plats tels que nous venons de les décrire, que l'abeille ſçait faire une cellule en forme de dé dont le diametre intérieur eſt d'environ trois lignes, & la longueur d'à peu près ſix lignes, c'eſt-à-dire, d'environ une ligne plus courte qu'un des morceaux de feuilles, & cela parce qu'une portion de chacun de ceux-ci, d'environ une ligne, eſt repliée en-deſſous pour contribuer à en faire le fond *: la mouche plie le reſte du morceau de feuille en gouttiére. Trois morceaux ſemblables & égaux ſont plus que ſuffiſants pour former un tuyau creux de trois lignes de diametre: auſſi les feuilles ſont-elles en recouvrement *; je veux dire qu'un des côtés de la premiére eſt caché ſous un de ceux de la ſeconde, & qu'un côté de celle-ci eſt caché de même ſous un côté de la troiſiéme. Un dé qui n'auroit que l'épaiſſeur d'une feuille, pourroit donc être fait de trois morceaux diſpoſés comme nous venons de l'expliquer; mais il n'auroit pas la ſolidité que l'abeille lui veut. Nous avons déja averti que les piéces qui le compoſent, ne ſont point collées les unes contre les autres; elles ne ſont retenuës que par le reſſort qu'elles ont acquis en ſe ſéchant, qui tend à leur conſerver la figure qu'on leur a fait prendre, & leur poſition. D'ailleurs le pli qui ramene leur petit bout en-deſſous,

* Fig. 8. *b.*

* Fig. 10, 11, 12 & 13.

en-dessous, contribuë encore à les arrêter. Mais, comme nous venons de le dire, un étui si mince ne seroit pas assés *solide* au gré de la mouche; les jonctions des feuilles pourroient ne pas tenir contre le miel qui tendroit à s'écouler, elles pourroient s'entr'ouvrir & lui donner passage. Pour soûtenir les feuilles dans les endroits où elles se croisent, pour fortifier le tuyau, la mouche applique trois nouvelles feuilles courbées en gouttiéres comme les premiéres, & pliées de même près de leur bout. Cette seconde couche de feuilles forme un second tuyau dans lequel le premier est logé: elle loge le second tuyau dans un troisiéme, c'est-à-dire, qu'elle met encore une nouvelle couche de feuilles; ainsi neuf piéces au moins sont employées à composer le dé, & je ne sçais si quelquefois il n'y en entre pas plus de douze. On voit assés pourquoi il y a de ces piéces plus étroites que les autres: celles de la couche intérieure n'ont pas besoin d'être si larges que celles de la couche moyenne, & celles de cette seconde couche peuvent être plus étroites que celles de la troisiéme. Toutes ont une égale longueur ou à peu-près, parce que les bouts des morceaux des trois couches sont également repliés sur le fond; mais ceux de la couche intérieure se croisent plus sur le centre que ceux des autres.

Voilà en quoi consiste le principal artifice de la construction du corps d'une cellule. On n'a pas oublié qu'elle doit être remplie de pâtée: la couleur de celle-ci est rougeâtre, son goût a de l'aigre mêlé avec du doux: j'en ai trouvé dans quelques-unes d'aussi coulante que du miel. Le petit pot qui la contient, est souvent couché horisontalement, & ne fût-il que posé obliquement à l'horison, c'en seroit assés pour que son ouverture qui a plus de diametre que le reste, demandât à être exactement bouchée. Aussi dès que la mouche a rempli la cellule de pâtée jusqu'à l'endroit où il convient qu'elle le soit, c'est-à-dire, jusqu'à environ une demi-ligne du bord de l'entrée, & qu'elle y a déposé un œuf, elle songe à la bien boucher; & cela, avant que de travailler à ébaucher une nouvelle cellule. La maniére dont elle le fait, est la plus simple & la meilleure qu'elle pût choisir, en n'employant que des matériaux semblables à ceux dont est fait le corps du petit vase, & qui sont apparemment les seuls qu'elle sçache mettre en œuvre. Elle lui donne un couvercle qui n'est autre chose qu'un morceau de feuille, bien circulaire *. Ce que nous avons dit de la composition de la cellule, nous a appris que sa cavité est un peu conique; d'où il est clair qu'un couvercle dont le diametre n'est que très-peu plus petit que celui de la circonférence intérieure du bord de l'ouverture, peut entrer dans la cellule, mais qu'il est bientôt arrêté par les parois, qui ne lui permettent pas d'aller loin: ainsi ce couvercle circulaire d'une seule piéce, bouche la cellule, comme des fonds composés de plusieurs piéces bouchent nos tonneaux; il n'a pas besoin d'avoir son bord comme le sont les bords des fonds des tonneaux, logé dans une rainûre, mais son contour doit être bien circulaire pour s'appliquer assés parfaitement contre les parois de la cellule.

* Pl. 9. fig. 13, r. fig. 16 & 17.

L'abeille cependant ne s'en fie pas à ce seul couvercle: quand il ne laisseroit aucun vuide entre sa circonférence & celle des parois, il y auroit à craindre qu'il ne fût trop foible; elle en use donc comme elle a fait par rapport aux piéces du corps de la cellule; elle met ordinairement trois plaques circulaires les unes sur les autres: quelquefois j'en ai trouvé jusqu'à quatre. Elles ne sont aucunement collées les unes contre les autres, mais elles sont très-bien retenuës par l'exacte application de leur contour, contre celui de la cellule. Depuis la derniére des piéces qui composent le couvercle total, jusqu'au bord de l'ouverture de la cellule, il reste un vuide d'un peu plus d'un tiers de ligne ou d'une demi-ligne de profondeur. C'est dans ce vuide que la mouche engraine le fond de la cellule qui suit : il porte immédiatement sur le couvercle de la cellule qui vient d'être bouchée ; c'est ainsi qu'elle dispose à la file six à sept cellules, qui ensemble forment une espece de rouleau presque cylindrique. Enfin, comme nous l'avons déja vû, ce rouleau est renfermé sous une enveloppe qui aide à maintenir exactement toutes les cellules dans les positions qui leur ont été données. Les morceaux de feuilles dont cette enveloppe est faite *, sont plus grands que ceux du corps de chaque cellule ; leur figure approche plus de l'ovale ; leurs bouts sont arrondis, & à peu-près également larges. Ils ne sont encore retenus que par la courbûre qu'on leur a fait prendre ; ceux qui se trouvent près de l'un & de l'autre bout de la suite des cellules, sont repliés sur ces bouts, à peu-près comme les morceaux du corps de chaque cellule le sont sur son fond.

* Pl. 10. fig. 7. e p.

Il y a des especes d'abeilles, celles qui font les plus longs & les plus gros rouleaux, qui, pour le fond de chaque cellule, employent au moins une piéce circulaire semblable à celle des couvercles : elles la courbent, elles la rendent un peu convexe en-dehors : c'est sur les bords de cette piéce que sont repliés les bouts de celles du corps de la cellule.

Mais comment des abeilles viennent-elles à bout de couper des morceaux de feuilles, & de leur donner à chacun les dimensions & les contours nécessaires ? Où sont, pour ainsi dire, les atteliers où elles taillent les piéces qu'elles mettent en œuvre ? Une ancienne observation me conduisit à voir sur cela ce qui peut être vû. J'avois été embarrassé de sçavoir par quels insectes avoient été faites des échancrûres en très-grand nombre que j'avois remarquées sur les feuilles de certains rosiers *. Je ne pouvois les attribuer à des chenilles, j'en avois cherché inutilement pendant le jour, & pendant la nuit avec une lumiére, sur des rosiers où les échancrûres se multiplioient journellement. D'ailleurs elles ne ressembloient pas à celles que les chenilles font aux feuilles qu'elles rongent. Je crus avoir trouvé le dénouëment de ce fait, & celui d'un autre plus intéressant, lorsque la figure des piéces des différents morceaux de feuilles qui entrent dans la composition des nids, me fut connuë : je pensai que des abeilles alloient couper sur des feuilles encore attachées à l'arbre, les piéces dont elles avoient besoin, en un mot, que les échancrûres que j'avois trouvées *en si grand nombre* sur certains rosiers, marquoient les places où certaines abeilles étoient venuës se fournir de quoi construire leurs nids. Ayant examiné alors les feuilles de rosier avec des yeux plus éclairés, je reconnus, à n'en pouvoir douter, que toutes les échancrûres étoient des vuides laissés par des piéces propres à entrer dans la composition des nids. Je vis de ces échancrûres dont le contour étoit oval *; j'en vis d'autres qui avoient à peu-près celui d'un demi-oval : enfin, ce qui étoit encore plus décisif, j'en trouvai plusieurs dont le contour étoit circulaire *; c'est-à-dire, que je ne pus méconnoître les vuides d'où avoient été ôtées les piéces qui servent de couvercles, & ceux où avoient été prises, soit les piéces qui font le corps des cellules, soit celles qui sont employées à en composer l'enveloppe générale.

* Pl. 10. fig. 1. *e, e, e, r, r,* &c.

* *e, e,* &c.

* *r, r.*

Quand on sçait ce que l'on doit chercher à voir, & où on le peut voir, on a une grande avance pour y parvenir. Ce fut sans succès que je fis fouiller aux pieds d'un très-grand nombre de rosiers, & de ceux dont les feuilles étoient le plus entaillées, je ne pus y trouver aucun nid; aussi ignorois-je alors que ce n'étoit pas-là que je devois les trouver. Mais puisque j'étois persuadé que des mouches venoient se fournir de morceaux de feuilles sur ces rosiers, il ne s'agissoit que d'épier ce qui s'y passeroit à différentes heures du jour: je ne tardai pas à le faire & à avoir contentement. Vers le midi du jour qui suivit celui où j'avois fait fouiller aux pieds des rosiers, je parvins à observer une mouche dans l'opération. Une abeille, & de celles même sur qui mes soupçons étoient tombés, vint se poser sur un arbuste peu éloigné du rosier sur lequel mes regards revenoient d'instant en instant: bien-tôt je lui vis quitter la place où elle s'étoit reposée quelques moments, pour voler vers le rosier. J'étois déja presque sûr de l'intention à laquelle elle s'y rendoit; mais bien-tôt elle m'ôta tout reste d'incertitude. Elle se posa en-dessous d'une feuille, & dès qu'elle y fut, elle saisit avec ses deux dents l'endroit du bord dont elle étoit le plus proche *. Elle coupa la feuille, & continua de la couper en avançant vers la principale nervûre. A chaque instant une nouvelle partie de l'épaisseur de la feuille se trouvoit entre les dents, & celles-ci sur le champ lui donnoient un coup aussi efficace que celui des meilleurs ciseaux. Enfin, elle conduisit ses coups & sa marche de façon, qu'arrivée près de la nervûre de la feuille, elle retourna vers le bord, toûjours coupant, & acheva de couper assés près de l'endroit où elle avoit commencé à entailler. Chargée de la piéce qu'elle venoit de détacher, elle prit un haut vol, & fut dérobée à mes yeux par les murs du jardin au-dessus desquels elle passa.

* Pl. 10. fig. 3. m.

Tout cela fut fait en bien moins de temps qu'on ne l'imagineroit. Avec de bons ciseaux nous ne couperions pas plus vîte une piéce dans une feuille de papier, que la mouche avec ses dents en coupa une dans la feuille du rosier. S'il n'avoit tenu qu'à moi, elle eut travaillé moins vite: mes yeux n'avoient pu suivre toutes les circonstances qui accompagnent une opération qui n'est pas aussi simple qu'elle le paroît d'abord; elle suppose plusieurs petits procédés qui, pour être observés, demandent que l'opération soit répétée bien des fois sous les yeux du spectateur. Tout ce que je pus faire cette année, fut de la revoir deux ou trois fois: je m'y étois pris trop tard; les abeilles avoient enlevé aux rosiers tous les morceaux de feuilles dont elles avoient besoin; la saison où elles construisent des nids étoit passée. C'est de quoi je dois avertir, afin que ceux qui seront curieux, comme je l'ai été, de voir de ces mouches à l'ouvrage, puissent y parvenir sans perdre trop de temps. L'année suivante, lorsque mes rosiers furent couverts de feuilles, chaque fois que je passois auprès d'eux, je leur donnois un coup d'œil, pour reconnoître si quelques-unes des leurs n'étoient point échancrées. Quand j'eus commencé à en voir de telles, & que j'eus remarqué que leur nombre augmentoit journellement, je me promis de voir des abeilles entailler des feuilles, sans mettre ma patience à de trop longues épreuves. Ce fut aussi un spectacle que je me donnai pendant plusieurs jours vers la fin de Mai, c'est-à-dire, autant de fois que je le voulus: souvent je n'avois pour cela qu'à me tenir tranquille auprès d'un rosier pendant un temps assés court.

Pour l'ordinaire l'abeille qui, en volant, est arrivée tout près d'un rosier, differe de quelques instants à s'y poser; elle voltige au-dessus; elle en fait le tour, & souvent plusieurs fois & en différents sens, comme si avant que de se fixer, elle vouloit reconnoître celle des feuilles qui lui convient le mieux: son choix n'est pourtant pas long à faire; elle s'appuye sur celle qui lui a paru digne d'être préférée*, & dans le moment même où elle s'y pose, elle commence à lui donner un coup de dents. Toutes ne se placent pas de la même maniére sur la feuille. Les unes s'y attachent par-dessous, les autres se mettent dessus, & d'autres ne saisissent la feuille que par son tranchant*, de façon que son bord se trouve entre les jambes. Le plus souvent elles la saisissent près du pédicule, ayant la tête tournée vers la pointe de la feuille; & quelquefois elles se posent près de la pointe, & ont la tête tournée vers le pédicule. Quelle que soit au reste leur premiére position, toutes operent par la suite de la même maniére. Dès que le premier coup de dents a été donné, de pareils coups se succédent les uns aux autres sans intervalle; l'entaille s'approfondit: la mouche fait passer entre ses jambes le bord de la partie qui a commencé à être détachée*; les jambes d'un côté sont au-dessus de cette partie, & les jambes de l'autre côté, dessous. La direction de la coupe est toûjours en ligne courbe: imaginons que le trait en a été tracé sur la feuille, que la route que les dents doivent suivre, y a été marquée; ce trait va en s'approchant de la principale nervûre* jusqu'à un certain point; arrivé à ce point, il retourne vers le bord*, où est son origine, & s'y termine. La mouche qui coupe, comme si elle avoit sous les yeux un pareil trait, avance donc d'abord vers la principale nervûre; elle marche pour s'en approcher; & c'est sur la partie même qui est commencée à détacher, & passée entre ses jambes, qu'elle marche; à mesure qu'elle avance d'un pas, ses dents sont en état de couper, & coupent plus loin. Une mouche qui seroit pressée de suivre une route en ligne droite, & sur un terrein uni, n'iroit pas plus vîte qu'elle va alors. Le trait que nous avons supposé pour la conduire, lui manque, & elle n'hésite pas plus que

* Pl. 10. fig. 3.

* Fig. 3.

* Fig. 4.

* Fig. 5. e k.

* p.

s'il la guidoit : rien ne l'arrête, quoique la piéce même qu'elle coupe, semblât la devoir embarrasser, sur-tout lorsque l'entaille commence à devenir profonde, & sur-tout lorsque l'abeille après s'être approchée au plus près de la principale nervûre, s'en éloigne ; car la piéce qui est son seul soûtien, devient alors pendante. Aussi ne se tient-elle plus précisément sur la tranche de cette piéce : la mouche oblige à se courber & à se plier en deux la portion qui est entre ses jambes. Enfin, dans l'instant où les coups de dents qui doivent achever de détacher la piéce, vont être donnés à la petite portion qui tient encore, la piéce est toute pliée en deux & placée perpendiculairement au corps de l'abeille *, qui la serre avec ses six jambes. Quand le moment arrive où le dernier coup de dent vient d'être donné, le support manque tout d'un coup à la mouche ; la piéce qui lui en servoit ne tenant plus à rien, elle tomberoit à terre, si elle ne sçavoit se soûtenir avec ses aîles ; elle prend son vol, & part chargée * du morceau de feuille qu'elle a coupé avec tant d'adresse & de célérité.

* Pl. 10. fig. 5.

* Fig. 2 & 6.

C'est ainsi qu'elle coupe & transporte successivement toutes les piéces dont elle a besoin, les ovales, les demi-ovales & les rondes. Quelque régulier que soit le contour de ces derniéres, leur façon ne lui coûte ni plus d'attention ni plus de temps que celle des autres. La facilité & la précision avec lesquelles elle taille ces piéces circulaires, ne sçauroient manquer de nous paroître bien surprenantes, à nous à qui il ne seroit pas possible d'en couper de telles sans le secours d'un compas. Si l'abeille se plaçoit au moins en-dedans de la circonférence de la piéce qu'elle veut détacher, & que pendant que ses dents agissent, elle tournât sur quelque partie de son corps comme sur un pivot, on concevroit assés qu'elle auroit pour se guider quelque chose

chose d'équivalent au compas; mais elle est dans la position la plus desavantageuse, elle est sur la circonférence même de la piéce; enfin elle n'en peut voir que la portion qu'elle coupe, & au plus celle qui lui reste à couper, puisque la partie qui a été coupée, est passée entre ses jambes; cependant elle ne tâtonne aucunement, avec ses dents elle coupe aussi vîte en suivant une courbûre circulaire, que nous pourrions couper en ligne droite avec des ciseaux plus grands que les siens. Ce n'est pas-là encore tout ce que nous sommes forcés d'admirer: cette piéce ronde est destinée à boucher le bout d'un tuyau cylindrique, elle doit entrer dedans, & nous avons vû qu'elle s'applique assés exactement contre ses parois pour empêcher du miel de s'écouler; elle doit donc avoir un diametre précisément égal à celui de ce tuyau. Pendant que l'abeille est sur un rosier, le tuyau auquel elle veut tailler un bouchon si juste, n'est pas sous ses yeux, elle l'a quelquefois laissé bien loin & caché sous terre; elle agit donc comme si elle avoit conservé l'idée du diametre de ce tuyau, puisqu'elle le donne à la piéce circulaire. Nous tenterions assûrément sans succès de tailler une piéce propre à s'ajuster exactement dans un tuyau qui seroit même devant nous, s'il ne nous avoit pas été permis d'en prendre le diametre, & de le rapporter sur la feuille.

Les morceaux de feuilles qui composent le corps de chaque petit cylindre ou dé, ont besoin aussi d'avoir d'exactes mesures dans leurs dimensions, une longueur déterminée, plus de largeur à un bout qu'à l'autre, des contours qui leur conviennent: enfin, entre ces piéces les unes demandent plus d'ampleur que les autres. Les idées de toutes ces mesures se trouveroient-elles dans la tête de nos abeilles? Elles pourroient pourtant y être sans que nous fussions dans la nécessité de leur croire un génie trop supérieur:

elles pourroient y être presque seules, ou jointes à un petit nombre d'autres idées. Les hommes les plus grossiers, que leur destination oblige de voir continuellement certains objets, ont, par rapport à ces objets, des idées qui ne se trouvent pas si nettes dans les têtes les plus fortes. Enfin, si l'on veut que nos mouches fassent tout ce qu'elles font machinalement, ce sont assûrément des machines bien surprenantes; elles ne sont pas seulement propres à tracer exactement certaines figures, elles se servent des piéces qu'elles ont taillées pour composer des ouvrages très-singuliers, & nécessaires à la conservation de leur espece. Que ce soit machinalement ou de tête, qu'elles en viennent à bout, la gloire en est toûjours dûë à l'Intelligence qui leur a, comme à nous, donné l'être.

Ceux qui refusent toute connoissance aux animaux, tournent contre les animaux mêmes la trop constante régularité avec laquelle ils exécutent des ouvrages industrieux; mais ils fournissent presque tous au moins de quoi affoiblir cette objection; ils ont leurs mal-adresses & leurs méprises: nos abeilles pour soûtenir leur honneur, ont à en produire. J'ai dit que celle qui arrive auprès d'un rosier, en fait le tour, & souvent plusieurs fois, comme pour examiner la feuille où par préférence elle doit prendre une piéce: quelquefois il lui arrive de mal juger de la bonne qualité de celle qu'elle a choisie, ou de ne pas suivre assés exactement le trait de la coupe. J'ai vû plus d'une fois une *Coupeuse* qui, après avoir entaillé une feuille, tantôt plus, tantôt moins avant, abandonnoit l'ouvrage commencé, & partoit pour aller attaquer dans l'instant une autre feuille dont elle emportoit une piéce telle qu'elle n'avoit pu la trouver dans la premiére feuille, ou qu'elle avoit réussi à mieux couper.

Nous venons de donner le nom de *Coupeuses* à ces

abeilles qui ont en partage l'adresse de couper dans les feuilles les piéces qui leur sont nécessaires pour construire leurs nids, & nous continuërons de les désigner souvent par ce nom. A mesure qu'une coupeuse a enlevé la piéce qu'elle souhaitoit, elle la transporte où elle veut la mettre en œuvre. C'est sous terre qu'elle la courbe & plie, si elle a besoin d'être courbée & pliée; car c'est sous terre qu'elle construit le nid, dans la composition duquel elle l'a fait entrer. On ne peut pas se promettre de voir une abeille travailler dans un lieu si obscur; mais on peut deviner assés sûrement ses manœuvres les plus essentielles. La premiére & la plus pénible, après qu'elle s'est déterminée à construire un nid de feuilles, est de creuser un trou d'une capacité suffisante pour le loger. Avant que d'y parvenir, elle a bien de la terre à fouiller & à transporter. Puisqu'un *cylindre doit être contenu dans ce trou, il convient qu'il soit cylindrique.* La mouche tire même un autre avantage de cette figure du trou, elle le rend propre à devenir le moule des piéces qui doivent entrer dans la composition du nid. Contre l'ordre ordinaire, mais dans l'ordre le plus naturel ici, la coupeuse forme l'enveloppe extérieure avant que de construire les cellules qu'elle doit couvrir: les premiers morceaux de feuilles qu'elle transporte, sont donc des plus grands, & de ceux qui ont des figures ovales. Quand la mouche entre dans son trou, elle tient, comme lorsqu'elle est partie de dessus le rosier, la piéce pliée en deux: là elle la déplie, & en l'appliquant & la pressant contre les parois du trou, elle lui en fait prendre la courbûre. Il n'y a rien de difficile à concevoir dans la disposition & l'arrangement d'un nombre de piéces suffisant pour couvrir tout l'intérieur de la cavité cylindrique: on doit seulement imaginer que les piéces les plus proches du fond ont été recourbées de façon que celui-ci se trouve tapissé par leurs bouts. Enfin, s'il faut une seconde ou une troisiéme couche de feuilles pour donner de la solidité à l'enveloppe, il n'est question que d'apporter un plus grand nombre de piéces ovales. C'est dans cette espece d'étui que doivent être construites, les unes après les autres, chacune des cellules, chacun de ces petits dés qui composent ensemble une espece de cylindre : ce que nous avons dit ailleurs des piéces dont ils sont construits, de leur figure & de la maniére dont elles sont ajustées, met en état de juger de ce que l'abeille a à faire. On conçoit encore que comme les parois du trou ont servi à faire prendre la courbûre à chaque piéce de l'enveloppe, de même les parois de l'enveloppe servent à courber les piéces qui entrent dans le corps de chaque dé.

Quelque naturel qu'il soit de penser que tout le travail est conduit comme nous venons de le dire, j'étois pourtant bien aise d'en avoir une certitude complette, de ne pouvoir douter que l'enveloppe n'eût été faite la premiére: un hazard heureux me mit à portée d'en avoir les preuves desirées. Malgré le grand nombre d'abeilles que j'avois vû partir de dessus les rosiers, dans différents jours, chargées des morceaux de feuilles qu'elles avoient détachés sous mes yeux, je n'avois pu parvenir à découvrir l'endroit où quelqu'une de ces coupeuses portoit les siens: elles avoient toûjours été où ma vûë n'avoit pu les suivre. Vers la mi-Juin une coupeuse, mais d'une autre espece, me mit à portée d'observer à l'aise ce qui m'avoit été caché par celles du rosier. Une abeille qui se contente de fouiller la terre, & qui y travailloit avec beaucoup d'activité, m'avoit fixé auprès d'elle, lorsque des regards jettés à l'aventure sur les lieux des environs, me firent appercevoir au-dessus de la fente horizontale que deux pierres mal jointes laissoient entr'elles, une portion d'un morceau de feuille verte qui disparut sur le champ ; ce morceau de feuille fut tiré entre les deux pierres : celles-ci étoient les derniéres ou les supérieures d'une terrasse qui n'avoit guéres que ma hauteur, & dont j'étois proche. Mes yeux ne quitterent plus cette fente ; je m'attendois, & je ne tardai pas à en voir sortir une mouche. Celle qui parut au bout de quelques instants étoit & plus grosse & plus rousse que les coupeuses de feuilles de rosier. A peine fut-elle hors de la fente qu'elle prit son vol vers un jeune marronier éloigné au plus de 10 à 12 pieds de l'endroit d'où elle étoit partie, & plus proche de moi. Elle tourna autour, se tenant toûjours en l'air ; ensuite elle parut sonder les unes après les autres plusieurs feuilles ; elle en prenoit le bord entre ses dents & le laissoit. Bien-tôt pourtant elle en trouva une à son gré, elle en saisit le bord entre ses jambes, & se mit à couper : dans l'instant elle eut détaché une grande piéce avec laquelle elle partit pour se rendre dans le trou d'où je l'avois vû sortir. Elle n'y resta pas long-temps ; elle ressortit pour aller se pourvoir d'un autre morceau de feuille sur le même marronier. Enfin, en moins d'une demi-heure, je lui vis faire plus de douze voyages, & revenir toûjours chargée : elle alla pourtant trois à quatre fois se fournir sur d'autres petits marroniers voisins du premier.

Aucune des piéces que la mouche emporta, n'étoit circulaire, & il ne paroissoit pas qu'il y en eût eu encore de celles-ci de prises sur les feuilles du marronier ; d'où il s'ensuivoit que le nid n'étoit encore que commencé, qu'aucune cellule n'avoit encore été finie, & qu'ainsi en en mettant l'intérieur à découvert, je pourrois m'assûrer si effectivement l'abeille conduit son travail dans l'ordre que nous avons décrit, si elle commence par l'enveloppe générale des cellules. Les deux pierres au-dessous d'une desquelles il se devoit trouver, étoient couvertes d'un gazon nourri par une couche de terre épaisse seulement de quelques pouces: la terre & le gazon ayant été ôtés, je fis dégager une des pierres peu à peu, & avec attention; elle n'avoit qu'environ six pouces d'épaisseur. Pour la faire enlever, je pris un moment où l'abeille venoit de sortir de son nid, & après avoir remarqué que depuis une heure ses courses étoient plus longues, & que fatiguée peut-être du travail précédent, elle rentroit sans rapporter un morceau de feuille. Dès que la pierre eut été enlevée, les piéces que j'avois vû porter furent mises à découvert, elles formoient une espece de tuyau *, mais qui se défigura lorsqu'il cessa d'être gêné. Les morceaux de feuilles dont il étoit composé, & qui ne venoient que d'être pliés, n'avoient pas eu le temps de se dessécher; ils conservoient encore un ressort qui tendoit à les redresser. Aussi quand je voulus toucher au rouleau, l'édifice s'écroula en partie; mais je vis au moins qu'il n'y en avoit encore que l'extérieur de fait, & que c'est par l'extérieur, par l'enveloppe que la coupeuse commence son nid. J'ôtai de ce nid les morceaux qui étoient tombés, & ayant tout rajusté de mon mieux, je reposai la pierre dans sa premiére place. Je n'avois pas eu le temps de la recouvrir de terre, ce qui n'étoit pas bien essentiel, que la mouche arriva; elle retrouva l'ancienne fente entre les deux pierres, elle y rentra. Mais à peine fut-elle parvenuë dans l'intérieur du nid, qu'elle en sortit, toute étonnée sans doute du bouleversement qu'elle y avoit trouvé. Bien-tôt néantmoins elle prit le parti d'y revenir, & se détermina à réparer le desordre que j'y avois fait. Malgré mes attentions, de la terre s'étoit éboulée & étoit tombée dedans le nid; ses premiers soins furent d'en retirer cette terre; je la vis qui la poussoit en-dehors de la fente avec ses jambes postérieures,

* Pl. 10. fig. 7.

& ce fut un travail qu'elle continua depuis les six heures du soir jusqu'à huit, que je cessai de l'observer, & que je fus obligé de revenir à Paris.

Au bout de deux jours je retournai exprès à Charenton, pour voir si la coupeuse que j'y avois observée avoit continué de travailler à ce même nid, & si elle l'avoit fini. Sur les cinq heures du soir je la vis rentrer dans son trou, sans y apporter un morceau de feuille: peut-être y apportoit-elle des aliments pour le ver d'une cellule, de la pâtée; elle en sortit & resta long-temps dehors; quand elle y revint, ce fut encore sans apporter aucune portion de feuille. Après qu'elle en fut sortie pour la seconde fois, j'enlevai la même pierre que j'avois ôtée ci-devant, & je mis à moitié à découvert dans toute sa longueur, un tuyau long de près de cinq pouces. Alors les morceaux de feuilles qui le formoient resterent en place *, ils avoient eu le temps de prendre leur pli; leur ressort même tendoit à leur conserver leur courbûre. Le tuyau étoit couché horisontalement, je ne voulus pas le défaire, mais j'en sondai l'intérieur en faisant entrer un brin de paille par son ouverture; il ne pénétra que jusques environ au tiers de la longueur; les deux tiers restants & les plus proches du fond, étoient remplis par des cellules *. Il y avoit encore de la place vuide pour en mettre deux ou trois, ce que la mouche ne manqua pas de faire par la suite, & à quoi je la remis en état de travailler, ayant reposé la pierre comme elle le devoit être. Tout cela étoit fait lorsque la coupeuse arriva; elle parut d'abord effrayée du dérangement, elle entra dans le nid & en sortit brusquement; mais par la suite elle se calma, s'occupa à tout réparer, & continua d'aller & venir à son ordinaire.

* Pl. 10. fig. 8.

* Fig. 9.

Occupés à suivre & à admirer les ouvrages de nos coupeuses, nous semblons les avoir oubliées, nous ne nous sommes pas encore arrêtés à les décrire elles-mêmes. J'en connois au moins cinq especes, & apparemment qu'il y en a bien d'autres qui me sont inconnuës. J'ai reçû une cellule de feuilles faite à Saint-Dominique par une mouche qui peut bien n'être pas de celles qui s'accommodent de notre climat. Les coupeuses de différentes especes mettent en œuvre des feuilles d'especes différentes. Il y a pourtant apparence que plusieurs sortes de feuilles peuvent convenir à la même mouche; les coupeuses par qui j'ai vû employer les feuilles de marronier d'inde, sont probablement plus anciennes dans le Royaume que cet arbre. Mais la mouche qui prend des piéces dans les feuilles de marronier d'inde, n'en trouveroit que de trop petites dans celles du rosier; car c'est toûjours dans une moitié de la feuille que l'entaille est toute entiére, la grosse nervûre ne doit pas se trouver dans la piéce détachée. Enfin, il n'est guéres d'arbres ni d'arbustes dans nos jardins, auxquels je n'aye vû des feuilles qui avoient été entaillées par nos coupeuses. Les entailles qu'elles font, sont toûjours aisées à distinguer de celles qui ont été faites par des insectes qui ont rongé: leur contour est tout autre & coupé plus net: il semble qu'un emporte-piéce ait été appliqué sur la feuille, pour en détacher ce qui lui manque. Ces sortes de coupures qui apprennent où des mouches vont se fournir, enseignent à ceux qui sont curieux de les voir dans le travail, quels sont les arbres ou les arbustes sur lesquels ils les doivent épier.

Toutes les coupeuses que j'ai vûës jusques ici, ont le corps aussi court, & plus court proportionnellement au reste, que les mouches à miel ouvriéres. Celles de différentes especes different en grandeur: les coupeuses des feuilles du marronier, sont les plus grandes de celles que je connois, & aussi grandes que les mâles des mouches à miel; au lieu que les coupeuses de feuilles du rosier, sont plus

plus petites que les mouches à miel ouvriéres *. Ces derniéres coupeuſes n'ont pas aſſés de poils ſur le deſſus des anneaux du corps, pour en cacher le luiſant: ce deſſus des anneaux eſt d'un brun preſque noir; mais chaque côté du corps a un bordé de poils preſque blancs, fait par une ſuite de touffes dont une part de chaque anneau. Le bout du corps eſt d'un brun noir tant en-deſſus qu'en-deſſous; mais les trois anneaux qui en ſont les plus proches, ſont couverts du côté du ventre, de longs poils de couleur cannelle: ceux du corcelet ſont bruns, & il y en a de jaunâtres en-devant de la tête. La coupeuſe du marronier eſt pardeſſus, d'un roux aſſés ſemblable à celui des mâles des mouches à miel; mais le deſſous de ſon ventre eſt d'un grisblanc. Les coupeuſes * qui me ſont nées dans les rouleaux qui avoient tant effrayé le Jardinier dont j'ai parlé, n'étoient pas plus grandes que celles du roſier: leur corps étoit brun comme celui de celles-ci; mais il n'étoit pas bordé de blanc ſur les côtés: le devant de la tête, le corcelet, les anneaux du corps, ſur-tout à leur jonction, & les jambes étoient couverts de poils roux. Les mâles * de ces derniéres coupeuſes n'égaloient pas les fémelles * en grandeur, & ils en différoient encore ſenſiblement par leurs anneaux, qui étoient plus bruns & bordés de poils blancs, & les poils du corcelet étoient moins roux. D'autres coupeuſes qui ſont ſorties d'aſſés grands rouleaux qui m'ont été envoyés de Poitou, où ils avoient été trouvés ſous terre, étoient plus groſſes & plus courtes que les mâles des abeilles, & en tout de leur couleur, excepté que le devant de leur tête étoit plus blancheâtre. Enfin, j'en ai eu d'autres un peu moins grandes que les précédentes, dont les anneaux du corps étoient bordés de poils blancs. Toutes ces petites variétés ne méritent guéres qu'on s'y arrête, & je n'en parle que pour faire voir qu'il y a pluſieurs eſpeces de ces mouches induſtrieuſes.

* Pl. 10. fig. 2, 4, 5 & 6.

* Pl. 11. fig. 2, 3 & 4.

* Fig. 3 & 4.

* Fig. 2.

* Pl. 11. fig. 5, 6 & 7. t. Elles ont toutes une trompe * qui, pour l'essentiel, est composée comme celle des mouches à miel, mais qui à son origine est recouverte en-dessus & par les côtés par une sorte d'étui écailleux *, qui n'a point été accordé à la trompe de ces derniéres mouches. Cette piéce sert à empêcher que la trompe ne soit trop rudement frottée par les bords de la piéce que la coupeuse détache. Elle a peut-être encore d'autres usages: peut-être donne-t-elle plus de facilité aux dents pour couper juste; elle leur offre un appui, elle tient lieu d'une espece de petite table, d'une espece d'établi.

* e.

* Fig. 3 & 4. Les mâles * un peu plus petits que les fémelles, ont le derriére plus pointu, & lorsqu'on le presse, on fait sortir de celui de quelques-uns six petites cornes *, trois de chaque côté. J'ai négligé de presser, ou je ne me souviens pas de l'avoir fait, le derriére des fémelles coupeuses des feuilles de rosier, pour les obliger à me montrer un aiguillon, si elles en ont un; mais j'ai fait de pareilles tentatives sur les mouches sorties des premiers rouleaux que j'ai eus, & je n'ai pu leur trouver cet instrument si à craindre.

* Fig. 12 & 13.

* Fig. 10 & 11. Chacune de leurs dents * se termine par un crochet courbe & très-pointu, & par conséquent fort propre à percer la feuille, à commencer à l'entailler: le reste du bord de chaque dent a des dentelûres qui, lorsqu'elles rencontrent celles de l'autre dent, coupent aisément ce qui se trouve entr'elles.

Le reste de l'Histoire de ces mouches n'a rien de particulier à nous offrir. Quand nous ne le dirions pas, on penseroit sans doute que lorsqu'un dé de feuilles a été fini & rempli de pâtée, la coupeuse pond un œuf, & que ce n'est qu'après l'avoir pondu qu'elle ferme la cellule. Le ver qui éclot de cet œuf, est tout blanc *, & ressemble assés à ceux qui deviennent des mouches à miel.

* Pl. 9. fig. 18.

Quand il a pris tout son accroissement, il se file une coque de soye *, épaisse & solide, qu'il attache dans la plus grande partie de son étenduë contre les parois de la cellule de feuilles. Elle y est adhérente par-tout, excepté dans les endroits où se trouvent des grains durs & oblongs, qui sont les excréments du ver : il n'a pas voulu qu'ils restassent dans le lieu où il se devoit transformer. La soye de l'extérieur de la coque est grosse, & d'un brun qui tire sur le caffé; mais les parois intérieures sont faites d'une soye très-fine & blancheâtre, & sont aussi unies & luisantes que si elles étoient de satin.

* Pl. 9. Fig. 19, 20 & 21.

Les coques de soye, dans lesquelles ces vers subissent leurs transformations, avoient besoin d'être fortes : leur peau est tendre, & celle des nymphes en lesquelles ils se transforment, l'est bien davantage : ils doivent sous l'une ou sous l'autre forme, ou sous celle de mouches encore très-délicates, passer l'hyver en terre ; car ce n'est qu'au printemps que les mouches coupeuses sont en état de paroître. Les étuis de feuilles, pourris en grande partie, ou au moins trop ramollis par l'humidité, ne tiendroient pas ces insectes aussi séchement qu'ils ont besoin de l'être, les coques de soye leur donnent des logements plus secs & plus solides. Entre les coupeuses, & même entre les coupeuses de feuilles de rosier, il y en a qui sçavent placer leurs étuis dans des lieux où ils peuvent se conserver sains plus longtemps, si, comme Ray le rapporte, mais ce qu'il a négligé de dire qu'il avoit vû, les étuis de feuilles qu'il a décrits, avoient été réellement tirés de trous percés dans du bois de saule pourri. Pour moi je n'en ai encore vû qu'en terre, & ceux qui me sont venus de divers endroits, ont tous été tirés de terre.

Dans leurs cellules si bien closes & si bien cachées, les vers de nos coupeuses ne sont pas toûjours en sûreté

& c'eſt ce qui ne paroîtra pas nouveau. Avant même que le ver ſoit ſorti de l'œuf, une mouche étrangére ſçait profiter de l'abſence de la coupeuſe, elle va faire ſes œufs dans la cellule: la coupeuſe les y renferme ſans ſçavoir qu'ils y ſont, & qu'ils donneront naiſſance à des vers qui mangeront le ſien. J'ai trouvé juſqu'à quatre à cinq coques que des vers carnaciers s'étoient faites de leur propre peau, après avoir mangé celui qui devoit devenir abeille. Chacun d'eux s'eſt transformé par la ſuite en une mouche à deux aîles.

EXPLICATION DES FIGURES DU QUATRIE'ME ME'MOIRE.

PLANCHE IX.

LES Figures 1, 2, 3 & 4 repréſentent des abeilles de différentes eſpeces qui toutes creuſent en terre des trous, dont chacun ſert de nid à un ver qui, par la ſuite, y devient une abeille. Celle de la figure 1, eſt extrêmement petite, & à peu-près de même couleur que les mouches à miel ordinaires.

La Figure 2 eſt celle d'une abeille qui eſt très-noire; ſes aîles ſont pourtant d'un violet foncé, & elle a des poils blancs ſur ſes jambes.

La Figure 3 fait voir une abeille dont le noir eſt encore la couleur dominante, mais qui de chaque côté a ſur chaque anneau une touffe de poils blancs; elle a encore de ces poils blancs à la jonction du corps avec le corcelet, & ſur les côtés du corcelet.

Les Figures 4 & 5 montrent la même mouche dans deux poſitions différentes. On pourroit être tenté de ne la mettre que dans un genre voiſin de celui des abeilles, de l'appeller une *Proabeille,* parce que sa trompe differe assés notablement de celle des mouches à miel.

Les Figures 6 & 7 représentent en grand la tête de l'abeille, ou proabeille des derniéres figures. Cette tête est vûë par-dessous, figure 6, & de côté, figure 7. Dans la figure 6, la trompe est placée, comme elle l'est quand elle n'agit pas, & dans la figure 7, comme elle l'est lorsqu'elle agit. *e,* cylindre écailleux dans lequel la trompe est logée en grande partie. *t,* bout de la trompe. *b, b, b, b,* quatre filets qui accompagnent la trompe, & qui sont analogues aux demi-étuis des trompes des mouches à miel. *l,* figure 7, mammelon charnu placé au-dessous des dents, & qui est la langue de la mouche.

La Figure 8 fait voir une partie d'un de ces rouleaux de feuilles que les abeilles coupeuses de feuilles construisent avec tant d'art. En *b,* est le vrai bout du rouleau, & en *o,* est l'endroit d'où a été emportée une portion plus longue que celle qui est représentée ici. Les feuilles *f, f, e, e,* forment l'enveloppe extérieure du rouleau, & cachent les petits cylindres ou dés de feuilles, dont le cylindre total est composé.

La Figure 9 montre une portion de rouleau un peu plus grande que celle de la figure 8; les feuilles qui en formoient l'enveloppe ont été ôtées. Ainsi trois des petits cylindres, ou plus exactement des dés, ou cellules, dont le cylindre total étoit composé, sont ici à découvert. *a, b, c,* ces trois dés ou cellules de feuilles. Le fond du dé *b,* est logé dans l'entrée du dé *a,* & de même le fond du dé *c,* l'est dans l'entrée du dé *b.*

La Figure 10 est celle d'un des dés de la figure précédente, vû séparément, & ayant son fond en haut.

La Figure 11 est celle du même dé de la figure précédente, mais dont l'ouverture ou l'entrée est en haut. Un peu au-dessous du bord, cette ouverture est fermée par des rondeaux de feuilles dont le dernier est marqué *r*.

La Figure 12 fait voir une cellule dans la même position que celle de la fig. 11, mais à laquelle on a ôté le couvercle circulaire nécessaire pour empêcher le miel de s'écouler, quand elle est renversée.

La Figure 13 représente un dé dont une des piéces qui en font le corps est presque détachée. *f d b*, ce morceau de feuille dont le bout *f* étoit recourbé sur le fond de la cellule. Le côté *d f*, a les dentelûres du bord extérieur de la feuille. Le couvercle *r*, est ici plus visible que dans la figure 11.

La Figure 14 fait voir un des morceaux de feuilles qui entrent dans le corps du dé, semblable à celui marqué *f d b*, figure 13, mais qui n'a pas encore été courbé.

La Figure 15 est encore celle d'un dé, mais dont une des piéces a été emportée, le couvercle a même été élevé & renversé pour faire voir la convexité qui est dessous en *c*, & qui est le bout d'une coque de soye filée par le ver prêt à se métamorphoser.

Les Figures 16 & 17 représentent deux de ces piéces circulaires qui sont employées à boucher les cellules.

La Figure 18 est celle d'un ver tiré d'une des cellules précédentes dans le temps où il est prêt à se transformer en nymphe.

La Figure 19 fait voir une coque de soye filée par le ver précédent, qu'on a dégagée des morceaux de feuilles qui la couvroient. Le bout *r*, est celui qui étoit au-dessous des rondeaux ou couvercles de feuilles.

Dans la Figure 20, la coque de la figure précédente est retournée bout par bout. *p*, est un lambeau qui a été emporté pour mettre l'intérieur à découvert.

La Figure 21 est encore celle d'une coque de soye dans

la poſition de la figure 19, mais qu'on a ouverte en partie en emportant la piéce *p*, pour faire voir dans ſon intérieur une coque plus petite *u*, ſous laquelle eſt renfermé un inſecte qui a mangé celui qui a filé la coque de ſoye, & qui probablement eſt ſorti de ſon corps.

PLANCHE X.

La Figure 1 repréſente une branche de roſier, ſur les feuilles de laquelle des coupeuſes ſe ſont fournies des piéces néceſſaires à la conſtruction de leurs nids. *e, e, e,* &c. entailles où ont été priſes des piéces propres à conſtruire des cellules ou leur enveloppe. *r, r,* &c. entailles d'où ont été tirées des piéces circulaires telles que ſont les couvercles des cellules.

La Figure 2 fait voir une abeille qui vole chargée d'un morceau de feuille, tel que ceux qui ont été détachés des entailles *e, e,* &c. figure 1; elle le tient plié en deux entre ſes ſix jambes. *d,* eſt le bord dentelé. *a p,* l'autre bord.

La Figure 3 eſt celle d'une feuille à laquelle une piéce propre à un couvercle a été coupée en *r*. Une mouche *m*, tient le bord de la même feuille ſaiſi entre ſes jambes, & ſes dents commencent à l'entailler.

Dans la Figure 4, l'abeille de la figure précédente, a avancé ſon ouvrage: près de la moitié de la piéce eſt détachée; cette moitié *p*, ſe trouve entre ſes jambes.

Dans la Figure 5, il reſte peu à couper à l'abeille pour parvenir à détacher le morceau de feuille.

La Figure 6 repréſente la coupeuſe dans l'inſtant où elle vient d'achever de détacher la piéce, & la poſition où elle eſt alors; chargée de ce morceau de feuille, elle prend ſon vol pour ſe rendre au nid qu'elle conſtruit.

La Figure 7 nous fait voir l'enveloppe d'un nid qu'une

abeille, d'une espece différente de celle du rosier, avoit commencé à faire avec des piéces coupées dans des feuilles de marronier d'inde. Lorsque je mis ces feuilles à découvert, elles n'avoient été portées & arrangées sous terre que depuis deux ou trois heures; aussi n'y avoient-elles pas encore pris leur pli, elles se redresserent en partie, & s'écarterent les unes des autres, comme les feuilles *e p*, & *f*, le montrent.

Dans la Figure 8, on a fait paroître une portion de nid composé de feuilles de marronier d'inde, logé dans la terre. Ce nid est le même qui n'étoit qu'ébauché lorsque je le découvris pour la premiére fois, & qui alors me parut tel qu'il est dans la figure 7. *gg*, *hh*, une partie de la terre dont ce nid étoit entouré. La terre qui étoit entre *hggh*, a été emportée pour mettre une portion du nid à découvert. Les cellules y sont cachées sous une enveloppe de feuilles.

La Figure 9 représente quelques cellules du nid précédent, tirées de dessous leur enveloppe de feuilles. *r*, *s*, *t*, trois cellules complettes. *u*, est une portion d'une cellule qui auroit été semblable à une des précédentes, si on ne l'eut pas défigurée en la maniant.

PLANCHE XI.

La Figure 1 est celle d'une cellule d'un nid de coupeuse, représentée seule, & dans l'état où elle est lorsque la mouche qui a pris sa forme dans cette cellule, en est sortie. En *r*, *r*, est un rebord qui entoure le trou par où la mouche est sortie. Ce trou a été percé dans le couvercle, le rebord ou anneau plat & circulaire qu'on voit ici, est ce qui est resté de ce dernier.

Les Figures 2 & 3 représentent des coupeuses nées chés moi, & sorties de ces nids qui avoient si fort effrayé un Jardinier

Jardinier des environs des Andelis. La figure 2 est celle de la mouche fémelle, & la figure 3, celle du mâle.

La Figure 4 fait voir le mâle dont les aîles sont écartées du corps. Alors on peut remarquer au bout de son derriére deux especes de cornes ou mammelons *c, c,* qu'on ne trouve point à celui de la fémelle.

Dans la Figure 5, la tête de la mouche fémelle est vûë de face, & grossie au microscope; & dans la figure 6, celle du mâle paroît dans la même position. Les dents *d, d,* de l'une & de l'autre de ces têtes ont été relevées pour mettre la trompe plus à découvert. Comme tout est grossi dans la même proportion dans ces deux figures, un coup d'œil apprend que les dents de la fémelle sont bien plus grandes que celles du mâle. *t,* le bout de la trompe. *e,* enveloppe, espece d'étui écailleux particulier aux coupeuses, qui recouvre par-dessus, & par les côtés, la partie de la trompe la plus proche de la tête.

Dans la Figure 7, la partie antérieure de la coupeuse fémelle est représentée en grand. La tête y est vûë de côté. *d,* les dents appliquées l'une contre l'autre comme elles le sont ordinairement. *e,* l'étui écailleux qui recouvre le dessus & les côtés de la partie antérieure de la trompe; cet étui met la trompe à l'abri du frottement de la feuille que la mouche coupe, & peut-être fournit-il un appui, au moyen duquel l'abeille a plus de facilité à faire ses coupes réguliéres. *t,* le bout de la trompe.

La Figure 8 représente la trompe de la coupeuse, grossie & dans son état d'allongement. Elle est vûë par-dessous dans cette figure, au lieu qu'elle est vûë par-dessus dans la figure 9. *e, e,* figure 8, marquent sur les côtés les termes de l'étui qui couvre en *e,* figure 9, le dessus de la trompe. Dans l'une & l'autre figure, *f, f,* sont deux larges demi-fourreaux de couleur brune, analogues à ceux des trompes des mouches à miel. *i, i,* deux demi-fourreaux étroits & analogues aussi à deux des fourreaux de la trompe des mouches à miel. *t,* la trompe dont les côtés sont velus.

La Figure 10 fait voir une dent de la fémelle, très-grossie, & par sa face extérieure; & la figure 11, montre cette même dent par sa face intérieure.

Les Figures 12 & 13 représentent le bout du derriére du mâle très-grossi. Il n'est vû que par-dessus, figure 12, mais il est vû par-dessous & de côté, figure 13. *c, c, f, f,* especes de cornes. On n'en voit que quatre dans la figure 12, & la figure 13 en fait imaginer un pareil nombre. Mais il y en a encore deux plus courtes qui ne sçauroient paroître dans ces figures, & qui sont sous les cornes *c, c.*

La Figure 14 est celle du bout du derriére de la fémelle, vû par-dessus, & grossi.

La Figure 15 montre une jambe de la premiére paire, très-grossie. La portion blancheâtre qui est depuis *a* jusqu'en *b,* est écailleuse. Seroit-ce là une cavité propre à loger de la cire brute?

Dans la Figure 16, on revoit encore la jambe de la figure précédente, mais la partie qui y est marquée *e,* a été mise plus en vûë; on a emporté les poils qui la couvroient, & qui cachoient une cavité *de;* cette cavité pourroit encore servir au transport de la cire brute, & a au moins quelqu'usage qui m'est inconnu.

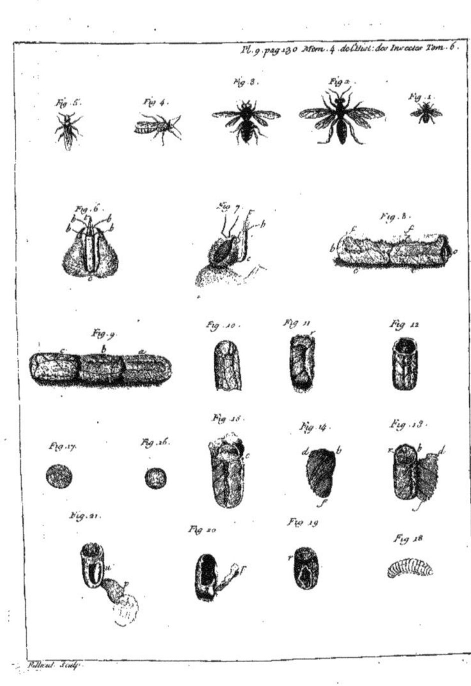
Pl. 9. pag. 130 Mem. 4. de l'Hist: des Insectes Tom. 6.
Fig. 1.
Fig. 2.
Fig. 3.
Fig. 4.
Fig. 5.
Fig. 6.
Fig. 7.
Fig. 8.
Fig. 9.
Fig. 10.
Fig. 11
Fig. 12
Fig. 13.
Fig. 14.
Fig. 15.
Fig. 16.
Fig. 17.
Fig. 18
Fig. 19
Fig. 20
Fig. 21.

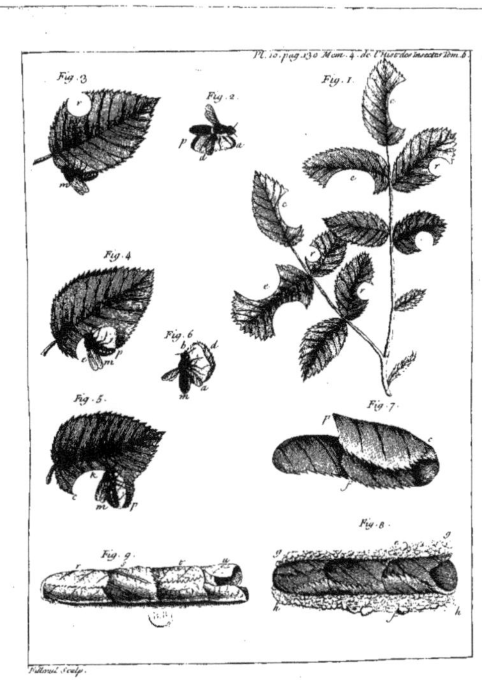
Pl. 10. pag. 330 Mem. 4. de l'Hist. des Insectes Tom. 6.
Fig. 1.
Fig. 2.
Fig. 3.
Fig. 4.
Fig. 5.
Fig. 6.
Fig. 7.
Fig. 8.
Fig. 9.
Filloeul Sculp.

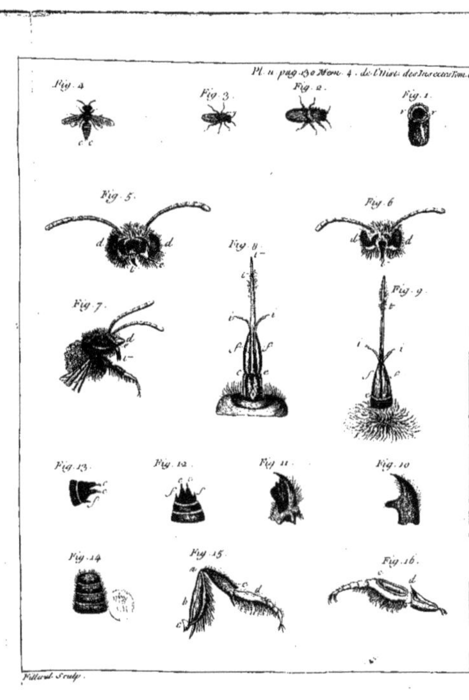
Pl. 11 pag. 230 Mem. 4. de l'Hist. des Insectes Tom. 6
Fig. 4
Fig. 3
Fig. 2
Fig. 1
Fig. 5
Fig. 6
Fig. 8
Fig. 7
Fig. 9
Fig. 13
Fig. 12
Fig. 11
Fig. 10
Fig. 14
Fig. 15
Fig. 16
Fillœul Sculp.

CINQUIE'ME MEMOIRE.

DES ABEILLES

DONT LES NIDS SONT FAITS D'ESPECES DE MEMBRANES SOYEUSES; ET DES ABEILLES TAPISSIERES.

LE modéle sur lequel sont construits les nids des coupeuses de feuilles, a aussi été donné à d'autres abeilles pour construire les leurs, quoiqu'elles doivent y employer des matériaux très-différents de ceux que les premiéres mettent en œuvre. Celles que je veux faire connoître, font leurs établissements dans la terre qui remplit les vuides que laissent entr'elles les pierres de divers murs. Pendant plusieurs années, j'ai vû le long mur du parc de Bercy, qui se trouve sur le grand chemin de Paris à Charenton, très-habité par ces mouches *: sa terre étoit toute criblée par les trous qu'elles y avoient creusés. M. Perreau, actuellement Ingenieur ordinaire du Roy, & qui pendant qu'il travailloit à s'en rendre capable, s'occupoit encore chés moi à soigner mes insectes, & à m'en ramasser à la campagne, m'apprit le premier, que ce mur étoit un grand attelier pour les abeilles; & en ayant creusé la terre, il trouva & m'apporta des nids qu'elles y avoient faits.

* Pl. 12. fig. 9 & 11.

L'exposition du mur pour lequel ces abeilles s'étoient déterminées, nous fournit occasion de faire une remarque sur les différents choix que les insectes sçavent faire des terrains par rapport à leur situation. Les uns évitent des expositions que les autres cherchent. Nous avons vû * que les abeilles maçonnes ne bâtissent leurs nids que sur des murs que le Soleil peut échauffer pendant la plus grande partie du jour, c'est-à-dire, ordinairement tournés au midi. Beaucoup d'especes d'abeilles solitaires dont nous avons parlé, qui creusent la terre des murs, ne la percent encore que sur la face exposée au midi; au lieu que le côté du mur de Bercy, dans lequel d'autres abeilles solitaires avoient tant travaillé, est tourné vers le nord. Pendant qu'il étoit le plus peuplé de ces mouches, il étoit même mis à l'ombre par une rangée de grands ormes qui en étoient très proches. Ces arbres sur leur retour ont été abbatus, & remplacés par d'autres qui ont peut-être besoin de croître, pour que ce mur convienne aussi bien à une espece d'abeilles, qu'il leur convenoit il y a quelques années.

* *Mem. 3.*

Leurs nids, comme ceux des coupeuses, sont des especes de cylindres * faits de plusieurs cellules * mises bout à bout, dont chacune a aussi la figure d'un dé à coudre; leur fond * par conséquent est convexe en-dehors & arrondi. Celui de la seconde est logé dans l'entrée de la premiére, & de même, l'entrée de la seconde reçoit le fond de la troisiéme. Toutes n'ont pas précisément la même longueur; celle de quelques unes est de cinq lignes, & celle des plus courtes de quatre lignes seulement. Elles sont moins grosses que les plus menuës des cellules de feuilles. Leur diametre n'a guéres plus de deux lignes. Quelquefois on ne trouve que deux cellules mises bout à bout *, & quelquefois on en trouve trois à quatre. Le terrain dans lequel l'abeille a creusé, décide de leur nombre. Elles sont posées horisontalement; lorsque la mouche qui fouille la terre se trouve arrêtée par une pierre, au lieu que sans cet obstacle elle eût ouvert un trou capable de contenir trois à quatre cellules, elle n'en

* Pl. 12. fig. 1.
* *ac, ce, eg.*
* Fig. 1 & 3. *a.*
* Fig. 4.

loge qu'une ou deux dans celui qu'elle n'a pas pu pousser assés avant. Quelquefois néantmoins elle se détermine à prolonger le trou en lui faisant faire un coude: alors le rouleau formé par l'assemblage des dés, est lui-même coudé *; un des dés fait un angle avec celui qui reçoit son fond. * Pl. 12. fig. 2.

Le cylindre composé de plusieurs cellules, a alternativement des bandes transversales de deux couleurs: les plus étroites * sont à la jonction de deux cellules, & sont blanches. Les plus larges * sont formées par le corps même de chaque cellule, & sont d'un brun rougeâtre. Entre celles-ci, il y en a qui tirent plus sur le rouge, & d'autres qui tirent plus sur le brun. La couleur de la même bande peut même être différente, selon qu'on l'observe plûtôt ou plus tard, & cela, parce que ces couleurs, quoi qu'assés fortes, & assés foncées, sont propres à la matiére, qui remplit l'intérieur des cellules. Leurs parois sont faites de plusieurs membranes, mises les unes sur les autres. Quoique le tissu de ces membranes soit serré, elles sont très-transparentes, parce qu'elles sont extrêmement minces; la couleur rougeâtre est dûë à la matiére qui remplit un vase transparent. * Fig. 1. cb. de. * ba. cd.

Ces membranes qui forment les parois de chaque cellule, sont blanches, & c'est parce que le nombre de leurs couches est au moins une fois plus grand que par-tout ailleurs, à la jonction des deux cellules *, que ces jonctions sont blanches elles-mêmes. Un autre raison y contribuë encore: les membranes qui partent de la cellule qui reçoit le fond de celle qui suit, ne sont pas exactement appliquées les unes sur les autres, elles sont flottantes. Je n'en connois pas de plus minces. La bodruche, cette membrane si fine qu'on s'est avisé d'aller tirer de dessus le *Cæcum* du bœuf, & au moyen de laquelle les batteurs * cb. ed.

d'or parviennent à donner une ſi prodigieuſe étenduë à des feuilles de ce précieux métal; la bodruche, dis-je, qui reſſemble aſſés par ſa couleur aux membranes des cellules de nos mouches, eſt épaiſſe, ſi on la compare avec elles.

Quoique les parois de chaque cellule ſoient faites de pluſieurs de ces membranes appliquées les unes ſur les autres, elles ſont encore très-minces, & le vaſe qu'elles forment paroît peu capable de réſiſtance; mais on doit faire attention qu'il eſt ſoûtenu par la terre du trou où il eſt logé. D'ailleurs la matiére qui remplit l'intérieur d'une cellule, & qui y eſt bien moulée, a de la conſiſtance, elle ſert elle-même à ſoûtenir les parois du vaſe. Auſſi ceux qui ſont pleins ſont très-maniables; ils conſervent bien leur forme, & ſont même ſolides. J'en ai vû qui ne contenoient que des pouſſiéres d'étamines peu humectées, à peine un peu onctueuſes, mais bien entaſſées. A la vérité, j'en ai trouvé d'autres remplies d'une pâtée aigre-douce, & preſque coulante. Celle-ci pour reſter dans une cellule couchée horiſontalement, doit être retenuë par le couvercle qui bouche l'entrée de la cellule. Ce couvercle comme celui des cellules de feuilles, n'eſt fait lui-même que de pluſieurs piéces * d'une membrane telle que nous l'avons décrite juſqu'ici, mais qui paroiſſent collées contre les parois. Enfin, le couvercle ne tarde pas à être appuyé par le fond de la cellule ſuivante, & celui de la derniére cellule peut l'être bien-tôt par des grains de terre.

* Pl. 12. fig. 3. c.

D'ailleurs la pâtée ne conſerve pas long-temps ſa liquidité dans chaque cellule. Elle avoit de la conſiſtance dans toutes celles où j'ai trouvé un ver. Le ver naiſſant ſemble d'abord boire ce qu'elle a de liquide, ou au moins s'en nourrir. Dans la ſuite comme s'il ſongeoit à ménager les parois peu ſolides de ſon logement, il conſume la pâtée avec plus d'ordre que ne le font les vers qui lui ſont analogues;

il ouvre peu à peu un trou cylindrique dans la maſſe de la ſienne, & l'aggrandit journellement; de ſorte que les parois de la cellule ſe trouvent ſoûtenuës par un tuyau de pâtée, qui à la vérité devient de plus mince en plus mince, mais qui ne leur manque que quand le ver, après avoir tout mangé, eſt prêt à ſe métamorphoſer & remplit preſque l'intérieur du logement par le volume de ſon corps. Au reſte cette pâtée fermente dans le trou; en vieilliſſant elle acquiert une odeur forte, mais elle n'en eſt apparemment que plus convenable à l'état actuel du ver. Ceux que j'ai trouvés dans de la pâtée dont l'odeur m'étoit deſagreable, ſe portoient bien. Ces vers * ſont blancs & ſemblables pour l'eſſentiel à ceux des mouches à miel: on leur compte aiſément de chaque côté neuf ſtigmates qui ſont bien rebordés.

* Pl. 12. fig. 7.

Dès que les procédés au moyen deſquels certains inſectes exécutent des ouvrages ſinguliers, nous ſont connus, nous ſommes ordinairement ſur la voye de deviner les procédés auxquels d'autres inſectes ont recours pour des ouvrages analogues. Cependant l'art avec lequel les coupeuſes de feuilles conſtruiſent leurs rouleaux, n'a ſervi qu'à me cacher pendant quelque temps celui avec lequel nos derniéres abeilles travaillent les leurs. Il étoit naturel de penſer que celles-ci, comme les autres, alloient prendre ſur les plantes les matériaux dont elles avoient beſoin. Auſſi me ſuis-je beaucoup tourmenté pour découvrir quelle plante, & quelle partie de plante pouvoit leur fournir des membranes auſſi fines que celles qu'elles employent. Mais après bien des tentatives inutiles, je me ſuis convaincu que les matériaux qu'elles mettent en œuvre n'étoient aucunement ſemblables à ceux des coupeuſes, & que leurs manœuvres devoient être différentes.

Après avoir examiné avec les loupes les plus fortes, les

morceaux de membranes que j'avois détachés de quelques cellules, je n'ai pu y appercevoir aucune fibre; & elles en eussent eu, ou au moins des impressions, si elles eussent été des parties de quelque plante. J'ai fait brûler de ces mêmes membranes, l'odeur qu'elles m'ont fait sentir m'a paru ressembler plus à celle de la soye brûlée, qu'à celle que répand une matiére végétale quand le feu la consume. J'ai donc été conduit à penser qu'elles étoient d'une matiére analogue à celle de la soye, & qui se prépare dans l'intérieur de la mouche. La teigne des lys *, & le ver tipule * qui se tient sur un agaric du chêne, m'ont donné occasion de faire connoître des insectes qui rejettent une bave avec laquelle ils se font des coques blanches & luisantes. Le ver tipule de l'agaric tapisse de cette bave les chemins où il veut passer. J'ai soupçonné que notre abeille construisoit ses nids avec une pareille bave, & j'en suis resté convaincu quand je les ai eu examinés avec plus de soin. J'ai trouvé la terre de la surface intérieure du trou où ils sont logés, enduite d'une couche aussi blanche, aussi mince, & aussi luisante que sont les traces qui restent sur les corps sur lesquels des limaçons ou des limaces ont passé. Il étoit donc visible que ces enduits étoient faits d'une liqueur visqueuse qui s'étoit desséchée; & on en devoit conclurre que les membranes qui composoient la coque, & qui ressembloient parfaitement à celle des enduits, à cela près qu'elles n'étoient pas si brillantes, parce qu'elles n'étoient pas si bien étenduës, que ces membranes, dis-je, devoient leur origine à la même matiére.

* *Tome III. pag. 230.*

* *Tome V. pag. 24.*

Plus de 30 à 40 abeilles parurent avant la fin de Juillet dans un poudrier où j'avois renfermé un bon nombre de ces nids. Après s'être transformées, elles avoient cherché à prendre l'essor. Elles sont assés petites *, d'une grandeur au-dessous de celle des mouches à miel ouvriéres. Comme celles-ci

* Pl. 12. fig. 9 & 11.

celles-ci, elles ont ſur le corcelet, des poils roux, & les anneaux du corps bruns, mais bordés de poils blancs. En un mot, elles ſont aſſés ſemblables par l'extérieur, à quelques petites eſpèces de coupeuſes de feuilles. Inutilement preſſai-je le corps à pluſieurs pour les obliger de me faire voir la liqueur viſqueuſe avec laquelle elles conſtruiſent de ſi jolis nids, il n'en ſortit pas la plus petite goutte, ni de leur bouche, ni de leur partie poſtérieure. Nouvellement nées, & n'ayant pris aucun aliment depuis leur naiſſance, cette liqueur n'avoit pu encore être préparée dans leur intérieur. Au moins eus-je lieu de juger que la nature leur avoit donné une trompe propre à la mettre en œuvre. La leur* differe notablement de celle des mouches à miel, quoiqu'elle en ait les parties eſſentielles. Elle a les deux grands demi-fourreaux*; les deux petits* ne lui manquent pas, mais ils ſont arrondis & reſſemblent à des antennes. D'ailleurs, cette trompe beaucoup plus courte que celle des mouches, eſt proportionnellement plus groſſe, & loin de ſe terminer par une partie déliée, & qui le devient de plus en plus juſqu'à ſon extrémité, comme fait celle des mouches à miel, à quelque diſtance du bout, elle s'évaſe & finit par une partie plus large que le reſte, & qui eſt refenduë*; de ſorte que le bout de la trompe de cette abeille reſſemble aſſés à la bouche allongée des guêpes, que l'on trouvera décrite dans les mémoires ſuivants. Pluſieurs rayes tranſverſales, formées par des poils courts, ſe font diſtinguer ſur ſon deſſus. Des poils un peu longs, bordent le contour de la partie entaillée. La ſtructure du bout de cette trompe fait voir qu'il eſt propre à exécuter bien des mouvements, & ſa figure apprend que lorſqu'il ſe plie en gouttiére, il peut retenir une matiére viſqueuſe. Enfin les deux bouts les plus éloignés de l'entaille, peuvent tenir lieu de doigts

* Pl. 12. fig. 12 & 13.

* *f, f.*

* *e, e.*

* *t, t.*

pour appliquer & étendre cette liqueur. Tout ceci à la vérité, c'eſt deviner; mais il n'y a guéres apparence qu'on puiſſe faire quelque choſe de plus par rapport à l'induſtrie de cette mouche : on ne peut guéres ſe promettre de parvenir à la voir travailler à former des tuyaux qu'elle veut placer dans la terre. J'en ai obſervé qui n'étoient qu'à moitié faits, qui ont ſervi encore à me confirmer que les membranes qui les compoſent, ne ſont autre choſe qu'une liqueur deſſéchée.

Parmi celles qui ſont nées chés moi, il y en a eu des deux ſexes. Les femelles ne ſurpaſſoient guéres les mâles en grandeur; elles étoient armées d'un aiguillon qui manquoit à ces derniers. Lorſqu'on preſſe le derriére de ceux-ci, on en fait ſortir deux plaques écailleuſes, compoſées de pluſieurs piéces, ou refenduës en pluſieurs parties: l'une eſt poſée au-deſſus de l'autre. Entre la plaque ſupérieure & l'inférieure ſe montre un corps longuet, écailleux, dont le bout eſt plus gros que le reſte. Ce corps long me paroît être celui qui caractériſe le mâle.

Dès que ces mouches furent nées chés moi, j'allai dégrader en pluſieurs endroits la terre du mur d'où j'avois tiré des nids, & où j'en avois laiſſé en ſi grand nombre. Tous ceux que j'avois laiſſés, étoient devenus vuides, comme ceux que j'avois conſervés chés moi; les mouches étoient nées en même temps dans les uns & dans les autres; j'en pris pluſieurs de très-ſemblables aux miennes, qui étoient dans des trous: quelques-unes avoient déja commencé à y faire de nouveaux nids, mais d'où de nouvelles mouches ne devoient ſortir qu'après la fin de l'hyver. Ainſi il y a deux générations de ces mouches d'un printemps à l'autre.

Lorſque je ne connoiſſois encore que les nids, je les crus l'ouvrage de mouches beaucoup plus groſſes que celles qui en sont les véritables ouvriéres, qui fréquentoient le même mur & y creusoient des trous, dans lesquels j'en pris plusieurs. Ces abeilles * étoient des coupeuses de feuilles, comme je m'en assûrai ensuite en observant l'étui écailleux qui recouvre la trompe de ces sortes de mouches près de son origine. Elles n'avoient pourtant fait aucun nid de feuilles dans ce mur; si elles y avoient creusé des trous, c'étoit uniquement pour se loger. J'ai vû quelquefois une de ces mouches entrer dans son trou, & en sortir presque sur le champ pour n'aller qu'à 15 à 20 pas du mur, & revenir aussi-tôt dans son trou. Ces allées & venuës subites ont été répétées sous mes yeux pendant des demi-heures entiéres : il est aisé de juger à quoi elles tendoient; la mouche vouloit rendre son trou plus profond, elle alloit y prendre entre ses dents un grain de terre, elle le transportoit dehors, & dès qu'elle l'avoit laissé tomber, elle retournoit en chercher un autre.

* Pl. 12. fig. 10.

Les dents * de nos mouches, dont les nids sont faits de membranes, sont très-propres à fouiller la terre, elles ont deux pointes, celle du bout, & une autre un peu plus courte : elles font ensemble une espece de fourche ou de bident à dents inégales.

* Fig. 12 & 13. *d, d.*

Mais quittons les abeilles solitaires qui travaillent dans les murs, pour revenir à considérer celles qui creusent perpendiculairement le long des bords des chemins. Nous nous sommes peu arrêtés * à celles de diverses especes qui ne sçavent que rendre bien unie la surface intérieure du trou destiné à recevoir un œuf & la pâtée nécessaire au ver qui en doit éclorre. Nous devons plus d'attention à une assés petite espece d'abeilles *, qui ne borne pas son travail à creuser perpendiculairement dans la terre un trou cylindrique. Si nous avions des preuves que nos vices se

* *Mem.* 4

* Pl. 13. fig. 5.

retrouvent dans les animaux, nous ſerions peut-être fondés à taxer de luxe ces petites mouches; mais nous ne devons que reconnoître qu'elles ſçavent imiter une de nos induſtries. Le trou qu'une de ces abeilles a percé dans la terre, eſt pour elle ce qu'eſt un appartement pour nous. Nous ſçavons non ſeulement rendre les notres plus agréables à habiter, nous ſçavons leur procurer des avantages réels, les rendre plus chauds en les tapiſſant; nos petites abeilles tapiſſent auſſi les leurs, mais pour des fins différentes: cependant comme ſi elles agiſſoient par des motifs ſemblables aux nôtres, elles donnent à leurs trous des tentures qui peuvent le diſputer par la vivacité & l'éclat de leur couleur, à quelques-unes de celles dont nous parons le plus volontiers nos chambres & nos cabinets; je veux parler des tentures de damas cramoiſi. Les tentures des trous de nos mouches, ne ſont pas à la vérité ouvragées comme le damas, car elles ſont plus liſſes & plus unies que le plus beau ſatin, mais elles ſont d'un rouge couleur de feu qui a bien un autre éclat que le cramoiſi de nos damas. C'eſt ſur les pétales ou feuilles d'une fleur de coquelicot nouvellement épanouie & encore très-fraîche, que notre abeille va prendre les piéces dont elle veut tendre ſon nid. Beaucoup d'eſpeces d'inſectes, & entr'autres de chenilles, recouvrent de ſoye la ſurface intérieure de la cavité où elles veulent ſe renfermer; ce n'eſt cependant qu'à nos abeilles que le nom de tapiſſiéres ſemble proprement dû; elles ſeules tapiſſent à notre maniére.

Elles ſemblent porter encore plus loin l'amour des ornements ou de la propreté: elles ne ſe contentent pas de couvrir les murs du nid d'une tapiſſerie éclatante, elles ſemblent chercher à parer ſes dehors, elles paroiſſent chercher à mettre des tapis tout autour de ſon bord *: au moins eſt-il vrai que le dehors du trou, eſt couvert juſqu'à

* Pl. 13. fig. 2, 3 & 4, r r r.

une petite distance, jusqu'à celle de deux ou trois lignes, de piéces de fleurs de pavots, semblables à celles qui tapissent l'intérieur.

On doit juger que la saison où nos tapissiéres commencent leurs travaux, ne précéde pas celle où les premiéres fleurs de coquelicot s'épanouissent. Le fort de l'ouvrage pour elles, est le temps où ces plantes sont en pleine fleur. Les endroits où elles fouillent plus volontiers la terre, m'ont paru être les bords des chemins, & des sentiers qui passent entre des champs de bled. Dans une de mes promenades, qui m'avoit conduit à enfiler de pareilles routes, & pendant laquelle je m'arrêtois volontiers à examiner les trous percés en terre par divers insectes, mon exemple détermina ceux qui se promenoient avec moi, à donner leur attention aux objets qui s'attiroient la mienne. Un d'eux apperçut & me montra un trou qui offroit une particularité que les autres n'avoient pas; son intérieur sembloit peint en rouge. Sur le champ un petit brin de bois * fut enfoncé dans ce trou aussi avant qu'il y put entrer, mais dans lequel il n'entra pas tout entier à beaucoup près. Avec un couteau on dégrada peu à peu la terre qui l'entouroit, ayant grande attention de ne rien emporter de ce qui n'étoit pas terre. Quand on eut creusé suffisamment, on vit que le petit bâton étoit logé dans un tuyau * fait de feuilles de coquelicot.

* Pl. 13. fig. 1. *l.*

* Fig. 2. *a u p a.*

Il n'est pas besoin que je dise que pendant le reste de la promenade, on ne fut occupé qu'à chercher de semblables trous. On sçait aussi que dès qu'un fait qui n'avoit point encore été apperçû parmi ceux que le spectacle de la Nature peut nous offrir, a été vû, on est presque sûr de le voir & revoir un grand nombre de fois. Nous ne manquames pas aussi de retrouver d'autres trous dont les parois étoient recouvertes de fleurs de coquelicot. Avant que de rentrer chés moi, j'en obſervai plus de ſept à huit; & dans la ſuite, j'en ai découvert preſque toutes les fois que j'en ai cherché, & j'en ai cherché bien des fois pour les obſerver à l'aiſe, & dans leurs différents états.

Dès le premier jour néantmoins je m'aſſûrai de la plûpart des faits eſſentiels. Une ouvriére fut priſe pendant qu'elle étoit occupée à travailler dans l'intérieur du trou: un petit bâton * qui y fut introduit, lui en boucha la ſortie; quand le trou eut été dégradé, elle ſe trouva encore bien renfermée. Le tuyau de fleurs qu'elle avoit fait avec tant de peine & d'art, devint une priſon pour elle. Dès que je l'en eus tirée, je la reconnus pour une abeille * d'une fort petite eſpece, qui ne tarda pas à tout tenter pour ſe venger des violences que je lui faiſois, en tâchant de me piquer de ſon aiguillon. D'ailleurs ſon extérieur ne m'a rien offert qui mérite d'être décrit. Elle eſt plus veluë que les mouches à miel ouvriéres, & a le corps proportionnellement plus court, mais ſa couleur approche fort de la leur.

* Pl. 13. fig. 1. *l*.

* Fig. 5.

Si la fin pour laquelle les trous ſont préparés, m'avoit paru douteuſe, quelques-uns des premiers que je défis me l'euſſent fait connoître, & en même temps de quelle claſſe de mouches étoit l'ouvriére qui les avoit faits; car je trouvai au fond une petite maſſe de pâtée miellée, de couleur rougeâtre, & qui avoit aſſés de conſiſtance pour pouvoir être maniée, c'eſt-à-dire, de pâtée de pouſſiéres d'étamines humectées de miel, qui a de l'aigrelet joint à du doux.

Communément la profondeur de chaque trou n'eſt guéres que de trois pouces, ſa direction eſt perpendiculaire à l'horiſon, il eſt un tuyau bien cylindrique juſqu'à ſept à huit lignes du fond. Là * il s'évaſe pour prendre une figure qui approche de l'hémiſphérique. Quand une mouche lui a donné les proportions qu'elle lui veut, quand

* Fig. 3. *f*.

elle en a bien dreffé les parois, elle fonge à les tapiffer. Dès que je fçus que c'étoit avec des morceaux de feuilles de fleurs de coquelicot, il ne me fut pas difficile de diftinguer des autres les fleurs fur lefquelles des tapiffiéres avoient été s'en fournir. Je remarquai, & en très-grand nombre, de ces fleurs dont une * ou plufieurs de leurs feuilles avoient été entaillées : les contours de l'entaille étoient auffi nets que s'ils euffent été faits par un emporte-piéce. En un mot, nos tapiffiéres font auffi des coupeufes. Elles coupent des piéces dans les pétales des fleurs, avec une adreffe femblable à celle des abeilles qui coupent des piéces dans des feuilles d'arbres & d'arbuftes pour en conftruire les nids que nous avons admirés dans le mémoire précédent. Les figures des piéces que nos tapiffiéres prennent dans les pétales du coquelicot, tiennent de la figure d'une moitié d'ovale*, comme quelques-unes de celles que les autres abeilles coupent dans des feuilles de rofier, de marronier, d'orme, &c.

* Pl. 13. fig. 6. e.

* Fig. 7.

La tapiffiére entre donc dans fon trou avec la piéce qu'elle a enlevée à une fleur de pavot; elle l'a tient pliée en deux, & malgré cela la piéce ne peut manquer de fe chiffonner en frottant contre les parois d'une cavité étroite; mais la mouche ne l'a pas plûtôt conduite jufqu'à la profondeur où elle la veut, qu'elle la déplie, l'étend, & qu'elle l'applique uniment fur les parois. Les premiéres piéces qu'elle employe font mifes fur le fond du trou; au-deffus de celles-ci, elle en tend d'autres, & cela fucceffivement jufqu'à ce qu'elle foit parvenuë à couvrir entiérement la furface intérieure du trou, & même, comme nous l'avons dit, une étenduë de quelques lignes tout autour de fon ouverture. Chaque piéce ne peut guéres tendre plus du tiers de la circonférence du trou, & dans la hauteur il y en a peut-être cinq à fix les unes au-deffus des autres. Les fleurs ſur leſquelles ces abeilles vont les prendre, apprennent qu'elles en employent de différentes grandeurs.

Ce n'eſt pas apparemment parce que nos tapiſſiéres ſont touchées de la beauté du rouge éclatant des fleurs de coquelicot, qu'elles les employent par préférence aux fleurs de tant de plantes que la campagne met à leur diſpoſition. Leur choix paroît fondé ſur une raiſon plus ſolide. Il leur ſeroit difficile de trouver des pétales de quelques autres fleurs, auſſi grandes, qui fuſſent auſſi minces & auſſi flexibles, & par conſéquent auſſi aiſées à appliquer parfaitement contre les parois du trou. Chaque morceau de fleur de coquelicot ne donne pourtant pas aux parois de terre, une couverture aſſés épaiſſe au gré de la mouche: j'ai enlevé juſqu'à quatre couches de fleurs, de deſſus le fond d'un trou, & je n'en ai jamais trouvé moins de deux ajuſtées ſur les parois cylindriques. Une feuille qui auroit l'épaiſſeur de deux, & même de quatre pétales de pavot, ne ſeroit pas difficile à trouver à notre abeille, mais elle ne répondroit pas à ſes vûës; ces feuilles épaiſſes n'auroient pas une flexibilité pareille à celle des autres. D'ailleurs, comme les jointures doivent être couvertes, il faut employer au moins deux lits de feuilles, ce qui rendroit les recouvrements trop épais, ſi les feuilles étoient épaiſſes.

* Pl. 13. fig. 1. r r r.

Les morceaux de fleurs * qui tapiſſent en dehors les bords du trou, font partie d'une grande piéce qui eſt appliquée ſur les parois intérieures: elle y a été ajuſtée d'abord de façon qu'elle s'élevoit de quelques lignes au-deſſus de l'entrée du trou; la portion excédente a été enſuite repliée ſur le bord, & étenduë ſur le terrein plat. Quoique l'abeille coupe ordinairement des piéces de la grandeur convenable, il lui arrive quelquefois d'en couper de trop grandes pour les places auxquelles elle les avoit deſtinées. J'ai cru en trouver des preuves dans des morceaux très-petits, très-petits, ſouvent étroits, & ordinairement de figure irréguliére, qui étoient tout près de l'entrée du trou, & qui ne tenoient à rien : ils ne pouvoient être pris que pour des retailles, pour de petits coupons qui avoient été rejettés.

La tapiſſerie qui recouvre les parois intérieures du trou, n'eſt, à proprement parler, qu'un étui de fleurs de coquelicot, qui a une ſolidité qui ſuffiroit pour lui conſerver ſa forme indépendamment de l'appui extérieur *. Sa ſurface intérieure a tout le liſſe & l'uni qu'on peut deſirer. Il n'en eſt pas de même de l'extérieure, elle a des inégalités produites pour la plûpart, par la ſurface graveleuſe des parois du trou.

* Pl. 13. fig. 2. *a u p a.*

Ce n'eſt que lorſque l'intérieur du trou a été revêtu d'un nombre ſuffiſant de couches de fleurs, que la mouche porte dans le fond & y accumule de la pâtée juſqu'à ce qu'elle s'éleve à ſept à huit lignes: il n'en faut pas davantage pour le ver qui doit ſortir du ſeul & unique œuf qui ſera dépoſé dans le nid. Cette pâtée eſt tenuë plus proprement, & eſt moins expoſée à être mêlée avec des grains de terre, que ne l'eſt celle que d'autres abeilles laiſſent dans des trous non revêtus. Les vers de ces derniéres ſont peut-être moins délicats que ceux de nos tapiſſiéres. Au ſurplus, celles-ci creuſent volontiers dans des terres ſablonneuſes où des éboulements peuvent arriver trop ſouvent, & où la pâtée ne ſe conſerveroit pas long-temps propre.

Je m'étois attendu qu'après que la mouche auroit fait ſa ponte, elle ne manqueroit pas de fermer au moins l'entrée du trou : la bonne opinion que j'avois de ſa prévoyance, m'aſſûroit qu'elle ne laiſſeroit pas expoſée au pillage des fourmis, la pâtée qu'elle avoit pris la peine d'y entaſſer. Je ſçavois que ces derniéres en étoient friandes, j'en avois vû entrer & ſortir à la file d'un trou où elles en avoient découvert. Pour être donc en état de retrouver les trous que je laiſſois ouverts, après qu'ils auroient été bouchés, j'eus ſoin d'en marquer pluſieurs, ſoit avec une petite pierre poſée tout auprès, ſoit avec un petit brin de bois piqué en terre. Dès le lendemain les trous étoient bouchés, comme j'avois penſé qu'ils le devoient être, mais plus difficiles à retrouver que je ne l'avois prévû. Les endroits où avoient été leurs ouvertures, n'étoient ni plus unis ni plus graveleux que le reſte de la ſurface de la terre. Cependant rien ne ſembloit plus ſimple que de les découvrir, au moyen de mes repaires : je crus qu'il n'y avoit qu'à couper par tranches horizontales la terre des environs, & que je trouverois dans les premieres qui ſeroient enlevées, la coupe d'un tuyau de feuilles. J'enlevai pourtant ſucceſſivement pluſieurs tranches pareilles, ſans appercevoir aucun veſtige de nid. Nous avons dit que les trous ont environ trois pouces de profondeur, & j'ôtai en différentes tranches, plus de deux pouces de terre ſans découvrir le plus léger fragment de feuilles. Il ſembloit que le nid eût été emporté de-là, ſoit par la mouche même, ſoit par quelque inſecte de ſes ennemis. Le vrai eſt pourtant que c'eſt que je ne le cherchois pas aſſés bas. Pour en donner la raiſon, il faut dire ce qui reſte à faire à la mouche.

Dès qu'elle a porté dans le trou la quantité de proviſion néceſſaire, & qu'elle y a pondu un œuf, elle détend toute la tapiſſerie qui ſe trouve depuis le bord du trou juſqu'à la pâtée; & à meſure qu'elle la détend, elle la pouſſe vers le fond du trou *, & l'y plie, & cela, de maniére que la partie ſupérieure de la maſſe de la pâtée qui ſeule n'étoit pas enveloppée de fleurs de coquelicot, en devient bien mieux recouverte que tout le reſte. La façon dont nous nous y prenons, lorſque nous voulons renfermer dans un eſpece de cornet, ou plûtôt de rouleau cylindrique de papier, quelque graine ou quelque poudre dont le rouleau

* Pl. 13. fig. 9. ſ.

n'eſt pas plein, la façon, dis-je, dont nous nous y prenons alors, eſt très-propre à donner une idée de ce que l'abeille fait de ſa tapiſſerie à meſure qu'elle l'ôte de deſſus les parois contre leſquelles elle étoit appliquée: nous ramenons les bords du cornet vers l'intérieur, en les pliant nous bouchons toute l'ouverture, & enfin nous plions & replions juſqu'à ce que la partie ſupérieure du papier ait été amenée deſſus la graine ou la poudre, & qu'elle y ſoit appliquée. C'eſt préciſément ainſi que la tapiſſiére en uſe. Tout ce qui faiſoit la partie ſupérieure du cornet de fleurs de pavot, eſt pouſſé en embas, & preſſé & empilé ſur la partie ſupérieure de la pâtée *. Une portion des feuilles plus flexibles que notre papier, eſt même forcée d'entrer dans le tuyau, & ſe trouve façonnée en bouchon.

* Pl. 13. fig. 9 & 11.

Quand cela eſt fini, le tuyau de fleurs qui avoit trois pouces de haut & plus, eſt réduit à n'avoir plus que 11 à 12 lignes. La pâtée & le ver ſe trouvent renfermés dans un ſac fait d'un grand nombre de couches de fleurs, & ſur-tout en-deſſus. Ce qui reſte alors à faire à la mouche, & à quoi elle s'occupe bien-tôt, c'eſt de remplir de terre le vuide *, les deux pouces de hauteur qui reſtent entre le deſſus du ſac & l'entrée du trou: elle le remplit ſi bien que quand l'ouvrage eſt achevé, on ne ſçauroit plus reconnoître l'endroit où la terre avoit été percée. Plus d'une fois j'ai ſurpris de ces mouches pendant qu'elles étoient occupées à détendre. Lorſque j'avois remarqué un trou dont les bords intérieurs ne paroiſſoient pas rouges, ſur le champ, j'étois en état de décider s'il n'étoit que commencé, ou ſi la mouche travailloit à le fermer: un petit bâton que j'y introduiſois, m'inſtruiſoit de ſon état. Quand le brin de bois n'entroit que de deux pouces, & que ce qu'il rencontroit ne lui réſiſtoit pas autant qu'eût fait de la terre compacte, quand je trouvois le fond mollet,

* Fig. 9. o t.

je jugeois avec certitude que la mouche étoit occupée à recouvrir la pâtée avec des fleurs qui avoient été ôtées de dessus les murs, ou que cela étoit déja fait.

Quoique de percer, de meubler, de fournir de provisions, & de fermer un trou comme ceux dont il s'agit, doive être un grand ouvrage pour une petite mouche, je ne crois pas que ç'en soit un pour elle de plus de deux à trois jours. Aussi n'en a-t-elle pas pour un à faire, car sans doute sa ponte n'est pas bornée à un seul œuf. Si l'on sçavoit le nombre de ceux qui sont contenus dans son corps, on sçauroit le nombre de nids qu'elle est obligée de leur préparer: la dissection eût pu donner sur cela quelques lumiéres; mais les ames compatissantes ne seront pas fâchées que j'aye négligé d'ouvrir le ventre de quelques-unes de nos tapissiéres, pour chercher à y prendre au moins une idée grossiére de la quantité des œufs qu'il contient. C'est un fait qu'on peut ignorer sans beaucoup de regret. On ne peut pourtant s'instruire du nombre des nids faits par chaque abeille, en observant celles qui vivent en liberté, parce qu'elles ne les placent pas toûjours près les uns des autres.

Après avoir tiré du fond de divers trous, de ces petits sacs de fleurs de coquelicot *, dans chacun desquels de la pâtée, & un ver ou un œuf étoient renfermés, je les ai cachés sous la terre d'un poudrier; mais je n'ai pas fait une attention sur l'état de la terre, qui n'eût pas échappé à la mouche, elle étoit trop humide. Quand dans la suite j'ai visité les sacs, ils étoient pleins de moisissûre, & renfermoient un miel qui s'étoit corrompu, & dans lequel le ver avoit péri. J'avois heureusement un moyen plus simple de reconnoître le temps nécessaire à leur accroissement, en marquant un nombre de trous à la campagne qui seroient destinés à être ouverts dans des jours différents. Je piquai en

* Pl. 13. fig. 11.

terre le 21 de Juin des brins de bois auprès des trous qui étoient encore tapissés à 7 heures du soir; ils furent remplis & bouchés le lendemain ; chaque brin de bois me mettoit en état de retrouver un des trous: je différai jusqu'au premier de Juillet à en mettre le fond à découvert. Le premier sac que je tirai de terre, étoit aussi renflé que lorsqu'il avoit été rempli; il sembloit l'être encore de pâtée: mais lorsque je l'eus ouvert, je vis que toute sa capacité étoit occupée par un seul ver blanc assés semblable à ceux des mouches à miel. Il avoit consumé toute sa provision, & par conséquent il étoit en état de subir sa premiére métamorphose. Ces vers, comme ceux des mouches à miel, deviennent donc des nymphes, dix à douze jours après être nés. La quantité des trous que j'avois marqués, ou plûtôt dont les marques n'avoient pas été dérangées, ne suffit pas pour m'instruire du nombre des jours au bout desquels la mouche, après s'être tirée des enveloppes de nymphe, est en état de percer la terre, & de venir jouir du grand jour.

Mais les trous que j'ai ouverts m'ont appris que tous les vers ne viennent pas à bien : parmi ceux que j'ouvris le premier Juillet, & qui avoient été bouchés le 22 Juin, j'en trouvai dont le sac de fleurs étoit encore plein de pâtée; le ver qui auroit dû s'en nourrir, avoit péri.

EXPLICATION DES FIGURES DU CINQUIEME MEMOIRE.

PLANCHE XII.

LA Figure 1 représente un nid fait de membranes extrêmement minces & transparentes, dans la terre d'un mur. *a c, c e, e g,* trois cellules dont il étoit composé, mises les unes au bout des autres. *ab, cd, ef,* partie de chaque cellule qui paroît brune parce qu'elle eſt pleine de pâtée dont la couleur perce au travers des parois tranſparentes qui la contiennent. *cb,* portion de la cellule *ab,* qui reçoit le fond de la cellule *dc;* & de même la portion *ed* de la cellule *ce,* reçoit le fond de la cellule *gf.*

Dans la Figure 2, il n'y a que deux cellules ſemblables à celles de la figure 3. La cellule *k* y fait un angle avec la cellule *ih* qui la reçoit. Cela arrive lorſque quelque pierre n'a pas permis à la mouche de creuſer la terre en ligne droite; le trou fait alors un coude tel que celui que fait la cellule *k* avec la cellule *ih.*

La Figure 3 eſt celle d'une ſeule cellule poſée verticalement. *a,* fond de la cellule. *ab,* partie occupée par la pâtée. La partie du tuyau qui ſe trouvoit par-delà *b,* & qui étoit deſtinée à recevoir le fond de la cellule ſuivante, a été déchirée. *c,* une des piéces qui enſemble compoſent le couvercle, tirée de ſa place. Il en reſte encore pluſieurs pareilles poſées les unes ſur les autres, & dont la derniére eſt appliquée immédiatement ſur la pâtée.

La Figure 4 fait voir deux cellules poſées horizontalement comme elles le ſont dans le mur. *t, t,* un reſte de la terre qui les entouroit. *ab,* cellule qui eſt pleine de pâtée juſqu'en *b. bd,* cellule dont le fond entre dans le prolongement de la cellule *ab,* qui n'a pas encore été remplie de pâtée, ce qui eſt cauſe qu'elle eſt encore toute blanche.

La Figure 5 montre une ſeule cellule logée dans la terre, excepté par la face qui eſt en vûë; on a emporté la portion de terre qui couvroit cette face.

La Figure 6 eſt celle d'une cellule renverſée qui a été ouverte en *a b* pour mettre à découvert en partie la pâtée *p* qui y eſt contenuë.

La Figure 7 repréſente le ver qui ſe nourrit dans les cellules précédentes, de la grandeur à laquelle il eſt parvenu quand il eſt près de ſe métamorphoſer en nymphe.

Dans la Figure 8, la tête du ver précédent eſt vûë groſſie au microſcope. *c*, petite éminence qu'elle a à ſa partie ſupérieure. *d*, deux dents. *m n*, parties qui compoſent la levre inférieure.

La Figure 9 fait voir la mouche qui conſtruit les nids des figures 1 & 2, ayant les aîles éloignées du corps. Elle eſt ici un peu plus grande que nature.

La Figure 10 eſt celle d'une abeille coupeuſe de feuilles, qui ſe tenoit dans le même mur où l'abeille précédente conſtruiſoit des nids.

La Figure 11 repréſente le mâle de l'abeille de la fig. 9, dans ſa grandeur naturelle.

Les Figures 12 & 13 montrent la tête de l'abeille de la figure 9, vûë au microſcope, elle l'eſt par-deſſous, figure 12, & par-deſſus, figure 13. *c*, figure 12, l'endroit d'où le col part. *d, d*, les dents. *f, f*, les deux grands demi-fourreaux de la trompe. *e, e*, les deux petits demi-fourreaux qui ne ſont que des filets. *t t*, le bout de la trompe plus large que le reſte, & échancré. *i, i*, figure 13, les yeux à rezeau. *a, a*, les antennes.

Les Figures 14 & 15 repréſentent la même abeille; elle n'a aucun rapport avec celles dont le cinquiéme Mémoire donne l'Hiſtoire; & je ne ſçais rien de la ſienne.

Cette abeille eſt remarquable en ce qu'elle reſſemble plus par ſes couleurs aux guêpes qu'aux abeilles, elle a en jaune tout ce qui eſt ici en noir, & ce qui eſt en blanc, elle l'a en noir. La forme de ſon corps approche auſſi aſſés de la forme du corps des guêpes, mais elle a la vraye trompe d'une abeille. J'ai pris beaucoup de ces mouches ſur des fleurs de romarin, qui toutes étoient des mâles.

PLANCHE XIII.

La Figure 1 repréſente une motte de terre graveleuſe dans laquelle une abeille tapiſſiére avoit conſtruit ſon nid, *a a b c*, la ſurface horizontale de la terre. La face *b e d c*, a été faite en détachant du reſte la petite maſſe qu'on s'eſt contenté de repréſenter ici. *r, r, r,* morceaux de feuilles de coquelicot dont les environs du bord du trou ſont tapiſſés. *l*, brin de bois qui a été introduit dans le trou creuſé & tapiſſé enſuite de fleurs de coquelicot. Ce brin de bois ſert à ſoûtenir le tuyau de fleurs pendant qu'on dégrade la terre contre laquelle il eſt appliqué.

Dans la Figure 2, le tuyau *p* de fleurs de coquelicot paroît en partie à découvert, parce que la terre qui eſt, figure 1, depuis *b c*, juſqu'au tuyau, a été emportée dans la hauteur *a u*.

La Figure 3 repréſente encore une motte de terre graveleuſe dont la ſurface horizontale eſt *a a b c*. En *r r*, eſt l'entrée du trou creuſé & tapiſſé par une abeille. Au-deſſous de la tranche horizontale dont l'épaiſſeur eſt marquée *c e*, & *b f*, la terre a été coupée, & on a mis à découvert la tapiſſerie de fleurs de coquelicot. *p*, le tuyau dont le fond eſt en *f*.

La Figure 4 montre de face l'entrée d'un trou qui par dehors

dehors eſt tapiſſé de fleurs de pavot. *r, r,* morceaux de fleurs de pavot.

La Figure 5 eſt celle de l'abeille tapiſſiére.

La Figure 6 fait voir une fleur de coquelicot dont une des feuilles ou pétales eſt entaillée. La piéce qui manque en *e*, a été coupée & emportée par une tapiſſiére.

La Figure 7 eſt celle d'une piéce de fleur de pavot, telle que celles que les tapiſſiéres mettent en œuvre.

La Figure 8 repréſente une portion de la coupe d'un trou, qui paſſe par l'axe, & qui a mis à découvert la pâtée *p*, dont l'abeille a rempli le fond du tuyau de fleurs.

La Figure 9, comme les Figures 1, 2, 3, repréſente une motte de terre graveleuſe, mais qui a été deſſinée plus petite que celle des Figures citées. On y a mis à découvert le nid, en emportant les portions de terre qui le cacheroient à nos yeux. Il eſt vû ici dans un temps où tout le travail de la mouche eſt fini. *rr,* entrée du trou qui a été bouchée. Au-deſſous, en *to*, le trou a été détendu, & a été rempli de terre. *ſ,* le ſac qui renferme la pâtée & le ver ou l'œuf. On voit au-deſſus de ce ſac, des feuilles pliſſées & chiffonnées, ce ſont celles qui auparavant étoient tenduës ſur les parois de la partie ſupérieure *o t r* du trou.

La Figure 10 fait voir un ſac de fleurs de pavot, qui n'eſt pas encore aſſés raccourci, ni par conſéquent fermé. Les parties *ff*, n'ont pas encore été pouſſées en embas & pliées.

La Figure 11 montre un ſac bien conditionné & tiré hors du trou. *ſ,* le ventre du ſac. *b,* ſa partie ſupérieure qui a été bouchée par les fleurs qui couvroient les parois supérieures du trou.

La Figure 12 n'a rien de commun avec celles qui précédent, c'est celle d'une abeille envoyée d'Italie par feu M. Garnier, autrefois Médecin à Rome de la Reine de Pologne. Cette abeille, dont la couleur est la plus commune aux mouches de ce genre, est plus allongée que les abeilles ordinaires. On l'avoit envoyée à l'Académie, parce qu'elle avoit paru remarquable par une forte odeur de musc qu'elle répandoit. Quand je l'ai euë, elle ne sentoit plus que la fourmi.

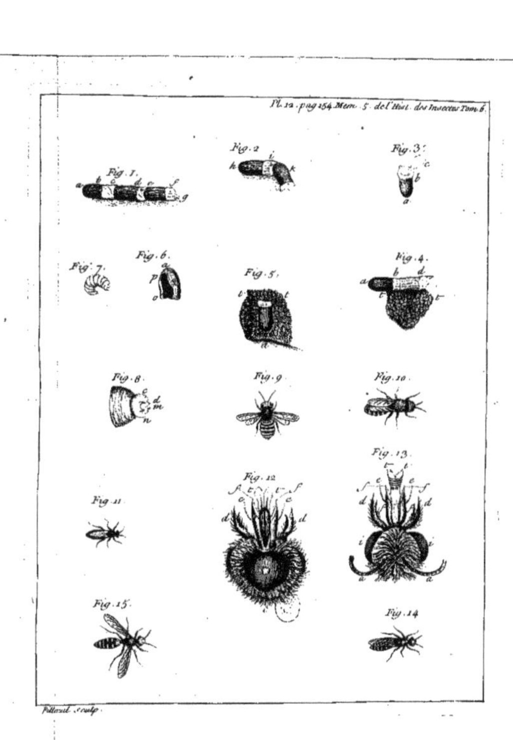
Pl. 12. pag. 254. Mem. 5. de l'Hist. des Insectes Tom. 6.
Fig. 1.
Fig. 2.
Fig. 3.
Fig. 4.
Fig. 5.
Fig. 6.
Fig. 7.
Fig. 8.
Fig. 9.
Fig. 10.
Fig. 11.
Fig. 12.
Fig. 13.
Fig. 14.
Fig. 15.

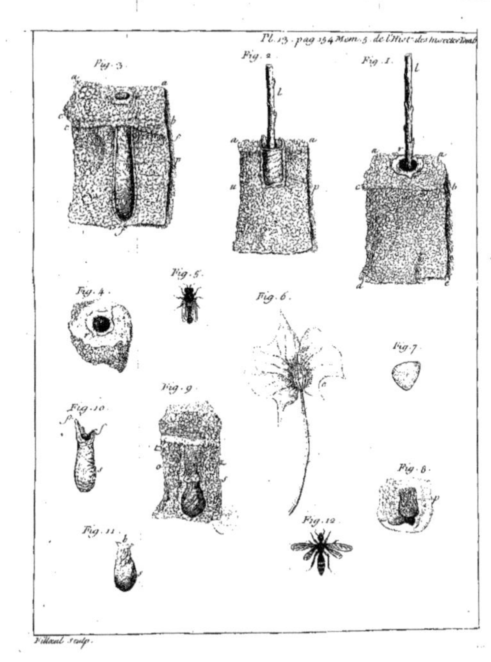

Filloeul sculp.

SIXIÉME MÉMOIRE.

HISTOIRE DES GUESPES EN GENERAL, ET EN PARTICULIER DE CELLES QUI VIVENT SOUS TERRE EN SOCIETÉ.

NEUF Mémoires du volume précédent, & cinq de celui-ci employés à détailler les faits ſinguliers, tant des Abeilles qui ſçavent profiter des avantages de la ſociété, que de celles qui ne connoiſſent que la vie ſolitaire, ont dû nous faire prendre une ſorte d'intérêt pour les unes & pour les autres. Dès-là nous ne ſçaurions manquer d'être indiſpoſés contre d'autres Mouches qui les tuent impitoyablement, & les mangent toutes vives, contre les Guêpes. La ſuite de l'hiſtoire des Inſectes demande néantmoins que nous racontions à préſent comment les différentes eſpeces de ces derniéres mouches ſe conduiſent pendant le cours de leur vie, & comment elles ſe perpétuent. Les guêpes n'ont guére été connuës pendant bien des ſiécles, & ne le ſont guére encore de beaucoup de gens, que par le ravage qu'elles font des fruits de nos jardins, & que comme des mouches dont les approches ſont à redouter. Quoique les abeilles ſoient auſſi armées d'un aiguillon, elles doivent être regardées comme un peuple pacifique qui, occupé continuellement de ſes travaux, ne cherche point à attaquer, & ne ſonge qu'à ſe défendre,

& qui enfin ne se nourrit point aux dépens d'autrui. Les guêpes au contraire peuvent paroître un peuple féroce, qui ne vit que de rapines & de brigandages. Nous nous condamnerions pourtant nous-mêmes, en les jugeant avec tant de rigueur; contentons-nous de les regarder comme des mouches guerriéres qui, ainsi que nous, croyent avoir droit, pour se nourrir, sur les fruits que la terre produit, & sur les animaux qui l'habitent, auxquels elles sont supérieures en force. Pour être belliqueuses, elles n'en sont pas moins bien policées, elles n'en paroissent pas moins pleines de tendresse pour leurs petits, ni moins animées par le desir de se procurer une nombreuse postérité. Pour y parvenir, elles n'épargnent ni soins ni travaux. Les ouvrages qu'elles exécutent, font honneur à leur patience, à leur adresse & à leur génie : elles ont, comme les mouches à miel, leur architecture particuliére & digne de notre admiration. Il est vrai que leurs édifices construits avec beaucoup d'art, nous sont inutiles, que nous ne sçavons pas faire usage des matériaux qui les composent, comme nous en faisons de la cire; cependant lorsqu'on les sçait bien voir, ils ne sont pas pour nous des objets de pure curiosité. Nous ne manquerons pas de faire remarquer dans la suite qu'ils peuvent nous apprendre à trouver en abondance des matiéres utiles pour une de nos principales fabriques, pour celle du Papier, & des matiéres dont on ne s'est pas avisé de se servir jusqu'ici, ou au moins qu'on n'a pas employées à leur façon.

Il y a plus de 22 ans que nous avons rapporté des faits propres à prouver que les guêpes méritoient plus d'être connuës qu'on ne se l'étoit imaginé*. Celles de plusieurs especes vivent en république, comme les mouches à miel. Le nombre des mouches de quelques-unes de leurs sociétés, égale celui des habitants d'une grande ville; mais les

* *Mém. de l'Académie, 1719. page 230. & suiv.*

ſociétés de différentes autres eſpeces de guêpes, n'ont pas plus de mouches qu'un petit village n'a d'habitants. Enfin beaucoup d'eſpeces de guêpes, comme beaucoup d'eſpeces d'abeilles, menent la vie la plus ſolitaire. Dans le Mémoire imprimé parmi ceux de l'Académie de 1719, nous nous ſommes bornés à parler des guêpes qui vivent en ſociété, tout ce que nous y en avons dit, doit ſe retrouver dans celui-ci; mais nous ne pouvons nous diſpenſer de le faire précéder par quelques additions, peu néceſſaires alors, & qui le ſont devenuës par l'engagement que nous avons pris de traiter des Inſectes méthodiquement, & dans une certaine généralité.

L'aiguillon dont les guêpes ſont toûjours diſpoſées à ſe ſervir contre nous, les fait confondre avec les abeilles, par ceux qui ne s'arrêtent pas à démêler des différences qui ne peuvent être apperçûës que quand on cherche à les voir. Les caracteres qui les en diſtinguent, ſont pourtant très-marqués. Le corps des guêpes* ne tient au corcelet que par un fil plus ou moins long, & par-là plus ou moins ſenſible dans différentes eſpeces de ces mouches, mais toûjours ne paroît-il y tenir que par un fil délié, au lieu que le fil plus gros qui unit le corps des abeilles à leur corcelet, n'eſt pas viſible ordinairement, parce que le bout du corps s'emboîte dans une cavité qui ſe trouve à la fin du corcelet.

* Pl. 14. fig. 8. & 9.

C'eſt ſur-tout lorſqu'on vient à comparer le devant de la tête d'une guêpe avec celui d'une tête d'abeille, qu'on reconnoît que ces mouches ne different pas ſeulement en genre, qu'elles different en claſſe. La trompe* accompagnée de dents, qui marque la place des abeilles dans la quatriéme claſſe des mouches, manque aux guêpes; ces derniéres doivent être miſes dans la troiſiéme claſſe, dans celle des mouches qui n'ont point de trompe, & qui ont

* *Tome V. pl. 27 & 28.*

des dents en dehors de la bouche. Dans le Mémoire que j'ai cité ci-dessus*, j'ai pourtant laissé la liberté de donner le nom de trompe à cette partie*, à laquelle j'affirme aujourd'hui qu'il ne convient pas; mais alors je n'avois pas examiné, comme je l'ai fait depuis, les structures propres aux trompes, & il me suffisoit de faire connoître la partie par laquelle les aliments sont conduits dans le corps de la guêpe, sans m'embarrasser de prouver qu'elle n'étoit pas une trompe. Comme cette partie* se porte plus en devant de la tête, que ne le font pour l'ordinaire les bouches des autres mouches, elle a effectivement l'air d'une trompe un peu courte, & Swammerdam l'a prise pour telle; mais quand on l'examine avec une loupe, on reconnoît qu'elle est une véritable bouche, semblable pour l'essentiel à celle de divers autres Insectes. J'ai donné ailleurs une image des parties qui la composent, & de leur arrangement, à ceux qui ont quelque teinture de Botanique, en la comparant à une fleur en gueule dont la lévre supérieure* est grande & refenduë, & dont la lévre inférieure est extrêmement courte. Cette derniére ne peut être renduë sensible que par le secours de la loupe: l'autre est très-aisée à distinguer à la vûë simple, elle est échancrée près de son bord, plus ou moins avant* dans des guêpes d'especes différentes. Dans quelques-unes le fond de l'entaille descend jusqu'au tiers de la longueur; & dans d'autres, il est plus proche du bord. Depuis son extrémité jusqu'à son origine, cette lévre va en s'étrécissant & en se courbant: on se représentera donc assés bien sa figure, en se rappellant celle d'un demi-pavillon d'entonnoir qui seroit échancré. Où le pavillon de l'entonnoir se termine, où le tuyau de l'entonnoir commence, est l'ouverture* qui peut être prise pour l'entrée de la bouche. C'est par cette ouverture que les aliments entrent dans un tuyau* écailleux

* *Mém. de l'Académie 1719.*
* Pl. 16. fig. 2. *l l o o.*
* Fig. 2 & 3. *l.*
* *l, l.*
* Fig. 2 & 3.
* Fig. 2. *n.*
* *t.*

en-dessous, ou du côté qui se présente lorsqu'on considere la tête par-dessous. Ce tuyau s'insere dans la tête, à quelque distance du col. La lévre inférieure ne forme qu'un rebord à l'entrée du tuyau ou de la bouche. La lévre supérieure est charnuë, blancheâtre, extrêmement flexible, & propre à exécuter une infinité de mouvements. En dedans, du côté concave, on apperçoit des fibres longitudinales; mais en dehors, sur la surface convexe, on distingue nettement des fibres transversales qui forment des sillons paralleles les uns aux autres, & qui la font paroître agréablement ouvragée.

J'ai pris cette lévre pour une langue, lorsque j'ai vû pour la premiére fois des guêpes s'en servir à lécher des fruits & des liqueurs qui avoient la consistance de sirop: elle en fait aussi les fonctions, elle agit pour conduire les aliments, comme une langue qui seroit hors de la bouche; elle s'évase quelquefois jusqu'à devenir plate; d'autres fois elle se courbe de cent façons différentes; très-souvent elle se plie en deux suivant sa longueur, de maniére qu'une des moitiés de sa surface intérieure vient s'appliquer contre l'autre. Elle fait l'office de main pour détacher de dessus les corps durs des parcelles propres à être avallées; il semble même qu'elle ait été construite pour broyer des corps qui peuvent l'être sans le secours des dents *. Nous avons dit que son bout est entaillé, l'extrémité de chacune des parties formée par l'entaille, a un petit bouton brun *, luisant, & par conséquent écailleux; les deux ensemble paroissent propres à écraser des corps qui résisteroient à une partie charnuë Le contour de la portion entaillée est bordé d'une frange de petites dents charnuës qui ont encore leur usage pour détacher des parties molles, & les faire passer dans le demi-entonnoir que forme la lévre à qui elles appartiennent. Enfin, cette lévre peut encore être

* Pl. 16. fig. 2. *d, d.*

* *l, l.*

aidée par des especes de doigts qui l'accompagnent: il y en a deux * plats, longs & étroits, charnus comme elle, & qui ont aussi chacun à leur extrémité un bouton longuet, brun & écailleux, posé sur la surface qui répond à l'intérieur de la lévre. J'ai donné autrefois ces deux corps longs, comme des divisions de la lévre; mais je crois qu'il est plus exact de les regarder comme des parties particuliéres qui, ainsi que la lévre, ont leur origine près de l'ouverture circulaire qui reçoit les aliments. Deux autres corps * qui sont encore des especes de doigts propres à concourir avec la lévre supérieure, sont entiérement écailleux, faits par nœuds comme les antennes, & ont leur attache sur la partie écailleuse du tuyau dont nous regardons l'entrée comme celle de la bouche. Cette bouche n'est pas un simple trou cylindrique; elle est mieux pourvûë de langue que la nôtre, elle en a deux, si on veut regarder comme des langues, deux languettes charnuës qui sont attachées contre les parois intérieures du tuyau du côté où il est écailleux, & dirigées suivant sa longueur; elles font à ce tuyau deux cloisons qui ont chacune une longueur environ égale à la moitié ou aux deux tiers du diametre du trou.

* Pl. 16. fig. 2. *o, o.*

* *b, b.*

Les guêpes pour se nourrir, sont souvent obligées de mettre en piéces des corps dont la dureté est supérieure à la force de leur lévre & de ses accompagnements; mais elles ont deux dents * auxquelles peu de corps peuvent résister. Chacune est attachée à un des côtés de la tête, en devant de laquelle elles viennent mutuellement se rencontrer; le bout par lequel elles se touchent, est oblique à leur longueur & plus large que celui qui sert de pivot à leur mouvement. Sur ce bout par lequel elles se rencontrent sont trois dentelûres à pointes aiguës, quoique leurs bases soient solides: elles sont taillées dans la moitié la plus proche

* Fig. 1, 2 & 3. *d, d.*

proche du côté extérieur; sur l'autre moitié, & près du côté intérieur, il y a encore une dentelûre, mais plus courte que les autres. Le nombre, la profondeur & l'arrangement des dentelûres varient cependant dans différentes especes de guêpes.

Le brun est la couleur la plus ordinaire aux abeilles, & le jaune & le noir combinés par rayes ou par taches, sont celles qu'on trouve communément aux guêpes de ce pays *. Nous avons pourtant parlé d'une espece d'abeilles qui porte la livrée des guêpes, & j'en ai de ces derniéres qui portent celle des abeilles; on m'en a envoyé de Cayenne, qui sont en entier d'un brun tirant sur le cannelle. J'en ai d'autres qui m'ont été envoyées de Saint-Dominique par M. du Hamel Médecin du Roy en cette Isle, dont le jaune est pâle, & combiné agréablement avec différentes nuances de caffé; & d'autres que je dois encore à M. du Hamel, dont la couleur dominante est olive, & qui ont seulement un filet noir au bord postérieur de chaque anneau, & quelques autres de même couleur sur le corcelet & sur la tête. Il y en a de tout-à-fait noires. Les guêpes ne sont point veluës comme les abeilles; les yeux seuls apperçoivent pourtant des poils fins en grand nombre sur celles de certaines especes; mais il y en a d'autres sur lesquelles ils ont peine à en découvrir quelques-uns. Si on donne à ses yeux le secours d'une loupe de deux à trois lignes de foyer, les anneaux du corps cessent de leur paroître lisses *, ils semblent faits d'un Chagrin sur lequel des poils courts sont couchés avec ordre à côté les uns des autres, & distribués en différents rangs.

* Pl. 14. fig. 1, 2, 3, 4, 5, 6 & 7.

* Pl. 17. fig. 6.

Une particularité dont j'ai déja fait mention dans le quatriéme volume, lorsque j'ai distribué les mouches en classes, mais dont personne, que je sçache, n'a encore parlé, est très-propre à faire distinguer les guêpes d'avec des mouches à quatre aîles de genres qui approchent du leur. Quand on voit une guêpe posée *, on lui juge les aîles supérieures fort étroites; ce n'est pas qu'elles le soient réellement, c'est qu'elles sont pliées en deux d'un bout à l'autre, & ne montrent alors que la moitié de leur largeur. La partie intérieure *, celle qui devroit couvrir le dessus du corps, est ramenée en-dessous, de façon que le bord du côté intérieur se trouve précisément sous le bord du côté extérieur; le pli est pris tout du long d'une grosse fibre qui a son origine à celle de l'aîle; cette fibre se termine pourtant par des ramifications déliées avant que d'arriver au bout de l'aîle jusqu'auquel parvient le pli dont la direction vient d'être déterminée.

* Pl. 14. fig. 6 & 8. & pl. 17. fig. 7.

* Fig. 1 & 2. *a c b.*

Quand la guêpe veut se servir de ses aîles supérieures pour se soûtenir en l'air, elle les déplie *; la méchanique par laquelle elle y parvient, ne m'est pas connuë; je ne sçais si à la jonction de chaque aîle avec le corcelet, il y a un muscle qui tire en dehors le bout de la partie qui est ramenée en-dessous, ou si, quand la guêpe veut voler, elle fait couler dans les vaisseaux qui se trouvent dans la concavité du pli, une liqueur qui oblige ce qui étoit courbe à se redresser. Je sçais mieux que l'état naturel de l'aîle est d'être pliée; elle l'est dans les guêpes mortes; l'aîle qu'on vient d'arracher à une guêpe vivante, reste pliée: son ressort tend donc à la mettre dans cet état, & il faut une force pour l'en tirer, comme il en faut une pour lui faire frapper l'air, & peut-être que cette derniére force produit l'un & l'autre effet.

* Fig. 3.

Avant que de quitter leurs aîles, je dois faire remarquer qu'au-dessus de l'insertion de chacune des supérieures *, est attachée une petite partie écailleuse en forme de coquille, dont la concavité est en-dessous. Cette piéce est plus grande & plus sensible dans la plus commune des especes de guêpes

* Pl. 17. fig. 4.

de nos jardins, que dans aucune autre: on peut la voir aussi à des mouches, soit du genre des abeilles, soit de divers autres genres. Son usage me paroît être d'empêcher l'aîle de s'élever trop, c'est une espece de ressort, un arrêt, un cliquet qui presse la partie de l'aîle au-dessus de laquelle elle est posée, lorsque des efforts peu mesurés tendent à porter l'aîle trop haut. Nous aurons ailleurs occasion de prouver que cet usage est plus grand qu'il ne le sembleroit; que certains insectes volent mal quand leurs aîles n'ont pas des arrêts plus considérables que ceux-ci.

Différentes especes de guêpes different beaucoup en grosseur. La plus grande de toutes dans ce pays, est celle qui y a son nom particulier, qui y est connuë sous celui de frêlon *, en latin *crabro*. Toutes ont le corps d'une figure ellipsoïde, ou de celle d'une olive; mais les unes l'ont plus, les autres moins oblong; les unes l'ont plus pointu tant à son origine qu'à son bout, que les autres. Le bout du corps de quelques-unes est mousse. Il y en a dont le corps est si peu distant du corcelet, qu'il le touche en divers moments *; & celui des autres ne paroît y tenir que par un filet * plus ou moins long dans différentes guêpes. Mais on aura assés d'occasions de remarquer ces sortes de variétés dans les différentes especes de guêpes que nous ferons passer sous les yeux, lorsque nous en rapporterons des faits plus propres à s'attirer notre attention. Nous commencerons par raconter ceux que nous fournissent les especes qui vivent en société, & nous parlerons ensuite de ceux qui peuvent nous intéresser pour des especes de guêpes qui vivent solitaires.

* Pl 18. fig. 1, 2 & 3.

* Pl. 14. fig. 3, 4 & 5.

* Fig. 8 & 9.

La même fin qui retient des abeilles dans une ruche, réünit des guêpes dans un même lieu. Celles-ci ne semblent pas moins animées que les autres, par l'amour de la postérité. Elles travaillent avec la même ardeur à construire des gâteaux, qui ſont auſſi compoſés de cellules exagones: à la vérité, leurs cellules ne ſont pas faites de cire, mais chacune n'en eſt pas moins propre à recevoir un œuf, & à fournir un logement au ver qui en doit ſortir, juſqu'à ce qu'il ſoit devenu guêpe. En général leur matiére eſt une eſpece de papier; les guêpes de différentes eſpeces, le font de différentes couleurs, & de différentes qualités. Selon que les ſociétés ſont plus ou moins nombreuſes, elles conſtruiſent plus ou moins de gâteaux, & des gâteaux plus grands ou plus petits. Nous donnerons aſſés ſouvent le nom de nid, à l'aſſemblage de ces gâteaux deſtinés à élever les petits: nous le nommerons auſſi le *guêpier*, pour rendre en françois le nom de *Veſparium* & de *Veſpetum* qu'il porte en latin.

Les différentes eſpeces de guêpes prennent par préférence différents lieux pour conſtruire leurs guêpiers. Les unes ne craignent point de les laiſſer expoſés à toutes les injures de l'air, & les autres les mettent à couvert. Il y a encore parmi celles-ci des choix différents pour les lieux; car les unes logent volontiers leurs guêpiers dans des troncs d'arbres, pourris en partie, ou ſous des toićts de greniers non fréquentés; d'autres les cachent ſous terre; & c'eſt ce que font les guêpes les plus communes dans ce pays*, & qu'on peut appeller les domeſtiques; parce qu'elles ne paroiſſent pas ſeulement en grand nombre ſur les eſpaliers de nos jardins, ſur-tout quand les muſcats commencent à meurir, elles s'introduiſent dans nos ſalles à manger, & viennent hardiment goûter de tous les mets qu'on ſert ſur nos tables. Ce ſont auſſi celles dont nous donnerons par préférence une hiſtoire détaillée, les faits qui y doivent entrer m'ayant été aiſés à obſerver. D'ailleurs ce que nous avons à rapporter de la forme de leur gouvernement, de l'art avec lequel elles travaillent, & de leurs différentes

* Pl. 14. fig. 1 & 2.

manœuvres, leur eſt commun pour l'eſſentiel avec les autres eſpeces de guêpes qui vivent en ſociété. Nous n'aurons donc dans la ſuite qu'à expliquer ce que les pratiques de chacune de ces derniéres ont de différent des pratiques de celles de la premiére eſpece.

Les guêpes qui bâtiſſent ſous terre, ne ſont pas ſeulement avides de fruits, elles ſont au rang des inſectes les plus carnaciers; elles font une guerre cruelle à toutes les autres mouches; mais c'eſt ſur-tout à celles du genre des abeilles à qui elles en veulent. J'en ai ſouvent obſervé qui aimoient à ſe rendre & à ſe tenir auprès de mes ruches: là, j'ai vû pluſieurs fois une guêpe ſe ſaiſir d'une abeille qui étoit prête à rentrer dans ſon habitation, & la porter par terre; elle reſtoit deſſus ſans l'abandonner & lui donnoit des coups de dents redoublés, qui tendoient à ſéparer le corcelet du corps: quand la guêpe en étoit venuë à bout, elle prenoit celui-ci entre ſes jambes, & l'emportoit en l'air. Une abeille entiére ne ſeroit pourtant pas un trop lourd fardeau pour certaines guêpes; mais le corps de l'abeille eſt ce qu'elles en aiment le mieux; les inteſtins qu'il renferme ſont tendres, & d'ailleurs pleins de miel, au lieu que le corcelet ne contient preſque que les muſcles qui font mouvoir les aîles; ce ſont des chairs trop dures & trop coriaſſes.

Elles ne ſe contentent pas du petit gibier que leur chaſſe leur peut fournir, nos viandes les plus ſolides ſont à leur goût; elles ſçavent trouver les lieux où nous allons les prendre: elles ſe rendent en grand nombre dans les boutiques des bouchers de campagne. Là chacune s'attache à la piéce qu'elle aime le mieux; après s'en être raſſaſiée elle en coupe ordinairement un morceau pour le porter à ſon guêpier. Ce morceau ſurpaſſe ſouvent en volume la moitié du corps de la mouche, & eſt quelquefois ſi pesant, que celle qui s'est élevée en l'air après s'en être chargée, est obligée sur le champ de redescendre à terre. Nous avons fait remarquer que les deux grandes dents mobiles dont elles sont pourvûës, ont leur bout taillé en scie*; c'est avec ces dents qu'elles coupent les morceaux de viande qu'elles veulent emporter; elles les prennent souvent au milieu d'une piéce: elles les rongent tout autour & par-dessous, jusqu'à ce qu'ils ne tiennent plus à rien. Elles y sont occupées avec tant d'avidité, qu'il seroit aisé alors de les tuer même avec la main sans aucun risque d'être piqué, & d'en détruire de la sorte un grand nombre chaque jour. Malgré leurs larcins les Bouchers de campagne vivent cependant en paix avec elles; j'en ai même eu un à Charenton qui faisoit plus: le foye de veau est la chair qu'elles aiment le mieux; vers la fin de l'été il leur en abandonnoit *quelquefois un chaque jour*, ou quelquefois seulement une rate de bœuf. Ce sont des viandes auxquelles elles s'attachent par préférence, & qui les empêchent de toucher aux autres; elles peuvent leur paroître d'un meilleur goût; elles ont d'ailleurs l'avantage d'être plus tendres, moins fibreuses, & par-là plus aisées à couper. J'ai vû d'autres Bouchers qui ne leur abandonnoient que des foyes de bœuf ou de mouton. Ce n'est pas au reste pour les éloigner des autres viandes qu'ils leur offrent celles-ci, une meilleure raison d'œconomie les y engage: les mouches, & sur-tout les grosses mouches bleuës, déposent sur la viande, des œufs d'où sortent des vers qui la font corrompre plus vîte: les guêpes gardent la viande contre ces grosses mouches, qui n'osent rester dans la boutique, où il ne fait pas sûr pour elles; les guêpes leur donnent la chasse, & il n'en coûte pour cela au Boucher par jour qu'une rate de bœuf, ou, tout au plus, qu'une portion de foye de veau.

* Pl. 16. fig. 1, 2 & 3. d, d.

Après avoir pris un bon repas, & s'être chargées de proye, elles retournent à leur nid ou guêpier. La premiére porte qui y conduit, est un trou d'environ un pouce de diametre, dont l'ouverture est à la surface de la terre. Les bords de ce trou sont labourés comme ceux des clapiers des garennes peuplées; mais la terre des environs est couverte d'herbes à l'ordinaire. Ce trou est une espece de gallerie que les guêpes ont minée; il va rarement en ligne droite à leur habitation; il n'est pas toûjours de même longueur, parce que le guêpier est tantôt plus près, tantôt plus loin de la surface de la terre. Je n'en ai trouvé aucun dont la partie la plus élevée n'en fût au moins à un demi-pied; mais j'en ai trouvé d'autres où elle en étoit distante de plus d'un pied, ou d'un pied & demi.

Ce trou est le chemin qui conduit à une petite ville soûterraine, qui n'est pas bâtie dans le goût des nôtres, mais qui a sa symmétrie; les ruës & les logements y sont réguliérement distribués. Elle est même entourée de murs de tous côtés: je ne donne point ce nom aux parois du creux où elle est située, les murs dont je veux parler, ne sont que des murs de papier, mais forts de reste pour les usages auxquels ils sont destinés; ils ont quelquefois plus d'un pouce & demi d'épaisseur.

Ces murs, ou pour parler moins métaphoriquement, l'enveloppe extérieure du guêpier *, a différentes figures & grandeurs, selon la figure & la grandeur que les guêpes ont données aux ouvrages qu'elle renferme. Communément la figure extérieure du guêpier approche de celle d'une boule, ou de celle d'une boule allongée dont le plus petit diametre est tantôt horizontal & tantôt vertical. J'en ai trouvé qui ressembloient à un cone applati, & un peu rétréci vers sa base; ce cone avoit 15 à 16 pouces de

* Pl. 14. fig. 11.

hauteur, & environ un pied de diametre près de sa base; le diametre de ceux qui sont en boule, est pour l'ordinaire de 13 à 14 pouces.

J'ai dit que cette enveloppe est de papier; je ne connois point de matiére à qui elle ressemble davantage, quoiqu'elle differe un peu du nôtre. Sa couleur dominante est un gris cendré, mais de diverses nuances; quelquefois elle tire sur le blanc, & quelquefois elle approche du brun ou du jaunâtre: ces couleurs sont souvent variées avec irrégularité, par bandes ou rayes d'environ une ligne de large, ce qui donne une couleur assés singuliére à tout l'extérieur du guêpier, & y fait une espece de marbrure.

Mais ce qui rend encore cet extérieur plus singulier, c'est l'arrangement des différentes piéces dont l'enveloppe totale est faite; nous l'avons comparée à une boule creuse ou à un cone creux; nous n'avons pourtant pas voulu faire entendre qu'elle en avoit le poli; sa surface est raboteuse; au premier coup d'œil, on la prendroit pour une espece de roche faite de congélations*; ou, pour en donner une image plus ressemblante, elle paroît faite de coquilles bivalves*, d'une figure approchante de celles de Saint-Jacques non cannelées, & cimentées les unes sur les autres de façon qu'on ne voit que leur côté convexe. Nous prendrons bien-tôt une idée plus exacte de sa structure.

* Pl. 15. fig. 2.

* Fig. 3.

Quand cette enveloppe est entiérement finie, elle a au moins deux portes*, qui ne sont que deux trous ronds. Les guêpes entrent continuellement dans le guêpier par l'un de ces trous*, & sortent par l'autre*. Chaque trou n'en peut laisser passer qu'une à la fois; leur circulation est toûjours libre, rien ne la retarde au moyen de l'ordre qu'elles observent; les unes ne s'opposent point aux mouvements des autres: je n'en ai jamais vû entrer par

* Pl. 14. fig. 11. *E*, *S*.

* *E*.

* *S*.

par celui des trous qui a été choisi pour la sortie; & j'en ai vû très-rarement sortir par celui qui a été établi pour l'entrée.

Nous ne sommes encore arrivés qu'aux portes du guêpier, pénétrons dans l'intérieur *. Il est occupé par plusieurs gâteaux plats *, paralleles les uns aux autres, & tous placés à peu-près horizontalement. Ils ressemblent aux gâteaux ou rayons de mouches à miel, en ce qu'ils ne sont qu'un assemblage d'alvéoles ou de cellules exagones très-réguliérement construites; mais ils en different par bien des circonstances. Ils sont faits de la même matiére que l'enveloppe du nid, c'est-à-dire, d'une espece de papier. Au lieu que les gâteaux des abeilles sont composés de deux rangs de cellules dont les unes ont leurs ouvertures sur une des faces du gâteau, & les autres sur l'autre; ceux-ci n'ont qu'un seul rang de cellules *, & toutes ont leurs ouvertures d'un même côté, sçavoir, en embas. Ces cellules ne contiennent ni miel ni cire brute; elles sont uniquement destinées à loger les œufs, les vers qui en éclosent, les nymphes & les jeunes guêpes qui n'ont point encore volé. Au lieu que les vers des mouches à miel sont couchés presque horizontalement, ceux des guêpes sont presque tout droits, ayant la tête en embas, parce qu'ils l'ont toûjours tournée vers l'ouverture de la cellule. L'épaisseur des gâteaux est à peu de chose près égale à la profondeur des cellules, & proportionnée à la longueur des mouches.

* Pl. 15. fig. 1.

* *gg, hh, ii, kk*, &c.

* Pl. 16. fig. 10 & 11.

Tous les guêpiers ne sont pas composés d'un nombre égal de gâteaux; j'en ai trouvé jusqu'à quinze à quelques-uns, & onze seulement à d'autres. Le diametre des gâteaux change en même proportion que celui de l'enveloppe. Le premier, le supérieur n'a souvent que deux pouces de diametre, pendant que ceux du milieu en ont un pied; les derniers sont aussi plus petits que ceux du milieu. Tous ces gâteaux ſont comme autant de planchers diſpoſés par étages, qui fourniſſent de quoi loger un prodigieux nombre d'habitants; nous en pouvons faire un calcul groſſier: transformons les quinze gâteaux circulaires & inégaux en diametres, en quinze autres égaux & quarrés; je crois que nous pouvons accorder ſept pouces à chaque côté de ceux-ci, ſans rien faire de ſavorable à l'augmentation de la ſomme des ſurfaces. J'ai trouvé que ſept cellules rangées les unes auprès des autres, n'occupoient qu'une longueur d'un pouce & demi; par conſéquent dans le pouce & demi quarré, il y a 49 cellules. Or ſi un pouce & demi quarré donne 49 cellules, 49 pouces quarrés, qui ſont la ſurface d'un de nos gâteaux, donneront environ 1067 cellules; donc nos quinze gâteaux auront environ 16005 cellules. A la vérité, il y a quelque choſe à rabattre pour une remarque que nous ferons faire dans la ſuite ſur l'inégalité des cellules. Elles ne ſont pas faites, à proprement parler, pour loger les mouches fortes & vigoureuſes; chacune eſt, pour ainſi dire, le berceau d'une guêpe naiſſante. Quand il n'y auroit que dix mille de ces berceaux, ç'en ſeroit aſſés pour donner idée du nombreux peuple qui, par la ſuite, doit compoſer la petite république, ſur-tout quand on aura vû qu'il n'y a peut-être pas de cellule qui, l'une portant l'autre, ne ſerve à élever trois jeunes guêpes. Ainſi un guêpier produiroit par an plus de trente mille guêpes.

Les différents gâteaux forment autant de planchers* qui laiſſent entr'eux des chemins libres aux guêpes: il y a toûjours de l'un à l'autre environ un demi-pouce de diſtance; cela ne fait pas des étages fort élevés, mais leur hauteur eſt proportionnée à celle des habitants. Ces intervalles ſont ſi ſpacieux que ce ſeroit trop peu que de ne les comparer qu'aux plus vaſtes ſalles, ou que de ne les regarder que

* Pl. 15. fig. 1. *gg*, *hh*, *ii*, &c.

comme des ruës très-larges; par leur grandeur & par le nombre du petit peuple qui s'y rend, ils ressemblent mieux aux places publiques de nos villes. Nous n'avons pas imaginé, à la vérité, de disposer nos places par étages; aussi les guêpes ne se sont-elles pas proposées d'imiter notre architecture. Ce qui est prescrit par la leur pour la solidité des édifices, semble l'être pour les orner. Ces intervalles entre les gâteaux, que nous appellons des places publiques, sont décorés par un grand nombre de colomnes semblables. Ces colomnes ne sont autre chose que les liens nécessaires pour soûtenir les gâteaux *. Ici les fondements de l'édifice sont à sa partie la plus élevée; c'est toûjours en descendant que nos guêpes bâtissent. Le plus petit des gâteaux * & le supérieur, est construit le premier, & est attaché à la partie supérieure de l'enveloppe du nid. Le second gâteau * est suspendu en l'air par des liens qui tiennent au premier; de même les liens qui suspendent le troisiéme gâteau *, sont arrêtés contre le second, & ainsi de suite jusqu'au dernier; de sorte que le premier gâteau se trouve chargé en grande partie du poids de tous les autres.

* Pl. 16. fig. 11.

* Pl. 15. fig. 1. *g g*.

* *h h*.

* *i i*.

Ces liens sont faits de même matiére que les gâteaux & que le reste du guêpier; ils sont massifs, ils semblent autant de petites colomnes qui pourtant ne se rapportent à aucun de nos ordres; elles sont simples, & assés grossiérement construites *, à peine sont-elles rondes; leurs bases & leurs chapiteaux ont cependant plus de diametre que le reste; elles tiennent par l'une au gâteau inférieur, & par l'autre au gâteau supérieur. Vers le milieu, elles n'ont guére qu'une ligne de diametre, & en ont plus de deux à la base & au chapiteau. Il y a donc toûjours entre deux gâteaux une espece de colomnade rustique; car les grands gâteaux sont suspendus par plus de cinquante liens pareils.

* Pl. 16. fig. 12.

Les gâteaux tiennent aussi en quelques endroits aux parois de l'enveloppe du guêpier.

Il falloit aux guêpes des chemins pour arriver à ces grandes places qui se trouvent entre deux gâteaux; ces chemins ont été reservés entre les bords des gâteaux & les parois intérieures de l'enveloppe: celles-ci ne tiennent qu'en quelques endroits à la circonférence des gâteaux; par-tout ailleurs elles laissent des intervalles vuides *.

* Pl. 15. fig. 1. *a e, a e.* &c.

Après avoir pris une idée grossiére de l'édifice, il est temps de voir comment les guêpes le bâtissent, de quel usage il leur est, à quoi elles s'occupent dans son intérieur; en un mot il nous faut voir tout le gouvernement de ce petit peuple. Mais ce sont des mistéres qui se passent sous terre, & qu'il a été impossible de dévoiler tant qu'on a laissé nos mouches cachées comme elles aiment à l'être dans les lieux où elles ont fait leurs établissements. Je songeai à les mettre plus à portée d'être vûës, & je parvins à les loger dans des ruches vitrées, comme les curieux y logent les abeilles. C'est-là où j'ai observé à loisir tous leurs petits manéges, & que je les ai fait voir dans le temps à tous ceux qui sont venus à ma maison de campagne.

Il ne semble pas aisé de donner à son gré un logement à des mouches si peu traitables, l'amour qu'elles ont pour leur guêpier, ou plûtôt pour les petits insectes qu'elles y élevent, m'y a pourtant fait réussir. Après avoir fait préparer une ruche vitrée, de capacité & de forme convenables, je faisois fouiller dans un endroit où je sçavois un nid de guêpes, & je faisois ôter de tous côtés la terre qui le recouvroit. Quand le guêpier avoit été ainsi mis à découvert, on l'enlevoit & le posoit dans la ruche. S'il y a quelque cas où l'Histoire Naturelle expose à des hazards, celui-ci en est un: il faut braver les aiguillons de plusieurs milliers de mouches, qui de toutes parts attaquent celui qui vient les troubler, qui toutes cherchent à lui faire des blessûres qui ne sont pas mortelles à la vérité, mais qui sont très-douloureuses. On a pourtant vû des chevaux périr par des piquûres réitérées de ces insectes. Il ne seroit pas sûr aussi de s'exposer à déterrer un guêpier sans précaution. J'avois soin de faire bien couvrir de toutes parts ceux que j'occupois à ce travail; je mettois sur leur tête un camail dont le devant étoit garni de gaze, ou de toile à tamis, afin que sans courir risque d'être piqués au visage, ils pussent voir; un camail semblable à celui * que l'Histoire des abeilles nous a donné occasion de décrire & de faire graver. Malgré pourtant ces précautions, il est bien difficile d'éviter toute piquûre; il y a toûjours quelqu'endroit qui n'est pas assés recouvert, & entre plusieurs milliers de guêpes qui le cherchent, quelques-unes le trouvent. Je ne sçaurois dire combien de piquûres a essuyées un laquais que j'avois aguerri à ce travail. Il n'eût pas été juste que le maître en eût été toûjours exempt. Les gants de chamois les plus épais ne suffisent pas pour défendre les mains, l'aiguillon passe à travers; il falloit faire mettre encore des serviettes en plusieurs doubles par-dessus les gants.

* *Tom. V. pl. 35. fig. 1.*

Je fis enlever le premier nid avec toute la terre dont il étoit environné naturellement. Je fis couper quarrément une grosse motte au milieu de laquelle il se trouvoit placé. Après avoir fait porter cette motte dans mon jardin, je perçai ses quatre faces verticales pour ménager des jours qui me laissassent voir ce qui se passoit autour du guêpier; mais afin que les mouches ne fussent pas trop exposées aux injures de l'air, je fis assujettir quatre carreaux de verre sur les quatre grandes ouvertures que j'avois faites. Je me procurai ainsi une ruche vitrée dont le corps étoit de terre. En conservant au nid une partie de ses environs, & en le laissant, pour ainsi dire, dans le même trou où il avoit été bâti, je comptois avoir pris le meilleur moyen d'engager les guêpes à y rester. Ce moyen est réellement bon, mais il faut plus de soins & de précautions pour conserver la motte de terre sans qu'elle s'éboule, qu'il n'en faut pour déterrer simplement un nid; & cette derniére pratique est celle à laquelle je me suis tenu dans la suite, parce que j'ai reconnu que l'amour que les guêpes ont pour leur nid ou plûtôt pour leurs petits, alloit plus loin que je ne l'avois imaginé.

Quelque dérangement qu'on fasse à leur guêpier, quoiqu'on le brise, qu'on le mette presque par morceaux, elles ne l'abandonnent point, elles le suivent par-tout; il est plein de vers qui demandent des soins qu'elles leur donnent avec grande affection, & sans lesquels ils ne parviendroient pas à être mouches; de sorte que pour avoir la ruche dans laquelle on a logé le guêpier, bien peuplée, il ne faut que donner le temps d'y entrer aux guêpes qui en sont dehors; pour cela, on la laissera pendant le reste du jour dans lequel l'opération a été faite, auprès du trou d'où a été tiré le guêpier qu'elle renferme: peu-à-peu toutes viendront s'y rendre; on doit attendre la nuit pour le transporter si on ne veut pas perdre celles que des courses nécessaires retiennent à la campagne. Celles qui étoient au loin lorsqu'on a transporté le guêpier, & qui, quand elles reviennent à leur trou, n'y trouvent ni compagnes ni nid, ne sçavent plus où aller; elles restent plusieurs jours de suite autour de ce trou avant que de se déterminer à l'abandonner. D'ailleurs la nuit est encore plus favorable que le jour pour les transporter, & même pour les déterrer, parce que c'est le temps où elles sont le plus tranquilles & où elles cherchent moins à piquer. Quand nous n'en avertirions pas, on penseroit sans doute qu'avant que de voiturer la ruche où le guêpier a été mis, il convient de la boucher de toutes parts.

Une fois mifes en ruche, elles font pacifiques, elles n'attaquent point l'obfervateur, pourvû qu'il fe contente de les contempler. Naturellement même elles ne piquent que ceux qui les irritent. J'ai vû des dames qui s'étoient familiarifées avec elles jufqu'à les laiffer s'appuyer fur leurs mains, les guêpes les quittoient fans leur faire le moindre mal.

Après qu'elles ont été logées, elles commencent par travailler à réparer les defordres qui ont été faits au guêpier. Elles tranfportent avec une activité merveilleufe, toute la terre & toutes les ordures qui peuvent être tombées dans la ruche, enfuite elles fongent à attacher folidement leur nid contre les parois de la ruche où il a été mis; elles travaillent à en réparer les bréches, elles s'occupent à le fortifier, elles augmentent confidérablement l'épaiffeur de fon enveloppe. Pour attacher ce nid à la ruche, les unes font des liens, des efpeces de petites colomnes femblables à celles qui fufpendent les gâteaux; d'autres conftruifent des bandes larges & minces, un peu pliées en arc, dont elles colent un des bords à la ruche, & l'autre à l'enveloppe du nid. Mais pour mieux entendre comment elles exécutent ces différents ouvrages, prenons une idée générale de ceux que leur architecture demande; ils fe réduifent à trois principaux, à la conftruction des gâteaux à cellules exagones, à celle de l'enveloppe des gâteaux, & à celle des liens, qui font les piéces qui portent & l'enveloppe & les gâteaux eux-mêmes.

L'enveloppe du guêpier eft un ouvrage particulier à nos mouches. Quelqu'induftrieufes & laborieufes que foient les abeilles ordinaires, elles ne portent pas fi loin leurs foins pour la confervation de leurs gâteaux; celles qui fe logent elles-mêmes à la campagne dans des creux de troncs d'arbres ou de murs, comme celles qu'on établit dans des ruches, s'en tiennent à appuyer immédiatement leurs gâteaux de cire contre les parois intérieures de la cavité qu'elles ont trouvé toute faite. Cette enveloppe *, que nos guêpes jugent nécessaire à leur nid, est pour elles un grand objet de travail; elle a souvent plus d'un pouce & demi d'épaisseur *. Toute cette épaisseur n'est pas un massif, elle est faite de plusieurs couches qui laissent des vuides entr'elles; elle est formée par un grand nombre de ceintres, de petites voutes * mises les unes sur les autres, & les unes à côté des autres; chacune de ces voutes est aussi mince qu'une feuille de papier fin. Nous avons comparé l'extérieur du guêpier à une roche faite de coquilles bivalves *; chacune des voutes * dont nous parlons, ressemble au côté convexe d'une de ces coquilles; l'intérieur de l'enveloppe est tout composé de parties pareilles. A mesure que les guêpes *épaississent* cette enveloppe, elles *bâtissent sur les couches déja formées*, une autre couche composée de pareils morceaux ceintrés. J'ai souvent compté 15 à 16 couches, & leur nombre va quelquefois plus loin.

* Pl. 14. fig. 11.

* Pl. 15. fig. 1. *ma, ma, na, na.*

* Fig. 3.

* Fig. 2.

* Fig. 3.

Cette enveloppe est une espece de boîte faite pour renfermer les gâteaux, & apparemment pour les mettre à couvert de la pluye, qui perce quelquefois la terre; elle y est propre, quoiqu'elle ne soit que de papier, & cela au moyen de la structure que nous venons d'expliquer; toute massive, elle seroit plus aisée à imbiber: l'eau qui a pénétré une des voutes, ne peut mouiller celle de dessous sans dégoutter, au lieu que si tout étoit massif, l'eau perceroit par le seul contact. D'ailleurs, cette sorte d'architecture épargne considérablement de matériaux.

Rien n'est plus amusant que de voir les guêpes travailler à étendre ou à épaissir cette enveloppe, il n'est point d'ouvrage qu'elles conduisent plus vîte; un grand nombre de mouches y sont occupées, mais tout se fait sans confusion; aussi

aussi est-il aisé de les suivre dans ce travail, parce qu'une seule guêpe entreprend une bande d'un ceintre *, & mene seule plus d'un pouce ou un pouce & demi d'ouvrage à la fois; elle expédie la besogne avec tant de célérité, que ce qu'elle en a fait dans un instant peut être distingué du reste.

* Pl. 15. fig. 3.

Elles vont chercher à la campagne les matériaux nécessaires; la guêpe qui les a ramassés, les met elle-même en œuvre. Celle qui travaille à bâtir, car d'autres ont d'autres emplois dont nous parlerons dans la suite, revient chargée d'une petite boule; elle la tient entre ces deux mêmes serres ou dents * dont nous avons dit qu'elles se servent pour couper la viande. Cette boule est la matiére prête à être mise en œuvre; la guêpe arrivée dans le guêpier, la porte à l'endroit qu'elle veut étendre. Supposons une voute commencée qu'elle veut élargir; elle se place à un des bouts de cette voute, contre lequel elle applique & presse sa petite boule; celle-ci, qui est faite d'une espece de pâte molle, s'attache à la partie contre laquelle elle est pressée. Aussi-tôt on voit la mouche marcher à reculons *; à mesure qu'elle marche, elle laisse devant elle une portion de sa boule. Cette portion est applatie, & n'est pourtant pas détachée du reste; la guêpe tient ce reste entre ses deux premiéres jambes, pendant que les deux serres allongent, étendent & applatissent ce qu'elle en veut laisser & coller à chaque pas contre le bord de la bande ou du ceintre qu'elle se propose d'élargir. Qu'on imagine une pâte qui se laisse filer aisément, ou un morceau de terre molle qu'on veut ajoûter autour du bord d'un vase de terre qu'on a dessein d'élever, & on se fera une idée de la façon dont la guêpe travaille; ses deux serres agissent comme feroient les deux premiers doigts du potier, qui colleroient une nouvelle bande de terre contre les bords du vase, qui l'allongeroient & l'applatiroient.

* Pl. 16. fig. 1, 2 & 3. *d, d.*

* Pl. 17. fig. 7.

Cette bande, qui ne vient que d'être appliquée par la guêpe, eſt trop épaiſſe, mal unie; l'ouvrage n'eſt encore que dégroſſi, il reſte à l'éminccr & à l'applanir: elle va le reprendre où elle l'a commencé, & cela ſans perdre un inſtant; elle met l'épaiſſeur de la nouvelle bande entre ſes deux dents*, & répéte un manége aſſés ſemblable au premier, je veux dire qu'elle s'en retourne à reculons avec vîteſſe, en donnant ſans diſcontinuation des coups à la nouvelle bande avec les deux dents entre leſquelles elle ſe trouve, mais ſans y rien ajoûter, ordinairement toute la matiére a été employée dès la premiére fois. Ses ſerres font les fonctions des palettes des potiers à creuſets; en frappant la matiére molle, elles l'étendent. L'effet de leurs coups eſt ſenſible; ſi on compare l'endroit que la tête de l'inſecte vient de quitter, avec ceux qu'il lui reſte à parcourir, les premiers ſont viſiblement plus larges. Elle retourne de la ſorte quatre ou cinq fois, ſans comprendre celle qui a été employée à appliquer la matiére, après quoi l'ouvrage eſt fini; la nouvelle bande eſt réduite à n'avoir que l'épaiſſeur du reſte, ou celle d'une feuille de papier. Mais il eſt à remarquer que c'eſt toûjours avec une extrême vîteſſe que la guêpe travaille, & toûjours à reculons; par-là elle eſt en état de juger continuellement du ſuccès de ſon travail; le mouvement de ſes dents eſt encore alors plus prompt que celui de ſes jambes.

* Pl. 17. fig. 8.

On diſtingue facilement du reſte la nouvelle bande, elle eſt plus brune, parce qu'elle eſt encore mouillée. Dans l'ancien ouvrage, on diſtingue auſſi ce qui a été fait à la fois, ou d'une même boule. Chaque feuille eſt compoſée de petites bandes larges environ d'une ligne, chacune de différente nuance; les unes ſont plus blanches, les autres plus brunes, & les autres plus jaunâtres, ſelon la couleur de la matiére dont elles ont été compoſées. Quoique les feuilles fassent un tout continu, leurs parties tiennent moins ensemble dans les endroits où le travail a été repris, que dans l'étenduë de chaque bande; je veux dire que si on tire ce papier doucement, mais assés fort néantmoins pour le déchirer, il n'arrive guére qu'il se déchire au milieu d'une bande, mais on voit qu'une bande se détache de celle à laquelle elle tenoit.

Je me suis convaincu que ces bandes de couleurs différentes étoient faites de boules de matiére diversement colorée, en attrapant des guêpes qui en apportoient une au guêpier, ou qui commençoient à employer la leur. L'un & l'autre m'étoit également facile; non seulement mes ruches étoient vitrées, leurs carreaux étoient dans des coulisses; je m'étois de plus précautionné de bâtons frottés de glu: pour enlever de la ruche la guêpe que je voulois avoir, je n'avois qu'à la toucher avec le bout d'un de ces petits bâtons. Le même expédient a servi à m'éclaircir sur bien des faits qui se passoient dans l'intérieur de la ruche. Celles que je prenois chargées d'une boule, ne l'abandonnoient point malgré la violence que je leur faisois; elles vouloient conserver le fruit de leur travail. Entre ces boules, les unes étoient blanches, les autres jaunâtres, & les autres noirâtres.

Ce qu'on peut observer de plus dans ces boules, c'est qu'elles ne sont qu'un amas de filaments; quelquefois on trouve entre ces filaments de petits grains noirâtres, mais ils viennent d'une matiére étrangére, aussi-bien que tout ce qui donne des couleurs brunes ou jaunâtres au papier. J'ai lavé de celles qui étoient brunes ou jaunâtres; après avoir passé par plusieurs eaux, leurs filaments sont restés blancs, comme ceux des boules blanches.

La matiére que nous venons de voir mettre en œuvre pour l'enveloppe du guêpier, est aussi celle dont les guêpes font les gâteaux & les liens qui les fufpendent. Elles travaillent auffi les cellules qui compofent ces gâteaux, de la même façon que les feuilles qui forment l'enveloppe; mais elles font le tiffu des cellules plus lâche, plus approchant du réfeau; au contraire, elles rendent le tiffu des liens auffi ferré, auffi compacte qu'il leur eft poffible. Ces liens font entiérement maffifs, ils ont befoin d'être forts.

Mais où les guêpes prennent-elles les filaments dont leur papier eft compofé, la matiére qui en fait le corps? L'hiftoire de ces mouches n'a rien qui m'ait été caché plus long-temps: c'eft un fait que j'ignorois encore, lorfque je lûs en 1719. à l'Affemblée publique de l'Académie des Sciences, la fuite des obfervations qu'elles m'avoient permis de faire. J'avois eu beau fuivre & étudier les guêpes dans toutes les circonftances où j'avois foupçonné qu'elles alloient chercher des matériaux, je n'avois pu réuffir à les furprendre pendant qu'elles s'en chargeoient. Les abeilles qui vont enlever aux fleurs le miel & la cire brute, les guêpes qui fe pofent fur certaines plantes & certains arbres pour recueillir le fuc qui échappe, foit de leurs feuilles, foit de leurs branches ou de leurs tiges, n'avoient fervi qu'à me dérouter. C'étoit fur de pareilles plantes, ou fur des plantes analogues, que je croyois les trouver arrachant des fibres pour en former leur papier. Lorfque je ne fongeois plus à fuivre ce genre de mouches une mere guêpe de l'efpece de celles dont il s'agit actuellement, vint m'inftruire de ce que j'avois cherché tant de fois inutilement. Elle fe pofa auprès de moi fur le chaffis de ma fenêtre qui étoit ouverte. Je la vis refter en repos dans un endroit d'où il ne paroiffoit pas qu'elle pût tirer rien de fort fucculent; pendant que le refte de fon corps étoit tranquille, je remarquai divers mouvements de fa tête. Ma premiére idée fut que la guêpe détachoit du chaffis de quoi bâtir, & cette idée se trouva vraye : je l'observai avec attention, je vis qu'elle sembloit ronger le bois, que ses deux dents agissoient avec une extrême activité; elles coupoient des brins de bois très-fins. La guêpe n'avaloit point ce qu'elle avoit ainsi détaché, elle l'ajoûtoit à une petite masse de pareille matiére qu'elle avoit déja ramassée entre ses jambes. Peu après elle changea de place, mais elle continua de ronger le bois, & d'ajoûter ce qu'elle en arrachoit, au petit amas déja fait. Après m'être assés assûré de ce travail, je pris la guêpe dans l'action même; je la trouvai chargée à peu-près de la quantité de matiére que ces mouches ont coûtume de porter au guêpier, elle n'en avoit pourtant pas encore formé une boule. Cette matiére n'étoit pas autant humectée qu'elle l'est quand l'insecte la met en œuvre.

J'examinai cet amas de filaments, & il me parut que pour être parfaitement semblable aux boules que j'avois ôtées à des mouches prêtes à travailler, ou qui avoient commencé à travailler, il ne lui manquoit que d'être humecté, un peu pêtri & arrondi. Mais ce qui mérite ici que nous y fassions attention, c'est que les petites parcelles ne ressembloient pas à celles qui ont été détachées d'un morceau de bois par les dents d'un insecte qui l'a rongé. Les fragments sont alors une sciûre, c'est-à-dire, de petits grains aussi larges à peu-près que longs; au lieu que les parcelles ligneuses enlevées par la guêpe, étoient de vrais filaments, de petits brins extrêmement déliés, quoiqu'ils eussent souvent plus d'une ligne de longueur. Des brins de bois gros & courts, pareils à ceux de la sciûre, n'accommoderoient pas nos guêpes; ils seroient peu propres à s'entrelacer. Pour faire un papier fin, il leur faut des filaments pareils à ceux du papier dont nous nous servons. Aussi me fut-il permis d'observer une adresse de la guêpe, au moyen delaquelle elle se procuroit des filaments ligneux : elle ne se contentoit pas de hacher le bois, ce qui ne lui eût donné que des morceaux courts, pareils à ceux de la sciûre ; avant que de le couper, elle le charpissoit, pour ainsi dire, elle pressoit les fibres entre ses serres, elle les tiroit en haut ; par-là elle les écartoit les unes des autres, & ce n'étoit qu'après les avoir réduites en charpie, qu'elle les coupoit.

Outre qu'en observant la guêpe même, j'avois appris que c'étoit en cela que consistoit sa principale adresse, je m'en assûrai encore en imitant sa manœuvre ; avec un canif je ratissai le même morceau de bois qu'elle avoit ratissé avec ses dents. D'abord je le frottai legérement avec la lame du canif, pour écarter les fibres les unes des autres, & je le frottai ensuite assés fort avec la même lame, pour les détacher. Je ramassai de la sorte des filaments ; je les comparai avec ceux dont la guêpe avoit fait amas, & je ne remarquai aucune différence entre les uns & les autres.

Quand on a une fois apperçû certaines singularités qui avoient échappé, on les retrouve à tout moment sous ses yeux, on est surpris de ce qu'on ne les avoit pas vûës plûtôt. Depuis que j'eus observé la guêpe qui détachoit du bois de ma fenêtre, j'ai été attentif à suivre les mouvements de celles qui s'appuyoient sur le bois sec, & j'ai eu beaucoup d'occasions de me convaincre que les guêpes de toutes especes y vont arracher les filaments dont elles ont besoin pour faire leur papier, j'en ai vû & revû d'occupées à le ratisser avec leurs dents. Les vieux treillages des espaliers, les vieux chassis, les vielles portes & les vieux contrevents des fenêtres, sont sur-tout à leur goût ; car il est à remarquer qu'elles ne travaillent que sur le bois vieux & sec, & qui a été pendant long temps exposé aux injures de l'air. Il ne seroit pas facile de tirer les fibres du lin nouvellement arraché de terre ; pour parvenir à les dégager, on le laisse roüir pendant du temps, c'est-à dire, qu'on le tient sous l'eau pendant plusieurs semaines, après quoi on le fait sécher. La première surface du bois qui a été exposé plusieurs années aux injures de l'air, a été tant de fois arrosée par la pluye, qu'elle se trouve dans l'état du lin roüi. Nos mouches en détachent sans peine des filaments incomparablement plus fins que ceux qu'elles tireroient du bois qui auroit toûjours resté à couvert. Aussi quand les treillages des espaliers ont été peints, les guêpes se donnent bien de garde de les attaquer dans les endroits où la peinture s'est conservée; mais si elle s'est écaillée quelque part, elles s'y arrêtent & en tirent des filaments.

La couleur dominante du papier du guêpier est blancheâtre, d'un gris à peu-près cendré, couleur fort différente de celle du bois de chêne, & de celle des autres bois mis en œuvre dans nos appartements; mais la couleur de ce papier n'est nullement différente de celle que prennent les surfaces de ces mêmes bois, lorsqu'ils ont été longtemps exposés à la pluye en dehors de nos maisons. Qu'on approche des morceaux de papier de guêpes tout auprès de quelques vieux treillages ou de quelques vieux contrevents, & on s'assûrera par la comparaison, que la couleur des uns est la même que celle des autres. Tout bois exposé à l'air, & toutes les parties du même bois exposées à l'air, ne prennent pourtant pas les mêmes nuances; de-là viennent aussi en partie, les variétés qui sont entre les couleurs des différentes bandes de ce papier.

Ce n'est, au reste, que parce que les guêpes ne trouvent pas mieux, qu'elles ratissent les surfaces des bois qui ont été mouillés, & qui ont séché à une infinité de reprises. Elles s'accommoderoient plus volontiers de papier tout fait, si elles sçavoient où en trouver : c'est ce que m'ont paru prouver des guêpes qui, à Paris, s'adonnerent à venir ronger le papier des carreaux de verre d'une fenêtre auprès de laquelle étoit mon bureau. Le bruit que faisoit une de ces mouches en coupant & arrachant le papier d'un carreau, m'a souvent distrait de mon travail, & m'a averti de la considérer dans l'action. Cette fenêtre étoit sur le jardin, ses papiers furent très-maltraités par plusieurs guêpes qui venoient tour à tour les déchirer & les emporter.

Au reste, la construction du guêpier n'occupe qu'une assés petite partie des ouvriéres, les autres ont d'autres emplois: pour entendre en quoi ils consistent & comment ils sont distribués, il faut sçavoir que les républiques des guêpes, comme celles des abeilles, sont composées de trois sortes de mouches, de fémelles*, de mâles*, & de guêpes sans sexe*. Ces derniéres répondent aux mouches qui font la plus nombreuse partie des sociétés d'abeilles, & que nous avons appellées *les Ouvriéres*. Le nombre des guêpes sans sexe surpasse aussi beaucoup celui des fémelles & des mâles pris ensemble. Nous les avons nommées ailleurs *les Mulets*, quoiqu'elles n'ayent de commun avec les vrais mulets, que d'être incapables de contribuer à perpétuer leur espece, de ne servir en rien à la génération d'aucune des sortes de guêpes. Nous continuërons encore de les désigner par ce nom; celui d'ouvriéres ne leur seroit pas aussi propre, qu'il l'est au commun des mouches à miel. Les plus grands travaux roulent cependant sur les mulets, mais ils ne sont pas seuls laborieux; car il n'en est pas parmi les guêpes comme parmi les abeilles, où les fémelles vivent en vrayes reines, passant leur vie à pondre, & à recevoir les hommages & les bons offices que leur rendent des mouches qui leur sont dévouées au-delà de ce que l'on pourroit imaginer. Nous verrons qu'il n'y a point d'ouvrages que les meres guêpes ne sçachent faire, & auxquels elles ne travaillent en certains temps. Si les guêpes nouvellement nées

* Pl. 14. fig. 5, 6 & 7.
* Fig. 3 & 4.
* Fig. 1 & 2.

nées avoient besoin d'être instruites, elles le seroient par les exemples de leur mere. Les mâles ne sont pas des travailleurs comparables aux mulets, mais ils ne menent pas une vie aussi paresseuse que celle des mâles des mouches à miel, ils cherchent à s'occuper dans l'intérieur du guêpier.

Quand un guêpier est composé de plusieurs gâteaux, & qu'il est bien fourni d'habitants, comme le nombre des mulets y surpasse considérablement celui des autres mouches, ce sont eux aussi qui sont chargés des plus grands travaux, & de ceux de différentes especes; ce sont eux alors qui bâtissent, qui nourrissent les mâles, les fémelles, & même les petits. Excepté ceux qui sont occupés à aller ramasser des matériaux pour étendre l'habitation & en fortifier les enceintes, & ensuite à les mettre en œuvre, les autres vont continuellement à la chasse. Les uns attrapent de vive force des insectes, qu'ils portent quelquefois tout entiers au guêpier; mais plus souvent ils n'y en portent que le ventre; d'autres pillent les boutiques des Bouchers, d'où ils arrivent chargés de morceaux de viande plus gros que la moitié de leur corps; d'autres ravagent les fruits de nos jardins & de nos campagnes, ils les rongent, les succent, & en rapportent le suc. Arrivés dans la ruche, ils font part de ce que leurs courses leur ont produit, aux fémelles, aux mâles, & même à d'autres mulets qui, pour avoir été occupés dans l'intérieur, n'avoient pu aller chercher de quoi vivre. Plusieurs guêpes s'assemblent autour du mulet qui vient d'arriver, & chacune prend sa portion de ce qu'il apporte. Cela se fait de gré à gré, sans combat, en voici une bonne preuve. Ceux qui, au lieu d'aller à la chasse, sont tombés sur des fruits, ne rapportent jamais rien de solide dans le guêpier, car ils n'y rapportent jamais ni fruits, ni portions de fruits. Ces mulets, qui semblent revenir à vuide, ne laiſſent pourtant pas d'être en état de régaler leurs compagnes. J'en ai vû pluſieurs fois qui, après être entrés dans la ruche, ſe poſoient tranquillement ſur le deſſus du guêpier : là ils faiſoient ſortir de leur bouche une goutte de liqueur claire, qui étoit avidement ſuccée quelquefois par deux mouches dans le même inſtant ; dès que cette goutte étoit bûë, le mulet en faiſoit ſortir une ſeconde, & quelquefois une troiſiéme, qui étoient auſſi diſtribuées à d'autres mouches.

Les mulets, quoique les plus laborieux, ſont les plus petits ; ils ſont les plus vifs, les plus legers & les plus actifs ; les fémelles ſont les plus groſſes & les plus peſantes, elles marchent plus lentement. Nous prouverons qu'il y a des temps où le guêpier n'en a qu'une ſeule, comme les ruches de mouches à miel n'ont qu'une ſeule mere ; mais dans d'autres temps, on peut compter plus de trois cens fémelles dans un ſeul guêpier, au lieu que le nombre des fémelles eſt toûjours très-petit parmi les mouches à miel ; s'il s'y en trouve quelquefois huit à dix, ce ne peut être que pendant peu de jours, & les trois cens meres guêpes peuvent vivre dans le guêpier pendant pluſieurs mois.

La groſſeur des mâles eſt moyenne, entre celle des mulets & celle des fémelles. Ces différences de groſſeur ſont ſi conſidérables dans le genre des guêpes qui bâtiſſent ſous terre, qu'elles ſuffiſent pour faire diſtinguer ces inſectes les uns des autres. J'ai peſé des mouches de ces trois ſortes ; & ayant comparé leur poids, j'ai toûjours trouvé que deux mulets ne peſoient enſemble qu'un mâle ; & qu'il falloit ſix mulets pour faire le poids d'une fémelle ; auſſi paroiſſoient-elles d'une groſſeur monſtrueuſe par rapport aux mulets. Quoiqu'une fémelle peſe à peu-près autant que trois mâles, ceux-ci les égalent preſque en longueur, mais ils ſont beaucoup moins gros. Les mâles ſont encore aiſés à reconnoître, parce qu'ils ont les antennes plus longues que celles des meres & des mulets, & parce qu'elles sont recourbées par le bout. Depuis le corcelet jusqu'au bout du derriére, les meres & les mulets n'ont que six anneaux, & les mâles en ont sept.

J'ai trouvé cette derniére différence constante dans les guêpes de différentes especes; mais la différence de grosseur n'est pas si considérable en toutes les especes, que dans celle de nos guêpes soûterraines; la femelle y est toûjours plus grosse que le mâle, & le mâle plus gros que le mulet, mais non pas dans une si grande proportion.

Pendant les mois de Juin, Juillet, Août, & jusqu'au commencement de Septembre, les meres se tiennent dans l'intérieur du guêpier: on ne les voit guére voler à la campagne, qu'au commencement du Printemps, & dans les mois de Septembre & d'Octobre: dans les mois d'Eté elles sont occupées à pondre, & sur-tout à nourrir leurs petits: ce dernier travail leur donne de l'occupation de reste; seules, elles n'y sçauroient suffire. Un calcul fait cy-dessus nous a appris qu'une ruche qui a tous ses gâteaux, a quelquefois plus de seize mille cellules; entre toutes ces cellules, il n'y en a peut-être pas sept à huit qui n'ayent ou un œuf, ou un ver, ou une nymphe: or les vers & les œufs mêmes demandent des soins.

Chaque œuf est seul dans sa cellule; il est blanc, transparent, de figure oblongue, assés semblable en petit à un pignon de pomme de pin, à cela près qu'il est plus gros par un bout que par l'autre. Ceux des différentes sortes de guêpes different en grosseur comme les insectes qui en doivent naître. Il y a des especes de guêpes qui en pondent d'aussi petits que la tête d'une petite épingle. Le bout de l'œuf le plus pointu, est le plus proche du fond de la cellule, & y est collé contre les parois, de façon qu'il est difficile de l'arracher ſans le caſſer. Ces œufs mêmes quoique très-récemment pondus, ont beſoin d'être ſoignés: au moins ai-je vû une guêpe entrer pluſieurs fois le jour la tête la premiére dans chacune des cellules où il y en avoit un. Peut-être ſe contentent-elles d'examiner leur état, de s'aſſûrer ſi le ver eſt éclos ou prêt à éclorre; peut-être auſſi qu'elles les humectent d'un peu de liqueur. J'ai mieux vû quels ſont les ſecours qu'elles donnent aux vers qui en écloſent. Je ne ſçais pas ſi le ver change pluſieurs fois de peau, ni même s'il en change; ce que je ſçais, c'eſt que huit jours après que l'œuf a été mis dans la cellule, on y trouve un ver qui eſt conſidérablement plus gros que l'œuf n'étoit; ſa tête alors eſt reconnoiſſable; on y diſtingue déja deux ſerres placées comme celles dont nous avons vû les guêpes ſe ſervir à tant d'uſages. Ils continuent de croître juſqu'à devenir aſſés gros pour remplir entiérement leur cellule: quand ils ſont parvenus à une certaine groſſeur, leur tête eſt mieux formée, les ſerres deviennent plus brunes, & on diſtingue pluſieurs parties qui ſont autour de la bouche*; le reſte du corps de ces vers eſt tout blanc, ils n'ont aucun poil, ils ſont recouverts d'une peau molle.

* Pl. 17. fig. 11 & 12.

Ce ſont ces vers qui demandent les principaux ſoins des mouches qui ſe tiennent dans l'intérieur du guêpier; elles les nourriſſent comme les oiſeaux nourriſſent leurs petits, de temps en temps elles leur portent la becquée. C'eſt une choſe merveilleuſe que de voir l'activité avec laquelle une mere guêpe parcourt les unes après les autres les cellules d'un gâteau; elle fait entrer ſa tête aſſés avant dans celles dont les vers ſont petits; ce qui s'y paſſe eſt dérobé à l'obſervateur, mais il eſt aiſé d'en juger par ce qu'elles font dans les cellules dont les vers plus gros ſont prêts à ſe métamorphoſer. Ceux-ci plus forts, ſont moins tranquilles; ſouvent ils avancent leur tête hors de la cellule, & par de petits bâillements semblent demander la becquée; on voit la guêpe la leur apporter; après qu'ils l'ont reçûë, ils restent tranquilles, ils se renfoncent pour quelques instants dans leur petite loge. Les guêpes de la grosse espece, les frêlons, avant que de donner de la nourriture à leurs petits, leur pressent un peu la tête entre leurs deux serres.

Au reste les meres ne sçauroient suffire seules à distribuer des aliments à tant de petits : très-souvent j'y ai vû les mulets occupés. Je ne sçais si l'attention de ces mouches ne va pas jusqu'à proportionner la nourriture à la force des vers; j'en ai observé qui ne donnoient qu'une goutte de liqueur à succer à des vers déja gros; & j'en ai observé qui donnoient à des vers encore plus gros des aliments solides. Une observation qui m'a été fournie par une guêpe du genre de celles qui attachent leur guêpier à des plantes ou à des arbustes, semble prouver qu'elles nourrissent leurs petits à la façon des oiseaux qui dégorgent, c'est-à-dire, de ceux qui avalent le grain, & le laissent un peu s'amollir, se digérer dans leur jabot, avant que de le faire passer dans le bec du jeune oiseau qui l'attend. Je remarquai sur un gâteau une mere guêpe qui rapportoit de sa chasse un ventre d'insecte: c'étoit un très-gros morceau; elle le fit entrer en partie dans sa bouche, elle l'en fit sortir, & cela à bien des reprises, & parvint enfin à l'avaler tout entier. Dès que cela fut fait elle parcourut les cellules du gâteau les unes après les autres, & distribua aux différents vers des portions de ce qu'elle avoit fait passer dans son estomac, & qu'elle en dégorgeoit. Je vis des vers à qui elle en avoit laissé des morceaux si gros, qu'ils étoient à leur tour fort embarrassés à les avaler; ils y parvinrent pourtant.

Entre les guêpiers que j'avois logés dans des ruches vitrées, il y en avoit quelques-uns dont j'avois emporté l'enveloppe en entier ou en partie, & ce sont ceux qui m'ont mis en état de voir ce qui se passe dans l'intérieur. Diverses especes de guêpes dont nous parlerons dans la suite, laissent toûjours leurs gâteaux à découvert; & rien n'est plus aisé que de voir de celles-ci dans les instants où elles donnent de la nourriture à leurs petits.

Enfin, j'ai eu quelquefois des fragments de gâteaux pleins de gros vers; ces vers au défaut de la becquée de la mere qui leur manquoit, & qu'ils demandoient inutilement par des mouvements inquiets & par de frequents bâillements, succoient avidement & avaloient ce que je mettois à portée de leur bouche. J'aurois pu leur tenir lieu de leurs meres nourrices, & les élever, pour ainsi dire, à la brochette, comme on éleve de petits oiseaux. C'est une expérience qui méritoit d'être faite; elle l'a été avec succès il y a déja quelques années; & ce qui paroîtra encore plus singulier, ç'a été par un écolier âgé d'environ douze ans: on en sera pourtant moins surpris quand on sçaura que ce jeune écolier étoit un petit-fils de M. le Chancelier, & un fils de M. le Comte de Châtelu; dans de telles familles les talents & le goût n'attendent pas l'âge ordinaire pour se montrer: le jeune Comte ayant eu en sa possession un gâteau plein de vers de guêpes, trouva plus de plaisir à leur donner des becquées de miel, que le commun des écoliers n'en trouve à nourrir des oiseaux: plusieurs des vers dont il prit soin parvinrent à se transformer; le nombre de ceux qui périrent fut pourtant le plus grand; & il y a lieu de croire que ce fut plûtôt pour avoir trop mangé, que pour avoir jeûné.

* Pl. 17. fig. 11.

Quand les vers* sont devenus assés gros pour remplir leur cellule, ils sont prêts à se métamorphoser; ils n'ont plus besoin de prendre de nourriture, ils se l'interdisent eux-mêmes, & tout commerce avec les autres guêpes. Ils bouchent l'ouverture de leur cellule; ils lui font un couvercle. Quelques vers le tiennent presque plat, ce sont ceux qui doivent être des mulets; d'autres le font convexe, & même allongent un peu les côtés de la cellule, en leur ajoûtant un bord de même matiére que le couvercle. Celui-ci, comme les coques des chenilles, est de soye; les vers le filent précisément comme les chenilles filent leur coque, en se donnant les mêmes mouvements de tête. Le fil dont ils le forment est si fin, que je n'ai pu observer précisément d'où ils le tirent, quoique j'aye quelquefois tenu à la main des gâteaux dont les vers travailloient à se fermer: il m'a pourtant paru qu'il venoit, comme celui des chenilles, d'un peu au-dessous de la bouche. En moins de trois à quatre heures le couvercle d'une cellule est entiérement fait; j'ai souvent pris plaisir à briser de ceux qui étoient commencés, pour les faire refaire. Si on détruisoit un couvercle fini depuis plusieurs jours, l'expérience pourroit ne pas réussir, le ver qui auroit épuisé sa provision de soye, seroit hors d'état de filer. Ces couvercles sont plus blancs que les parois extérieures des cellules.

Je n'ai pas d'observations assés précises sur le nombre des jours qui se passent depuis que l'œuf a été pondu dans une des cellules de nos guêpiers soûterrains, jusqu'à ce que le ver la ferme; mais dans les guêpiers attachés à des arbustes, & dont les gâteaux ne sont point cachés sous une enveloppe, le ver m'a paru en état de clorre sa cellule 20 à 21 jours après que l'œuf y avoit été déposé; & je sçais que les vers des mêmes guêpes ne restent au plus que neuf jours dans les leurs après les avoir bouchées. Peu après que le ver s'est ainsi renfermé, il se transforme en une nymphe* à laquelle on trouve aisément toutes les parties de la guêpe. Enfin, vers le huitiéme ou le neuviéme jour l'insecte se dépouille de l'enveloppe mince qui tenoit ses parties emmaillotées, & paroît sous la forme de mouche. La guêpe dont

* Pl. 17. fig. 14, 15 & 16.

tous les membres ſont devenus libres, commence par faire uſage de ſes dents; elle s'en ſert pour ronger tout autour le couvercle qui la renfermoit; quand il a été ainſi détaché, elle le pouſſe ſans peine en dehors, & ſort. Les frêlons ou groſſes guêpes rongent d'abord leur couvercle par le milieu, & aggrandiſſent le trou juſqu'à ce qu'il puiſſe les laiſſer paſſer.

La guêpe qui vient de ſortir de ſa cellule, n'eſt différente de celles de ſon eſpece & de ſon ſexe, qu'en ce qu'elle eſt d'un jaune plus pâle, plus citron. Elle n'eſt pas long-temps ſans profiter de la nourriture que les autres apportent au guêpier; & dans ceux qui ſont ſans enveloppe, j'ai vû des mouches qui dès le même jour qu'elles s'étoient transformées, alloient à la campagne, & en rapportoient de la proye qu'elles diſtribuoient aux vers des cellules.

La cellule d'où eſt ſortie une jeune guêpe, ne reſte pas long-temps vacante; d'abord qu'elle a été abandonnée, une vieille guêpe travaille à la nettoyer, à la rendre propre à recevoir un nouvel œuf.

J'ai fait obſerver que le ver devient ſi gros lorſqu'il eſt prêt à fermer ſa cellule, qu'il la remplit preſque tout entiére. Pour avoir eu trop de confiance en ce que M. Maraldi avoit écrit ſur les abeilles; pour avoir cru ſur ſon témoignage avant que de l'avoir examiné, que la dépouille laiſſée par chacun de leurs vers, ſe trouve appliquée & bien tenduë ſur les parois de la cellule de cire, j'ai penſé & je l'ai imprimé il y a plus de 20 ans, que le ver qui ſe prépare à la premiére des métamorphoſes qui l'amene à être guêpe, laiſſoit auſſi ſa dépouille attachée contre les parois de la cellule. Mais mieux inſtruit à preſent, je dois dire que j'avois pris alors pour ſa peau une membrane de ſoye comme le couvercle, & filée par le ver pour tapiſſer les parois intérieures de ſon

son logement. Il y a telle cellule de guêpe, comme nous l'avons fait observer dans celles des abeilles, où l'on trouve trois à quatre de ces tentures ou membranes de soye, les unes sur les autres, & cela lorsque plusieurs vers y ont pris successivement leur croît; car chacun d'eux l'a tapissée une fois avant que de se métamorphoser.

Mais les vers de mouches de différent sexe, ne doivent être, ni ne sont de même grosseur; car la mouche, dès qu'elle est devenuë mouche, n'a plus à croître. Les mulets six fois plus petits que les fémelles, ne demandent donc que des logements six fois plus petits; leurs cellules le sont aussi à peu-près dans cette proportion. Quand nous avons dit que dans un quarré dont les côtés sont d'un pouce & demi, il y a 49 cellules, nous entendions parler de celles des vers mulets. Le même quarré est rempli par bien moins de cellules de vers fémelles; ces derniéres sont aussi plus profondes que les autres, parce que les fémelles surpassent les mulets en longueur comme en grosseur.

Non seulement il y a des cellules construites uniquement pour les vers mulets, & d'autres pour les vers fémelles, & d'autres pour les vers mâles, il est encore à remarquer que les cellules des mulets ne sont jamais mêlées avec celles des mâles ou des fémelles. Un gâteau est composé en entier de cellules à vers mulets; mais des cellules à vers fémelles, & de celles à vers mâles, se trouvent souvent dans le même gâteau; les uns & les autres vers parvenant à la même longueur, ont besoin d'avoir des logements également profonds. Mais les cellules à vers mâles sont plus étroites que celles à vers fémelles, parce que ceux-là ne deviennent jamais aussi gros que ceux-ci. J'ai souvent ouvert des cellules dont les guêpes étoient prêtes à sortir, & j'ai toûjours trouvé ou des mâles ou des fémelles dans celles où je comptois trouver des unes ou des autres. La différence de grandeur entre les cellules à vers mulets, & les cellules à vers fémelles, est extrêmement sensible, elle est frappante : aussi ces différentes cellules s'ajusteroient mal ensemble dans le même gâteau.

Cet amas de gâteaux, les liens qui les tiennent suspendus, l'enveloppe qui les couvre, en un mot tout l'édifice des guêpes, est un ouvrage de quelques mois, & ne doit servir qu'une année. Cette habitation si peuplée pendant l'Eté, est presque deserte en Hiver, & est entiérement abandonnée au Printemps : il n'y reste pas une seule mouche. Nous parlerons bien-tôt des nouveaux établissements que font au Printemps celles qui ont résisté à la rude saison; mais une remarque que nous faisons d'avance sur ce qui contribuë le plus à leurs progrès, & une des remarques des plus singuliéres que nous fournisse l'Histoire de ces Insectes, c'est que les gâteaux qui sont faits les premiers * ne sont absolument composés que de cellules où peuvent croître des vers mulets. La république dont les fondements viennent d'être jettés, a besoin de travailleurs; ce sont eux qui naissent les premiers. A peine une cellule est-elle finie, & souvent elle n'est pas encore à moitié élevée, qu'un œuf de ver mulet y est déposé. Il en est plus aisé à la mere, malgré sa grosseur, de mettre l'œuf près du fond de la cellule. De 14 à 15 gâteaux renfermés sous une enveloppe commune, il n'y a quelquefois que les quatre à cinq derniers qui soient composés de cellules à fémelles * & de celles à mâles; ainsi avant que les fémelles & les mâles puissent prendre l'essor, le guêpier s'est peuplé de plusieurs milliers de mulets.

* Pl. 15. fig. 1. *gg, hh, ii, kk*, &c.

* *oo, nn, mm.*

Mais les mulets qui naissent les premiers, périssent aussi les premiers. Quelque soin que j'aye apporté à bien couvrir mes ruches, je n'en ai pas trouvé un seul en vie à la fin d'un Hiver doux; je les ai vû périr presque tous dès les premiéres gelées. Les anciens Naturalistes de qui nous pourrions tirer de bonnes obſervations, ſi malheureuſement elles ne ſe trouvoient confonduës avec d'autres souvent plus qu'incertaines, ont auſſi remarqué qu'il y a des guêpes qui ne vivent qu'un an, & d'autres qui en vivent deux. Ariſtote appelle les premiéres *Operarii;* ce ſont auſſi nos laborieux mulets, & les autres *Matrices,* qui ſont nos fémelles.

Ces fémelles plus fortes, & deſtinées à perpétuer l'eſpece, ſoûtiennent mieux l'Hiver: heureuſement pour nous néantmoins qu'il en périt la plus grande partie, ſans quoi nous ne pourrions avoir aſſés de fruits pour nourrir ces inſectes ſi prodigieuſement féconds. A peine à la fin de l'Hiver en étoit-il reſté une douzaine en vie dans chaque ruche; pluſieurs centaines y étoient mortes: peut-être pourtant y en eût-il eu un plus grand nombre de ſauvées, ſi les guêpiers euſſent été cachés ſous terre, comme ils le ſont naturellement.

Ces fémelles qui ont ſoûtenu l'Hiver, ſont deſtinées à conſerver leur eſpece. Chacune d'elles devient la fondatrice d'une république dont elle eſt la mere dans le ſens propre. Les établiſſements qu'elles forment, ſont bien éloignés de nous être auſſi utiles que ceux des mouches à miel; ils ne nous ſont que nuiſibles: nous ne pouvons pourtant nous empêcher de reconnoître qu'en eux-mêmes ils ont quelque choſe de plus grand. Si la gloire eſt connuë parmi les inſectes, ſi la ſolide gloire parmi eux, comme parmi nous, ſe meſure par les difficultés ſurmontées pour venir à bout d'entrepriſes utiles à leur eſpece, chaque mere guêpe eſt une héroïne à laquelle une mere abeille ſi reſpectée de ſes ſujets, n'eſt nullement comparable. Quand celle-ci part de la ruche où elle eſt née, pour devenir ſouveraine ailleurs, elle eſt accompagnée de pluſieurs milliers d'ouvriéres très-induſtrieuſes, très-laborieuſes, & prêtes à exécuter tous les ouvrages nécessaires au nouvel établissement; au lieu que la mere guêpe, qui n'a pas une seule ouvriére à sa disposition, puisque nous avons vû que l'Hiver fait périr tous les mulets; au lieu, dis-je, que la mere guêpe entreprend seule de jetter les fondements de sa nouvelle république. C'est à elle à trouver ou à creuser sous terre un trou, à y bâtir des cellules propres à recevoir ses œufs, à nourrir les vers qui éclosent de ceux-ci. Mais si elle est flatée par le plaisir d'exécuter quelque chose de grand, & si elle prévoit le succès de ses travaux, elle doit être bien soûtenuë par l'espérance. Dès que quelques-uns des vers auxquels elle a donné naissance, se seront transformés en mouches, elle sera secondée par celles-ci dans les ouvrages de toute espece. A mesure que le nombre des mulets croîtra, ils multiplieront journellement le nombre des cellules où doivent être déposés les œufs qu'elle est pressée de pondre; ils se chargeront des soins exigés par les vers qui en éclorront; ceux-ci à leur tour deviendront aîlés, & en état de travailler. Enfin, cette mere guêpe qui au Printemps se trouvoit seule & sans habitation, qui seule étoit chargée de tout faire, en Automne aura à son service autant de mouches qu'en a la mere abeille d'une ruche très-peuplée, & aura pour domicile un édifice qui, par la quantité des ouvrages faits pour donner des logements commodes & à l'abri des injures de l'air, peut le disputer à la ruche la mieux fournie de gâteaux de cire.

La preuve la moins équivoque & la plus simple, que chaque guêpier soûterrain doit son origine à une seule & même mere, comme nous venons de l'assûrer; qu'elle étoit seule quand elle en a jetté les premiers fondements, seroit d'en avoir déterré un pendant qu'il n'avoit que quelques-unes des cellules du premier gâteau, & pour toutes mouches que la mere par laquelle je prétends que les premiéres cellules ont été bâties. Cette preuve me manque par rapport aux guêpiers dont je parle; mais des guêpiers d'une autre espece me l'ont fournie. L'analogie demande que nous jugions de l'origine des uns, sur ce que nous sçavons de celle des autres, & un concours d'autres preuves acheve de démontrer que nous le devons. Vers la fin d'Août, temps où les nouvelles meres sont prêtes à naître dans les guêpiers, & où il peut y en avoir plusieurs de nées, je fis périr par l'odeur du soufre toutes les mouches d'un de ceux que je tenois en ruche. Après les avoir examinées une à une, je ne trouvai parmi elles que deux ou trois meres; & j'y en eusse trouvé plus de deux à trois cens, si j'eusse attendu quelques semaines ou un mois à faire cette cruelle opération. Il y a donc tout lieu de croire que deux des meres étoient surnumeraires, qu'elles ne s'étoient transformées que depuis peu de jours, & qu'une des trois étoit celle qui avoit donné naissance à tant de milliers de mulets dont le guêpier étoit alors peuplé.

Nous avons déja dit plus d'une fois que les mulets périssent tous avant la fin de l'Hiver; il n'y a pas d'apparence qu'il y en ait quelques-uns qui poussent leur vie plus loin. Dans les beaux jours du Printemps j'ai vû ordinairement voler des meres, lorsque j'ai cherché à en voir, & dans la même saison, je n'ai jamais pu appercevoir un mulet: eux seuls pourtant seroient capables d'aider la mere dans ses travaux. Je ne suis pas aussi certain qu'il n'y ait pas quelques mâles qui résistent à l'Hiver; mais ils seroient une foible ressource pour la mere; quoiqu'ils ne soient pas aussi paresseux que les mâles des abeilles, ils ne paroissent pas être au fait du travail le plus important, de celui de bâtir. Je n'en ai jamais vû aucun occupé à construire des cellules ou à fortifier l'enveloppe du guêpier, & je n'en ai jamais trouvé dans les guêpiers que vers la fin d'Août.

Ils ne s'employent, pour ainsi dire, qu'aux menus ouvrages, comme de tenir le guêpier net, d'en emporter les ordures, & sur-tout les corps morts. Ces corps morts sont de lourds fardeaux pour eux, & des plus pesants qu'ils ayent à transporter; deux mâles joignent quelquefois leurs forces pour en traîner un: cette besogne ne les regarde pourtant pas seuls, les mulets s'en chargent aussi. Quand le cadavre paroît trop pesant à la mouche qui se trouve seule, elle lui coupe la tête, & le transporte à deux fois.

Si on vouloit supposer que deux ou trois fémelles s'associent pour jetter ensemble les fondements d'un même nid, on n'imagineroit rien de propre à les soulager chacune en particulier. Outre que ces associations entre fémelles ne sont nullement selon le génie des insectes, c'est qu'il n'y auroit rien à gagner pour elles que le plaisir d'être ensemble, & qui seul peut n'en être pas un. Chacune suffit à peine à construire les premiéres cellules nécessaires pour loger ses propres œufs, & aux soins qu'exigent ces œufs & les vers qui en naissent; elles seroient donc hors d'état de s'entr'aider, & pourroient s'embarrasser; en cas qu'il y ait des places meilleures que les autres pour les œufs, chaque mere voudroit les donner aux siens.

Mais il y a des guêpiers qu'il est bien plus facile de suivre dès leur origine, que ceux qui sont toûjours cachés sous terre: ils ne sont composés quelquefois que d'un gâteau* qui n'a point d'enveloppe, & qui est arrêté contre la tige de quelque plante, ou contre une branche de quelque arbuste. Dans un très-grand nombre de ces nids qui se sont offerts à mes yeux en différents temps, j'en trouvai un, il y a bien des années, qui n'avoit encore que cinq à six cellules; j'en ai déja fait mention dans le Mémoire imprimé en 1719; j'ai négligé d'y dire qu'il étoit attaché à une tige de gramen; que lorsque je le trouvai à la

* Mem. 7. pl. 25. fig. 1, 2 & 6.

campagne, la guêpe qui avoit construit ce qu'il y avoit de fait, étoit dessus, & que je réussis à l'emporter dans mon jardin à Charenton, sur son nid même. J'attachai la tige à laquelle il tenoit, contre celle d'une autre plante de même espece; il étoit aussi peu avancé que je pouvois le desirer; aucune de ses cinq à six cellules n'avoit encore son œuf. Je pris plaisir pendant plus de six semaines à observer ce petit gâteau, dont le nombre de cellules augmentoit peu-à-peu : dans les premiers temps, toutes les fois que je l'observai, je n'y vis qu'une seule & même guêpe; elle ne l'abandonnoit que pendant quelques quarts d'heure, de fois à autre, pour aller chercher des matériaux propres à l'étendre, & par la suite, de la nourriture à ses vers. Les premiers œufs ne parurent que plus de quinze jours après que j'eus commencé à suivre le gâteau; enfin, je vis grossir les vers sortis des œufs, & je les vis fermer leurs cellules: la guêpe n'eut de compagne que quand le premier ver se fut transformé en mouche. A mesure que croissoit le nombre des cellules débouchées, je voyois augmenter le nombre des guêpes, & le gâteau acqueroit plus vîte des augmentations d'étenduë, la quantité des ouvriers se multiplioit; à la fin de l'Eté cette petite république avoit plus de soixante mouches. Les guêpes de cette classe ne sont pas aussi fécondes que celles des autres; il en étoit péri plusieurs qui, comme les vivantes, étoient nées d'une même mere.

Quand la mere guêpe commence au Printemps, à bâtir sous terre un guêpier qui par la suite sera peuplé de tant de milliers de mouches auxquelles elle donnera naissance, elle n'a plus besoin d'avoir de commerce avec les mâles; elle a été fécondée dès le mois de Septembre ou celui d'Octobre. Dans le nid même où elle est née, des mâles sont nés à peu-près en même temps qu'elle; car les femelles & les mâles paroissent dans chaque guêpier en même temps,

& le nombre des unes est à peu-près égal à celui des autres; il y a plusieurs centaines de ceux-ci, & environ autant de centaines de celles-là. Ce qui se passe entre ces mouches de différent sexe, a dû être un mystére tant qu'on les a laissées dans leurs habitations soûterraines. Mais le voile épais qui dérobe des actions secrettes, a été levé quand le guêpier a été entouré de verre de toutes parts. Heureusement même qu'elles n'aiment pas à se tenir constamment dans son intérieur. Les fémelles & les mâles se rendoient volontiers sur l'enveloppe, sur-tout vers la mi-Octobre, & s'y tenoient lorsqu'elle étoit échauffée par les rayons du Soleil: ce fut alors que je pus voir que leur accouplement s'accomplit à peu-près comme celui des autres mouches. Il s'en faut bien que ces mâles ne soient aussi froids que ceux des abeilles. Aussi huit à neuf cens mâles n'ont pas été accordés à une mere guêpe, comme ils l'ont été à une mere abeille. C'est donc vers la mi-Octobre que j'ai quelquefois vû le mâle guêpe qui étoit en amour, marcher avec vîtesse sur l'extérieur du guêpier, &, pour ainsi dire, avec un air inquiet, allant en avant, & retournant ensuite brusquement sur ses pas: la partie propre à féconder la fémelle, qui est ordinairement cachée dans son corps, en étoit presque toute dehors: lorsqu'il en appercevoit une, il couroit vers elle, & même quelquefois il voloit dessus avec agilité; il se plaçoit sur son dos de façon que le bout de son corps alloit un peu par-delà le corps de la fémelle, & tentoit tout ce qui étoit en lui pour consommer l'œuvre.

Les mâles des guêpes ont de commun avec les mâles des abeilles, de n'être point armés d'aiguillon. Dans ceux de nos guêpes soûterraines, la partie qui en occupe la place, est d'une figure singuliére. Si on presse le ventre de l'insecte, on fait sortir cette partie * comme on feroit

* Pl. 16. fig. 4, 5, 6 & 7. g.

feroit sortir l'aiguillon, elle est brune & écailleuse comme lui; on ne sçauroit la comparer à rien de plus ressemblant qu'à une petite cuillier à cuilleron rond, tel que celui des cuilliers à pot. Le manche de cette petite cuillier * est rond, dans toute sa longueur regne un canal * qui s'élargit où commence la convexité du cuilleron; là ce canal forme une plus grande cavité, une espece de réservoir. Si on le presse près de son origine, ou vers le commencement du manche, on voit une petite partie blanche qui sort de cette cavité. Près de la racine, près du bout de ce manche, il y a deux petits corps longs * & tortueux, que l'on prendra, si l'on veut, pour les vaisseaux spermatiques ou pour les testicules. On ne peut au plus avoir que des conjectures sur l'usage de si petites parties; mais il est plus sûr que la cuillier avec son manche, est celle qui caractérise le mâle.

* Pl. 16. fig. 9. *l.*
* Fig. 6. *e k.*
* Fig. 5. *i, i.*

Outre la partie qui a la forme de cuillier, le mâle en a encore deux * qui lui sont particuliéres; elles sont aussi de matiére écailleuse, brunes & peu sensibles dans les actions ordinaires de l'insecte, quoiqu'elles soient assés grosses; elles ont plus de longueur chacune qu'un des anneaux; elles sont au bout du dernier, ou, si l'on veut, elles composent ensemble le dernier anneau qui est écailleux. Ces deux parties semblent unies, elles s'écartent cependant l'une de l'autre, comme les deux branches d'une pince. Dans le tendre accès le mâle les entr'ouvre, & saisit entr'elles le bout du derriére de la fémelle, le prenant alternativement & à diverses reprises d'un côté & d'autre: ce sont là les premiers préludes amoureux. C'est entre les deux branches de cette pince * qu'est précisément placée la partie faite en cuillier. Après les premiers préludes, le mâle tâche d'insérer sa cuillier dans un trou qui est au-dessous de la base de l'aiguillon de la fémelle. Je ne sçais si j'ai vû l'accouplement complet, mais toutes les fois que j'ai

* *f, f.*
* Fig. 6 & 7.

observé ce petit manege, le cuilleron est entré seul, & il est peu resté: la fémelle sembloit faire quelque résistance, elle marchoit même, quoique lentement. Je ne sçais aussi s'il y a de plus longs accouplements, il suffit qu'il y en ait.

Si l'on ouvre le corps des fémelles, on le trouve presque toûjours plein * de petits corps oblongs qu'on ne sçauroit prendre que pour leurs œufs; ils ont la figure de ceux qu'elles déposent dans leurs cellules; ils n'en different que par la grosseur: on peut même les reconnoître dans celles qui viennent de sortir de leur cellule pour la premiére fois, qui ne sont, pour ainsi dire, guêpes, que depuis un instant; mais ils y sont beaucoup plus petits, moins oblongs, alors ce ne sont presque que des points ronds.

* Pl. 17. fig. 9.

Les fémelles ont, comme les mulets, un aiguillon; les mâles seuls en sont dépourvûs. Les anciens Naturalistes ont aussi écrit qu'il manquoit à celles qu'ils ont appellées *Matrices;* d'où il semble qu'ils auroient donné ce nom aux mâles, cependant ils ont dit que les *Matrices* sont plus grosses que toutes les autres, & les mâles sont moins gros que les fémelles. Il résulte de-là, & de plusieurs autres faits dont il est inutile de parler; que leurs observations sur les guêpes sont fort incertaines. Moufet prétend malgré ce qu'en ont rapporté les Anciens, que toutes les guêpes ont un aiguillon, qu'ayant fait périr un guêpier avec de l'eau bouillante, il leur en trouva un à toutes: apparemment qu'il les fit périr avant que les vers qui deviennent des mâles eussent subi leurs deux transformations.

L'aiguillon des meres est semblable à celui des mulets; mais bien plus long & bien plus gros; la piqûre en est peut-être aussi plus sensible. Je n'ai pas cru en devoir faire l'épreuve: je l'ai faite plus souvent que je ne l'eusse voulu des piqûres des guêpes mulets; elles sont plus douloureuses que celles des abeilles: la violente cuisson dont elles sont suivies, est produite par une liqueur veneneuse, très-limpide, introduite dans la playe. Mais c'est ce qui a été expliqué & prouvé d'avance *, lorsque nous avons parlé des aiguillons des abeilles, aussi ne devons-nous pas nous y arrêter actuellement.

* *Tome V. Mém. 7.*

La paix ne regne pas toûjours dans les républiques de guêpes; il y a souvent des combats de mulet contre mulet, & de mulet contre mâle: ces derniers, quoique plus grands, sont plus foibles ou plus lâches; après avoir un peu tenu ils prennent la fuite. En général les combats y vont rarement à mort: j'ai pourtant vû quelquefois le mâle tué par le mulet. Nos guêpes sont moins meurtriéres que les abeilles: elles ne traitent pas si mal leurs mâles, que les autres traitent les faux-bourdons de leurs ruches; quand elles les combattent, c'est plus bravement, à partie égale.

Vers le commencement d'Octobre il se fait dans chaque guêpier un singulier & cruel changement de scene. Les guêpes alors cessent de songer à nourrir leurs petits; elles font pis: de meres ou nourrices si tendres, elles deviennent des marâtres impitoiables; elles arrachent des cellules les vers qui ne les ont point encore fermées, elles les portent hors du guêpier: c'est alors la grande occupation des mulets & des mâles. Je ne sçais si les meres y travaillent aussi, je ne les ai pas vû se prêter à ces barbares expéditions. Ce n'est point au reste à une seule espece de vers que nos guêpes s'attachent, comme les abeilles qui, en certains temps, détruisent les vers faux-bourdons, rien n'est ici épargné: le mulet arrache indifféremment les vers mulets de leurs cellules, le mâle arrache les vers mâles, & même les ronge un peu au-dessous de la tête; le massacre est général. Tâcherons-nous de deviner la raison de cette barbarie apparente! Est-ce qu'elles veulent faire périr des petits qu'elles ne croyent pas pouvoir nourrir, ou qu'elles jugent ne pouvoir venir à bien, à cause des froids dont ils sont menacés, & auxquels les guêpes les plus fortes ont peine à résister; car le froid les étonne toutes extrêmement. Les premiers jours de gelée blanche, elles ne sortent que quand le Soleil a un peu échauffé l'air. Quand la chaleur commence à se faire sentir, les meres quittent le dedans du guêpier, & s'attrouppent sur son enveloppe ou auprès de cette enveloppe; elles se mettent en tas les unes sur les autres & s'y tiennent parfaitement tranquilles. Lorsque le froid devient plus grand, elles n'ont pas même la force de donner la chasse aux mouches communes qui entrent dans leur guêpier; le froid les fait enfin périr. Il n'y a, comme nous l'avons dit, que quelques meres qui réchappent: celles-ci passent tout l'Hiver sans manger, car elles ne ressemblent pas aux abeilles qui font des provisions; en eussent-elles de faites, elles n'en profiteroient pas: j'ai souvent mis dans leur guêpier du sucre, du miel & d'autres mets qu'elles cherchent pendant l'Eté, en Hiver elles n'y touchoient pas.

En toute saison, les jours de pluye continuelle & les jours de grand vent retiennent nos guêpes dans le guêpier, elles ne sortent point; par conséquent il faut que tout fasse diette, les vers comme les meres, car elles n'ont rien en provision. Elles sont aussi plus foibles dans les jours pluvieux, & après des jours de pluye, leurs excréments sont liquides comme de l'eau.

Toutes celles que j'ai vû revenir de la campagne dans le mois d'Octobre, avoient à leur bouche une goutte de liqueur qu'elles rapportoient au défaut de nourriture plus solide: les mouches communes sont alors plus rares à la campagne, & les guêpes moins vigoureuses pour les attaquer. Dans cette saison, je les ai vû laisser entrer paisiblement dans leur ruche des mouches de différentes especes.

Les soûterrains habités par nos guêpes, prouvent qu'elles sont naturellement grandes mineuses, qu'elles percent & remuent la terre avec habileté : peut-être profitent-elles des trous que les taupes ont ouverts; mais il leur reste toûjours beaucoup de terre à enlever pour donner à ces trous plus de 14 à 15 pouces de diametre, ce que la grosseur du nid exige souvent. Si on bouche l'ouverture d'un de ces trous avec de la terre rapportée, comme je l'ai fait plusieurs fois, elles ne restent pas long-temps prisonniéres; en peu d'heures elles percent cette nouvelle terre, & la transportent ailleurs: pour la détacher & la transporter, elles se servent de leurs deux dents.

Aristote & Pline prétendent que lorsqu'elles ont perdu leurs chefs, elles vont habiter des lieux élevés; que c'est alors qu'on les voit bâtir des nids sur des arbres ou dans des greniers. Mais ce fait ne doit-il point être ajoûté au nombre de ceux que les anciens nous ont transmis avant que de les avoir assés avérés! Je ne sçais si par leurs chefs, ils entendoient les fémelles ou les mâles; mais je sçais que dans quelque desordre qu'on ait mis leur nid, les guêpes ne l'abandonnent point; & il n'y a guére d'apparence que pour marquer leur regret de la perte de ces chefs, elles quittent leur premiére habitation pour aller en établir une nouvelle dans un terrain si différent de celui qu'elles choisissent naturellement. Je croirois plus volontiers que lorsque la mere périt dans un guêpier qui n'en a qu'une seule, & dont le nombre des gâteaux n'est pas considérable, & sur-tout lorsqu'aucun de ceux-ci n'a dans ses cellules des vers qui doivent devenir des fémelles, alors les ouvriéres ou mulets abandonnent le nid, ils sont dégoûtés de tout travail, comme le sont les abeilles en pareil cas; mais il n'est nullement à présumer qu'ils fassent des tentatives pour établir une nouvelle société qui ne pourroit aller qu'en dépérissant. Si je n'ai pas tenté d'expériences propres à prouver ce fait, j'ai eu au moins des observations qui y suppléent en quelque sorte: j'ai eu un nid de frêlons peu peuplé, qui de jour en jour le devint moins: je pouvois compter ses mouches chaque soir, c'est-à-dire, à l'heure où elles étoient toutes de retour de la campagne: il étoit à découvert, & attaché contre ma fenêtre en dehors. Lorsque je l'y transportai & plaçai, la mere étoit apparemment en course, & après son retour, elle ne sçut où le retrouver: je ne pus découvrir aucune femelle parmi les mouches qui étoient restées à ce nid; aussi fut-il entiérement abandonné au bout de huit à dix jours: il le fut même par les frêlons qui s'y étoient transformés depuis que je l'avois placé à portée d'être observé.

EXPLICATION DES FIGURES DU SIXIEME MEMOIRE.

PLANCHE XIV.

Les Figures 1 & 2 représentent deux guêpes de l'espece de celles qui construisent sous terre de très-grands guêpiers. L'une & l'autre sont des guêpes sans sexe ou de celles que j'ai nommées mulets. Entre les mulets du même guêpier, il y en a de plus petits que les autres; celui de la figure 1 est ici plus grand que celui de la figure 2.

Les Figures 3 & 4 sont celles de deux guêpes mâles prises du guêpier où se trouvoient les guêpes mulets des figures 1 & 2. Entre ces mâles il y en a de deux grandeurs différentes, celui de la figure 3 est un de ceux de la petite taille.

Les Figures 5, 6 & 7 font toutes trois voir une guêpe femelle du même guêpier que les guêpes précédentes;

elle a les aîles écartées du corps, fig. 5, comme lorsqu'elle vole; elle les a moins écartées, figure 6; les supérieures y sont pliées. Elle est vûë par-dessus dans ces deux figures, & par-dessous, figure 7.

La Figure 8 est celle d'une guêpe de Saint-Dominique, dont les aîles supérieures sont pliées en deux. Le jaune de ses anneaux est pâle, & partagé par des bandes nuées de couleur caffé. La plus grande partie du corcelet & l'antérieure, est caffé, le reste est jaune & coupé par trois bandes d'un beau noir. Le derriére de la tête est noir, le reste est jaune & les yeux sont caffé. La premiére partie des jambes est d'un brun presque noir, & le reste jaune; les jambes postérieures vers le milieu de leur longueur, ont pourtant encore du noir.

La Figure 9 nous montre une autre guêpe de Saint-Dominique, ayant ses aîles supérieures dépliées, parce qu'elle se dispose à en faire usage. Le fond de sa couleur est olive; entre ses anneaux, les uns ont un étroit bordé brun, & les autres l'ont noir. Quelques traits noirs se trouvent aussi sur le corcelet, & il y en a un qui suit le contour de chaque œil.

La Figure 10 fait voir par-dessous la guêpe qui est vûë par-dessus dans la figure 9.

La Figure 11 représente un guêpier qui avoit été construit sous terre par des guêpes telles que celles des figures 1 & 2. Sa grandeur a été réduite; son grand diametre *PB*, le vertical avoit plus de douze pouces. On ne voit ici que le dehors de ce guêpier, que la couche extérieure de son enveloppe. Le trou qui est en *E*, est la porte par laquelle les guêpes entroient dans le guêpier; & celui qui est en *S*, est la porte par laquelle elles en sortoient. *f*, est une des feuilles dont l'enveloppe est composée, qui a été détachée en grande partie & ôtée de sa place.

La Figure 12 eſt celle d'une guêpe d'une très-petite eſpece, & différente de l'eſpece de celles qui conſtruiſent des nids pareils à celui de la figure précédente.

PLANCHE XV.

La Figure 1 repréſente un guêpier de ceux qui ſont conſtruits ſous terre, comme celui de la planche précédente, figure 11, mais d'une forme un peu différente. Il a été ouvert. L'enveloppe a été coupée net avec des ciſeaux tout autour, & la partie qui étoit en devant a été enſuite emportée. L'intérieur eſt occupé ſeulement par huit gâteaux; le nombre en eût été plus grand, ſi on y en eût mis autant qu'il y en a dans quelques guêpiers. Les cinq premiers gâteaux *gg, hh, ii, kk, ll,* ſont compoſés de cellules plus courtes que celles des trois derniers, *me me, ne ne, oo.* C'eſt dans les derniers gâteaux que les vers qui doivent devenir des fémelles ou des mâles, prennent leur accroiſſement; & ceux qui doivent ſe transformer en mulets, croiſſent dans les autres. On n'a point mis de lettres aux liens qui ſe trouvent entre deux gâteaux, & qui y font une colomnade, ils ſont aſſés aiſés à reconnoître, ils ſervent à ſuſpendre le gâteau inférieur au ſupérieur.

La coupe de l'enveloppe du nid eſt très-reconnoiſſable; on voit qu'elle eſt pleine de cavités, qui ſont formées par les vuides que laiſſent entr'elles les petites feuilles de papier. *ma, ma; na, na,* marquent l'épaiſſeur de l'enveloppe. Entre *a* & *e, a* & *e,* & de même entre tous les gâteaux, & l'enveloppe, regne un vuide qui donne des chemins commodes aux guêpes pour ſe rendre entre les gâteaux.

La Figure 2 montre une portion de la ſurface extérieure du guêpier, & fait voir que cette ſurface a quelqu'air d'une rocaille.

La

La Figure 3 eſt celle d'une de ces piéces en forme de coquille, qui poſées les unes au bout des autres, & les unes ſur les autres, compoſent l'enveloppe du guêpier; elles ſont comme autant de différents ceintres. On doit y remarquer différentes bandes concentriques qui ont été faites en entier les unes après les autres, & de la largeur à peu-près qu'elles ont ici.

La Figure 4 fait voir en même temps la coupe d'une portion d'enveloppe de nid, & le deſſus de cette portion, mais dans des proportions plus petites que les naturelles. *d d,* coupe de l'enveloppe du nid. *c, c, c,* différentes piéces de papier en forme de coquille, qui ſont à la ſurface extérieure.

PLANCHE XVI.

La Figure 1 eſt celle d'une tête de guêpe très-groſſie, vûë par-deſſus & en-devant. *a, a,* les antennes. *i, i,* yeux à rezeau. Les guêpes, comme tant d'autres mouches, ont trois petits yeux liſſes & très-luiſants, diſpoſés triangulairement, qui ne ſçauroient être viſibles dans cette figure. *d, d,* les deux dents.

Dans la Figure 2, la tête eſt repréſentée vûë en-deſſous, & plus groſſie que dans la fig. 1. *c,* le trou où eſt l'inſertion du col. *d, d,* les deux dents. *l, l,* la lévre ſupérieure refenduë & courbée en demi-pavillon d'entonnoir. En *l,* & en *l,* ſont deux petits grains bruns & écailleux. *o, o,* deux appendices charnus, deux corps longuets, qui peuvent aider à la lévre à prendre & à tenir les aliments. *b, b,* deux autres corps écailleux faits comme des antennes. *n,* entrée de la bouche, au-deſſus de laquelle la lévre inférieure ne s'éleve pas ſenſiblement. Dans le trou, on voit en *n,* deux cloiſons charnuës qui probablement tiennent lieu de deux langues.

La Figure 3 fait voir en grand & par-deſſus, la tête d'une

autre guêpe que celle d'après laquelle les figures précédentes ont été prises, & dessinée dans un moment où on avoit forcé par la pression la lévre supérieure à s'allonger. *i, i,* yeux à rezeau. *l,* la lévre supérieure vûë en-dessus & dont le bout est refendu. *b, b,* les deux barbes en antennes.

La Figure 4 est celle de la partie postérieure du corps des mâles des figures 3 & 4, pl. 14, grossie, ou de la partie qui tient au dernier anneau *e.* Elle est brune & écailleuse. *f, f,* deux piéces qui composent une pince écailleuse, entre lesquelles est logée la partie destinée à la génération. *g,* le bout de cette derniére partie, fait en cuillier, vû du côté concave.

La Figure 5 montre les principales piéces de la figure précédente, plus en grand & retournées. L'anneau *e* de la figure précédente manque ici; mais on y voit deux vaisseaux *i, i,* destinés à fournir la liqueur séminale. *f, f,* les deux piéces qui composent une pince. *g,* la partie propre au mâle, dont le cuilleron est vû par le côté convexe.

Les Figures 6 & 7 représentent encore plus en grand que les deux derniéres figures, la partie qui caractérise le mâle, & celles qui l'accompagnent, dont quelques-unes qui ne sont pas en vûë dans les figures précédentes, paroissent dans ces derniéres. L'une montre la partie propre au mâle par-dessus ou par la face où l'on voit la concavité du cuilleron, & l'autre la montre par-dessous ou du côté de la convexité de ce même cuilleron. *e,* le dernier anneau. *f, f,* les deux piéces qui forment la pince auxquelles on voit ici des especes d'épines qui ne paroissent pas dans les figures précédentes. *g,* le cuilleron. *b, b,* deux longs corps blancheâtres & barbus. Tout du long du manche de la cuillier, figure 6, on voit une espece de canal destiné probablement à porter la liqueur séminale dans le cuilleron.

Dans la Figure 8, on n'a représenté que le bout de la

partie du mâle de la figure 7, parce qu'on s'est seulement proposé de faire voir deux parties blanches & charnuës *a, a,* qui sont à l'origine du cuilleron, & qu'on a écartées du manche pour les rendre plus sensibles.

La Figure 9 montre la partie du mâle toute entiére, mais dessinée sur l'échelle de la figure 5. En *c,* sont des chairs qui y sont resté attachées, lorsqu'on l'a arrachée du corps.

La Figure 10 fait voir une portion d'un gâteau des guêpes qui bâtissent sous terre, du côté où sont les ouvertures des cellules, c'est-à-dire, que son dessous est en haut. On y voit des guêpes prêtes à sortir de quelques cellules.

La Figure 11 représente la portion de gâteau de la figure 10, vûë par-dessus, par la face où se trouvent les fonds des cellules; on y voit les liens par lesquels il étoit suspendu au gâteau supérieur. *p, p, p,* &c. marquent quelques-uns de ces liens.

La Figure 12 montre une petite portion de gâteau, grossie à la loupe, de laquelle part un lien *p,* pareillement grossi; c'est par rapport à ce lien que la figure entiére a été faite. On a voulu qu'elle donnât une idée plus juste de la forme des liens, qu'on ne la peut prendre dans la figure 11.

La Figure 13 fait voir encore un lien grossi & attaché à une petite portion de gâteau. Ce dernier lien est plus applati que celui de la figure 12. Ces liens plats & larges sont en très-petit nombre.

PLANCHE XVII.

La Figure 1 est celle d'une aîle supérieure de guêpe, grandie à la loupe, vûë par-dessus, & pliée comme elle l'est lorsque la mouche ne s'en sert pas pour voler. Le bout de la partie ramenée en-dessous par le pli, est en *b.* La partie *a d b a,* est simple, & la partie *a c b a,* est double.

La Figure 2 fait voir par-dessous, l'aîle qui est vûë par-dessus dans la figure 1. *a b d a,* y marquent encore ce qui est simple, & *a d c a,* la partie qui est double.

La Figure 3 montre l'aîle des figures 1 & 2 dépliée, comme elle l'est lorsque la guêpe à qui elle appartient, vole.

La Figure 4 est celle d'une guêpe de Cayenne, dont le corps, le corcelet & les jambes sont d'une couleur de caffé peu brûlé. *e, e,* ses aîles inférieures. *a, a,* ses aîles supérieures; quoiqu'on ait écarté celles-ci du corps, on les a laissé pliées.

La Figure 5 représente la partie antérieure d'une guêpe, dont les aîles sont coupées en *a, a.* Dans cette figure, beaucoup plus grande que nature, on s'est proposé de rendre sensibles les deux petites écailles *r, r,* au-dessous de chacune desquelles est l'origine d'une aîle. Chaque petite écaille doit être regardée comme un arrêt qui empêche l'aîle dont il couvre une portion, de s'élever trop haut au-dessus du corps de la guêpe.

La Figure 6 fait voir très en grand tout le dessus d'un anneau de guêpe, & partie de celui qui le suit. *a a b b c c,* l'anneau qui est entiérement à découvert; *d d c c,* anneau dont une portion est cachée sous celui qui précéde. La portion cachée est semblable à la portion *a a b b* du premier, qui est grâinée à grains fins, & rase. La portion *d d c c,* qui, comme la portion *c c b b* de l'autre anneau, est à découvert, a des poils qui ne sont guére sensibles, si on ne les cherche avec la loupe.

La Figure 7 est celle d'une petite feuille de ce papier, de plusieurs desquelles mises les unes sur les autres, & les unes à côté des autres, l'enveloppe du guêpier, planche 14, figure 11, est composée. On a élargi les différentes bandes dont cette feuille est faite, pour les rendre plus ſenſibles. La guêpe qui eſt auprès de *e,* travaille à faire une nouvelle bande qui ſera attachée à la bande *h g.* Elle a employé ſa boule de filaments pour former le cordon *a e,* plus étroit que la bande *h,* mais que la guêpe élargira bientôt en le battant avec ſes dents.

Dans la Figure 8, on s'eſt contenté de repréſenter une portion de la figure 7. Une partie de ce qui n'eſt qu'un cordon *a e* dans cette derniére figure, a acquis dans la fig. 8, la largeur d'une bande *a e,* & la guêpe travaille à élargir la portion reſtante de ce cordon en la preſſant entre ſes dents, en la tappant à diverſes repriſes.

La Figure 9 repréſente une mere guêpe, très-groſſie, qui étoit en pleine ponte, de deſſus le corps de laquelle on a enlevé les anneaux écailleux pour mettre à découvert les files d'œufs dont il étoit rempli ; on ne voit dans ſon intérieur que des œufs *o, o,* &c. *p,* ſes derniers anneaux. *i,* le conduit des aliments. *q, q,* deux piéces écailleuſes qui ſe trouvent auprès de ſon anus, & dont l'uſage m'eſt inconnu.

La Figure 10 fait voir plus en grand & plus diſtinctement les deux piéces *q, q,* de la figure 9.

La Figure 11 eſt celle d'un ver qui doit devenir guêpe.

La Figure 12 repréſente la tête d'un ver de guêpe par-deſſous, mais vûë preſque de face, & groſſie au microſcope. Elle a été deſſinée d'après celle d'un ver de ces guêpes dont les guêpiers, planche 25, n'ont point d'enveloppe, & ſont expoſés à l'air. *l,* la lévre ſupérieure. *p, p,* deux crochets qui ſont la fonction de dents. *e, e,* deux autres dents plus groſſes & plus courtes que les précédentes. *n,* la lévre inférieure. *m, m,* mammelons qui accompagnent la lévre inférieure.

Dans la Fig. 13, la tête du ver de guêpe eſt autant groſſie que dans la figure 12, & vûë par-deſſus. *ſ, ſ,* deux ſtigmates du premier anneau du corps. *f*, deux enfoncements qui se trouvent sur le crane. *i*, *i*, les deux yeux. *l*, la lévre supérieure. *p*, *p*, *e*, *e*, quatre crochets qui font la fonction de dents. *m*, *n*, *m*, les trois piéces dont est composée la lévre inférieure.

Les Figures 14, 15 & 16 montrent toutes trois une nymphe de guêpe. Dans la figure 14, la nymphe est vûë par-dessus, ou du côté du dos. Elle est vûë par-dessous dans la figure 15, & de côté dans la figure 16; mais dans cette derniére, elle est tirée en partie de son enveloppe *n m*, ses jambes sont écartées du corps, elle est prête à paroître mouche.

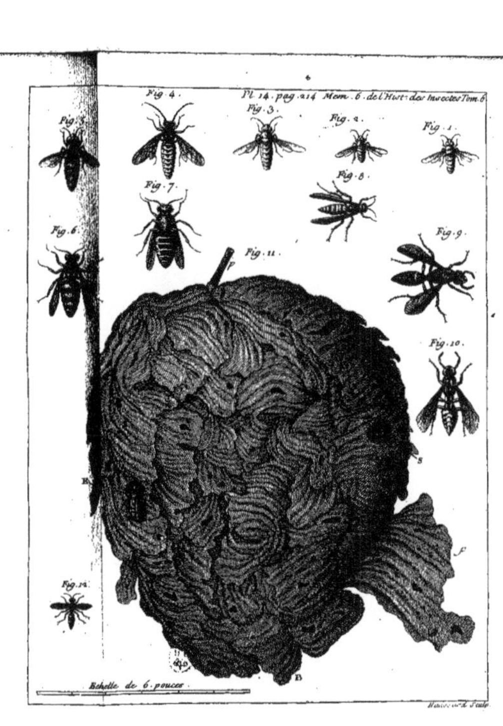
Pl. 14. pag. 214 Mem. 6. de l'Hist. des Insectes Tom. 6
Fig. 1.
Fig. 2.
Fig. 3.
Fig. 4.
Fig. 5.
Fig. 6.
Fig. 7.
Fig. 8.
Fig. 9.
Fig. 10.
Fig. 11.
Fig. 12.
Echelle de 6. pouces.

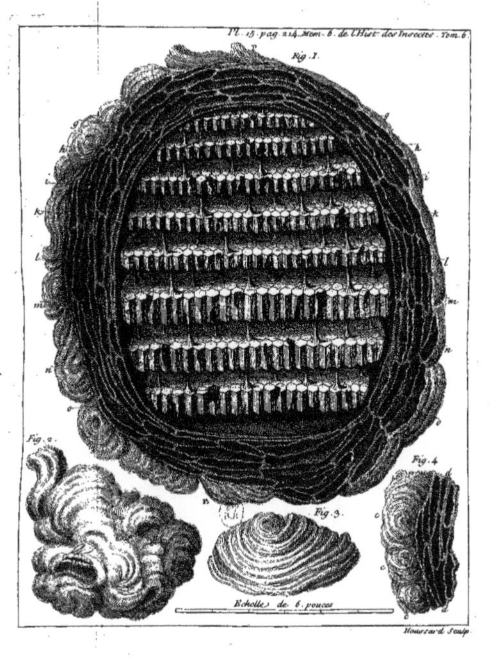
Fig. 1.
Fig. 2.
Fig. 3.
Fig. 4.
Echelle de 6. pouces
Houssard Sculp.

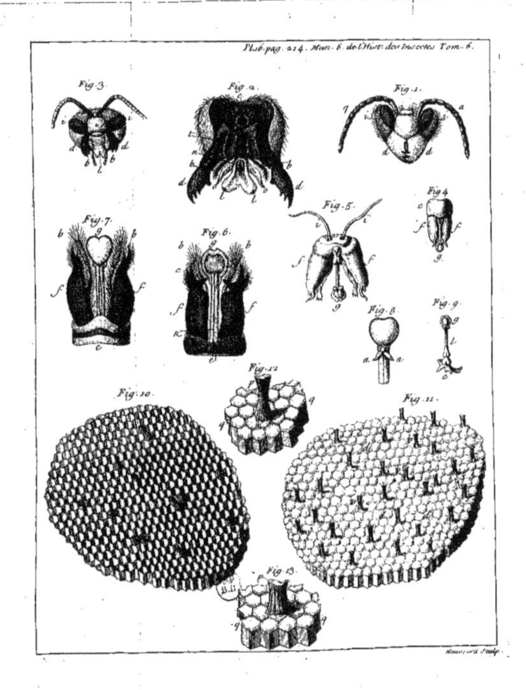
Pl.16. pag. 214. Mem. 6. de l'Hist. des Insectes Tom. 6.
Fig. 3.
Fig. 2.
Fig. 1.
Fig. 4.
Fig. 5.
Fig. 7.
Fig. 6.
Fig. 8.
Fig. 9.
Fig. 10.
Fig. 12.
Fig. 11.
Fig. 13.

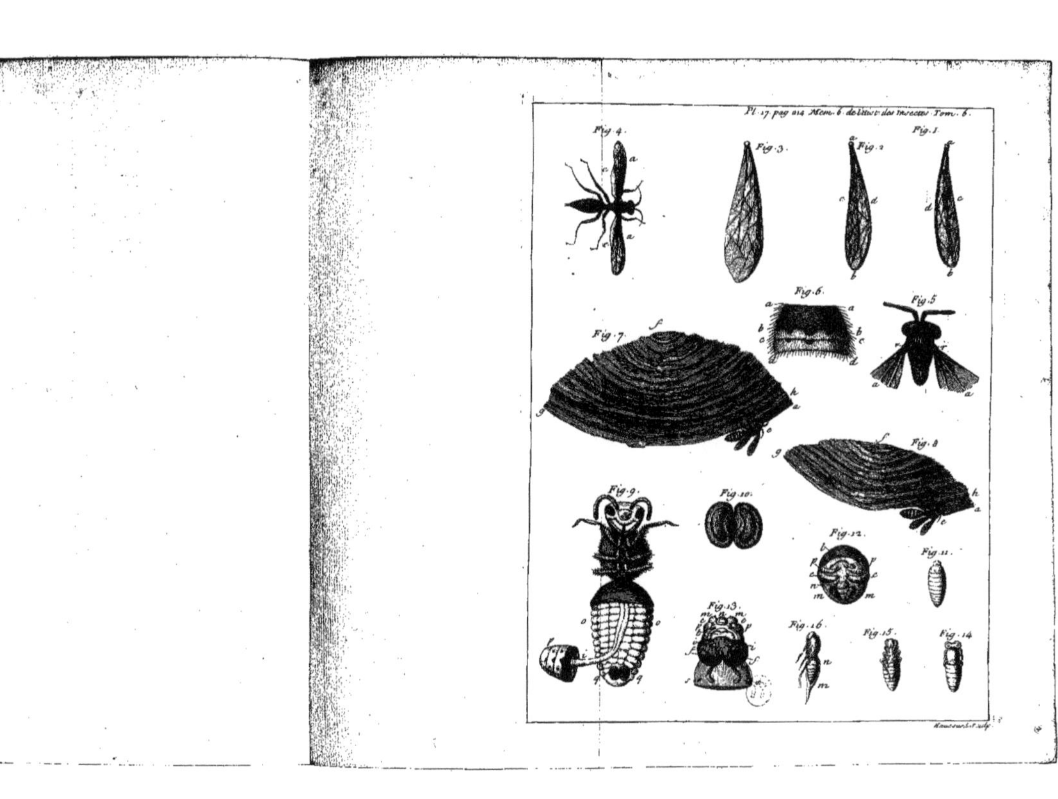
Pl. 17. pag. 214. Mem. 6. de l'Hist. des Insectes Tom. 6.
Fig. 1.
Fig. 2.
Fig. 3.
Fig. 4.
Fig. 5.
Fig. 6.
Fig. 7.
Fig. 8.
Fig. 9.
Fig. 10.
Fig. 11.
Fig. 12.
Fig. 13.
Fig. 14.
Fig. 15.
Fig. 16.

SEPTIE'ME ME'MOIRE.

DES FRESLONS, DES GUESPES CARTONNIE'RES

Et de quelques autres Guêpes qui vivent en ſociété.

IL a déja été fait mention pluſieurs fois dans le Mémoire précédent, des Frêlons *, mais ce n'a été qu'en paſſant; ils ſont de véritables Guêpes, & les plus grandes de ce pays: comme celles de pluſieurs autres eſpeces, ils renferment leurs gâteaux ſous une enveloppe commune *. Leur architecture ne differe pas dans l'eſſentiel, de celle des guêpes qui bâtiſſent ſous terre; ainſi que ces derniéres ils diſpoſent leurs gâteaux parallelement les uns aux autres, & de façon que les ouvertures des cellules ſont en embas. Entre deux rangs de gâteaux, on voit de même une colomnade, mais composée de colomnes plus hautes & plus maſſives, & dont l'uſage eſt auſſi de tenir le gâteau inférieur ſuſpendu au ſupérieur. Ce qu'on y peut remarquer de plus, c'eſt que la colomne qui eſt au centre, ou à peu-près *, ſurpaſſe très-conſidérablement toutes les autres en groſſeur; ſouvent il y entre plus de matiére que dans cinq à ſix de celles-ci. Cette groſſe colomne ſe trouve comme par une ſymmétrie bien entenduë, entourée de toutes parts de piliers ou colomnes plus petites. La conſidération de l'agrément ne lui a pourtant pas fait donner la place qu'elle occupe: elle a ſervi de premiére baſe au gâteau qui a été commencé; c'eſt à ce ſolide pilier que la cellule du centre, & la premiére du gâteau, a été attachée. Cette colomne, pour être plus forte,

* Pl. 18. fig. 1, 2 & 3.

* Fig. 6. e e e e.

* Fig. 10. p.

n'en eſt pas plus réguliérement conſtruite; elle eſt aſſés mal arrondie, & beaucoup plus large qu'épaiſſe.

L'enveloppe du gâteau, les gâteaux eux-mêmes, les liens ou colomnes qui les ſuſpendent, ſont faits de la même matiére, c'eſt-à-dire, d'une eſpece de fort mauvais papier: il eſt beaucoup plus épais que celui des guêpes ſoûterraines, & cependant bien plus aiſé à caſſer; loin d'être flexible, comme celui de ces autres mouches, ou comme le nôtre, il eſt friable: il n'eſt fait que de grains courts, d'une ſorte de ſciûre de bois. Les frêlons ne ſçavent pas réduire la matiére qu'ils doivent employer, en longs filaments, ni la pêtrir aſſés pour en faire une bonne pâte, ou peut-être plûtôt ils le négligent, car la pâte qui compoſe les liens, ſemble préparée avec plus de ſoin que celle du reſte, elle eſt plus fine & a plus de corps. La couleur de ce papier tire ſur le feuille-morte; elle eſt d'un jaunâtre qu'ont aſſés ſouvent des poudres d'un bois à moitié pourri; il ſemble auſſi que du bois en cet état ſoit mis en œuvre par ces mouches. Dans les mois de Septembre & d'Octobre, j'ai ſouvent été déterminé à regarder ce qui ſe paſſoit dans certains frênes, ſous leſquels je marchois, par le bourdonnement qui frappoit mes oreilles; c'étoit celui d'un bon nombre de frêlons qui ſe rendoient ſur les branches de l'arbre, qui voltigeoient autour ou qui en partoient: ils y venoient pour ronger l'écorce. Je trouvois une grande partie des menuës branches à qui elle avoit été ôtée en divers endroits ſur une étenduë quelquefois d'un ou deux, & quelquefois de quatre à cinq pouces, tantôt ſur toute leur circonférence, & tantôt ſur plus ou moins d'une moitié. J'ignore ſi les frêlons y étoient venu prendre de l'écorce pour la mettre en œuvre, ou s'ils ne l'avoient enlevée que pour ſuccer la ſéve qu'elle contenoit, ou celle qui étoit épanchée entre cette écorce & le bois. Des endroits nouvellement

nouvellement rongés, il s'écouloit une liqueur claire que je goûtai & trouvai sucrée, qui pourroit bien être agréable à ces mouches. Une observation d'un autre genre, & à laquelle je ne trouverois pas ailleurs sa place, c'est que l'écorce des environs des endroits rongés depuis quelques jours, étoit intérieurement d'un beau violet; mais j'ai fait des tentatives inutiles pour en extraire cette couleur.

Nos frêlons semblent sçavoir que la matiére dont leur guêpier doit être fait, ne résisteroit pas à de grandes pluyes ni à de forts vents; ils le construisent à l'abri, & dans des endroits où l'eau pénétre plus difficilement que dans des trous qui n'ont qu'une voute de terre. Ils les logent quelquefois dans des greniers, quelquefois dans des trous qu'ils ont découverts dans de vieux murs, & qu'ils ont pu aisément aggrandir, parce que les pierres n'y étoient liées qu'avec de la terre. Mais le plus souvent ils bâtissent dans de gros troncs d'arbres dont l'intérieur est pourri. Là, ils parviennent facilement à faire une grande cavité, ils détachent sans trop de peine, des fragments d'un bois prêt à tomber en poussiére. Le trou qui est la porte pour arriver, n'a souvent qu'un pouce de diametre; la quantité d'eau de pluye qui y peut entrer est petite, & celle qui pénétre dans l'arbre, descend dans le fond de la cavité, sans suivre le chemin tortueux qui conduit au nid.

La grosseur des frêlons leur donne une grande supériorité sur la plûpart des mouches qu'ils attaquent; mais ce qui sauve beaucoup de celles-ci, & en particulier beaucoup d'abeilles, c'est que le vol des frêlons est un peu lourd. Il est accompagné d'un bourdonnement qui nous les rend plus redoutables: ils ne cherchent pourtant à faire aucun mal aux hommes qui ne les inquiétent pas; mais malheur à ceux qui s'avisent de les irriter. Dom Allou Chartreux, dont j'ai eu occaſion de louer le goût & les talents pour obſerver les inſectes, m'a aſſûré qu'ayant imprudemment troublé des frêlons dans leur nid, la piquûre que lui fit un de ceux qui ſortirent en furie pour ſe jetter ſur lui, lui ôta preſque la connoiſſance & l'uſage des jambes: ce ne fut qu'à grande peine qu'il ſe rendit à ſon Couvent, où il eut la fiévre pendant deux à trois jours. Les ſuites de leurs piquûres ne ſont pas toûjours auſſi fâcheuſes. D'ailleurs, il y a des ſaiſons, & même des heures en toute ſaiſon, où on peut les approcher avec moins de riſque que les guêpes. Dans le mois d'Octobre je parvins le ſoir à faire tranſporter du grenier d'un de mes amis, dans le mien, un très-gros nid compoſé de dix gâteaux, & qui étoit bien fourni de frêlons, ſans qu'il en arrivât mal à qui que ce fût. Dans les jours ſuivants, ils ne trouverent jamais mauvais que je les obſervaſſe, de quelque près que je le fiſſe. Ils ne ſont guére à redouter que lorſqu'il fait fort chaud; la chaleur qui les anime, ſemble les rendre coleres: dans d'autres temps, & même dans des jours du mois d'Août, je les ai trouvé pacifiques au-delà de ce que je l'euſſe imaginé. J'ai eu auprès de ma fenêtre un nid * que j'y avois attaché, après l'avoir enlevé du lieu où il avoit été bâti; il étoit encore bien éloigné d'être auſſi grand qu'il devoit le devenir, il n'étoit encore compoſé que d'un petit gâteau, & habité ſeulement par cinq frêlons: ſouvent j'en inquiétois un avec un brin de bois aſſés court, je l'obligeois à changer de place; & jamais il n'eſt arrivé à celui qui a été agacé, de ſe mettre d'aſſés mauvaiſe humeur pour voler vers moi en intention de me piquer. Quelques cellules de ce nid contenoient des nymphes qui s'y transformerent en frêlons, ceux-ci me parurent encore plus pacifiques que les anciens; j'avois peine à les déterminer à partir de deſſus les gâteaux.

* Pl. 18. fig. 6.

Le vrai eſt que la triſteſſe ſembloit regner dans le nid dont je parle ; au moins le découragement y étoit-il général : il y alloit non ſeulement au point que les frêlons ne travailloient, ni à étendre, ni à réparer le nid, ils ne daignoient pas même nourrir les vers qui étoient dans les cellules, ils les laiſſoient périr de faim. La cauſe d'une telle inaction m'a appris que les guêpes de la plus grande eſpece, & me fait juger que celles des eſpeces plus petites, ont pour la mere à laquelle elles doivent leur naiſſance, la même affection que les mouches à miel ont pour leur reine ; que de même elles ne travaillent que dans la vûë d'une nombreuſe poſtérité. La mere frêlon manquoit au nid en queſtion ; quand je le tirai du lieu où il avoit été conſtruit, elle étoit apparemment abſente, ou elle l'abandonna dans ce moment, & il lui fut enſuite impoſſible de le retrouver.

Ce même nid m'a encore fourni une des preuves qui m'ont convaincu que les plus grands guêpiers & les plus peuplés ont été commencés par une ſeule femelle qui eſt devenuë dans quelques mois la mere d'un nombre prodigieux de mouches. Entre deux pierres de la tablette d'un vieux mur de terraſſe, je remarquai un trou dans lequel un frêlon entroit, & d'où il ſortoit pluſieurs fois chaque jour : je fis lever une des pierres, & je vis qu'une petite portion de l'enveloppe du nid, en forme de cloche, étoit déja faite. En dehors, du ſommet de ſa convexité partoit un lien * ou un pilier dont le bout ſupérieur étoit bien ſolidement collé contre la ſurface inférieure d'une pierre. Dans la cavité de l'enveloppe, il y avoit quatre à cinq cellules qui étoient les premiéres du premier gâteau. Je craignis de cauſer trop de dérangement, ſi je dégradois les environs au point qui eût été néceſſaire pour me mettre à portée de voir les œufs que je ſoupçonnois dans

* Pl. 18. fig. 6. c.

ces cellules : je remis même bien-tôt les pierres dans leur premier état, & je n'y retouchai qu'au bout de trois semaines ; ce fut alors que je trouvai dans le nid cinq frêlons, & que je vis le premier gâteau * entiérement fini. Ce fut aussi alors que j'ôtai ce nid de place, & que je le posai au grand jour en dehors de ma fenêtre : j'y parvins sans perdre aucun des cinq frêlons ; mais aucun d'eux n'étoit la mere. Quoique le Soleil fût prêt à se coucher lorsque je fis l'opération, elle étoit apparemment absente ; & faute de l'avoir euë, je fus privé du plaisir que je m'étois promis, de voir croître ce nid journellement sous mes yeux.

* Pl. 18. fig. 6. g g.

Mais, comme je l'ai déja dit, les frêlons se logent plus ordinairement dans des troncs d'arbres ; ils sçavent connoître ceux dont l'intérieur est pourri, & j'en ai vû d'occupés à jetter continuellement de la sciûre qu'ils se trouvoient dans la nécessité d'enlever pour faire une cavité capable de contenir leur guêpier. Tel arbre dont l'intérieur est prêt à tomber en pourriture, a immédiatement au-dessous de l'écorce, du bois très-sain & très-dur : quelquefois les frêlons percent dans ce bois sain le trou qui conduit à l'intérieur ; mais comme le travail est rude, alors ils ne donnent guére plus de diametre au trou qu'il lui en faut pour qu'un des plus gros d'entr'eux y puisse passer librement. J'en ai observé pendant qu'ils travailloient à aggrandir le trou ouvert dans du bois sain.

Au reste, les frêlons passent leur vie dans les troncs d'arbres, comme passent la leur sous terre les guêpes dont nous avons détaillé les occupations dans le Mémoire précédent ; les leurs sont précisément les mêmes : comme les guêpes soûterraines, ils ont pour objet essentiel de construire des cellules ou logements aux vers qui doivent naître des œufs pondus journellement par la mere, & de nourrir ces vers en leur donnant la becquée à différentes heures du jour. J'en ai vû plus d'une fois qui rentroient chés eux chargés d'une de ces grosses mouches bleuës, contre les œufs desquelles nous avons peine à garder la viande en Eté. Il y a parmi eux, comme parmi les autres guêpes, trois sortes de mouches, des fémelles, des mâles & des mulets, ou de celles qui ne naissent que pour le travail. Les premiéres surpassent peu les mâles en grandeur, mais elles sont sensiblement plus grandes que les mulets, quoiqu'il n'y ait pas autant de différence entre leur taille & celle de ceux-ci, qu'il y en a entre la taille des mâles & celle des mulets des guêpiers soûterrains. Les meres, comme les mulets, sont armées d'aiguillon, & les mâles en sont dépourvûs, ainsi que le veut la regle générale.

La figure de la partie qui a été accordée à ceux-ci pour porter la fécondation dans les œufs des fémelles, n'a pas été prise sur le modéle de la partie analogue des mâles des guêpes soûterraines qui est faite en cuillier; la partie propre aux mâles des frêlons, n'est qu'un tuyau écailleux *, placé entre les deux branches * d'une pince écailleuse: il est peu renflé vers son milieu: il se termine par deux crochets courts & mousses, entre lesquels est une ouverture où une petite épingle entreroit aisément. Si on presse la base du canal, on fait sortir par l'ouverture une goutte d'une liqueur blanche qui a la consistance d'une bouillie claire.

* Pl. 18. fig. 4 & 5. g.

* f, f.

Jusqu'au mois de Septembre le guêpier n'a que la seule mere par laquelle il a été commencé, & n'a aucun mâle. Les gâteaux composés de cellules propres à loger les vers qui doivent devenir des fémelles, & ceux qui doivent devenir des mâles, sont les derniers construits. Les vers des trois sortes tapissent de soye leur logement lorsqu'ils se disposent à la transformation, & le bouchent d'un couvercle de ſoye. Celui qui ferme une cellule de mâle * ou une cellule de fémelle, eſt une calotte ſphérique qui ſe trouve en entier en dehors de la cellule, & qui, par conſéquent, en augmente aſſés conſidérablement la capacité. Ce n'eſt que dans le mois de Septembre & dans le commencement d'Octobre, que de jeunes fémelles & de jeunes mâles quittent leur état de nymphe. Toutes les mouches de ces deux ſortes, & celles de la troiſiéme, qui ne pourroient paroître hors des gâteaux que vers le commencement de Novembre, ſont ordinairement miſes à mort avant la fin d'Octobre, ſur-tout ſi les froids ont commencé à ſe faire ſentir. Les frêlons au lieu de continuer à nourrir les vers, ne s'occupent alors qu'à les arracher de leurs cellules, & à les jetter hors du nid; ils ne font pas plus de grace aux nymphes. Les mulets & les mâles périſſent eux-mêmes journellement, de ſorte qu'à la fin de l'Hiver il ne reſte que des fémelles.

* Pl. 18. fig. 10. *c, c, c,* &c.

Diverſes eſpeces de guêpes ne cherchent point, comme les frêlons & comme les premiéres dont nous avons parlé, à mettre leur nid à couvert : elles donnent à celui qu'elles conſtruiſent, une enveloppe qui ſe ſoûtient contre les injures de l'air, & qui défend aſſés les gâteaux qu'elle renferme. J'ai cité ailleurs * un guêpier qui fut apporté à l'Academie par l'illuſtre M. Varignon, & qui avoit été détaché d'une branche d'arbre, dont la forme étoit agréable & ſinguliére. Son enveloppe * reſſembloit aſſés bien à une roſe à mille feuilles, qui ne commence qu'à s'épanoüir. Elle ne ſurpaſſoit pas beaucoup une roſe en groſſeur, & étoit de même compoſée de pluſieurs feuillets appliqués les uns ſur les autres, à qui il ne manquoit qu'une belle couleur: la leur étoit la même que celle des guêpiers ſoûterrains; ils étoient d'un papier ſemblable au papier de ceux-ci, mais probablement un peu plus difficile à pénétrer à

* *Mém. de l'Académie, 1719. page 246.*

* Pl. 19. fig. 1. *a a a.*

l'eau : au moins au moyen du grand nombre des feuillets qui laiſſoient entr'eux des intervalles, les extérieurs pouvoient être mouillés ſans que les intérieurs le fuſſent. Deux gâteaux *, autour deſquels il reſtoit beaucoup de vuide, étoient logés ſous cette enveloppe. * Pl. 19. fig. 2. g, *H.*

Aldrovande a fait graver deux deſſeins d'un guêpier dont la forme avoit encore quelque choſe de plus ſingulier que celle du précédent : il étoit fait préciſément comme une petite bouteille à long col; le trou du goulot donnoit entrée aux guêpes. Ce joli nid avoit été trouvé attaché à une plante potagére. Du reſte, ſa conſtruction & ſa matiére étoient ſemblables à celles du petit guêpier en roſe; & peut-être que ſi ce dernier n'eût pas été tiré de ſa place avant que l'ouvrage des guêpes qui l'habitoient eût été complet, elles lui euſſent auſſi fait un col qui l'eût rendu ſemblable à une bouteille.

Si nous jugeons de la perfection des ouvrages des inſectes par le degré de reſſemblance qu'ils ont avec quelques-uns des nôtres, ces différents guêpiers de nos guêpes d'Europe, que nous avons trouvé ſi induſtrieuſement conſtruits, ſoûtiendront mal la comparaiſon que nous en allons faire avec ceux d'une eſpece de guêpes de l'Amérique; ils ne nous paroîtront plus que des ouvrages groſſiers, & dont les ouvriéres ſont fort inférieures en adreſſe & en génie aux mouches qui bâtiſſent les autres. L'enveloppe de ceux-ci eſt une eſpece de vaſe aſſés ſolide pour ſoûtenir une forte preſſion de la main, fait en forme de cloche allongée *, dont l'ouverture ſeroit fermée. Ce ne ſeroit pas aſſés de dire que cette eſpece de vaſe paroît être de carton, il en eſt réellement, & d'un carton qui ne le cede en rien au plus beau, au plus blanc, au plus fort que nous ſçachions faire. Qu'on remette ce vaſe entre les mains d'un de nos ouvriers en carton, ſans lui dire par qui il a été fabriqué, * Pl. 20 & 24.

il aura beau le tourner & le retourner, le manier, l'examiner en tout sens, le déchirer, il ne lui viendra jamais dans l'esprit de soupçonner qu'il puisse avoir été fait par quelqu'un qui n'est pas de sa profession.

Dans le Mémoire sur les guêpes publié en 1719, j'ai parlé de ces guêpiers admirables: je n'en avois encore vû alors qu'un seul; depuis j'en ai vû plusieurs autres, & j'en ai eu quelques-uns en ma possession, ce qui m'a mis en état de les mieux étudier, & de faire des remarques qui m'avoient échappé. Les environs de Cayenne sont un des pays de l'Amérique, & apparemment ne sont pas le seul pays de cette partie du monde où on les trouve: ils restent exposés à toutes les injures de l'air, ils sont suspendus par leur partie supérieure * & la plus menuë à une branche d'arbre. Au bout de cette partie est une espece de long anneau, ou, plus exactement, un tuyau long de deux ou trois pouces, dans lequel passe une branche plus grosse que le doigt; la branche a été le noyau sur lequel le tuyau a été construit & fixé. Depuis le bout supérieur jusqu'à l'inférieur, le diametre du nid va en augmentant, mais ce n'est pas toûjours dans la même proportion: il y a probablement de l'arbitraire dans ceci; mais où il n'y en a pas, c'est que cette espece de boîte de carton, de figure conique, est fermée par embas; elle a un fond * de même matiére que le reste des parois, convexe en-dehors, & qui s'allonge plus qu'ailleurs à son milieu, ou à quelque distance du milieu. Ce fond est fait en pavillon d'entonnoir d'une figure un peu irréguliére. Le trou * qui est à sa partie la plus basse, n'est pas ordinairement dans l'axe; il a environ cinq lignes de diametre: c'est la seule & unique porte qui donne entrée aux mouches dans le guêpier; elle leur suffit, & sa petitesse la rend plus facile à garder contre les insectes ennemis qui voudroient pénétrer dans l'intérieur.

* Pl. 20. fig. 1. *a a*.

* Pl. 20 & 24. fig. 1.

* *p*.

On

On pense sans doute que cet intérieur mérite d'être vû: il est occupé en partie, comme celui des autres guêpiers, par des gâteaux disposés par étages *. J'en ai compté onze dans le guêpier dont j'ai parlé anciennement: il peut s'en trouver quelques-uns de plus dans d'autres. Comme les gâteaux des frêlons & des guêpes soûterraines, ils sont remplis de cellules exagones, & seulement sur leur face inférieure *. Le reste de l'architecture de nos faiseuses de carton ou cartonniéres, est d'ailleurs différent de l'architecture de celles qui ne font que du simple papier. Les gâteaux des premiéres ne sont point presque plats comme le sont ceux des autres, ils sont convexes en-dessous * comme l'est la piéce que nous avons déja décrite, & qui sert à fermer la boîte dans laquelle ils sont logés: leur dessus est concave & lisse; on apperçoit à peine en quelques endroits les impressions des bases des cellules *. Ces gâteaux ne tiennent point les uns aux autres, il n'y a point de colomnade placée dans les intervalles qui restent entr'eux, ces espaces sont entiérement libres; chaque gâteau est une espece de diaphragme dont tout le contour est solidement fixé contre les parois de la boîte *: l'union de chaque gâteau avec la boîte, est si parfaite qu'il semble que le guêpier entier ait été fait d'une pâte fluide jettée en moule, & que la boîte & les gâteaux soient venus du même jet.

* Pl. 22 & 23. fig. 1.

* Pl. 22. fig. 3. *h h.*

* Pl. 23. fig. 1. *i r i, h s h, g t g,* &c.

* Fig. 1. *b b.*

* Fig. 1.

Il suit de la description précédente, que les guêpes ne trouvent pas de passage pour aller d'un gâteau à l'autre, entre la circonférence de ceux-ci & les parois de la boîte. Il falloit pourtant des portes de communication, & elles ne manquent pas d'en réserver une à chaque gâteau *, qui est semblable à celle de la piéce qui ferme le guêpier par embas, & semblablement placée; elle l'est dans l'endroit où le gâteau a le plus de convexité, dans la partie la plus basse du pavillon d'entonnoir. Les trous ou portes ne sont pas

* Fig. 1. *p, o, r, s, t, u, x* & *y.*

allignées immédiatement les unes au-dessous des autres, celle d'un gâteau des plus élevés se trouve quelquefois dans l'axe du guêpier, & la porte du dernier est souvent moins proche de cet axe que des parois. Les autres trous sont dans des éloignements moyens entre les précédents.

Les gâteaux des frêlons & ceux des guêpes soûterraines, ne sont précisément que des plaques faites de cellules également profondes, mises les unes auprès des autres. Pour ces sortes de guêpes, construire des gâteaux ou des cellules, c'est la même chose. Il n'en est pas de même par rapport à nos cartonniéres, elles font d'abord une feuille de carton* aussi épaisse au moins qu'un petit écu, & de figure convenable; c'est ensuite sur cette feuille, sur ce gâteau qui étoit une table rase, qu'elles bâtissent des cellules les unes auprès des autres*. La seule raison qui les engage à conduire ainsi leur travail, ne semble pas être celle de faire des ouvrages plus solides; elles paroissent vouloir que les cellules, ou plûtôt que les œufs qui leur doivent être confiés, & que les vers qui y doivent croître, ne soient aucunement exposés aux impressions de l'air extérieur: peut-être convient-il que le lieu où ils sont placés, ne puisse pas être refroidi par une trop libre circulation de cet air. Les nids des frêlons, & ceux des guêpes soûterraines, ne sont renfermés de toutes parts, que lorsqu'ils sont finis; dans les temps qui précédent, l'enveloppe est une espece de cloche* plus ou moins longue, & plus ou moins ouverte. Les vers n'y sont pourtant pas exposés aux injures de l'air, parce que chaque nid est à couvert, & souvent logé dans un trou. Nos guêpes de Cayenne, qui aiment à suspendre leurs guêpiers à des branches, sçavent tenir les cellules dans une boîte qui est toûjours close; mais pour cela il falloit que leurs cellules ne fussent bâties que sur des gâteaux déja construits. Pour entendre ce que leur pratique a d'ingénieux & de nécessaire

* Pl. 23. fig. 1. *k q k*.

* *m, n*.

* Pl. 18. fig. 6.

en même temps, il faut sçavoir qu'un de leurs guêpiers, quelque court qu'il soit, quoiqu'il n'ait encore que deux ou trois gâteaux, est fermé * comme celui qui en a dix à onze, par une piéce lisse *. Dans le court guêpier, cette piéce du fond doit devenir une piéce intermédiaire, un des gâteaux intérieurs & qui sera rempli de cellules. Considérons des guêpes qui veulent augmenter le nombre des gâteaux de leur guêpier, elles prolongeront la boîte de carton, elles la feront descendre par-delà la piéce qui en fait le fond *; contre le bord inférieur de la partie qui a été prolongée, elles commenceront par former & attacher le contour d'une nouvelle piéce semblable à celle qui, jusque-là, a été le fond. Quand la nouvelle piéce * sera finie, l'ancien fond * se trouvera renfermé dans le guêpier, comme les premiers gâteaux, & en deviendra un nouveau lorsque des cellules * auront été bâties sur sa surface inférieure : c'est ainsi que le nombre des gâteaux est multiplié, sans que les cellules se trouvent jamais à découvert.

* Pl. 24. fig. 1.
* *f p f.*
* Pl. 23. fig. 1. *k q k.*
* *f p f.*
* *k q k.*
* *m, n.*

Quand j'aurois été à portée de voir travailler nos guêpes industrieuses, je ne pourrois établir que l'ordre dans lequel elles font leur ouvrage, est celui que je viens d'expliquer, par une meilleure preuve que celle que m'ont fournie plusieurs des guêpiers que j'ai ouverts. Le dernier gâteau * de quelques-uns, étoit, comme ceux qui le précédoient, tout couvert de cellules en-dessous : les cellules manquoient aux environs de la porte du dernier gâteau d'un autre guêpier * : le dernier gâteau de quelques autres, n'avoit pas la moitié des cellules qu'il devoit avoir par la suite, plus de la moitié de sa surface inférieure étoit encore lisse & polie. Enfin, dans quelques autres guêpiers, ce gâteau n'avoit encore que quelques petites plaques de cellules réunies *. Ce sont ordinairement les plus proches de la circonférence du gâteau que les guêpes bâtissent les premiéres.

* Pl. 22. fig. 1 & 3. *h h.*
* Pl. 21. fig. 1. *g h.*
* Pl. 23. fig. 1. *m, n.*

Ces cellules ſont plus petites que celles des guêpes ſouterraines. Nous avons dit que ſept de ces derniéres occupoient une longueur d'un pouce & demi : la même longueur ne peut être remplie que par plus de neuf des autres ; ainſi le pouce & demi quarré qui ne contient que 49 des grandes cellules, en contiendra au moins 81, & peut-être plus de 90 des petites. De-là, il eſt aiſé de juger que les guêpiers de carton ne le cedent pas aux plus grands guêpiers de papier, en nombre de cellules, ni en nombre de mouches. La petiteſſe des cellules doit encore faire juger que les guêpes qui y prennent leur accroiſſement, ſont inférieures en grandeur à celles qui croiſſent dans des logements plus ſpacieux; d'ailleurs, il y a des guêpiers dont la capacité ſurpaſſe celle des plus grands de cette eſpece que j'ai fait graver. M. Barrere dans ſon eſſai ſur l'Hiſtoire naturelle de la France équinoxiale *, aſſûre en avoir vû qui avoient près d'un pied & demi de longueur.

* *Impr. en 1741. chés Piget.*

Ça été inutilement que j'ai cherché de ces petites, mais très-induſtrieuſes mouches, dans les nids que j'ai eu occaſion d'ouvrir. Mais la curioſité que j'avois d'en voir quelques-unes, a été ſatisfaite par les ſoins de M. du Hamel, qui pria un Officier des Vaiſſeaux du Roy, prêt à partir pour Cayenne, d'en apporter : il l'a fait avec toutes les précautions qu'on pouvoit deſirer, il les a miſes dans de l'eau-de-vie où du ſucre étoit diſſous, qui eſt la liqueur que j'indique depuis long temps comme la plus propre que j'aye trouvée pour bien conſerver les inſectes. Des guêpes cartonniéres me ſont parvenuës très-bien conditionnées, & preſque auſſi en état d'être examinées, que ſi je les euſſe priſes moi-même vivantes auprès de leur guêpier. J'ai même reçû plus que je n'euſſe oſé demander : l'analogie portoit à croire que les guêpiers de carton étoient habités par trois ſortes de mouches, au moins dans certains temps,

& j'en ai trouvé aussi de trois sortes parmi celles qui me sont parvenuës, qui different entr'elles en grandeur. Les plus grandes de toutes *, beaucoup plus petites que nos guêpes les plus communes, sont les mâles, ce qui est prouvé, parce qu'elles sont dépourvûës d'aiguillon, quoique les guêpes des deux autres sortes, les fémelles *, & celles qu'on peut appeller les mulets ou les ouvriéres *, en ayent un. Les unes & les autres ont probablement des temps où elles cherchent peu à en faire usage, & d'autres où elles s'en servent volontiers pour piquer. M. Barrere ne les a vûës apparemment que dans ceux où elles sont douces & benignes, car il les qualifie de l'épithéte *innoxiæ*. Et M. Arthur actuellement Médecin du Roy à Cayenne, comme l'a été autrefois M. Barrere, qui peut les avoir vûës dans des temps où elles ne sont pas traitables, m'a écrit qu'on ne s'approche guéres impunément des lieux où elles se sont cantonnées, & qu'on les fuit plus que les serpens mêmes. Ce qui aide le plus à faire reconnoître les mâles, c'est que lorsqu'on leur presse le derriére, on en fait sortir une espece de pince * à deux branches, dont l'une est à droite & l'autre à gauche: ces branches sont écailleuses, convexes en-dehors & concaves en-dedans, où elles sont remplies par des chairs plus ou moins gonflées, selon que la pression a été plus ou moins forte; chacune d'elles est terminée par une espece d'épine *. Cette pince est sans doute destinée à mettre le mâle en état de s'emparer de la fémelle en saisissant sa partie postérieure. Enfin, précisément au milieu de la pince, on voit très-distinctement une tige blanche *, charnuë, ou au plus cartilagineuse, presque aussi longue que la pince même, & qui s'évase près de son bout en cuilleron peu différent par sa figure de celui qui termine la partie propre aux mâles des guêpes soûterraines. La tige a une courte fente, oblongue, qui s'ouvre

* Pl. 20. fig. 3.
* Fig. 2.
* Fig. 4.
* Pl. 21. fig. 4. *b, b.*
* *e, e.*
* *g.*

dans le cuilleron, & qui semble être l'ouverture propre à laisser sortir la liqueur qui rend les œufs féconds. Le fond de la couleur de ces mâles est un brun qui tire sur le noir, mais on leur trouve aussi du jaune, couleur qui est presque affectée aux guêpes : tous les anneaux de leur corps en sont bordés à leur contour postérieur & supérieur. Ce jaune est plus foible sur les deux autres sortes de mouches : à peine en ai-je apperçû des filets aux ouvriéres ou

* Pl. 20. fig. 4.

mulets *, & je n'en ai point vû aux femelles ; peut-être a-t-il été effacé par la liqueur dans laquelle elles ont séjourné. Les guêpes que je regarde comme analogues aux mulets, ou aux ouvriéres des autres guêpiers, sont plus petites que les femelles. Ce n'est pourtant pas par la grandeur que celles-ci different le plus de celles-là ; c'est sur-tout par la forme de leur corps, qui même est différente de celle des guêpes femelles des autres especes que je connois. La différence est dans le bout du corps qui se termine par une espece de longue queuë écailleuse * : cette queuë semble d'une seule piéce ; mais quand on l'examine à la loupe, & quand on presse le dernier anneau pour obliger les parties dont elle peut être composée, à se séparer, on voit que trois piéces distinctes contribuent à la former, une supérieure *, plus grosse seule que les deux autres ensemble, mais un peu plus courte, & deux inférieures * égales entr'elles, & qui étant appliquées l'une contre l'autre, paroissent n'en faire qu'une : c'est entre ces trois piéces que l'aiguillon est placé. Au reste, j'imagine qu'elles trois ensemble composent le conduit par lequel passe l'œuf que la mouche doit déposer au fond d'une cellule, & qu'au moyen de cette espece de queuë, elle l'y porte & place plus aisément.

* Pl. 21. fig. 3. q r s.

* Fig. 2. q.

* s, s.

Il y a toute apparence que parmi ces guêpes, comme parmi celles de notre pays, les mulets & les meres travaillent à la conſtruction du guêpier, mais que c'eſt un ouvrage que les mâles ne ſçavent pas faire, & auquel ils ne ſont pas propres. Ma conjecture eſt fondée ſur ce que les jambes de la troiſiéme paire des fémelles, & les pareilles jambes des mulets, ont dans leur ſtructure une ſingularité que n'ont pas les jambes de la troiſiéme paire des mâles. La ſeconde partie de chacune des jambes dont nous parlons, eſt d'une groſſeur prodigieuſe dans les mulets & dans les fémelles, en comparaiſon de la partie qui la précéde, & de celles qui la ſuivent. Elle a la figure d'une lentille un peu oblongue *, ou d'un ellipſoïde applati. Cette partie a bien l'air d'être néceſſaire à ces deux ſortes de guêpes, lorſqu'elles travaillent le carton. Ne leur ſerviroit-elle point à le battre lorſqu'il eſt encore en pâte, ou peut-être à le liſſer! Elle eſt propre à l'un & à l'autre. Une moitié de la circonférence de cette eſpece de lentille eſt bordée de blanc; l'autre moitié de ſa circonférence a deux rangées de petits piquants, entre leſquelles eſt une couliſſe où ſe couche la troiſiéme partie de la jambe, quand la jambe n'eſt pas étenduë.

* Pl. 21. fig. 3. *l.*

Dans la même liqueur dans laquelle on a envoyé des trois différentes ſortes de guêpes cartonniéres, on a eu l'attention d'envoyer auſſi des vers qui, par la ſuite, ſe transforment en ces mouches *; ils ſont blancs, & pour l'eſſentiel, ſemblables à ceux des guêpes de notre pays. Quand ils ont pris tout leur accroiſſement, chacun d'eux, comme chacun des autres, tapiſſe ſa cellule de ſoye, & en bouche l'ouverture avec un couvercle auſſi de ſoye.

* Pl. 23. fig. 2 & 3.

Les guêpes de l'Amérique vont ſans doute arracher ſur des bois communs dans le pays qu'elles habitent, les fibres dont elles compoſent leur beau & ſolide carton : ce n'eſt que là qu'elles peuvent ſe fournir des filaments qui y ſont propres; car leurs ouvrages ne different pas pour le fond, de ceux de nos guêpes, ils n'en different que par des perfections qui ne doivent pas être uniquement attribuées à l'adresse des ouvriéres; elles sont dûës en partie à la qualité des matiéres que ces ouvriéres sçavent choisir. Celles-ci nous donnent une importante leçon en nous apprenant qu'on peut faire du papier de la qualité du nôtre, avec des fibres de plantes, qui n'ont pas passé par l'état de linge & de chiffon: elles semblent nous inviter à essayer si nous ne pourrions pas parvenir à faire de beau & bon papier, en employant immédiatement certains bois. Si nous en avions de pareils à ceux que les guêpes de Cayenne mettent en œuvre, nous pourrions en composer un papier très-blanc, & qui auroit du corps. Les bois blancs sont probablement les premiers sur lesquels il conviendroit de faire des essais. Si enfin nous ne pouvions trouver chés nous des bois qui nous satisfissent entiérement, il ne seroit pas difficile de découvrir ceux qui sont à l'usage des guêpes de Cayenne; c'est ce qu'un Observateur attentif parviendroit à sçavoir bien-tôt. Enfin, on pourroit faire venir de Cayenne de ces bois, sans craindre que les frais du transport les rendissent trop chers. Si on y trouvoit assés de chiffons pour en charger des vaisseaux, ce seroit un commerce qu'on ne manqueroit pas de faire, & qu'on regarderoit comme extrêmement avantageux; pourquoi donc ne le seroit-il pas de charger des vaisseaux d'un bois qui pourroit être substitué aux chiffons! Le papier est devenu une de nos marchandises les plus importantes, & qui fournit à de très-grandes branches de notre commerce. C'est une marchandise dont la consommation va tous les jours en augmentant, & dont nous ne sommes pas maîtres d'augmenter la quantité à volonté, tant qu'on le fera, comme on l'a fait jusqu'ici; car nous ne sommes pas maîtres d'avoir autant de la matiére dont on le fabrique, que nous en en pourrions vouloir. Ç'a été assûrément une belle découverte, que celle d'avoir trouvé le moyen de convertir en un papier qui nous est si utile, des chiffons, des haillons qui avoient été abandonnés à la pourriture pendant tant de siécles, & dont il ne sembloit pas qu'on dût jamais tenir compte: on a rendu ces chiffons précieux; des hommes passent leur vie à en ramasser & à les rassembler pour les vendre à d'autres hommes qui sçavent les mettre en œuvre avantageusement pour nous. Mais enfin, la quantité de ces chiffons est proportionnée à la quantité du linge qui s'use annuellement: on les cherche avec tant de soin dans les villes & dans les campagnes, qu'on est parvenu à en laisser perdre très-peu. Dans les grandes villes, des chiffonniers s'occupent journellement à tirer des tas d'ordures, ceux qui sont jettés dans les ruës; & à la campagne, les païsannes conservent les leurs, parce qu'elles sçavent qu'on viendra les leur demander, & qu'on leur donnera des épingles en échange. Le Royaume est plus riche en chiffons, car je n'hésite pas à donner le nom de richesse à des chiffons, & ceux qui en ont de pleins magasins, qui sont en état d'en charger des vaisseaux, n'ignorent pas qu'ils en sont une, qu'il n'est aucune marchandise dont le débit soit plus sûr; le Royaume, dis-je, est plus riche en chiffons qu'aucune partie de l'Europe, parce qu'outre qu'il en est peu de plus peuplées, ses habitants qui aiment assés généralement la propreté, changent souvent de linge: mais la quantité du vieux linge n'y doit pas aller en augmentant, au lieu que la consommation du papier semble y devenir plus grande de jour en jour. Où donc se fournira-t-on d'assés de matiére premiére pour y suffire, pour empêcher le papier de devenir trop rare & trop cher! Ce seroit une dure extrémité que d'y employer des toiles neuves ou peu usées: les guêpes nous enseignent une meilleure ressource, elles nous apprennent à substituer le bois aux chiffons: celles de Cayenne nous doivent faire connoître les bois les plus propres à les remplacer. Enfin, les nôtres même nous montrent les procédés par lesquels nous devons commencer nos expériences: elles ne se servent que de bois qui a été mouillé à bien des reprises, que de cette premiére couche qui ayant été exposée à toutes les injures de l'air, a été mise non seulement dans l'état du lin roüi, mais même dans celui du linge usé. Faisons donc réduire en copeaux extrêmement minces, les bois que nous aurons jugé les plus propres à de si utiles expériences; laissons-en une partie exposée à l'air libre, où on l'arrosera de temps en temps; tenons-en une autre partie sous l'eau pendant plusieurs jours, d'où on la retirera ensuite pour la faire sécher, & qu'on répéte ces opérations jusqu'à ce que les copeaux paroissent dans l'état où on les veut; on découvrira ainsi lequel des deux moyens que je propose, rendra plus vîte le bois aussi propre à être employé en papier, que le sont les chiffons, & le mettra plûtôt en état d'être porté sous les pilons des moulins à papier. Je devrois avoir honte de n'avoir pas tenté encore des expériences de cette espece, depuis plus de vingt ans que j'en connois toute l'importance, & que je les ai annoncées; mais j'avois espéré que quelqu'un voudroit bien s'en faire une occupation & un amusement.

Il nous reste encore à parler de quelques especes de guêpes qui vivent en société, mais qui ne se trouveront pas favorablement placées à la suite de celles dont nous venons de faire admirer l'industrie: la leur se réduit à faire un, ou au * plus deux à trois gâteaux composés de cellules d'un papier semblable à celui des guêpes soûterraines, & de même couleur. Elles ne sçavent pas renfermer leurs cellules sous une enveloppe commune: le gâteau

* Pl. 25. fig. 1, 2, 6 & 7.

ou les gâteaux formés de leur assemblage, restent exposés à toutes les injures de l'air. Si elles ne leur donnent pas de couverture, au moins semblent-elles songer à les mettre en état de n'en avoir pas besoin: le premier gâteau *, s'il doit y en avoir plusieurs dans le nid complet, est attaché contre une tige de plante ou d'arbuste, par une espece de lien semblable à un de ceux qui sont employés à suspendre les gâteaux des nids soûterrains, mais proportionnellement plus gros & plus fort: le lien est dirigé à peu-près horizontalement; & ce qu'il y a actuellement de plus remarquable, est que le plan du gâteau se trouve à peu-près dans un plan vertical; c'est la position qui lui convenoit le mieux dès qu'une enveloppe lui étoit refusée; s'il eût été posé horizontalement, ayant les ouvertures des cellules en enhaut, elles eussent été trop souvent exposées à être remplies d'eau. L'inconvénient eût été moindre si la face opposée, celle des fonds des cellules, eût été la plus élevée; mais l'eau eût séjourné dessus, & l'intérieur de chaque cellule eût pu au moins devenir trop humide. Rien de tout cela n'est à craindre dans le gâteau posé verticalement, sur-tout si les guêpes ont attention que la face où sont les ouvertures, soit tournée vers le Nord ou vers l'Est.

* Pl. 19. fig. 4. & pl. 25. fig. 2, 6 & 7.

Ces guêpes prennent encore une précaution pour conserver leur gâteau, qui mérite que nous la fassions remarquer, elles le vernissent; on y peut appercevoir un œil luisant qu'on chercheroit inutilement aux cellules des guêpiers à enveloppe: le vernis empêche l'eau de s'attacher au papier, & de le mouiller. Un des grands ouvrages des mouches dont nous parlons, est de mettre ce vernis: je les ai vû employer beaucoup de temps à frotter & refrotter avec leur bouche les différentes parties du nid; & j'ai lieu de croire que tous leurs frottements ne tendoient qu'à étendre sur ces parties une liqueur qui, lorsqu'elle feroit féche, feroit un enduit capable de les conferver. Au refte, il n'eft point de guêpes que j'aye obfervées plus à mon aife, que celles-ci: comme elles font toutes leurs manœuvres à découvert, elles n'en ont guéres qui puiffent échapper à quelqu'un qui veut être leur fpectateur affidu.

En confidérant la forme des cellules nouvellement conftruites, il m'eft né un doute fur lequel j'ai peut-être trop infifté dans le Mémoire imprimé en 1719. J'ai dit alors que j'ignorois fi la figure exagone entroit dans le deffein de ces guêpes; & cela, fur ce que j'avois remarqué que les cellules qui font au bord de chaque gâteau, ont la moitié de leur circonférence arrondie, & que leur partie intérieure a feule des pans. Or les cellules les plus proches du centre, ont été autrefois à la circonférence, elles ont donc été demi-rondes. Ces faits m'ont fait douter fi la figure exagone *complette n'étoit point dûë à la preffion du ver qui remplit par la fuite fa cellule*; mais d'autres obfervations prouvent que la guêpe fçait donner des pans à la portion qui étoit en arc de cercle. Toute cellule intérieure eft exagone; & j'en ai vû de telles quoiqu'aucun œuf n'y eut encore été dépofé. C'étoient donc des guêpes qui avoient formé des pans dans la partie qui étoit circulaire lorfqu'elle étoit placée au bord extérieur du gâteau.

Une autre remarque qui eft commune à ces cellules, à celles des frêlons, à celles des guêpes cartonniéres, & à celles de diverfes autres guêpes, c'eft que ni les unes ni les autres ne font de vrais exagones, elles font des efpeces de pyramides tronquées & exagonales: chaque cellule eft plus large à fon ouverture qu'à fon fond; on peut fe le démontrer aifément, en faifant attention que la face du gâteau * où font les ouvertures des cellules, eft plus grande que celle où font leurs bafes: auffi l'axe de chaque cellule eft incliné à la face du gâteau, où font leurs fonds, &

* Pl. 25. fig. 6.

d'autant plus incliné que la cellule eſt plus proche des bords.

Dans ce genre de guêpes, la grandeur des fémelles ne ſurpaſſe pas conſidérablement celle des mulets. Il y a auſſi parmi elles des mâles à peu-près de la taille des fémelles, & qui, à l'ordinaire, ſont dépourvûs d'aiguillon.

Tout ce qui a été rapporté juſqu'ici à l'honneur du génie & de l'adreſſe des guêpes, n'empêchera pas ceux qui aiment à conſerver les fruits de leurs jardins, de ſouhaiter d'avoir des moyens de faire périr des mouches qui les entamment, avant même qu'ils ſoient arrivés à une parfaite maturité, & qui en font un grand dégât. C'eſt ſur-tout contre les guêpes qui vivent ſous terre en nombreuſe ſociété, que nous avons à les défendre, & contre les frêlons à qui il en faut beaucoup. Quand on peut découvrir les lieux où les unes & les autres ſe ſont établis, il eſt aiſé d'en détruire bien-tôt des milliers. Quelques-uns ont imaginé de garnir les environs du trou qui conduit au guêpier, de brins de bois enduits de glu; ſi les petits bâtons ſont bien placés, les guêpes qui entrent, & celles qui ſortent, ne ſçauroient guéres manquer de s'y poiſſer à un point qui les met hors d'état de voler. Mais c'eſt une affaire que de renouveller ces brins de bois ou de les renduire de glu autant de fois qu'il ſeroit néceſſaire pour prendre toutes les mouches d'un nid. D'autres allument de la paille ſur la porte du nid; les guêpes que la chaleur détermine à ſortir, ſe brûlent en paſſant par la flamme; mais le plus grand nombre s'obſtine ſouvent à ne point ſortir. L'eau bouillante à laquelle d'autres ont recours, ſeroit un expédient plus ſûr, il eſt immanquable; mais dans des endroits quelquefois fort éloignés des maiſons, on ne peut pas toûjours avoir commodément aſſés d'eau bouillante pour noyer & brûler les mouches en même temps. Ce qu'il y a de plus facile & de plus ſûr, eſt de ſe ſervir contr'elles des meches ſoufrées, au moyen deſquelles on fait périr en différents pays toutes les abeilles d'une ruche pour leur enlever leur cire & leur miel. On aggrandira un peu l'ouverture du trou qui conduit au guêpier, & on fera entrer dans le trou des meches allumées, après quoi on bouchera ſon entrée avec de petites pierres, de maniére que les guêpes ne puiſſent ſortir ſans miner, ce qui eſt un travail long: avant que de le pouvoir entreprendre, elles ſeront étouffées par la vapeur du ſoufre. On aura attention de ne pas boucher le trou ſi exactement qu'une legére portion de la fumée n'en puiſſe ſortir; & cela, afin que les meches ne s'éteignent pas trop vîte.

EXPLICATION DES FIGURES DU SEPTIÉME MÉMOIRE.

PLANCHE XVIII.

LA Figure 1 eſt celle d'un frêlon de ce pays, de la grandeur des fémelles; il a ſes aîles ſupérieures pliées.

Les Figures 2 & 3 repréſentent deux frêlons envoyés d'Egypte par feu M. Granger; ils different entr'eux & de celui de la figure 1, par la diſtribution des couleurs, qui pourtant ſont les mêmes dans les uns & dans les autres, du brun & du jaune: celui de la figure 3 a le corps allongé comme l'ont les mâles.

Les Figures 4 & 5 font voir les parties propres au mâle frêlon de ce pays, très-groſſies, l'une en montre le deſſus & l'autre le deſſous. *f, f,* les deux branches d'une pince écailleuſe deſtinée à ſaiſir le derriére de la fémelle. *g,* partie qui doit être introduite dans le corps de la fémelle.

La Figure 6 repréſente un nid de frêlon qui n'étoit preſque que commencé, & que je tirai d'une cavité qui ſe trouvoit entre les pierres d'un mur de terrasse. *p,* petite pierre à laquelle le nid étoit suspendu par un lien *c.* L'enveloppe du nid *e e e e,* formoit alors une espece de cloche dont le bord du contour inférieur étoit fort irrégulier. *g g,* le seul & unique gâteau qu'eût encore ce nid, qui devoit, par la suite, en avoir au moins huit à neuf, dont quelques-uns eussent eu probablement plus de sept à huit pouces de diametre.

La Fig. 7 montre un morceau de l'enveloppe *e e e e* du nid de la fig. 6, où l'on peut distinguer les petites bandes de différentes nuances dont ce morceau est composé.

Les Figures 8 & 9 sont des portions d'une enveloppe d'un guêpier de frêlons qui étoit plus avancé que celui de la figure 6; alors l'enveloppe a une épaisseur autrement considérable & faite de plusieurs piéces ceintrées mises les unes au-dessus des autres, comme on le voit dans les deux derniéres figures.

La Figure 10 représente deux gâteaux de frêlons; *g g,* un de ces gâteaux. *h h,* l'autre gâteau. Ils sont dans une position renversée; les ouvertures des cellules qui naturellement sont en embas, se trouvent ici en enhaut: ils sont censés être ceux par lesquels finiroit un grand nid; les gâteaux qui les précédoient avoient plus de diametre. Leurs cellules sont des plus grandes, de celles qui sont destinées à élever les vers qui deviennent des femelles. *p,* pilier ou lien d'un volume considérable en comparaison des liens *l, l,* & qui est placé vers le centre du gâteau qu'il doit suspendre. On peut remarquer que la face du gâteau *h h* qui est ici en vûë, a de la convexité, l'autre face est cependant plate. La convexité vient de ce que les cellules ont un peu plus de diametre à leur ouverture que proche

de leur fond. *c, c, c,* &c. marquent les couvercles d
quelques cellules.

PLANCHE XIX.

La Figure 1 représente un guêpier qui fut apporté à l'Académie par l'illustre M. Varignon ; il ressembloit à une rose à mille feuilles, qui n'est pas encore épanouie. On n'avoit pas pris garde à la maniére dont il étoit posé, mais il y a grande apparence que sa position étoit contraire à celle où il est ici, que son ouverture étoit en embas, où au moins qu'elle n'étoit pas en enhaut. *o,* l'ouverture ou l'entrée du guêpier. *a a,* son enveloppe. *b, b,* petites branches auxquelles il étoit attaché.

La Figure 2 fait voir l'intérieur du guêpier de la fig. 1 tout ce qui manque ici de l'enveloppe fut coupé & emporté avec des ciseaux. *f,* un reste de la partie coupée. *o,* entrée du guêpier. *d e, d e,* &c. marquent l'épaisseur de l'enveloppe, où l'on voit différentes feuilles, & en grand nombre, posées les unes sur les autres. *g, h,* deux gâteaux qui étoient logés dans la cavité; presque toutes leurs cellules étoient bouchées, comme il est aisé d'en juger par les couvercles qui s'élevent au-dessus. Chacune étoit occupée par une nymphe, ou par un ver prêt à se métamorphoser.

La Figure 3 montre séparément le gâteau *g* de la figure précédente, le plus petit des deux, & le fait voir par la face opposée à celle où sont les ouvertures des cellules, *l,* lien par lequel le gâteau *g* étoit attaché au gâteau *h.*

La Figure 4 représente un de ces petits guêpiers qui n'ont point d'enveloppe. Celui-ci est composé d'un seul gâteau attaché par un pédicule ou lien *l,* à une branche d'épine. Il est vû ici par derriére, par le côté où sont les fonds des cellules.

PLANCHE

PLANCHE XX.

La Figure 1 repréſente, mais plus petit que grandeur naturelle, un de ces guêpiers de carton conſtruits avec un art ſurprenant par une petite eſpece de guêpes des environs de Cayenne. *b b,* branche d'arbre à laquelle il eſt ſuſpendu. *a a,* eſpece de tuyau de carton dans lequel la branche eſt paſſée. *c c, d d, e e, i i, f f, p,* l'enveloppe du guêpier, ou l'eſpece de boîte d'un beau & fort carton, dans laquelle ſont renfermés les gâteaux qui donnent les logements où les mouches doivent croître ſous la forme de ver & ſe métamorphoſer. *d d, e e, i i,* marquent ſur l'extérieur de l'enveloppe, des endroits qui répondent à ceux où des gâteaux ſont attachés dans l'intérieur. Dans la partie *d c c d,* il y a intérieurement des gâteaux, quoiqu'on ne puiſſe pas juger par l'extérieur des endroits où ils ſont poſés. *p,* porte du guêpier.

La Figure 2 eſt celle d'une des guêpes fémelles qui habitent dans le guêpier de la figure 1.

La Figure 3 eſt celle de la guêpe mâle.

La Figure 4 eſt celle de la guêpe mulet ou ouvriére, une de celles apparemment qui travaillent le plus à faire du carton, & qui en forment des ouvrages ſi admirables.

PLANCHE XXI.

La Figure 1 repréſente un guêpier de carton dont la figure étoit peu différente de celle du guêpier de la planche 20, mais qui étoit plus petit. *b b,* la branche qui paſſe dans le tuyau de carton *a a.* Le corps de l'enveloppe ou de la boîte eſt *c c e e.* On a déchiré le fond de ce guêpier pour mettre en partie à découvert le dernier des gâteaux logés dans son intérieur. *f f*, origine du fond. *d d d*, ouverture faite au fond par déchirement. En *p* étoit la porte. *g h*, le dernier gâteau. En *g* est le trou ou la porte qui permettoit aux guêpes de passer entre le dernier gâteau & celui qui le précéde. La partie *g h* est lisse, par-delà on voit des cellules.

La Figure 2 fait voir en grand la partie postérieure, la queuë de la guêpe fémelle de la planche 20, figure 2, & comment sont faites les trois piéces dont cette queuë est composée. *g r*, la piéce supérieure, la plus grosse & la plus courte. *s*, *s*, les deux autres piéces.

La Figure 3 est celle de la guêpe fémelle dont la queuë est vûë dans la figure 2, très-grossie. *q r s*, sa queuë dont les trois piéces sont réunies comme elles le sont ordinairement. *q r*, la piéce supérieure. *s*, les deux piéces inférieures. *l* marque une partie de la jambe de la derniére paire beaucoup plus grosse que les parties qui la précédent & que celles qui la suivent; on peut soupçonner avec vrai-semblance qu'elle est un instrument, une espece de palette propre à battre & à lisser le carton.

La Figure 4 montre en grand la partie postérieure du corps de la guêpe mâle de la planche 20, figure 3, telle qu'elle paroît lorsque la pression a obligé des parties contenuës dans l'intérieur, d'en sortir. *a a*, le dessus du dernier anneau. *b*, *b*, deux branches d'une espece de pince. *e*, *e*, épines placées près du bout de chaque branche. *i*, *i*, mammelons par lesquels les deux branches sont terminées. *g*, la partie propre à opérer la fécondation des œufs.

PLANCHE XXII.

La Figure 1 représente un guêpier de carton assés semblable à celui de la planche précédente, dont une partie de l'enveloppe a été emportée afin qu'on pût voir la disposition de ses gâteaux. *g g g g h h*, bords de la coupe, qui font voir quelle est là l'épaisseur du carton. Chaque *k* marque un gâteau.

La Figure 2 est celle d'une partie de la piéce qui a été emportée au guêpier de la figure précédente. Il y reste des portions de sept gâteaux. *l l* en marquent une. Les *m, m, m,* &c. sont posées sur les parois intérieures de la boîte, qui sont lisses.

La Figure 3 est la coupe d'une portion de nid, dans laquelle se trouvent seulement les coupes de deux gâteaux. En *c i, c i*, on voit l'épaisseur de la boîte de carton. *h h*, partie d'un gâteau, à la surface inférieure ou convexe de laquelle des cellules sont attachées. *i i*, partie d'un autre gâteau qui n'est vûë que par sa surface supérieure & concave; elle est lisse. *p*, la porte de ce gâteau. *q*, la porte du gâteau *h h*. On voit aussi que la surface supérieure de ce dernier gâteau est unie, & n'a aucune cellule.

PLANCHE XXIII.

La Figure 1 fait voir une moitié d'un guêpier de carton qui a été coupé en deux par un plan qui a passé par l'axe de ce guêpier, & par conséquent, par les portes de tous les gâteaux. Sa forme n'étoit pas précisément la même que celle des guêpiers des planches précédentes. *a a*, coupe du tuyau qui recevoit une branche d'arbre. *b b*, le premier gâteau; sur son dessus paroissent les impressions des fonds des cellules, il en paroît quelquefois sur des gâteaux placés plus bas. *c c*, le second gâteau. Chacun des autres est de même marqué par deux lettres semblables. Ainsi *d d*, *e e*, *g g*, &c. sont les autres gâteaux. *p, q, r, f, t, u, x, y*, sont la suite, l'enfilade des portes par lesquelles les guêpes peuvent parvenir jusqu'au gâteau supérieur. Depuis que le gâteau *k q k* étoit devenu un gâteau intérieur, les guêpes n'avoient pas encore eu le temps de remplir sa face inférieure de cellules; elles avoient seulement commencé à en construire quelques-unes en *m*, & en *n*. Celles auxquelles elles avoient travaillé en *m*, étoient en plus grand nombre & plus avancées.

Les Figures 2 & 3 représentent, l'une de grandeur naturelle, & l'autre très-grossie, un des vers pour lesquels les cellules du guêpier avoient été construites.

PLANCHE XXIV.

La Figure 1 représente l'extérieur d'un guêpier de carton qui a été dessiné sur une échelle plus grande que celle des planches 20, 21 & 22; il est gros par rapport à sa longueur, mais c'est qu'il étoit encore loin d'avoir celle que les guêpes lui eussent donnée. Il n'avoit encore dans son intérieur que quatre gâteaux. L'endroit de la grande branche *a a*, que les guêpes avoient choisi pour y arrêter leur nid, avoit d'autres petites branches *b*, *g*, que les mouches avoient eu soin de recouvrir de carton. *d d e e*, le corps de la boîte de carton. *f p f*, la piéce du fond, dont *p* marque la porte. Tout ce qui est travaillé en brun sur cette enveloppe, est une espece de moisissûre qui avoit crû dessus, & qui étoit semblable à celle qui vient dans ce pays sur les papiers des vitres ou autres papiers qui ont resté long-temps exposés aux injures de l'air.

La Figure 2 est celle d'une coupe de la partie supérieure du guêpier de la figure 1. Le premier gâteau *d d*, étoit immédiatement attaché au haut de l'enveloppe, & assés mal façonné; mais le second gâteau *e e*, étoit réguliérement construit.

PLANCHE XXV.

La Figure 1 eſt celle d'un guêpier composé d'un ſeul gâteau attaché à une branche d'arbuſte, vû par la face antérieure.

La Figure 2 montre le gâteau de la figure 1 par ſa face poſtérieure.

Les Figures 3 & 4 repréſentent la guêpe qui conſtruit les guêpiers des deux figures précédentes. Elle a les aîles écartées du corps, fig. 3, & elle les a poſées ſur le corps, figure 4; dans l'une & dans l'autre elle eſt un peu plus grande que nature.

La Figure 5 eſt celle d'un des vers qui ſe transforment en des guêpes pareilles à celles des figures précédentes.

La Figure 6 fait voir un petit guêpier, de ceux qui reſtent toûjours petits, attaché à un brin de paille *p q*. *l*, le lien qui attache & porte le guêpier.

La Figure 7 repréſente un guêpier composé de deux petits gâteaux; un des deux *g g*, eſt pourtant plus grand que l'autre *h h*. Le gâteau *h h* tient au gâteau *g g* par un lien aſſés ſemblable à celui par lequel le dernier gâteau eſt attaché au brin de paille *p q*.

La Figure 8 eſt celle d'un gâteau qui n'eſt encore que commencé, & qui, par la ſuite, auroit eu autant de cellules que le gâteau *g g* de la figure 7, ou que celui de la figure 6. On a deſſiné les ſiennes un peu plus grandes que nature, pour faire mieux voir que les extérieures, dont deux ſont marquées *b*, *c*, n'ont que quatre pans, le reſte de leur circonférence, la portion extérieure eſt un arc de cercle; ces cellules ſe ſeroient trouvées par la ſuite dans l'intérieur du gâteau, & auroient eu ſix pans.

La Figure 9 repréſente un aſſemblage de quelques cellules encore plus grandes que celles de la figure précédente. Il y en a une *c d* ouverte dans toute ſa longueur, ce qui permet de voir un œuf *o*, collé dans l'angle que font enſemble deux des pans de cette cellule.

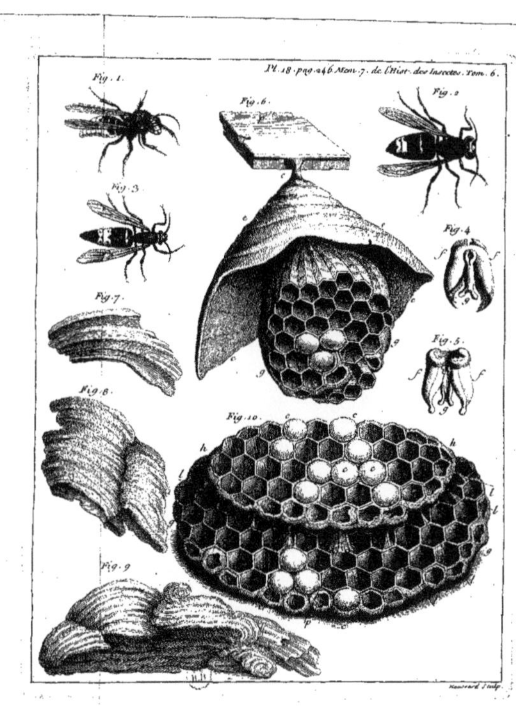
Pl. 18. pag. 246. Mem. 7. de l'Hist. des Insectes. Tom. 6.
Fig. 1.
Fig. 2
Fig. 3.
Fig. 4
Fig. 5.
Fig. 6.
Fig. 7.
Fig. 8.
Fig. 9
Fig. 10.

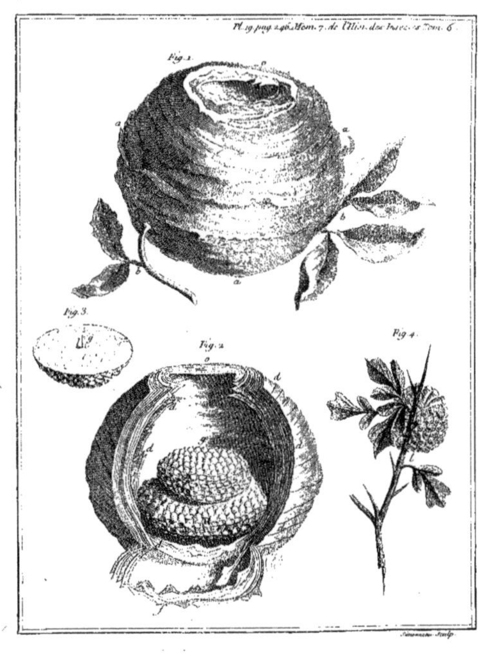
Pl. 19. pag. 246. Mem. 7. de l'Hist. des Insectes Tom. 6.
Fig. 1.
Fig. 2.
Fig. 3.
Fig. 4.

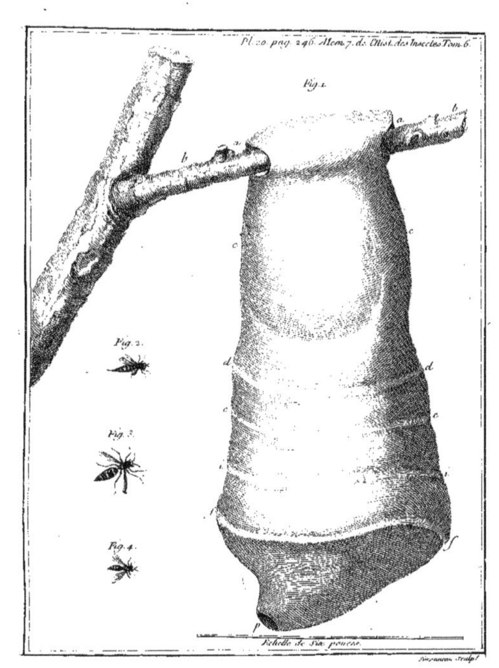
Pl. 20. pag. 246. Mem. 7. de l'Hist. des Insectes Tom. 6.
Fig. 1.
Fig. 2.
Fig. 3.
Fig. 4.
Echelle de six pouces.

Pl. 21. pag. 246. Mem. de l'Hist. des Insectes Tom. 6.
Fig. 1.
Fig. 2.
Fig. 3.
Fig. 4.

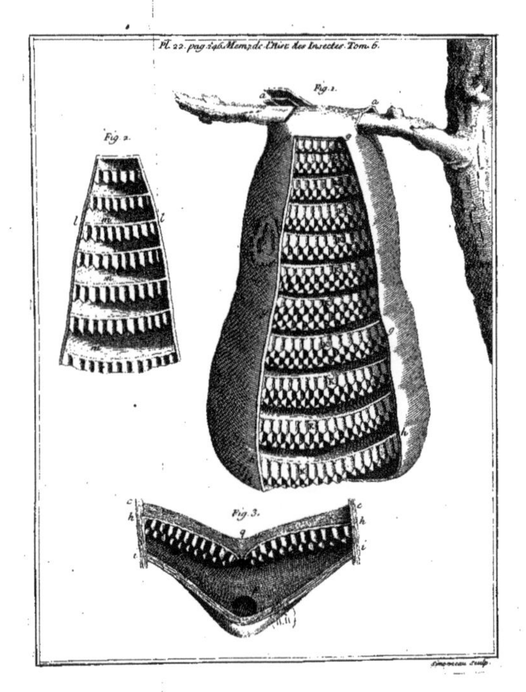
Pl. 22. pag. 246. Mem. de l'Hist. des Insectes. Tom. 6.
Fig. 1.
a
a
g
g
h
Fig. 2.
l
m
l
Fig. 3.
c
h
q
c
h
i
i

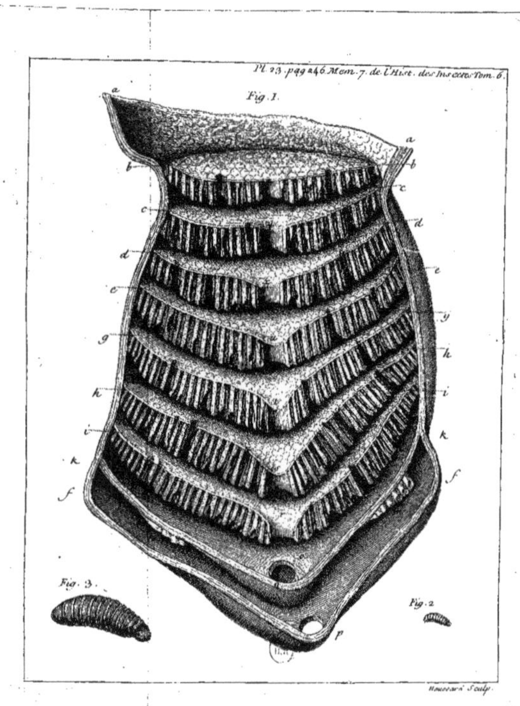
Pl. 23. pag. 246. Mem. 7. de l'Hist. des Insectes Tom. 6.
Fig. 1.
a
b
c
d
e
g
h
i
k
f
Fig. 3.
Fig. 2
p
Haussard Sculp.

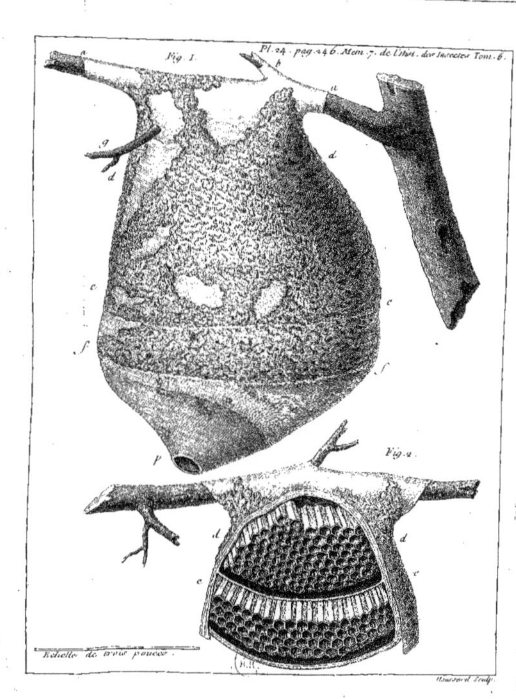
Pl. 24. pag. 246. Mem. 7. de l'Hist. des Insectes Tom. 6.
Fig. 1.
Fig. 2.
Echelle de trois pouces.

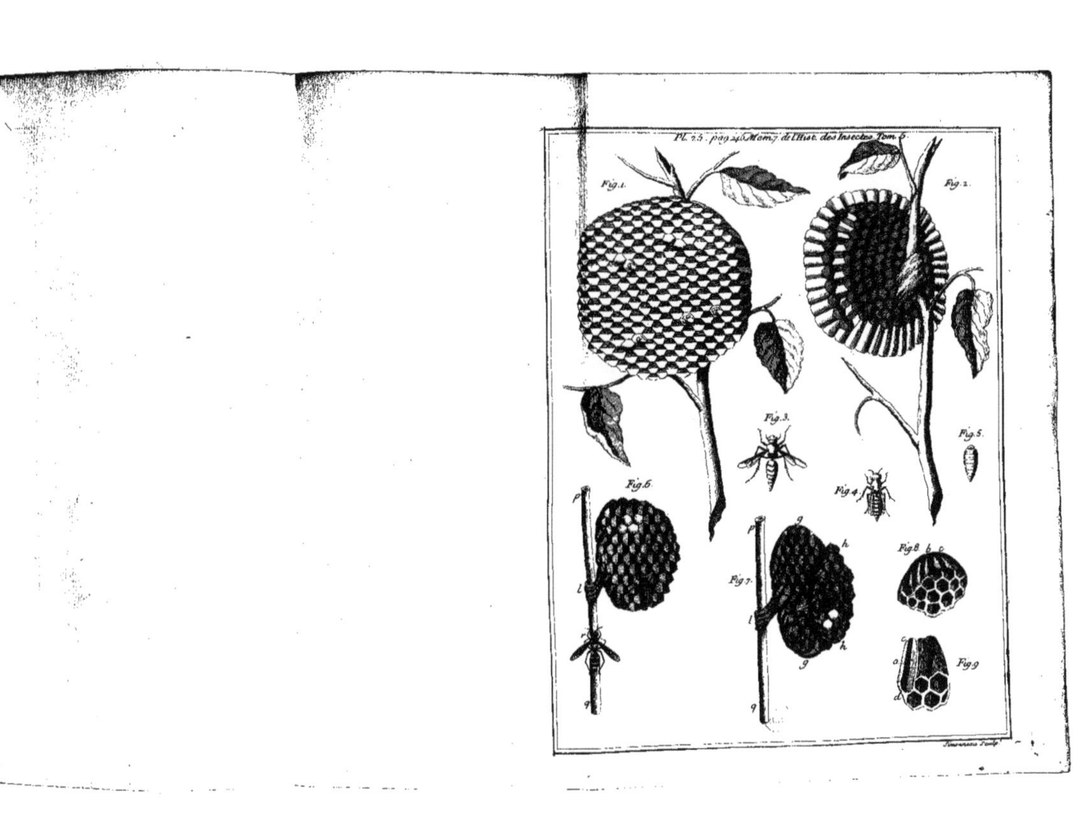
Pl. 25. pag. 246. Mem. 7. de l'Hist. des Insectes Tom. 6.
Fig. 1.
Fig. 2.
Fig. 3.
Fig. 4.
Fig. 5.
Fig. 6.
Fig. 7.
Fig. 8.
Fig. 9.

HUITIE'ME ME'MOIRE.

DES GUESPES SOLITAIRES EN GE'NE'RAL, ET EN PARTICULIER DES GUESPES ICHNEUMONS.

SI les Guêpes qui vivent en ſociété le diſputent aux mouches à miel en génie, en adreſſe, en patience à ſoûtenir le travail, & en ſoins pour leurs petits, celles qui menent une vie ſolitaire, ſemblent auſſi ne l'avoir voulu céder aux abeilles qui ſuivent ce genre de vie, en rien de ce qui peut mériter notre admiration à des inſectes. Les Guêpes ſolitaires, comme celles des plus grandes républiques, & comme nous, ſe nourriſſent de fruits & de chair. Toutes celles des différentes eſpeces que j'ai obſervées, ſont pour les autres inſectes, & ſur-tout pour les inſectes aîlés, ce que ſont les oiſeaux de proye pour les autres oiſeaux. Quelques-unes de ces eſpeces ont été connuës pour courageuſes & guerriéres par les Anciens, qui les ont nommées des guêpes ichneumons.

J'ai déja eu occaſion bien des fois de me ſervir du terme d'*Ichneumon;* dans le ſecond Tome de cet Ouvrage, je l'ai défini en partie, & j'ai rapporté ce qui a pu déterminer les Anciens à donner à des mouches le nom d'un aſſés gros quadrupede. J'y ai dit qu'il y a un genre de mouches qui venge toutes les autres de leurs plus redoutables ennemis. Les araignées en attrapent des milliers au moyen de filets faits & tendus avec un art admirable: il y a des mouches moins adroites que les araignées, mais plus courageuſes &

plus fortes, qui fondent sur elles, comme les oiseaux de rapine fondent sur les plus timides oiseaux. Le nom d'ichneumon a été donné à un quadrudepe de la grosseur d'un chat, qui se trouve sur les bords du Nil. C'est un des animaux que les E'gyptiens avoient jugé digne de leur adoration, pour les services qu'il leur rendoit, soit en cassant les œufs du crocodile, soit en attaquant le crocodile lui-même, & en venant à bout, à ce qu'ils prétendoient, de lui ronger les intestins. Enfin, dans l'endroit que je cite, j'ai ajoûté que les Naturalistes avoient aussi désigné par le même nom d'ichneumon, des mouches guerriéres qui attaquent & tuent les araignées.

Ils en ont étendu la signification à des mouches qui laissent les araignées en paix, & qui auroient plus de rapport avec l'ichneumon quadrupede, en supposant comme vrai, que celui-ci perce le ventre du crocodile; car ces derniéres mouches qui font périr beaucoup d'autres insectes, soit sous la forme de chenille ou de ver, soit sous celle de crysalide ou de nymphe, sçavent pour la plûpart percer le corps de l'*insecte*, & y introduire leurs œufs. Les vers qui en éclosent, trouvent où ils sont nés, & ne trouveroient pas ailleurs, les aliments dont ils ont besoin.

Je n'ai assûrément nulle envie de renouveller la dispute que j'ai euë avec les Sçavants Journalistes de Trevoux*, sur ce qu'après avoir témoigné que le nom d'ichneumon ne leur plaisoit pas, ils m'en avoient fait l'auteur*. Ils ont bien voulu convenir depuis qu'il avoit été employé par les anciens Naturalistes*; mais en même temps, ils ont prétendu que je lui avois donné une signification plus étenduë qu'il ne l'avoit euë jusqu'alors, en comprenant sous les ichneumons, toutes les mouches à quatre aîles, qui, sous la forme de ver, prennent leur accroissement dans

* *Tome III. Préface, pag. 32. & suiv.*

* *Mémoires de Trevoux, Jan. 1737.*

* *Mémoires de Trevoux, Oct. 1738.*

dans le corps des chenilles. Pour me juſtifier encore ſur ce dernier article, je n'avois qu'à les prier de parcourir les notes que Liſter a ajoûtées au texte de Goëdaert, & l'endroit de l'Hiſtoire de Ray qui traite des guêpes, &c. Après y avoir vû que je ne m'étois ſervi de ce nom que dans le ſens que lui ont donné les Naturaliſtes qui m'ont précédé, peut-être m'euſſent-ils approuvé en ce que j'avois évité de joindre au nom d'ichneumon celui de guêpe, auſſi ſouvent que l'ont fait les deux Auteurs que je viens de citer, parce qu'entre les mouches qu'ils ont appellées guêpes ichneumons, il y en a qui n'ont nullement les caractéres des guêpes. Malgré l'éloignement que je puis avoir pour les diſcuſſions qui n'ont rien d'intéreſſant pour le public, & que j'ai aſſés témoigné, en conſentant pendant près de quatre ans qu'on crût que j'avois tort ſur un point par rapport auquel il m'étoit ſi aiſé de démontrer que j'avois raiſon, je n'ai pu m'empêcher de rappeller la diſpute dont il vient d'être parlé; elle a prouvé que les différentes ſignifications du mot ichneumon n'avoient pas été aſſés déterminées; & il eſt eſſentiel qu'elles le ſoient par rapport à ce Mémoire & au ſuivant, ſi l'on ne veut pas que des mouches de genres très-différents ſoient ſouvent confonduës ſous un même nom.

L'ordre que nous voulons établir, demande qu'on ſçache qu'il y a des guêpes proprement dites, des guêpes ichneumons, & des mouches ichneumons qui ne ſont pas guêpes. Les deux derniers Mémoires nous ont aſſés fait connoître les guêpes proprement dites; nous ne laiſſerons ce nom qu'aux mouches qui, comme celles dont il y a été fait mention, ont une bouche allongée, au-deſſus de laquelle ſont deux dents, & dont les fémelles & les mulets logent dans le bout de leur corps un aiguillon aſſés ſemblable à celui des abeilles, & qu'elles en ſont ſortir quand il leur plaît; & enfin, qui ont chacune de leurs aîles supérieures pliée en deux.

Les guêpes qui sont pour nous des guêpes ichneumons *, different principalement des autres, parce qu'elles n'ont point leurs aîles supérieures pliées en deux; elles ont d'ailleurs un aiguillon semblable à celui des guêpes ordinaires.

* Pl. 26. fig. 19. & pl. 28. fig. 1.

Enfin, nous donnerons simplement le nom d'ichneumons à des mouches * dont les aîles supérieures ne sont pas pliées en deux, & dont les unes ont au derriére une tarriére, & les autres un aiguillon, mais qui ne tiennent pas cet instrument caché dans leur corps, comme l'aiguillon des guêpes & celui des abeilles le font dans les leurs. Les unes le portent entiérement hors de leur corps, il leur fait une longue queuë *; & les autres * le logent dans une coulisse taillée pour le recevoir *, dans leurs derniers anneaux.

* Pl. 29. fig. 10, 11 & 16.

* Pl. 31. fig. 1 & 8.

* Pl. 30. fig. 13 & 14. *qt.*

* Fig. 17. *et.*

Nous ne devons pas oublier de faire mention encore d'une particularité commune aux mouches ichneumons & aux guêpes ichneumons, c'est que les unes & les autres agitent continuellement leurs antennes, elles leur font faire des vibrations fréquentes & peu interrompuës; ce qui a déterminé Jungius, comme nous l'avons dit ailleurs, à appeller les premiéres des vibrantes. Il est ordinaire encore aux guêpes ichneumons, mais sur-tout aux ichneumons, de faire faire à leurs aîles, lors même qu'elles ne s'en servent pas pour voler, de petits mouvements très-prompts, qui se succedent les uns aux autres sans interruption. Ce ne sera que dans le Mémoire suivant que nous traiterons des différences remarquables qui se trouvent entre les différentes especes de mouches ichneumons; dans celui-ci, nous commencerons par suivre des guêpes solitaires dans leurs opérations, après quoi nous ferons connoître quelques especes de guêpes ichneumons.

Parmi les guêpes ſolitaires, comme parmi les abeilles qui ne vivent pas en ſociété, il y en a des eſpeces qui dépoſent chacun de leurs œufs dans un trou cylindrique. Les unes creuſent ces trous dans de la terre ordinaire, & les autres les creuſent dans des ſables gras. Il y en a qui choiſiſſent par préférence le mortier terreux qui ſert à lier à la campagne les murs des jardins. Des vûës dont d'autres inſectes étoient l'objet, m'avoient engagé à recouvrir d'un ſable gras l'intérieur de quelques trous réſervés dans un mur ſolidement bâti à chaux & à ſable; j'en avois fait de grandes loges pour des formica-leo. J'avois eu auſſi des raiſons de revêtir le contour de ces niches du même ſable. L'enduit que j'avois appliqué tant autour du trou que dans la partie de ſa voute la plus proche dû dehors, plut à une eſpece de nos guêpes ſolitaires: pendant pluſieurs années de ſuite, elles s'y ſont renduës en grand nombre, elles y ont percé une très-grande quantité de trous, de ſorte que j'ai eu toute la facilité que je pouvois deſirer pour obſerver leurs façons d'agir, qui méritent d'autant plus d'être détaillées, qu'elles ſont propres à nous mettre au fait de celles de pluſieurs autres eſpeces de ces ſortes de mouches.

Celles * dont je vais donner l'hiſtoire, ſont un peu plus petites que les mulets des guêpes qui conſtruiſent leurs guêpiers ſous terre. Le filet par lequel leur corcelet eſt joint au corps, eſt plus long & plus viſible; leur corps moins applati, tient plus de la figure d'un grain de chapelet un peu oblong. Le noir eſt leur couleur dominante. Le contour poſtérieur de chacun de leurs anneaux, eſt pourtant bordé de jaune; les bouts de leurs jambes ſont auſſi de cette derniére couleur. C'eſt vers la fin de May que ces guêpes ſe mettent à l'ouvrage, & on en peut voir d'occupées à travailler pendant tout le mois de Juin. Quoique leur

* Pl. 26. fig. 2.

vrai objet ne ſoit que de creuſer dans le ſable un trou profond de quelques pouces, & dont le diametre ſurpaſſe peu celui de leur corps, on leur en croiroit un autre; car pour parvenir à faire ce trou, elles conſtruiſent en-dehors un tuyau creux *, qui a pour baſe le contour de l'entrée du trou, & qui, après avoir ſuivi une direction perpendiculaire au plan où eſt cette ouverture, ſe contourne en embas.

* Pl. 26. fig. 1. *t, t, n.*

Ce tuyau s'allonge à meſure que le trou devient plus profond; il eſt fait du ſable qui en a été tiré: il ſemble un ouvrage de conſéquence, il paroît travaillé avec art; il eſt comme fait en filigrame groſſier, ou en eſpece de guillochis. Il eſt formé par de gros filets grainés, tortueux qui ne ſe touchent pas par-tout; les vuides qu'ils laiſſent entr'eux, font paroître le tuyau conſtruit avec art. Chaque tuyau n'eſt pourtant pas fait pour durer; nous verrons bien-tôt qu'il ne ſervira de rien au ver à qui la guêpe travaille à faire un logement; il n'eſt qu'une ſorte d'échaffaudage au moyen duquel les manœuvres de celle-ci ſont plus promptes & plus ſûres.

Quoique je connuſſe les deux dents de ces mouches pour de fort bons inſtruments, & capables d'entamer des corps très-durs, l'ouvrage qu'elles avoient à faire me paroiſſoit rude pour elles. Le ſable contre lequel elles avoient à agir, ne le cédoit guéres en dureté à de la pierre commune, au moins les ongles attaquoient avec peu de ſuccès ſa couche extérieure, qui étoit plus deſſéchée que le reſte par les rayons du Soleil. Mais étant parvenu à obſerver pluſieurs de ces ouvriéres dans un moment où j'avois envie de les ſaiſir, dans celui où elles commençoient à ouvrir un trou, elles m'apprirent qu'elles n'avoient pas beſoin de mettre leurs dents à une auſſi forte épreuve que je l'avois cru; qu'au moyen d'un expédient très-ſimple, & auquel cependant je n'avois pas penſé, elles ſçavoient rendre la fouille du ſable facile. La guêpe commence par ramollir celui qu'elle veut enlever, elle le mouille, en crachant deſſus, pour ainſi dire. La bouche verſe une ou deux gouttes d'eau qui ſont bûës promptement par le ſable ſur qui elles tombent; dans l'inſtant il devient une pâte molle pour les dents qui le ratiſſent, elles le détachent ſans peine. Les deux jambes de la premiére paire ſe préſentent auſſi-tôt pour réunir dans une petite maſſe & pêtrir un peu celui qui a été détaché; elles en forment une petite pelotte groſſe environ comme un grain de groſeille.

C'eſt avec la premiére pelotte que la guêpe a détachée, qu'elle jette les fondements du tuyau de ſable qu'elle s'eſt propoſé de conſtruire en-dehors du trou qu'elle veut creuſer. Le ſable qu'elle doit tirer pour faire celui-ci, lui fournira toute la matiére qui ſera employée à bâtir l'autre. Le trou n'eſt pas encore formé, mais elle s'eſt déterminée pour l'enceinte qu'elle lui veut donner; & c'eſt ſur une portion de cette enceinte qu'elle porte ſa premiére pelotte de ſable ou plûtôt de mortier. Là elle la façonne, les dents & les jambes viennent aiſément à bout de la contourner, de l'applatir & de lui faire prendre plus de hauteur qu'elle n'en avoit. Cela eſt fait en un inſtant. Dans celui qui ſuit, la guêpe ſe remet à détacher du ſable, & ſe charge d'une autre pelotte de mortier. Bien-tôt elle parvient à avoir tiré aſſés de ſable pour rendre l'entrée du trou ſenſible, & pour avoir fait la baſe du tuyau *.

* Pl. 26. fig. 1. x.

Mais l'ouvrage ne peut aller vîte, qu'autant que la guêpe eſt en état d'humecter le ſable. La quantité de la liqueur néceſſaire qu'elle peut avoir miſe en proviſion dans ſon corps, ne ſçauroit être grande, vû la capacité du lieu où elle eſt contenuë: auſſi eſt-elle bien-tôt épuiſée, elle l'eſt au bout de deux ou trois minutes. J'ai lieu de le croire ainſi, parce qu'après chaque intervalle d'une auſſi petite durée, je voyois la mouche s'envoler. Je ne ſçais ſi elle alloit tout ſimplement ſe charger de l'eau de quelque ruiſſeau, ou ſi elle alloit tirer de quelque plante ou de quelque fruit une eau plus gluante; ce que je ſçais mieux, c'eſt qu'elle tardoit très-peu à revenir à ſon attelier, & à y travailler avec une nouvelle ardeur & un nouveau ſuccès. J'en ai obſervé une qui, dans une heure ou environ, parvint à donner au trou une profondeur égale à la longueur de ſon corps, & qui éleva ſur ſon bord un tuyau auſſi haut que le trou étoit profond.

Son activité continua à être la même, & peut-être devint plus grande par la ſuite. Je commençai à la voir à l'ouvrage à dix heures du matin; après l'avoir conſidérée juſqu'à onze heures, je me trouvai aſſés inſtruit de ſes manœuvres; je la quittai, mais je retournai à une heure après midi pour voir ce qu'elle avoit fait pendant mon abſence. Le tuyau étoit alors élevé de deux pouces, & elle continuoit encore à approfondir le trou qui étoit au-deſſous.

La même guêpe fait ſucceſſivement pluſieurs trous. Il ne m'a pas paru qu'elle eût de régle fixe par rapport à la profondeur qu'elle leur donne. J'en ai trouvé dont le fond étoit à plus de quatre pouces de l'ouverture, & dans d'autres le fond n'en étoit diſtant que de deux ou trois pouces. Elles ne donnent pas auſſi la même longueur à chacun des tuyaux qu'elles bâtiſſent en-dehors de chaque trou, elles en varient même la courbûre. Sur tel trou on voit un tuyau qui eſt deux ou trois fois plus long que celui d'un autre : ce n'eſt pas toûjours parce que le trou a été creuſé peu avant, que le tuyau eſt court, & ce n'eſt pas que la guêpe n'eût eu à ſa diſpoſition plus de mortier qu'il n'en eût fallu pour le rendre égal aux plus longs.

J'ai observé une guêpe qui s'étoit contentée de donner au tuyau un peu plus d'un pouce de longueur, & qui ne lui en vouloit pas davantage, quoiqu'elle eût pu aisément le prolonger. Ce qui me prouva qu'elle le pouvoit, c'est que de temps en temps je la voyois arriver de l'intérieur du trou, à l'ouverture du tuyau, chargée d'une petite pelotte de mortier, elle avançoit seulement sa tête par-delà le bord, & jettoit aussi-tôt sa pelotte, qui tomboit à terre ; cela fait, elle retournoit dans le trou, elle alloit continuer de le fouiller, & revenoit bien-tôt chargée d'une autre pelotte qu'elle jettoit en-dehors, comme elle y avoit jetté la premiére. Aussi ai-je observé souvent une quantité considérable de décombres * au pied de certains tuyaux qui s'élevoient au-dessus des trous percés dans un sable dont la couche supérieure étoit horizontale. Là, il y avoit une espece de tablette qui recevoit les pelottes qui seroient tombées à terre, si elles eussent été jettées hors des tuyaux * appliqués contre un mur ordinaire. Une guêpe dont j'ai parlé ci-devant, celle que je ne cessai d'observer pendant une heure, & qui en trois heures avoit donné plus de deux pouces de longueur au tuyau, ne lui en voulut pas davantage: je la vis ensuite jetter en-dehors les pelottes de mortier qu'elle apportoit jusqu'à son ouverture.

* Pl. 26. fig. 1. d.

* n.

La fin pour laquelle le trou est percé dans un massif de sable, ne sçauroit paroître équivoque. Il est assés clair, & on n'a pas besoin d'attendre que la suite des opérations de la guêpe l'apprenne, que ce trou est destiné à recevoir un œuf, & à loger le ver qui en doit éclorre. Mais on ne voit pas de même à quelle fin la mouche bâtit le tuyau de sable, dont la construction semble demander beaucoup plus d'art, que la façon de percer un trou. En continuant de suivre une guêpe jusqu'à ce que son ouvrage soit complet, on reconnoîtra au moins un des usages auxquels le tuyau lui est nécessaire. On verra qu'il n'est précisément pour elle que ce qu'un tas de moëllons bien arrangés est pour des maçons qui bâtissent un mur. Tout le trou qu'elle a creusé ne doit pas servir de logement au ver qui doit naître dedans, une portion de ce trou lui en donnera un suffisamment spacieux; il a cependant été nécessaire qu'il fût fouillé jusqu'à une certaine profondeur, afin que le ver ne se trouvât pas exposé à une chaleur trop grande lorsque les rayons du Soleil tomberoient sur la couche extérieure du sable. Le ver ne doit habiter que le fond du trou; la guêpe sçait la grandeur de la capacité qu'elle doit laisser vuide, & elle la conserve, mais elle bouche tout le reste, elle fait rentrer dans la partie supérieure du trou le sable qu'elle en a ôté. C'est pour avoir ce sable sous sa main, pour ainsi dire, qu'elle a formé un tuyau de celui qu'elle ôtoit; car elle va par la suite ronger le bout de ce tuyau après l'avoir mouillé: elle se charge d'une petite pelotte de mortier qu'elle porte dans le trou; avec des pelottes de mortier qu'elle va prendre les unes après les autres, & qu'elle ne manque pas de porter dans le trou, elle le rebouche, & il devient aussi exactement fermé qu'il l'étoit avant qu'elle eût commencé à l'ouvrir.

La guêpe employe ainsi peu-à-peu la plus grande partie du sable qu'elle avoit mis en tuyau. Il y a tel tuyau qu'elle réduit à n'avoir pas une ligne, & d'autres une demi-ligne de hauteur. Mais on demandera pourquoi elle se donne la peine de former ainsi un tuyau, s'il n'eût pas suffi de laisser ce sable ammoncelé près du bord du trou? Quand on l'a vû occupée à faire ce tuyau, c'est un travail qui paroît n'être rien pour elle: elle n'a guéres plus de peine à attacher au bout du tuyau commencé sa petite masse de mortier, qu'à la jetter dehors; il lui est plus facile de disposer ces petites masses en tuyau, qu'il ne lui seroit de les arranger

en tas

en tas sur un mur vertical *, tels que sont ceux d'où partent la plûpart des tuyaux *. D'ailleurs, lorsqu'elle veut prendre du sable pour le reporter dans le trou, il lui est plus aisé de le détacher & de s'en charger, qu'il ne le seroit s'il se trouvoit en masse, même autour de son entrée, comme il pourroit s'y trouver lorsque le trou est percé dans une espece de tablette horizontale *.

* Pl. 26. fig. 1. *bmmb*.
* *n*.
* *abba*.

J'en ai vû quelques-unes qui n'ayant pas construit des tuyaux d'une longueur suffisante, étoient obligées d'aller prendre du sable dans les décombres qu'elles avoient jettées hors du trou.

Ce tuyau a peut-être encore d'autres usages. Pendant que la guêpe est en course, quelque mouche ichneumon pourroit aller déposer elle-même dans le nid un œuf fatal à celui de la guêpe: ces sortes de mouches sont continuellement à l'affût de pareilles occasions. L'ichneumon ne s'aventure pas si volontiers à s'introduire dans le trou, quand pour y arriver il lui faut faire un plus long chemin, passer par un tuyau qui ne lui permet pas de voir si la guêpe est absente. J'en ai pourtant observé un quelquefois dont le corps est d'un rouge cuivré & doré, qui, après avoir beaucoup hésité, tourné & retourné autour de l'ouverture du tuyau, entroit dedans; mais j'ai vû aussi quelquefois qu'il avoit mal pris son tems: la guêpe venoit au-devant de l'ichneumon qui la croyoit absente, & il ne restoit à celui-ci que de prendre promptement la fuite.

Lorsqu'une de nos guêpes a muré un des trous, une des cellules de sable à laquelle elle a confié un œuf, elle est apparemment tranquille sur le sort du ver qui en doit sortir; elle sçait qu'elle a pourvû à tout ce qui lui est nécessaire, que rien ne lui manquera. Si pour lui porter la becquée, il falloit r'ouvrir plusieurs fois chaque jour sa cellule, ce seroit un travail auquel elle ne sçauroit suffire. Les précautions qu'elle prend pour le nourrir, doivent donc être les mêmes que celles auxquelles ont recours en pareil cas plusieurs especes d'abeilles solitaires que les Mémoires précédents ont fait connoître. Elle renferme avec l'œuf la provision d'aliments qui suffira pour faire croître le ver jusqu'à ce qu'il soit en état de se transformer. Mais quelle est la sorte d'aliments dont elle lui fait une provision? Je ne pouvois manquer d'être curieux de le sçavoir, & il m'étoit bien aisé de m'en instruire: il n'y avoit qu'à dégrader les couches de sable où j'avois vû creuser & ensuite sceller des trous. Pour déranger le moins qu'il seroit possible, la forme de ceux dont je mettrois l'intérieur à découvert, j'avois recours à l'expédient dont j'avois vû ces mêmes guêpes se servir; je mouillois le sable: il m'étoit aisé alors d'en emporter avec un couteau des tranches aussi minces que je les voulois; & lorsque quelqu'une commençoit à me laisser voir un peu dans l'intérieur d'un trou, je parvenois sans peine à ouvrir l'espece de tuyau de sable dans toute sa longueur, sans rien déplacer de ce qui étoit dans sa capacité.

Ces trous méritoient d'être ouverts avec les précautions dont je viens de parler. La cavité qui y avoit été réservée, n'avoit qu'environ sept à huit lignes de longueur; elle étoit entiérement & singuliérement remplie dans ceux dont la partie supérieure n'étoit bouchée que depuis un ou deux jours. Toute cette cavité étoit occupée par des anneaux verds mis les uns au-dessus des autres *. Dans quelques-unes la file étoit de douze anneaux, & dans d'autres seulement de huit à dix. Chaque anneau n'étoit pas de l'espece des nôtres, il étoit animé & vivant; il étoit formé par un ver roulé, & appliqué exactement par le côté du dos, contre les parois du trou. Ces vers ainsi posés par lits, les uns au-dessus des autres, & même pressés les uns contre

* Pl. 26. fig. 7. a b.

les autres, quoique pleins de vie, n'avoient pas la liberté de se mouvoir.

Mais pourquoi ces vers étoient-ils ainsi arrangés en pile, pourquoi même étoient-ils là! Il est aisé de le deviner, mais on ne sçauroit assés l'admirer. Nous l'avons déja dit, & nous persistons à l'assûrer, notre guêpe ne laisse qu'un œuf dans chaque trou, dans chaque nid: de cet œuf doit sortir un ver carnacier, mais qui ne s'accommoderoit pas comme le font tant d'autres vers, de chairs corrompuës; il n'y a que des animaux, & certains animaux vivants, qui soient de son goût: sa mere lui en fait la provision qui lui sera nécessaire pour fournir à son accroissement complet. Elle remplit la petite caverne dans laquelle il va naître, d'animaux qu'il n'aura qu'à dévorer les uns après les autres: quoique leur grandeur surpasse prodigieusement celle qu'il aura au moment de sa naissance, il mangera à son aise celui qu'il se trouvera le plus à portée d'attaquer, sans avoir rien à en craindre, ni même d'être incommodé par ses mouvements, & ainsi des autres, parce que la guêpe les a tous posés & assujettis de façon qu'ils ne sçauroient se mouvoir.

Au reste, l'espece de guêpes que nous considérons, n'est pas la seule qui pourvoye d'une façon si singuliére à la subsistance de ses petits. Nous verrons bien-tôt que d'autres especes de guêpes proprement dites, & de guêpes ichneumons, remplissent le nid de chacun de leurs vers d'une sorte de petit gibier qui s'y conserve jusqu'à ce qu'il soit mangé. C'est même une merveille, dont le fond n'a pas été inconnu aux Naturalistes anciens & modernes; mais elle est accompagnée de particularités remarquables qu'on ne s'est pas arrêté peut-être à observer, ou au moins à détailler. Nous allons y suppléer en racontant ce que les guêpes qui les premiéres nous ont donné occasion de parler de ce fait, nous ont permis de voir; après quoi nous n'aurons qu'à dire en quoi les façons d'agir des autres different des leurs.

* Pl. 26. fig. 8, 9 & 10.

Les vers * que je trouvai arrangés par lits dans les différents trous que j'ouvris, étoient tous de la même espece : ils avoient tout-à-fait l'air de chenilles, à cela près qu'ils étoient entiérement dépourvûs de jambes. Leur peau étoit opaque ; le verd étoit sa seule couleur, mais il y en avoit de deux nuances qui formoient le long du corps, des rayes dont les unes étoient plus claires, & les autres plus foncées. Des poils blancs & assés courts étoient distribués en grand nombre sur tout leur corps. Leur tête étoit brune, écailleuse & assés semblable à celle des chenilles les plus communes.

Le nid le mieux fourni de ces vers, en avoit douze ; mais d'autres en avoient moins, & d'autant moins qu'ils étoient fermés depuis plus long temps. Dans les nids qui étoient assés vieux il ne restoit plus de vers verds ; on n'y en trouvoit qu'un de la forme ordinaire à ceux des guêpes*, & d'une couleur jaune telle que celle de l'ambre : il avoit acquis tout le volume qu'il devoit prendre ; aussi étoit-il venu à bout de manger tous les vers verds que sa mere avoit logés avec lui.

* Fig. 3, 4 & 5.

Mais lorsque la cellule étoit toute pleine de vers verds, on n'y trouvoit point encore le ver jaune, ou il étoit si petit qu'il échappoit presque aux yeux.

Enfin, selon qu'il restoit plus ou moins de vers verds dans la cellule, le ver jaune étoit plus petit ou plus grand. Il naît sur le fond du trou, & il commence par percer le côté ou le ventre du ver verd dont il est le plus proche ; peu-à-peu il le mange, & quand il n'en reste plus que la peau & la tête écailleuse, ce qui le réduit presque à rien, le ver jaune tire ces débris, les fait descendre sur le fond de la cellule, & va traiter le second ver comme il a fait le premier. C'eſt ainſi qu'il les mange les uns après les autres. Le ver jaune ſucce le ver verd avec une grande avidité, il y eſt ſi acharné qu'il m'a ſouvent fallu uſer de quelque force pour lui faire quitter priſe.

Tout ce que le ver de guêpe a à faire dans ſon nid juſqu'à ce que le temps de ſa métamorphoſe approche, c'eſt de manger ; j'ai voulu me mettre à portée de voir dans quel temps il mangeoit, l'ordre dans lequel il conſumoit ſa proviſion de petits animaux, & enfin, ce qu'il lui reſteroit à faire quand il auroit tout mangé. J'en logeai un dans un tuyau tranſparent d'un côté dans toute ſa longueur ; avec du ſable de même qualité que celui du nid où le ver étoit né, je formai ſur un carreau de verre un tuyau de diametre convenable, & qui ne différoit de celui que le ver avoit habité, qu'en ce qu'il n'avoit pas autant de rondeur, & qu'il n'étoit pas entiérement de ſable, un de ſes côtés étoit plat & de verre. Le ver que je fis deſcendre juſqu'au fond de ce tuyau, étoit très-jeune; à peine avoit-il la groſſeur d'une tête d'épingle ordinaire. Mon intention n'étoit pas qu'il fût obligé de jeûner plûtôt qu'il ne le voudroit; il n'avoit pas été mieux pourvû d'aliments par ſa mere, qu'il le fut par moi : j'introduiſis dans ſon tuyau douze vers verds bien en vie & bien conditionnés, car je remplaçai ceux que j'avois un peu maltraités, en les tirant de ſon trou, par d'autres dodus & ſains, que d'autres trous me fournirent ; je les arrangeai par couches, comme ils devoient être, les uns au-deſſus des autres : je n'y trouvai aucune difficulté, chaque ver ſe roula de lui-même en anneau, ſoit que cette poſition lui fût naturelle, ſoit que ce fût un pli qu'il eût pris pendant le ſéjour qu'il avoit fait dans le premier tuyau. Enfin, mon ver de guêpe ſe trouva très-bien de ſa nouvelle habitation : il avoit commencé à l'occuper le 8 de Juin, & le 20 du même mois il étoit parvenu à son dernier terme d'accroissement. Dès le matin de ce dernier jour, je vis qu'il avoit tapissé de soye son logement : la tenture qui étoit appliquée sur le verre, étoit mince, & n'empêchoit pas d'appercevoir le corps du ver; il s'étoit fait une coque plus solide par-tout ailleurs, c'est-à-dire, à l'un & à l'autre bout, & par-tout où elle étoit appliquée contre les parois de sable plus graveleuses que celles de verre, & dont l'attouchement étoit plus à craindre pour la peau délicate qui le devoit couvrir dans la suite, lorsqu'il seroit nymphe.

En mettant douze vers à sa disposition, je l'avois traité avec prodigalité. La provision que les meres donnent, n'excede jamais ce nombre, & apparemment qu'il en avoit déja mangé quelques-uns, lorsque je le tirai de son nid : des douze vers il n'en laissa pourtant qu'un, encore ne sçais-je s'il ne l'entamma pas. Je trouvai ce ver verd en-dehors de la coque, qui avoit l'air un peu flasque. Les onze autres vers furent donc mangés en onze jours. Ainsi le ver de guêpe consume environ un ver verd par jour, en supposant que sa faim demande qu'il prenne chaque jour une égale quantité de nourriture.

Je logeai dans un tuyau partie verre & partie sable, un autre ver de guêpe qui étoit déja gros : c'est celui même qui est dessiné dans la pl. 26, fig. 3. Je crus que c'étoit le bien fournir d'aliments que de lui donner trois vers verds; il en vint à bout en trois jours; mais aussi se trouva-t-il alors dans l'état où ils n'ont plus besoin de manger; dès le troisiéme jour il travailla à se filer une coque.

La mere guêpe sçait donc exactement jusqu'où doivent aller les besoins de chacun de ses vers, lorsqu'elle ne leur donne à chacun au plus que douze vers verds; & lorsqu'elle en donne moins à quelques-uns, elle les donne apparemment plus gros, & elle juge de la compenſation que le plus grand volume fait avec le plus grand nombre. Elle ſemble ſçavoir plus que tout cela, quand elle ſe détermine à aller conſtamment à la chaſſe d'une ſeule eſpece de vers; car les guêpes dont je parle, ont conſtruit des nids chés moi pendant plus de dix à douze années conſécutives, & il n'y a eu aucune de ces années où je n'aye ouvert pluſieurs trous nouvellement bouchés, dans leſquels j'ai trouvé des vers, & toûjours de la même eſpece.

Mais ce qui n'eſt pas moins à remarquer, c'eſt que les vers verds y ſont tous à peu-près de même âge; le peu de différence qu'il y a dans la grandeur de ceux de différents trous, ſemble le prouver. La guêpe ne juge donc pas ſe devoir charger de ceux qui ſont encore trop jeunes. J'oſe en deviner une raiſon, & peut-être eſt-ce la vraye. Ce qui détermine ſon choix, n'eſt pas qu'elle multiplieroit ſes voyages en portant au nid de plus petits vers, elle a bien autrement à multiplier ſes courſes dans la campagne pour parvenir à trouver des vers préciſément de la groſſeur dont elle les veut: elle les choiſit dans un âge où ils peuvent ſoûtenir un plus long jeûne ſans périr, dans un âge où ils n'ont plus à croître. Si les vers qui doivent reſter dans une cellule pendant quinze jours, y périſſoient dès le lendemain ou au bout de peu de jours, elle deviendroit bien-tôt un vrai cloaque dans lequel le ver chéri ſeroit étouffé, & où dû moins il n'auroit plus que des corps pourris pour ſe nourrir; au lieu que la vie des vers verds peut être prolongée juſqu'au temps où ils doivent être mangés. J'ai ouvert des nids dans leſquels il ne reſtoit plus qu'un ou deux de ces vers, ils y étoient encore pleins de vie, ils ne paroiſſoient pas même y avoir dépéri malgré leur long jeûne, ce qui n'eſt pas ſurprenant, s'ils étoient près du temps de leur métamorphoſe.

La maniére dont la guêpe les entasse, a un avantage dont nous avons déja parlé, ils se laissent manger sans se remuer, & sans le pouvoir faire. Il importe encore au ver de la guêpe, pour une autre raison, qu'ils soient à l'étroit, qu'ils remplissent bien la cavité du trou, par-là le ver vorace est forcé d'user avec œconomie de sa provision d'aliments. S'il pouvoit aller librement jusques aux insectes les plus éloignés du fond du trou, peut-être que par gourmandise ou par friandise il les entammeroit tous les uns après les autres, avant que d'avoir fini d'en manger un seul en entier; il se mettroit bien-tôt dans le cas de n'avoir plus pour se nourrir que des vers morts & corrompus.

Si la disposition que les vers verds ont à se rouler en anneau, donne de la facilité à la guêpe pour les bien arranger dans une cellule, il en naît un inconvénient auquel elle sçait remédier. Le tuyau par lequel elle arrive au trou creusé dans le sable, & le trou même, n'ont guéres plus de diametre que le corps de la mouche : comment peut-elle donc entrer dans le tuyau, le parcourir en tenant un ver roulé, soit entre ses dents, soit entre ses jambes?

J'ai été attentif à observer de ces guêpes dans le temps qu'elles se rendoient à des trous à qui il ne manquoit rien du côté de la profondeur. Chacune y arrivoit chargée d'une proye semblable & dont le poids étoit peu inférieur au sien : elle tenoit la tête d'un ver verd entre ses dents, & ses jambes étoient occupées à obliger ce ver à rester étendu tout le long de son corcelet & de son ventre. Ainsi malgré l'inclination qu'il a à se rouler, elle le forçoit d'être allongé. Le ver appliqué & assujetti de la sorte contre le corps de la mouche, augmentoit peu le volume de celle-ci; elle enfiloit le tuyau avec autant de facilité que lorsqu'elle y entroit à vuide. On imagine assés que parvenuë au fond du trou, elle n'avoit qu'à laisser le ver en liberté, pour

qu'il

qu'il s'y contournât en anneau : il ne restoit à la mouche qu'à le presser pour l'approcher assés près du fond de la cellule, s'il étoit le premier qui y eût été porté, ou, si d'autres vers y étoient déja arrangés, qu'à l'obliger à s'appliquer sur le dernier. Là, ces vers plus pacifiques que des agneaux, qui n'ont besoin de prendre aucune nourriture, & qui naturellement passeroient peut-être un certain nombre de jours dans un parfait repos; là, dis-je, ils se trouvent bien, & attendent apparemment, sans le prévoir, le moment où ils doivent être mangés. Au reste la guêpe qui les a apportés, a évité autant qu'il étoit en elle de leur faire du mal. Je ne sçais pourtant si ceux dont j'ai pu disposer, n'avoient pas été privés trop tôt de nourriture, ou s'ils n'avoient point souffert dans le trou; j'ai lieu de soupçonner l'un ou l'autre: plusieurs de ceux que j'ai sauvés des dents du ver carnacier, ont été mis dans des poudriers bien fermés; ils n'y ont pourtant pas satisfait la curiosité que j'avois de connoître l'insecte en lequel ils se transforment : je suis incertain s'il est une mouche ou un scarabé; tous ont péri sans subir aucune transformation.

La coque que se file le ver de guêpe, est d'un tissu serré, ordinairement adhérente au sable, & de couleur brune : c'est un logement où il doit rester dix à onze mois, tant sous sa premiére forme, que sous celle de nymphe. Je crois qu'ils ne prennent cette derniére qu'à la fin de l'Hiver, car vers la fin d'Août, j'ai trouvé dans chaque cellule que j'ai ouverte, le ver qui avoit encore une belle couleur jaune; & ceux que j'ai tenus chés moi dans des tuyaux factices & dans des poudriers, n'étoient pas encore changés en nymphes le 25 de Décembre. Ce n'est que vers la fin de Mai, que la mouche se tire de son dernier fourreau, & qu'elle fait usage de ses dents pour ouvrir sa cellule: j'en ai vû alors qui, après avoir percé le sable, présentoient le bout de leur tête à un trou encore trop petit pour la laisser passer, & que les dents travailloient à aggrandir.

D'autres guêpes de différentes especes, mais qu'il ne m'a pas été permis de suivre dans tous leurs âges & dans toutes leurs opérations, comme il me l'a été par rapport aux précédentes, font aussi à chacun de leurs petits une provision d'insectes qu'elles renferment dans le trou où il doit naître. Mais comme différentes especes de chenilles se nourrissent de différentes feuilles de plantes & d'arbres, que les unes se laisseroient mourir de faim, si on ne leur offroit que des feuilles que les autres rongent avec le plus d'avidité, peut-être aussi que les vers des guêpes de différentes especes, ont des goûts déterminés pour certaines sortes de gibier. Etant, avant la mi-Mai, proche ce mur du parc de Bercy, dont j'ai déja parlé à l'occasion d'une espece d'abeilles, je vis une guêpe plus grosse que celles dont il a été question ci-devant, qui entra dans un trou qu'elle avoit creusé dans la terre qui remplissoit les entre-deux de quelques pierres: j'emportai peu-à-peu des grains de cette terre, & je parvins à mettre à découvert une cavité dans laquelle je trouvai plus de trente *chenilles* toutes en vie & de même espece; elles étoient vertes, plus petites que les vers verds dont il a tant été fait mention, &, sans doute, destinées à nourrir un seul & unique ver de guêpe. Ces chenilles avoient seize jambes dont les intermédiaires finissoient par une couronne complette de crochets. Une teinte rougeâtre étoit étenduë sur le bord des anneaux de quelques-unes, & d'autres avoient pris par-tout une couleur vineuse ou plus rouge. Je les soupçonnai être des chenilles du rosier, je leur offris des feuilles de cet arbuste, je leur donnai aussi des feuilles d'orme & de celles de laituë, mais elles ne mangérent ni des unes ni des autres, qui, peut-être, n'étoient pas de celles qu'elles aimoient. D'ailleurs, j'eus lieu de croire que ces chenilles qui paroissoient très-saines lorsque je les pris, avoient été blessées en route par des grains d'une terre très-dure qu'on avoit mis avec elles dans le même poudrier.

Des guêpes de la grosseur de celles qui donnent des vers verds à leurs petits, mais sur le corps desquelles le jaune domine davantage, pour nourrir les leurs ne vont ni à la chasse des vers, ni à celle des chenilles. Elles jugent apparemment qu'un gibier d'un tout autre genre est plus au goût de leurs vers: c'est d'araignées qu'elles les pourvoyent. Dans tel trou de ces guêpes j'en ai trouvé sept à huit, & dans d'autres deux seulement, & cela, selon que le ver qui l'habitoit étoit plus jeune ou plus vieux. Dans un trou où je ne trouvai que deux araignées de reste, étoit logé un ver * plus long, par rapport à sa grosseur, que ne * Pl. 26. fig. 11.
le sont ceux des guêpes ordinaires; ses anneaux étoient plus plissés, plus entaillés; sa tête, faite comme celle des autres vers de guêpes, avoit deux dents plus sensibles en ce qu'elles étoient un peu plus grandes, & sur-tout parce qu'elles étoient plus brunes. Les deux araignées qui lui restoient, étoient d'une espece * à longues jambes; le fond * Fig. 12.
de la couleur de leur corps étoit un beau jaune fouetté de noir, sur lequel se trouvoit une raye brune qui alloit de la partie antérieure du corps au derriére. Au reste, plusieurs especes de guêpes qui ont été observées par des Naturalistes, & entr'autres par le célébre Vallisnieri, ne donnent à leurs vers pour toute nourriture, que des araignées, & en donnent d'une espece différente de celle que nous venons de décrire. Il est donc très-probable que chaque espece de guêpes choisit constamment pour la nourriture de ses petits, des insectes d'un certain genre, c'est-à-dire, que les guêpes qui donnent aux leurs des vers, ne leur donnent jamais des chenilles ou des

araignées; & que reciproquement celles qui nourrissent les leurs de chenilles, & celles qui les nourrissent d'araignées, ne les nourrissent jamais de vers. Non seulement il est probable que les guêpes d'une même espece choisissent constamment pour cette fin des insectes d'un certain genre, il y a de plus beaucoup d'apparence qu'elles se fixent à ceux d'une certaine espece, ou au moins d'un petit nombre d'especes du même genre, comme les chenilles sont déterminées à ne manger que certaines especes de feuilles. Ce qui est certain, au moins, c'est que le même ver a sa provision faite d'une même sorte d'insectes; non seulement on ne trouve point dans son trou des chenilles, des araignées & des vers mêlés ensemble, dans celui où il y a des vers, dans celui où il y a des araignées, & dans celui où il y a des chenilles, il n'y en a ordinairement des unes & des autres, que d'une seule espece.

C'est aussi de leur chasse que les especes de guêpes ichneumons, au moins celles que je connois, nourrissent leurs petits: elles portent dans le nid où chacun d'eux doit croître, des insectes entiers & même vivants. M. du Hamel eut occasion d'en observer d'une espece * à Nainvilliers, qui ne m'ont paru différer des guêpes des especes précédentes qu'en ce qu'elles ne tiennent pas leurs aîles supérieures pliées. Le filet qui joint leur corps au corcelet, est court, mais cependant d'une longueur sensible. Chacun de leurs anneaux est jaune par-dessus, & a une étroite bande noire à l'un & à l'autre de ses bords, à l'antérieur & au postérieur, mais le dessous du ventre est d'un noir luisant; le corcelet & la tête sont de cette derniére couleur. Les antennes sont jaunes à leur origine, & plus des deux tiers de leur longueur sont noirs: c'est au contraire à leur origine, jusque vers la moitié de leur longueur, que les jambes sont noires, excepté aux articulations, qui, comme la moitié restante, sont jaunes.

* Pl. 26. fig. 16.

Des guêpes ichneumons de cette espece avoient choisi la terre d'une serre de Nainvilliers, pour y creuser des trous voisins les uns des autres. M. du Hamel m'apprit qu'il avoit remarqué de ces guêpes qui entroient dans des trous d'où elles avoient cessé de tirer de la terre, & qui toûjours y entroient chargées d'une mouche à deux aîles. On devoit croire que ce n'étoit pas pour elles-mêmes qu'elles portoient sous terre ce que leur chasse leur avoit produit. Je le priai de vouloir bien chercher le ver qui devoit être au fond de chaque trou: il ne manqua pas de l'y trouver; il y en trouva de déja grands *, de prêts à se métamorphoser: ils étoient environnés de débris de mouches, d'aîles, de têtes, de jambes, sortes d'ossements trop durs pour les dents du ver. Mais lorsque celui-ci se construit une coque *, il met ces débris à profit, il les employe pour la rendre plus solide: ce n'est qu'avec des aîles, des têtes & des jambes de mouches, liées ensemble par des fils de soye, qu'il en compose l'enveloppe extérieure qui reste toûjours très-raboteuse; il lui suffit de rendre lisses & unies les parois intérieures de son logement.

* Pl. 26. fig. 13 & 14.

* Fig. 15.

Il a semblé à M. du Hamel que les meres guêpes dont nous parlons, nourrissoient leurs petits au jour la journée, qu'elles ne leur faisoient point, comme nous l'avons vû pratiquer à celles de plusieurs autres especes, une provision pour tout le temps où ils doivent croître sous la forme de ver.

Ces mêmes enduits * de sable gras que j'avois donnés à un mur, & dans lesquels des guêpes dont il a été parlé ci-devant, déposérent leurs œufs pendant plusieurs années de suite, plûrent aussi une année à quelques guêpes ichneumons de couleur brune, à corps plus allongé que celui des guêpes ordinaires, & qui a un long étranglement, par le bout duquel il se joint au corcelet. J'en surpris deux à

* Figure 1. *b m m b.*

la fois pendant qu'elles creusoient le sable en deux endroits différents; chacune restoit peu dans le trou qu'elle vouloit rendre plus profond, elle en sortoit en tenant entre ses dents une petite masse de sable, qu'elle alloit jetter à une distance de quelques pas seulement. La pratique de celles-ci, n'est pas d'élever sur le bord du trou un tuyau fait du sable qui a été détaché. Chacune, après avoir travaillé pendant plusieurs jours à creuser, boucha l'entrée & partie de son trou avec un sable d'une couleur différente de celui qui en avoit été tiré, ce dernier étoit verdâtre, & l'autre étoit gris. Ce fut vers la fin de Mai que je les vis pour la premiere fois se mettre à l'ouvrage, & le 7 Juin je me déterminai à ouvrir un des trous qui avoient été bouchés; il l'étoit dans une longueur d'un pouce ou environ, au bout de laquelle il se divisoit en plusieurs branches, dont je parvins à mettre quatre à découvert. Chaque branche étoit une espece de cul-de-sac où un ver de la guêpe ichneumon se trouvoit logé; c'étoit un magasin bien pourvû de victuailles. Celles qui y avoient été mises, étoient des araignées mortes pour la plûpart, mais encore fraîches & entiéres. A peine avoient-elles la moitié de la grandeur à laquelle elles auroient dû parvenir. Ces araignées étoient d'une des especes qui renferment leurs œufs dans une belle & grosse coque de soye, & qui font des toiles à rayons dirigés vers un centre, &, ce qui les caractérise davantage, qui ont sur le corps une croix blanche, & dont le reste de la couleur dominante est un brun jaunâtre. Dans un des logements je ne trouvai que trois araignées, mais j'en tirai cinq à six de chacun des autres, parmi lesquelles j'en trouvai une d'une espece dont les jambes sont plus longues que les jambes de celles de l'autre espece. Je ne tirai pas hors des trous les mieux fournis toutes les araignées qui y étoient; je craignis d'inquiéter trop, ou plûtôt de blesser le ver qui occupoit le fond de chaque cellule: je leur rendis à chacun ce que je leur avois ôté, & pris soin de reboucher ce que j'avois ouvert, espérant les avoir ensuite sous la forme de nymphe & sous celle de mouche; mais je leur fis plus de mal apparemment que je ne l'avois pensé, car ils ne parvinrent pas à se transformer.

Plusieurs especes de simples guêpes, & de guêpes ichneumons, ont le même titre pour porter le nom de perce-bois que les abeilles auxquelles nous l'avons donné*. D'une de ces courses que fait M. Guetard, en intention de me trouver des matériaux pour enrichir l'Histoire des Insectes, il m'apporta à la fin de Juin plusieurs bâtons de bois de chêne qu'il avoit ramassés aux pieds des arbres dont le vent les avoit aisément fait tomber, parce qu'ils étoient pourris en partie. En ayant rompu quelques-uns * en long, il y remarqua avec surprise, des cavités remplies par des mouches d'une assés jolie espece *. Ce que je sçavois du génie des guêpes, & des guêpes ichneumons, ne me permettoit pas de rester dans l'incertitude sur la cause de ce fait. Au fond du premier trou que j'examinai, je trouvai un œuf oblong d'un blanc jaunâtre. Je ne doutai pas que les mouches n'eussent été apportées & entassées dans le trou pour nourrir le ver qui devoit sortir de cet œuf. Je ne tardai guéres ensuite à fendre en divers sens le morceau de bois où étoit ce nid, & à en fendre plusieurs des autres qui avoient été apportés; ils renfermoient de vrais trésors, pour qui des objets propres à étendre nos connoissances, sont des richesses. Ces différents morceaux de bois, & quelquefois le même, avoient plusieurs nichées* remplies de six différentes sortes d'insectes mis en pile; mais tous ceux d'une même nichée, étoient de la même espece. Les unes n'étoient pleines que de mouches à deux aîles assés semblables à celles de nos appartements, par la forme & la

* Mém. 3.

* Pl. 27. fig. 1, 2, 3 & 5.

* Fig. 1. *l*.

* Fig. 1. *l*; *k*. fig. 2. *t*; *z*. &c.

* Pl. 27. fig. 11.

grandeur. D'autres l'étoient de mouches à deux aîles * plus grandes, & dont le corps va en diminuant de grosseur depuis son origine, pour se terminer en pointe. Dans d'autres cellules on ne voyoit encore que des mouches à deux aîles * peu inférieures en grandeur aux précédentes, & de même forme, mais qui en différoient sensiblement, parce que leurs aîles étoient tachetées de brun. Des mouches encore à deux aîles *, mais plus rares qu'aucune des précédentes, avoient été portées dans d'autres trous, elles étoient d'une espece remarquable en ce que la plus grande partie de chacune de leurs aîles est opaque, on n'y voit qu'une bande transparente proche de la base; le reste de chaque aîle est aussi noir que le sont toutes les parties extérieures de la même mouche, dont le noir est beau: d'ailleurs, les aîles de ces mouches ont une figure différente de celle des aîles des mouches plus communes; leur base a une longueur que n'ont pas des aîles plus grandes. D'autres cellules * n'étoient remplies que de tipules * assés petites, dont le corps, le corcelet & la tête sont du plus beau vert, & qui portent sur leur tête un *joli* pennache. Enfin, je ne trouvai dans d'autres cellules que de petites chenilles à seize jambes, dont le corps avoit des rayes foibles d'un brun nué.

* Fig. 12.

* Fig. 13.

* Fig. 2. t.

* Fig. 8.

Sur ce qui a été dit ci-devant, on est fondé à croire qu'il y avoit eu autant d'especes différentes de guêpes, ou de guêpes ichneumons, qui avoient creusé des nids dans ces morceaux de bois, qu'il y avoit eu de différentes especes d'insectes portées dans les nids; & j'eus des preuves incontestables, que trois des nids, au moins, qui contenoient des insectes de trois différentes especes, étoient les ouvrages de trois sortes de guêpes, ou de guêpes ichneumons. Dans plusieurs de ceux * où des tipules vertes avoient été entassées, je trouvai un seul ver * pour qui cette provision avoit

* Fig. 2. t.

* Fig. 9 & 10.

avoit été faite, sa tête étoit écailleuse & de grandeur sensible, la partie antérieure de son corps étoit blancheâtre, ce qui la suivoit étoit verdâtre dans presque tout le reste de son étenduë; des grains blancs sembloient semés sur le verd, mais je crois que ces grains étoient dans l'intérieur, & qu'on les rapportoit à la peau transparente, au travers de laquelle on les voyoit. Le ver * que je trouvai dans chaque cellule pleine de mouches qui ressembloient à celles de nos appartements, étoit entiérement jaune & opaque, sa tête étoit bien plus petite que celle du précédent; enfin, ses anneaux séparés les uns des autres par des enfoncements plus profonds, n'avoient pas autant de rondeur que ceux du premier; ils avoient des inégalités, des especes de mammelons, qui sembloient y marquer des pans. Je trouvai d'autres vers qui, comme les derniers, avoient des anneaux pleins de rugosités changeantes, mais qui étoient beaucoup plus grands & entiérement blancs: la provision de chacun de ceux-ci étoit faite de ces mouches dont le corps va en diminuant de grosseur depuis son origine jusqu'à son extrêmité.

* Pl. 27. fig. 6 & 7.

Les trois sortes de vers que je viens de décrire, à qui trois sortes de mouches différentes avoient été données pour se nourrir, étoient donc sorties des œufs de trois especes de guêpes ou de guêpes ichneumons différentes, & devoient se transformer en des guêpes de ces trois especes. Je ne pus trouver que des nymphes dans des nids où d'autres insectes avoient été portés. La nymphe étoit renfermée dans une coque de soye *. J'observai entre ces coques des variétés propres à prouver que celle qui étoit dans une cellule remplie d'une sorte d'insectes, n'avoit pas été filée par un ver de même espece que celui qui avoit filé une coque dans une cellule pourvûë d'une autre sorte d'insectes. Une de ces coques * différoit

* Fig. 3. & 5.

* Fig. 4.

de l'autre par son tissu plus serré, par sa couleur plus brune & par le graveleux de sa surface extérieure.

Pendant que j'écris ceci, les nymphes des différents nids sont encore dans leurs coques d'où elles ne sortiront peut-être que l'année prochaine. Il n'y a encore eu que quelques-unes de celles qui avoient été des vers jaunes*, dont la provision de nourriture avoit été faite de mouches semblables à celles de nos appartements, il n'y a eu, dis-je, que deux de ces nymphes qui ayent paru encore sous la forme de guêpes ichneumons, fort petites*. Leur tête est grosse & seroit entiérement noire, sans deux petits traits jaunes qui partent d'entre les deux antennes & descendent jusqu'à la lévre supérieure. Le corcelet a aussi quatre taches jaunes à son bord antérieur, & le reste est noir. Le fond de la couleur du corps est aussi un noir luisant; sur chaque anneau il y auroit une bande jaune si celles du second & du troisiéme n'étoient pas en partie effacées en-dessus, de sorte que ces deux anneaux ont des plaques noires qu'on ne voit pas aux autres. Les jambes sont jaunes, elles ont seulement une de leurs premiéres articulations teinte de noir. La transparence des aîles n'empêche pas de démêler qu'elles tirent sur le noir. Les supérieures se croisent l'une l'autre sur le corps & ne se plient jamais.

* Pl. 27. fig. 6 & 7.

* Fig. 14.

Les deux ichneumons que je décris, étoient des mâles, & par conséquent dépourvûs d'aiguillon. J'ai été surpris de la longueur de deux piéces écailleuses * que j'ai fait sortir de leur derriére en le pressant, elles avoient au moins celle de la moitié du corps. Leur figure tenoit de celle des oreilles d'âne, à cela près qu'elles étoient plus applaties. La partie propre au mâle *, beaucoup plus courte, sortoit d'entre ces deux piéces, elle étoit formée de deux crochets écailleux assemblés en-dessus par une membrane; le bout de chaque crochet se recourboit vers le ventre. Entre ces deux

* Fig. 15 & 16. *l, l.*

* Fig. 15. *m.* & fig. 16. *c.*

piéces, à l'origine des crochets, paroiſſoit une ouverture propre à laiſſer ſortir une partie charnuë, ou au moins de la liqueur.

On aura apparemment peu de regret, peut-être même ſera-t-on bien-aiſe de ce que je n'ai pas été en état de décrire en détail les cinq autres eſpeces de guêpes ichneumons qui doivent naître dans les cinq autres ſortes de cellules dont les approviſionnements ſont différents. Ce qui eſt le plus capable ici de plaire à des eſprits curieux, en grand, c'eſt qu'entre différentes eſpeces de mouches qui ont à pourvoir d'inſectes leurs petits dont l'inclination eſt carnaciére, chacune connoiſſe l'eſpece d'inſectes que les ſiens aiment le mieux, & peut-être la ſeule qui leur convienne, & la leur donne.

J'ai fait mention ailleurs * d'aſſés grands pucerons que j'avois trouvé empilés dans un morceau de bois: moins au fait alors que je ne le ſuis à préſent du génie de nos mouches chaſſeuſes, je croyois que ce lieu avoit été choiſi par les pucerons, qu'ils s'y étoient entaſſés eux-mêmes; mais il eſt bien plus vraiſemblable qu'ils y avoient été apportés par une mouche, & qu'ils étoient deſtinés à être la proye de ſon ver.

* *Tome III. page 333.*

Le bois que ces guêpes ont à creuſer eſt, comme il a été dit, ſi tendre qu'on peut avec la main le diviſer en pluſieurs piéces ſelon ſa longueur; les endroits les plus durs ſe laiſſent couper par le plus mauvais couteau. Lorſqu'on a mis à découvert des nids qui y étoient renfermés, on les trouve ſelon l'âge du ver qui y eſt logé, remplis de plus ou de moins d'inſectes. On n'en voit plus que des débris dans chacun de ceux où le ver s'eſt filé une coque; ces débris ſont conſidérables dans les nids qui ont été remplis de mouches: les aîles, les jambes, la tête & le corcelet de celles-ci y ſont ſouvent en entier. Le fond de chaque trou eſt liſſe, & tel que le bois le doit fournir; mais par-delà la capacité néceſſaire pour contenir le ver & ſa proviſion d'aliments, on voit de la ſciûre entaſſée*, dont tous les grains ſont bien appliqués les uns contre les autres. On ſçaura à quelle fin elle y a été miſe, dès qu'on ſe rappellera les procédés des guêpes qui creuſent des trous en terre. On a vû qu'après avoir logé des inſectes dans une portion d'un long trou, elles rempliſſent de terre le reſte du trou. Ce que celles-ci font avec de la terre, les autres le font avec de la ſciûre; elles veulent que leur ver ſe trouve à une certaine diſtance de la ſurface du bois, & le trou qu'il a fallu ouvrir pour les en placer aſſés loin, a une trop grande capacité. L'excédent de cette capacité eſt bouché, & doit l'être, parce que le ver ne pourroit ſoûtenir les impreſſions de l'air extérieur: d'ailleurs, il ne faut pas laiſſer la liberté au gibier dont on lui a fait une proviſion, de s'échapper. Aſſés ſouvent la ſciûre eſt auſſi employée pour ſéparer deux nids qui peuvent ſe trouver à la file dans un même trou: elle forme des cloiſons plus maſſives & plus ſolides, mais moins réguliérement conſtruites que celles des nids des abeilles perce-bois.

* Pl. 27. fig. 1, 2, 3 & 5. ſ.

Des guêpes ichneumons qui, par la forme de leur corps, different beaucoup plus que les précédentes des guêpes communes, ſont, comme ces derniéres, dans l'uſage de renfermer avec chacun de leurs vers, la proviſion d'inſectes néceſſaire à ſon accroiſſement complet. Il y en a pluſieurs eſpeces*, de celles dont je veux parler actuellement, qui ont de commun d'avoir le corps joint au corcelet par un tuyau cylindrique, plus délié qu'un fil à coudre, & ſouvent plus long que le corps: celui-ci ſe trouve comme un grain de chapelet oblong, attaché au bout d'un fil de fer, ce qui donne une figure ſinguliére à ces mouches. Je m'arrêterai peu aux différences de couleurs

* Pl. 28. fig. 3 & 7.

qu'on peut remarquer à celles de différentes especes: les unes sont entiérement d'un brun noir, leurs aîles seules sont roussâtres; d'autres ont le corps & le corcelet bruns, mais le fil fistuleux qui les joint, est jaune: elles ont aussi les jambes jaunes en partie, & du jaune mis par taches sur la tête. Le jaune & le brun-noir sont autrement distribués sur d'autres.

Parmi ces différentes especes de guêpes ichneumons, il y en a au moins une qui se contente de creuser des trous dans un terrein sablonneux. M. Baron Médecin à Luçon, crut devoir m'informer, il y a quelques années, qu'il avoit trouvé dans un terrein de cette nature qui s'élevoit plus haut que le chemin dont il faisoit le bord, quantité de trous percés les uns auprès des autres; qu'en ayant ouvert plusieurs, il avoit observé que chacun d'eux se terminoit par une cavité à qui il donna le nom de chambre, quoiqu'elle n'eût pas plus de diametre que le chemin par lequel on y arrivoit, mais elle faisoit un angle droit avec ce chemin. Dans quelques-unes de ces chambres, il trouva une coque de soye jaunâtre, faite en quelque sorte en bouteille*: elle avoit une espece de col court * dont le goulot étoit bouché. Le ver * par qui elle avoit été filée, étoit renfermé dans son intérieur: sa couleur étoit blancheâtre. Avant que de se renfermer, il avoit vécu de mouches: c'est ce qu'apprenoient des fragments d'aîles & de jambes qui étoient dans le trou ou la chambre, entre ses parois & la coque, mais qui n'étoient nullement adhérents à celle-ci. Ce fut en Hiver qu'il découvrit ces coques: il m'en envoya trois que je reçûs en bon état, ayant chacune leur ver sous sa premiére forme; mais soit que ces vers eussent souffert pendant une route de plus de cent lieuës, soit par quelqu'autre cause, ils ne parvinrent pas à se métamorphoser en mouches; & j'ignorerois quelle est

* Pl. 28. fig. 8.
* g.
* Fig. 9 & 10.

l'eſpece à laquelle ils devoient leur naiſſance, ſi je n'en euſſe été inſtruit par la troiſiéme planche du premier volume des Œuvres de Valiſnieri de l'édition in-folio. Là, eſt repréſentée une coque préciſément ſemblable à celle dont j'avois admiré la figure, & la mouche qui ſort de cette coque, qui eſt du genre de celles des figures 5 & 7, planche 28.

Pluſieurs eſpeces de ces guêpes ichneumons dont le corps tient au corcelet par un long fil *, peuvent être diſtinguées des autres par le nom de maçonnes; leur maçonnerie n'eſt pourtant faite que de terre. Elles bâtiſſent avec de la terre des nids compoſés de pluſieurs cellules dans leſquelles elles élevent leurs petits. Je ne ſuis point parvenu à obſerver de ces ouvriéres aux environs de Paris, ni des nids qu'elles conſtruiſent; mais de ces guêpes & des fragments de leurs nids, m'ont été envoyés d'Avignon par M. le Marquis de Caumont. J'ai reçû de ces guêpes de pays beaucoup plus éloignés, de l'Iſle de France & de l'Iſle de Saint-Domingue.

* Pl. 27. fig. 5 & 7.

Les nids * des guêpes ichneumons & maçonnes de Saint-Domingue, m'ont été remis bien conditionnés, & dans un état propre à me faire voir tout l'art de leur conſtruction. Leur matiére eſt une terre griſe qui, quand elle eſt ſéche, eſt friable. Chaque nid eſt compoſé d'un grand nombre de tuyaux tous paralleles les uns aux autres : la maſſe formée de leur aſſemblage, eſt ſouvent attachée au plancher d'une chambre, car les mouches qui bâtiſſent ces ſortes de nids, entrent hardiment dans les maiſons. Toutes ces cellules ont leurs ouvertures * en embas, & ordinairement ſur un même plan : leur arrangement donne à la maſſe qu'elles compoſent, une ſorte de reſſemblance avec l'inſtrument connu ſous le nom de ſifflet de chauderonnier ; mais tel nid a autant de trous qu'en auroient deux de ces ſifflets, appliqués l'un contre l'autre,

* Pl. 28. fig. 4.

* o, o, o, &c.

c'eſt-à-dire, que tel nid a deux rangs de trous; quelques-uns peut-être en ont trois, mais d'autres n'en ont qu'un. L'ouverture de chaque trou eſt l'entrée d'un tuyau ou d'une cellule: elles ſont conſtruites par la mouche les unes après les autres, & il ſemble que chaque cellule ſoit faite de cordons de terre appliqués les uns ſur les autres, ou plûtôt d'un ſeul cordon qui, depuis la baſe de la cellule juſqu'à ſon entrée, a été roulé en ſpirale.

Dans pluſieurs de ces loges, j'ai trouvé des coques dont les mouches étoient ſorties après leur transformation. Ces coques ſont brunes, & plus caſſantes qu'elles ne le ſembleroient devoir être, étant tiſſuës de ſoye. J'ai trouvé auſſi quelques mouches, qui, n'ayant pas eu la force d'ouvrir leurs coques, étoient péries dedans. Ces guêpes ichneumons attachent leurs nids indifféremment contre différentes ſortes de corps ſolides. M. Bernard de Juſſieu m'a dit qu'on l'avoit aſſûré en avoir trouvé d'attachés à des habits, peut-être à des habits pendus à des rateliers.

Ces guêpes ichneumons dont nous parlons, celles qui me ſont venuës de Saint-Dominique, ont le premier anneau de leur corps bordé d'un filet jaune; elles ont une petite tache de cette couleur ſur le corcelet, & quelquefois elles en ont encore d'autres plus petites ſur la tête: tout le reſte eſt d'un brun noir. Les guêpes ichneumons de l'Iſle de France, qui, comme les précédentes, ont à leur corps un long étranglement auſſi délié qu'un fil, ſont par-tout noires, je ne leur ai rien trouvé de jaune. Elles m'ont été envoyées par M. Coſſigni, & il ne s'eſt pas contenté de me les envoyer, il m'a fait part en même temps des obſervations qu'elles lui ont fournies: je vais les rapporter. Ces mouches ont la hardieſſe de venir bâtir leurs nids dans les chambres les plus habitées, elles les appliquent, comme les hyrondelles appliquent les leurs, contre une solive, dans le coin d'une fenêtre, ou même dans l'angle de deux murs: elles donnent à chaque nid la figure d'une boule & la grosseur du poing; il est fait d'une terre détrempée que la guêpe pêtrit peu-à-peu & à bien des reprises entre ses pinces ou dents. Cette boule est un assemblage de douze à quinze cellules, tantôt plus, tantôt moins. A mesure que chaque cellule est construite, la guêpe porte dedans une certaine quantité de petites araignées, qu'elle y renferme ensuite avec l'œuf d'où sortira le ver qui s'en doit nourrir.

M. Cossigni ayant détaché des nids, & brisé à dessein plusieurs de leurs cellules, trouva toutes celles-ci remplies de petites araignées dont la plûpart étoient vivantes. D'un nid qu'il renferma tout entier dans un poudrier, il vit dans la suite sortir une quinzaine de mouches qui s'étoient tirées d'une pellicule rousse & très-fine, qui paroît être la coque dans laquelle se sont faites les transformations du ver en nymphe, & de la nymphe en mouche.

Je dois encore à M. Cossigni des observations sur une espece de guêpes ichneumons*, dont le corps n'a pas un étranglement aussi long & aussi délié que celui qui rend singuliére la forme des derniéres dont il vient d'être parlé. Celles que nous voulons faire connoître d'après lui, & dont il nous a envoyé plusieurs très-entiéres, ont un extérieur qui se rapproche plus de celui des guêpes ordinaires: leur couleur est propre à leur attirer des regards. Tant en-dessus qu'en-dessous, leur tête, leur corps, leur corcelet sont d'un verd, ou, si l'on veut, d'un bleu changeant, car elles paroissent bleuës ou vertes, selon la position dans laquelle on les regarde; mais toûjours leur couleur a-t-elle un éclat supérieur à celui des plus beaux vernis. Leurs antennes sont noires; leurs yeux sont feuille-morte; leurs jambes qui, près de leur

* Pl. 28. fig. 2 & 3.

de leur origine font bronzées, ont dans le reste & la plus grande partie de leur longueur, une couleur violette. Ces mouches, assés rares dans l'Isle de Bourbon, sont très-communes dans l'Isle de France. Elles volent avec agilité. Ce sont des guerriéres qui ne nous craignent pas; elles entrent volontiers dans les maisons, elles volent sur les rideaux des fenêtres, pénétrent dans leurs plis & en ressortent; lorsqu'elles y sont posées, elles sont aisées à prendre; mais on doit bien se donner de garde de le faire, si on n'a la main munie d'un mouchoir doublé & redoublé plusieurs fois. La piqûre de leur aiguillon est plus à redouter que celle des aiguillons des abeilles & des guêpes ordinaires; cette guêpe ichneumon darde le sien bien plus loin hors de son corps, que ces autres mouches ne peuvent darder le leur.

Dans les bois & dans le pays découvert de l'Isle de France, on ne trouve point d'abeilles domestiques, au lieu qu'on en trouve en quantité, & qui font beaucoup de cire & de miel, dans les bois de l'Isle de Bourbon. On attribuë avec vraisemblance la cause de la rareté des abeilles dans la premiére de ces Isles, à ce que les guêpes y sont beaucoup plus communes que dans l'autre; ce qui confirme ce que nous avons déja rapporté ailleurs des abeilles qu'on prétend être détruites dans nos Isles de l'Amérique par les guêpes. M. Cossigni n'a pas eu occasion d'observer si ces guêpes ichneumons d'une couleur si belle & si éclatante, en vouloient aux abeilles; mais il leur a vû livrer des combats dont il ne pouvoit que leur sçavoir gré; c'étoit à des insectes qui leur sont fort supérieurs en grandeur, & sur lesquels néanmoins elles remportoient une pleine victoire. Tous ceux qui ont voyagé dans nos Isles, connoissent les kakerlaques; souvent même ils les ont connuës avant que d'y être arrivés: nos vaisseaux n'en sont que trop fréquemment infectés.

Mlle Merian n'a pas manqué de les faire repréſenter, elle les a même placées dans la premiére planche de ſes Inſectes de Surinam. Ce ne ſera que dans les volumes ſuivants que nous rapporterons ce que nous ſçavons de leur hiſtoire; mais nous devons dire d'avance que les kakerlaques ſont d'un genre auquel nous donnerons le nom de blatte, & dont une eſpece ſe multiplie fort en Europe dans beaucoup de cuiſines. Les blattes appellées kakerlaques ſont d'aſſés grands inſectes dont le corps eſt applati; celui des mâles eſt caché ſous des aîles, & celui des fémelles eſt à découvert, elles n'ont point d'aîles. Les notres le cedent beaucoup en grandeur à celles des autres parties du monde, & ne ſont pas ſi mal-faiſantes, elles ne ſont à craindre dans les cuiſines, que comme une mal-propreté; mais dans nos Iſles elles s'introduiſent par-tout, elles hachent tout, elles n'épargnent ni habits ni linge.

On y doit donc aimer des mouches qui, comme les guêpes ichneumons dont il s'agit actuellement, attaquent ces inſectes deſtructeurs & les mettent à mort. M. Coſſigni qui a été témoin de quelques-uns de leurs combats, les a très-bien décrits: voici ce qu'il a vû. Quand la mouche, après avoir rodé de différents côtés, ſoit en volant, ſoit en marchant, comme pour découvrir du gibier, apperçoit une kakerlaque, elle s'arrête un inſtant, pendant lequel les deux inſectes ſemblent ſe regarder; mais ſans tarder davantage, l'ichneumon s'élance ſur l'autre, dont elle ſaiſit le muſeau ou le bout de la tête avec ſes ſerres ou dents; elle ſe replie enſuite ſous le ventre de la kakerlaque pour le percer de ſon aiguillon. Dès qu'elle eſt ſûre de l'avoir fait pénétrer dans le corps de ſon ennemie, & d'y avoir répandu un poiſon fatal, elle ſemble ſçavoir quel doit être l'effet de ce poiſon; elle abandonne la kakerlaque, elle s'en éloigne, ſoit en volant, ſoit en marchant; mais après avoir fait divers tours, elle revient la chercher, bien certaine de la trouver où elle l'a laiſſée. La kakerlaque naturellement peu courageuſe, a alors perdu ſes forces, elle eſt hors d'état de réſiſter à la guêpe ichneumon qui la ſaiſit par la tête, & marchant à reculons, la traîne juſqu'à ce qu'elle l'ait conduite à un trou de mur dans lequel elle ſe propoſe de la faire entrer. La route eſt quelquefois longue, & trop longue pour être faite d'une traitte: la guêpe ichneumon pour prendre haleine, laiſſe ſon fardeau & va faire quelques tours, peut-être pour mieux examiner le chemin; après quoi elle revient reprendre ſa proye, & ainſi à différentes repriſes elle la conduit au terme.

Quelquefois M. Coſſigni s'eſt diverti à dérouter la mouche; pendant qu'elle étoit abſente, il changeoit la kakerlaque de place; les mouvements inquiets qu'elle ſe donnoit à ſon retour, prouvoient aſſés ſon embarras: ordinairement elle avoit peine à retrouver ſa proye, & elle la perdoit abſolument lorſqu'elle avoit été tranſportée un peu loin. Quand la guêpe ichneumon étoit parvenuë à la traîner juſqu'où elle la vouloit, le fort du travail reſtoit ſouvent à faire, l'ouverture du trou étoit trop petite pour laiſſer paſſer librement une groſſe kakerlaque; la mouche entrée à reculons, redoubloit quelquefois ſes efforts inutilement pour l'y faire entrer: le parti qu'elle prenoit alors étoit de ſortir & de couper les fourreaux des aîles de l'inſecte mort ou mourant, quelquefois même elle lui arrachoit quelques jambes; elle rentroit enſuite dans le trou, toûjours à reculons, & par des efforts plus efficaces que les premiers, elle faiſoit, pour ainſi dire, paſſer le corps de la kakerlaque à la filiére, & la conduiſoit au fond du trou. Il n'y a pas d'apparence que la guêpe ichneumon prenne tant de peine pour manger dans un trou une kakerlaque qu'elle mangeroit tout auſſi-bien dehors: il eſt plus que probable qu'elle eſt déterminée à ſoûtenir toute cette fatigue par une raiſon plus intéreſſante, que c'eſt pour donner une bonne proviſion de nourriture à quelqu'un de ſes vers. Si M. Coſſigni eût ouvert le trou dans le fond duquel la kakerlaque avoit été tirée, il y eût apparemment trouvé un ver.

Les guêpes ichneumons ont une grande ſupériorité ſur la plûpart des inſectes, par leur courage, par leur agilité & par les armes meurtriéres dont elles ſont pourvûës; mais quand à ces avantages ſe trouve joint celui de la grandeur de leur maſſe totale, il n'eſt peut-être point d'inſectes dont elles ne viennent à bout. En eſt-il quelqu'un qui pût réſiſter à la mouche dont la forme approche de celle des guêpes ordinaires, & qui eſt repréſentée de grandeur naturelle, pl. 28, figure 1! Elle m'a été envoyée de Saint-Domingue par M. du Hamel Médecin du Roy dans cette Iſle. Son corps, ſon corcelet & ſes jambes ſont d'un beau noir, ſes aîles ſeules ſont d'une autre couleur, d'un cannelle aſſés clair, excepté près de leur bout & à leur baſe, où elles ont des teintes plus brunes: leurs yeux à rezeau ſont auſſi d'une couleur plus claire que le cannelle, & aſſés ſaillants.

La guêpe ichneumon qui eſt repréſentée, planche 27, figure 19, & qui m'a encore été envoyée de Saint-Domingue par M. du Hamel, ne le cede pas à la précédente par le volume de ſon corps. Elle eſt de même entiérement noire, à l'exception de ſes aîles qui ſont encore cannelle, mais d'un cannelle moins ſenſible, parce qu'elles ſont plus tranſparentes que les autres; elles ſont plus courtes. Ses jambes & ſon corps ſont hériſſés de bouquets de poils qui peuvent la rendre hideuſe à bien des yeux; ſes dents ſont plus longues que celles de l'autre. D'ailleurs, je ne ſçais rien de l'hiſtoire de l'une & de l'autre de ces guêpes ichneumons, qui, pour élever leurs petits, ont probablement recours à quelqu'un des moyens que nous avons vû être employés par des guêpes d'une taille bien inférieure à la leur.

EXPLICATION DES FIGURES DU HUITIÉME MÉMOIRE.

PLANCHE XXVI.

LA Figure 1 repréſente une portion de mur qui avoit été enduite d'une épaiſſe couche d'un ſable gras. *a a b b*, étoit le deſſus d'une eſpece de tablette qui excédoit la partie ſupérieure du mur, qui ne ſe trouve pas ici, & qui, s'y elle y étoit, s'éleveroit au-deſſus de *a a* ſeulement. *t, t*, deux tuyaux conſtruits au-deſſus de la tablette, chacun par une guêpe qui a creuſé dans le ſable qui eſt au-deſſous de la baſe de chaque tuyau, un trou pour ſervir de nid à un de ſes petits; les tuyaux *t, t*, ſont faits du ſable tiré du trou. *d*, tas de pelottes de ſable que la guêpe a jettées auprès du tuyau quand il a été aſſés profond à ſon gré. *m m b b*, face verticale du mur. *n*, tuyau de ſable, bâti, comme les précédents, par une guêpe. *x*, tuyau de ſable qui n'eſt que commencé, ou, ſi l'on veut encore, tuyau qui après avoir eu la longueur de ceux marqués *t, t*, & *n*, a été réduit peu-à-peu par la guêpe à la hauteur qui lui reſte, lorſqu'elle a employé le ſable dont il étoit fait, à boucher ſon trou. *c*, endroit au-deſſous duquel eſt un trou, qui eſt un nid de ver de guêpe; il ne reſte rien du tuyau de ſable qui avoit été bâti ſur ce trou, ce qui arrive aſſés ſouvent.

La Figure 2 eſt celle de la guêpe qui éleve les tuyaux *t, t, n,* de la figure 1.

Les Figures 3, 4 & 5 nous montrent le ver qui doit devenir une guêpe telle que celle de la figure 2; il eſt contourné, figure 3, & allongé, fig. 4 & 5. La derniére un peu plus grande que la figure 4, permet de voir l'arrangement de ſes ſtigmates.

La Figure 6 fait voir la tête de ce ver, de face & groſſie au microſcope. *d, d,* ſes dents. *l,* ſa lévre inférieure.

La Figure 7 repréſente la coupe d'une maſſe de ſable gras, dans laquelle des guêpes telles que celle de la figure 2, avoient creuſé des trous pour ſervir de nids à leurs petits. Cette coupe met à découvert l'intérieur de quelques trous. *o, o, o,* entrées des trous qui pourroient être bouchées. *r,* intérieur d'un trou qui eſt encore vuide. *u a b, u a b,* deux trous, dans chacun deſquels eſt un ver de guêpe avec la proviſion de vers verds dont il ſe doit nourrir. *u,* le ver de guêpe. *a b,* file d'anneaux formée par différents vers verds roulés & mis les uns au-deſſus des autres.

Les Figures 8, 9 & 10 ſont celles d'un des vers verds qui ſont roulés dans les nids de la figure 7; il eſt de grandeur naturelle dans la figure 8, & plus grand que nature & allongé dans les figures 9 & 10. Quand on l'obſerve avec attention à la loupe, ſes poils ne paroiſſent pas droits comme ils le ſont dans la figure 9, ils ſemblent fourchus comme dans la figure 10; mais on eſt incertain ſi la fourche appartient réellement à un ſeul poil, ou ſi elle n'eſt pas produite par le croiſement de deux poils.

La Figure 11 montre dans ſa grandeur naturelle un ver

de guêpe que je trouvai logé dans le trou creusé dans la terre d'un mur, & à qui des araignées avoient été données pour pâture.

La Figure 12 est celle d'une des araignées dont le ver précédent avoit eu sa provision.

Les Figures 13 & 14 représentent dans sa grandeur naturelle un ver de guêpe ichneumon qui est nourri de mouches; il est vû de côté, figure 13, & sous le ventre, figure 14.

La Figure 15 est celle de la coque que se construit le ver des deux derniéres figures. On distingue aisément les aîles de mouches qui y tiennent, & qui entrent dans sa composition.

La Figure 16 nous fait voir à peu-près dans sa grandeur naturelle, la guêpe en laquelle se transforme le ver des figures 13 & 14.

La Figure 17 est la figure 14 grossie; on y distingue mieux que dans l'autre, les dents du ver, & qu'il tient sa tête penchée vers le ventre.

La Figure 18 représente de grandeur naturelle une épaisse coque de soye que se construit un ver de guêpe de Cayenne & probablement de guêpe ichneumon, lorsqu'il veut se métamorphoser. J'en ai eu la nymphe, mais je n'ai point eu la guêpe, qui doit être très-grande, & peut-être telle que celle de la figure qui suit.

La Figure 19 est celle d'une guêpe ichneumon de Saint-Domingue, qui est de la taille dont elle paroît ici, & très-hérissée de poils.

PLANCHE XXVII.

Les Figures 1, 2 & 3 repréſentent trois morceaux de bois qui ont été détachés d'autant de bâtons cylindriques à moitié pourris, dans leſquels des guêpes ou des guêpes ichneumons avoient fait leurs nids. La face que montre ici chaque morceau, étoit dans l'intérieur du bâton, & on y voit les coupes de pluſieurs nids.

Dans la Figure 1, *k* marque un nid rempli de mouches aſſés ſemblables par leur couleur, leur forme & leur grandeur, à celles de nos appartements. *l,* eſt un autre nid où ſont empilées des mouches dont le corps diminuë de groſſeur depuis ſon origine, pour ſe terminer en pointe. Une de ces mouches eſt gravée ſéparément, figure 11. Dans le nid *l,* le ver *u* eſt celui pour qui la proviſion de mouches avoit été faite. *ſ, ſ,* marquent la ſciûre que des guêpes ont entaſſée, ſoit pour faire des ſéparations entre des cellules, ſoit pour remplir le vuide qui reſtoit dans une cellule ſuffiſamment fournie d'inſectes.

Dans la Figure 2, les nids *t* & *z* ſont remplis de tipules preſſées les unes contre les autres. *u,* dans le nid *t,* eſt le ver qui devoit vivre de tipules. *ſ, ſ,* ſciûre employée au même uſage que celle de la figure 1.

Dans la Figure 3, *n, n,* indiquent deux coques, dont chacune a ſon nid. *ſ,* tas de ſciûre empilée qui ſépare les deux nids l'un de l'autre. Les coques *n, n,* ſont d'une ſoye brune. Ce qui paroît de graveleux entre le bois & chaque coque, eſt fait de débris d'aîles & de jambes de mouches.

La Figure 4 eſt celle d'une coque tirée d'un morceau de bois tel que ceux des figures précédentes. Cette coque

eſt d'un

est d'un tissu moins serré que celui des coques de la fig. 3, & d'une soye plus blanche que celle des autres. Les petits grains qui sont attachés dessus, la rendent grise, ils sont des fragments de parties de mouches.

La Figure 5 fait voir, comme la figure 2, une portion d'un bâton où étoient des nids remplis uniquement de tipules; mais ces nids sont grandis à la loupe dans la fig. 5, ce qui rend les tipules du nid *t* plus sensibles, & met plus en état de voir leur arrangement. *s*, tas de sciûre qui sépare le nid *t* du nid *z*. La direction qu'avoit ce dernier, est cause qu'il n'en paroît ici qu'une partie. *x*, autre tas de sciûre par-delà lequel est un trou vuide qui avoit été percé pour être rempli dans la suite.

La Figure 6 représente un ver jaune dans la grandeur qu'il avoit lorsque je le tirai d'un nid tel que celui qui est marqué *k*, figure 1.

La Figure 7 montre le ver de la figure 6, grossi.

La Figure 8 est celle d'une de ces tipules, dont les nids *t* & *z*, figures 2 & 5, étoient remplis; elle est vûë bien plus grande que nature.

Les Figures 9 & 10 nous montrent le même ver; il est grossi à la loupe dans la figure 9; lorsque je le trouvai au fond d'un nid où des tipules étoient entassées, il n'étoit pas plus grand qu'il l'est dans la figure 10.

La Figure 11 est celle d'une des mouches dont le nid *l*, figure 1, étoit rempli.

La Figure 12 représente une mouche dont les aîles sont tachetées de brun; un des nids ne contenoit que des mouches de cette espece.

La Figure 13 eſt celle d'une mouche plus rare que les mouches des figures précédentes, ſes aîles n'ont de la tranſparence que dans la partie qui eſt blanche dans cette figure. Pluſieurs mouches de cette eſpece ont encore été tirées d'un nid creuſé dans le bois.

La Figure 14 eſt celle d'une petite guêpe ichneumon mâle, qui, je crois, avoit pris ſon accroiſſement dans un nid pourvû de mouches de l'eſpece de celles qui ſont dans le nid *k*, figure 1.

Les Figures 15 & 16 repréſentent groſſies au microſcope les parties qu'on fait ſortir du derriére de la guêpe ichneumon de la figure 14, lorſque l'on preſſe ſon corps entre deux doigts. Dans la fig. 15, le bout du corps *a* eſt vû par-deſſus, & il eſt vû de côté & par-deſſous dans la fig. 16. *l, l,* deux lames écailleuſes faites en oreille d'âne applatie, vûës par leur côté concave, fig. 16. *m,* fig. 15, la partie qui, fig. 16, ſe termine par deux crochets *c, c*. En *m,* c'eſt-à-dire, préciſément dans l'endroit où les deux crochets ſe ſéparent, il y a un trou, d'où peut ſortir de la liqueur ou une partie charnuë. En *p,* fig. 16, eſt une petite plaque entourée de poils & dont l'extrémité eſt fourchuë.

La Figure 17 repréſente un ver tiré d'un des nids précédents, peu groſſi, qui étoit d'une eſpece différente de celles des vers repréſentés figures 6 & 7, & figures 9 & 10.

PLANCHE XXVIII.

La Figure 1 eſt celle d'une guêpe ichneumon de Saint-Domingue d'une très-grande eſpece, dont les aîles ſont écartées du corps & étalées.

Les Figures 2 & 3 repréſentent une même guêpe ichneumon ; elle a les aîles ſur le corps, figure 2, & elle les a écartées, fig. 3. Chacune des inférieures y eſt poſée immédiatement au-deſſous d'une ſupérieure. Pluſieurs de ces mouches m'ont été envoyées de l'Iſle de Bourbon & de l'Iſle de France par M. Coſſigni ; ce ſont celles qui font la guerre aux kakerlaques. Leur couleur eſt un bleu ou un verd changeant, très-éclatant. Elles ont un double corcelet. *a c*, le premier corcelet ou la premiére partie du corcelet. *c d*, le ſecond corcelet. La premiére partie peut ſe mouvoir en *c* comme ſur une articulation.

La Figure 4 fait voir un de ces nids de terre conſtruits par une eſpece de guêpes ichneumons, qui ont quelque reſſemblance avec les ſifflets de chauderonniers. *o, o, o*, entrées de quelques trous. *f, f, f*, &c. fonds des trous. *g h, i k*, deux trous ouverts dans toute leur longueur.

La Figure 5 eſt celle d'une des guêpes ichneumons qui naiſſent dans les trous de la figure 4, & qui conſtruiſent des nids de terre tels que ceux de la même figure. L'étranglement de leur corps, l'eſpece de fil qui joint le gros du corps au corcelet, eſt remarquable par ſa longueur. Le premier anneau du corps de celle-ci eſt terminé par une raye blanche.

La Figure 6 montre une partie de la figure 4 par un bout oppoſé à celui qui eſt en vûë dans cette derniére; ce qui y eſt embas eſt enhaut dans la figure 6. *f, f*, fonds de deux cellules, on voit comment ils ſont appliqués contre ceux de deux autres cellules *e, e*.

La Figure 7 eſt celle d'une guêpe ichneumon qui différe de celle de la figure 5, en ce que ſon corps eſt plus gros & l'étranglement un peu moins long, & en ce qu'elle est toute d'une couleur.

La Figure 8 représente dans sa grandeur naturelle une coque filée sous terre par un ver qui devient une guêpe ichneumon dont le corps tient au corcelet par un long fil semblable à ceux des figures 5 & 7.

Les Figures 9 & 10 sont celles du ver qui fut tiré en Hiver de la coque de la figure 8; il est de grandeur naturelle, figure 10, & grossi, figure 9.

La Figure 11 montre de face la tête du ver des deux figures précédentes, grossie au microscope.

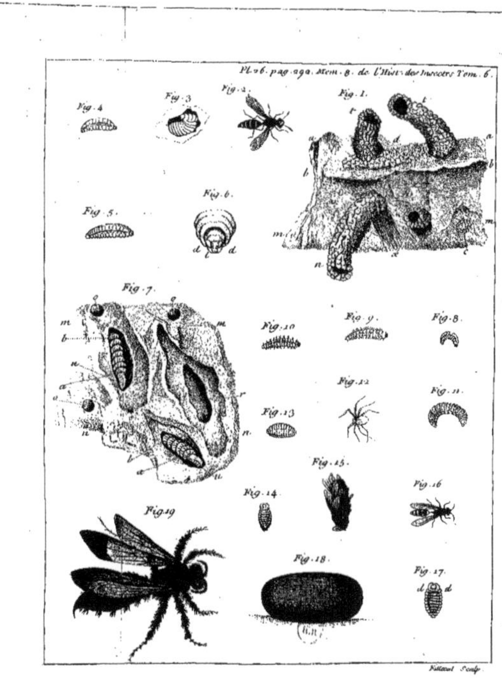
Pl. 26. pag. 292. Mem. 8. de l'Hist. des Insectes Tom. 6.
Fig. 1.
Fig. 2.
Fig. 3
Fig. 4
Fig. 5.
Fig. 6.
Fig. 7.
Fig. 8.
Fig. 9.
Fig. 10
Fig. 11.
Fig. 12
Fig. 13
Fig. 14.
Fig. 15.
Fig. 16
Fig. 17.
Fig. 18.
Fig. 19

Pl. 27. pag. 192 Mem. 8. de l'Hist. des Insectes. Tom. 6
Fig. 1
Fig. 2
Fig. 3
Fig. 4
Fig. 5
Fig. 6
Fig. 7
Fig. 8
Fig. 9
Fig. 10
Fig. 11
Fig. 12
Fig. 13
Fig. 14
Fig. 15
Fig. 16
Fig. 17

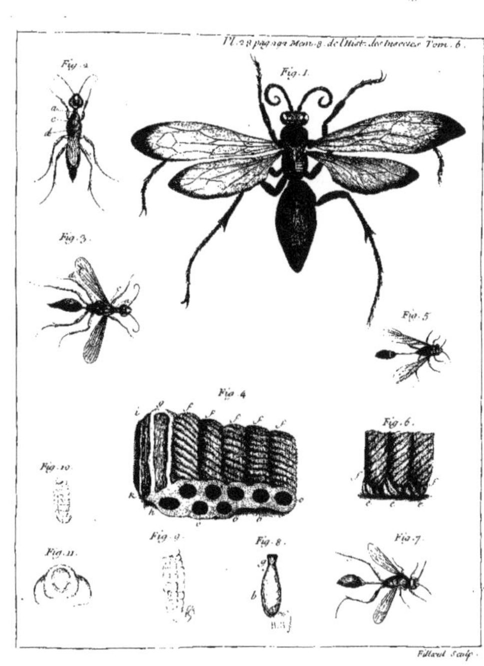
Pl. 28 pag. 92 Mem. 8. de l'Hist. des Insectes Tom. 6.
Fig. 1.
Fig. 2
Fig. 3.
Fig. 4
Fig. 5
Fig. 6.
Fig. 7.
Fig. 8.
Fig. 9.
Fig. 10.
Fig. 11.
Fillœul Sculp.

NEUVIEME MEMOIRE.

DES MOUCHES ICHNEUMONS.

CE n'eſt qu'au moyen de chaſſes ſouvent réïtérées, & par conſéquent de beaucoup de courſes & de fatigues, que les guêpes de certaines eſpeces & les guêpes ichneumons parviennent à renfermer dans un nid, préparé lui-même avec beaucoup de travail, la quantité, ſoit de vers, ſoit de chenilles, ſoit de mouches, ſoit d'araignées, néceſſaire pour fournir à l'accroiſſement complet du petit ver qui y doit naître. Les vrais ichneumons, les ichneumons proprement dits, ſont des mouches qui ſçavent faire l'équivalent par des moyens plus ſimples & plus ſinguliers; pluſieurs donnent pour nid à leurs petits, l'inſecte même dont ils doivent ſe nourrir. Lorſque nous avons fait connoître dans le ſecond volume de ces Mémoires *, les ennemis des chenilles, nous avons déja fait mention de pluſieurs eſpeces d'ichneumons qui les chargent d'alimenter de leur propre ſubſtance, des vers qui peu après les font périr. Nous avons eu depuis occaſion de parler de beaucoup d'autres ichneumons qui font périr de même des vers qui auroient dû devenir des mouches; mais c'eſt ici le lieu de traiter des ichneumons plus à fond & dans une plus grande généralité, & au moins d'en dire ce qui a été omis dans des Mémoires dont ils n'étoient pas le véritable objet.

* *Tom. II. Mém. II.*

C'eſt d'après les Naturaliſtes, & ſur-tout les modernes, que j'appelle ces mouches des ichneumons; mais je n'ai garde de me conformer à quelques-uns qui ont trop ſouvent ajoûté à ce nom celui de guêpe, qui ſuppoſe à certaines mouches des caractéres qu'elles n'ont pas. D'ailleurs, le nom d'ichneumon n'est pas affecté à celles à quatre aîles d'un seul genre, il sert à en désigner de genres fort différents; il a été plûtôt employé pour marquer le génie propre à quelques-unes, que pour en déterminer de celles qui se ressemblent par la forme de leur corps.

Tous les insectes qui passent par différentes métamorphoses, semblent avoir été accordés en partage aux ichneumons, pour mettre ceux-ci en état de perpétuer leurs especes. Tant que les papillons sont chenilles ou crysalides, tant que les mouches, les scarabés & divers autres insectes sont vers ou nymphes, ils n'ont rien de plus à redouter que d'être choisis par quelque ichneumon pour servir de pâture à ses petits. Quelque grosse que soit la chenille, quelque gros que soit le ver, il n'est pas en son pouvoir de ne pas remplir la triste destinée qui lui a été préparée par une mouche ichneumon souvent extrêmement petite.

En général, les mouches ichneumons de différentes especes ont recours à trois moyens différents pour arriver à leur fin, & tous trois également sûrs. Les unes sçavent loger leurs œufs dans l'intérieur d'un insecte qui est encore sous sa premiére forme, & qui, par conséquent, a encore à croître; elles ont été pourvûës par la nature, d'un instrument propre à lui percer le corps, elles portent à leur partie postérieure une espece d'aiguillon, ou plûtôt une véritable tarriére capable de pénétrer dans des corps plus durs que les chairs contre lesquelles elle doit agir. La mouche ichneumon pressée du besoin de pondre, va se poser sur une chenille ou un ver dont le corps, quelquefois beaucoup plus grand que le sien, est un terrein sur lequel elle peut se promener; elle marche dessus, elle le parcourt, elle reconnoît l'endroit où il lui convient de le percer: bien-tôt elle y fait entrer ſa tarriére, & laiſſe enſuite un œuf au fond de la petite playe. Le Mémoire déja cité, a appris que telle mouche fait ainſi ſucceſſivement plus de vingt ou trente piqûres à la même chenille, ou, ce qui revient au même, qu'elle loge plus de vingt ou trente œufs dans le corps de la chenille. Mais d'autres ichneumons ne confient que deux ou trois œufs, & quelquefois qu'un ſeul, au corps du même inſecte, & cela, ſelon la grandeur de l'ichneumon, ou, ce qui eſt la même choſe, ſelon la grandeur à laquelle doit parvenir le ver qui ſortira de l'œuf, & qui un jour ſera ſemblable en tout à la mouche qui lui a donné la vie.

Quelques eſpeces d'ichneumons ſont extrêmement petites: on jugera à quel point elles le ſont, quand on ſçaura que non ſeulement un de leurs œufs peut être logé à l'aiſe dans celui d'un autre inſecte, dans l'œuf, par exemple, d'un papillon de grandeur commune, mais que le ver qui ſort de l'œuf de l'ichneumon, trouve ſous la coque de l'autre œuf tout ce qu'il lui faut d'aliments pour parvenir à un accroiſſement parfait. Là, il ſe métamorphoſe en nymphe, & enſuite en une mouche qui, avec ſes dents, perce la coque de l'œuf pour ſe tirer d'une priſon qui avoit été auparavant pour elle un logement commode & ſpacieux. Bien des fois il m'eſt arrivé de voir ſortir de ces petites mouches des œufs d'où je m'attendois à voir naître des chenilles. Ces petits ichneumons vont percer les coques des œufs de différents inſectes pour la même fin que d'autres ichneumons percent le corps des inſectes mêmes; leur petite tarriére vient à bout de pénétrer dans l'intérieur de l'œuf, malgré la conſiſtance & la dureté de la coque, qui ſont bien ſupérieures à celles des peaux & des chairs de fort grands animaux.

M. Vallisnieri qui avoit vû avant moi sortir une petite mouche de chacun des œufs d'un papillon, qu'il avoit conservés pour avoir les chenilles qui en devoient éclorre, avoit pensé que lorsque le ver qui s'étoit transformé en mouche, étoit encore très-jeune, il étoit parvenu à s'introduire dans un œuf de papillon. Mais ce qui m'avoit paru plus probable, sçavoir, que l'œuf même d'où ce ver étoit sorti, avoit été logé par la mouche mere dans un œuf de papillon, a été vû par M. le Comte Joseph Zinanni, qui a donné des preuves de son amour & de ses talents pour l'Histoire Naturelle, dans l'ouvrage qu'il a publié sur les œufs des oiseaux*, à la suite duquel il a fait imprimer de curieuses observations sur les sauterelles. Parmi celles qu'il me fait l'amitié de me communiquer de temps en temps dans ses lettres, il y en a une sur un petit ichneumon qui attira ses regards, parce qu'il rodoit en l'air autour de divers œufs de papillons, faits en bouton sculpté. Il vit ensuite cette petite mouche se poser & se fixer sur un des œufs. Elle y resta pour achever ce qu'elle s'étoit proposée d'y faire, quoiqu'il la considerât de près avec une forte loupe; elle lui permit de voir qu'elle courboit son ventre, & que ses efforts tendoient à faire pénétrer un aiguillon dans l'œuf. La petite mouche, après être venuë à bout de ce qu'elle souhaitoit, passa sur un autre œuf, & ainsi successivement sur plusieurs, à chacun desquels elle confia un des siens. C'est de quoi M. Zinanni eut dans la suite des preuves incontestables. Il porta chés lui & renferma dans une boîte couverte d'un verre, tous les œufs de papillons sur lesquels la petite mouche s'étoit arrêtée. Il remarqua que journellement ils brunissoient; au bout de quelques jours il en ouvrit plusieurs dans chacun desquels il trouva un ver qui lui parut semblable à ceux des mouches ordinaires, & qui, pour être sensible, demandoit à être

* *Imprimé à Venise en 1737.*

vû avec

vû avec une forte loupe. En quinze jours les œufs devinrent d'un brun foncé, & chacun de ceux qu'il ouvrit alors, étoit rempli par une nymphe noire. Enfin six jours après que les œufs eurent pris une couleur brune, il sortit de chacun une petite mouche de la même espece que celle qui avoit été observée pendant qu'elle les perçoit.

Des ichneumons de plusieurs autres especes que ceux dont il s'est agi jusqu'ici, ont une maniére plus simple de placer leurs œufs; ils se contentent d'en coller un ou plusieurs sur le corps de l'insecte qu'ils ont destiné à nourrir le petit qui doit sortir de chacun. C'est de quoi l'on trouve plus d'un exemple dans le Mémoire auquel nous avons déja renvoyé. Enfin d'autres ichneumons, & c'est la troisiéme maniére dont ils sçavent pourvoir à la subsistance de leurs petits, sont à l'affût des nids que la plûpart des insectes préparent aux leurs. Quelques soins que ces insectes prennent pour rendre inaccessibles les lieux où ils déposent leurs œufs, quoique souvent ils donnent à leurs nids les enveloppes les plus solides, quoique celles des uns soient de bois, & celles des autres des especes de murs bien cimentés, les ichneumons se jouent de toute la prévoyance & de toutes les précautions des meres. Avant que celle qui construit un nid, ait eu le temps de le fermer, pendant qu'elle va chercher à la campagne les matériaux qu'elle est obligée d'y employer, souvent un ichneumon se glisse dans le nid, & y pond un œuf tout auprès de celui qui y a été déposé. L'insecte qui vient achever de boucher l'ouverture qu'il y avoit laissée, ignore que lorsque le petit animal qui est l'objet de ses soins, sera né, il en naîtra un autre auprès de lui qui le succera journellement, ou le mangera peu à peu.

D'autres ichneumons qui ne sont pas instruits à tromper la vigilance de l'insecte, qui par nécessité abandonne pour quelques inſtants le nid auquel il travaille, parviennent par une autre voye à loger leur œuf à côté de celui qui eſt déposé dans un nid. Ils ſont, comme les premiers dont nous avons parlé, munis d'une tarriére, mais capable de percer des corps plus durs que les chairs d'un animal, & d'une longueur propre à traverſer des épaiſſeurs auſſi conſidérables que celles des plus ſolides parois des nids: ils font pénétrer leur tarriére dans des nids qui ont d'épaiſſes enveloppes, ſoit de bois, ſoit de terre, ſoit de ſable, ſoit du mortier le plus compacte. La tarriére porte dans l'intérieur du nid où elle s'eſt introduite, un œuf d'où ſort par la ſuite un ver vorace.

Nous avons déja averti que ſous le nom d'ichneumons ſont compriſes des mouches qui different aſſés par leur forme, pour être miſes en des genres différents: nous croyons auſſi les devoir ranger ſous deux genres principaux, & qui ſeront caractériſés par la maniére dont les fémelles portent cet inſtrument ſi eſſentiel, au moyen duquel elles parviennent à loger leurs œufs convenablement. Les unes *, & ce ſont celles que nous mettrons dans le premier genre, ont une longue queuë compoſée de trois filets ſi fins qu'ils peuvent être pris pour des poils *. Quand les Naturaliſtes ont eu à parler de quelque mouche qui avoit cette queuë, ils l'ont déſignée par le nom de *Muſca tripilis*. Ray n'ignoroit pas qu'elles appartenoient aux ichneumons, parmi leſquels il les a placées. Les trois poils de quelques-unes * ſont extrêmement longs, une, & même deux fois plus longs que le corps, le corcelet & la tête pris enſemble; ils ne pouvoient donc manquer de ſe faire remarquer; mais il ne paroît pas qu'on ait cherché à les examiner aſſés, à découvrir quel eſt leur uſage: il ſemble qu'on ait crû ces poils donnés à certaines mouches pour leur faire un ornement, ou au plus pour

* Pl. 29. fig. 1, 11, 12 & 16, &c. & pl. 30. fig. 1 & 3.

* Pl. 29. fig. 5. *ot, of, of.*

* Fig. 16.

leur composer une queuë analogue à celle des oiseaux.

Si on les observe avec une forte loupe, on leur trouve une structure qui apprend à quelle fin ils sont faits. Les deux des extrémités * sont destinés à conserver celui du milieu *, à lui faire un étui; leur côté qui en est le plus proche, & qu'on peut appeller l'intérieur, est creusé en gouttiére *, au lieu que leur côté extérieur est convexe. Le filet du milieu *, lisse & assés arrondi dans la plus grande partie de sa longueur, s'applatit près de son bout, & se termine par une pointe quelquefois faite en bec de plume, & sur laquelle, avec le secours de la loupe, on distingue des dentelûres * qui font juger que malgré sa finesse, ce filet est un instrument analogue à l'admirable tarriére dont sont pourvûës les fémelles des cigales. Nous verrons aussi dans la suite, que quoiqu'il nous paroisse extrêmement délicat & flexible, les ichneumons sçavent l'introduire dans des corps très-durs. Mais il demandoit à être conservé dans des temps où la mouche ne cherche pas à le faire agir; alors il est renfermé dans l'étui qui n'est fait que de deux especes de poils creux; & la mouche ne semble plus avoir pour queuë qu'un poil * qui encore ne paroît pas fort gros. Quelquefois la tarriére n'est logée que dans une moitié de son étui, dans un des poils; & sa queuë ne semble plus être composée que de deux poils *. Ainsi la même mouche vûë en différents temps, a bien pu fournir les noms de mouches à un poil, à deux poils & à trois poils, que Moufet a cru donner à des mouches différentes. Il en a fait représenter une à quatre poils, dont un est considérablement plus gros que les autres. Celui-ci étoit la tarriére dont l'étui eut pu n'être composé que de trois piéces; mais il y a plus d'apparence qu'il en avoit quatre, qu'un des poils avoit été cassé, ou qu'il étoit resté joint à un des autres, & qu'on n'a pas cherché à l'en séparer.

* Pl. 29. fig. 5. *o f, o f.*

* *o t.*

* Fig. 6, 7 & 8.

* Fig. 9.

* Fig. 9 & 10. *d e.*

* Pl. 29. fig. 1 & 16. *q.*

* Fig. 12.

Les fémelles des ichneumons que nous rassemblons dans le second genre, ont encore comme les autres, une tarriére, mais qu'elles portent appliquée contre le dessous de leur ventre *; ordinairement son bout n'excede pas ou excede peu celui du corps; elle est logée dans une coulisse faite de deux piéces creusées en gouttiére, & adhérentes au corps dans la premiére partie, & quelquefois dans plus de la moitié de leur longueur.

* Pl. 30. fig. 17. & pl. 31. fig. 1, 3, 9, 10 & 11.

C'est caractériser ces deux genres d'ichneumons par ce qu'ils ont de plus remarquable, que de les distinguer par la façon dont les fémelles portent leur tarriére. On aura pourtant quelque raison de trouver trop limités des caractéres qui ne comprennent pas les mâles; car après avoir vû un ou même plusieurs de ceux-ci, si on ne connoît pas les fémelles qu'ils cherchent, on ignorera à quelle classe ils appartiennent, puisqu'ils ne sont point pourvûs de l'instrument propre à ouvrir des trous. Je me contenterois néanmoins d'autant plus aisément de ces caractéres qui ne sont propres qu'à une moitié des individus de chaque espece, qu'ils le sont au moins ici à celle qui a le plus de singularités à offrir; & que les caractéres que l'on tireroit de la figure du corps, ne seroient pas toûjours communs aux ichneumons des deux sexes, comme ils le sont dans les especes de mouches de divers autres genres; car la forme du corps des fémelles ichneumons de certaines especes, est fort différente de celle du corps de leurs mâles. Il y en a des premiéres dont le corps est en fuseau *, pendant que celui des seconds * est en demi-fuseau; je veux dire, qu'il y a des fémelles dont le corps est plus renflé vers son milieu que par-tout ailleurs, & plus menu qu'en aucun autre endroit à son origine & à son extrémité; au lieu que le corps de leurs mâles est plus gros que par-tout ailleurs près de son extrémité, que depuis son origine jusqu'à son bout il va

* Pl. 30. fig. 3.

* Fig. 7.

en augmentant de diametre. Mais au moins peut-on distinguer au premier coup d'œil les ichneumons dont on n'a pas eu le temps d'examiner le sexe, des autres mouches avec lesquelles ils auroient quelque ressemblance, parce qu'ils agitent leurs antennes plus continuëment & plus vivement que ne font les autres mouches; & que la plûpart tiennent pareillement leurs aîles dans une agitation continuelle dans les temps où ils sont posés, & où ils ne songent nullement à voler.

Cependant si l'on juge nécessaire d'étendre les classes des ichneumons au-delà de ce que nous l'avons fait, & indépendamment des caractéres des sexes, on ne négligera pas d'en employer un que je n'ai trouvé à aucune mouche des autres genres: soit que le corps des autres insectes aîlés s'applique immédiatement contre le corcelet, soit qu'il n'y tienne que par un étranglement ou par un filet, c'est toûjours du bout du corcelet que le corps part. Il n'y a que parmi les ichneumons qu'on trouve des mouches dont le corps est implanté dans le dessus du corcelet. Un de ces ichneumons a déja été représenté, tome IV. planche 10, figures 14 & 15; un autre d'une forme plus singuliére *, m'a été envoyé de Saint-Domingue par M. du Hamel: son corps * qui a quelque chose de la figure d'un cœur, met une exception à ce qui s'observe généralement dans les autres mouches, du rapport de la grosseur du corps à celle du corcelet. Le volume de son corcelet surpasse beaucoup celui du corps. Ce dernier a à son origine un filet * dont le bout s'unit au-dessus du corcelet sur lequel le filet s'éleve en arc.

* Pl. 31. fig. 13.

* *c.*

* *f.*

Au reste, ce n'est qu'en jugeant du génie de tous les ichneumons par ce que m'ont fait voir plusieurs que j'ai pu suivre dans le cours de leur vie, dans leurs transformations & dans le temps où ils travailloient à loger leurs œufs, que je les regarde tous comme carnaciers, lorsqu'ils sont sous la forme de ver. Il ne paroît pas qu'il y ait lieu de se défier ici de l'analogie; si cependant on trouvoit quelque mouche semblable aux ichneumons, qui sous la forme de ver, ne vécut point de quelqu'autre insecte, on pourroit la regarder encore comme un ichneumon, mais qui auroit été excepté de la régle générale.

Pour venir à des faits auxquels on donne attention plus volontiers qu'à ce qui peut mettre quelqu'ordre parmi des insectes laissés jusqu'ici dans une grande confusion, voyons quel usage les ichneumons de diverses especes sçavent faire de cette longue queuë * qui ne semble propre qu'à les embarrasser & à les surcharger; c'est au moins ainsi qu'en jugeroit quelqu'un qui ne penseroit pas assés que les mouches dont on fait le moins de cas, peuvent se vanter d'une premiére origine aussi noble que la nôtre. Quoique je regardasse cette queuë comme une partie, & même un instrument qui leur étoit utile, j'ai absolument ignoré à quoi & comment ces mouches pouvoient s'en servir, jusqu'au moment où il y en eut une qui, sans être effrayée de ma présence, vint en faire usage devant moi. Dès qu'un terrein convient à certains insectes pour y faire croître leurs petits, ce même terrein attire ceux qui veulent nourrir les leurs de gibier. Les enduits de sable * que j'avois étendus sur un mur, pour inviter des guêpes solitaires à y faire leurs nids, devinrent plus peuplés de leurs vers que les garennes les plus vives ne le sont de lapins: le sable fut fouillé par-tout, & rempli d'especes de clapiers dont les entrées pourtant ne restérent pas ouvertes *. Un ichneumon à longue queuë * reconnut apparemment cet endroit comme très-propre à fournir des aliments aux vers qui éclorroient de ses œufs. On n'est point fâché de voir que des mangeurs cruels soient eux-

* Pl. 29. fig. 1 & 16. *q*.

* Pl. 26. fig. 1.

* Pl. 29. fig. 2, 3 & 4. *n*, *n*, *n*, &c.

* Fig. 1.

mêmes mangés. Le Mémoire précédent nous a appris que chaque guêpe avoit pourvû chacun de ſes vers d'un bon nombre de vers d'une autre eſpece, qui étoient verds: l'ichneumon vouloit apparemment donner aux ſiens à manger les vers de guêpes, mangeurs de vers verds. J'obſervai cet ichneumon dans l'inſtant où il vint ſe poſer ſur l'enduit ſous lequel tant de petits animaux étoient cachés: la longue queuë * qu'il traînoit après lui, ne ſembloit qu'un ſeul filet, quoiqu'elle fût réellement compoſée de trois, de la tarriére & des deux piéces qui lui font un étui. Bientôt il chercha à en faire uſage; non ſeulement il m'apprit qu'il étoit maître de la hauſſer ou de la baiſſer, mais il me fit voir qu'il pouvoit la contourner, & cela dans différentes portions de ſa longueur. En un mot, je le vis parvenir à la faire paſſer ſous ſon ventre *, & à en porter la pointe en-devant, & à une diſtance * de la tête, plus grande que la diſtance qui eſt entre celle-ci & le derriére. Quoique l'ichneumon ſoit quelquefois aſſés haut monté ſur ſes jambes, & qu'il le fût dans ce moment autant qu'il lui étoit poſſible, comme chaque jambe n'étoit pas poſée perpendiculairement au plan d'appui, & que par elle-même elle n'a pas la moitié de la longueur de la queuë, il en réſulte que l'ichneumon avoit été obligé de plier & recourber beaucoup ſa queuë pour en ramener le bout ſous ſon ventre. Quand il y fut arrivé, la mouche le conduiſit le plus loin qu'il lui fut poſſible, de façon qu'il ne reſta aucune portion de la queuë par-delà le derriére *: elle en appliqua le bout contre l'enduit dans un endroit qui avoit de la ſaillie *. Il n'étoit pas douteux que ſon but ne fût de lui faire percer cet enduit. Des trois parties dont elle eſt compoſée, celle du milieu eſt armée de dents * qui la rendent propre à ouvrir des trous. Quoique la mouche ne parût pas trouver mauvais que je l'obſervaſſe, qu'elle

* Pl. 29. fig. 1. q.

* Fig. 2.

* o.

* Fig. 2.

* o.

* Fig. 9 & 10.

ne s'en inquiétât pas, il ne m'étoit pas possible de la considérer d'assés près, pour m'assûrer si la partie dentelée de l'instrument excédoit, comme il étoit à présumer, les deux bouts des demi-fourreaux entre lesquels il est renfermé en entier dans les temps d'inaction; mais il m'étoit permis de voir qu'elle donnoit à cet instrument, des mouvements alternatifs très-capables d'ouvrir un chemin dans le sable; elle lui faisoit faire un demi-tour sur lui-même de droite à gauche, & ensuite un autre de gauche à droite. C'est pourtant un travail qui doit être jugé difficile par le temps qu'elle employa à conduire sa tarriére jusqu'où elle la vouloit faire arriver pour rendre son opération complette. Sans quitter le même lieu, l'ichneumon fit le même manége pendant un gros quart d'heure: je l'ai vû, & j'en ai vû d'autres percer différents endroits éloignés seulement de quelques pouces, & quelquefois moins du premier, & la mouche y a toûjours mis à peu-près autant de temps.

Pendant que l'ichneumon perce, le bout de la queuë ou la pointe de la tarriére est constamment en-devant de la tête; mais il y en a tel qui alors a la tête tournée en enhaut*, tel qui l'a tournée en embas*, & d'autres qui la tiennent à même hauteur que le reste du corps. Enfin, la tête est quelquefois plus éloignée, & quelquefois plus proche de l'endroit dans lequel l'ichneumon veut faire pénétrer sa tarriére. Il est visible que lorsque la tête est proche de cet endroit, la pointe de la tarriére n'est pas portée aussi loin qu'elle l'est dans les autres circonstances; une portion de la queuë reste alors par-delà le derriére, & y forme une courbe rentrante*; c'est-à-dire, que la queuë après s'être dirigée pour s'éloigner du derriére * en s'élevant, se recourbe ensuite vers le derriére & descend le long d'un des côtés pour prendre sa route sous le ventre, & la continuer entre les jambes & par-delà la tête.

* Pl. 29. fig. 2 & 4.

* Fig. 3.

* Fig. 3 & 4. c.

* Fig. 3. c.

Quelquefois

Quelquefois j'ai pu voir * que la portion de la queuë qui étoit contournée par-delà le derriére, n'étoit composée que des deux demi-fourreaux : la tige du milieu, celle de la tarriére *, faisoit son chemin en ligne droite, & étoit à découvert depuis son origine jusqu'à l'endroit où les deux demi-fourreaux commençoient à se trouver sous le ventre. Ces demi-fourreaux & la tige de la tarriére sont de nature écailleuse, & par conséquent incapables d'extension. De-là on doit tirer une conséquence qui supplée à ce que nous n'avons pu observer, & qui démontre ce que nous n'avons que présumé, que lorsque la tarriére perce, sa pointe excede le fourreau. Il paroît même s'ensuivre que le fourreau n'accompagne pas la tarriére quand elle entre dans l'enduit qu'elle perce; car la différence assés considérable qu'il y a entre la longueur de la portion * de la tige de la tarriére, qui est à découvert près du derriére, & la longueur de la portion * des deux demi-fourreaux pliés en arc, est la mesure de la longueur de la partie de la tarriére qui a pénétré dans le sable. C'est ce qu'on concevra aisément en jettant un coup d'œil sur la figure; & on concevra en même temps, que si l'arc décrit par la premiére portion des demi-fourreaux, étoit plus grand, comme il le peut être, alors la tarriére pourroit entrer seule de plusieurs lignes dans l'enduit de sable.

* Pl. 29. fig. 3. c.

* t.

* t.

* c.

Quand on pense combien la tige de la tarriére est fine, qu'elle n'est presque qu'un cheveu, on voit qu'il convenoit qu'elle fût soûtenuë & fortifiée par les deux demi-fourreaux : sa portion qui a pénétré dans l'enduit, n'a pas le même besoin de leur appui, elle en trouve un suffisant dans les parois du trou où elle s'est logée. La partie de la tarriére qui est en-dehors du trou, ne forme encore avec les deux piéces qui lui font un étui, qu'un fil assés délié, qui doit être fort flexible, & qui peut aisément se courber vers le côté, par rapport auquel la force qui le pouſſe, tend à le rendre convexe. L'ichneumon ſçait néantmoins maintenir la tige de l'inſtrument en ligne droite; je l'ai vû quelquefois porter la premiére jambe du même côté en avant, & bien par-delà la tête, en appliquer le bout ou le pied contre l'étui de la tarriére*, & la forcer ainſi à reſter droit, en lui donnant un appui qu'elle ne pouvoit faire céder.

* Pl. 29. fig. 4. p.

Nous avons déja fait entendre que la tige de la tarriére eſt plus large qu'épaiſſe, un peu applatie: quand on l'obſerve au microſcope, on découvre une eſpece de fente*, une eſpece de cannelûre qui partage en deux également une de ſes faces depuis la baſe juſqu'à l'extrémité. Il ſemble que la tige puiſſe ſe diviſer en deux parties; il y a au moins toute apparence que les deux bords de la fente ne tiennent l'un à l'autre que par une membrane qui leur permet de s'écarter: on a peine même à concevoir qu'ils le puiſſent ſuffiſamment dans le temps où l'œuf doit être porté dans le fond du trou ouvert par la pointe de l'inſtrument; car le ſeul canal par où il puiſſe être conduit, eſt dans l'intérieur de la tige de la tarriére. Toûjours en doit-on conclurre que l'œuf eſt extrêmement petit. Le microſcope, & même une ſimple loupe, mais très-forte, m'ont pourtant fait voir au bout de la tarriére l'ouverture qui ſuffit ſans doute pour lui donner paſſage, & j'ai appris en même temps que des parties charnuës ou molles rempliſſent l'intérieur de la tarriére. L'ayant preſſée fortement entre deux doigts dans le temps que je l'obſervois au travers d'un verre qui groſſiſſoit beaucoup, j'ai vû ſortir de ſon bout une eſpece de rouleau de matiére blanche*: je n'euſſe pas héſité à le prendre pour un œuf, ſi ſa longueur, trop grande par rapport à ſon diametre, ne m'eût jetté dans le doute. Près du bout on diſtingue mieux que par-tout ailleurs une membrane blanche qui permet aux deux lévres de la fente

* Fig. 9. c e.

* Fig. 10. o.

de s'écarter l'une de l'autre. C'est immédiatement au-dessous du bout que commence de chaque côté une rangée de cinq à six dents * telles que celles des scies, & au moyen desquelles l'instrument agit avec succès. * Pl. 29. fig. 10. *d e.*

L'ichneumon * dont nous parlons, qui met les vers qui sortent de ses œufs à portée de se nourrir d'un ou plusieurs vers de guêpes, est de grandeur médiocre, d'un brun de marron très-foncé; la partie du milieu de chaque antenne est tout ce qu'il a de blanc. Des ichneumons de même taille, & d'autres considérablement plus grands*, & qui ont des queuës d'une longueur plus démesurée, cherchent à pourvoir leurs petits de vers de différentes especes que leurs meres ont cru loger bien sûrement, en les faisant naître au-dessous de l'écorce épaisse de fort gros arbres, & dans l'intérieur du bois même. Aussi voit-on de ces derniers ichneumons roder autour des arbres, comme les autres autour des murs. Dans le mois de Juin j'en surpris un de la plus grande espece, qui tenoit sa longue queuë, ou plûtôt la tarriére qui en est une portion, enfoncée en partie dans un endroit du tronc d'un gros orme, où le bois commençoit à se pourrir. Cette tarriére n'étoit pas dirigée comme celle que nous avons vûë en action ci-dessus, elle l'étoit en arriére, l'insecte l'avoit fait entrer le moins obliquement qu'il lui avoit été possible, dans le tronc de l'arbre. Elle étoit entiérement hors de ses deux demi-fourreaux, ceux-ci étoient paralleles entr'eux, & soûtenus en l'air dans la ligne du corps. Ma présence troubla peut-être la mouche; pendant deux minutes elle me parut plûtôt occupée à retirer sa tarriére de l'endroit où elle l'avoit engagée, qu'à la faire pénétrer plus avant; il sembloit même qu'elle y trouvoit une difficulté dont les dents ou crans par lesquels elle étoit terminée, pouvoient être la cause. Elle en fit sortir devant moi une portion

* Fig. 1.

* Fig. 16.

longue de plus de trois lignes, & dès que cela fut fait, elle s'envola.

Ayant enlevé dans une autre saison, dans le mois de Décembre, une épaisse écorce d'orme, je trouvai dessous, des tas ou des plaques d'une sorte de sciûre bien empilée, qui avoit servi sans doute de nourriture à quelques gros vers de ceux qui se transforment en scarabé. Cette sciûre avoit passé par leur corps, & y avoit été digérée en partie. Au bout d'une de ces plaques étoit une assés grosse coque de soye blanche, que j'ouvris: son intérieur étoit rempli par une nymphe qu'il me fut aisé de reconnoître pour une de celles qui se transforment en ichneumons à longue queuë; la sienne étoit composée de trois filets très-distincts. Il y a tout lieu de juger que dans le temps où elle avoit pris son accroissement sous la forme de ver, elle s'étoit nourrie du ver du scarabé, duquel il ne restoit des vestiges que dans les tas d'excréments sortis de son corps.

Ce qui a été dit dans le onziéme Mémoire du second tome, des ichneumons qui logent leurs œufs dans les corps des chenilles, m'exempte de parler actuellement de bien des especes de ces mouches. Je ne crois pourtant pas me devoir dispenser d'en faire connoître au moins une espece de grandeur médiocre dont j'ai vû les vers dans toute leur grosseur, & dont les uns sont devenus des mouches fémelles à longue queuë, & les autres des ichneumons sans queuë ou des mâles. Un assés joli papillon noir & blanc, représenté planche 49 du premier volume, figures 17 & 18, vient d'une chenille que j'ai vûë sur l'ortie. Sous des écorces de vieux ormes qui s'étoient d'elles-mêmes détachées en partie du tronc, je trouvai en Hiver un grand nombre de coques toutes d'une soye blanche, & façonnées à peu-près comme celles que leur figure singuliére m'a déterminé à nommer des coques en bateau;

elles avoient été faites par des chenilles dont chacune, après sa derniére métamorphose, paroît sous la forme du joli papillon que je viens de citer. Mais dans la plûpart des coques que j'ouvris, il n'y avoit ni crisalide, ni chenille; à peine vis-je quelques restes de celles-ci. La coque étoit ordinairement habitée & remplie par un seul ver blanc *, sans jambes, assés semblable à ceux des guêpes. Si des papillons sortirent de quelques coques, de chacune des autres je n'eus qu'une mouche ichneumon, soit fémelle & à queuë *, soit mâle & sans queuë *. Des trois filets * dont la queuë étoit composée, les deux qui ensemble font un étui à la tarriére *, étant observés au microscope, paroissoient bordés d'une frange de poils roides *, & semblables à des épines. Ces ichneumons fémelles étoient d'un brun assés foncé.

* Pl. 30. fig. 2.
* Fig. 3.
* Fig. 7.
* Fig. 3 & 4. *f, t, f.*
* *f, f.*
* Fig. 5.

Les ichneumons sans queuë * qui sortirent de plusieurs des coques dont il s'agit, avoient la tête, le corcelet & la partie postérieure du corps d'un brun foncé : tout le reste étoit d'un rougeâtre tel que celui d'une belle laque claire : leur corps égaloit en longueur celui des fémelles, mais il étoit autrement conformé : celui des fémelles * étoit plus menu à son origine & à son extrémité, que par-tout ailleurs, au lieu que le bout de celui du mâle * en étoit la partie la plus grosse, & de-là jusqu'à son origine, il devenoit de plus en plus délié. En pressant le derriére de ceux à qui la queuë manquoit, on levoit tous les doutes qu'on auroit pu avoir sur leur sexe : on faisoit sortir d'au-dessous de l'anus * deux corps bruns *, écailleux & contournés en cuilleron; la cavité de l'un étoit tournée vers celle de l'autre; entre ces deux cuillerons paroissoit une partie blanche dont le bout fait en bec de plume, étoit courbé en crochet *. Ce que nous avons vû en différents endroits, des parties propres aux mâles de plusieurs espéces d'insectes, nous a appris qu'elles sont disposées &

* Fig. 7.
* Fig. 3.
* Fig. 7.
* Fig. 8. *a.*
* *l, l.*
* *m.*

faites pour l'essentiel comme celles que nous venons de décrire.

Ces ichneumons sans queuë étoient donc certainement des mâles; mais il n'est que probable, & pourtant très-probable qu'ils étoient ceux des fémelles qui s'étoient nourries de chenilles de la même espece, & sorties de coques semblables. Il s'ensuit que parmi les mouches ichneumons, une fémelle dont le corps est fait en fuseau, peut avoir pour mâle un ichneumon dont le corps est fait en fuseau coupé en deux par son milieu.

Parmi les ichneumons mâles de grandeur médiocre, & même d'au-dessus de cette grandeur, il y en a pourtant qui ont le corps en fuseau. Tel étoit le corps de celui qui est représenté planche 30, fig. 9. Pendant qu'il étoit ver il avoit mangé une chenille à brosse du châtaignier, après quoi il se fila une coque d'un noir luisant par-tout, excepté à son milieu où elle avoit une large bande blancheâtre *; elle étoit faite d'un très-grand nombre de lames posées les unes sur les autres. L'ichneumon qui sortit de cette coque, étoit en entier d'un rougeâtre approchant de celui d'un ambre haut en couleur; il n'avoit de brun que les yeux; il portoit ses aîles horizontalement; elles étoient toutes pleines d'iris. Les parties que je fis sortir par la pression, d'un peu au-dessous de son anus, ressembloient pour l'essentiel, à celles que m'avoient montrées les mâles ichneumons dont il a été parlé ci-devant; un coup d'œil donné aux figures *, fera assés remarquer en quoi elles en différoient.

* Pl. 30. fig. 12.

* Fig. 10 & 11.

Qui voudroit entreprendre de distinguer les unes des autres, toutes les petites especes d'ichneumons, formeroit un projet aussi inutile qu'impossible: il suffit de sçavoir que leur nombre est prodigieux, & que nous leur devons de ne pas voir tous les fruits de la terre dévorés par les inſectes: la quantité qu'elles en font périr de tous genres, chaque année, n'eſt pas concevable. Mais nous ne devons pas laiſſer ignorer que parmi ces ichneumons de très-petites eſpeces, comme parmi ceux des plus grandes & des moyennes, il y en a dont les fémelles portent une queuë composée de trois filets *, & d'autres * dont la tarriére eſt couchée ſous le ventre *. Entre ceux qui ont trois filets, les uns ne les ont pas plus longs ou les ont moins longs que leur corps, & ceux des autres ſurpaſſent deux ou trois fois le corps en longueur. Nous avons eu occaſion de parler de ces petits ichneumons à très-longues queuës * qui avoient crû dans l'intérieur des galles, & aux dépens des inſectes auxquels elles devoient leur groſſeur, & dont elles étoient le domicile. Les couleurs de beaucoup d'eſpeces de petits ichneumons, n'ont rien de frappant; ce ſont des bruns plus clairs ou plus foncés, & quelquefois du noir; mais les couleurs de ceux d'un grand nombre d'autres eſpeces, ſont éclatantes: l'or y domine, le corps & le corcelet des uns ſont d'un verd doré, dont les nuances ne ſont pas toûjours les mêmes, ceux des autres ſont d'un rougeâtre doré.

* Pl. 29. fig. 13.

* Pl. 30. fig. 13, 14 & 15.

* Fig. 17. *t*.

* *Tome III. planche 41. figures 13, 14 & 15.*

Après avoir décrit les logements ſolides que les abeilles maçonnes bâtiſſent à leurs petits *, nous avons fait remarquer que dans des cellules très-épaiſſes & très-compactes, ils étoient la proye des vers des ichneumons. Ayant ouvert pluſieurs de ces cellules à la fin de l'Hiver, & la coque qui y étoit contenuë alors, & que chaque ver s'étoit filée pour ſe métamorphoſer, au lieu de la nymphe ou du ver prêt à en devenir une, que j'euſſe dû trouver, je ne trouvai dans bien des coques que 30 à 40 petites mouches à quatre aîles, dont le corps & le corcelet paroiſſoient d'un doré bleuâtre ou verdâtre, ſelon le ſens dans lequel on le regardoit. Les unes avoient des queuës, & les autres en

* Mém. III.

manquoient; le nombre de ces derniéres étoit triple ou quadruple de celui des autres, c'eſt-à-dire, qu'il y avoit trois à quatre fois plus de mâles que de fémelles. Parmi d'autres petits ichneumons, j'ai remarqué au contraire quatre à cinq fémelles contre un mâle. Tout a été varié dans la nature, comme ſi ſon Auteur n'eût eu que la variété en vûë. Les mâles des petits ichneumons des nids des maçonnes, avoient au bout du derriére une pointe courte qui faiſoit le crochet en ſe recourbant vers le ventre. La queuë des fémelles avoit une longueur égale à celle de leur corps ou environ.

Nous nous laiſſerions aller à des détails ennuyeux, ſi nous nous arrêtions plus long-temps aux ichneumons du premier genre, ou à queuë; nous paſſons à ceux du ſecond genre, qui, dans les temps ordinaires, tiennent l'inſtrument avec lequel ils doivent percer, ſoit des corps animés, ſoit des corps inanimés, couché au moins en grande partie ſous leur ventre *. Parmi ceux-ci, comme parmi les autres, on en trouve de différente grandeur, qui nous offrent beaucoup de variétés dans la forme du corps. Un des plus grands que j'aye vûs *, & plus grand qu'aucun que j'aye trouvé dans le Royaume, m'a été donné, & a été pris en Laponie, par M. de Maupertuis. C'eſt un pays où des Obſervateurs tels que lui, ne feront pas apparemment ſitôt des recherches. Au retour de ce voyage, dont la poſtérité la plus reculée ſera inſtruite, il me fit un préſent qu'il ſçavoit devoir être très à mon gré, celui des inſectes de quelques genres qu'il avoit trouvé le temps de ramaſſer, au milieu des occupations que lui donnoit ſon objet eſſentiel. Je ne manquerai pas de faire connoître ces inſectes, quand l'occaſion s'en préſentera: ils nous apprennent que la nature ſçait ménager le peu de chaleur qu'elle accorde pendant quelques mois de l'année à des climats qui

* Pl. 30. fig. 17.

* Pl. 31. fig. 1 & 2.

qui sont abandonnés au plus rude froid pendant les autres mois; que la nature, dis-je, sçait ménager ce peu de chaleur pour des productions du regne animal, du même genre que celles qu'elle opere dans les pays les plus tempérés, & dans les pays brûlés par le Soleil.

Il paroîtra singulier à ceux qui sçavent que les plus grands insectes de différents genres, naissent dans les pays chauds; que c'est des Isles de l'Amérique peu éloignées de la ligne, & de divers endroits de l'Afrique qui en sont assés proches, que nous viennent des papillons, des scarabés, des millepieds, des cloportes, &c. qui surpassent très-considérablement en grandeur les plus grands insectes de ces différents genres que l'on peut découvrir en Europe: il paroîtra, dis-je, singulier que la Laponie donne une espece d'ichneumons plus grande qu'aucune de celles de nos climats tempérés; si elle étoit de même féconde en d'autres très-grandes especes d'insectes, des lieux extrêmes seroient également propres aux plus grandes productions de ce genre. Il est déja connu que les Mers glaciales sont plus peuplées de poissons d'une grandeur monstrueuse que les Mers sur qui le Soleil agit le plus puissamment & le plus constamment. Personne n'ignore que c'est bien par-delà le cercle polaire que les vaisseaux de différentes Nations d'Europe vont faire la guerre aux baleines.

Le volume de nos plus grands frêlons n'égale pas celui de l'ichneumon de Laponie * que je veux faire connoître: son corps aussi gros à son origine que l'est l'extrémité du corcelet, n'est pas joint à celui-ci par une espece de fil délié; la forme de son corps n'est pas ellipsoïde comme celle du corps des frêlons; il a plus de diametre de dessus en-dessous que d'un côté à l'autre, & c'est sur-tout vers le milieu du ventre qu'il en a le plus. C'est de-là que part la tarriére *, c'est-là qu'elle est assujettie: depuis cet endroit jusqu'au

* Pl. 31. fig. 1 & 2.

* Fig. 1, 2 & 3. t.

bout du derriére, le ventre semble coupé obliquement. La tarriére a un étui composé de deux piéces creusées en gouttiére *, qui l'égalent en longueur, & dont l'une prend son origine d'un côté, & l'autre de l'autre, précisément où est celle de la tarriére. Ces deux demi-fourreaux sont assujettis contre les anneaux du corps, dans environ la moitié de leur longueur; le reste ne tient à rien & fait une queuë à la mouche, malgré laquelle elle n'est pas de la classe de celles que nous avons nommées ichneumons à queuë, parce que nous avons cru devoir rendre ce nom propre à ceux dont la tarriére n'est pas couchée en grande partie sous le ventre. Si on vouloit prendre la tarriére & ses fourreaux pour une queuë de ce grand ichneumon de Laponie, on pourroit lui en compter deux; le dernier de ses anneaux se prolonge pour lui en faire une * qui est roide, & dont le bout même est piquant; en-dessous, le milieu de cette queuë est membraneux, & on y découvre une ouverture qui paroît être celle de l'anus.

* Pl. 31. fig. 3. *f, f*.

* *q*.

La tarriére est roide & capable de résistance; elle est un peu applatie, son diametre pris de dessus en-dessous, est plus petit que celui d'un côté à l'autre. Elle a de chaque côté sept à huit dentelûres * dont les plus proches de sa pointe, sont les plus petites; chaque dent est faite en demi-fer de flêche. On lui trouve encore des especes de dents d'une autre forme que celle des précédentes, & qui commencent où ces derniéres finissent; elles sont posées précisément sur la face inférieure: là sont des arêtes * plus élevées que le reste, & dirigées en ligne droite & oblique à l'axe de la tarriére. Deux arêtes qui ensemble forment un angle *, doivent faire la fonction d'une fort bonne dent; & c'est ce qui m'a déterminé à leur en donner le nom. Sur cette même face la tarriére est fenduë tout du long, la fente passe par les sommets des angles dont nous venons de parler.

* Fig. 4. *p d*.

* *sa, sb; sa sb*, &c.

* *a s b*.

La tête de cet ichneumon eſt noire en grande partie, les petits yeux & les yeux à rézeaux ſont de la même couleur; mais la partie qui eſt par-delà ceux-ci, & qui eſt proche du bout ſupérieur de la tête, eſt jaune comme le ſont auſſi les antennes. Le corcelet eſt entiérement noir: par-deſſus, le corps eſt jaune près de ſon origine, après quoi il a une large bande tranſverſale qui eſt noire, le reſte eſt jaune. Le noir occupe plus d'étenduë du côté du ventre: les deux tiers au moins de la longueur de chaque jambe ſont jaunes, & le tiers reſtant, celui qui ſe joint au corps, eſt noir: les aîles ont une aſſés forte teinte de jaune.

Un ichneumon à peu-près de la taille du précédent *, qui m'a auſſi été donné par M. de Maupertuis, me paroît être un mâle de cette eſpece: il n'a point de tarriére, pour le reſte, ſa forme eſt la même; mais les couleurs ſont autrement diſtribuées ſur ſon corps, le jaune en occupe le milieu, & les deux extrémités ſont noires; le noir eſt auſſi la couleur de ſes antennes.

* Pl. 31. fig. 5.

Nous avons dans ce pays beaucoup d'eſpeces d'ichneumons * très-inférieures en grandeur à l'eſpece dont nous venons de parler, mais à peu-près auſſi grandes que des guêpes communes, qui ſçavent fouiller dans les ſables gras que la chaleur a endurcis: il faut auſſi les prendre avec des précautions pareilles à celles avec leſquelles on prend les guêpes; autrement on s'apperçoit bien-tôt que ce n'eſt pas ſeulement lorſque les fémelles ont à loger leurs œufs qu'elles font uſage de leur tarriére, qu'elles la ſçavent faire pénétrer dans les doigts qui leur font violence, comme dans le corps des inſectes. Leur tarriére * eſt toûjours couchée ſous le ventre dans une eſpece de gouttiére faite de deux demi-fourreaux *; les demi-fourreaux ſont quelquefois comme diviſés en deux ſuivant leur longueur *, comme compoſés de deux piéces articulées enſemble *, & dont la

* Fig. 8.

* Fig. 9, 10 & 11. t.

* l, l.

* Fig. 11. c.

* lc, cd.

dernière * qui va par-delà l'anus en s'élevant, est mobile. Les bouts réunis de ces deux dernières pièces forment quelquefois une courte queuë à la mouche. Les ichneumons de la plûpart de ces especes de médiocre grandeur, sont bruns, & tous ou presque tous laissent une odeur pénétrante & desagréable sur les doigts qui les ont touchés. C'est au corps des chenilles qu'ils confient ordinairement leurs œufs.

* Pl. 31. fig. 11. *l c.*

Quoique nous nous soyons proposés de ne pas parler dans ce Mémoire des petites especes d'ichneumons, qui, lorsqu'elles croissent sous la forme de vers, ont des chenilles pour nourrices, je décrirai pourtant le spectacle qui m'a été donné par les mâles & les fémelles d'une très-petite espece de ces mouches. Les uns & les autres sortirent du corps de quelques crisalides de chenilles épineuses de l'orme; elles étoient nées & avoient crû dans le corps de ces chenilles, & cependant n'avoient pas assés dérangé la structure de leurs parties intérieures, pour les empêcher de subir leur première métamorphose. Enfin, les vers de ces petits ichneumons s'étoient eux-mêmes métamorphosés en nymphes dans le corps de la chenille ou de la crisalide, sans s'y être fait aucune coque. La capacité du lieu où étoient logées ces nymphes, peut donner quelqu'idée de la petitesse des mouches, lorsqu'on sçaura qu'il y eut telle crisalide du corps de laquelle il en sortit plus de cent. Le corcelet de ces petits ichneumons est d'un verd doré; leur corps a aussi un éclat d'or poli; mais sa couleur tire sur celle de la belle rosette de cuivre. Les couleurs des fémelles sont plus ternes & plus brunes que celles des mâles. Ceux-ci sont considérablement plus petits que leurs petites fémelles qui sont très-ventruës, ayant moins de diametre d'un côté à l'autre que de dessus en-dessous: elles portent une tarrière appliquée contre leur ventre *,

* Pl. 30. fig. 17.

& logée dans une couliſſe d'où on l'oblige de ſortir en preſſant le corps; la couliſſe eſt formée par deux demi-étuis, comme l'eſt celle des plus grands ichneumons du ſecond genre: les mâles & les fémelles tiennent leurs aîles croiſées ſur leur corps.

Lorſque celles que j'ai obſervées, furent ſorties du corps des criſalides, elles ſe trouvérent encore priſonniéres, elles ſe trouvérent renfermées dans le poudrier de verre où les criſalides l'étoient. Mais les mâles quoiqu'extrêmement vifs, quoiqu'ils fuſſent dans une agitation continuelle, ſembloient moins deſirer de ſe mettre en liberté que de trouver des fémelles auxquelles ils ſe puſſent joindre: il n'y en a pas de plus ardents. Les fémelles étoient en très-grand nombre dans ce poudrier, & n'y étoient guéres tranquilles, ſouvent elles y voloient: dès qu'il y en avoit une qui marchoit ſur les parois du vaſe, quelque mâle ne tardoit pas à ſauter ou à voler ſur ſon corps *; car ils ont un petit vol qui a l'air d'un ſaut, ou, ſi l'on veut, leurs aîles les aident à ſauter. Le mâle ſe place d'abord ſur le milieu du corps de la fémelle *, de maniére que les deux têtes ſont tournées du même côté; mais il y a encore loin de celle du mâle à celle de la fémelle, parce que la fémelle ſurpaſſe beaucoup le mâle en grandeur. Dès que celui-ci s'eſt poſé, il marche en avant juſqu'à ce que ſa tête excede un peu celle de la fémelle *, alors il ne manque pas de l'incliner & de l'appliquer ſur le devant de celle de l'autre; il ſemble que le mâle va donner un baiſer à la fémelle: c'eſt une careſſe d'un inſtant; dès qu'elle eſt faite, il s'en retourne très-vîte à reculons, juſqu'à ce que ſon derriére ſe trouve par-delà celui de la fémelle *; alors il le recourbe & fait paſſer le bout de ſon corps ſous le ventre de celle-ci, vers le milieu duquel il le conduit; là il le tient fixé un moment. On doit ſoupçonner qu'il ſe paſſe plus alors qu'on ne voit;

* Pl. 30. fig. 13.

* Fig. 13.

* Fig. 14.

* Fig. 15.

mais ce qui s'y passe, se fait très-vîte, car sur le champ le mâle ramene tout son corps sur le dessus de celui de la fémelle; il va ensuite en avant, jusqu'à ce que sa tête passe une seconde fois par-delà celle de la fémelle *, en-devant de laquelle il l'incline, & contre laquelle il l'applique, comme pour lui faire une seconde caresse semblable à la premiére & d'une aussi courte durée. Il ne l'interrompt que pour retourner en arriére & pour faire passer encore le bout de son corps par-dessous celui de la fémelle *; là il ne le tient encore qu'un instant, à la fin duquel il part pour aller faire une nouvelle caresse à la tête. Il y a eu tel mâle à qui j'ai vû répéter tout le manége qui vient d'être rapporté, plus de vingt fois de suite; & je ne sçais pendant combien de temps il l'eût continué dans un lieu où rien ne l'eût troublé, car je ne l'ai vû se retirer de dessus la fémelle, que quand un mâle plus frais venoit le chasser d'une place dont celui qui s'en est emparé, ne reste pas toûjours si long-temps possesseur tranquille: d'autres mâles impatients volent sur la fémelle & débusquent celui qui y est. Le nombre des fémelles du poudrier ne pouvoit pas suffire à satisfaire à la fois tous les mâles; il y avoit deux ou trois de ceux-ci, pour une de celles-là.

* Pl. 30. fig. 14.

* Fig. 15.

Quand on presse le derriére d'un de ces mâles qu'on tient saisi entre deux doigts, il s'allonge, & on en voit sortir deux demi-gouttiéres * qui forment un étui à une partie * que la pression continuée fait avancer autant par-delà l'étui, que celui-ci a de longueur: le bout de cette partie est taillé à peu-près comme le bec d'une plume à écrire.

* Fig. 16. *f.*

* *m.*

Au moyen du nombre prodigieux des différentes especes d'ichneumons, il y en a de répandus par-tout, dont les fémelles cherchent des insectes, des nids & des œufs même d'insectes propres à recevoir leurs œufs, & à nourrir les vers qui en éclosent; cependant comme il faut beaucoup de circonſtances réunies, & qu'il n'eſt pas en notre pouvoir de faire naître, pour ſurprendre une de ces femelles occupées à faire leur ponte, on parvient rarement à les obſerver dans ce moment. J'en ai pourtant vû qui travailloient à percer en différents endroits le corps d'une chenille: j'en ai vû qui confioient à un jeune puceron, un dépôt qui lui devoit être funeſte. M. Valiſnieri & d'autres Naturaliſtes attentifs ont auſſi vû d'autres femelles ichneumons occupées à cette importante & ſinguliére opération. Des vers ichneumons prennent leur accroiſſement dans l'intérieur des plus groſſes & des plus ſolides galles des arbres & des plantes, aux dépens du ver ou des vers pour qui chaque galle eſt faite*, & à qui elle ſemble donner un domicile impénétrable à tout inſecte. Il eſt donc inconteſtable que les meres ichneumons ſçavent loger leurs œufs dans ces galles; mais j'ignorois ſi elles les introduiſoient dans la galle naiſſante, ou dans une galle déja formée, & même groſſe: c'eſt dequoi j'ai été éclairci par une obſervation de M. Charles Bonnet de Geneve, Correſpondant de l'Académie, que je rapporterai ici volontiers; mais j'annoncerai auparavant qu'on en doit attendre de lui un grand nombre d'autres extrêmement curieuſes, qui n'ont pu être faites que par des yeux très-attentifs & très-exercés à voir, & qui l'ont été avec toutes les précautions qu'y apporte quelqu'un qui craint de ſe faire illuſion, & qui ne veut rien publier que de vrai & de certain: ſes talents pour les obſervations d'Hiſtoire Naturelle, ſe ſont manifeſtés de bonne heure; il a voulu me donner le plaiſir de penſer que mes Mémoires avoient ſervi à les développer: ce que je ſçais mieux, c'eſt qu'il n'étoit encore qu'Ecolier de Philoſophie, qu'il m'a envoyé des obſervations qui demandoient toute la patience & la ſagacité des maîtres dans l'art d'obſerver.

* *Tom. III, Mém. 12.*

Pendant que M. Bonnet examinoit si un chêne sous lequel il se trouvoit, ne lui offriroit rien de singulier, il apperçut une galle de la grosseur d'un pois, au-dessous d'une des feuilles de cet arbre ; & il remarqua qu'une petite mouche étoit posée sur cette galle ; l'ayant vû rester constamment dans la même place, il jugea qu'elle ne s'y tenoit pas pour rien. D'une main il abbaissa la branche trop élevée, jusqu'à ce que la mouche fût à la hauteur & très-proche de ses yeux ; occupée d'un ouvrage important, elle se laissa conduire où il la vouloit, sans en être troublée. M. Bonnet soupçonna, & c'étoit le soupçon qu'il devoit avoir, qu'elle étoit occupée à introduire un ou plusieurs œufs dans la galle ; pendant qu'il tenoit la branche d'une main, il tenoit de l'autre une loupe d'un assés court foyer, avec laquelle il observa la mouche qui, sans s'inquiéter aucunement d'être regardée de si près, continua son travail. L'observateur eut le plaisir de voir qu'elle tenoit sa tarriére piquée dans la galle, & tout ce qu'elle faisoit pour l'y faire pénétrer plus avant. La petite mouche étoit de celles qui portent la leur couchée sous leur ventre, mais elle tenoit alors la sienne droite ; son étui la soûtenoit & l'enveloppoit jusqu'à quelque distance de la galle : entre la surface de celle-ci & le bout de l'étui, il y avoit toûjours une portion de l'instrument à nud. La mouche étoit posée sur ses six jambes, ayant la tête basse, les antennes tranquilles & inclinées vers la galle, peu distantes l'une de l'autre & recourbées en crochet à leur extrémité ; tantôt elle pressoit du poids de son corps la tarriére pour la faire aller plus avant, tantôt elle éloignoit un peu son corps de la galle, elle l'élevoit & retiroit par conséquent un peu sa tarriére en-dehors ; mais c'étoit pour l'enfoncer davantage dans l'instant suivant, en appuyant dessus le poids de son corps.

La mouche

La mouche ne se bornoit pas à donner alternativement à la tarriére, des mouvements de bas en haut & de haut en bas, à la faire agir comme nous faisons agir une aiguille de fer pour percer un rocher perpendiculairement à l'horizon; elle lui donnoit deux mouvements alternatifs plus remarquables; elle faisoit tourner sa tarriére successivement sur elle-même en deux sens opposés; elle lui faisoit décrire une portion de cercle dans un sens, & ensuite en la ramenant de l'autre côté, elle lui faisoit décrire une seconde fois la même portion de cercle: la position des yeux de M. Bonnet étoit telle, que la longueur d'un des côtés de la mouche se présentoit à eux en entier dans les temps ordinaires; mais lorsque la mouche faisoit tourner sa tarriére en tournant elle-même, la position du côté devenoit de plus en plus oblique par rapport à la ligne de ses deux yeux, & enfin le bout seul du corps leur étoit présenté directement; en pirouettant ensuite dans un sens contraire, elle ramenoit le côté à être parallele à la ligne des yeux.

Malgré les différents mouvements que nous venons de décrire, la mouche ne parvint qu'avec beaucoup de temps à faire un trou suffisamment profond dans la galle, qui sembloit être pour l'insecte un roc très-dur. M. Bonnet commença à l'observer dans ce travail le 17 Juillet à six heures du soir, & ignoroit à quelle heure elle avoit commencé à travailler; à sept heures trois quarts il fut obligé de mettre fin à son observation pour se rendre chés lui bien autrement fatigué qu'il n'eût pu l'être de la plus longue promenade, par la nécessité où il s'étoit trouvé de se tenir sur ses jambes pendant une heure trois quarts en même lieu, ayant eu toûjours un de ses bras occupé à retenir la branche, & l'autre à soûtenir la loupe; mais avant que de partir, il prit la petite mouche; il crut sentir quelque résistance lorsqu'il fit sortir sa tarriére du trou où elle étoit engagée.

Il s'étoit proposé d'examiner à l'aise la structure de son instrument; mais cette mouche qui avoit été si tranquille sur la galle, parut d'une vivacité surprenante dans le lieu où il la renferma; elle y tenoit ses antennes dans un mouvement continuel: elle sçut enfin s'échapper lorsque pour la prendre on ouvrit la boîte où elle étoit prisonniére. Cette mouche n'est d'ailleurs remarquable ni par sa couleur ni par sa figure, elle n'a pas plus d'une ligne de longueur; on ne voit ses aîles inférieures qu'au travers des supérieures: son corps est court, ovale, terminé par une petite queuë, & est joint au corcelet sans aucun étranglement; ce dernier est un peu relevé, comme l'est le corcelet des cousins & des tipules. La tête fort petite porte deux longues antennes composées d'especes de vertebres; les jambes sont d'un marron clair, & tout le reste est noir; le noir du corps est luisant, au lieu que celui de la tête & du corcelet est mat.

M. Bonnet après avoir pris cette petite mouche, ne pouvoit manquer d'observer l'endroit de la galle où il avoit vû la tarriére piquée si long-temps; il étoit plus reconnoissable par sa couleur, que par le diametre d'un trou presqu'imperceptible, il étoit brun. Enfin l'observateur ne partit pas sans avoir pris les précautions nécessaires pour retrouver cette petite galle; de temps en temps il retourna l'observer, & la trouva de plus en plus grosse: d'abord il l'avoit jugé une galle en groseille, ou de celles dont le diametre excede peu celui de ce petit fruit; le 25 Août elle étoit parvenuë à égaler en grosseur une muscade. Etant obligé de quitter le séjour qui l'avoit mis à portée de suivre cette observation, il emporta chés lui le bout de la branche auquel étoit attachée la feuille d'où s'élevoit la galle: quoiqu'il eût eu ſoin de la tenir dans l'eau, elle ſe fana en moins de trois ſemaines; ce ne fut pourtant que le 24 Novembre qu'il l'ouvrit, pour voir ſi ſon intérieur étoit habité. L'endroit que l'ichneumon avoit piqué, étoit encore reconnoiſſable par une couleur plus brune que celle du reſte, mais il n'y paroiſſoit aucun veſtige du trou; on trouvoit pourtant dans l'intérieur une trace de la piqûre; on devoit prendre pour telle une bande brune qui pénétroit en ligne droite juſqu'à la cavité qui occupe le centre de ces ſortes de galles. Ce que M. Bonnet cherchoit dans l'intérieur de celle dont il s'agit, c'étoit au moins un inſecte venu de l'œuf de l'ichneumon; & il ne put parvenir à l'y voir ſous aucune des formes par leſquelles il auroit dû paſſer: il trouva ſeulement la mouche pour qui la galle avoit été faite; il ne lui reſtoit plus qu'à percer une couche très-mince, pour être en état de prendre l'eſſor. Mais dans la cavité du centre, il vit des excréments qui ne ſont pas laiſſés dans le commun des galles par les vers qui y deviennent mouches: près du pédicule de celle-ci, il vit encore deux trous ouverts à ſa ſurface, & dans leſquels des excréments étoient reſtés. On peut donc ſoupçonner qu'un ou deux ichneumons parvenus à être aîlés dans la galle, en étoient ſortis; & dès-lors il faut ſuppoſer que la mouche qui par ſes piqûres avoit donné naiſſance à cette galle, avoit pondu plus d'un œuf, & que les vers ſortis de quelques-uns avoient été la pâture des vers de l'ichneumon. Mais ce qu'il y avoit de plus important par rapport à l'Hiſtoire des Ichneumons des galles, avoit été vû, dès que M. Bonnet fut parvenu à obſerver le manége de la petite mouche qui en perçoit une; car il ne ſçauroit reſter de doute ſur la fin pour laquelle l'ichneumon perçoit: il pourroit même n'avoir pas eu le temps d'introduire ſes œufs, ou ſes œufs pourroient n'être pas venus à bien.

Pour ne point répéter ce que nous avons dit ailleurs, nous finirons ce Mémoire ſans nous arrêter à faire admirer ces vers ichneumons qui, logés dans le corps d'un jeune inſecte, le rongent, s'en nourriſſent, conſument quelques-unes de ſes parties, ſans l'empêcher de croître, & quelquefois ſans l'empêcher de parvenir à ſubir ſa premiére transformation. Nous devons pourtant ajoûter à ce que nous en avons dit autrefois, qu'entre les vers ichneumons qui rongent des inſectes hors deſquels ils ſe tiennent, il y en a qui doivent auſſi ſçavoir les endroits où ils peuvent faire une playe, & la ſuccer ou en manger les environs, ſans que l'inſecte ſoit en danger de périr trop promptement; car tel ver ichneumon, & il y en a de ceux-ci dans les galles, n'a ſouvent pour ſe nourrir qu'un ſeul ver, qui ne fût pas devenu une mouche plus grande que celle en laquelle le ver ichneumon doit ſe transformer. L'accroiſſement du ver ichneumon ne ſe fait pas dans un ſeul jour, ni en très-peu de jours; il faut donc que le ver rongé continuë de vivre, & même de croître, pour fournir aſſés de ſa propre ſubſtance à l'accroiſſement complet de l'ichneumon.

EXPLICATION DES FIGURES DU NEUVIE'ME ME'MOIRE.

PLANCHE XXIX.

LA Figure 1 eſt celle d'un ichneumon de grandeur médiocre, à longue queuë. *q t*, ſa queuë. *a, a*, ſes antennes brunes par-tout ailleurs & blanches dans la portion *a*.

La Fig. 2 repréſente une petite portion de mur *m m r q*, dans laquelle il y avoit un enfoncement en maniére de fenêtre ou de niche, & qui avoit été renduite d'une épaiſſe couche de fable gras où des guêpes avoient creufé beaucoup de nids, dont elles avoient enfuite bouché les entrées. Sur ce mur eft actuellement l'ichneumon de la figure 1, qui, après avoir fait paffer fa queuë fous fon ventre, en a porté le bout contre le relief qui eft en *o,* où il la fait agir pour percer un trou dans l'enduit de fable.

La Fig. 3 fait encore voir une portion de mur *m m q o r,* enduite de fable, faite un peu autrement que celle de la figure 2, & dans laquelle une mouche perce, ayant la tête tournée en embas; c'eft auffi en embas qu'elle fait avancer fa tarriére: elle la fait pénétrer en *o,* fous l'enduit. On remarquera que la tête de l'ichneumon eft plus proche dans cette figure, de l'endroit *o,* que ne l'eft la tête de l'ichneumon de la figure 2, de l'endroit *o* de cette derniére figure. La queuë de l'ichneumon de la figure 3, ne trouve donc pas une diftance fuffifante pour s'étendre en ligne droite, auffi forme-t-elle une courbe *c t;* en partant de l'anus elle s'éleve vers *c,* & defcend enfuite le long d'un des côtés pour fe rendre fous le ventre. Mais ce qu'on doit remarquer de plus, c'eft qu'il y a une partie *t,* qui ne s'eft point élevée vers *c,* qui prend fa direction en ligne prefque droite pour aller vers *o.* Cette partie eft le filet qui fert de tige à la tarriére; les deux demi-étuis de la tarriére montent feuls en *c.*

La Figure 4 montre encore un ichneumon occupé à percer dans un enduit de fable, ayant fa tête tournée en enhaut & une portion de fa queuë recourbée par-delà le corps en *c.* Celui-ci pour empêcher de fléchir, la portion de fa queuë qui eft par-delà la tête, la foûtient en *p* avec le bout d'une de fes jambes.

La Figure 5 repréfente le bout du corps de l'ichneumon

de la figure précédente, & les trois filets *t, f, f,* dont sa queuë est composée, séparés les uns des autres. *t o,* la tarriére. *f, f,* les deux filets qui ensemble composent l'étui de la tarriére.

Dans les Figures 6 & 7, le derriére de la mouche est dessiné plus en grand que dans la figure précédente, & dans deux différentes vûës. Il est vû de face, figure 6, & de côté, fig. 7. Cette derniére montre mieux que l'autre, que le bout du derriére est coupé obliquement. Ces deux figures & la figure 5 apprennent que l'origine *o* de la tarriére, & celle des demi-étuis *f, f,* ne sont pas précisément dans le même endroit. La tarriére & les demi-étuis ont été coupés en *t, f, f.* S'ils eussent été dessinés dans toute leur longueur, ils eussent pris trop de place.

La Figure 8 est celle d'un des demi-étuis *f* des figures précédentes, représenté séparément, très-grossi, & du côté où il est creusé en gouttiére.

La Figure 9 nous montre la tarriére grossie au microscope, & par la face le long de laquelle paroît une fente. *d e,* file de dentelûres. *c d,* la fente qui partage la tarriére en deux selon sa longueur. *d o,* corps blanc & mou que j'ai fait sortir du bout de la tarriére lorsque je l'ai fortement pressée entre deux doigts.

La Figure 10 nous donne plus en grand la partie qui fait le bout de la figure 9. *d e, d e,* les deux files de dentelûres, entre lesquelles une membrane blanche est sensible, sur-tout entre *d d. d o,* corps blanc que j'ai fait sortir du bout de la tarriére par la pression.

La Figure 11 est celle d'un ichneumon d'une espece de médiocre grandeur, plus grosse pourtant que l'espece dont ſont les ichneumons des figures 1, 2, 3 & 4, mais à corps plus allongé, & dont l'origine eſt en-deſſus du corcelet. Sa queuë eſt plus courte que celle de l'autre ichneumon. *f, t, f,* les trois filets dont elle eſt compoſée, qui ſont ſéparés les uns des autres comme ils le ſont en bien des circonſtances.

La Figure 12 eſt celle d'un ichneumon un peu plus petit que celui de la figure 10, mais du même genre, car le bout de ſon corps eſt implanté dans le deſſus du corcelet. Sa queuë *t f* ne paroît compoſée que de deux filets, parce que la tarriére eſt logée dans un de ſes demi-étuis; elle n'eſt actuellement dehors que du demi-étui *f*.

La Figure 13 repréſente un petit ichneumon à queuë *q*, peu longue, qui eſt fatal aux vers des abeilles maçonnes.

La Figure 14 eſt celle du mâle de l'ichneumon fémelle de la figure 13.

La Fig. 15 montre le bout du derriére de l'ichneumon de la fig. 14, très-groſſi. *c,* crochet par lequel il ſe termine.

La Figure 16 fait voir un de ces grands ichneumons dont la queuë eſt d'une longueur démeſurée; il eſt de ceux qui ſçavent introduire leurs œufs ſous l'écorce du bois. Dans cette figure, ſa queuë a près de la moitié moins de longueur qu'elle en a naturellement, & qu'elle en avoit dans le deſſein.

PLANCHE XXX.

La Figure 1 eſt celle d'un grand ichneumon qui, comme celui qui eſt repréſenté dans la planche précédente, figure 16, introduit ſes œufs ſous l'écorce des arbres dans des endroits habités par des vers ou des chenilles. Sa queuë eſt plus courte que la queuë de celui qui vient d'être cité. *f, t, f,* les trois filets qui la compoſent, qui ſont actuellement ſéparés les uns des autres, & qui ſont réunis dans d'autres temps. *t,* la tarriére qui ici & le plus ſouvent eſt le plus délié des trois filets.

La Figure 2 eſt celle d'un ver ichneumon qui mange des chenilles qui vivent de l'ortie, & qui ſe font des eſpeces de coques en bateau ſous les écorces de l'orme.

La Figure 3 nous montre la mouche en laquelle ſe transforme le ver de la figure 2, après avoir paſſé par l'état de nymphe: cet ichneumon tient actuellement les trois filets de ſa queuë écartés les uns des autres. Il eſt du genre de ceux dont le bout du corps eſt joint à celui du corcelet.

La Figure 4 repréſente le bout du derriére de l'ichneumon précédent, très-groſſi. On y voit que les demi-étuis *f, f,* de la tarriére ſont bordés de longs poils.

La Figure 5 fait voir une portion d'un des étuis *f,* figure 4, groſſie au microſcope, & par ſon côté convexe; les poils dont elle eſt bordée de chaque côté, ſemblent être des épines.

La Figure 6 repréſente le bout de la tarriére, figure 4, vû au microſcope, qui paroît fait en lame de ſabre dont les bords ſont ondés.

La Figure 7 eſt celle d'un ichneumon ſans queuë ou mâle, qui s'étoit nourri dans l'intérieur d'une chenille de même eſpece que celle aux dépens de laquelle avoit crû l'ichneumon fémelle de la figure 2, dont il y a lieu de le croire le mâle.

Dans la Figure 8, le bout du derriére de l'ichneumon de la

de la figure 7, paroît vû au microſcope dans un inſtant où la preſſion a forcé des parties ordinairement cachées, à ſe montrer. *a,* l'anus. *l, l,* deux lames écailleuſes en forme de cuilleron. *m,* partie qui eſt deſtinée à la fécondation.

La Figure 9 eſt celle d'un grand ichneumon mâle, venu d'un ver qui avoit crû dans le corps d'une chenille à broſſe du châtaignier.

Les Fig. 10 & 11 repréſentent toutes deux le derriére de la mouche de la derniére figure, deſſiné dans un temps où la preſſion avoit contraint de ſortir, des parties qui, hors le temps de l'accouplement, ſont dans l'intérieur. Le bout du corps eſt vû de côté, fig. 10, & de face, fig. 11. *a,* l'anus. *l, l,* deux lames en long cuilleron propres à ſaiſir le derriére de la fémelle. *k, k,* deux autres appendices qui peuvent avoir le même uſage. *m,* la partie qui caractériſe le ſexe. *f, f,* filets qui ne paroiſſent pas dans la figure 10.

La Figure 12 eſt celle de la coque que s'étoit filée le ver qui ſe métamorphoſa en l'ichneumon de la figure 9.

Les Figures 13, 14 & 15 font voir le mâle d'une petite eſpece d'ichneumons, dont les fémelles ont leur tarriére couchée ſous le ventre, dans les différentes poſitions où il ſe met pour ſe joindre à ſa fémelle. Dans la figure 13, le mâle vient de ſe placer ſur elle à diſtance à peu-près égale de ſa tête & de ſon derriére. Dans la figure 14, on voit que ce mâle a conduit ſa tête par-delà celle de la fémelle, en-devant de laquelle il abbaiſſe la ſienne comme pour lui faire des careſſes. Dans la figure 15, le mâle qui a été en arriére à reculons, a fait deſcendre le bout de ſon corps au-deſſous de celui de la fémelle, & cherche à s'unir plus étroitement à elle.

La Figure 16 repréſente le corps du petit ichneumon mâle des figures précédentes, groſſi au microſcope, & ſaiſi dans un moment où les doigts ont fait ſortir du corps la partie qui rend les œufs féconds. *c*, endroit où le corps étoit joint au corcelet. *f*, fourreau composé de deux demi-tuyaux. *m*, la partie du mâle.

La Figure 17 montre le corps de la fémelle ichneumon des figures 13, 14 & 15, vû au microſcope. *c*, la partie du corps qui tenoit au corcelet. *a*, l'anus. *t*, la tarriére. *e*, *e*, les deux piéces qui lui font un étui quand elle eſt couchée ſous le ventre, comme elle l'eſt ordinairement.

PLANCHE XXXI.

La Figure 1 eſt celle d'un grand ichneumon fémelle de Laponie, qui en a été apporté par M. de Maupertuis. Cet ichneumon eſt du genre de ceux qui tiennent au moins une grande partie de leur tarriére couchée contre le ventre. *t*, ſa tarriére. *f*, étui de la tarriére, composé de deux piéces qui ſont écartées l'une de l'autre dans la fig. 3. *a*, queuë qui eſt un prolongement du dernier anneau.

La Figure 2 fait voir par-deſſus, & les aîles étalées, l'ichneumon vû de côté, figure 1.

La Figure 3 repréſente la partie poſtérieure de l'ichneumon des figures précédentes, groſſie. La tarriére y eſt hors de ſon étui, & les deux piéces qui forment celui-ci, ſont écartées l'une de l'autre dans la partie où elles le peuvent être. *t*, la tarriére. *f*, *f*, les fourreaux, on voit le côté concave de l'un & le côté convexe de l'autre. *q*, queuë faite par le prolongement du dernier anneau.

La Fig. 4 montre le bout de la tarriére de l'ichneumon des figures précédentes, tel qu'il paroît au microſcope.

p, pointe de la tarriére. *p d*, *p d*, les deux rangées de dentelûres. *a ſ ſ b*, *a ſ ſ b*, arêtes qui forment des angles, & qui ſemblent propres à faire l'office de dents lorſque la tarriére perce. *p f*, fente ou couliſſe qui diviſe la tarriére en deux dans toute ſa longueur.

La Figure 6 eſt celle d'une jambe d'un très-petit ichneumon, ſinguliére ſur-tout par le renflement du milieu, & par les dentelûres d'un de ſes bords. On peut ſoupçonner à cette jambe des uſages ſinguliers, mais avant que d'en parler, il faut ſçavoir s'ils ſont réels.

La Figure 7 fait voir dans ſa grandeur naturelle la mouche à laquelle appartient la jambe de la figure 6. Cette mouche eſt ſortie du corps d'une chenille.

La Figure 8 repréſente un ichneumon de grandeur médiocre, de ceux dont les fémelles n'ont point de queuë, & qui tiennent leur tarriére appliquée contre le ventre.

La Figure 9 montre en grand & de côté, le bout du corps de cette mouche. *t*, ſa tarriére, dont elle ſe ſert volontiers comme d'un aiguillon pour piquer celui qui la tient. *l*, *l*, les bouts des piéces qui forment la couliſſe où eſt l'aiguillon.

Dans la Fig. 10, le bout du corps de la même mouche eſt vû plus de côté que dans la fig. 9. *t*, la tarriére. *l*, *l*, les deux piéces qui forment la derniére partie de ſon étui. *r*, eſpece de tambour ſur lequel ſe roulent les deux branches en leſquelles la tarriére eſt diviſée au moins à ſa baſe.

La Figure 11 montre la couliſſe où ſe loge l'aiguillon, détachée du corps pour mettre ſa compoſition plus à découvert. *t*, la tarriére. *r*, l'endroit où ſa baſe ſe roule. *dc*, la partie antérieure de la couliſſe qui eſt faite de piéces charnuës & adhérentes au corps. *c, c,* articulations des deux piéces *c l, l,* qui sont mobiles, & forment la derniére partie de la coulisse ou de l'étui de l'aiguillon.

La Figure 12 est celle d'un ichneumon de l'Isle de France qui est remarquable, 1.° par la forme de son corps; 2.° par le peu de volume du corps par rapport à celui du corcelet; & enfin, par le filet *f* qui est la premiére partie du corps qui part du dessus du corcelet sur lequel il s'éléve en formant un arc.

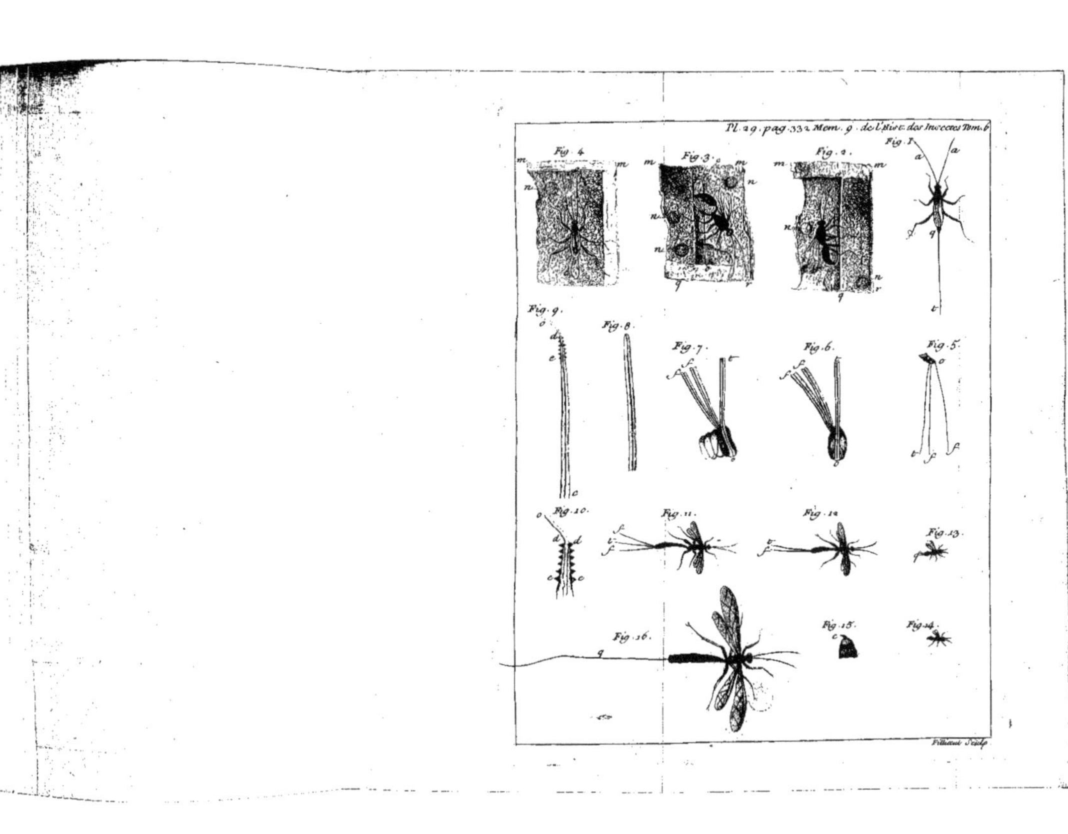
Pl. 29. pag. 332. Mem. 9. de l'Hist. des Insectes Tom. 6
Fig. 1.
Fig. 2.
Fig. 3.
Fig. 4.
Fig. 5.
Fig. 6.
Fig. 7.
Fig. 8.
Fig. 9.
Fig. 10.
Fig. 11.
Fig. 12.
Fig. 13.
Fig. 14.
Fig. 15.
Fig. 16.
Filloeul Sculp.

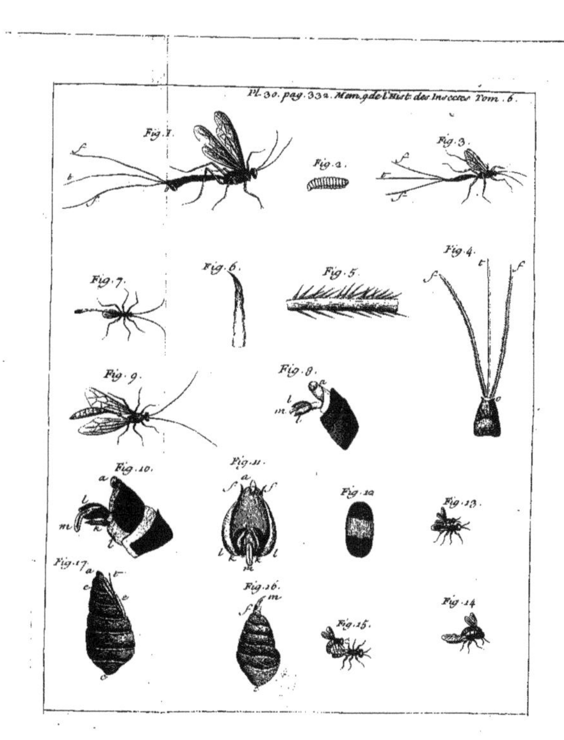
Pl. 30. pag. 332. Mem. p. de l'Hist. des Insectes Tom. 6.
Fig. 1.
Fig. 2.
Fig. 3.
Fig. 4.
Fig. 5.
Fig. 6.
Fig. 7.
Fig. 8.
Fig. 9.
Fig. 10.
Fig. 11.
Fig. 12.
Fig. 13.
Fig. 14.
Fig. 15.
Fig. 16.
Fig. 17.

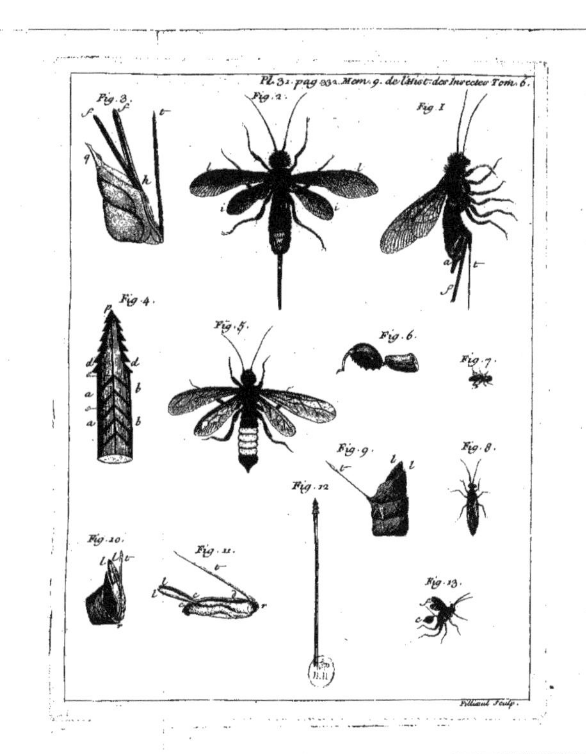
Pl. 31. pag. 332. Mem. 9. de l'Hist. des Insectes Tom. 6.
Fig. 1
Fig. 2.
Fig. 3.
Fig. 4.
Fig. 5.
Fig. 6.
Fig. 7.
Fig. 8.
Fig. 9.
Fig. 10.
Fig. 11.
Fig. 12
Fig. 13.
Filliaud Sculp.

DIXIE'ME MEMOIRE.

HISTOIRE DES FORMICA-LEO.

LE *Formica-leo* * eſt aujourd'hui un des inſectes des plus connus; on ne manque guéres d'entretenir ceux en qui on veut faire naître de la curioſité pour ce que la nature ſçait produire d'admirable en petit, de l'art avec lequel il dreſſe un piége, au moyen duquel il ſe rend maître d'animaux qui lui ſont quelquefois ſupérieurs en force, & dont il ſe doit nourrir. Ce n'eſt néantmoins que depuis environ cinquante ans qu'on le connoît. Je ne ſçais comment il eſt arrivé qu'il n'ait été ni obſervé ni même vû par les anciens Naturaliſtes. A la vérité il ſe tient preſque toûjours caché ſous le ſable, ou ſous une terre ſéche & réduite en poudre; mais c'eſt au fond d'un trou d'une grandeur ſouvent propre à ſe faire remarquer *, & d'une forme qui invite les eſprits les moins curieux à chercher par qui il a été creuſé. Il eſt toûjours fait en entonnoir plus ou moins évaſé, & a quelquefois à ſon bord ſupérieur plus de deux à trois pouces de diametre. Auſſi ne fallut-il preſque à M. Valliſneri qu'appercevoir quelques-uns de ces trous autour d'un pied de chêne, pour lui donner le deſir de ſçavoir par quel inſecte chaque trou étoit habité, & à quelle fin il avoit été fait. Ce qu'il obſerva alors, & ce qu'il obſerva dans la ſuite plus à loiſir, a valu au public une Hiſtoire du *Formica-leo*, imprimée à Veniſe dans la Galerie de Minerve en 1697.

* Pl. 32. fig. 1 & 2.

* Fig. 12 & 13. *tt.*

M. Poupart lut à l'Académie en 1704, une Hiſtoire de ce même inſecte, qu'elle jugea digne de paroître au jour parmi les Mémoires de cette année. Dans les Œuvres de M. Vallisneri imprimées de son vivant in-quarto, & dans la réimpression qui en a été faite in-folio à Venise depuis sa mort, se trouve une de ses lettres * adressée à M. Bussenello Sécrétaire du Sénat de Venise, dans laquelle ce célébre Auteur s'applaudit de l'honneur que lui a fait le sçavant Académicien François de répéter ses observations, mais c'est pour le charger du procédé honteux de se les être appropriées sans avoir dit un mot de celui à qui il les devoit : il veut qu'on regarde l'Histoire de M. Poupart comme une simple traduction de la sienne; car il prétend que la ressemblance qui est entr'elles, est telle que celle qui étoit entre les deux Ménechmes de Plaute. Les faits essentiels & les plus frappants sont à la vérité rapportés dans l'une & dans l'autre; & comment ne le seroient-ils pas? Mais les détails y sont très-différents; un des Auteurs a passé légérement sur ceux par rapport auxquels l'autre s'est étendu. D'ailleurs on ne trouve pas dans l'Histoire de M. Poupart quelques méprises qui sont dans celle de M. Vallisneri; & ce qui justifie encore mieux M. Poupart, c'est que lui-même s'est trompé sur des faits très-bien observés par M. Vallisneri, par exemple, sur le nombre des yeux du *formica-leo*. L'Histoire de M. Vallisneri est absolument dénuée de figures auxquelles on ne sçauroit suppléer par les descriptions les plus exactes, lorsqu'il s'agit de faire prendre une juste idée de la forme d'un insecte. Il n'a pu s'empêcher de louer sincérement la beauté des figures que M. Poupart a fait graver; mais il prétend n'avoir pu en joindre à la sienne, parce qu'il l'a mise en dialogues, & que les interlocuteurs sont deux illustres morts : c'est Malpighi qui y raconte à Pline les manœuvres singuliéres & les métamorphoses du *formica-leo*. Le Fils de M. Vallisneri, qui a donné l'édition in-folio des Œuvres

* *Edition in-folio 1733. premier volume, p. 298.*

de ſon Pere, n'a pas jugé de même que les figures fuſſent inutiles à des morts qui ne s'entretenoient que pour être entendus des vivants: il a fait copier les figures de M. Poupart, ſans dire où elles avoient été priſes, mais il a été mal ſervi par le Graveur. Quand on ſçait combien eſt grande encore la négligence de nos Libraires à faire venir les livres nouveaux d'Italie, & combien elle a été plus grande autrefois, on ne s'étonne pas que M. Poupart n'ait eu aucune connoiſſance en 1704, d'une partie d'un Dialogue inſéré dans un gros volume imprimé à Veniſe en 1697. Pour être excité à obſerver le *formica-leo,* il n'avoit pas eu beſoin de lire ce qu'en avoit dit M. Valliſneri. M. des Billettes de l'Académie des Sciences, la candeur & la vérité même, & qui eſt mort en 1720, âgé de 86 ans, m'a aſſûré qu'il avoit été le premier qui eût fait connoître le *formica-leo* à nos Sçavants; que jeune encore il l'avoit obſervé en Poitou dans une des terres de ſa famille. S'il falloit produire des preuves par écrit qui démontrent que cet inſecte a été connu en France, & obſervé avant que M. Valliſneri eût rien fait imprimer ſur ce qui le regarde, & probablement avant même qu'il l'eût vû pour la premiére fois, j'en pourrois produire une inconteſtable. Je crois avoir déja dit ailleurs que j'ai en ma poſſeſſion un Journal de M. de la Hire, où il écrivoit ce que les inſectes lui offroient de nouveau. Ce Journal eſt tout écrit de la main de M. de la Hire: une Table qu'il a miſe à la tête, marque un article du *formica-leo, page 75:* au haut de la page citée eſt écrit, *du* Formica-leo, & enſuite, *il a commencé à manger au commencement du mois de May, ainſi il a été plus de ſept mois ſans manger: le 2 je lui donnai deux ou trois mouches, & je lui en vis ſuccer une: le 26 Juin je ne ſçais ce qu'il eſt devenu ne l'ayant point trouvé dans la boîte.* Cet article du Journal eſt placé à la ſuite d'un autre de l'année 1691.

M. de la Hire qui avoit gardé son *formica-leo* sept mois sans manger, l'avoit donc eu au moins en Octobre 1690. D'où il paroît que le *formica-leo* avoit été connu par M. de la Hire plusieurs années avant que M. Vallisneri l'eût vû, & il l'avoit été auparavant par M. des Billettes.

Qu'on ne juge pas au reste, du prix que je mets à la gloire d'avoir le premier observé un insecte, par la longueur de la discussion précédente. La nature nous offre un trop prodigieux nombre d'occasions, & trop faciles à saisir, d'acquérir de cette sorte de gloire, pour que nous en devions être beaucoup flatés : il est honteux pour nous de n'être pas assés frappés des beautés qu'elle nous présente ; mais il n'y a pas de quoi nous enorgueillir, lorsque nous les appercevons. Si je suis donc entré dans cette discussion, ç'a été uniquement pour prouver l'injustice du reproche fait à M. Poupart. Ceux qui ont vécu avec lui, qui ont connu sa droiture & son austére probité, sçavent que jamais homme ne fut plus incapable de se parer des productions d'autrui ; qu'il étoit né avec l'aversion la plus déterminée contre les plagiaires & contre le plagiat ; quelquefois même elle l'a conduit trop loin : c'est de quoi il a donné des preuves dans le Journal des Sçavants, en publiant un avis capable d'arrêter ceux qui auroient voulu se faire honneur des planches & des manuscrits de Swammerdam, qui alors n'avoient pas encore vû le jour.

Au reste, le *formica-leo* est un de ces insectes qui méritent d'être célébrés par plus d'un Historien : malgré ce que nous en ont rapporté M.rs Vallisneri & Poupart, ils ont omis bien des particularités dignes d'être sçûës, & nous en omettrons apparemment encore de telles, & qui seront vûës par ceux qui examineront cet insecte avec une nouvelle & plus fine attention. Les premiers noms qui lui ont été imposés été imposés par M. Vallisneri, ne lui sont pas restés; il l'a appellé *Formicajo* & *Formicario:* celui de *Formica-leo* qu'il a reçû en France, a été si généralement adopté, qu'il est devenu de tout pays, & même aussi françois que celui de fourmilion, sous lequel M. Peluche en a parlé*, & qu'il eût dû porter toûjours en ce pays. Si l'on vouloit néantmoins être plus difficile sur les noms qu'il n'est besoin de l'être, on seroit fondé à desapprouver qu'on eût appellé Lion un insecte qui use de ruse pour se procurer sa proye, & qu'on eût simplement donné pour l'ennemi des fourmis, celui qui se nourrit de tout insecte qu'il peut attraper, de quelque genre qu'il soit. Il est pourtant vrai qu'il ne détruit pas autant de ceux de tous les autres genres, qu'il détruit de fourmis, mais ce n'est que faute d'occasions.

* *Spectacle de la Nature. Tom. I. pag. 217.*

Le formica-leo est un six-pieds ou ver hexapode, & de ceux qui doivent se transformer en une mouche à quatre aîles; nous l'avons aussi placé * dans la sixiéme classe des vers qui ont des transformations à subir. Tous ceux que j'ai trouvés aux environs de Paris, & depuis Paris jusqu'au fond du Poitou, m'ont paru être de la même espece: il y a pourtant parmi eux, comme parmi les autres insectes, des especes différentes, dont quelques-unes sont beaucoup plus grandes que celle des environs de Paris, comme nous le prouverons dans la suite; mais c'est au formica-leo que l'on est ici le plus à portée de voir, que nous nous fixerons; nous nous contenterons de dire en quoi d'autres en different. Son extérieur * n'a rien qui puisse lui attirer l'attention de ceux qui n'en donnent qu'aux objets dont ils peuvent être frappés par le premier coup d'œil. Sa couleur est une espece de gris-sale. Les six jambes* qui soûtiennent le corps, l'élevent peu.

* *Tome IV. page 183.*

* Pl. 32. fig. 1 & 2.

* Fig. 4 & 5. *i i, m m, n n.*

Mais quand on vient à considérer notre formica-leo, si l'on se connoît en formes d'insectes, la sienne offre des

particularités remarquables. Il eſt ſenſiblement diviſé en
* Pl. 32. fig. 5. g g. trois parties dans ſa longueur, le corps*, le corcelet*&
la tête*. Le corps dont le volume ſurpaſſe conſidéra- * e.
* t. blement celui des deux autres parties, eſt une eſpece d'ellipſoïde plus pointu à ſon bout poſtérieur qu'à l'antérieur, un peu applati en-deſſous & plus convexe en-deſſus. D'un bout à l'autre il a des rugoſités tranſverſales, des eſpeces de cordons ſéparés par de petits ſillons; on lui en compte aiſément onze: ce ſont autant d'anneaux, tous ſont membraneux. Pour bien voir ſa couleur, il faut au moins en le frottant avec le doigt, emporter les grains de ſable ou de terre qui s'y ſont attachés: celle qui y domine eſt jaunâtre, ou un blanc-ſale dans lequel du rougeâtre eſt quelquefois mêlé. Le gris dont il paroît, réſulte de la combinaiſon du jaunâtre du fond avec du noir, ou du brun preſque noir, qui y eſt diſtribué par taches; celles-ci forment trois rayes plus remarquables que les autres ſur le
* Fig. 4. deſſus du corps*, dont l'une regne tout le long du dos, & eſt à diſtance égale des deux autres. Les taches de ces rayes ſont ſur les cordons des anneaux. Une loupe foible ſuffit pour faire voir de chaque côté une autre file de points noirs dont chacun eſt auſſi placé ſur la partie la plus élevée de chaque anneau, ſur le cordon. Enfin, elle fait appercevoir des poils noirs & courts, ſemés ſur le corps, & elle en fait voir d'autres de même couleur & plus longs, qui forment des houppes diſpoſées par files comme les ſimples taches; une de ces files de houppes eſt proche de chaque côté, & l'autre ſe trouve encore en-deſſus, mais preſque ſur le côté, c'eſt-à-dire, preſqu'à la jonction du
* Fig. 5. dos avec le ventre*: ſur celui-ci on voit encore de chaque côté deux rangs de houppes de poils, & au milieu une rangée de taches noires.

La poſition des rangs de houppes qui ſont ſur le corps,

nous étoit néceſſaire pour déterminer celle des organes de la reſpiration du formica-leo, qu'on a négligé d'obſerver: on ne peut les découvrir qu'avec une forte loupe. Au-deſſous de chaque houppe du premier rang, excepté celles des deux premiers anneaux, ſur le cordon & ſur ſon bord le plus proche de la tête eſt un tubercule hémiſphérique qui ſemble écailleux, & qui ne peut guéres être pris que pour un ſtigmate par ceux qui connoiſſent la diſpoſition & la figure des ſtigmates de divers inſectes. J'ai ſoupçonné deux enfoncements conſidérables un peu écailleux qui ſe trouvent ſur le troiſiéme anneau, de ſervir à la reſpiration; mais je n'ai pu y découvrir des ouvertures qui auroient dû y être ſenſibles.

Le corcelet * eſt court, & a peu de diametre; la premiére paire de jambes * y eſt attachée: la ſeconde l'eſt au premier, & la troiſiéme l'eſt au ſecond anneau du corps. Le formica-leo montre en certains temps un col remarquable par ſa longueur *, & en d'autres temps on ne lui en voit point *; alors le ſien ſe trouve logé ſous le corcelet, & la tête paroît partir immédiatement de ce dernier. Ce col peut donc être porté en avant & retiré en arriére; il exécute beaucoup d'autres mouvements, il éleve la tête, il l'abbaiſſe, il la fait aller à droite & à gauche. Pour la mettre en jeu de toutes les façons dont elle y doit être miſe, & ſur-tout pour lui faire faire certaines actions particuliéres dont nous parlerons bien-tôt, le col s'y inſere en un endroit remarquable: celui des autres inſectes eſt attaché au bout de la tête, ou à ſon deſſous; celui du formica-leo s'inſere près du bout de la tête, mais en-deſſus.

* Pl. 32. fig. 4. *e*.
* *i i*.
* Fig. 2.
* Fig. 1.

La tête auſſi eſt autrement faite que celle du commun des inſectes; elle eſt platte, & on verra que les fonctions dont elle eſt chargée, demandoient qu'elle le fût; elle eſt plus large que par-tout ailleurs à ſon bout antérieur: vûë par-dessous, elle a quelque chose de la figure d'un cœur applatti, parce qu'elle a une sorte d'échancrûre au milieu de son bout antérieur. Ce seroit-là, ou tout auprès, que devroit être la bouche, si le formica-leo en avoit une placée comme l'est celle de tant d'autres insectes. Une des méprises de M. Vallisneri, est d'avoir cru y en avoir trouvé une dont il a décrit les environs, comme s'il l'avoit vûë. M. Poupart n'est point tombé dans cette erreur: si cependant M. Vallisneri eût donné l'attention dont il étoit capable, aux faits que le formica-leo lui offroit, s'il les eût assés observés, il en eût conclu qu'une bouche placée comme celle des autres insectes, lui étoit parfaitement inutile; aussi lui en chercheroit-on-là une en vain, ou une trompe capable de faire l'office de la bouche. L'Auteur du Formica-leo, qui est celui de toute la Nature, ne l'a pourtant pas privé de l'organe propre à lui fournir la nourriture nécessaire à sa subsistance; mais il l'a placé d'une façon très-particuliére: au lieu même d'une bouche ou d'une trompe, il lui en a donné deux. D'auprès de chaque extrémité du devant de la tête *, part une corne. Elles sont les deux parties de cet insecte, qui se font le plus remarquer, & les plus dignes peut-être de notre attention: la longueur de chacune est d'environ une ligne & demie dans le formica-leo qui n'a plus à croître. On seroit tenté de les regarder comme analogues à celles de quelques scarabés, & entr'autres à celles du cerf-volant; mais leur usage est tout autre: ces deux cornes sont deux trompes destinées à pomper le suc dont est rempli le corps de différents insectes, & à le faire passer dans celui du formica-leo. Ce sont d'ailleurs des trompes tout autrement construites que celles des papillons & des mouches de différents genres, que nous avons eu occasion de décrire, & tout autrement dirigées. Elles sont écailleuses, mobiles, placées toutes deux à même

* Pl. 32. fig. 1, 2, 3, 4 & 5. c, c.

hauteur, & peuvent aller à la rencontre l'une de l'autre, comme font les dents des chenilles, & celles de divers autres insectes : elles se croisent pourtant plus souvent l'une l'autre près de leur pointe *, qu'elles ne se rencontrent par leur pointe même. Depuis la base jusque par-delà les deux tiers de sa longueur, chaque corne est à peu-près droite, & ne differe pas beaucoup en largeur ; elle est plus large qu'épaisse ; mais depuis les deux tiers de leur longueur, elles se courbent l'une vers l'autre, & diminuent insensiblement de grosseur jusqu'à leur extrémité qui est une pointe très-fine, & où se trouve pourtant l'ouverture qui tient lieu de bouche, celle par où passe tout ce qui sert à nourrir le petit animal. Du bord du côté intérieur de chacune partent trois grandes pointes, des especes d'épines * qui leur donnent quelque ressemblance avec les cornes du cerf-volant : dans l'intervalle que laissent entr'elles deux des grandes épines, il y en a deux beaucoup plus courtes.

* Pl. 32. fig. 4 & 5. c, c.

* Pl. 33. fig. 3, 4, 5, 6, &c.

Nous reviendrons à examiner les particularités de la structure de ces cornes, après que nous aurons vû le formica-leo en faire usage : il ne peut se nourrir que du gibier qu'il attrape ; mais il ne joindroit pas à la course les insectes qui marchent le plus lentement : ce n'est pas que sa marche soit d'une lenteur excessive, c'est qu'il ne pourroit la diriger vers ceux qu'il voudroit atteindre ; il ne sçait aller qu'à reculons. Cependant il parvient à se saisir des insectes les plus agiles, au moyen de la ruse qui lui a été apprise. Il sçait disposer le lieu où il se fixe, de maniére que le gibier y vient tomber entre ses cornes qui l'attendent. Il se loge & se tient tranquille au fond d'un trou fait en entonnoir * ; il y est caché sous le sable au-dessus duquel s'élevent seulement ses deux cornes * autant ouvertes, c'est-à-dire, autant écartées l'une de l'autre qu'elles le peuvent être :

* Pl. 32. fig. 12 & 13.

* Fig. 13. c, c.

malheur alors à tout insecte imprudent, à la fourmi, par exemple, qui cheminant passe sur les bords d'un trou dont le talus est roide, & dont les parois sont toutes prêtes à s'ébouler; quelquefois il tombe dans l'instant au fond du précipice, dans la vraye fosse du lion. Sa chûte n'est pas toûjours si précipitée; la fourmi qui sent le danger, tâche de se cramponner sur les grains de sable qui forment la pente, plusieurs cedent sous ses pieds, mais au moyen de tentatives & d'efforts redoublés elle en rencontre de moins mobiles, sur lesquels elle se retient; souvent même elle parvient à grimper vers le bord du trou. Mais le formica-leo a encore une ressource pour se rendre maître de la proye qui lui échappe: c'est une des circonstances où il lui importoit d'avoir une tête dont le dessus fût plat, & qu'il pût élever brusquement en enhaut, en l'inclinant d'un côté ou de l'autre. La sienne qui alors est cachée sous le sable, peut jetter en l'air celui qui la couvre, comme nous y en jetterions avec une pelle; au moyen d'un coup de tête donné brusquement en enhaut, & dans la direction convenable, il lance en l'air un jet de grains de sable: cette pluye de sable tombe sur la misérable fourmi, qui ne trouvoit déja que trop de difficulté à monter; les petits coups qu'elle reçoit d'un grand nombre de grains, la poussent en embas. Elle n'en est pas quitte pour ces premiers coups, le formica-leo ne tarde pas à ramener sa tête sous le sable; le voilà donc en état de faire partir un nouveau jet: plusieurs jets qui se succedent, produisent l'effet pour lequel le premier n'a pas toûjours suffi; la fourmi malgré tous ses efforts est précipitée au fond du trou, les deux cornes du formica-leo qui étoient ouvertes pour la recevoir, lui saisissent le corps & le percent en se fermant.

Le formica-leo maître de sa proye, la tire un peu sous le sable, l'y cache, au moins en partie, & l'y succe à son aiſe : le repas eſt plus ou moins long, ſelon que la piéce de gibier eſt plus groſſe ou plus petite ; une fourmi eſt ſouvent ſuccée en un demi-quart d'heure, & il y a telle mouche doduë, comme le ſont les groſſes mouches bleuës de la viande, dont il ne vient à bout qu'en deux ou trois heures. Après en avoir tiré tout ce qu'elle a de ſucculent, la tenant foiblement entre ſes cornes prêtes à s'ouvrir & à l'abandonner, il donne un coup de tête, au moyen duquel il jette au-delà des bords de ſon trou un cadavre inutile.

Ce n'eſt que dans des terreins compoſés de grains fins & ſecs, que les formica-leo peuvent dreſſer leurs piéges. Les grains des parois de chaque entonnoir doivent être toûjours prêts à gliſſer ou à rouler pour peu qu'ils ſoient pouſſés en embas ; d'où il ſuit que la pluye peut non ſeulement cauſer du dérangement dans la figure de ces trous, mais que de plus elle les rend incapables de produire l'effet pour lequel ils ſont faits, lorſqu'elle colle les uns contre les autres les grains de leurs parois. Les formica-leo ne l'ignorent pas, au moins comme s'ils en étoient inſtruits, ils ſçavent mettre leurs trous à couvert de la pluye. C'eſt au pied des vieux murs, & dans les endroits les plus dégradés, qu'ils s'établiſſent par préférence ; les vuides qu'y ont laiſſés des pierres conſumées par la vétuſté, ſe trouvent au-deſſous d'une eſpece de voute : le terrein couvert par cette petite voute ruſtique, eſt ordinairement fait des débris de la pierre qui a été diſſoute & réduite en une poudre très-propre à être creuſée en entonnoir. Quelquefois les formica-leo font les trous où ils ſe tiennent, au pied de quelqu'arbre dont le tronc gros, élevé & courbé, & au moins plein d'inégalités, vaut preſqu'un mur pour donner de l'abri à nos inſectes. J'en ai trouvé d'établis au pied de différents chênes du bois de Boulogne, & principalement au pied de ceux qui ſont auprès d'une mare que j'ai eu occaſion de citer pluſieurs fois dans les autres volumes. Les bords eſcarpés & ſablonneux de certains chemins où des eſpeces de voutes ſe trouvent creuſées, valent pour eux de vieux murs. Quand donc on en veut avoir, c'eſt au pied des vieux murs, & ſur-tout de ceux qui ſont tournés au midi, qu'il eſt plus ſûr de les chercher : indépendamment de ce qu'ils n'y ſont pas expoſés à la pluye, ils ne peuvent choiſir des lieux plus convenables pour ſe mettre à l'affût : il n'en eſt point qui ſoient plus fréquentés des fourmis & des inſectes de diverſes eſpeces ; ils y ſont attirés par la chaleur qui y regne lorſque le Ciel eſt ſerein, & ils ſont forcés de s'y refugier quand il ſurvient quelque pluye forte : ils marchent alors vers les embuſcades, & tombent dedans.

Chaque formica-leo ne paſſe pas ſa vie dans le même trou, mais il y demeure au moins pluſieurs jours de ſuite ; plus il y a ſéjourné & plus le diametre de l'entrée eſt grand : les grains qui en forment le bord, s'éboulent lorſque quelqu'inſecte paſſe deſſus, & ſur-tout lorſqu'il arrive à quelqu'un de tomber dans le *précipice*. Les mouvements même que le formica-leo ſe donne au fond du trou, occaſionnent dans les parois des ébranlements qui, quoique legers, ſuffiſent pour déterminer à rouler des grains très-mobiles. Il ne leur donne pas le temps de s'accumuler au fond du trou qu'ils éleveroient trop, il charge ſa tête de ceux qui y ſont tombés, & les jette dehors bien par-delà le bord. Les mêmes éboulements qui augmentent le diametre de l'entrée du trou, rendent la pente de ce trou moins roide ; & moins elle l'eſt, plus il eſt facile à l'inſecte qui a donné dans le piége, de grimper en haut. Auſſi lorſque la pente eſt devenuë trop douce, le formica-leo prend le parti d'abandonner ſon entonnoir pour en faire un nouveau. C'eſt un parti qu'il prend encore quand

quand il a paſſé plufieurs jours dans l'ancien ſans y faire de capture, il eſpere plus de fortune en ſe plaçant ailleurs; il ſe met donc en marche, il parcourt le terrein des environs pour examiner & choiſir un lieu favorable.

Le chemin qu'il a fait, eſt marqué par une trace bien reconnoiſſable * qui quelquefois eſt preſque en ligne droite, & plus ſouvent contournée en ziczac; c'eſt une eſpece de petit foſſé d'une ligne ou deux de profondeur, & dont la largeur égale celle du corps de l'inſecte. Ce foſſé a ſouvent une particularité qui met en état de compter le nombre des pas qu'a faits le formica-leo pour parcourir une étenduë déterminée: on remarque aiſément des ſillons * eſpacés aſſés également, qui traverſent le petit foſſé; la diſtance d'un ſillon à l'autre eſt l'exacte meſure d'un pas. Le formica-leo fait tous les ſiens à reculons. Pendant qu'il marche, preſque tout ſon corps * eſt caché ſous le ſable; ſouvent il ne montre alors que ſa tête & ſon corcelet. Les ſix jambes dont il eſt pourvû, ne ſervent peut-être pas autant à le faire aller en arriére, que le bout de ſon corps qu'il recourbe en embas, & ſur lequel il ſe tire *. L'uſage des deux jambes poſtérieures * n'eſt guéres alors que de le ſoûlever, que d'empêcher le ventre de frotter trop contre le ſable: elles ſont étenduës ou au moins poſées de maniére qu'elles ne débordent point, ou qu'elles débordent peu les côtés. Les quatre autres *, & ſur-tout les deux premiéres, ſont tout autrement diſpoſées, elles ſont quelquefois perpendiculaires aux côtés, où elles ſont placées par rapport au corps, comme le ſont les rames par rapport à une galere: plus ſouvent néantmoins les deux premiéres *, plus courtes que les deux ſuivantes, ſont dirigées en avant; lorſqu'elles s'appuyent ſur le ſable & qu'elles le pouſſent, elles contribuent à porter le corps en arriére. Mais le formica-leo à qui on les a coupées toutes ſix, eſt encore en état de marcher

* Pl. 32. fig. 11.

* *aa, bb, cc,* &c.

* *l.*

* Figure 4.

* Fig. 4. *n,* & fig. 5. *n, n.*

* Fig. 4. *m, t.*

* *l.*

& même de marcher affés bien & affés vîte, quoique moins commodément; le bout poftérieur de fon corps eft le principal agent qui le tire en arriére. Ce font les preffions des quatre premiéres jambes qui forment les fillons* dont nous avons parlé; les crêtes de ces fillons fe trouvent dans l'intervalle qui eft entre les deux premiéres paires de jambes, dans l'efpace que leur preffion n'a pas obligé de s'enfoncer. Puifque le corps du formica-leo qui marche, eft en partie fous le fable, fa tête qui après un pas en arriére, fe trouve dans le lieu où étoit le corps, en devient elle-même couverte: l'infecte n'aime pas qu'elle le foit, il veut voir alors ce qui eft autour de lui; un coup de tête & quelquefois deux donnés brufquement, la mettent bien-tôt à découvert, ils jettent au loin le fable qui fe trouvoit fur elle. Quand la courfe qu'il a faite, eft affés longue à fon gré, il s'enfonce entiérement fous le fable; c'eft ordinairement pour y prendre un peu de repos, & travailler enfuite à fon ouvrage effentiel, à fe faire un entonnoir.

* Pl. 32. fig. 11. *aa, bb, cc,* &c.

Pour donner à cet entonnoir de juftes proportions, pour creufer dans le fable un trou conique dont la pente foit affés précipitée, il y a peut-être plus de façons de la part de notre infecte, qu'on ne s'y attendroit, & dont aucune n'eft inutile. Il commence par en tracer l'enceinte*, c'eft-à-dire, par faire un foffé femblable à celui que nous lui avons vû creufer en cheminant, mais un foffé qui entoure un efpace circulaire plus ou moins grand, felon que le formica-leo veut donner plus ou moins de diametre à l'entrée de l'entonnoir; & plus ou moins grand encore, felon que le formica-leo eft plus vieux ou plus jeune. Les très-jeunes ne font que de très-petits entonnoirs*; ils n'entreprennent que des ouvrages proportionnés à leurs forces, & ne cherchent pas à tendre un piége à de gros infectes: ceux qui ne font prefque que de naître, ne donnent

* Pl. 33. fig. 1. *fff.*

* Pl. 32. fig. 13. *uu, x.*

quelquefois à la plus grande ouverture des leurs, qu'une ligne ou deux de diametre; & ceux qui font près d'avoir pris tout leur accroiffement, habitent quelquefois dans des trous dont le diametre de l'entrée a plus de trois pouces: les entonnoirs où d'autres fe tiennent, ont des grandeurs moyennes; on en voit communément dont le diametre de l'ouverture eft d'un pouce, & de quelques lignes de plus ou de quelques lignes de moins. La grandeur du trou n'eft pourtant pas toûjours proportionnée à celle de l'infecte qui y eft logé: quelquefois on tire d'un grand trou un formica-leo dont la groffeur eft au-deffous de la médiocre; d'autres fois on eft étonné d'en trouver un très-gros au fond d'un trou d'une affés petite capacité.

La profondeur des entonnoirs nouvellement faits a environ les trois quarts du diametre de la grande ouverture. J'ai trouvé neuf lignes de profondeur à ceux qui en avoient douze à leur entrée, un pouce de profondeur à ceux dont l'entrée avoit feize lignes. L'ouvrage que le formica-leo a à faire après avoir tracé une enceinte, eft donc d'enlever un cone de fable, renverfé dont la bafe * a un diametre égal à celui de l'intérieur de l'enceinte, & dont la hauteur a à peu-près les trois quarts de ce diametre. Pour en venir à bout, il a bien des pas à faire. S'il reftoit dans une même place, il ne réuffiroit pas à donner à l'entonnoir qu'il fe propofe de creufer, la rondeur & la régularité convenables. Quand il s'eft déterminé à travailler férieufement, il fe met donc en marche; ce n'eft pas pour aller fur une ligne droite, c'eft pour en fuivre une du même genre que celle que parcourent les chevaux qui font tourner une meule: il veut & doit fuivre en marchant, la circonférence intérieure de l'enceinte, comme s'il avoit à tracer un fecond foffé concentrique au premier. Dès qu'il a fait un pas, il s'arrête pour charger fa tête de fable; elle n'eft pas plûtôt chargée

* Pl. 32. fig. 1. *n n n.*

qu'il l'éleve brusquement, & jette ainsi celui qui la couvroit *, par-delà la circonférence de l'enceinte.

* Pl. 33. fig. 1. m.

Ceux qui ont parlé de cet insecte, ne semblent pas s'être assés arrêtés à considérer la maniére dont il charge sa tête de sable, & n'ont pas pris toutes les précautions nécessaires pour parvenir à voir comment il le fait: ils semblent avoir cru que sa manœuvre alors étoit telle que celle qu'on lui voit faire, lorsque cherchant un lieu pour se fixer, il marche presque couvert de sable, & fait sauter en l'air celui sous lequel sa tête se trouve nécessairement à la fin de chaque pas. Le formica-leo qui travaille à l'excavation de l'entonnoir, y procede pourtant d'une autre façon digne d'être sçûë: le sable qu'il jette ne doit pas être pris d'une enceinte * qu'il n'a pas intention d'aggrandir; celui qui est enlevé ne doit être tiré que de la masse intérieure *. Or si le formica-leo se contentoit de marcher à reculons pour charger sa tête de sable, il la chargeroit également du plus proche de l'enceinte, & de celui qui est vers l'intérieur. Il agit avec plus de régularité; il ne fait passer sur sa tête que le sable qui est entr'elle & l'axe du cone. La manœuvre par laquelle il y parvient, est sûre; il se sert d'une de ses jambes de la premiére paire *, de celle qui est du côté de l'intérieur, comme d'une main, pour pousser sur sa tête le sable qui est du même côté. Les mouvements de cette jambe sont extrêmement prompts, & se succedent sans intervalle; aussi la tête a-t-elle bien-tôt sa charge. L'ouvrier occupé à creuser un fossé, ne jette pas plus sûrement hors de ses bords, & pas si vîte, la terre que sa bêche a coupée, que la tête du formica-leo jette hors de l'enceinte le sable dont elle a été couverte. La tête est ainsi chargée deux ou trois fois de suite dans le même lieu, & deux ou trois fois elle lance une pluye de sable. Le formica-leo * fait ensuite un nouveau pas en

* Fig. 1. *f f f.*

* *n n n n.*

* Pl. 32. fig. 1, 2 & 3. *i, i.*

* Pl. 33. fig. 1 & 2. *m.*

arriére, au bout duquel il s'arrête, & se sert encore de sa même jambe, comme d'une main, pour couvrir sa tête de sable qui est encore jetté par celle-ci comme par une pelle. Après une suite de pas, il se retrouve presqu'au même lieu d'où il étoit parti, il a parcouru un cercle; il continuë de marcher pour en parcourir un second plus proche du centre, ou, plus exactement, le formica-leo décrit dans sa route une spirale de l'espece de celles qui sont tracées sur un cone. Quand il a suivi deux ou trois tours de spirale, la quantité du sable qui a été ôté, est très-sensible; il s'est formé au-dedans de l'enceinte un fossé plus large & plus profond *, qui entoure un cone de sable *: ce cone n'a pas sa base en enhaut, comme l'avoit celui que nous avons fait imaginer *, lorsque l'insecte a commencé à fouiller; le sommet du nouveau cone est en enhaut; le sable qui s'est éboulé de la partie la plus élevée de cette masse de laquelle le formica-leo en a ôté à tant de reprises, le sable, dis-je, qui s'en est éboulé, a été cause que la partie supérieure a eu bien-tôt moins de diametre que n'en a sa base, & que peu à peu elle est devenuë presque pointuë. C'est toûjours à la base de ce cone que le formica-leo prend le sable qu'il jette hors du trou, qui lui-même sera conique quand tout le cone de sable aura été enlevé. La base de celui-ci devient de plus en plus petite à mesure que l'insecte en a parcouru le tour plus de fois; son sommet s'abbaisse en même temps, parce que des grains s'en éboulent à chaque instant. Le cone de sable devient donc à la fin si petit, que sa base n'a qu'un diametre égal à celui que doit avoir le fond de l'entonnoir, & qu'il a à peine une ligne ou deux de hauteur: quelques coups de tête suffisent pour jetter hors du trou ce petit reste de sable.

* Pl. 33. fig. 2. *fff.*
* *nnn.*
* Fig. 1.

La jambe qui fait l'office de main pour charger la tête de sable, & qui le fait avec tant d'adresse & d'agilité, ne peut manquer de se fatiguer: quand elle a agi assés long-temps, le formica-leo la laisse reposer, & se détermine à se servir au même usage de l'autre jambe de la même paire, qui apparemment n'est pas moins adroite que la premiére; mais pour la faire travailler, il faut qu'elle se trouve placée, comme l'étoit la premiére, vers l'intérieur du trou, ce qui demande que le formica-leo se retourne bout pour bout, & qu'il décrive ensuite des cercles dans un sens contraire à celui où il en décrivoit auparavant. Pour se retourner, il n'auroit qu'à pirouetter sur lui-même, qu'à amener son derriére où étoit sa tête; mais cette manœuvre n'est pas apparemment pour lui la plus aisée, car alors il en fait une autre, il traverse le cone composé du sable qui reste à enlever; il passe de l'endroit où il est, à l'endroit opposé diametralement: quand il y est rendu, il se met en marche pour faire ses circonvolutions dans un sens contraire à celui où il les faisoit; la jambe qui auparavant étoit la plus proche de l'enceinte extérieure, est alors la plus proche de l'axe de l'entonnoir, & c'est alors à elle à charger la tête de sable.

Quelquefois le formica-leo acheve son entonnoir tout de suite, & en vient à bout en moins d'une demi-heure, ou même d'un quart d'heure; quelquefois il le fait à bien des reprises; il prend des intervalles de repos, tantôt plus courts & tantôt plus longs; il se tient quelquefois tranquille pendant des heures entiéres, & cela apparemment selon qu'il est plus ou moins pressé par la faim; on ne peut guéres attribuer qu'à ce besoin la diligence avec laquelle il y en a qui expédient leur ouvrage, pendant que d'autres restent dans l'inaction. J'ai eu à la fois des centaines de formica-leo dans une seule mais assés grande caisse, & souvent j'ai pris plaisir à applanir la surface du sable où ils étoient, à combler tous leurs trous: quelques-uns travailloient presque sur le champ à s'en faire un, & le plus grand nombre différoit souvent à se mettre à l'ouvrage dans les jours longs & chauds, depuis midi ou une heure ou deux après, jusqu'à ce que le Soleil fût prêt à se coucher : lorsque ses rayons brillent, & sur-tout s'ils tombent sur le sable où ces insectes sont logés, ils ont peine à se déterminer à travailler ; mais lorsque le temps est couvert & chaud, toutes les heures sont pour eux propres au travail.

Ceux qui font leurs entonnoirs à la campagne, n'ont pas toûjours à leur disposition un sable aussi fin & aussi égal que celui que donne un Observateur à ceux qu'il tient dans son cabinet. Parmi les grains du sable ordinaire, il se trouve de gros grains de gravier, de petites pierres : le formica-leo qui façonne un trou dans une terre pulvérisée, rencontre des grumeaux de terre ; aussi voit-on souvent de gros graviers, de petites pierres & des grumeaux d'une terre dure sur le bord d'un trou dont l'intérieur n'a que des grains extrêmement fins. M. Bonnet qui sçait penser à ce qui mérite d'être observé, a eu une curiosité que n'ont point euë ceux qui nous ont entretenu de cet insecte ; il a eu celle de sçavoir quel parti prenoit le formica-leo dans les cas où la petite pierre, où la petite masse de terre dure étoit d'un tel poids qu'il ne pouvoit se promettre de la lancer en l'air avec sa tête par-delà le bord du trou commencé. M. Bonnet après en avoir épié un grand nombre, a eu le plaisir d'en surprendre plusieurs dans cette circonstance embarrassante ; il a vû toute la manœuvre à laquelle ils ont recours alors. Le formica-leo se détermine à porter la masse incommode où il ne la peut jetter : il sort du sable, il se montre en entier à découvert ; en avançant ensuite un peu à reculons, il fait passer le bout de son derriére sous la petite pierre, & en allant encore un peu en arriére, & en faisant faire à ses anneaux des mouvements convenables, il la conduit vers le milieu de son dos, & l'y met en équilibre. Mais le difficile est de la conserver dans cet équilibre pendant le transport, en montant à reculons le long d'une pente déja escarpée; de moment en moment la charge est prête à tomber, soit à droite, soit à gauche: ce n'est qu'en abbaissant ou élevant à propos certaines portions de ses anneaux, que le formica-leo parvient à la retenir. Enfin, malgré tous ses efforts, & malgré tout son sçavoir en tours d'équilibre, la pierre lui échappe quelquefois, elle roule dans le fond du précipice; il a le courage d'aller l'y rechercher, & de faire de nouveaux essais de son adresse & de sa force. Il donne ainsi de grandes preuves de patience, lorsque, comme M. Bonnet l'a vû, il retourne à cinq ou six reprises se charger d'un fardeau qui lui a échappé autant de fois: le formica-leo lui sembloit alors condamné au supplice du criminel *Sysiphe*.

On peut faire naître des occasions d'avoir un spectacle qui tourmente notre insecte, & qui amuse celui qui l'observe, en jettant au fond de son trou une petite pierre d'un poids trop grand pour être enlevée d'un coup de tête: j'ai quelquefois mis dans la même peine dix à douze formica-leo à la fois; la petite pierre de chaque trou n'étoit pourtant pas de même figure ni de même poids. Le formica-leo qui avoit eu le bonheur d'en avoir une légere en partage, la faisoit partir d'un coup de tête; & celui à qui il en étoit échû une trop lourde, ou d'une figure trop irréguliére, se déterminoit par la suite à abandonner son trou; d'autres entreprenoient de transporter hors du leur celle dont ils avoient jugé pouvoir charger leur dos: le plus souvent néantmoins ils se contentoient de la pousser, soit avec la tête, soit avec le dos contre les parois de l'entonnoir; pourvû qu'elle n'en couvre pas le fond, c'est assés

pour

pour eux: le piége, quoiqu'un peu moins parfait, suffit encore pour faire prendre des insectes.

Il y a des entonnoirs faits, pour ainsi dire, à la hâte, qui n'ont pas autant de profondeur, ni un talus aussi roide que ceux pour lesquels nous avons vû les formica-leo employer tout leur art: l'insecte se contente quelquefois de jetter avec sa tête le sable de l'endroit où il s'est fixé; il forme ainsi en peu d'instants une cavité conique, mais qui n'a ni la grandeur ni les proportions de celles dont l'enceinte a été tracée réguliérement.

Quand le formica-leo a fini son trou, il ne lui faut plus que de la patience, mais il a besoin d'en avoir beaucoup: ayant son corps caché sous le sable, & avancé quelque part en-dessous des parois de l'entonnoir, il tient ses deux cornes ouvertes *, & un peu élevées au-dessus du fond; le centre de celui-ci se trouve à peu-près au milieu de l'espace qui est entr'elles: il attend quelquefois plusieurs jours de suite le moment où un insecte tombe dans le précipice qu'il lui a préparé. Pendant un temps qui devroit lui paroître si long, il n'a précisément rien à faire que de donner quelquefois des coups de tête pour jetter hors du trou le peu de sable qui peut y être tombé; ce qu'il en jette ainsi à bien des reprises, & à différentes heures, est cause qu'un trou qui a été habité pendant plusieurs jours sans qu'aucune capture y ait été faite, est considérablement aggrandi: j'en ai vû tel qui avoit trois pouces de diametre, qui d'abord n'en avoit eu que deux; mais sa profondeur n'étoit pas proportionnée, elle n'étoit au plus que d'un pouce & demi.

* Pl. 32. fig. 13. c, c.

Ce n'étoit pas assés que le formica-leo fût doué d'une grande patience, il falloit qu'il fût capable de soûtenir un très-long jeûne; il en soûtient un plus long qu'on ne l'imagineroit: on garde au Printemps & même en

Eté de ces insectes plusieurs mois de suite dans des boîtes fermées sans qu'ils y meurent de faim. Aussi M. Poupart a-t-il presque cru qu'ils ne mangeoient que pour leur plaisir : ce qui sembloit propre à le confirmer dans ce sentiment, c'est qu'il a vû que des formica-leo privés de nourriture pendant plusieurs mois, s'étoient cependant métamorphosés ; mais apparemment qu'on avoit commencé à les mettre hors d'état de prendre des aliments, dans un temps proche de celui où ils devoient cesser de croître. S'il étoit nécessaire de prouver que de manger est pour eux un besoin indispensable, je dirois que le volume du corps de divers formica-leo que j'ai fait jeûner trop long-temps, a diminué si notablement qu'ils n'étoient plus reconnoissables, & qu'enfin ils ont péri de faim.

Souvent néantmoins ils ne sont pas exposés à un jeûne trop rigoureux; comme ils sçavent placer leur entonnoir dans des lieux fréquentés par les insectes, il y en a toûjours quelqu'un de ceux-ci qui par imprudence donne dans le piége. D'ailleurs ils ne sont pas difficiles sur le choix du gibier; les insectes, de quelque genre qu'ils soient, leur sont bons, dès qu'ils peuvent s'en rendre maîtres: les fourmis, comme nous l'avons déja dit, sont de ceux dont ils attrapent le plus; ils prennent aussi assés souvent des cloportes: de petites chenilles, des araignées sont pour eux des mets plus rares, mais dont ils peuvent se régaler quelquefois; de très-petits moucherons qui marchent volontiers sur le sable, & qui volent assés mal, leur font un fond d'aliments plus sûr que les gros insectes: des mouches & des papillons sont quelquefois pris par le formica-leo, avant qu'ils ayent pu faire usage de leurs aîles pour s'échapper. Mais on les régale bien quand on jette dans leur trou une mouche bien ventruë à qui on a arraché les aîles. Enfin, ils prouvent que tous les insectes leur conviennent, & au moins qu'ils ne connoissent pas la pitié en n'épargnant pas même ceux de leur espece; le formica-leo est lion pour le formica-leo même: quand on en jette un dans le trou d'un autre, ou s'il y en a un qui y tombe par mégarde, il est traité avec autant de barbarie que le seroit un insecte de tout autre genre; il est saisi par celui entre les cornes duquel il a eu le malheur de tomber, qui lui perce le corps & le succe; en un mot, il en fait un très-bon repas.

Les cornes ne sont pas seulement en état de percer les insectes dont le corps n'a que des enveloppes membraneuses, ou que des écailles minces telles que celles des fourmis; elles percent les corps les mieux caparaçonnés. J'ai quelquefois donné à des formica-leo des scarabés dont le ventre étoit couvert d'écailles épaisses & dures; il a cependant été mal défendu, les cornes ont pénétré dans son intérieur.

Le formica-leo à l'affût, & parfaitement tranquille au fond de son entonnoir, est averti pour l'ordinaire par quelques grains de sable qui s'éboulent, de l'arrivée d'un insecte sur le bord du précipice: il peut même souvent y voir le petit animal qui va devenir sa proye, car il voit très-bien; au moins a-t-on lieu de le juger ainsi sur ce que le plus souvent il retire ses cornes sous le sable, lorsqu'on veut regarder son trou de trop près. M. Poupart ne lui a donné que deux yeux; M. Vallisneri l'a mieux observé, lorsqu'il lui en a trouvé dix à douze. Il en a réellement douze, six de chaque côté, arrangés sur le bout d'une tubérosité placée en-dessus de la tête, près de la partie extérieure de la base de chaque corne *: ils ne peuvent être rendus sensibles que par une forte loupe; mais avec son secours, on s'assûre de leur nombre & de leur figure. Chacun est un petit grain qui a de la rondeur & de la convexité, & tout le poli, le luisant & le transparent

* Pl. 32. fig. 3. y, y, & fig. 9. y.

qu'ont les trois petits yeux diſpoſés en triangle ſur la tête des mouches. Les cornes du formica-leo ne ſçauroient être entiérement hors du ſable, ſans que ſes yeux qui ſont à leur baſe, ſoient à découvert; ils lui apprennent quand il eſt temps qu'il ſe tienne prêt à ſaiſir un inſecte infortuné.

Il ſemble même qu'outre le ſentiment de la vûë, ils en ayent quelqu'autre qui les inſtruiſe de la préſence des objets capables de mouvement: ils n'aiment pas à être vûs, ils cachent tout leur corps ſous le ſable, & y cachent de même leur tête & leurs cornes, dès qu'on les regarde de trop près. Ce ſeroit une façon de ſe montrer que de jetter en préſence d'un ſpectateur, du ſable hors du trou qu'ils veulent creuſer; auſſi ne s'y déterminent-ils qu'à peine, & encore faut-il que celui qui les regarde ne ſe donne aucun mouvement: de-là vient que les particularités de leur travail n'ont pas été bien obſervées, & qu'elles ſont plus difficiles à obſerver qu'on ne le croiroit. Ayant des centaines de formica-leo dans une même caiſſe, je m'étois imaginé qu'après avoir comblé tous leurs trous, qu'après avoir applani toute la ſurface du ſable, je verrois à la fois des centaines de ces inſectes à l'ouvrage; mais il m'eſt arrivé de me tenir alors auprès de la caiſſe pendant des heures entiéres, & de n'y en voir que quelques-uns qui faiſoient en cheminant des traces dans le ſable, ou qui au plus ébauchoient quelques trous, aucun ne ſe mettoit tout de bon au travail. Ennuyé de ne rien voir d'aſſés ſatisfaiſant, je m'éloignois d'eux, & lorſque je revenois les viſiter au bout d'une demi-heure, ou plûtôt, j'étois étonné de trouver 40 ou 50 entonnoirs très-finis. Ainſi inſtruit que ma préſence les tenoit dans l'inaction, je m'éloignois de nouveau de la caiſſe, mais pourtant pas aſſés pour en perdre le ſable de vûë: dès que j'en étois à quelques pas, tout ſe ranimoit; de toutes parts je voyois des jets de ſable lancés continuellement en l'air: dès que je me rapprochois jusqu'à un certain point, le nombre des jets diminuoit, & s'il y en avoit encore lorsque j'étois près de la caisse, ce n'étoit pas au moins du côté où j'étois placé; il sembloit que les formica-leo les plus proches de moi sentissent ma présence autrement que par leurs yeux, car plusieurs auxquels je devois être caché par le bord de la caisse, cessoient de travailler. Je ne suis donc parvenu à voir la suite complette de leur opération, qu'après m'être tenu si immobile que j'étois pour eux ce qu'eût été un tronc d'arbre: c'est alors que j'ai pu observer distinctement comment ils chargent leur tête de sable avec celle de leurs premiéres jambes qui est vers l'axe du trou; lors même qu'on ne voit pas cette jambe, on connoît qu'elle travaille par l'agitation, par une espece de bouillonnement qui paroît dans le sable qui est au-dessus d'elle, & qu'elle pousse sur la tête.

Au reste, le formica-leo n'est point arrêté de même par la présence de l'Observateur, quand il s'agit de faire tomber dans le fond de son trou un insecte qui tend à s'en échapper, en grimpant le long des parois; il n'hésite point à lancer vers lui des jets de sable : le motif qui l'anime alors, l'empêche de penser que ces jets de sable peuvent le déceler.

Quand un insecte est tombé entre les deux cornes redoutables, & qu'elles ont pu le serrer, c'est fait de lui, quoiqu'il soit même supérieur en force au formica-leo; les mouvements qu'il se donne pour lui échapper, sont inutiles: le formica-leo caché & cramponné par son derriére sous le sable, tient bon contre des efforts qui l'entraîneroient s'il en étoit dehors. Pour mettre l'insecte vigoureux qui est devenu sa proye, dans l'impuissance de continuer trop long-temps ses efforts, & pour les rendre plus foibles, il travaille à l'étourdir en le ſecouant très-rudement, & en battant ſon corps contre le ſable. On voit mieux alors qu'en aucun autre temps, combien eſt grande la force du col du formica-leo pour enlever un peſant fardeau dont la tête eſt chargée, combien ſont prompts les mouvements que le col peut faire faire à la tête malgré le poids qui la ſurcharge, & enfin le temps conſidérable pendant lequel il peut agir avec tant de force & de vîteſſe. Un jour j'arrachai les quatre aîles à une abeille, ſans lui faire d'autre mal, & en prenant toutes les précautions néceſſaires pour l'empêcher de perdre ſon aiguillon; pendant que rien ne lui manquoit de ſa vigueur naturelle, & que le traitement que je lui avois fait la mettoit en fureur, je la jettai dans l'entonnoir d'un formica-leo qui dans le moment lui ſaiſit le corps du côté du dos, tout près de ſa jonction avec le corcelet: l'abeille ainſi poſée ne pouvoit faire uſage de ſon arme contre ſon ennemi; mais elle faiſoit les plus grands efforts pour lui échapper: pour la mettre plûtôt dans l'impuiſſance de les continuer, d'inſtant en inſtant le formica-leo la ſecouoit le plus rudement qu'il lui étoit poſſible; après l'avoir élevée ſans l'abandonner, il la faiſoit retomber avec une grande vîteſſe, il la frappoit contre le ſable: l'abeille tint bon contre de pareils coups redoublés fréquemment pendant plus d'un gros quart d'heure; mais enfin le formica-leo qui pendant qu'il battoit le corps de cette mouche contre le ſable, ne laiſſoit pas de le ſuccer un peu, la mit hors d'état de s'agiter, & acheva de la ſuccer à ſon aiſe.

Loin que la réſiſtance que leur fait leur proye, les en dégoûte, cette réſiſtance a pour eux un attrait: ils ſemblent ſi ſenſibles au plaiſir de remporter une victoire, qu'ils dédaignent l'inſecte qui n'eſt pas au moins un peu en état de la leur diſputer; quelque ſucculent que ſoit celui qui tombe dans leur trou, & quoiqu'il soit de ceux qui sont le plus à leur goût, ils n'y touchent pas s'il est mort; bien-tôt ils l'en jettent dehors comme une ordure. Ce n'est pas précisément parce qu'ils n'aiment, pour ainsi dire, que de la chair extrêmement fraîche; après avoir tué une mouche en lui pressant la tête, sur le champ je la jettois dans l'entonnoir du formica-leo qui me sembloit attendre de la proye avec le plus d'impatience; quelque dodu que fût le ventre de la mouche, le formica-leo ne le serroit aucunement entre ses cornes; elle n'étoit morte cependant que depuis un instant; & quelquefois ils succent pendant plus de trois heures celle à qui ils ont ôté la vie. La même mouche que je ne venois que de tuer, a été offerte successivement à plus de vingt formica-leo, qui tous l'ont méprisée. C'est une expérience que j'ai répétée un très-grand nombre de fois.

Je rapporterai encore un fait qui prouve que comme nos Chasseurs, ils sont quelquefois sensibles au cruel plaisir de tuer plus pour faire preuve d'adresse ou de force, que pour appaiser leur faim. Pendant qu'un formica-leo étoit occupé à succer le corps d'une mouche qui pouvoit lui fournir de quoi se rassasier pour plusieurs jours, j'ai jetté dans son trou une autre mouche à qui les aîles avoient été ôtées; quand elle y est restée pendant quelques instants, le formica-leo s'est souvent déterminé à abandonner celle dont il avoit encore peu tiré, à la lancer hors du trou, pour attrapper la mouche pleine de vie. Il y a pourtant des temps où ils négligent de s'emparer des insectes qui tombent dans leur trou: ces temps d'indolence sont apparemment ceux où ils n'ont aucun reste de faim. J'ai quelquefois laissé succer à fond à un formica-leo deux ou trois mouches de suite; alors il ne daignoit pas prendre la troisiéme ou la quatriéme que je lui livrois: quand ils tiennent un insecte entre leurs cornes, ils succent, & c'est en suçant tout ce que son corps à de succulent, qu'ils lui font perdre la vie; or quand le ventre du formica-leo se trouve rempli & distendu jusqu'à un certain point, il n'est plus en état de recevoir la matiére qui lui seroit apportée par la suction.

Au reste, un formica-leo qui a faim, vient à bout de vuider le corps d'un insecte, celui d'une grosse mouche par exemple, plus exactement qu'on ne l'imagineroit; il ne semble lui laisser que les anneaux écailleux qui en font l'enveloppe: ce corps qui, lorsqu'il a été saisi par les cornes, étoit gonflé, rond & souple, quand elles l'abandonnent, est applati & friable comme une feuille séche; toutes les parties molles qui le remplissoient, semblent en avoir été ôtées, au moins tout leur suc a-t-il été enlevé: quand il est réduit en cet état, d'un coup de tête le formica-leo le jette quelquefois à cinq ou six pouces des bords de son trou. La tête d'une mouche a beaucoup de matiére succulente, mais que notre insecte y laisse sans y toucher, elle n'est pas de son goût.

Lorsque l'on se rappelle la finesse des organes avec lesquels le formica-leo doit faire passer dans son corps tout ce qui est renfermé dans celui d'une très-grosse mouche, on admire qu'il y puisse parvenir. Quelle doit être la petitesse de l'ouverture qui est au bout d'une pointe aussi déliée que celle de chaque corne du formica-leo! ce qui sort du corps de la mouche ne peut pourtant arriver dans celui du formica-leo, qu'en passant par deux ouvertures si prodigieusement petites. Les deux Auteurs qui nous ont donné une Histoire de cet Insecte, ont regardé l'extérieur de chaque corne, tout ce que nous en voyons, & qui est écailleux, comme un corps de pompe dans lequel jouë un piston. Nous avons déja dit que

chaque

chaque corne eſt une pompe, mais dont on ne ſe feroit pas une idée aſſés exacte, ſi on la comparoit à nos pompes ordinaires: ſi elle a un piſton, ç'en eſt un autrement poſé que ceux que nous faiſons agir; dans toute ſa longueur, la moitié de ſa circonférence eſt hors du corps de la pompe. Mais pour expliquer ce qu'il nous eſt permis de voir de la ſtructure de ces trompes ou cornes, nous ferons d'abord remarquer qu'elles ſont plus larges qu'épaiſſes *: leur face ſupérieure * eſt arrondie, & n'a rien de particulier; mais tout du long de la face inférieure regne un cordon * qui a quelque relief, placé à diſtance égale de l'un & de l'autre bord, & qui occupe plus de la moitié de la largeur de cette face: ce cordon eſt plus opaque que le reſte, & comme le reſte, il eſt écailleux. Il ſemble avoir été regardé comme la partie creuſe dans laquelle eſt logé le piſton; mais ſi on veut en trouver un à chaque corne, c'eſt le cordon lui-même qui l'eſt. Malgré ce que la premiére apparence porte à croire, il n'eſt point une piéce qui faſſe corps avec le reſte, qui y ſoit ſoudée ou réunie fixement: c'eſt une piéce aſſemblée avec une extrême préciſion, comme nous avons vû * que le ſont celles dont ſont compoſées les tarriéres des cigales, & qui, comme les piéces de ces tarriéres, eſt capable de mouvements qui lui ſont propres; elle peut agir pendant que le reſte de la corne eſt en repos. C'eſt une obſervation qui n'a pas échappé aux yeux de M. Bonnet. Dans une de ſes lettres, il me marqua qu'après avoir ſoupçonné que ce cordon étoit une piéce qui ne faiſoit pas corps avec le reſte, au moyen de la pointe d'une épingle il étoit parvenu à le déboîter, pour ainſi dire, dans toute ſa longueur *, que d'une corne il ſembloit en avoir fait deux; qu'alors il étoit maître de porter à droite ou à gauche le cordon qui n'étoit arrêté que par ſa baſe. Dans une autre circonſtance où il obſervoit une trompe en-deſſous,

* Pl. 33. fig. 3 & 4.

* Fig. 3.

* Fig. 4 & 5. *b i.*

* *Tome V. Mémoire 4. p. 170. & ſuivantes.*

* Fig. 7. *i p b.*

il crut voir un petit mouvement dans le cordon; il lui parut que tantôt il s'avançoit vers la pointe, & tantôt il se retiroit en arriére. Il est réellement capable des mouvements que M. Bonnet a crû lui voir faire: c'est en se portant en avant, & en retournant ensuite en arriére, qu'il amene le suc du corps de l'insecte dans lequel la corne a pénétré, dans cette corne même; ses mouvements alternatifs sont semblables à ceux d'un piston, & produisent un semblable effet, aussi lui en donnerons-nous le nom.

J'ai vû ce piston en pleine action dans la circonstance la moins équivoque; il y a un grand nombre d'années, c'est-à-dire, dès que je commençai à étudier le formica-leo, je pensai qu'il me seroit possible d'observer ce qui se passe dans les cornes de celui qui succe un autre insecte. J'en fis jeûner un pendant plusieurs jours, dans l'intention d'éprouver si pressé par la faim, quoique tenu entre mes doigts, il ne se détermineroit pas à percer le corps de la mouche que je lui présenterois, & à le succer, & si je ne pourrois pas me servir d'une loupe très-forte pour découvrir ce que la partie de chaque corne qui resteroit en dehors du corps de l'insecte sacrifié à la faim de l'autre, offriroit de remarquable dans de pareils moments. Le formica-leo répondit à mon attente; la mouche que je mis entre ses cornes, fut bien-tôt percée, & bien-tôt je vis par quelle méchanique elle étoit succée, ou plûtôt, l'agent employé à la succer. Ce cordon que je n'avois point soupçonné être mobile, étoit dans une action continuelle; alternativement il étoit porté en avant & retiré en arriére avec une extrême vîtesse.

C'est une observation que j'ai répétée depuis bien des fois, & plus aisée à faire que je ne l'avois cru: la circonstance du long jeûne n'est aucunement nécessaire, il suffit de prendre un formica-leo qui ne soit pas trop rassasié.

Souvent néantmoins celui qu'on tient entre ses doigts ne se presse pas de serrer le corps de la mouche qu'on lui offre; mais on l'y engage par quelques agaceries, en l'approchant & en l'éloignant de lui, en la déterminant à faire des mouvements. Impatient quelquefois de ce que tout cela ne réussissoit pas, je pressois le corps de la mouche contre une des cornes, je l'obligeois à aller sur le poignard qui ne venoit pas vers lui: quoique ce fût en quelque sorte contre le gré du formica-leo, que j'eusse fait pénétrer une de ses cornes dans l'intérieur de la mouche, il profitoit pourtant de l'occasion; je ne tardois guéres à voir le jeu du piston. Cette expérience m'a appris que les deux cornes, que les deux trompes peuvent agir séparément, & m'a laissé douter si leur action est quelquefois simultanée: il n'est pas possible de les observer toutes deux dans le même moment avec une loupe d'un court foyer.

Un autre moyen encore plus simple & plus prompt de voir le jeu de l'un & de l'autre piston, mais qui ne sera pas choisi par ceux qui aimeront mieux ne se pas donner ce petit spectacle, que de faire souffrir un formica-leo, c'est de lui couper une des cornes environ vers le milieu de sa longueur ou plus près de sa base. Qu'on observe ensuite par-dessous la partie mutilée qui est resté attachée à la tête, on y verra sa portion de piston dans un mouvement continuel; on la verra descendre au-dessous du bout coupé *, & remonter ensuite *.

* Pl. 33. fig. 8. *p b.*

* Fig. 9. *p b.*

Pendant que les pistons sont en mouvement, on doit aussi accorder quelques regards au dessous de la tête; ils apprendront que de chaque côté près de son bout antérieur, c'est-à-dire, plus en arriére que l'origine des cornes, il y a deux parties membraneuses chacune desquelles a des mouvements correspondants à ceux du piston dont elle est le plus proche. Lorsque le piston se retire vers la tête, la membrane s'éleve, & forme une eſpece de demi-veſſie; & quand le piſton va en avant, la membrane fait plus que s'applanir, elle rentre dans une cavité. C'eſt deſſous chacune de ces parties membraneuſes que ſe trouvent les muſcles qui font jouer un des piſtons; là ſe rend apparemment un fort & long tendon qui demeure quelquefois adhérent à la baſe de la corne qu'on a arrachée.

Chaque corne ou trompe du formica-leo eſt donc compoſée de deux parties; l'une fixe *, & qui en eſt comme le corps; & l'autre mobile *, le piſton. Dans l'état de repos, la pointe de la corne * eſt formée de celle du corps de pompe & de celle du piſton exactement appliquées l'une contre l'autre ſans ſe déborder; elle eſt néantmoins encore très-fine. Quand il s'agit de ſuccer, la pointe du piſton eſt alternativement pouſſée par-delà la pointe du corps de pompe, & alternativement ramenée vers la tête: c'eſt donc la pointe du piſton qui conduit dans le corps de pompe tout ce qui eſt ſucceſſivement tiré du corps de l'inſecte. Sur ce qu'elle peut être dardée en avant, je ſoupçonne que c'eſt elle auſſi qui le perce, qui fait la premiére playe: cette pointe eſt un peu plus allongée que celle du corps de pompe, elle eſt priſe de plus loin; toutes les deux pourtant ſont à peu-près également fines, & plus brunes que ce qui les précede: la pointe du corps de pompe eſt encore plus brune que l'autre.

* Pl. 33. fig. 7. *k c.*
* *i p.*
* Fig. 5. *i.*

Mille choſes curieuſes échappent à nos yeux, même aidés du ſecours des plus fortes loupes & de celui du microſcope, lorſqu'il s'agit de s'aſſûrer de la véritable conformation, & de tout ce qui entre dans la compoſition de parties auſſi déliées que le ſont les trompes dont il eſt queſtion à préſent. Quand avec une pointe d'épingle ou d'aiguille on a dégagé le piſton * du corps de la pompe, on voit bien que ce dernier * eſt un tuyau creux, & qui a

* Fig. 7. *i p.*
* *k c d.*

été mis à découvert dans toute ſa longueur du côté de ſa face concave, mais non dans toute la largeur de cette face; il reſte de chaque côté la partie qui étoit en recouvrement ſur le piſton, & aſſemblée avec lui : le bord de l'une & celui de l'autre de ces parties ſe font diſtinguer par un filet preſque noir. Si enſuite on conſidere avec attention & dans les ſens favorables la face du piſton, qui naturellement eſt logée dans le corps de pompe, près de chacun de ſes bords on apperçoit deux filets plus relevés que le reſte, & entre leſquels eſt une gouttiére. Mais dans cette petite gouttiére du piſton, & dans la gouttiére plus grande ou le tuyau creux du corps de pompe, il doit y avoir des chairs, des muſcles qu'on ne peut voir aſſés nettement. Après que l'on a coupé tranſverſalement une corne dont le piſton eſt en place, pluſieurs gouttes d'eau paroiſſent bien-tôt ſur le bord de la coupe, & cette eau enlevée, on diſtingue dans la cavité des chairs blanches; mais on ne voit pas aſſés leur arrangement, on eſt incertain ſi elles laiſſent du vuide. Pour s'aſſûrer que de l'eau peut aller, & qu'il eſt apparemment néceſſaire qu'elle aille quelquefois de la tête dans l'intérieur des cornes, on n'a qu'à preſſer la baſe de celles-ci, ou la tête même; ſouvent on force une gouttelette d'eau très-claire à ſortir par la pointe de chaque corne. M. Bonnet qui a goûté de cette eau, l'a trouvé très-inſipide; il ſoupçonne que les formica-leo peuvent s'en ſervir, comme nous avons dit ailleurs * que les papillons ſe ſervent de celle qu'ils font ſortir du bout de leur trompe, pour augmenter la fluidité des aliments qui ont à paſſer par un canal extrêmement délié.

* *Tome I. Mémoire 5. page 244.*

M. Poupart a ſuppoſé comme un fait, mais dont il n'a donné aucune preuve, que les cornes du formica-leo qui ont été coupées, ſe réparent. Ce fait eût pourtant mérité qu'on eût indiqué les expériences qui l'avoient appris; celles que j'ai tentées n'ont point eu de ſuccès: j'ai coupé une des cornes d'un formica-leo, environ vers le milieu de ſa longueur; il a vécu pluſieurs ſemaines ſans prendre d'aliments, & la corne maltraitée eſt reſtée dans l'état où je l'avois miſe.

Tous les aliments qui entrent dans l'intérieur de cet inſecte, ſont employés utilement pour le faire croître, ou s'ils laiſſent quelque réſidu, il ne s'échappe du corps en grande partie que par la voye de l'inſenſible tranſpiration, & le reſte demeure dans l'eſtomac & les inteſtins. A deſſein j'ai fourni ſucceſſivement deux ou trois groſſes mouches à un formica-leo: quand il a été raſſaſié au point de ne vouloir plus toucher à celle que je lui offrois, & d'avoir tous ſes anneaux très-diſtendus, je l'ai mis ſeul dans une taſſe de porcelaine bien nette, il n'y a rejetté aucun grain ſenſible d'excréments; auſſi lui chercheroit-on inutilement au derriére ou ailleurs une ouverture analogue à l'anus.

Si cependant on lui preſſe le corps, on fait paroître au bout de ſon derriére une petite maſſe charnuë *, du milieu de laquelle on voit ſortir un tuyau charnu & blanc *: en redoublant la preſſion, on force un ſecond tuyau * à ſe dégager du premier dans lequel il étoit contenu, comme ceux des lunettes raccourcies le ſont les uns dans les autres. Ce dernier eſt charnu ainſi que l'autre, mais de couleur différente, la ſienne eſt un brun-clair; près de ſon bout eſt un étranglement après lequel il ſe termine par une eſpece de petite tête taillée en bec de plume *: l'échancrûre qui forme ce bec, eſt en-deſſous, là on croit appercevoir qu'il eſt percé, & il l'eſt réellement; mais l'uſage de l'ouverture qui s'y trouve, n'eſt point de laiſſer ſortir le réſidu des matiéres dont les ſucs nourriciers ont été extraits par l'eſtomac & les inteſtins, elle eſt faite pour

* Pl. 32. fig. 7 & 8. *p*.

* *q*.

* *r*.

* Fig. 8. *ſ*.

donner paſſage à une liqueur dont il importe au formica-leo d'être pourvû quand il a fini ſon croît. Alors il doit changer d'état, ſubir une premiére métamorphoſe, devenir nymphe; & ſous cette forme il lui convient, comme à tant d'autres inſectes, d'être renfermé dans une coque faite de ſoye en grande partie. Les tuyaux charnus dont nous venons de parler, ſont la filiére où ſe moule la liqueur qui doit devenir ſoye, & ces mêmes tuyaux ſont l'inſtrument, ou, ſi l'on veut, l'eſpece de main qui arrange les fils de ſoye, & qui en conſtruit une coque. En un mot, cette partie eſt ſemblable à la filiére du lion, des pucerons dont nous avons parlé ailleurs *, & ſes uſages ſont préciſément les mêmes.

* *Tome III. Mémoire 11. page 384.*

Les formica-leo naiſſent en Eté ou en Automne, & l'année où ils naiſſent, n'eſt pas celle où ils ſe transforment; je ne ſçais même s'ils n'ont pas tous à vivre deux ans avant que de ſe métamorphoſer. On en trouve de très-gros à la fin de l'Hiver, ou d'une groſſeur médiocre, dont les uns deviennent des nymphes dans ce pays vers les premiers jours de Juin, & les autres plus tard dans le même mois, ou dans celui de Juillet. Mais on en trouve de très-petits à la fin de l'Hiver, & même à la fin du Printemps, qui ont encore plus d'une année à vivre avant que de ſe métamorphoſer: peut-être que tous ceux qui ſont gros dès le commencement de l'Hiver, avoient déja paſſé un autre Hiver. Quoi qu'il en ſoit, quand le temps approche où un de ces inſectes doit changer de forme, ſi la place où eſt ſon trou lui paroît bonne, il ſe contente de s'enfoncer plus avant ſous le ſable; il n'a plus beſoin alors de laiſſer paroître ſes cornes: ſi le lieu où il ſe trouve n'eſt pas à ſon gré, il en cherche un meilleur, & trace de longs & tortueux ſillons dans le ſable de la caiſſe où on le tient *; il s'enfonce & ſe cache enfin dans l'endroit pour lequel il

* Pl. 32. fig. 11.

s'eſt déterminé; c'eſt-là qu'il va travailler à ſe faire un logement, une coque.

Lorſqu'au mois de Juillet ou d'Août on cherche au fond des vieux entonnoirs, ou qu'on remuë le ſable qu'on ſçait avoir été habité par ces inſectes, on y rencontre ſouvent de leurs coques. La premiére fois qu'on y en découvre une, on croit avoir trouvé une boule de ſable ou de terre fine *, une boule faite des grains du terrein dans lequel on a fouillé. Chaque boule eſt une coque; ſon extérieur eſt fait de grains bien arrangés, & qui tiennent enſemble par de foibles liens: les yeux ſeuls ſuffiſent ſouvent pour faire appercevoir, & on voit encore mieux avec une loupe, que ces liens ſont des fils de ſoye très-fins. Une aſſés légére preſſion apprend que la boule eſt creuſe: ſi on l'ouvre avec des ciſeaux, les parois de ſa cavité paroiſſent bien éloignées d'avoir le grainé de la ſurface extérieure; le plus beau ſatin blanc n'a pas un luiſant & un liſſe égal au leur, auſſi le ſatin n'eſt-il pas fait d'une ſoye ſi fine, ni ſi artiſtement miſe en œuvre.

* Pl. 34. fig. 1.

L'intérieur de cette boule eſt alors occupé par la nymphe * qui eſt courbée en arc; le dos en eſt le côté convexe, il poſe ſur une concavité du frottement de laquelle il n'a rien à craindre. On y trouve auſſi la dépouille que l'inſecte a quittée, celle qui lui donnoit auparavant la forme de formica-leo. Le crâne y tient, & les cornes ſont reſté attachées à ce crâne; elles ne ſont pas des parties propres à la nymphe, qui n'a beſoin de prendre aucun aliment. La fente par laquelle la nymphe s'eſt tirée, ſe trouve ſur le dos où M. Valliſneri a dit qu'elle étoit, & non ſur le ventre où M. Poupart l'a placée.

* Fig. 3, 4 & 5.

M. Poupart a encore rapporté un fait que je crois peu certain: il a aſſûré que lorſque le formica-leo étoit prêt à ſe métamorphoſer, il ſuintoit de ſon corps une liqueur

viſqueuſe

visqueuse qui lioit ensemble les grains de sable qui donnent de la solidité à la coque, & qui en forment l'extérieur : il ne l'a dit que parce qu'il a cru que cela devoit être ainsi, car il n'a jamais vû le corps d'un formica-leo enduit de cette liqueur; il auroit dû, ce me semble, penser aux inconvénients qui en seroient à craindre. Il en arriveroit que les grains de sable ou de terre seroient collés contre la peau de cet insecte, qu'ils lui formeroient un fourreau, un moule exactement appliqué sur lui, & qui lui seroit adhérent : l'insecte alors ne se trouveroit pas, comme il a besoin de se trouver, dans une cellule où il ait la liberté de se donner quelques mouvements. Ce n'est point, pour ainsi dire, au hazard que s'échappe la liqueur qui attache les grains ensemble. M. Poupart avoit très-bien vû la filiére que nous avons décrite ci-devant, il avoit mis des formica-leo dans la nécessité de lui montrer que c'est avec cette filiére qu'ils tapissent l'intérieur de leur coque : après en avoir tiré de dessous le sable où ils avoient commencé à travailler à leur coque, il les avoit posés sur une couche de sable si mince qu'ils ne pouvoient s'enterrer dessous; M. Poupart, qui avoit sçu ainsi mettre le formica-leo dans la nécessité de filer sous ses yeux, auroit dû penser que c'étoit avec de la soye qu'il parvenoit à lier les grains de sable qui forment l'enveloppe solide de la coque.

Il est vrai que quelque disposé qu'on soit à accorder de l'adresse au formica-leo, on a d'abord quelque peine à imaginer qu'il puisse parvenir à se faire la coque dont nous parlons : il se trouve au milieu d'un tas de grains extrêmement mobiles, dont les supérieurs s'appuyent nécessairement sur son corps; comment viendra-t-il à bout de ménager dans ce sable une cavité plus grande que celle que son corps peut remplir, telle qu'est la cavité de l'intérieur de chaque coque ? Si on y prend garde, la difficulté pourtant se réduit à faire une voute de sable hémisphérique : dès qu'on supposera cette voute faite, & capable de résister à la pression du sable supérieur, le formica-leo pourra ménager un vuide au-dessous, il pourra pousser en embas & vers les côtés une partie du sable qui est sous la voute ; or l'insecte qui sçait filer, quoique posé au milieu d'un massif de sable, peut attacher les uns aux autres les grains qui se trouvent au-dessus de lui, & coller assés de ces grains pour former une calotte hémisphérique : cela fait, le reste ne demande plus que du temps. Cet ordre dans la construction, qui nous a paru le seul que le formica-leo pût suivre, est aussi celui qu'il suit ; on s'en convaincra, si on trouble de ces insectes dans un travail qu'ils n'ont que commencé : j'ai enlevé avec précaution les couches de sable sous lesquelles des formica-leo étoient occupés à bâtir ; lorsque j'ai mis ainsi à découvert des coques qui n'étoient pas encore finies, ç'a toûjours été en dessous que je les ai trouvé ouvertes.

Au reste, on peut forcer un formica-leo à montrer les principales manœuvres au moyen desquelles il parvient à se bâtir une coque, si on le tire de celle qu'il a commencée, avant qu'il ait eu le temps de la fermer ; alors il lui reste encore dans le corps une provision de liqueur à soye, & il fait tout ce qui est en lui pour l'employer utilement, si on lui donne du sable à sa disposition. Ce qu'on remarquera d'abord, c'est que le formica-leo à qui on vient d'ôter l'ouvrage auquel il s'occupoit, n'est pas étendu comme ils le sont tous dans l'état ordinaire ; sa tête & son corps ne se trouvent plus dans une ligne droite. Ce dernier est recourbé en arc de cercle ; il semble être devenu le moule sur lequel la coque doit prendre de la rondeur : la convexité que les premiers anneaux forment du côté du dos, ramene le col & la tête en dessous, vers le ventre, de maniére que si on appuye un peu sur les cornes, elles touchent en dessous le bout du derriére; il n'est plus alors en son pouvoir de se redresser entiérement, tout ce qu'il peut, c'est de se courber un peu moins. Si on pose le côté convexe ou le dos de ce formica-leo sur une couche de sable trop peu épaisse pour qu'il puisse y être enterré, on lui voit faire des tentatives pour se construire une coque. C'est alors qu'il fait paroître sa filiére *, qu'il l'allonge autant qu'elle peut être allongée; il la porte à droite & à gauche, en dessus & en dessous, pour chercher le sable: lorsque son bout en a touché successivement deux grains, ils sont liés ensemble. On voit avec plaisir les mouvements de la filiére se répéter avec une grande vîtesse, comment elle s'incline & se courbe de différents côtés; & enfin, on voit ce que ses mouvements ont produit: on distingue une ou plusieurs larges files de grains de sable qui ont été attachés ensemble, & qui forment des morceaux de rubans étroits. Tout ce travail pourtant ne lui donne point une coque; il ne peut venir à bout de s'en faire une, à moins que la couche de sable ne soit assés épaisse pour le couvrir: ce n'est que quand il est couvert de sable, qu'il parvient à réunir les grains qui forment la voute qui est, pour ainsi dire, le fondement de l'édifice; celui de ce petit bâtiment en doit être la partie la plus élevée.

* Pl. 32. fig. 7 & 8.

Entre les boules ou coques on en trouve de grosseurs différentes, quelques-unes n'ont que quatre lignes de diametre, & les autres en ont cinq: les plus grosses sont les logements des plus gros formica-leo, qui sont ceux qui doivent devenir des mouches femelles; je m'en suis assûré en ne mettant dans un poudrier que de grosses coques, & dans un autre que de petites; les mouches qui sont sorties des petites coques, ont été des mâles, & celles qui sont sorties des grosses coques, ont été des femelles.

Ce n'eſt pas ſeulement parce que le formica-leo eſt petit, qu'il eſt difficile de voir diſtinctement ſes parties intérieures, c'eſt ſur-tout parce que dès qu'on lui ouvre le corps, quelque précaution qu'on apporte à donner le coup de ciſeau ou de lancette, il s'épanche par la playe une eau d'un brun noirâtre & aſſés épaiſſe; quelquefois pourtant lorſque le coup de ciſeau n'a emporté qu'une petite portion d'un des côtés, il ſort par la bleſſûre une veſſie dans laquelle la liqueur brune eſt renfermée, mais dont les membranes ſont ſi minces qu'on ne peut guéres les toucher ſans les briſer. On peut plus aiſément manier une autre partie de la groſſeur d'un pepin de raiſin, mais un peu moins oblongue: elle oppoſe quelque réſiſtance lorſqu'on veut l'écraſer; elle eſt remplie par une matiére noire plus épaiſſe que de la bouillie, elle n'eſt nullement coulante. Ce grain noir & la veſſie pleine d'une liqueur brune, me paroiſſent compoſer enſemble le conduit des aliments, dont le grain qui contient la matiére non coulante, eſt la derniére partie: elle paroît un canal aveugle; on ne lui trouve point, & on ne doit point lui trouver de prolongement vers le derriére, dès que l'inſecte n'a point d'anus. Près du derriére on peut voir encore une veſſie remplie d'une liqueur tranſparente, qui eſt apparemment le réſervoir de la liqueur à ſoye: cette veſſie, ou une avec laquelle elle communique, m'a paru quelquefois adhérente au grain noir. On découvre aiſément avec la loupe des milliers de trachées; mais ce qui occupe le plus de place, ſur-tout dans le corps des formica-leo prêts à ſe métamorphoſer, eſt une matiére blanche qui ſemble analogue à ce qui a été nommé le corps graiſſeux dans les chenilles: elle eſt un amas de corps oblongs, comme de petits boudins appliqués les uns ſur les autres, & mis les uns au bout des autres.

Les crisalides qui doivent devenir des papillons, sont plus courtes considérablement que les chenilles sous la forme desquelles elles ont pris leur accroissement. Les nymphes des formica-leo * au contraire, sont plus longues que les formica-leo : leur corps n'est pas blanc, comme l'est communément celui des nymphes ; il tient encore de la couleur qu'avoit le formica-leo, il est grisâtre, mais pourtant d'un gris plus clair, fait par des taches brunes distribuées sur un fond jauneâtre. On trouve aisément à ces nymphes toutes les parties propres à une mouche, & dans un arrangement semblable à celui qu'elles ont sur le corps des nymphes de différents genres. Ces parties se fortifient dans la coque : après que l'insecte y a passé environ trois semaines dans une parfaite tranquillité, les aîles ne demandent plus qu'à être tirées des fourreaux qui les tiennent plissées, pour être propres à soûtenir le petit animal en l'air ; & les jambes n'ont qu'à sortir des leurs, pour être en état de le porter sur terre. L'insecte se défait alors d'une dépouille mince & blanche, il devient une mouche * munie de dents, dont elle ne tarde pas à faire usage pour briser une partie des fils qui tapissent sa coque, & une partie de ceux qui lient des grains de sable ; en un mot, avec ses dents elle perce une porte par laquelle elle sort : c'est même en sortant qu'elle acheve de se dépouiller ; car l'enveloppe se trouve en partie seulement en dehors du trou de la coque *.

* Pl. 34. fig. 3, 4 & 5.

* Fig. 7.

* Fig. 6. o d.

Ces mouches dont le corps est très-long & presque cylindrique, qui volent le long des ruisseaux & des prairies, sont assés généralement connuës sous le nom de demoiselles : la mouche qui a été formica-leo, a été mise au rang des demoiselles, mais elle en est une d'un genre différent de celui des demoiselles qui aiment à voler le long des rivieres. Quoiqu'elle ait de longues aîles, & plus longues même que ſon corps, & qui ont plus d'ampleur que celles des demoiſelles les plus communes, ſon vol le cede beaucoup en agilité au vol de ces derniéres; il a quelque choſe de peſant, auſſi ne ſe ſoûtiennent-elles pas en l'air, purement pour s'y ſoûtenir, comme les autres le ſemblent faire; on ne les y voit que rarement, même dans les pays où il y a le plus de formica-leo. Ce n'a guéres été que dans les premiers jours de Juillet que j'ai commencé à en voir ſortir de leurs coques; d'autres n'ont paru au jour qu'après la fin du même mois. Lorſqu'elles marchent, elles portent leurs aîles en toit au-deſſus du corps; alors il eſt entiérement caché: il n'a rien dans ſes couleurs qui invite à le conſidérer, il eſt griſâtre; on apperçoit ſeulement un petit bordé jauneâtre à la fin de chaque anneau: un griſâtre fait d'un mêlange de petites taches jauneâtres jettées ſur un fond brun, eſt auſſi la couleur du corcelet & celle de la tête: les aîles ſont d'une eſpece de gaze preſque blanche; ſix ou ſept petites taches brunes ſont ſemées ſur chacune des ſupérieures, & trois ou quatre ſeulement ſur chacune des inférieures.

* Pl. 34. fig. 8, 9 & 10. *d d.*

* *k k.*

A en juger par la force de leurs dents *, & les différents accompagnements de leur bouche *, ces mouches ſont voraces, comme elles l'ont été dans leur premier âge ſous la forme de formica-leo. Il ne m'eſt pourtant pas arrivé de les ſurprendre dans le temps où elles mangeoient un inſecte; & je dois croire qu'elles ne dédaignent pas les fruits. Une Dame qui ſemble ignorer les agréments & les talents qu'elle a en partage, ou au moins n'en faire aucun cas, & qui avec de très-beaux yeux cherche à voir, & voit très-bien des objets dont ſon ſexe eſt communément peu touché, voulut prendre ſoin d'une de ces mouches née chés elle, & qui l'avoit amuſée pendant qu'elle étoit formica-leo; elle lui offrit la moitié d'une prune, la demoiſelle en détacha avec ſes dents des parcelles, & les mangea: l'expérience fut répétée pluſieurs fois, & une fois en ma préſence; la demoiſelle montra toûjours le même goût pour les morceaux de prune.

Quoique j'aye mis des mâles avec des fémelles dans de très-grands poudriers, je ne les y ai pu voir s'accoupler avec elles. Les fémelles ont pourtant beſoin d'être fécondées peu de temps après leur transformation : elles laiſſent quelquefois un œuf dans leur coque, ce qui a été obſervé par M. Poupart. Il paroît donc qu'après avoir pris l'eſſor, elles ne ſont pas long-temps à faire leur ponte : je ne ſçais pas quel eſt à peu-près le nombre de leurs œufs, il ne doit pas être grand, car on leur en trouve peu dans le corps; auſſi ont-ils une grandeur aſſés conſidérable, ils ſont longs de plus d'une ligne & demie *, & n'ont guéres plus d'une demi-ligne de diametre où ils ſont le plus gros, vers leur milieu. Au reſte, ils ſont preſque de petits cylindres un peu courbés & dont les deux bouts ſont arrondis : leur coque eſt dure; leur couleur approche fort de celle d'une agathe pâle, excepté à un de leurs bouts qui eſt plus rougeâtre que le reſte, & même preſque rouge. Nos demoiſelles les laiſſent un à un dans un terrein ſablonneux, où, dès que le petit formica-leo eſt éclos, il ſe fait un entonnoir d'une grandeur proportionnée à ſes forces & au volume de ſon corps : cet entonnoir eſt quelquefois ſi petit, qu'il ne peut être apperçu que par des yeux attentifs.

* Pl. 34. fig. 12 & 13.

Les mâles ſont plus petits que les fémelles : ſi on preſſe le derriére de celles-ci, aſſés ſouvent on en fait ſortir un œuf; & ſi on preſſe le derriére des mâles, on fait paroître au-deſſous de l'anus * la partie charnuë qui doit opérer la fécondation, & d'autres parties qui l'accompagnent * propres à tenir ſaiſi le bout poſtérieur du corps de la fémelle. Après avoir preſſé entre mes doigts de ces mouches de différents ſexes, & ſur-tout des mâles, je me ſuis

* Fig. 11. *a*.
* *c, c.*

apperçu qu'il y étoit resté une odeur agréable de rose. J'ai quelquefois trouvé la même odeur, mais plus foible, à des poudriers dans lesquels plusieurs de ces mouches étoient renfermées.

Les petits yeux disposés en triangle sur la tête de plusieurs mouches, & qui sont sur celle des demoiselles les plus communes, manquent aux demoiselles des formica-leo, comme nous avons dit qu'ils manquoient à celles des petits lions.

Quoique je n'aye trouvé qu'une espece de formica-leo aux environs de Paris, & depuis Paris jusqu'au fond du Poitou, comme je l'ai dit au commencement de ce Mémoire, je suis pourtant persuadé qu'elle n'est pas la seule qui existe. M. le Marquis de Caumont m'a envoyé une mouche des environs d'Avignon *, qui ne differe presque que par sa grandeur, de la mouche du formica-leo de ce pays, elle en a tous les caractéres essentiels; d'où il y a lieu de croire qu'elle sort d'un formica-leo dont l'espece differe de celle du notre par sa grandeur. Une semblable raison me porte à croire qu'il y a à Saint-Domingue une autre espece de formica-leo, encore supérieure en grandeur à l'espece que je suppose aux environs d'Avignon. Dans les envois d'insectes qui m'ont été faits de cette Isle, par M. du Hamel Docteur en Médecine, j'ai trouvé une très-grande mouche * qui a tous les caractéres de celle dont il s'agit actuellement.

* Pl. 34. fig. 14.

* Fig. 15.

L'espece de formica-leo que M. Vallisneri a observée, ne doit pas être celle de ce pays, au moins s'il en a parlé avec assés d'exactitude: il rapporte que ces insectes marchent le plus souvent à reculons, sur-tout lorsqu'ils sont irrités, & qu'ils ont peur; ce qui suppose qu'ils vont au moins quelquefois en avant, ce que les notres sont dans l'impuissance de faire: ceux d'Italie ne semblent pas travailler aussi

aussi habilement que ceux de notre pays, à la construction de leur entonnoir, si, comme il est à présumer, toutes leurs manœuvres ont été bien décrites par M. Vallisneri.

Aux environs de Geneve il y en a sûrement une espece qui marche en avant, mais qui y est rare : M. Bonnet ayant remarqué cette allure singuliére à un de ces insectes qu'il venoit de tirer de terre, en chercha qui lui ressemblassent, il ne put parvenir à en trouver que deux autres; de ces trois, il m'en a envoyé un. Ces formica-leo rares auprès de Geneve, different de ceux qui y sont communs, & aux environs de Paris, en ce que leur couleur est moins claire, qu'elle tire plus sur le gris-de-fer; cette couleur plus brune se fait sur-tout remarquer sur la tête & sur les cornes : leur corps est plus allongé, & leur derriére se termine plus en pointe : leur tête est plus large, & leur col est plus long : leurs yeux sont plus gros, plus vifs, mieux séparés, & posés sur un tubercule plus saillant : leurs anneaux sont plus marqués : leurs jambes de la derniére paire sont moins repliées sous le corps. Une autre différence qui ne sçauroit être équivoque, demande qu'on considere avec une loupe le bout du derriére de l'un & de l'autre formica-leo ; en dessous de celui du formica-leo commun, on voit deux demi-couronnes de poils courts *, assés gros, & qui le sont également depuis leur origine jusqu'à leur bout : la demi-couronne * la plus proche de l'extrémité, a huit poils, & l'autre * n'en a que quatre. En dessous du nouveau formica-leo, on ne trouve point ces deux demi-couronnes de poils, mais il semble avoir l'équivalent de la supérieure dans deux plaques *, dont chacune * paroît faite de quatre poils collés les uns contre les autres. Quand on regarde le bout de chacune de ces plaques *, on croit le voir percé d'autant de trous que nous lui avons donné de poils; aussi seroit-on tenté de regarder ces plaques

* Pl. 33. fig. 10. r r, q q.
* q q.
* r r.
* Fig. 11 & 12. q, q.
* Fig. 11.
* Fig. 11.

comme analogues aux filiéres des araignées, si on ne sçavoit que le formica-leo en a une seule * posée tout autrement, & qui a une mobilité qui lui est nécessaire.

* Pl. 32. fig. 7 & 8. *f.*

M. Bonnet a eu & m'a envoyé la dépouille laissée par un de ces derniers formica-leo : en devons-nous conclurre qu'il leur est particulier de changer de peau, ou devons-nous penser que les dépouilles que laissent les formica-leo ordinaires, ont échappé à ceux qui les ont observés jusqu'ici, car je ne sçache personne qui les ait vûës!

Au reste, le genre des formica-leo ne seroit pas autant en honneur qu'il l'est, il ne seroit pas devenu fort célébre, si toutes ses especes n'avoient eu qu'une industrie aussi bornée que l'est celle de l'espece observée nouvellement. Jamais M. Bonnet n'a vû faire aucun entonnoir aux derniers formica-leo ; ils se contentent de se cacher sous le sable, & de saisir les insectes qui passent auprès d'eux; ils font apparemment des pas en avant pour ne les pas laisser échapper.

Nous avons parlé de quelques autres especes d'insectes qui appartiennent au genre des formica-leo, quand nous avons donné l'Histoire des Lions des Pucerons * : ce sont eux qui méritent véritablement le nom de lions, ils ne sçavent ce que c'est que de se mettre en embuscade, ils parcourent les plantes pour y chercher de la proye, ils attaquent des insectes de bien des genres ; il faut pourtant avouer que leur victoire est très-facile, quand ils se contentent de faire un carnage de pucerons. Ils se transforment en de très-jolies demoiselles, qui ont une maniére très-singuliére de placer leurs œufs au bout d'un long pédicule de matiére soyeuse.

* *Tom. III. Mém. 11.*

EXPLICATION DES FIGURES DU DIXIÉME MÉMOIRE.

PLANCHE XXXII.

LES Figures 1 & 2 repréſentent un formica-leō de l'eſpece commune, vû par-deſſus, & de la grandeur qu'il a lorſqu'il eſt prêt à ſe métamorphoſer. Celui de la figure 1, a le col retiré ſous le corcelet, & celui de la figure 2, a le col allongé. *c, c,* les cornes. *i, i,* les jambes de la premiére paire. *m, m,* les jambes de la ſeconde paire. Celles de la troiſiéme paire ſont cachées par le corps dans ces deux figures.

La Figure 3 fait voir la partie antérieure d'un formica-leo dont le col eſt allongé, très-groſſie, c'eſt-à-dire, ſa tête, ſon col & ſon corcelet. *c, c,* les deux cornes. *t,* la tête. En *y y* ſont les tubercules ſur leſquels les yeux ſont poſés. *e d,* le col fait de deux eſpeces d'anneaux *e* & *d* articulés enſemble. *g g,* le corcelet. *i, i,* la premiére paire de jambes.

La Figure 4 montre un formica-leo groſſi à la loupe, de côté & par-deſſus, & dans la poſition où il eſt lorſqu'il marche à reculons, qui eſt la ſeule maniére dont il ſçait marcher. *c, c,* ſes cornes, dont les bouts ſe croiſent; elles ſont ouvertes dans les figures 1, 2 & 3, & fermées dans celle-ci. *i, i,* les jambes de la premiére paire. *m,* une des jambes de la ſeconde paire, les plus longues de toutes. *n,* une des jambes de la troiſiéme paire; celles-ci ne s'avancent pas en-dehors du corps comme les autres, elles le débordent rarement. *d,* le corps qui eſt rendu convexe dans le temps que le formica-leo ſe tire en arriére par le bout de ſa partie poſtérieure *a.* Le col de celui-ci eſt ramené ſous le corcelet.

Dans la Figure 5, un formica-leo groſſi, eſt vû par-deſſous. *c, c,* les cornes. *f, f,* les antennes qui partent de deſſus la tête. *t,* la tête. *i, m, n; i, m, n,* les ſix jambes. *d,* la partie poſtérieure, l'endroit où eſt la filiére.

La Figure 6 eſt celle d'une jambe de la ſeconde paire, aſſés groſſie pour rendre ſenſibles les poils qui en partent, & les deux crochets par leſquels le pied ſe termine.

La Figure 7 repréſente le bout poſtérieur du corps du formica-leo, vû par-deſſus, & dans un inſtant où, en le preſſant entre deux doigts, on a obligé les parties charnuës qui compoſent la filiére, à ſe montrer en partie. *a a,* le dernier anneau. *p,* partie charnuë. *q,* tuyau charnu qui ſort de la partie *p*. *r,* ſecond & dernier tuyau qui s'eſt tiré en partie du tuyau *q*. *ſ,* fil de ſoye.

La Figure 8 montre par-deſſous la partie repréſentée par-deſſus, figure 7, & dans un moment où la preſſion a forcé la filiére à paroître en entier, c'eſt-à-dire, auſſi allongée qu'elle l'eſt lorſque le formica-leo ſe file une coque. *a a,* le dernier anneau. *p,* partie charnuë qui ſert de baſe au tuyau *q*. Le ſecond tuyau *r,* eſt plus brun que le tuyau *q,* d'où il eſt ſorti. *ſ,* eſpece de tête précédée par un étranglement. *ſ,* fil qui ſort du bout *ſ* de la filiére.

La Figure 9 fait voir, très en grand, & par-deſſus, une portion de la tête du formica-leo c'eſt-à-dire, la baſe d'une corne *c,* & ce qui eſt aux environs. Elle a été principalement deſſinée pour rendre très-ſenſible le tubercule *y,* & pour montrer l'arrangement de ſix petits corps hémiſphériques poſés ſur le bout de ce tubercule, qui ſont ſix yeux. *a,* une des antennes.

La Figure 10 eſt celle d'une antenne du formica-leo, très-groſſie.

La Figure 11 repréſente une de ces traces, un de ces

fossés qui marquent la route qu'a suivie un formica-leo. Il y en a un en *l* dont on ne voit que la partie antérieure, & dont une portion du corps est couverte de sable; il est parti de *p*, & est arrivé en *l*. *ssss*, &c. couche de sable. Le fossé qui regne depuis *p*, jusqu'en *l*, est traversé par des especes de sillons *a a*, *b b*, *c c*, &c. dont chacun est la mesure d'un des pas de l'insecte.

La Figure 12 est celle d'un entonnoir vû presque de face: le formica-leo qui en occupe le fond, s'est saisi d'une mouche à qui les aîles avoient été ôtées.

La Figure 13 représente une boîte *a b c d e f*, pleine de sable. Trois formica-leo de différents âges ont fait dans ce sable trois entonnoirs de différentes grandeurs. *t t*, le grand entonnoir, au fond duquel est un formica-leo dont on ne voit que les cornes ouvertes qui attendent de la proye, & le bout de sa tête. Une fourmi qui a donné dans le piége, fait son possible pour se tirer du précipice en grimpant. *u u*, entonnoir de grandeur au-dessous de la médiocre. *x*, entonnoir d'un formica-leo nouvellement né.

PLANCHE XXXIII.

La Figure 1 représente l'enceinte qu'un formica-leo a tracée, & qu'il est occupé à élargir & approfondir pour faire un entonnoir. *sss*, &c. masse de sable. *c*, partie du chemin qu'a suivi le formica-leo. *ffff*, &c. fossé que le formica-leo a creusé, & qui marque le contour de la grande ouverture de l'entonnoir. *l*, formica-leo dont les seules cornes sont actuellement à découvert. *n n n*, masse de sable qui doit être enlevée pour que le trou ait une figure conique: on doit regarder cette masse comme un cone renversé.

La Figure 2 fait voir l'ouvrage d'un formica-leo plus avancé qu'il ne l'est dans la figure 1. *fff*, &c. le fossé creusé dans le sable *sss*, &c. qui est plus large & plus profond que celui de la figure précédente. *n n n n*, la masse de sable du milieu de l'enceinte, qui a pris une figure qui tient de la conique, parce que les bords de sa partie supérieure se sont éboulés.

Les Figures 3 & 4 montrent une corne de formica-leo grossie. Elle est vûë par-dessus dans la figure 3, & par-dessous dans la figure 4.

Les Figures 5, 6 & 7 sont encore celles d'une corne de formica-leo, mais beaucoup plus grossie que dans les deux figures précédentes, & vûë par-dessous dans les trois derniéres. Dans la figure 5, les deux piéces dont la corne est composée, sont jointes ensemble comme elles le sont naturellement; il ne paroît en *i* qu'une seule pointe. Dans la figure 6, la derniére portion *i p* de la piéce qui a été nommée le piston, a été séparée de la derniére portion de la piéce *b c k* qui a été comparée au corps de pompe, & qu'on a nommée simplement le corps de la trompe. Dans la figure 7, le piston *i p* est presqu'entiérement sorti du corps de pompe *k c b*, & on voit dans le corps de pompe la place qu'il y occupoit.

Les Figures 8 & 9 montrent le reste d'une trompe qui a été coupée transversalement. *b*, en est la base ou l'origine. Dans la figure 8, le piston *p* se trouve au-dessous du bord de la coupe *c c*. Dans la figure 9, le piston *p* est plus élevé que le même bord *c c*. On le voit successivement s'élever à cette hauteur, & descendre ensuite où il est dans la figure 8, & cela à diverses reprises, lorsqu'on observe le reste d'une corne qui a été coupée.

La Figure 10 est celle du bout de la partie postérieure du formica-leo extrêmement grossie, & vûë par-dessous. *f*, l'endroit d'où sort la filiére. *q q*, rangée de huit poils courts & gros, & qui le sont presqu'également dans toute leur longueur. *r r,* rangée de quatre autres gros poils.

Les Figures 11 & 12 repréſentent la partie poſtérieure d'un formica-leo d'une eſpece différente de la commune, trouvée auprès de Geneve par M. Bonnet. Elle eſt très-groſſie & vûë par-deſſus, figure 11, & par-deſſous, figure 12. *q, q,* marquent dans l'une & dans l'autre deux plaques qui occupent les places des poils *q, q,* de la figure 10. Le bout de chaque plaque, figure 11, ſemble percé de quatre trous; & mieux conſidéré on croit que ce qui paroît un trou eſt le bout d'un poil, dont quatre ont été collés les uns contre les autres pour former une plaque.

PLANCHE XXXIV.

La Figure 1 eſt celle d'une de ces boules creuſes que chaque formica-leo ſe conſtruit, & dans laquelle il ſe renferme lorſqu'il ſe prépare à ſa métamorphoſe. Tout l'extérieur eſt de grains de ſable ou de terre liés enſemble par des fils de ſoye.

La Figure 2 repréſente la boule ou coque de la figure 1, ouverte. La partie de l'intérieur qui ſe trouve en vûë, & de même tout le reſte de l'intérieur, eſt très-liſſe; la coque eſt tapiſſée d'un tiſſu de ſoye.

La Figure 3 fait voir de côté une nymphe de formica-leo à peu-près de grandeur naturelle.

Dans la Figure 4, la nymphe de la figure 3, eſt vûë ayant le corps un peu moins recourbé; ſes aîles & quelques-unes de ſes jambes ont été ſoûlevées & un peu écartées du corps, pour les rendre plus ſenſibles qu'elles ne le ſont dans leur arrangement naturel.

La Figure 5 eſt encore celle de la nymphe des figures précédentes, mais groſſie à la loupe; les taches qui ſont ſur ſon corps en ſont plus diſtinctes. On peut auſſi y voir aſſés nettement les deux aîles d'un côté, les jambes qui ont été éloignées du corps ſur lequel elles étoient appliquées, & les antennes qui ſont dans leur véritable place.

La Figure 6 repréſente une coque d'où eſt ſortie la mouche qui a crû ſous la forme de formica-leo. C'eſt en *o* que cette coque a été percée. *d,* eſt la dépouille que l'inſecte a quittée lorſqu'il a paſſé de l'état de nymphe à celui de mouche. Le bout poſtérieur de cette dépouille eſt reſté engagé dans le trou. La portion de la dépouille qui ſe trouve alors en-dehors de la coque, n'eſt pas toûjours auſſi longue qu'elle l'eſt dans cette figure; ſouvent elle s'éleve très-peu au-deſſus du bord du trou.

La Figure 7 fait voir la mouche ou demoiſelle qui a été formica-leo, ayant ſes aîles écartées du corps, & dans la poſition où elles ſont lorſque cette demoiſelle vole.

Les Figures 8 & 9 montrent la tête de la mouche précédente, groſſie au microſcope, elle eſt vûë par-deſſous, figure 8, & par-deſſus, figure 9. Dans cette derniére *a, a,* ſont les antennes qui tiennent de la figure de celles en maſſuë. *i, i,* dans l'une & dans l'autre figure les yeux à rezeau. *k, k,* barbes écailleuſes en pinces dont la mouche peut ſe ſervir comme de deux mains pour tenir de petits corps & les porter à ſa bouche. *b, b,* petites barbes articulées comme les antennes à filets grainés. *d, d,* les deux dents faites en portion de croiſſant, & dont le bord intérieur & concave eſt dentelé. Au-deſſous de chacune de ces dents eſt une piéce platte, cartilagineuſe, qui n'a pas la dureté de la dent, & dont le côté intérieur eſt moins courbe que celui de la dent, & bordé de poils. Les poils dont nous parlons, peuvent faire trouver ces deux piéces dans la figure 9. On ſeroit tenté de les prendre pour des dents, mais comme elles n'ont pas la dureté de celles-ci, je ne les juge deſtinées qu'à tenir & aider à conduire dans

la bouche

la bouche les corps que les dents hachent. *l*, figure 8, la lévre inférieure.

La Figure 10 représente la mouche de la figure 7, vûë de côté & très-grossie. Ses trois paires de jambes ont été coupées en *c*, *c*, & ses aîles en *e*, *e*, *e*, *e*. Les lettres employées dans les figures 8 & 9, pour désigner les différentes parties de la tête, le sont aussi dans cette figure 10, pour marquer les mêmes parties. *s*, un des deux stigmates antérieurs du corcelet. L'écaille marquée *s*, s'éleve & s'abbaisse alternativement. En *z* est un des deux stigmates postérieurs du corcelet. *n p*, *m o*, un anneau. La partie *n p* qui est du côté du dos, est séparée de la partie *m o* qui est du côté du ventre, par une bande blanche membraneuse & capable de se plisser au point de disparoître entiérement; alors le bord de la partie *p n*, s'applique sur le bord de la partie *m o*. Les parties *p n*, *m o*, sont cartilagineuses, & peu souples par conséquent. Un point noir qui paroît sur la bande blanche à la hauteur de *n m*, a du relief, & est probablement un stigmate. On ne trouve pas à cette figure le nombre complet des anneaux; le corps ne sembleroit en avoir que six, & on peut lui en compter neuf ou même dix, mais il y en a deux très-courts qui ne peuvent être vûs que du côté du dos, la partie *q* qui est ici plissée, étant étenduë, fournit les autres.

La Figure 11 fait voir par-dessous & très-grossi, le bout postérieur de la mouche mâle, dans un instant où la pression a obligé des parties ordinairement cachées, à se montrer. *a*, l'anus. *c*, *c*, deux piéces bordées de poils, avec lesquelles le mâle peut saisir le derriére de la fémelle. *p*, *p*, plaques écailleuses. En *n* sort une partie charnuë qui est peut-être celle qui opere la fécondation des œufs.

La Figure 12 est celle d'un œuf de demoiselle, qui n'a que sa grandeur naturelle.

Dans la Figure 13, l'œuf de la figure 12 est considérablement grossi. Le bout *b*, est plus rouge que le reste. On trouve dessus une matiére étrangére rougeâtre, une espece d'excrément presque rouge; c'est probablement cette matiére qui teint le bout de l'œuf.

La Figure 14 représente une demoiselle qui m'a été envoyée d'Avignon par M. le Marquis de Caumont, plus grande que celles de nos formica-leo des environs de Paris, & qui, selon toute apparence, vient d'un formica-leo plus grand aussi que les nôtres.

La Figure 15 est encore celle d'une demoiselle qui, à ce que je crois, a été formica-leo; elle m'a été envoyée de Saint-Domingue par M. du Hamel Médecin du Roy en cette Isle.

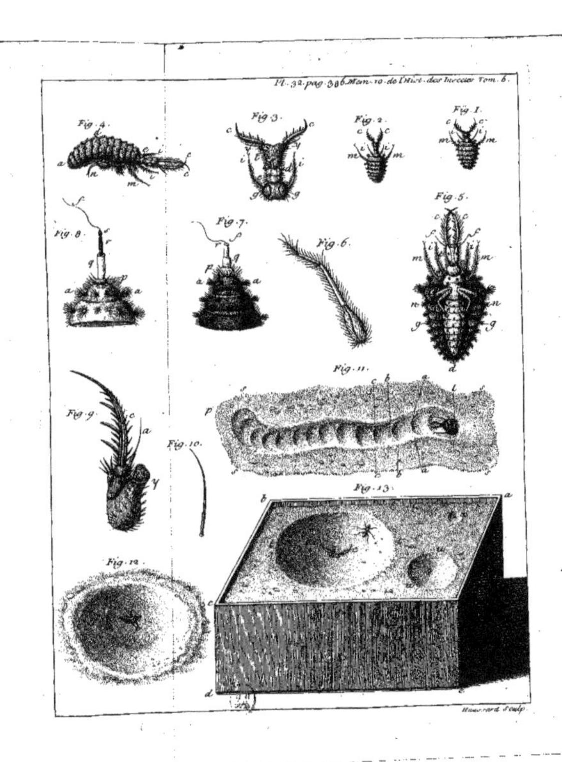
Pl. 32. pag. 386. Mem. 10. de l'Hist. des Insectes Tom. 6.
Fig. 1.
Fig. 2.
Fig. 3.
Fig. 4.
Fig. 5.
Fig. 6.
Fig. 7.
Fig. 8.
Fig. 9.
Fig. 10.
Fig. 11.
Fig. 12.
Fig. 13.

Pl. 33. pag. 386 Mem. 10. de l'Hist. des Insectes. Tom. 6.

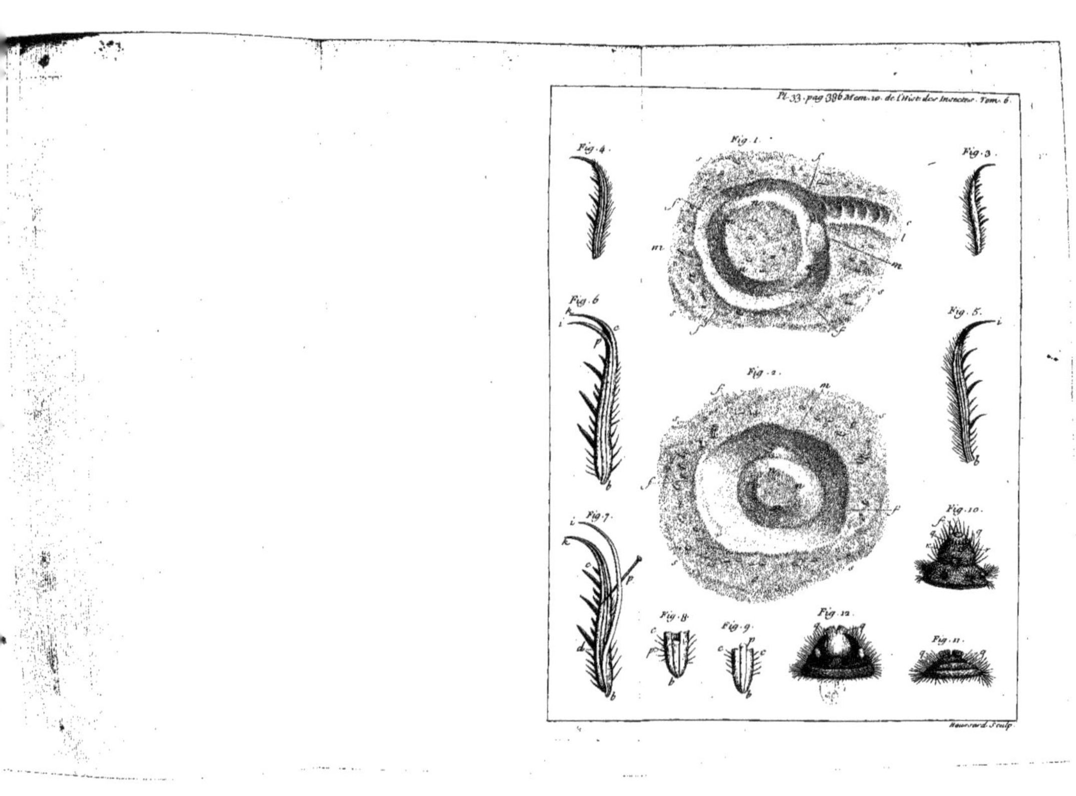

Haussard Sculp.

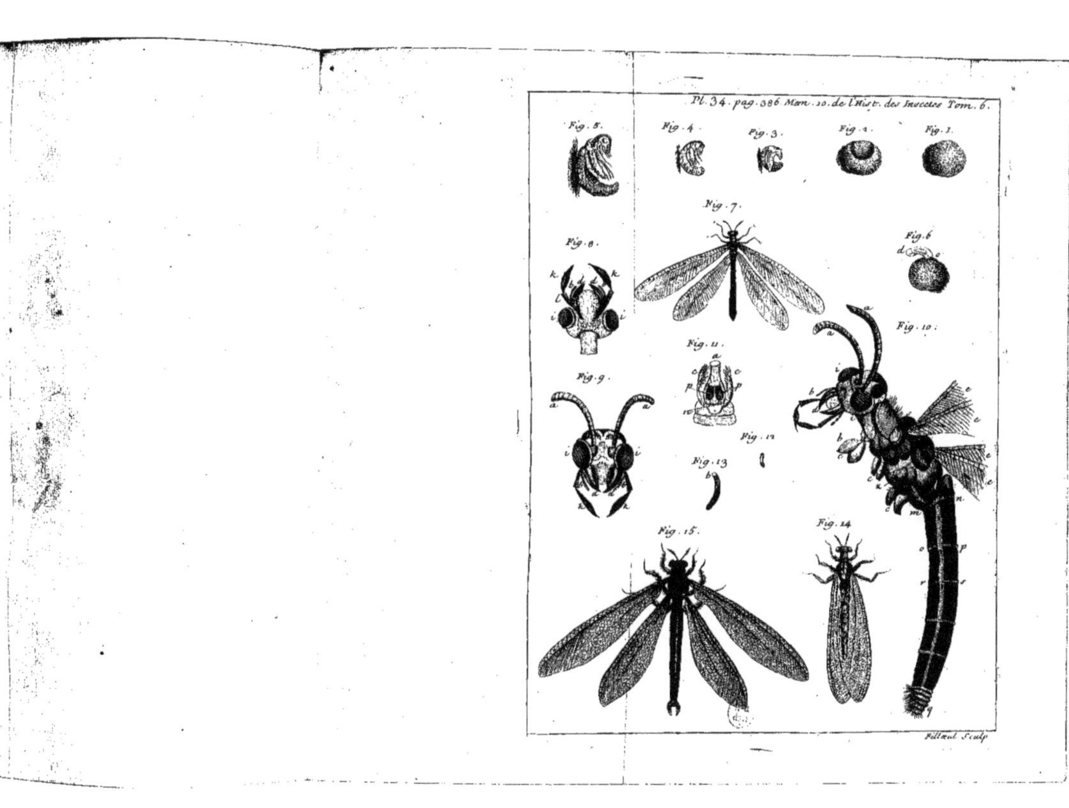
Pl. 34. pag. 386 Mem. 10. de l'Hist. des Insectes Tom. 6.
Fig. 5.
Fig. 4.
Fig. 3.
Fig. 2.
Fig. 1.
Fig. 7.
Fig. 8.
Fig. 6
Fig. 10.
Fig. 11.
Fig. 9.
Fig. 12
Fig. 13
Fig. 15.
Fig. 14
Filloeul Sculp

ONZIE'ME ME'MOIRE.

DES MOUCHES A QUATRE AISLES NOMME'ES DEMOISELLES.

LES Mouches * appellées ordinairement en Latin *Libellæ,* par quelques Auteurs *Perlæ*, & par d'autres *Mordellæ*, ſont connuës dans preſque toute la France, même par les Enfants, ſous le nom de *Demoiſelles:* ne le devroient-elles point à la longueur de leur corps, à leur taille fine, pour ainſi dire! Il n'eſt point au moins de mouches qui ayent le corps plus long & plus délié que celui des Demoiſelles de pluſieurs eſpeces; on lui compte aiſément onze anneaux. Si les épithetes de jolies & même de belles peuvent être données à des mouches, c'eſt à celles-ci: leurs quatre aîles, à la vérité, n'ont point à nous offrir des couleurs auſſi variées que celles qui ornent les aîles de divers papillons; les leurs ſont extrêmement tranſparentes, & comme celles de beaucoup de différentes mouches, elles paroiſſent de gaze, mais d'une gaze plus éclatante, qui ſemble de talc, ou n'être qu'un talc ouvragé: regardées en certains ſens, on leur découvre du luiſant, celui des unes eſt doré, & celui des autres argenté; quelques-unes ont pourtant des taches colorées. C'eſt ſur la tête, le corçelet & le corps des Demoiſelles de beaucoup d'eſpeces différentes, que brillent les couleurs qui les parent: on ne trouve nulle part un plus beau bleu tendre que celui qui eſt couché ſur tout le corps de quelques-unes; d'autres n'ont de ce beau bleu qu'à l'origine & à

* Pl. 35. fig. 1, 2, 3, 4, 5, 6, 7 & 8.

l'extrémité du corps & ſur le corcelet, le reſte eſt brun: le corps de quelques autres eſt verd, celui de quelques autres eſt jaune *, & celui de quelques autres eſt rouge *. Ces couleurs ſe trouvent combinées ſur le corps, le corcelet & la tête de pluſieurs, par rayes & par taches avec différents bruns ou du noir; il y en a dont les couleurs modeſtes ſont rehauſſées par l'éclat de l'or qui y eſt mêlé: ce ne ſont pas ſeulement les bruns & les gris de quelques-unes qui ſont dorés, les verds & les bleuâtres de pluſieurs autres le ſont auſſi; mais il y en a qui ſont ſimplement brunes ou griſes.

* Pl. 35. fig. 1.

* Pl. 41. fig. 11. m.

Ces mouches ſe rendent dans nos jardins, elles parcourent les campagnes, elles volent volontiers le long des hayes; mais où on les voit en plus grand nombre, c'eſt dans les prairies, & ſur-tout le long des ruiſſeaux & des petites riviéres, & près des bords des étangs & des grandes mares. L'eau eſt leur pays natal; après en être ſorties, elles s'en rapprochent pour lui confier leurs œufs. Quoique par la gentilleſſe de leur figure, par un air de propreté & de netteté, & par une ſorte de brillant, elles ſoient dignes du nom de demoiſelles, on le leur eût peut-être refuſé ſi leurs inclinations meurtriéres euſſent été mieux connuës: loin d'avoir la douceur en partage, loin de n'aimer à ſe nourrir que du ſuc des fleurs & des fruits, elles ſont des guerriéres plus féroces que les Amazones; elles ne ſe tiennent dans les airs que pour fondre ſur les inſectes aîlés qu'elles y peuvent découvrir, elles croquent à belles dents ceux dont elles ſe ſaiſiſſent. Elles ne ſont pas difficiles ſur le choix de l'eſpece: j'en ai vû ſe rendre maîtreſſes de petites mouches à deux aîles, & d'autres qui attrapoient devant moi de groſſes mouches bleuës de la viande; j'en ai vû une qui tenoit entre ſes dents & emportoit en l'air un papillon diurne à grandes aîles blanches. C'eſt leur inclination vorace qui les conduit le long des hayes sur lesquelles beaucoup de mouches & de papillons vont se poser, & qui les ramene souvent le long des eaux où voltigent des moucherons, des mouches & de petits papillons; elles cherchent les cantons peuplés de gibier.

L'onziéme Mémoire du troisiéme volume nous a déja fait connoître un genre de très-jolies mouches, que nous avons cru devoir placer parmi ceux des demoiselles. Dans leur premier âge, elles ont été des vers à six pieds, qui ont été nommés *petits lions*, ou *lions des pucerons*, parce qu'ils se nourrissent principalement de ces insectes si tranquilles & si peu capables de se défendre contr'eux. Dans ce volume-ci, le Mémoire précédent vient de nous donner l'Histoire des Demoiselles qui ont été des Formica-leo: en comparant ces derniéres avec les premiéres, on remarquera assés de caractéres propres à faire distinguer le genre des unes de celui des autres. Les demoiselles dont nous allons parler actuellement, sont plus généralement connuës, & presque les seules connuës de ceux qui n'ont point fait une étude particuliére des petits animaux: les lieux de leur naissance & ceux où elles croissent, jusqu'à ce qu'elles soient en état de paroître avec des aîles, peuvent leur faire donner le nom de demoiselles aquatiques, & celui de demoiselles terrestres sera propre aux autres. Les demoiselles aquatiques ont des aîles moins grandes que celles des demoiselles terrestres, cependant elles volent beaucoup plus, &, s'il est permis de parler ainsi, avec plus de grace; elles ne sont pas obligées d'élever leurs aîles aussi haut, ni de les faire descendre aussi bas que les autres élevent & abbaissent les leurs: le vol des premiéres approche plus de celui des oiseaux qui sçavent planer, & celui des secondes ressemble davantage au vol de ces oiseaux lourds, qui n'avancent dans l'air qu'au moyen de très-grands battements d'aîles.

Les différentes especes de demoiselles aquatiques, peuvent être rangées sous trois genres, dont chacun a un caractére très-marqué, & qui le rend aisé à distinguer des autres. J'appellerai demoiselles à corps court & applati *, celles que je mettrai dans le premier : ce n'est pas que leur corps ne soit long par rapport à celui de la plûpart des mouches; mais il est court, comparé avec celui des autres demoiselles, & d'ailleurs autrement conformé : le leur souvent plus large qu'épais, diminuë insensiblement de largeur jusqu'à son extrémité. Celui des demoiselles des deux autres genres, depuis le second anneau jusqu'au dernier inclusivement, a à peu-près le même diametre en tout sens, il est tout d'une venuë, il ressemble à un petit bâton; leur corps est grêle, arrondi, aussi épais que large, & d'un même diametre dans la plus grande partie de sa longueur. Celles que je place dans le second genre, ont une grosse tête * arrondie, qui tient de la figure sphérique; & celles que je mets dans le troisiéme genre *, ont proportionnellement une tête plus menuë; mais ce qui lui est particulier, c'est qu'elle est courte & large *, c'est-à-dire que d'un côté à l'autre, d'un œil à rezeau à l'autre *, elle a beaucoup plus de diametre que de devant en arriére; ces yeux plus détachés, sont plus saillants.

* Pl. 35. fig. 1 & 2.

* Pl. 35. fig. 3 & 5, & pl. 41. fig. 11.

* Pl. 35. fig. 6, 7, 8, & pl. 40. fig. 1, 2, &c.

* Pl. 35. fig. 9 & 10. *y, y.*

* *c l.*

Les demoiselles du premier genre * ne different de celles du second *, que par la forme de leur corps; mais elles different encore par celle de leur tête, des demoiselles du troisiéme genre *. Toutes celles que je connois du premier & du second, portent leurs aîles de la même maniére; lorsqu'elles sont en repos, elles les tiennent toutes quatre perpendiculaires à la longueur du corps, & dans un plan parallele à celui de position : étant toutes attachées, comme elles le sont, à une même hauteur, on ne sçauroit les distinguer en supérieures & en inférieures; elles ne doivent l'être qu'en

* Fig. 1 & 2.

* Fig. 3 & 5.

* Fig. 6 & 7, &c.

antérieures & en postérieures. Le port des aîles des demoiselles du troisiéme genre, est plus varié, & peut servir à en déterminer des genres subordonnés; elles ont, comme les autres mouches & les papillons, des aîles supérieures & des aîles inférieures. Quelques demoiselles dans leurs moments de tranquillité, les tiennent toutes quatre appliquées les unes contre les autres *, elles en forment un paquet très-mince dont le milieu est occupé par les deux supérieures, & qui fait un angle aigu avec le corps au-dessus duquel il s'éleve; d'autres dans un temps semblable portent leurs aîles en toit *, & arrangées de maniére qu'une des supérieures paroît seule de chaque côté, & passe par-delà le corps logé sous le toit: d'autres demoiselles, lorsqu'elles sont en repos, laissent voir leurs quatre aîles qu'elles tiennent alors un peu écartées les unes des autres, un peu élevées au-dessus du corps & inclinées à ses côtés *.

* Pl. 35. fig. 7 & 8.

* Fig. 4.

* Pl. 40. fig. 3, 4 & 5.

Les demoiselles des trois genres que nous venons de déterminer, naissent dans l'eau, & y prennent leur accroissement complet: tant qu'elles y vivent, elles y ont une forme assés semblable à celle qu'elles avoient en naissant; elles sont d'abord des vers hexapodes * ou des six-pieds. Le ver est encore jeune & très-petit lorsqu'il devient nymphe: ce changement d'état n'en produit aucun bien sensible dans la figure de l'insecte; on apperçoit seulement sur le dos de la nymphe quatre petits corps plats & oblongs, dont on ne trouve aucun vestige sur celui du ver: chacun de ces petits corps est le fourreau d'une aîle. On découvre ces fourreaux d'aîles à des insectes encore bien éloignés de la grandeur qu'ils auront, lorsqu'ils se changeront en mouches; mais alors ils sont appliqués à plat sur le dos, & de chaque côté il y en a un de caché sous l'autre: ils se séparent & se redressent à mesure qu'ils croissent, & dans

* Pl. 37. fig. 1.

les derniers temps ils sont quelquefois posés de champ. Les nymphes étant semblables aux vers, à ces fourreaux près, nous aurons assés fait connoître ceux-ci, lorsque nous aurons décrit celles-là; nous ne parlerons même dans la suite que des nymphes, parce que dans la plus grande partie de l'année, elles sont plus communes que les vers, & que leur grandeur les rend en tout temps plus aisées à trouver.

Aux trois principaux genres sous lesquels les différentes especes de demoiselles ont été rangées, répondent aussi trois genres de nymphes. Les demoiselles à corps court, viennent des nymphes les plus courtes*: les nymphes* qui donnent des demoiselles à corps long & à tête ronde, ont elles-mêmes un corps plus long que celui des nymphes du premier genre, dont elles different encore par une autre particularité qui sera bien-tôt expliquée. Enfin, les demoiselles à corps long & éfilé, & à tête large & courte, viennent de nymphes dont la forme est sensiblement différente de celle des nymphes des deux autres genres; elles sont d'ailleurs plus éfilées*, moins grosses par rapport à leur longueur.

* Pl. 36. fig. 1 & 2.

* Fig. 3 & 4.

* Fig. 5 & 6.

Les figures & les couleurs des nymphes de ces trois genres, n'ont rien de bien propre à leur attirer l'attention de ceux qui n'accordent la leur que quand ils y sont invités par le premier coup d'œil. Pour la plûpart elles sont d'un verd brun, souvent sali par la bouë qui s'est attachée au corps. Celles de quelques especes qui se tiennent dans l'eau claire, & d'autres après avoir été lavées, montrent pourtant des taches blancheâtres & d'autres verdâtres, assés agréablement combinées*. On leur trouve à toutes une tête, un cou, un corcelet & un corps composé de dix anneaux: six jambes sont attachées au corcelet; cette disposition de parties leur donne plus de ressemblance avec

* Pl. 37. fig. 2 & 3.

des animaux

des animaux terrestres qu'avec des poissons; elles sont pourtant de la classe de ceux-ci, car non seulement elles nagent comme eux & assés bien, quoique quelques-unes, comme les nymphes du premier genre, n'ayent que leurs jambes pour nageoires, & non seulement elles vivent comme eux dans l'eau, elles la respirent.

Les nymphes du premier genre * & celles du second *, peuvent aisément être observées dans des moments où elles inspirent, & dans ceux où elles expirent l'eau, comme nous inspirons & expirons l'air; mais c'est par notre bouche que l'air entre dans nos poulmons, c'est par notre bouche qu'il en sort; & c'est au bout du corps * de ces nymphes, qu'est l'ouverture qui donne entrée à l'eau, & par laquelle elle est ensuite chassée: cette ouverture est entourée par cinq petits corps dont quatre au moins sont de figure triangulaire *, & dont il n'y en a que trois de bien sensibles dans les nymphes du premier genre *; ces trois piéces triangulaires sont à peu-près égales entr'elles, l'une * est en-dessus, dans la ligne du dos, & les deux autres en embas & sur les côtés. C'est aussi sur chaque côté & dans l'intervalle qui reste entre la supérieure & une des inférieures, qu'est placée une piéce bien plus petite que les autres, & de même triangulaire. Dans certains temps, dans ceux où l'animal ferme son derriére, ces cinq piéces lui forment une espece de queuë pyramidale *; elles sont faites pour se bien ajuster les unes contre les autres, chacune est une lame concave vers l'intérieur de la pyramide. Dans les demoiselles de la seconde espece, la piéce supérieure ne se termine pourtant pas en pointe, son bout est large *. Toutes les fois que la nymphe a des excréments à rendre, &, ce qui arrive plus souvent, toutes les fois qu'elle veut respirer l'eau, elle ouvre cette pyramide *, elle écarte les pointes qui étoient réunies à son sommet, de maniére

* Pl. 36. fig. 1.
* Fig. 3.
* *q.*
* Pl. 37. fig. 12. *p, p, i, i, q.*
* Pl. 36. fig. 8 & 9. *p, q, p.*
* *q.*
* Fig. 4. *q.*
* Pl. 37. fig. 12. *q.*
* Pl. 38. fig. 8 & 9.

qu'elles sont plus éloignées les unes des autres, que les bases des piéces auxquelles elles appartiennent, ne le sont entr'elles.

Ces pointes triangulaires peuvent servir en quelques circonstances, d'assés bonnes armes, soit offensives, soit défensives : j'ai vû quelquefois une nymphe du second genre *, que je tenois entre deux doigts, recourber alternativement son corps vers l'un & vers l'autre, pour tâcher de le saisir entre les pointes alors écartées les unes des autres ; quand elle y parvenoit, elle le serroit avec une force assés considérable, les pinces faisoient une impression douloureuse.

* Pl. 36. fig. 3.

Pendant que les pointes de ces piéces sont écartées les unes des autres, il est permis de voir une ouverture ronde au moins d'une demi-ligne de diametre dans des nymphes de grandeur médiocre * : des jets d'eau en sortent par intervalles, & sont quelquefois assés gros pour la remplir entiérement, & poussés avec assés de force pour être portés à plus de deux à trois pouces de l'animal. Il y a des circonstances où ces gros jets sont *fréquents*, il y en a d'autres où ils ne paroissent que de loin à loin. Si on tient une nymphe hors de l'eau, on lui rend le besoin de la respirer, plus grand ; quand après l'en avoir privée pendant un quart d'heure, ou pendant un temps plus long, on la remet ensuite dans un vase plat où il y a à peine la quantité d'eau qui suffit à la couvrir, c'est alors qu'on voit des inspirations & des expirations fréquentes, & que les jets de ces derniéres sont plus considérables. Dans d'autres temps on n'apperçoit quelquefois qu'une lente circulation d'eau autour du derriére de la nymphe ; on ne reconnoît presque le mouvement de l'eau que par celui des corps étrangers qui nagent : il y en a de ceux-ci qui après avoir été attirés jusqu'au derriére, sont ensuite renvoyés assés

* Fig. 8 & 9.

loin; mais chaque fois qu'on met une nymphe hors de l'eau, on ne manque guéres de voir partir un jet de son derriére.

Pendant qu'on la tient à sec entre ses doigts, on peut appercevoir le jeu des principales parties au moyen desquelles elle respire l'eau: le trou qui est au bout du dernier anneau, est le plus souvent bouché par des chairs verdâtres; mais dans plusieurs moments, & qui ne se font pas trop attendre, il se fait une ouverture * au milieu de ces chairs, qui permet de voir dans la capacité du corps. Trois piéces plattes * qui étoient dans un même plan, & dont on distinguoit mal alors la figure, s'élevent *; elles sont à peu-près égales en grandeur, & faites en demi-cercle ou plûtôt en coquille, car elles sont un peu concaves vers l'intérieur. Une est attachée à la circonférence de la partie supérieure de l'anneau, & chacune des deux autres l'est à la circonférence d'un côté: leur contour au moins est cartilagineux. En tout temps elles laissent entre leurs bouts, un vuide triangulaire, mais peu sensible, parce qu'il est bouché par des parties qui sont dans l'intérieur. Lorsque ces trois piéces en se relevant & se portant vers le derriére, s'écartent les unes des autres, les parties qui étoient dessous, s'en éloignent, & s'approchent du corcelet; on voit alors par le trou qu'ont laissé ouvert les trois piéces en coquille, l'intérieur de la capacité du corps, qui paroît un tuyau vuide, & qui l'est réellement en grande partie dans l'étenduë qui répond aux cinq derniers anneaux: la capacité qui est vuide alors, ou qui s'est seulement remplie d'air, se feroit remplie d'eau, s'il s'en fût trouvé à portée du derriére.

* Pl. 36. fig. 9.

* Fig. 8. *c, c, l.*

* Fig. 9. *c, c, l.*

Pour voir distinctement ce qui se passe pendant que la nymphe fait entrer l'eau dans son corps, & pendant qu'elle l'en fait sortir, pendant qu'elle l'inspire & pendant qu'elle l'expire, on en fera tomber quelques gouttes ſur le derriére de celle qu'on tient entre ſes doigts la tête en embas, & cela dans un moment où les cinq piéces écailleuſes qui lui forment une eſpece de queuë, ſe ſont écartées les unes des autres; à peine ces gouttes ſeront-elles tombées que les trois piéces en coquille * ſe releveront *, pour laiſſer une ouverture qui permette à l'eau d'aller plus loin. Qu'on jette un coup d'œil ſur l'extérieur du corps, & on jugera que dans ce même inſtant, ſa capacité intérieure s'eſt aggrandie; on verra le ventre qui étoit plat, devenir convexe; on verra les deux côtés s'éloigner l'un de l'autre: on pourra encore appercevoir quelque choſe de plus; le corps a un certain degré de tranſparence, ſi on le regarde vis-à-vis le grand jour dans l'inſtant où l'eau va être pouſſée dans ſon intérieur, on remarquera une eſpece de gros tampon qui s'éloignera du derriére pour aller vers le corcelet: la capacité formée par les cinq anneaux poſtérieurs, paroîtra devenir vuide. On imagine aiſément la cauſe qui fait entrer l'eau dans une capacité aggrandie, & où on a vû le jeu d'une eſpece de piſton. Dans le moment ſuivant on verra ce piſton ou tampon retourner vers le derriére, & les parois du corps ſe rapprocher, un jet d'eau ſortira; on ne ſera donc pas plus embarraſſé ſur la cauſe qui le fait ſortir, que ſur celle qui la fait entrer.

* Pl. 36. fig. 8. *c, c, l.*
* Fig. 9. *c, c, l.*

Pour m'aſſûrer que des apparences ne m'en impoſoient pas lorſque je croyois voir que la capacité formée par les cinq anneaux poſtérieurs, étoit alternativement occupée par des parties ſolides qui alternativement la laiſſoient vuide; pour m'aſſûrer que le jeu d'une eſpece de tampon étoit réel, j'ai tenu la nymphe entre des ciſeaux ouverts, & poſés de maniére que je n'avois qu'à les fermer pour couper le corps en deux vers le cinquiéme des anneaux poſtérieurs. Dans un moment où le tampon me paroiſſoit s'être autant éloigné du derriére qu'il lui étoit permis de le faire, je donnai le coup de ciseau, la capacité de la partie postérieure qui fut détachée du reste, se trouva alors presque vuide de parties solides. Un coup de ciseau semblable donné à une autre nymphe, dans un instant où le tampon m'avoit paru s'être autant rapproché du derriére qu'il le pouvoit, détacha une partie postérieure remplie d'un grand nombre de parties solides.

Dans la derniére circonstance, ou lorsqu'on ouvre tout du long le corps d'une nymphe, cette masse à laquelle nous n'avons donné que le nom de tampon, & qui ne paroît être rien de plus vûë au travers de parois trop peu transparentes, offre de quoi fixer des yeux qui sont sensibles aux merveilles qui se trouvent dans l'organisation des animaux: ils remarquent avec admiration qu'elle est un lacis * de ces vaisseaux qui servent aux insectes pour respirer l'air; ce sont des branches de trachées sans nombre, entrelacées les unes dans les autres: quatre troncs * presque aussi longs que le corps, & dont il y en a deux de chaque côté l'un au-dessus de l'autre, commencent chacun à jetter des branches vers le milieu de leur longueur, & de-là jusqu'à leur extrémité en jettent de plus en plus. Leur bout en a de si proches les unes des autres, qu'il semble se refendre pour les fournir *: c'est du côté intérieur de chaque tronc qu'il en part le plus, & ce sont celles qui vont se lacer avec les branches des autres troncs. Il faudroit avoir donné à l'examen de ces vaisseaux plus de temps que je n'ai fait, pour découvrir ce que leur disposition a de régulier, & comment ils se terminent; mais au moins puis-je assûrer, sans crainte de me tromper, que ce sont de vrayes trachées; non seulement ils en ont la blancheur & le luisant satiné, mais on peut aisément se convaincre qu'ils ont cette admirable structure propre aux trachées des insectes, que chacun

* Pl. 37. fig. 11. *ff, p, rr.*

* *t, t, p.*

* *f, f.*

de ces tuyaux est fait d'une infinité de tours d'un fil cartilagineux tourné en spirale. J'ai quelquefois dévidé une longueur de fil de plus de trois pouces, en prenant le bout qui se présentoit dans l'endroit où une grosse trachée avoit été cassée en deux. C'est même sur ces trachées qu'il est le plus facile de voir, & que j'ai vû pour la premiére fois, que celles des insectes ne sont qu'une suite d'un prodigieux nombre de tours d'un fil extrêmement délié, appliqués les uns contre les autres. Une de ces trachées observée au microscope, paroît cannelée transversalement.

Mais à quoi servent tant de vaisseaux à air à un insecte qui respire l'eau? Nous avons déja vû qu'ils ne lui sont pas inutiles dans le temps qu'il attire l'eau dans son corps, & dans le temps qu'il l'en chasse, qu'alors le lacis admirable de ces vaisseaux, a le jeu d'un piston. D'ailleurs cet insecte qui respire l'eau, n'a pas moins besoin de respirer l'air; c'est de quoi on a une preuve décisive quand on examine son corcelet: on y découvre quatre stigmates dont deux * placés en-dessus & près de sa jonction avec le corps, sont sur-tout remarquables par leur grandeur. Chacun a quelqu'air d'un œil à demi-fermé dont la paupiére seroit cartilagineuse, ou plûtôt d'un œil qui auroit deux de ces sortes de paupiéres bordées comme les nôtres, de cils formés d'une suite de poils. Chacun des deux autres stigmates est posé au-dessus de l'origine d'une des premiéres jambes, assés près de la jonction du corcelet avec le col, car ces sortes de nymphes ont un col.

* Pl. 36. fig. 7. s, s.

La nymphe a d'autres stigmates plus difficiles à voir, ils sont beaucoup plus petits que les précédents & plus cachés: chaque anneau, excepté peut-être le dernier & le pénultiéme, en a deux, un de chaque côté. En-dessous du ventre, & près de l'endroit où celui-ci se joint à la partie supérieure de l'anneau, regne de chaque côté une espece de gouttiére dans laquelle il faut chercher les stigmates dont il s'agit : ce sont de petits ovales posés obliquement, & dont chacun est d'un tiers plus proche du bout antérieur de l'anneau à qui il appartient, que de son bout postérieur.

On peut pourtant huiler les stigmates de ces nymphes, sans les faire périr, soit que l'huile ne s'y attache pas à cause de l'eau qui les mouille, soit qu'ils soient si prêts à se fermer que l'huile n'ait pas le temps d'y pénétrer.

On suit assés aisément le canal des aliments depuis la bouche jusqu'à l'anus; il va en ligne droite tout du long du corps, mais il a trois renflements qu'on peut regarder comme trois estomacs, analogues peut-être aux différents estomacs des ruminants. Ce canal passe au travers du lacis de trachées, plusieurs de celles-ci lui sont adhérentes, d'où il paroît que le canal des aliments est obligé de les suivre dans les mouvements qu'elles font de devant en arriére, & de l'arriére en devant, pendant que l'insecte attire l'eau dans son corps & qu'il l'en fait sortir; cette agitation produit peut-être un effet plus considérable que celui du mouvement peristaltique des intestins des grands animaux. Le bout de ce canal, le véritable anus, ne m'a pas paru être fixe, j'ai cru le voir tantôt de niveau avec les piéces en forme de coquilles, pendant qu'elles ferment le bout du derriére *, & tantôt très-loin de-là, selon que le lacis de trachées se trouvoit près ou loin de l'extrémité du corps.

* *Pl. 36. fig. 8. c, c, l.*

La patience & la dextérité d'un grand anatomiste trouveroient de quoi s'exercer long-temps dans l'intérieur de cet insecte; mais son extérieur fournit des particularités dignes d'être vûës, & heureusement aisées à voir : c'est sur le devant & sur le dessous de la tête qu'on les peut observer. Chaque nymphe porte une espece de masque *, & ceux des nymphes des trois différents genres ont des

* *Fig. 2, 4 & 6. m.*

* Pl. 36. fig. 2. formes différentes. Les nymphes à corps court *, ou du premier genre, en ont un que je nommerai en casque, parce qu'il forme sur le front de ces insectes une convexité arrondie en quelque sorte, comme la partie antérieure d'un
* Fig. 10. vrai casque *. Le masque * des nymphes du second genre,
* Fig. 4. est applati ; aussi l'appellerai-je simplement masque plat,
* Fig. 6. & je donnerai le nom de masque plat & éfilé * à celui des nymphes du troisiéme genre, parce que le leur, plat comme le masque des nymphes du second genre, est plus long & plus étroit par embas. Nous nous arrêterons d'abord à faire connoître celui des nymphes du premier genre.

Les insectes qui ont des dents, comme les chenilles & les vers de beaucoup d'especes, n'en ont communément que deux, ordinairement grandes & fortes, & d'autant plus visibles qu'elles sont placées en-dehors de la bouche: nos nymphes de demoiselles en sont mieux fournies, elles en ont quatre solides, larges & longues, qui viennent se rencontrer deux à deux en devant & sur le milieu d'une bouche beaucoup plus grande que celle de la plûpart des autres insectes. Cette bouche & ces dents ne sont pourtant visibles que quand on fait violence à une nymphe pour
* Fig. 11. les mettre à découvert * : le masque * qui couvre le
* Fig. 10. devant & le dessous de la tête, les cache, car il n'a point, comme les nôtres, une ouverture vis-à-vis la bouche, &
* *i, i.* deux pour les yeux; ceux * de l'insecte sont posés sur sa tête, & par conséquent, hors du masque qui, en un mot, n'est nulle part à jour. Ce n'est pas seulement en cela qu'il differe des nôtres, il s'en faut bien qu'il soit si simple: il est une vraye & très-belle machine : il est beaucoup plus long qu'il ne seroit nécessaire pour couvrir la partie de la tête contre laquelle il est appliqué: il se termine par une
* Fig. 10. *p.* espece de menton *: il est solide, étant fait d'une matiére cartilagineuse

cartilagineuse, ou même écailleuse. On y distingue aisément une espece de suture * qui le divise en deux parties, * Pl. 36. fig. 10. s, s.
dont l'antérieure * plus courte que l'autre, sera dans la * u, u.
suite nommée le front du masque : c'est celle qui par une sorte de rondeur donne aux masques des nymphes du premier genre, l'air d'un casque; l'autre partie * sera appel- * m.
lée la mentonniére : le bout * de celle-ci ressemble à * p.
une espece de menton. Ce masque n'est qu'appliqué contre la tête, il ne lui est aucunement adhérent. Si on introduit, ce qui est aisé, une pointe fine comme celle d'un canif ou celle d'une épingle, entre le front du masque & la tête de l'insecte, on peut ensuite aisément l'éloigner * * Fig. 11. m s.
de la partie qu'il couvroit ; & c'est après l'avoir fait qu'on voit distinctement la bouche, & les dents dont elle est munie.

Quand on éloigne le masque de la tête, on le fait tourner comme sur un pivot. Le menton est articulé avec une piéce * qui est en quelque sorte le pied ou le support * p b.
du masque : elle a la même figure & les mêmes dimensions que la partie postérieure de la mentonniére, contre laquelle elle est appliquée dans les temps ordinaires; son origine * * b.
est auprès du col, c'est-là qu'elle est assujettie. La face extérieure de cette piéce qui tient lieu de pied au masque, comme la face extérieure du masque, est cartilagineuse; mais les faces intérieures de l'une & de l'autre, qui s'entretouchent, sont recouvertes de chairs : là sont des muscles qui tendent à tenir le masque assujetti contre la tête, & auxquels on fait violence lorsqu'on l'en éloigne.

Le seul usage du masque n'est pourtant pas de couvrir la bouche & ses environs, il en a un autre plus important & plus singulier : c'est lui qui doit fournir la bouche d'aliments ; aussi si sa structure eût été mieux connuë de Swammerdam, il n'eût pas dit, comme il l'a fait, que les

demoiſelles auxquelles il a été accordé, ſe nourriſſoient de
terre. Outre la ſuture tranſverſale que nous avons fait re-
* Pl. 36. fig. 10. r. marquer, le maſque en a une longitudinale * ſur le front,
* u, u. qui diviſe celui-ci en deux parties égales*, elle atteint la ſuture
* s, s. tranſverſale *, mais elle ne paſſe pas outre. Ces ſutures ne
ſont pas ſuperficielles, elles pénetrent toute l'épaiſſeur du
maſque, elles tiennent réunies dans les tems où elles doivent
l'être, des parties qui peuvent être ſéparées dans d'autres
temps. Au moyen de ces ſutures, le maſque ſe trouve avoir
* Fig. 10. u, u. deux eſpeces de volets * dont l'inſecte ouvre l'un ou l'autre*
* Fig. 12. n. à ſon gré, & qu'il ouvre tous deux à la fois quand il veut, ſoit
* Fig. 13. u, u. en partie *, ſoit entiérement: chacun de ces volets eſt articulé
avec la mentonniére, à un des bouts de la ſuture tranſver-
* s. ſale. * Quand nous ne le dirions pas, on imagineroit aſſés
qu'il y a des muſcles attachés au maſque, propres à produire le jeu des volets: s'ils s'ouvrent, ce n'eſt pas au reſte
* i, i. o, o. pour donner du jour à l'inſecte; ſes yeux *, comme nous
l'avons déja fait remarquer, ne ſont pas placés deſſous, mais
une moitié de la bouche ſe trouve ſous chacun d'eux, &
il eſt néceſſaire qu'ils s'ouvrent pour laiſſer paſſer les aliments ſur leſquels les dents doivent agir. Ces volets ſont
plus; nos nymphes ſont carnaciéres, elles ſe nourriſſent d'inſectes aquatiques, à l'affût deſquels elles ſont continuellement; ces nymphes parviennent à en attraper de plus gros &
de plus agiles qu'elles ne ſont: j'en ai vû d'occupées à manger
des teſtards. C'eſt avec les volets du maſque qu'elles attrapent
leur proye, ils valent d'excellentes ſerres: les bords de ces
piéces ont des dentelures qui les tiennent aſſemblées, lorſque le maſque eſt fermé; ces dentelures ſont de vrayes
dents, très-fines, mais fortes, & propres à bien retenir
l'inſecte qui a été ſaiſi: chaque volet a encore une lon-
* Fig. 12 & 13. e, e. gue pointe, * ou dent beaucoup plus longue, qui part de
ſon angle antérieur.

Lorſque l'inſecte qui a été pris par les deux volets eſt petit, les dents le leur ôtent tout entier; mais lorſqu'il eſt trop gros pour être logé dans la bouche, ou entre la bouche & le front du maſque, une partie reſte en-dehors des volets qui le tiennent ſaiſi, & qui ne l'abandonnent aux dents que quand ce qu'elles avoient à leur diſpoſition a été haché & avalé. J'ai trouvé un aſſés gros teſtard tenu ainſi entre les volets, la portion de cet animal qui etoit en-dehors, étoit ſaine, & celle qui étoit paſſée ſous les volets, étoit défigurée & comme broyée.

Au reſte on peut faire faire aux volets avec la pointe d'une épingle, le même jeu que la nymphe leur fait faire au moyen des muſcles qui leur ſont propres; je veux dire qu'on peut les entr'ouvrir, les écarter l'un de l'autre, en lever un ſeul, ou les lever tous deux.

Le maſque plat * des nymphes du ſecond genre eſt, pour l'eſſentiel, conſtruit comme celui en caſque: le principal uſage auquel il eſt deſtiné, eſt pourtant plus aiſé à voir: la partie antérieure, le front, au lieu d'être faite de deux volets, l'eſt de deux eſpeces de ſerres * dont chacune eſt terminée par une longue & forte pointe écailleuſe *; outre la pointe, chaque ſerre eſt compoſée de deux parties, qui enſemble forment une eſpece de bras *: la premiére attache de chaque bras, * car ils en ont chacun deux *, eſt tout auprès de celle de l'autre, au milieu du maſque: de-là, chacun d'eux ſe dirige vers un côté du maſque; & c'eſt-là qu'eſt le coude * ou l'articulation ſur laquelle peut jouer l'avant-bras ou la piéce de la ſerre qui eſt armée d'une pointe *. Une nymphe qu'on tient dans la main, fait quelquefois ſentir que ces pointes ſont très-capables de percer des inſectes: quelquefois elle en perce les chairs de la main qui lui fait violence; mais leurs piquûres ne ſont ni dangereuſes, ni bien douloureuſes. Dans les temps

* Pl. 37. fig. 3, 4, 6 & 7. *m*.

* Fig. 4, 6 & 7 *e*, *e*. & fig. 8. *e*.

* *e*.

* *o c e*.

* *o*.

* *o* & *e*.

* *c*.

* *e*.

ordinaires les ferres font fi bien pliées & fi bine ajuftées, que la partie formée de leur affemblage eft auffi plate que le
* Pl. 37. fig. 4, 5 & 6. refte : la pointe de l'une eft couchée fur celle de l'autre *; on ne les diftingue que quand on cherche à les voir; mais on les rend très-vifibles, & on s'affûre des mouvements qu'elles peuvent faire, quand on les écarte l'une de l'autre avec la pointe d'une épingle, & qu'on les oblige à fe déplier.

Le mafque des demoifelles du troifiéme genre, des demoifelles à courte & à large tête, plat & plus éfilé *
* Pl. 38. fig. 5. m. par embas que celui dont nous venons de parler, en differe encore par d'autres particularités; c'en eft une pour lui d'avoir, comme les nôtres, une ouverture vis-à-
* Fig. 6. l. & fig. 7. o. vis la bouche *: cette ouverture a la figure d'un lofange *
* Fig. 7. dont les deux angles les plus aigus font dans la direction de la longueur du corps; quoiqu'affés grande, elle n'eft vifible que quand on a éloigné le mafque de la tête : tant que ce dernier refte dans fa pofition naturelle, elle eft bouchée
* Fig. 6. l. en grande partie par un bouton charnu * que je regarde comme la langue de la nymphe : on le trouve à celles de tous les genres; il eft capable de divers mouvements, &
* Fig. 8. l. placé immédiatement auprès de la derniére paire de dents*. D'autres chairs qui partent des environs de la bouche, & les bouts des dents, achevent de remplir l'ouverture dont il s'agit. La forme des ferres de ces mafques y eft encore une autre particularité : celles des derniers dont nous avons parlé, ont été comparées à des bras; les ferres des nou-
* Fig. 7. d, d. veaux mafques peuvent l'être à des mains *; plus courtes & plus larges que les autres, elles fe terminent par quatre longues pointes écailleufes, courbes, qui femblent être des doigts déliés, dont l'un plus court * que les autres, eft analogue au pouce. Chacune de ces ferres eft articulée à
* c, c un des bords du mafque *; quand elles font écartées

l'une de l'autre, environ vis-à-vis le milieu de l'ouverture en losange, on voit deux piéces* également larges dans toute leur longueur, qui s'arcboutent mutuellement par leur bout antérieur, & qui renferment la moitié antérieure de l'ouverture en losange; chacune de ces piéces sert d'appui à une des serres, quand celles-ci sont fermées ou posées sur le masque: alors les serres sont si bien ajustées qu'elles semblent faire corps avec le reste*; les crochets de l'une s'engrainent réciproquement dans les intervalles que laissent entr'eux les crochets de l'autre, de sorte qu'alors on ne peut les appercevoir, ni distinguer nettement la figure des piéces auxquelles ils appartiennent.

* Pl. 38. fig. 7. a, a.

* Pl. 38. fig. 6. d d.

Les nymphes qui portent les masques du dernier genre, ont, comme nous l'avons déja dit, un corps plus long & plus éfilé que celui des autres nymphes, par rapport à sa grandeur: elles en different encore par la grandeur & la figure des piéces attachées au bout de leur corps; quelques-unes y ont trois nageoires plates, cartilagineuses, & d'une figure qui tient de l'ovale*, mais pourtant plus étroites à leur origine qu'à leur bout. Chacune a une grosse côte* par laquelle elle est partagée en deux parties égales, comme une feuille de plante l'est par sa principale nervûre: de cette côte partent des fibres dirigées avec régularité vers la circonférence, comme le sont les barbes des plumes. D'autres especes de nymphes de ce même genre, au lieu des trois nageoires plates ont trois piéces cartilagineuses*, analogues aux picquants des nymphes du premier & du second genre, en ce qu'elles se peuvent réunir pour former à l'insecte une queuë pointuë, & qui semble d'une seule piéce: ces derniéres nageoires sont pourtant beaucoup plus longues que les picquants auxquels nous les comparons; celle du milieu* attachée au-dessus du corps, est plus courte que les deux autres, dont chacune part d'un des

* Fig. 3. n, n.

* Fig. 4. t, s.

* Fig. 1, 2 & 5. n, q, n.

* q.

côtés: toutes les trois deviennent de plus en plus menuës pour se terminer en pointe, & sont pliées en gouttiére.

La plûpart des nymphes, & toutes peut-être, doivent vivre dix à onze mois sous l'eau avant que d'être en état de se transformer en demoiselles; je ne sçais pourtant si on n'a pas en Automne des demoiselles qui viennent d'œufs pondus au Printemps: les nymphes qui passent sous l'eau les mois les plus favorables à l'accroissement, doivent croître plus promptement que les autres. Quoi qu'il en soit, depuis le mois d'Avril jusqu'à la fin de Septembre, & même jusqu'au milieu d'Octobre, il y a journellement des nymphes qui se métamorphosent en demoiselles. Les transformations de celles de certaines especes ne m'ont pourtant paru arriver que dans certains mois: ce n'est qu'en May & en Juin que j'ai vû des demoiselles jaunes & à corps court,* se tirer de l'état de poisson; mais j'ai vû paroître d'aussi bonne heure, & quelques mois plus tard, des demoiselles du second genre.

* Pl. 35. fig. 1 & 2.

Celles qui se sont métamorphosées chés moi en Avril, quoique grandes*, l'étoient moins que celles* qui n'y ont quitté leur dépouille qu'à la fin de Juin, & dans les mois de Juillet & d'Août. Ce n'est pas seulement par la grandeur à laquelle sont parvenuës des nymphes d'une certaine espece, qu'on connoît que le temps de leur métamorphose approche; d'autres signes l'annoncent; avant que ce temps arrive, les quatre fourreaux dans lesquels les aîles sont renfermées, deviennent plus distincts, les deux d'un même côté paroissent plus détachés l'un de l'autre, & enfin dans plusieurs especes de nymphes, ils changent de position: au lieu qu'ils étoient appliqués à plat sur le corps des jeunes nymphes, ils le sont par la tranche sur le corps de celles à terme; ils se sont redressés.

* Fig. 5.
* Fig. 3.

C'est hors de l'eau que doit s'accomplir la grande

opération qui fait paſſer l'inſecte de l'état de poiſſon à celui d'habitant de l'air. Toutes les nymphes que l'on voit hors de l'eau en partie ou en entier, ſoit ſur les bords d'un ruiſſeau, ſoit ſur ceux d'un étang ou d'un baſſin, ne ſont pourtant pas prêtes à devenir aîlées : ſouvent celles qui ne ſe ſont éloignées de l'eau que d'un pouce ou deux, y rentrent après avoir reſpiré l'air; mais celles qui ont fait un plus grand chemin, qui en ont parcouru un ſur terre de quelques pieds de longueur, & celles ſur-tout que l'on trouve cramponnées ſur des tiges ou des branches de plantes, ſe préparent à quitter le fourreau qui les empêche de paroître demoiſelles.

J'en ai eu de la même eſpece qui ſe ſont métamorphoſées une heure ou deux après être ſorties de l'eau, & d'autres qui ont paſſé un jour entier chés moi avant que de prendre une nouvelle forme. L'opération même eſt de quelque durée : ceux qui la verront commencer, ne la quitteront pas cependant avant qu'elle ſoit finie, elle a de quoi occuper agréablement. On peut même ne pas ſe laſſer à l'attendre, on peut lire, pour ainſi dire, dans les yeux de la nymphe, ſi elle eſt prête à ſe transformer, ſi elle ne tardera pas plus d'un quart d'heure ou d'une demi-heure ; les ſiens qui juſque-là ont été ternes & opaques, deviennent brillants & tranſparents. Cet éclat qui n'eſt pas propre aux cornées de la nymphe, eſt dû à celles de la demoiſelle, qui ſont alors appliquées immédiatement ſous les autres, & qui ont acquis tout le luiſant qu'elles doivent avoir dans la ſuite : c'eſt dequoi je me ſuis aſſûré en enlevant les cornées à des nymphes, après qu'elles avoient ſemblé être devenües tranſparentes ; j'ai trouvé ſous chacune un œil de la demoiſelle, auquel il ne manquoit rien.

Enfin ſi l'on veut ſe procurer le plaiſir de voir & de revoir ce qui ſe paſſe pendant la transformation de ces nymphes, on se fournira au Printemps, comme je l'ai fait, d'un bon nombre de celles de quelque espece, qu'on jettera dans un bassin, ou qu'on tiendra dans des bacquets pleins d'eau. Quand des dépouilles trouvées aux environs auront appris qu'il y a eu des nymphes qui se sont métamorphosées, on examinera à différentes heures du jour les bords de l'eau où l'on tient les autres, & on prendra celles qui se seront renduës sur ces bords : elles y restent ordinairement quelque temps pour se ressuyer & se sécher parfaitement, avant que de songer à aller plus loin. C'est ainsi que je me suis mis à portée de voir autant de fois que je l'ai voulu, ce qui se passe pendant la transformation des nymphes du premier & du second genre : ce que nous allons raconter en détail, regarde les unes & les autres.

La nymphe après être restée au bord de l'eau d'où elle est sortie, autant de temps qu'il lui en a fallu pour se bien sécher, se met en marche, & cherche un lieu où les manœuvres qui doivent opérer le grand changement auquel elle se prépare, se puissent faire commodément : souvent elle se détermine pour une plante sur laquelle elle grimpe ; après l'avoir parcouruë, elle se fixe, soit contre la tige, soit contre une branche, soit même contre une feuille, quelquefois elle s'attache à un brin de bois sec ; mais elle se place toûjours la tête enhaut, il lui est essentiel d'être dans cette position. Ce qui ne lui est pas moins nécessaire, c'est de se cramponner de maniére que des efforts assés considérables ne soient pas capables de la faire changer de place. Elle y parvient sans peine & sans industrie, car elle n'a qu'à presser le bout de ses pieds contre le corps sur lequel elle veut s'arrêter : chaque pied est terminé par deux crochets roides*, & dont la pointe est si fine, qu'elle pénetre dans des plantes, dans du bois, &c. qu'elle ne fait presque que toucher. J'ai souvent décroché des fourreaux d'où des demoiselles s'étoient tirées,

* Pl. 37. fig. 13 & 14. c, c.

tirées, & j'ai admiré ensuite la facilité avec laquelle je les accrochois solidement contre des corps sur lesquels je les posois sans les presser sensiblement.

Pour être en état de répéter mes observations avec facilité, j'ai eu à la fois pendant plusieurs jours à la campagne, un grand nombre de nymphes fixées dans un lieu où il m'étoit aisé de les voir toutes d'un coup d'œil; une des piéces d'une tapisserie de toile peinte d'une chambre très-bien éclairée, & la piéce qui étoit dans le plus beau jour, en étoit très-garnie. On apportoit sur cette piéce toutes les nymphes qu'on avoit prises hors de l'eau; elles s'y trouvoient bien, & la plûpart se cramponnoient à demeure, assés près de l'endroit où on les avoit placées: aussi y avoit-il peu d'heures dans le jour, où cette piéce de tapisserie ne fournît un spectacle amusant & varié. Pour l'essentiel, la métamorphose de ces nymphes en demoiselles n'a rien de différent de celle des crisalides en papillons, & de celle de différentes autres nymphes en mouches, soit à deux, soit à quatre aîles: dans toutes c'est toûjours un animal qui quitte une dépouille sous laquelle étoient cachées, & hors d'état de se développer, des parties qui, quand elles sont mises au jour, le font paroître tout autre qu'il n'étoit auparavant. La métamorphose dont il s'agit à présent, a pourtant ses particularités que nous allons détailler.

La nymphe qui s'est fixée, & dont les cornées paroissent beaucoup plus transparentes qu'elles ne l'avoient paru jusque-là, se tient tranquille: les mouvements par lesquels la transformation est préparée, se passent dans son intérieur: le premier effet sensible qu'ils produisent, est de faire fendre en-dessus la partie du fourreau qui couvre le corcelet: par la fente qui s'y est faite, on voit une portion du corcelet de la demoiselle, cette portion qui s'éleve bien-tôt au-dessus des bords de la fente, se gonfle, & fait ainsi l'office de coin pour l'obliger à devenir plus longue. Elle gagne l'extrémité antérieure du corcelet, elle parvient ensuite au col, enfin elle avance jusque sur le crâne, à la hauteur des yeux: là se fait une seconde fente dont la direction est perpendiculaire à celle de la premiére, elle va vers l'une & l'autre cornée, & s'étend jusqu'au centre de chacune, & par-delà. Pour faire cette derniére fente, & la partie de l'autre qui se trouve sur le crâne, il a été accordé à la demoiselle prête à naître, de pouvoir gonfler sa tête, comme nous avons vû ailleurs que des mouches à deux aîles gonflent la leur dans une semblable circonstance: cette tête qui, quand elle sera devenu dure & écailleuse, aura une forme constante, peut, alors qu'elle est encore molle, en prendre successivement de différentes, se gonfler & se contracter, comme si elle étoit membraneuse.

A mesure que la fente du fourreau qui est au-dessus du corcelet s'aggrandit, une plus grande portion de celui-ci devient à découvert & s'éleve; & dès que cette fente est parvenuë jusqu'à l'endroit du crâne où elle doit aller, & que la fente transversale qui s'étend jusqu'aux cornées, a été faite, la tête de la demoiselle trop pressée auparavant, est plus à l'aise, & en état de se dégager: elle se tire un peu arriére, & sort de la dépouille; elle s'éleve au-dessus des bords d'une fente assés grande pour la laisser passer. La tête de la mouche est si grosse alors, qu'on a peine à concevoir qu'elle ait pu être contenuë quelques instants auparavant sous le crâne de la dépouille. La partie antérieure de la mouche dans laquelle je comprends sa tête & son corcelet, est donc à découvert & en l'air, au-dessus du fourreau, hors duquel elle se tire de plus en plus; les jambes qui tiennent au corcelet ne tardent pas à commencer à se montrer, à sortir en partie de leurs étuis, qui sont ces jambes que la nymphe a si bien cramponnées contre quelque corps solide: pour dégager encore davantage celles qui lui sont propres, la mouche naissante renverse en arriére la partie qui est hors du fourreau *. Pendant que les jambes se dégagent, on peut observer de chaque côté deux cordons blancs attachés chacun par un bout à la partie de la dépouille qui couvroit auparavant le corcelet: ces quatre cordons sont les quatre gros troncs de trachées de la nymphe, dont nous avons eu occasion de parler, ils ne doivent pas servir à la demoiselle, ils sortent de son intérieur par les quatre stigmates de son corcelet. A mesure qu'elle s'éleve davantage sur sa dépouille, la portion de chaque trachée qui paroît hors de son corps, & qui en est sortie, devient plus longue; mais pour faire sortir une plus longue portion de ces trachées devenuës inutiles, & sur-tout pour achever de tirer ses jambes de leurs étuis, la demoiselle pousse le renversement en arriére bien plus loin qu'elle n'avoit fait, elle se renverse à un tel point qu'elle se trouve avoir la tête pendante, en embas *; elle n'est alors soûtenuë que par ses derniers anneaux qui sont restés dans la dépouille, ils forment une espece de crochet qui l'empêche de tomber.

* Pl. 39. fig. 1.

* Fig. 2.

Quand elle s'est mise dans cette derniére position, ses jambes se trouvent fort éloignées des étuis dans lesquels elles étoient logées un peu auparavant, aussi sont-elles libres; alors la mouche les plie en différents sens, elle les remuë pendant deux ou trois minutes, comme pour les essayer, ou les rendre propres aux mouvements qu'elles auront à exécuter dans la suite; mais bien-tôt elle cesse de les agiter, & elle se tient dans la plus grande inaction. La premiére que je vis dans ce temps de repos, me parut morte ou mourante; je crus ses forces épuisées par des manœuvres qui avoient mal tourné; à peine pouvois-je appercevoir de fois à autres de très-légers mouvements au bout de ses pieds: elle resta pendant plus d'un quart d'heure dans cet état où je la croyois presque sans vie, & j'en ai vû d'autres y rester près d'une demi-heure. J'étois prêt à cesser d'observer la première dont j'ai parlé, n'espérant plus qu'elle devînt en état de se mouvoir, lorsqu'elle m'apprit que dans le temps où je l'avois cru mourante, ses parties trop molles avoient pris de la consistance, s'étoient affermies, & qu'elle avoit acquis des forces. Elle fit sous mes yeux une action qui en demandoit beaucoup, une vraye action de vigueur. Dans son état de foiblesse apparente, ou plûtôt de tranquillité, son corps étoit un peu contourné, étant concave du côté du dos, & convexe du côté du ventre; elle lui donna une courbûre directement contraire, elle le rendit concave du côté du ventre; elle se recourba ensuite beaucoup davantage dans le même sens, & si subitement, qu'elle sembla faire une espece de saut qui mit sa tête à la hauteur de la partie du fourreau dans laquelle elle avoit été logée: ses jambes se trouverent au-dessus de la grande ouverture; bien-tôt leurs crochets saisirent la partie antérieure du fourreau *, & s'y cramponnerent. Il est donc essentiel que cette manœuvre ne se fasse qu'après que les crochets ont pris de la roideur. Il fut aisé alors à la demoiselle d'achever de tirer la partie postérieure de son corps, de la dépouille dans laquelle elle étoit restée jusque-là; elle augmenta la courbûre du corps, elle le plia presqu'en deux, & par ce dernier mouvement elle en conduisit le bout jusqu'à l'ouverture par laquelle elle tarda peu à le faire sortir: elle étendit ensuite son corps à peu-près en ligne droite, & elle se trouva dans une attitude plus naturelle.

* Pl. 39. fig. 3.

Voilà la demoiselle entiérement née, mais bien éloignée encore de paroître telle que celles qui parcourent les airs, ou qui se posent sur des plantes; elle est toute contrefaite: le corps quoique plus long que la dépouille d'où il s'est tiré, n'a pas encore toute sa longueur; les aîles qui sont la grande & l'utile parure de ces mouches, n'ont pas beaucoup plus de volume qu'elles n'en avoient pendant qu'elles étoient renfermées dans de courts & étroits fourreaux; elles ne sont que des plaques sillonnées *, assés épaisses, posées de champ, & les unes contre les autres, ou comme mises en paquet les unes sur les autres: on a peine à imaginer comment chacune de ces aîles pourra parvenir à acquérir l'ampleur qui lui convient, comment elle pourra s'élargir & s'allonger suffisamment. Ce qu'elles ont de trop en épaisseur, fournira au volume qu'elles prendront dans les deux autres dimensions; elles sont plissées comme le papier d'un éventail, ou comme une feuille d'arbre prête à se développer, & c'est ce qui les rend si étroites; mais ce qui les rend courtes, c'est que chacune de leurs parties longitudinales est pliée comme ces lanternes de papier plus à l'usage des Religieuses que des gens du monde.

* Pl. 39. fig. 3. *l.*

Le développement des aîles avance dans la suite à vûë d'œil, & on aime à en voir les progrès: ils sont tels que lorsque j'ai voulu les faire dessiner, le trait qu'on traçoit pour représenter l'état où une aîle venoit de se montrer, ne représentoit pas l'état de la même aîle sur laquelle on jettoit les yeux pour rectifier ce trait. Quelquefois la mouche reste cramponnée sur sa dépouille, & c'est-là que les aîles se développent; & assés souvent elle s'éloigne de la dépouille pour aller se placer mieux *. Pendant tout le temps que le développement dure, elle est & doit être dans la plus grande inaction; sur-tout doit-elle éviter de donner aucun mouvement à ses aîles, & avoir fait choix d'une position où elles n'aient à craindre le frottement d'aucun corps: ces aîles qui bien-tôt auront la roideur d'un talc, sont plus flexibles alors, & plus molles qu'un papier mouillé; si elles prenoient un mauvais pli, elles le conserveroient toûjours: il seroit à crain-

* Fig. 4.

dre pour elles de toucher même quelqu'une des parties de la mouche à qui elles appartiennent; & c'eſt ce que celle-ci ſemble ſçavoir : les aîles pourroient même ſe rencontrer & s'entre-nuire, ſi elles étoient toutes quatre dans un même plan, comme le ſont dans la ſuite celles des eſpeces de demoiſelles dont il s'agit actuellement, ſi elles étoient toutes quatre dans un plan parallele à celui de poſition; elles lui ſont alors perpendiculaires, & miſes les unes à côté des autres. Cette maniére dont elles ſont placées, peut n'être aucunement dûë à la prévoyance de la mouche, mais ce que la mouche paroît prévoir, & qui fut remarqué par Melle * *, plûtôt que par moi, pendant qu'elle deſſinoit une demoiſelle dont les aîles s'étendoient en tout ſens; ce que, dis-je, la mouche paroît prévoir, c'eſt que ſes aîles ſe chiffonneroient ſi leur bord venoit à toucher le deſſus du corps : or pendant qu'elles s'allongent, & ſur-tout pendant qu'elles s'élargiſſent, leur bord pourroit s'appuyer ſur le corps; afin que cela n'arrive pas, la demoiſelle courbe ſon corps *, elle le rend concave du côté du dos, & de plus en plus concave à meſure que les aîles s'élargiſſent, de ſorte qu'il eſt aiſé d'obſerver un vuide qui ſe conſerve toûjours entre le bord arrondi & convexe de l'aîle & le corps; l'aîle en s'élargiſſant, cherche le corps qui la fuit.

* Fig. 4. *p, q, r.*

Elles ſe déplient en même temps en long & en large : on voit dans ce dernier ſens des eſpeces de fibres qui s'écartent les unes des autres, des ſillons qui s'élargiſſent, & de même des rayes tranſverſales qui s'affoibliſſent en s'étendant; enfin chaque aîle s'applanit en devenant plus large & plus longue. Les liqueurs qui ſont pouſſées avec force & vîteſſe dans les aîles, produiſent apparemment des effets prompts; le mouvement des liqueurs paroît même néceſſaire pour aider à ſoûtenir des eſpeces de feuilles ſi molles, dans les poſitions où elles reſtent. S'il falloit prouver que la circulation des liqueurs eſt néceſſaire pour écarter ici les unes des autres des parties trop rapprochées, s'il falloit détruire un ſoupçon qu'on pourroit avoir, que les fibres quoique molles, ont un reſſort, ou qu'en ſe ſéchant, elles en prennent un qui tend à les étendre en tout ſens, je n'aurois qu'à rapporter une expérience faite ſur une demoiſelle périe pendant la transformation. Je dégageai moi-même ſes aîles de leurs fourreaux : elles ſe laiſſerent allonger & élargir à mon gré ; mais dès que je les abandonnai à elles-mêmes, elles redevinrent trop courtes ; le reſſort de leurs parties ne tendoit qu'à les tenir pliées comme elles l'avoient toûjours été.

Au reſte, le développement va, comme je l'ai déja fait entendre, plus vîte que je ne l'euſſe voulu lorſque j'avois à faire repréſenter une aîle vûë dans quelqu'un des états par où elle paſſe : pour en rendre la durée fixe, je ſacrifiai la mouche, je la plongeai dans l'eſprit de vin, elle y reſta peut-être une demi-minute avant que d'être étouffée, & dans un temps ſi court & de ſouffrance, les aîles s'étendirent beaucoup. Le développement des aîles eſt ordinairement complet en moins d'un quart d'heure : cette durée ne paroîtra pas longue, ſi on fait attention au chemin que le bout de chaque aîle a eu à parcourir, & combien de parties ont été obligées de s'écarter les unes des autres. Mais les aîles qui ont acquis toute leur ampleur, ne ſont pas prêtes encore à avoir aſſés de conſiſtance, à être deſſéchées, fermes & friables, comme elles le deviennent. J'ai eu chés moi des demoiſelles qui les ont tenuës toutes quatre ſur leur corps, comme elles y ſont pendant que le développement s'opere, plus de deux heures : ce n'étoit qu'au bout de ce temps qu'elles avoient pu les éloigner les unes des autres, les placer toutes quatre dans un même plan, les diſpoſer par rapport au corps, comme des avirons le ſont par rapport à une galere; & quoiqu'en liberté, elles n'ont essayé à s'en servir pour voler, qu'au bout de deux ou trois autres heures.

Le corps n'acheve de s'allonger, chacun de ses anneaux n'acheve de s'étendre & de se déboîter de celui qui le précede ou le suit, que quand il ne manque plus rien à la grandeur des aîles. Il y a un temps où elles vont par-delà son bout, & dans la suite ce bout passe ceux des aîles. Dans l'instant où la demoiselle commence à paroître au jour, ses couleurs sont très-effacées. Les demoiselles* à corps long, de la plus grande espece, qui ont sur le corcelet & sur le corps des taches bleuës ou des taches jaunes, & souvent des unes & des autres, combinées avec des noires, sont en naissant, d'un blanc jaunâtre, ayant des ondes & des taches d'un brun clair: le jaunâtre prend une nuance d'un beau jaune citron, le brun s'obscurcit, & se change par degrés en un beau noir: par la suite, des taches jaunes deviennent bleuës; & il y a de ces demoiselles sur le corps desquelles il ne reste que du bleu & du noir.

* Pl. 35. fig. 3.

Dans la métamorphose les insectes ne quittent pas seulement un fourreau qui empêchoit les parties extérieures auxquelles ils devront leur nouvelle forme, de paroître & de se développer; ils se défont en même temps de parties bien autrement organisées qu'une simple enveloppe, qui leur avoient été nécessaires dans leur état précédent, & qui leur seront inutiles dans celui où ils passent. Le masque* particulier aux nymphes demoiselles, est de ce nombre, on ne le retrouve point aux demoiselles: pour sçavoir si outre ses usages connus il n'avoit point encore celui de servir d'étui à quelqu'une des parties de la mouche, pendant que je tirois successivement des leurs, celles d'une demoiselle qui avoit péri après être seulement parvenuë à faire faire à son fourreau les fentes par lesquelles elle auroit dû sortir; pendant, dis-je, que je tirois chacune de ses

* Pl. 36. fig. 10. &c. Pl. 37. fig. 4. &c. Pl. 38. fig. 6 & 7. &c.

ſes parties de leur étui propre, je fus ſur-tout attentif à obſerver ſi je n'en dégagerois pas quelqu'une du maſque: aucune ne ſortit du véritable maſque, ni n'y étoit contenuë; mais je vis que ſon pied *, que ſa partie qui eſt poſtérieure lorſqu'on le regarde en face, étoit le fourreau de la lévre inférieure de la demoiſelle. Cette lévre avoit alors une figure bien différente de celle qu'elle devoit prendre, elle étoit mince, longue & platte, & dans la demoiſelle elle eſt courte, épaiſſe & convexe vers le dehors *; au lieu que pendant que la demoiſelle eſt nymphe, ſes autres parties ſont extrêmement raccourcies & pliſſées dans leurs étuis, celle-ci eſt donc extrêmement allongée dans le ſien. Dès que je l'en eus miſe dehors, elle prit la figure qu'elle devoit avoir dans la demoiſelle, le reſſort ſeul de ſes fibres la façonna: dans l'inſtant je la ſaiſis entre mes doigts, & l'ayant tirée, je lui fis reprendre la figure qu'elle avoit dans ſon étui; quand je la laiſſai libre, elle reparut faite en vraye lévre de demoiſelle.

* Pl. 37. fig. 7. *p o.*

* Pl. 39. fig. 5. *m.*

Puiſqu'aucune des parties de la demoiſelle n'eſt contenuë dans le maſque, on ne ſera pas ſurpris qu'il n'en ait manqué aucune à une demoiſelle, quoique j'euſſe coupé un des volets d'un maſque en caſque.

Il n'en eſt pas des dents de la mouche comme de ſa lévre inférieure; chacune a une figure qui n'eſt pas fort différente de celle qu'elle avoit dans la nymphe; chacune pourtant, toute ſolide qu'elle eſt, étoit contenuë dans un étui hors duquel elle doit être tirée, & qui reſte à la dépouille.

L'intérieur de l'inſecte qui vient de ſubir une métamorphoſe, paroîtroit peut-être plus différent de l'intérieur qui lui étoit propre dans ſon état précédent, que ſon nouvel extérieur ne nous paroît différent de l'ancien. Il doit ſe faire de grands changements dans les parties intérieures d'un insecte à qui il étoit essentiel de vivre dans l'eau, lorsqu'il devient tellement conformé, qu'il perdroit la vie s'il y restoit plongé pendant quelque temps. Nos demoiselles ne sçauroient vivre sous l'eau aussi long-temps qu'y vivent d'autres insectes qui sont nés & ont pris leur accroissement sur terre. Elles ont donc perdu les parties au moyen desquelles elles la respiroient; celles même qui leur servoient à respirer l'air pendant qu'elles étoient nymphes, ne peuvent plus leur y servir quand elles sont devenuës mouches. Nous avons vû ci-dessus les quatre grosses trachées propres à la nymphe, sortir du corps de la demoiselle * qui achevoit de se tirer de son fourreau; ses especes de poulmons, ses vaisseaux à air doivent être faits tout autrement que dans la nymphe. Il y a un temps où l'on peut avoir le plaisir de les voir sans disséquer la mouche; c'est sur-tout dans celles à corps plat, qu'il m'a été aisé de les observer dans leur intérieur. Après que leurs aîles ont été entiérement développées, mais pendant qu'elles sont encore perpendiculaires au plan de position, vient un moment qui mérite qu'on cherche à le saisir: dans ce moment la nouvelle mouche remplit son corps d'air, soit pour lui faire prendre toute la longueur qui lui convient, en en développant tous les anneaux, soit pour quelque raison qui m'est inconnuë; elle le gonfle comme un balon, il semble qu'elle le souffle. Le corps qui dans les demoiselles de cette espece, est mol & applati dans l'état naturel, est alors distendu au point d'être ferme; c'est une circonstance bien favorable à l'Observateur: les membranes de l'enveloppe extérieure, qui ne se sont pas encore desséchées, étant étenduës, ont par-tout une si grande transparence, qu'on peut presque aussi-bien voir les parties intérieures que si elles étoient sous une glace: tout l'art imaginable de disséquer ne parviendroit pas à mettre

* Pl. 39. fig. 2. f.

ſous les yeux ce qui y eſt alors : on voit nettement les trachées, leurs ramifications, & de jolis ſacs faits en bourſe à Berger, par leſquels elles ſe terminent : on a repréſenté dans la Fig. 8 de la Planche 39, une partie des objets qui s'offrent alors aux yeux. En regardant par-deſſus le dos, je diſtinguois ſûrement les femelles des mâles; les premiéres me montroient de chaque côté une longue partie que je ne trouvois pas aux autres.

Pendant qu'une demoiſelle tenoit ainſi ſon corps gonflé, je lui ai fait le plus vîte qu'il m'a été poſſible, deux ligatures avec un fil de ſoye, l'une au bout du corps, & l'autre auprès de ſa jonction avec le corcelet. La demoiſelle a péri, & l'air ne s'eſt pas échappé : le corps eſt reſté gonflé & diſtendu, & il eſt encore à peu-près dans le même état depuis pluſieurs années que je le garde; on y peut diſtinguer encore toutes les trachées, qui étant des vaiſſeaux cartilagineux, ne ſont pas de ceux qui ſe pourriſſent, ou qui ſe réduiſent à rien en ſéchant.

Dans différents mois de l'année on voit des nymphes de demoiſelles à maſque plat, long & éfilé *, ſe métamorphoſer, comme on en voit de celles à maſque ſimplement plat & à maſque en caſque; mais leur transformation ne m'ayant rien offert de particulier, je ne m'arrêterai pas à en décrire les circonſtances, je me contenterai de dire que cette grande opération paroît moins laborieuſe pour les demoiſelles à large tête, que pour les autres; au moins s'acheve-t-elle plus promptement : les aîles de ces demoiſelles ſont développées dans la moitié du temps néceſſaire au développement de celles des autres.

* Pl. 41. fig. 1 & 2.

Dès que les demoiſelles de quelque genre & de quelque eſpece que ce ſoit, ont leurs aîles ſuffiſamment affermies, elles prennent l'eſſor comme les oiſeaux de proye, & pour la même fin : elles doivent paſſer une partie de leur vie au milieu des airs, elles y font cent tours & retours pour y découvrir d'autres insectes aîlés auxquels elles soient supérieures en force, & s'en emparer. Les mâles ont bien-tôt un autre objet dans les vols qu'ils dirigent successivement vers différents côtés, celui de trouver des fémelles auxquelles ils puissent s'unir. Leurs amours, pour ainsi dire, la maniére dont se fait la jonction d'un mâle avec une fémelle, est ce que l'histoire de ces mouches a de plus particulier à nous apprendre, & peut être vû par ceux qui sont le moins exercés à faire des observations. Les promenades les plus agréables, celles qui se font dans de belles prairies bordées par une riviére ou par un ruisseau, offrent depuis le Printemps jusque vers le milieu de l'Automne, des demoiselles de différentes grandeurs & de différentes especes : pour peu qu'on leur donne d'attention, outre celles que l'on verra posées sur les plantes, on en verra beaucoup d'autres en l'air, & parmi ces derniéres on en remarquera qui y volent par paires*. Les deux de chaque paire paroîtront singuliérement disposées : le bout du corps de l'une, de l'antérieure*, est posé sur le col de la postérieure* : toutes deux volent de concert, ayant le corps étendu en ligne droite ; l'antérieure est le mâle qui avec des crochets qu'il a au bout du derriére, tient sa fémelle saisie par le col, & la conduit où il veut & où celle-ci semble se laisser conduire volontiers, puisqu'elle agite ses aîles pour aller en avant, comme elle feroit si elle étoit libre.

* Pl. 40. fig. 2.

* *m.*

* *f.*

Leeuwenhoek * a cru que les deux demoiselles ainsi jointes, l'étoient de la maniére dont il a été établi qu'elles le seroient pour que le mâle fécondât les œufs de la fémelle : il a cru que le mâle avoit à son derriére la partie qui sert à les vivifier, & que l'ouverture destinée à recevoir cette partie, se trouvoit sur le col de la fémelle, ou plûtôt sur son corcelet ; il a cru y voir le trou par lequel

* *Arcana Naturæ detecta*, Tom. 1. pag. 19.

les œufs devoient sortir. Quoique l'accouplement des demoiselles se fasse d'une façon singuliére, il ne suppose pas une position si bizarre de l'entrée du conduit par lequel doit passer la liqueur qui opere la fécondation: l'ouverture que Leeuwenhoek avoit placée en-dessus au col ou au corcelet de cette mouche, l'est, comme dans les mouches des autres especes, en-dessous, & presqu'au bout de son long corps.

Mais les parties propres au mâle sont tout autrement placées dans le corps des demoiselles que dans celui des autres mouches; elles ne sont point au bout du derriére où Leeuwenhoek les a cru, & où il étoit naturel de les croire, en s'en tenant simplement à l'analogie. Pour peu néantmoins qu'on examine le dessous du corps du mâle, près de sa jonction avec le corcelet, à ses premiers anneaux, on remarque aisément des parties * qu'on cherche inutilement à celui de la femelle: c'en est assés pour soupçonner au moins avec vraisemblance, que ce sont celles qui constituent son sexe; leur figure fortifie le soupçon. Enfin si on persévere à observer des demoiselles qu'on avoit vû voler par paires, on parvient à se convaincre que ce que Leeuwenhoek avoit pris pour l'accouplement, n'en est que le prélude, & que les parties du mâle situées si proche du corcelet, sont cependant celles qui doivent s'introduire dans l'ouverture qui est au-dessous de l'anus de la femelle.

* Pl. 39. fig. 4. p. Pl. 41. fig. 7.

L'accouplement complet d'une espece de ces mouches a été très-bien vû par M. Homberg, qui l'a décrit & en a donné une bonne figure dans les Mémoires de l'Académie de 1699, pag. 145. il avoit été vû même longtemps auparavant par Swammerdam, comme il paroît par l'édition de ses Œuvres, qui a été procurée au Public depuis peu d'années par les soins de feu l'illustre M. Boerhaave. Mais j'ai eu apparemment plus d'occasions de le voir & revoir, que n'en ont eu ces célébres Auteurs; j'ai pu obſerver divers petits manéges qui le précedent, dont ils ne nous ont pas parlé, parce qu'ils ne ſe ſont pas préſentés à leurs yeux. Un étang mal ſoigné qui ſe trouve très-près de chés moi, à Reaumur, ſemble être placé pour donner ce ſpectacle à qui en eſt curieux, il a peu d'étenduë, & eſt rempli de roſeaux & de glayeuls; mais ce que ſa poſition a de plus favorable, c'eſt qu'il eſt entouré de côteaux qui en ſont très-proches: il eſt placé comme dans le fond d'un entonnoir; l'air eſt tranquille autour de ſes bords, pendant qu'il eſt agité plus loin, ce qui invite les demoiſelles à ſe réunir par paires tout auprès de l'étang même; elles y ſont rarement emportées loin par ces coups de vent qui les font perdre de vûë à l'obſervateur, comme il arrive dans des lieux plus découverts. D'ailleurs l'air y eſt plus échauffé que par-tout aux environs. C'eſt-là que depuis la mi-Septembre juſque par-delà la mi-Octobre, & dans les beaux jours depuis onze heures du matin juſqu'à quatre & cinq heures du ſoir, j'étois ſûr de trouver des demoiſelles de toutes eſpeces, unies enſemble ou qui cherchoient à s'unir; ſouvent huit à dix couples ſe préſentoient à la fois à mes yeux: je n'étois embarraſſé que par le choix de celui ſur qui je devois fixer mes regards. Je ne parlerai que de deux eſpeces de demoiſelles que j'y ai le plus ſuivies, dont l'une eſt aſſés petite & à tête large *, & dont l'autre * eſt de grandeur médiocre, à tête ronde: les façons de procéder des autres eſpeces, quand il s'agit de s'entre-faire l'amour, reviennent aux façons de celles-ci.

* Pl. 40.
* Pl. 41. fig. 11.

Il n'en eſt pas des demoiſelles comme des papillons & de beaucoup d'autres inſectes aîlés, parmi leſquels différentes couleurs ſervent ordinairement à faire diſtinguer les unes des autres des eſpeces différentes: parmi les demoiselles les couleurs ne dénotent le plus souvent que des différences de sexe. Les fémelles de la grande espece, à corps court & applati *, qui sont jaunes, ont pourtant des mâles jaunes; mais elles en ont aussi d'une belle couleur ardoisée *. J'ai vû à Paris au-dessus de l'eau du bassin de mon orangerie, de ces mâles ardoisés, s'accoupler avec des fémelles jaunes. Des demoiselles au-dessous de la grandeur médiocre, à tête large, qui sont si communes dans les prairies, & qui s'y font remarquer par leur beau bleu *, s'accouplent avec des demoiselles d'un verdâtre doré, & avec d'autres purement grisâtres: toutes les bleuës que j'ai prises, étoient des mâles. Ce qui mérite encore plus d'être remarqué, c'est qu'ils surpassoient un peu les fémelles en grandeur; car c'est une exception à une régle que nous avons donnée comme générale pour les insectes, sçavoir, que parmi eux les fémelles sont plus grandes que les mâles. D'autres especes de demoiselles ont confirmé cette exception; je n'ai jamais trouvé de mâles sensiblement plus petits que leurs fémelles, & quelquefois j'en ai trouvé de sensiblement plus grands. Dans une des deux especes auxquelles nous allons nous fixer, pour raconter tous les préludes de l'accouplement, & comment il devient complet, les mâles ont pour le moins une grandeur égale à celle des fémelles: la suite des procédés des premiers, apprendra qu'il étoit nécessaire qu'ils surpassassent les autres en force. On ne voit pas de même, quoique sans doute il y en ait des raisons, pourquoi les couleurs propres à celles-ci, ne le sont pas à ceux-là.

* Pl. 35. fig. 1.

* Fig. 2.

* Fig. 7.

Les demoiselles de cette espece *, ont le corps un peu moins long & plus délié que celui des bleuës dont il vient d'être parlé; leur tête a d'un côté à l'autre une fois plus de diametre que du devant au derriére. Lorsqu'elles sont en repos, elles portent leurs aîles d'une façon qui n'est pas

* Pl. 40.

des plus ordinaires aux mouches de ce genre: elles les tiennent pourtant paralleles, ou à peu-près, au plan de position; mais elles ne sont pas perpendiculaires à la longueur du corps, elles font avec lui un angle toûjours aigu, mais tantôt plus & tantôt moins. La couleur du dessus du corcelet & du dessus du corps de la fémelle, a beaucoup d'éclat, & est faite d'un mélange de rouge & de verd bronzé; les côtés & le dessous du corcelet sont d'un blancheâtre qui tient du gris de perle: le ventre est un peu plus jaunâtre; mais ni le gris de perle ni le jaunâtre n'ont aucune teinte de dorure: ses yeux à rézeau sont jaunâtres.

Les yeux à rézeau de quelques-uns des mâles des derniéres fémelles sont d'un verd brun, & ceux de quelques-autres du plus beau bleu. Ces mâles ont aussi sur les arêtes du corcelet, des traits d'un très-beau bleu, & le bout de leur queuë est encore de cette belle couleur: sur le reste de leur corps est étenduë une couleur bronzée, qui differe de celle des fémelles, en ce qu'elle est plus verdâtre.

Dès que la chaleur du jour a commencé à se faire sentir, elle anime les mâles que nous venons de décrire. Une fémelle qui badine en l'air avec ses aîles, ou qui y va en avant, en a bien-tôt quelqu'un à sa suite: si une autre fémelle se pose sur quelque plante, elle n'y reste pas long-temps seule, quelque mâle ne tarde pas à venir voler autour & au-dessus d'elle; car le mâle tend toujours à prendre le dessus de la fémelle, soit qu'elle vole, soit qu'elle soit en repos. C'est au-dessus de sa tête qu'il en veut d'abord, il cherche à s'en approcher assés pour être à portée de la saisir avec ses jambes*; dès qu'il la tient, il contourne son corps en boucle pour en amener le bout sur le col de la fémelle, & dans l'instant il l'y cramponne de façon, qu'il n'est plus dans le pouvoir de celle-ci de se

* Pl. 40. fig. 1.

séparer

séparer de lui. Au bout du derriére du mâle sont deux grands crochets * dont le bout est mousse; il les entr'ouvre pour faire passer entr'eux, comme dans une pince, le col de la fémelle, & il les ferme ensuite autant qu'il est nécessaire pour s'assûrer d'elle, pour la mettre hors d'état de lui échapper. J'ai quelquefois vû des mâles agiles & adroits, saisir le col de la fémelle sans avoir commencé par prendre la tête de celle-ci entre leurs jambes.

* Pl. 41. fig. 3. c, c.

Si cette premiére jonction s'est faite en l'air, le couple ne continuë pas long-temps d'y voler; il se détermine à venir se poser sur quelque branche ou tige de plante: là il se place de maniére que le mâle * se trouve toûjours plus élevé que la fémelle. Soit que l'un & l'autre aiment à prendre plusieurs petits vols, soit que le premier lieu qu'ils ont choisi ne soit pas à leur goût, les deux mouches le quittent pour l'ordinaire au bout de deux ou trois minutes, sans se séparer l'une de l'autre; elles vont ainsi successivement se poser sur trois ou quatre plantes peu éloignées, avant que de se fixer.

* Pl. 40. fig. 3.

Quoique le mâle se soit rendu maître de la fémelle qu'il tient accrochée, il n'est pas en son pouvoir de consommer l'accouplement: nous avons dit que celles de ses parties par lesquelles il doit être fait, sont placées en-dessous de son ventre, assés près du corcelet *; il y a loin delà jusqu'au bout du derriére de la fémelle: pour que l'accouplement s'accomplisse, il faut donc que celle-ci le veuille, c'est à elle à achever ce qui reste à faire. Mais il semble établi par une loi de la nature, que les fémelles ne se rendront aux mâles qu'après leur avoir résisté: parmi les insectes, si on en excepte les reines des abeilles, toutes paroissent au moins se refuser aux premiéres caresses du mâle: la demoiselle aussi semble d'abord peu disposée à répondre aux desirs du sien; elle tient son corps

* Fig. 3, 4 & 5. m.

allongé, & il faudroit qu'elle le contournât beaucoup pour en conduire le bout sur l'endroit où il doit être posé pour que ses œufs soient fécondés. L'amour de sa postérité n'est pas d'abord assés puissant sur elle pour la forcer à faire une action qui nous doit paroître plus qu'indécente; ce n'est que par des importunités, qu'en lassant pour ainsi dire sa patience, que le mâle parvient à l'y déterminer, ou, si l'on veut, ce n'est que par des caresses de longue durée, si de lui tenir le col serré, est une façon de la caresser. Il en a peut-être encore une autre; de temps en temps il recourbe son corps en arc*, il éleve la femelle plus haut qu'elle n'étoit, il rapproche ainsi du bout du derriére de cette derniére, le terme qu'il doit aller chercher. Mais enfin la femelle quelquefois après un quart d'heure, quelquefois après un temps plus long, semble moins éloignée de se prêter à ce que le constant mâle exige d'elle; elle cesse de tenir son corps étendu & droit, elle le courbe d'abord un peu, & ensuite de plus en plus, mais toûjours cependant sans le faire passer sous celui du mâle; elle le contourne quelquefois au point d'en amener le bout auquel elle laisse une espece d'empâtement, jusqu'auprès de son corcelet*: son corps forme alors une espece de boucle assés semblable à celles de fil de fer qui ont été nommées des portes. Elle semble s'essayer, disposer son corps à prendre cette courbûre qui doit rendre l'union complette entre son mâle & elle; bien-tôt pourtant elle redresse son corps, mais pour n'être pas long-temps sans le plier de nouveau; souvent alors le mâle courbe le sien en même temps, comme pour faire de nouvelles & plus pressantes invitations dans un moment où il semble qu'elles doivent être acceptées.

* Pl. 40. fig. 4. e.

* Fig. 3.

Ces préludes durent quelquefois une heure & plus, selon qu'il fait plus ou moins chaud. J'ai observé un couple de demoiſelles pendant plus d'une heure & demie, qui ſe ſépara ſans que le mâle fût venu à bout de vaincre l'obſtination de la fémelle: le ſoleil étoit auſſi alors prêt à ſe coucher. Lorſque j'allois autour de l'étang chercher de ces mouches, à peine en appercevois-je ſur les onze heures quelques paires d'accrochées, & à midi j'en voyois en grand nombre, & de parfaitement accouplées.

Quand la fémelle ne peut plus tenir contre de trop longues careſſes, quand elle s'eſt déterminée à une action pour laquelle elle avoit montré de l'éloignement pendant un temps aſſés long, elle contourne ſon corps tout autrement qu'elle n'avoit fait juſque-là *; auparavant elle en laiſſoit le bout en-dehors de la boucle*, alors elle lui donne une direction oppoſée; elle le porte enſuite ſous le ventre du mâle, qui de ſon côté ne manque pas de courber ſon corps en arc; mais à peine a-t-elle fait parvenir le bout du ſien vers le milieu du ventre de ce dernier, que comme ſi elle s'en repentoit, elle le retire en arriére, & reprend ſa premiére attitude: elle tarde peu pourtant à courber ſon corps de nouveau, à en porter le bout plus loin, mais elle le ramene encore en arriére. Après avoir fait de pareilles façons deux ou trois fois, elle conduit enfin & poſe le bout de ſa partie poſtérieure * ſur l'endroit du ventre du mâle où ſont des parties propres à l'y fixer: ſi elle ne l'a pas placé exactement ſur le lieu où il convient qu'il ſoit, elle le fait gliſſer un peu en avant ou en arriére, ſelon qu'il en eſt beſoin.

* Pl. 40. fi. 4. p.

* Fig. 3. p.

* Fig. 5. p.

La figure compoſée des deux demoiſelles ainſi réunies, forme une eſpece de las en cœur dont la tête du mâle* fait la pointe, & dans l'échancrûre duquel ſe trouve la tête de la fémelle*: les jambes de celle-ci n'ont plus alors d'appui que ſur ſon propre corps*, elles ſont cramponnées ſur les anneaux dont elles ſont le plus proche; ou,

* m.

* c.

* f.

si l'on veut, les corps des deux demoiselles composent ensemble une courbe fermée qui a un point de rebroussement ; la fémelle en est une des branches, & l'autre est faite par le mâle ; mais les deux branches ne sont pas semblables : l'une & l'autre ne conservent pas la même courbûre pendant toute la durée de l'opération ; car tantôt il prend envie au mâle, & tantôt à la fémelle, d'approcher ou d'éloigner quelque portion de son corps, de la portion du corps de l'autre, qui y répond ; d'ailleurs, quand l'accouplement est une fois devenu complet, pendant sa durée il ne se fait aucun changement considérable dans la position des deux insectes ; ils ne se donnent l'un & l'autre aucun mouvement bien sensible. Lorsque j'ai observé de très-près & avec une loupe, un couple bien uni, ce que j'ai fait plusieurs fois, j'ai vû seulement de petits gonflements & de petites contractions du corps aux environs de l'endroit où la jonction étoit la plus parfaite.

Quoique les deux demoiselles ne semblent demander qu'à rester tranquilles dans le lieu où elles se sont unies, souvent elles sont déterminées à en partir par des mouvements qui les inquiétent : l'Observateur peut malgré lui en faire de tels, le vent en occasionne lorsqu'il pousse brusquement sur elles quelque feuille, ou quelque petite branche ; mais le plus souvent elles quittent un lieu où elles se trouvoient bien, pour se délivrer des importunités d'un mâle qui ayant inutilement cherché fortune, voltige trop obstinément autour du couple content. C'est sur-tout dans le temps qui précéde l'accouplement réel, lorsque la fémelle a simplement son col accroché par le derriére du mâle*, qu'un autre mâle qui n'a pas sçu s'emparer d'une fémelle, vient troubler celui qui en tient une ; il ne se contente pas de voler autour du couple, il tombe quelquefois en volant sur le mâle, du sort duquel il paroît

* Pl. 40. fig. 3.

jaloux; celui-ci qui n'eſt pas en poſture de ſe défendre, n'a d'autre parti à prendre que celui de fuir; mais il fuit ſans abandonner ſa fémelle.

Si le couple ne part qu'après que l'accouplement eſt bien complet *, il ne ſe fait pour l'ordinaire aucun changement dans la diſpoſition des contours du corps de l'une & de celui de l'autre mouche. C'eſt au mâle à tranſporter la fémelle en l'air, à être chargé de tout ſon poids: la poſition dans laquelle eſt celle-ci, ne lui permet pas d'agiter commodément ſes aîles; d'ailleurs, les mouvements qu'elle leur donneroit, étant placées comme elles le ſont, ne conſpireroient pas aſſés avec les mouvements des aîles du mâle, pour pouſſer le couple en avant dans la direction où les mouvements des aîles de ce dernier tendent à le conduire. Il convenoit donc qu'un mâle qui eſt obligé de voler chargé du poids de ſa fémelle, fût grand & fort; il devoit y avoir, par rapport à ces mouches, une exception à la régle qui veut que parmi les inſectes les mâles ſoient plus petits que les fémelles; & nous avons vû ci-devant que cette exception a auſſi été faite en faveur des mâles des demoiſelles. Lorſque le couple part très-peu de temps après que l'accouplement a été rendu parfait, il arrive ſouvent que la fémelle dégage le bout de ſon corps, & qu'elle ſe remet en ligne droite; alors l'un & l'autre volent de concert, les deux mouches vont ſe poſer ſur une nouvelle plante, & la fémelle ſe rejoint au mâle, ſans faire autant de façons qu'elle en avoit fait d'abord. Quand l'accouplement a duré quelques minutes, les deux demoiſelles ne ſont pas auſſi aiſées à effrayer qu'elles l'étoient auparavant: j'en ai pris alors avec les doigts ſans qu'elles ſe ſoient ſéparées; & ayant beſoin, ſoit pour les faire deſſiner, ſoit pour mieux voir la diſpoſition des parties propres au mâle, & de celles qui le ſont à la fémelle, de les avoir mortes dans l'attitude de

* Pl. 40. fig. 5.

la jonction, il m'a fallu avoir la cruauté de les faire périr, en pressant la tête & le corcelet tant du mâle que de la fémelle ; souvent elles sont restées unies après leur mort.

La durée de l'accouplement, comme celle de ses préludes, est plus ou moins longue selon qu'il fait plus ou moins chaud : dans un beau jour, j'ai pourtant observé deux demoiselles qui resterent parfaitement jointes ensemble pendant plus d'une demi-heure, au bout de laquelle elles furent troublées par le mouvement d'une branche que je poussai inconsidérément pendant que je les examinois à la loupe, elles prirent ensemble l'essor ; la fémelle ramena le bout de son corps en arriére, & elle se redressa ; elles se poserent sur une plante peu éloignée de celle qu'elles venoient de quitter. Il sembloit que l'accouplement précédent eût été assés long pour la fémelle, elle tint pendant cinq à six minutes contre les invitations du mâle, qui à plusieurs reprises différentes mit son corps en arc, pendant qu'elle laissoit obstinément le sien étendu ; enfin pourtant elle se raccoupla : un nouvel accident les fit repartir, & m'empêcha de voir le moment où la séparation fût volontaire de la part du mâle.

Je crois que c'est constamment en l'air que se fait la jonction parfaite du mâle & de la fémelle de beaucoup d'especes de demoiselles, & entr'autres de celles à tête ronde & à corps long*. Je ne m'arrêterai qu'à rapporter ce que j'ai pu observer d'une espece de demoiselle*, plus grande & sur-tout plus grosse que celle dont il vient d'être tant & peut-être trop parlé, mais qui n'est pourtant par rapport à celles de son genre, que de grandeur médiocre : elle porte toûjours ses aîles perpendiculaires à la direction du corps & paralleles au plan de position ; sa tête est grosse, & de celles qui sont le plus arrondies ; le corps du mâle est rouge, & d'un rouge qui paroît assés beau,

* Pl. 35. fig. 3.

* Pl. 41. fig. 11.

lorsque la mouche est en l'air, mais qui paroît médiocre lorsqu'on la tient à la main : outre le rouge, le dessus & les côtés du corcelet, regardés dans des jours convenables, ont du jaune qui semble or ; il est dû à des poils assés serrés les uns auprès des autres, mais qui ne font voir une couleur d'or que lorsqu'ils sont mouillés. Les yeux à rézeau qui couvrent le dessus & les côtés de la tête, sont agathe ; le ventre est moins rouge que le dessus du corps, & les jambes sont brunes. Si l'on pose une des aîles sur quelque corps opaque, & sur-tout blanc, on y apperçoit une teinte jaunâtre : en tout temps on y voit une tache longue & jaunâtre, près du bout du côté antérieur. Si l'on compte du côté du dos les anneaux de son corps, on s'assûre plus aisément de leur nombre, qu'en les comptant du côté du ventre ; on en trouve onze, dont les trois premiers n'ont guéres ensemble que la longueur de l'anneau suivant ; le cinquiéme & les autres sont encore plus grands que le quatriéme, mais le dernier est extrêmement court.

Le corps de la fémelle un peu plus long que celui du mâle, mais en revanche un peu moins gros, est brun, à peine y voit-on une teinte de rougeâtre : son ventre est ardoisé ; la différence des couleurs fait qu'on distingue aisément le mâle de la fémelle dans chaque paire qu'on voit en l'air.

Jamais je n'ai observé de mâle de demoiselle de la derniére espece, qui allât accrocher le col d'une fémelle posée sur une plante, quoique j'aie vû cent & cent fois des paires, & en même temps plusieurs paires de ces mouches en l'air. J'y ai vû aussi bien des fois un mâle saisir une fémelle au-dessus de laquelle il s'étoit élevé, la prendre par le col. Ces demoiselles se tiennent beaucoup plus long-temps dans l'air que les derniéres dont il a été fait mention, & elles y volent avec plus de rapidité : j'y ai quelquefois suivi des yeux la même paire, qui n'en étoit qu'aux préludes, pendant un temps assés long: je lui voyois faire des tours de différents côtés: c'est toûjours le mâle qui dirige le vol, & qui peut-être cherche en lassant la fémelle, à la rendre plus traitable. De temps en temps le couple descend avec vîtesse tout près de la surface de l'eau, il s'en éloigne ensuite perpendiculairement avec la même rapidité; c'est un manége qui est répété à bien des reprises. Il semble que le mâle conduise la fémelle auprès de l'eau, pour lui montrer l'élément auquel elle doit confier ses œufs, & pour l'engager à se prêter plûtôt à la jonction qui doit précéder le temps où elle s'en délivrera. Quel que soit le motif qui fait ainsi descendre le couple à différentes reprises, ce n'est pas sans risque qu'il descend si bas, des grenouilles sont alors à l'affût, en sautant elles s'élevent au-dessus de la surface de l'eau, pour attraper les demoiselles qui volent auprès.

Après avoir suivi pendant quelque temps une paire, dont l'une & l'autre demoiselle avoit le corps bien droit & bien allongé, je voyois ensuite une autre figure à ce même couple; je distinguois très-bien le corps de la fémelle recourbé sous celui du mâle, alors l'accouplement étoit parfait, & l'étoit devenu en l'air. Mais dès que la fémelle a pris la position où le mâle la souhaitoit, c'est à lui à la soûtenir entiérement, elle n'est plus en état d'agiter ses aîles avec succès, aussi le couple ne continuë-t-il pas long-temps de voler: quand on en a apperçu en l'air un de mouches ainsi unies, on le voit bien-tôt s'approcher de terre, & aller s'appuyer sur quelque plante*. Plusieurs fois je me suis rendu sur le champ dans l'endroit où je l'avois vû se poser, j'ai toûjours trouvé les deux mouches disposées à peu-près de la même maniére; le mâle tenoit ses jambes cramponnées ordinairement à une petite tige, ou à une

* Pl. 41. fig. 11.

à une branche, & quelquefois à un brin de bois ſec; ſon corps * étoit étendu en ligne droite, & dirigé preſque horiſontalement, juſqu'aſſés près du bout où il ſe courboit en crochet *, pour paſſer ſur la tête de la fémelle & lui tenir le col ſaiſi; celle-ci ſe trouvoit au-deſſous du mâle, & avoit ſon corps contourné en arc autant qu'il étoit néceſſaire pour que ſon bout s'appliquât contre le ventre du mâle, tout près du corcelet: le mâle n'étoit pourtant pas chargé de tout le poids de ſa fémelle, les aîles de cette derniére étoient en embas, & s'appuyoient par leur extrémité ſur des feuilles de gramen.

* Pl. 41. fig. 11. m.

* c.

Les meilleurs obſervateurs ne ſont pas toûjours aſſés en garde contre l'envie de deviner des faits, ni aſſés attentifs à faire diſtinguer ceux qu'ils ne rapportent qu'après les avoir vûs, de ceux qu'ils ont imaginés en grande partie: c'eſt ce qui eſt arrivé à Swammerdam par rapport à l'accouplement dont il vient d'être queſtion; quoiqu'il ne l'ait obſervé qu'en l'air, il en détaille des circonſtances qui, ſi elles étoient réelles, n'auroient pu être vûës que dans le cas où les préludes ſe ſeroient paſſés ſur terre, & extrêmement près de celui qui les obſervoit. Il fait faire à la fémelle des avances qui ne ſont nullement dans le goût de ces mouches; il nous dit qu'elle va avec ſes jambes au-devant du bout du derriére du mâle, qu'elle le ſaiſit, & qu'elle le place ſur ſon col, où elle le retient avec ſes deux premiéres jambes; il a fait repréſenter celles-ci paſſées ſur la tête de cette mouche, & preſſant doucement le bout du corps du mâle. Enfin la courbûre qu'il a donnée à la partie antérieure de la fémelle, & celle qu'il a donnée au corps du mâle dans le deſſein qui les repréſente accouplés, ne ſont pas celles qu'on leur trouvera lorſqu'on les obſervera d'auſſi près qu'il m'a été permis de le faire, & dont on a une image ſur laquelle on peut compter, dans la fig. 11 planche 41; les demoiſelles qui y font repréfentées, font fouvent refté tranquilles pendant plus d'un quart d'heure fous les yeux de la perfonne qui les deffinoit.

Les mâles des demoifelles de toutes les efpeces ont au derriére ces crochets que nous avons vû leur être fi néceffaires ; mais dans les différentes efpeces ces crochets n'ont pas les mêmes proportions avec la grandeur du mâle ;
* Pl. 40. ceux des petites demoifelles * dont nous avons décrit tout le tendre manége, font longs proportionnellement à la
* Pl. 41. fig. 3. c, c. grandeur du corps. Entre ces crochets * fe trouvent en-
* k, k. core deux languettes * comme écailleufes, un peu pointuës, que le mâle appuye fur le col de la fémelle, & qui aident à le tenir. Les crochets n'ont pas auffi précifément la même figure dans toutes les efpeces de demoifelles.

La fémelle ne garde pas long-temps fes œufs dans fon corps, après qu'ils y ont été fécondés. Vers midi je ren-
* Fig. 11. f. fermai dans un poudrier une * de celles dont les mâles font rouges, que j'avois prife accouplée; la journée n'étoit pas finie qu'elle avoit fait fa ponte dans un lieu qu'elle n'eût pas choifi pour la faire, fi elle eût été libre. Tous les œufs y étoient réunis dans une maffe, dans une efpece de grappe; tous fortent ainfi à la fois du corps de la mouche, & collés les uns contre les autres. J'ai pris des demoifelles
* Fig. 6. o. qui avoient cette grappe au derriére *, & en preffant le corps de quelques autres, je l'en ai fait fortir. Le Mémoire fuivant nous fera connoître d'autres mouches qui pondent de même tous leurs œufs à la fois, & réunis en une grappe qu'ils laiffent tomber dans l'eau. J'ai négligé de compter combien il y avoit d'œufs dans celle de la demoifelle ; ils font blancs & moins oblongs que des œufs ordinaires. L'ouverture par laquelle ils fortent, qui eft auffi celle dans laquelle s'eft introduite la partie du mâle qui les a fécondés, eft du côté du ventre, affés

proche de l'anus : une plaque écailleuse * la recouvre dans les temps ordinaires, & peut être soûlevée quand il en est besoin. * Pl. 41. fig. 11. *l.*

Les fémelles des petites demoiselles * dont l'accouplement a été décrit au long, ne pondent pas, comme les autres, tous leurs œufs à la fois, & réunis en une grappe; au moins est-ce un à un qu'ils sont sortis des corps que j'ai pressés à dessein de les faire paroître au jour : ils sont blancs comme ceux dont il vient d'être fait mention, mais d'une figure un peu différente, ils sont pointus par les deux bouts. On trouve au derriére de ces petites demoiselles, des parties que les autres n'ont pas, & qui doivent faire soupçonner qu'elles ne se contentent pas de jetter leurs œufs dans l'eau, qu'elles les confient à quelque plante aquatique, après lui avoir fait des entailles propres à les recevoir; au moins les parties que je veux faire connoître, paroissent-elles propres à entailler : ce sont deux plaques écailleuses *, appliquées l'une contre l'autre, dont le bord extérieur est taillé en scie, & convexe; le côté intérieur de chacune de ces plaques, est coupé en ligne droite, & logé dans une espece de gouttiére *. C'est en pressant le derriére de la mouche, qu'on oblige ces deux lames à se montrer & à s'écarter l'une de l'autre : quand on augmente la pression, d'entre les lames précédentes on en fait sortir deux autres aussi longues & plus étroites *, & dont le bord convexe est dentelé comme celui des premiéres, mais à dentelûres plus fines. Ces quatre especes de scie ne sont pas assûrément des instruments inutiles à la demoiselle, quoique les usages qu'elle en fait ne me soient pas assés connus : leurs dents peuvent servir à empêcher de glisser, & à fixer le bout du derriére de la mouche, dans les temps où elle le tient appliqué contre la tige de quelque plante *. C'est près de l'origine des

* Pl. 40.

* Pl. 40. fig. 6. *s, s.*

* *g.*

* Fig. 7. *t.*

* Fig. 8 & 9.

lames en ſcie, que s'introduit dans le corps de la fémelle la partie propre au mâle ; les dents de ces lames peuvent faire ſur les anneaux contre leſquels elles s'appliquent, des impreſſions qui ne ſont pas inutiles pendant la durée de l'accouplement : mais, comme je l'ai déja dit, on doit ſoupçonner que ces quatre ſcies ont été données à la mouche pour faire des entailles dans des branches ou tiges de plantes, & pour la même fin que d'autres mouches armées de ſcies en font, pour y loger leurs œufs.

C'eſt principalement dans une portion du deſſous du premier anneau, & dans toute la longueur du deſſous
* Pl. 41. fig. 7 & 8. du ſecond *, que ſont placées les parties du mâle, au moyen deſquelles il ſe joint intimément avec la fémelle.
* Fig. 8. *a*, *a*. Au bout d'une arcarde * ſituée aſſés près de l'origine du premier anneau, commence une couliſſe qui regne tout du long du ſecond, & ſe prolonge dans le troiſiéme ; elle eſt aſſés large & aſſés profonde pour contenir beaucoup de piéces. Les plus eſſentielles & les plus remarquables ſe trou-
* *b g*. vent dans le ſecond anneau *. Celle qui caractériſe véritablement le mâle, eſt de ce nombre, elle ſaille toûjours hors
* Pl. 39. fig. 4. *p*. de la couliſſe *, & paroît au premier coup d'œil un mammelon d'un brun preſque noir. Au reſte cette derniére partie & quelques autres ne ſont ni faites ni diſpoſées préciſément de la même maniére, dans les demoiſelles mâles de différents genres ; on trouve même quelques variétés par rapport à leur figure & à leur diſpoſition, dans les mâles de différentes eſpeces. Mais pour donner une idée générale de ces parties & de leur arrangement, nous nous fixe-
* Pl. 35. fig. 5. rons à un mâle * d'une aſſés grande eſpece du ſecond genre, qui paroît de bonne heure au Printemps. Le petit corps propre au mâle, qui en tout temps ſort un peu de la couliſſe, demande pour être bien vû, qu'on l'en faſſe ſortir davantage en preſſant l'anneau dans lequel il eſt logé ;

alors la couliſſe qui s'élargit, & dont le fond s'éleve, permet de voir ce petit corps* & un plus gros * auquel il tient. Pour ſe faire à la fois une image de l'un & de l'autre, on ſe repréſentera un vaſe en forme de pot qui auroit une anſe qui s'éleveroit au-deſſus de ſes bords, & dont le bout le plus élevé ſe termineroit par un bouchon engagé dans l'ouverture du vaſe. Le petit corps * qui ſaille hors de la couliſſe dans les temps ordinaires, eſt l'anſe, & nous lui en laiſſerons le nom; on ne voit alors que ſon coude, il faut que la preſſion ait obligé le fond de la couliſſe à s'élever, pour voir qu'un bout de l'anſe eſt logé dans le vaſe même & fait en bouchon. Cette eſpece d'anſe eſt probablement deſtinée à porter la fécondité dans les œufs de la fémelle, dans le corps de laquelle elle s'introduit après s'être redreſſée. Avec la pointe d'une épingle il eſt toûjours aiſé de faire ſortir ſon gros bout * du vaſe deſtiné à le recevoir, mais auquel il n'eſt aucunement adhérent. Ce bout eſt charnu & refendu; quand on le preſſe, on peut remarquer qu'il s'ouvre comme s'il étoit fait de deux petites coquilles. Le vaſe n'a que par ſa partie antérieure * la forme d'un vaſe, car il ſe termine par une eſpece de queuë * qui devient de plus en plus déliée, & qui eſt logée dans le troiſiéme anneau *. Dans le ſecond anneau * à chaque côté de l'anſe, eſt une eſpece de feuille cartilagineuſe *, qui par ſon bout antérieur peut s'élever au-deſſus de la couliſſe. Entre ces deux feuilles eſt la baſe d'un crochet écailleux* recourbé vers l'anſe. Deux eſpeces de feuilles écailleuſes* beaucoup plus courtes & plus étroites que les premiéres ſont attachées l'une d'un côté & l'autre de l'autre, près de l'origine du ſecond anneau. Dans le milieu du premier, ſont deux autres piéces écailleuſes * qui s'écartent l'une de l'autre en s'élevant, & ſe dirigeant vers l'anſe. Enfin près de l'arcade du premier anneau & ſur chaque bord de

* Pl. 41. fig. 8. m.
* u.
* Fig. 8. m.
* Fig. 9. t.
* Fig. 8 & 9. u.
* q.
* Fig. 8. g h.
* g b.
* f, f.
* c.
* k, k.
* h.

* Pl. 41. fig. 8. *a, a.* de la coulisse il y a un crochet * court, peu courbé, & dont la pointe est assés fine. Si on excepte l'anse & le vase, toutes les piéces dont nous venons de parler, paroissent avoir été destinées à saisir les parties de la fémelle qui touchent celles du mâle pendant l'accouplement.

* Pl. 35. fig. 3. * Pl. 41. fig. 10. *m, u.* Le mâle des demoiselles de la grande espece * a l'anse & le vase * assés semblables à ceux du mâle d'après lequel nous venons de décrire ces piéces; mais la figure & la disposition des feuilles écailleuses & des crochets, ne sont pas les mêmes. Dans les mâles des demoiselles du premier genre la partie qui les caractérise, n'est point faite en anse, elle est plus grosse & d'une forme moins simple. Nous ne nous arrêterons pas à détailler des différences encore plus grandes, qui se trouvent dans les parties des mâles des demoiselles à tête courte, on en pourra prendre quelqu'idée dans la figure 7 planche 41. nous ferons seulement remarquer que la partie qui, dans la figure 8 de la même planche, a la forme d'une anse, est faite en cœur * dans celle-ci. * Fig. 7. *f.*

EXPLICATION DES FIGURES DU ONZIEME MEMOIRE.

PLANCHE XXXV.

LES différentes Figures de cette Planche représentent des demoiselles aquatiques des trois genres différents, sous lesquels nous avons cru pouvoir ranger toutes les especes de mouches à qui on donne ordinairement ce nom. Les demoiselles des figures 1 & 2 appartiennent au premier genre, celles des figures 3 & 5 au second, & celles des figures 4, 6, 7 & 8 sont du troisiéme genre.

La Figure premiére est celle d'une demoiselle à tête

ronde, & à corps applati & ſenſiblement plus large près de ſon origine qu'à ſon extrémité; il diminuë de diametre en s'approchant de celle-ci: le jaune eſt la couleur qui y domine. Cette demoiſelle eſt une fémelle & vient d'une nymphe à maſque en caſque, planche 36. figures 1 & 2.

La Figure 2 fait voir une demoiſelle qui eſt le mâle de celle de la figure premiére, elle eſt de couleur ardoiſée; il y a pourtant des mâles de la même eſpece jaunes, & des fémelles ardoiſées.

La Figure 3 nous montre une demoiſelle d'une des plus grandes eſpeces du ſecond genre.

La Figure 4 repréſente une demoiſelle griſe, d'une petite eſpece du troiſiéme genre; ſon port d'aîles fournit un caractere propre à faire diſtinguer des eſpeces de ce genre, de la plûpart de celles du même genre. Ses aîles ſont diſpoſées en toit ſur le corps, qui ici eſt vû au travers de deux aîles.

La Figure 5 eſt celle d'une demoiſelle de grandeur au-deſſus de la médiocre, & d'une eſpece du ſecond genre. La nymphe dont elle ſort, eſt à maſque plat, & repréſentée planche 36. figure 3 & 4.

La Figure 6 montre une demoiſelle du troiſiéme genre, dont le corps eſt gris. Elle vient d'une nymphe à corps & à maſque éfilés, dont la figure eſt gravée planche 41. fig. 1.

La Figure 7 fait voir une demoiſelle du troiſiéme genre plus grande que celle des figures 6 & 4; elle eſt un mâle. Cette demoiſelle eſt celle dont le corps eſt d'un très-beau bleu, & dont les aîles ont de grandes taches d'un noir bleuâtre.

La Figure 8 eſt encore celle d'une demoiſelle du troiſiéme genre,

Les Figures 9 & 10 représentent en grand deux têtes de demoiselles du troisiéme genre. Dans la figure 9 est la tête de la figure 6, grossie ; & c'est celle de la figure 7 qui est grossie dans la figure 10. *c*, le col. *y, y*, les yeux à rézeau; *i*, les trois petits yeux disposés triangulairement. *l*, la lévre antérieure : depuis cette lévre *l*, jusqu'à l'origine du col, il y a bien moins de distance que de la convexité d'un œil à rézeau *y*, à l'autre œil, ce qui rend ces têtes courtes & larges.

PLANCHE XXXVI.

Les Figures 1 & 2 sont celles d'une nymphe de demoiselle à masque en casque, ou d'une nymphe du premier genre, & de laquelle sort une demoiselle du premier genre*; elle est vûë par-dessus figure 1, & par-dessous figure 2. Elle paroît ici telle qu'elle est lorsque sa transformation est prochaine. *i, i*, ses yeux. *a, a*, ses antennes. *f, f*, figure 1, les quatre fourreaux où sont renfermées les quatre aîles de la mouche. *q*, sa queuë ouverte comme elle l'est lorsque la nymphe respire l'eau. *m m*, figure 2, le masque en casque.

* Pl. 35. fig. 1 & 2.

Les Figures 3 & 4 représentent une même nymphe de demoiselle, qui est du second genre, ou de celles dont le masque est plat, & de celles qui donnent des demoiselles du second genre d'une grandeur au-dessus de la médiocre, planche 35. figure 5. *i, i*, ses yeux. *a, a*, ses antennes. *f, f*, figure 3, les fourreaux des aîles de la demoiselle. *q*, la queuë dont les pointes se sont écartées les unes des autres, comme elles le sont lorsque la nymphe respire l'eau. Dans la figure 4 la queuë est mieux formée, parce que les pointes sont appliquées les unes contre les autres: dans cette même figure *m* marque le masque.

Les Figures 5 & 6 font voir, la premiére par-dessus & l'autre l'autre par-dessous, une nymphe du troisiéme genre, & de celles qui donnent des demoiselles du troisiéme genre*. Dans la figure 5, *i, i,* sont les yeux. *a, a,* les antennes. *f, f,* les fourreaux des aîles. *q,* la queuë qui est fermée. Dans la figure 6, la queuë *q* est ouverte. *m,* est le masque.

* Pl. 35. fig. 4, 6 & 7.

La Figure 7 représente la partie antérieure du corcelet d'une nymphe, telle que celle de la figure 1, très-grossie, & cela pour rendre plus sensibles les deux stigmates *s, s,* qui s'y trouvent.

La Figure 8 & la figure 9 nous montrent très-en grand la partie postérieure du corps de la nymphe, figure 3, très-grossie, & vûë dans deux états différents, quoique dans l'un & dans l'autre la queuë soit ouverte. *p, q, p,* dans l'une & dans l'autre sont les trois pointes qui, quand elles sont réunies, forment une queuë *q,* figure 4. Entre les grandes pointes *p, q, p,* il y en a de plus courtes qui ne sçauroient paroître ici, à cause des autres parties qu'on a cherché à mettre en vûë. Celles qu'on a voulu faire voir, sont les piéces *c, l, c,* qui tiennent de la figure circulaire; dans la figure 8 elles sont dans un même plan, elles ferment l'ouverture du bout postérieur, elles ne laissent au moins qu'un petit vuide au milieu. Dans la figure 9 ces trois piéces sont relevées, & laissent entr'elles un grand trou qui pénetre dans le corps de la nymphe, & qui est la grande ouverture par laquelle l'eau y entre.

Les cinq derniéres Figures de cette Planche sont principalement destinées à mettre sous les yeux la structure des masques en casque, qu'elles font voir très-grossis & en différents états.

La Figure 10 représente une tête de demoiselle, vûë par-dessous. *i, i,* les yeux. *r u s m p s u r,* le masque en casque.

u r u, la partie que j'ai appellée le front du masque, & à laquelle ce dernier doit le nom de masque en casque. *p*, le menton. *m*, la mentonniére. *ſſ*, suture par laquelle la mentonniére se trouve jointe au front. *u, u*, deux piéces dont chacune a été nommée un volet, & qui ensemble composent le front du masque. En *r* est le bout d'une suture qui va jusqu'à la mentonniére, & dans laquelle est l'assemblage des deux volets *u, u*.

La Figure 11 est encore celle de la tête vûë par-dessous, mais dans un moment où on a fait violence au masque, & où il a été éloigné de la bouche qu'il laisse à découvert. *i, i*, les yeux. *p m ſ u*, le masque, dont un seul côté paroît ici, & une portion du dedans. *p*, le menton. *m*, la mentonniére. *ſ*, suture qui joint la mentonniére avec un des volets. *u*, ce volet. *p b*, le pied ou support du masque. Au-dessus de *b* est la bouche; immédiatement au-dessus de *b* est une partie charnuë qui peut être prise pour la langue, par-delà laquelle les quatre dents sont aisées à distinguer.

La Figure 12 montre un masque en casque appliqué contre la tête, mais dont un volet est ouvert. *n*, ce volet ouvert & dont ici la face intérieure ou concave est en vûë. En *ſ*, au bout de la suture *ſſ*, est le pivot sur lequel il tourne. *e, e*, épine qui part de l'angle antérieur de chaque volet. Le volet *n*, qui est ouvert, laisse voir deux dents; les deux autres sont cachées sous le volet *u*. *m*, la mentonniére.

La Figure 13 fait voir le masque dans un moment où les deux volets ne sont qu'entr'ouverts. *i, i*, les yeux. *e, e*, les épines de l'un & de l'autre volet. L'intervalle qui est entre les deux volets *u, u*, laisse voir les bouts des dents. Les volets *u, u*, en s'éloignant l'un de l'autre, se sont aussi éloignés de la mentonniére *m*; en *ſſ,* il reſte un vuide entre la mentonniére & les volets.

La Figure 14 préſente un maſque détaché de la tête de la nymphe, par ſa face antérieure & concave. *u, u,* les deux volets. *r,* ſuture dans laquelle les volets ſont joints l'un à l'autre. *ſſ,* ſuture qui fait l'aſſemblage des volets avec la mentonniére. *m m,* la mentonniére. *p,* le menton. *b,* partie du pied ou ſupport du maſque. *l,* eſpece de genou charnu.

PLANCHE XXXVII.

La Figure premiére eſt celle d'un ver de demoiſelle, qui ne differe d'une nymphe à maſque plat, qu'en ce qu'on ne lui trouve pas encore les fourreaux des aîles. La partie antérieure de ſon corps a des points bruns joliment diſtribués ſur un fond d'un verd pâle.

La Figure 2 fait voir par-deſſus, & la figure 3 par-deſſous, une nymphe du genre de celles à maſque plat, mais dont le maſque *m,* figure 3, eſt plus court que ceux des autres eſpeces de nymphes du même genre; quoique ſa couleur ſoit verdâtre comme celle des autres, elle a des taches brunes arrangées avec régularité, qu'on ne trouve pas à la plûpart des nymphes.

Les Figures 4, 5, 6 & 7 repréſentent la tête de la nymphe des figures 3 & 4, Planche 36, vûë par-deſſous & très-groſſie; elles nous apprennent quelle eſt la ſtructure des maſques propres aux nymphes du ſecond genre.

Dans la Figure 4, *a, a,* les antennes. *i, i,* les yeux. *l,* la lévre ſupérieure. *c o m p c,* le maſque. *p,* le menton. *m,* la mentonniére. *c, c,* les deux crochets qui ſont ici à la place des volets, Planche 36, figure 10, 12 & 13. Ces crochets *c, c,* peuvent s'ouvrir & tourner ſur le point *c;*

chacun d'eux eſt fait en eſpece de bras, comme on le voit dans la figure 8, qui eſt celle d'un crochet ſéparé du reſte. Dans la figure 4, les deux crochets ſe touchent en *o*, par le bout *o* de leur partie *c o*. au-deſſus d'*o*, l'épine *e* de l'un, fig. 8, croiſe l'épine *e* de l'autre.

La Figure 5 montre par-deſſous, une tête dont le maſque a été coupé & emporté, au moyen de quoi la bouche eſt entiérement à découvert. *i, i,* les yeux. *l,* la lévre. *d, d, e, e,* les quatre dents. *g,* bouton charnu que je ſuis diſpoſé à prendre pour la langue.

La Figure 6 repréſente une tête dont le maſque a été éloigné & jetté ſur le côté; les dents & la langue ſe trouvent à découvert. *p,* le menton. *b p,* le pied ou ſupport du maſque. *m,* la mentonniére. *c,* un des deux crochets qui ſont couchés ſur la mentonniére.

Dans la Figure 7, le maſque eſt plus écarté de la tête que dans la figure 6: il y eſt même renverſé de maniére que la face intérieure eſt ſeule en vûë. *g,* la langue. *b p,* le pied du maſque. *p,* le menton. *m,* la mentonniére. *c,* un des crochets; la pointe de celui-ci croiſe en *e* celle de l'autre.

La Figure 8 eſt celle d'un des crochets extrêmement groſſi & détaché de la mentonniére. *c o,* le bras du crochet, la partie qui eſt attachée ſur le bout antérieur de la mentonniére, & ſur le milieu duquel *o* ſe trouve. En *c,* eſt une articulation au moyen de laquelle la partie *c e* du crochet peut s'éloigner du bras *o c*. *e,* pointe du crochet, qui eſt écailleuſe.

La Figure 9 fait voir très en grand une des dents intérieures de la bouche, une de celles marquées *d,* figure 5.

La Figure 10 montre une des dents du fecond rang, & marquée *e*, figure 5, auffi groffie que l'eft celle de la fig. précédente.

La Figure 11 repréfente le corps d'une nymphe telle que celle de la Planche 36, figures 3 & 4, ouvert dans toute fa longueur. De tout ce qui fe trouve dans fon intérieur, on n'a repréfenté que deux des quatre troncs de trachées, avec une partie de leurs ramifications. *t, t*, ces deux troncs. *f, f, f*, &c. quelques-unes des branches que ces troncs jettent vers les côtés, & dont il y en a une au moins qui va fe rendre à chaque ftigmate; mais c'eft de leur côté intérieur, & fur-tout vers *r r*, que de l'une & de l'autre de ces trachées partent des branches fans nombre, & que celles d'un tronc s'entrelacent avec celles de l'autre. En *p* paroît une partie d'un troifiéme tronc de trachées; celui qui étoit de l'autre côté a été emporté. En *f* & *f* on voit comment les troncs *t, t* fe terminent en fe ramifiant. *q*, un bout de la queuë.

La Figure 12 eft en grand celle de la partie poftérieure de la nymphe de la Planche 36, figures 3 & 4, & qui y eft marquée *q*, vûë dans un moment où toutes les pointes qui la terminent, font écartées les unes des autres. *p, p*, les deux grandes pointes des côtés, dont chacune eft pliée en gouttiére. *i, i*, deux pointes plus courtes. *p*, la cinquiéme piéce dont le bout eft naturellement coupé comme il eft ici, & courbé en gouttiére; au moyen de quoi quand les cinq piéces font ajuftées enfemble, & forment une queuë comme celle marquée *q*, fig. 4, planche 36, il refte encore au bout de cette queuë une petite ouverture qui peut permettre la circulation à une petite quantité d'eau.

La Figure 13 & la figure 14 font voir chacune en grand

une jambe de la nymphe représentée planche 36, figure 1. La jambe de la figure 13 est de la premiére paire, & celle de la figure 14, de la troisiéme. *c, c,* les crochets par lesquels chaque jambe est terminée. *e,* figure 13, espece d'épine qui sert aussi à accrocher la nymphe.

PLANCHE XXXVIII.

Les Figures 1, 2, 3 & 5 représentent des nymphes de demoiselles du troisiéme genre, de celles à masque plat & éfilé, & qu'on pourroit à aussi bon titre nommer des nymphes à corps éfilé; ce sont celles qui donnent les demoiselles du troisiéme genre ou à tête large & courte, pl. 35, fig. 4, 6, 7 & 8. pl. 40, fig. 1 & 2, &c.

La Figure premiére est celle d'une nymphe dessinée, vûë à la loupe. La figure 2 est celle de la même nymphe moins grossie, & cependant plus proche de sa transformation. Dans l'une & dans l'autre figure les mêmes lettres désignent les mêmes parties. *a, a,* les antennes. *i, i,* les yeux. *f, f,* les quatre fourreaux des quatre aîles: au travers de ceux de la figure 2 on apperçoit des traits disposés avec ordre, comme des barbes de plume, dont on ne distingue aucun vestige dans la figure premiére; ces traits sont les plis des aîles, qui ne paroissent que quand le temps de la métamorphose est proche. *n q n,* trois especes de nageoires, toutes trois pliées en gouttiére, qui composent la queuë; la nymphe les réunit quand elle le veut.

La Figure 3 fait voir une nymphe de même genre que celle des figures précédentes, mais d'une autre espece. On peut juger combien elle paroît ici plus grande que nature, en jettant les yeux sur la fig. premiére de la pl. 41. quoiqu'elle y soit très-petite, elle n'a plus à croître; en quoi cette nymphe differe principalement de celle de la figure

2, c'eſt que ſa queuë eſt faite de trois véritables nageoires, ſemblables à de courts avirons.

La Figure 4 eſt celle d'une nageoire *n*, de la figure 2, qui eſt ici repréſentée encore plus en grand; elle eſt une lame cartilagineuſe, dans l'intérieur de laquelle paroît une tige *t ſ*; de celle-ci partent des eſpeces de fibres diſpoſées comme les barbes d'une plume, cette tige & ces barbes ſont peut-être des vaiſſeaux.

La Figure 5 nous montre par-deſſous, la nymphe qui eſt vûë en-deſſus figure 3. *a, a,* les antennes. *i, i,* les yeux. *m,* ſon maſque. *n q n,* les nageoires.

La Figure 6 repréſente très-en grand le maſque *m,* de la figure 5. *p,* le menton. *m,* la mentonniére. *c, d, c, d,* les crochets placés comme ils le ſont quand ils n'agiſſent pas. *l,* la langue qui paroît au milieu d'une ouverture faite en loſange; au-deſſus de la langue on voit les bouts des dents. Au lieu de diſtinguer les maſques propres à ce genre de nymphes, des maſques plats propres aux nymphes d'un autre genre en ajoûtant l'épithete d'éfilés, il eût été mieux peut-être de les appeller des maſques plats percés, & cela à cauſe de l'ouverture faite en loſange qu'ont ces derniers maſques & que les autres n'ont pas.

La Figure 7 nous met mieux ſous les yeux que la fig. 6, la ſtructure de ce maſque ſingulier, parce que les crochets y ſont poſés comme ils le ſont lorſque la nymphe les fait jouer, & que l'ouverture du maſque n'y eſt pas remplie par la langue & les parties voiſines. Ce maſque a été coupé en *p* près de la mentonniére. *m,* la mentonniére. *o,* l'ouverture en loſange. *a, a,* les deux piéces dont chacune fournit un appui à un des crochets. *c d, c d,* les deux crochets dont chacun a quelque reſſemblance à une main pliée selon sa longueur, & qui n'auroit que quatre doigts: quatre longues pointes dont chaque crochet est armé, lui tiennent lieu de doigts. *c, c,* articulation de l'un & de l'autre crochet avec la mentonniére: le plus relevé montre sa partie concave, & celui qui l'est moins, sa partie convexe.

La Figure 8 représente une tête de la nymphe de la figure 5, de laquelle le masque a été éloigné. *e, e, f, f,* les quatre dents, dont il n'y en a ici que trois à découvert. *l,* la langue. *b p,* le support du masque. *p,* le menton. *m,* la mentonniére. *c d,* un des crochets qui est vû par le côté. La position dans laquelle se trouve ici la partie antérieure du masque, ne donneroit pas une juste idée de sa forme, si on ne l'avoit prise auparavant dans les figures précédentes.

PLANCHE XXXIX.

La Figure premiére représente une demoiselle du second genre, qui s'est déja tirée en partie du fourreau qui tenoit toutes ses parties emmaillotées, sous lequel elle étoit une nymphe, & obligée de vivre dans l'eau. *a i l,* la partie de la demoiselle qui est déja sortie du fourreau, & qui s'est élevée au-dessus. *i,* les jambes. *l,* les deux aîles d'un côté. *t d,* la dépouille accrochée contre les feuilles *f, f.*

La Figure 2 fait voir une demoiselle du premier genre plus sortie de sa dépouille que celle de la figure premiére ne l'est de la sienne. Elle paroît ici dans cette attitude singuliére où elle reste sans se donner de mouvement pendant un temps assés long: on n'imagineroit pas que pour laisser mieux affermir ses différentes parties, il convînt qu'elle demeurât penduë la tête en embas. *i, i,* les jambes qui sont libres. *s,* une des trachées qui par un bout tient à un des stigmates du corcelet de la dépouille. Tout ce ce qu'on voit ici de cette trachée, eſt ſorti par un des ſtigmates du corcelet de la demoiſelle.

La Figure 3 nous montre encore une demoiſelle du premier genre, & de même eſpece que celle de la figure premiére, à qui il reſte peu à faire pour être entiérement hors de ſa dépouille: elle vient de faire cette eſpece de ſaut qu'on eût jugé un moment auparavant bien au-deſſus de ſes forces; c'eſt-à-dire, que d'une attitude ſemblable à celle de la demoiſelle de la figure 2, elle eſt parvenuë à porter ſubitement ſa tête & ſon corps enhaut, & à ſaiſir avec ſes jambes la partie antérieure du fourreau. Il n'y a plus que le bout *q* de ſa partie poſtérieure, qui ſoit engagé dans ce fourreau, & de l'en tirer, n'eſt pas un ouvrage difficile.

La Figure 4 eſt celle de la demoiſelle de la figure 3, qui après s'être tirée entiérement de ſa dépouille, s'en eſt éloignée & a été s'accrocher dans une place qui lui a paru convenable pour y reſter tranquille, juſqu'à ce que ſes aîles fuſſent parfaitement développées & affermies. Si on compare les aîles de cette figure avec celles de la figure 3, on verra qu'elles ſe ſont déja bien allongées & élargies; mais on jugera qu'elles ne ſe ſont encore ni aſſés étenduës ni aſſés applanies, ſi on les compare avec les aîles de la demoiſelle de la planche 35, figure 3. Ce qu'on doit ſur-tout remarquer dans la figure 4, c'eſt que le corps *p r q*, eſt courbé de maniére qu'il préſente ſa concavité aux aîles, & qu'entre cette concavité & le bord des aîles qui en eſt le plus proche, il reſte un vuide; le bord des aîles ne touche jamais alors le corps. *p*, la partie propre au mâle.

La Figure 5 repréſente une partie de ce que l'on voit avec la loupe dans le corps d'une demoiſelle naiſſante, lorſqu'elle l'a, pour ainſi dire, ſoufflé d'air, lorſque l'air qu'elle y a introduit & retenu, en a diſtendu les parois en tout ſens. *i, ſ,* deux des principales trachées qui jettent beaucoup plus de branches qu'il n'en paroît dans cette figure, où on a eu principalement en vûë de rendre ſenſibles les eſpeces de ſacs ou veſſies *b, b, b,* &c. ſemblables à des bourſes à berger, par leſquelles pluſieurs ramifications paroiſſent ſe terminer : on apperçoit auſſi des veſſies *e, e, e,* &c. oblongues ou faites en olive, & qui forment d'aſſés longues files. Le vaiſſeau qui devient une veſſie en chaque endroit où il s'eſt évaſé, a peu de diametre entre deux de ces veſſies.

La Figure 6 fait voir la tête de la demoiſelle des figures précédentes en-devant & en-deſſous. *i, i,* les yeux à rézeau. *l,* la lévre ſupérieure. *n, m, n,* les trois piéces qui compoſent la lévre inférieure : les dents ſont au-deſſus & dans l'intérieur de la bouche.

La Figure 7 eſt celle de la partie antérieure d'une demoiſelle, groſſie & vûë de côté ; les aîles ſont coupées en *l.* Ce qu'on s'eſt propoſé ſur-tout, a été de faire connoître la poſition & la figure des deux ſtigmates qui ſont ſur chaque côté du corcelet. *S,* le ſtigmate antérieur. *ſ,* le poſtérieur.

La Fig. 8 repréſente en grand le bout du corps d'une demoiſelle mâle, telle que celle de la fig. 4. *q,* le bout du corps. *c, c,* deux grands crochets qui ont été principalement donnés au mâle pour ſaiſir le col de la fémelle. *e,* partie longuette, plus courte que les crochets, & qui ſe trouve entr'eux.

PLANCHE XL.

La Figure premiére repréſente les premiers préludes de l'accouplement de deux demoiſelles d'une eſpece du troiſiéme genre, & de médiocre grandeur. *m,* le mâle qui tient ses premiéres jambes cramponnées sur la tête de la fémelle *f*, dont il cherche à bien saisir le col avec les deux crochets qu'il a au bout du derriére.

La Figure 2 fait voir deux demoiselles qui volent de concert; l'antérieure *m* est le mâle qui s'est rendu maître de la fémelle, qui la tient par le col, & qui la force de le suivre où il veut la conduire.

Dans la Figure 3, les deux demoiselles des figures 1 & 2, se sont posées sur une plante; le mâle *m*, qui est toûjours dans la place la plus élevée, attend le moment où la fémelle se déterminera à rendre l'accouplement complet. Il ne le devient que quand celle-ci a porté son derriére en enhaut, en le faisant glisser le long du ventre du mâle, & l'a conduit très-près du corcelet en *m*, où sont les parties capables d'opérer la fécondation des œufs. La fémelle qui dans l'instant où elle s'est posée & dans les suivants, avoit le corps étendu comme l'est actuellement celui du mâle, a recourbé le sien en anneau *f p*, ce qui marque une disposition prochaine à céder aux importunités ou aux caresses du mâle; le bout de son derriére est cependant encore bien cramponné sur la plante, à laquelle il tient par différentes dents qui s'y engrainent, comme le font voir les figures 8 & 9.

La Figure 4 nous montre les deux demoiselles, chacune dans une nouvelle attitude. Le mâle en contournant son corps en portion d'anneau *m e*, a obligé la tête de la fémelle à s'élever, & a rendu plus court le chemin que le bout du derriére *p* de celle-ci a à faire pour arriver en *m*. La fémelle disposée enfin à tout ce que le mâle exige d'elle, a contourné son corps de la façon dont il doit l'être pour se porter enhaut. Dans la fig. 3, le bout *p* étoit en-dehors de la boucle, & dans la fig. 4 il est en-dedans.

La Figure 5 représente les deux demoiselles accouplées: le mâle qui a son corps *m e c*, contourné en boucle, ne cesse pas de tenir le col de la fémelle. Le corps de la fémelle *f p*, est contourné alors comme il convient qu'il le soit; les propres jambes de celle-ci sont posées sur la partie de son corps replié, qui leur répond, & aident peut-être à le maintenir dans une position si forcée.

La Figure 6 est celle du bout postérieur du corps de la fémelle des figures précédentes, vû grossi à la loupe & dans un moment où la pression a contraint à se montrer, des parties qui sont cachées dans les temps ordinaires. *a, a*, deux appendices qui sont au bout du corps; ceux-ci paroissent en tout temps. *g*, piéce pliée en gouttiére, & qui sert à maintenir deux especes de feuilles de scie *f, f*.

La Figure 7, outre la piéce en gouttiére *g* & les deux feuilles de scie *f, f*, de la figure précédente, fait voir deux autres feuilles de scie ou de lime *l*, plus étroites que les feuilles *f, f*, & d'une couleur plus brune; elles ne paroissent qu'au moyen d'une pression plus forte que celle qui suffit pour faire sortir les deux premiéres.

La Figure 8 montre la partie postérieure de la figure 6, arrêtée par les dents d'une des scies, contre une tige de plante.

La Figure 9 est encore celle d'une tige de plante, contre laquelle est arrêtée la partie postérieure d'une demoiselle fémelle, mais c'est par les scies ou limes intérieures, par celles marquées *l* dans cette figure, & dans la figure 7.

PLANCHE XLI.

La Figure premiére est celle d'une nymphe dont le derriére a trois nageoires plattes *n, n, n*. On l'a dessinée très-grossie, pl. 38, fig. 3, elle ne devient jamais plus grande qu'elle l'est ici; la demoiselle qui en sort, est par conséquent très-petite.

La Figure 2 représente une tige de plante contre laquelle est accrochée par les jambes la dépouille qu'a quittée la demoiselle, qui avoit achevé de prendre son accroissement sous la forme de la nymphe de la fig. premiére.

La Figure 3 fait voir très-en grand du côté du ventre, le bout du corps de la demoiselle mâle de la planche précédente, fig. 1, 2, 3, 4 & 5. *c, c,* les deux crochets avec lesquels le mâle tient le col de la fémelle. *k, k,* deux crochets plus courts qui peuvent aider aux deux autres.

Les Figures 4 & 5 montrent, l'une de face & l'autre de côté, le bout du corps d'une demoiselle mâle d'une très-grande espece, telle que celle qui est représentée planche 35, fig. 3. *c, c,* deux grands crochets écailleux, au moyen desquels le mâle parvient à se rendre maître de la fémelle, en la prenant par le col. *g,* appendice en gouttiére. *a,* figure 5, l'anus.

La Figure 6 représente le bout du corps d'une fémelle, de l'espece de celle qui est marquée *f,* figure 11, vûë pardessous, & dans l'instant où la grappe d'œufs commence à sortir. *o,* la grappe d'œufs. *l,* lames écailleuses qui se soûlevent pour la laisser passer.

La Figure 7 montre par-dessous & en grand, le corps de la demoiselle mâle de la planche précédente, figures 1, 2, 3, 4 & 5; on y voit la suite complette des anneaux. Tout du long du ventre regne une coulisse *i k m l;* chaque anneau est écailleux, excepté dans l'endroit où passe la coulisse: là il est membraneux, & c'est ce qui lui permet de se dilater & de se contracter. La coulisse est tantôt moins ouverte, comme en *k*, & aux environs, & tantôt fermée comme en *m*. *a a*, le premier anneau qui se réunit au corcelet en *e e*. *b b d d*, le second anneau dans lequel sont logées les parties propres au mâle. *b d*, *b d*, deux lames écailleuses qui peuvent être plus écartées l'une de l'autre qu'elles ne le sont ici, & être un peu redressées sur leur tranche. Entr'elles, vers *b b*, on apperçoit divers petits corps bruns qui semblent écailleux, & vers *d d* on distingue mieux un corps charnu *f*, blancheâtre, & dont le milieu a pourtant du brun : ce corps est soûtenu par un godet cartilagineux & blancheâtre, qui a des bords comme ceux d'une soûcoupe, qui se trouvent presque de niveau avec la portion la plus élevée du corps en cœur. Au bout de ce corps est une petite languette *h*, creuse à sa base, & qui semble être une espece d'étui destiné à recevoir la pointe du cœur. Ce cœur est probablement la partie qui opere la fécondation des œufs.

Dans la Figure 8 une partie du corcelet, le premier & le second anneau, & une partie du troisiéme anneau d'une demoiselle mâle sont représentés vûs au microscope; le dessein a été pris d'après une demoiselle de l'espece de celle qui est gravée planche 35, figure 5, dans un moment où la pression des doigts forçoit la profonde coulisse qui regne le long des trois premiers anneaux, à être ouverte, & à laisser voir les parties au moyen desquelles se fait la jonction du mâle avec la femelle. *e e*, partie du corcelet. *a a*, premier anneau, qui avant l'endroit marqué par ces deux lettres, forme une arcade, après laquelle la coulisse commence : en *b*, est la fin du premier anneau. *b g*, le second anneau. *g h*, partie du troisiéme anneau. *m*, la partie du mâle destinée à la fécondation des œufs. *u*, corps fait en espece de vase, dont la piéce *m* semble être l'anse; cette derniére *m* se termine par une grosse tête qui entre dans le vase, & lui fait un bouchon. *q,* queuë du vase, qui est logée dans le troisiéme anneau. *c,* crochet écailleux. *f, f,* feuilles écailleuses. *k, k,* deux autres feuilles plus courtes & qui se relevent moins. *i,* partie qui est une espece de crochet à deux branches. *a, a,* deux crochets dont le bout est pointu.

La Figure 9 montre encore plus en grand & séparées de tout le reste, les parties de la fig. 8, qui ont été nommées l'anse & le vase. *u,* le vase, dont *q* est la queuë. *x,* l'endroit où est l'attache de l'anse *x m t.* le bout *t* de l'anse a été tiré hors du vase. En *t* paroît une fente qui marque la séparation de deux parties en forme de coquille, qu'on peut forcer à s'entr'ouvrir davantage qu'elles ne le font ici.

La Figure 10 représente une portion du premier anneau, & les second & troisiéme anneaux d'une demoiselle mâle de la grande espece, qui est gravée planche 35, fig. 3, grossis à la loupe. *c, c,* portion du premier anneau. L'anneau suivant qui se termine en *a,* est ouvert naturellement, mais on a écarté les bords de l'ouverture pour mettre plus à découvert les parties qui caractérisent le sexe du mâle. *f, f,* deux especes de feuilles cartilagineuses. *e, e,* deux corps oblongs qui, comme deux especes de goupillons, ont des poils. *k,* corps en forme de gouttiére, qui se trouve entre les deux précédents. *m,* piéce faite comme le couvercle, ou plûtôt comme le bouchon d'un pot qui tiendroit à une anse d'une matiére à ressort; le ressort de l'anse retient le couvercle ou bouchon dans le vase, d'où il peut être ôté. *u,* corps fait en vase par sa partie antérieure, qui a une panse, mais il se termine par une longue queuë *s,* logée aussi dans l'anneau *a b.*

La Figure 11 représente deux demoiselles de la seconde espece, accouplées. Le corps de la femelle, & celui du mâle ne sont pas contournés, comme le sont le corps d'une fémelle & celui d'un mâle d'une autre espece, planche 40, figure 5, dans un pareil moment. *m*, le mâle qui avec ses crochets *c*, tient le col de la fémelle *f*.

La Figure 12 montre par-dessus & grossis à la loupe, deux anneaux de la même demoiselle, dont des anneaux sont vûs par-dessous dans la figure 8. *a a*, *b b*, un des anneaux. *b b*, *c c*, l'autre anneau. *d*, *e*, arête de courts picquants, qui regne le long des anneaux. Le bout antérieur de l'anneau est aussi bordé de courts picquants, comme on le voit en *a a*.

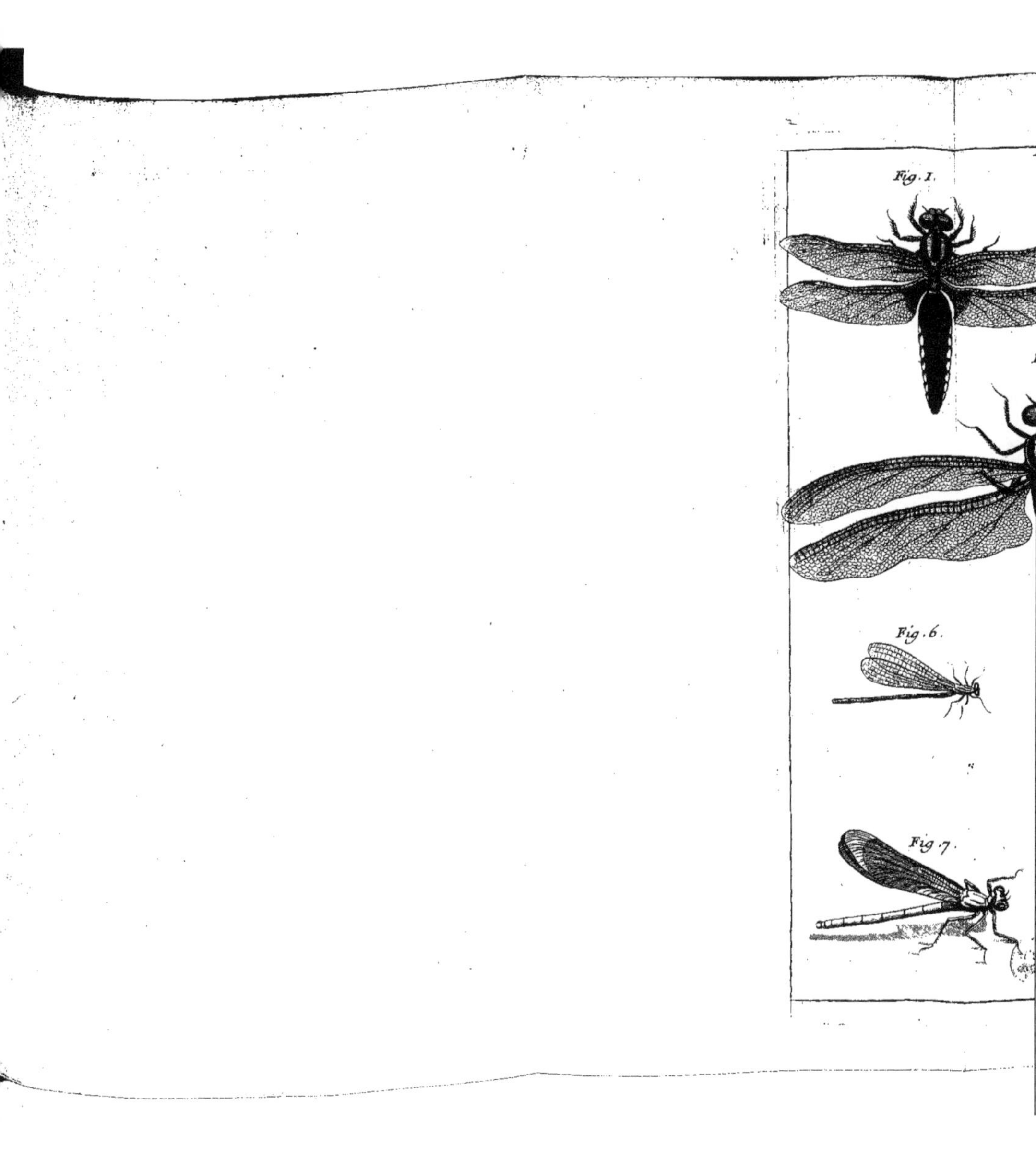
Fig. 1.
Fig. 6.
Fig. 7.

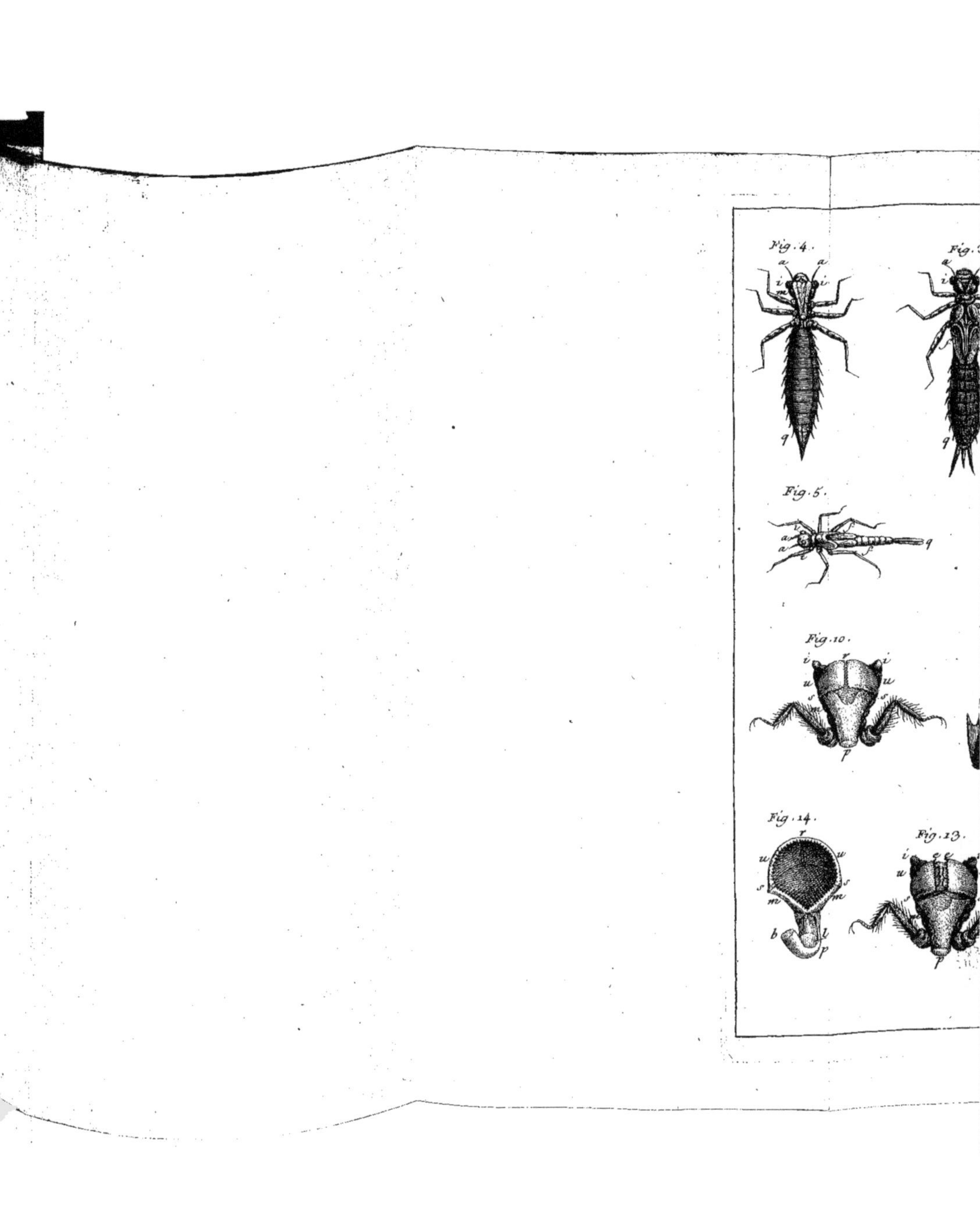

Fig. 4.
Fig. 5.
Fig. 10.
Fig. 14.
Fig. 13.

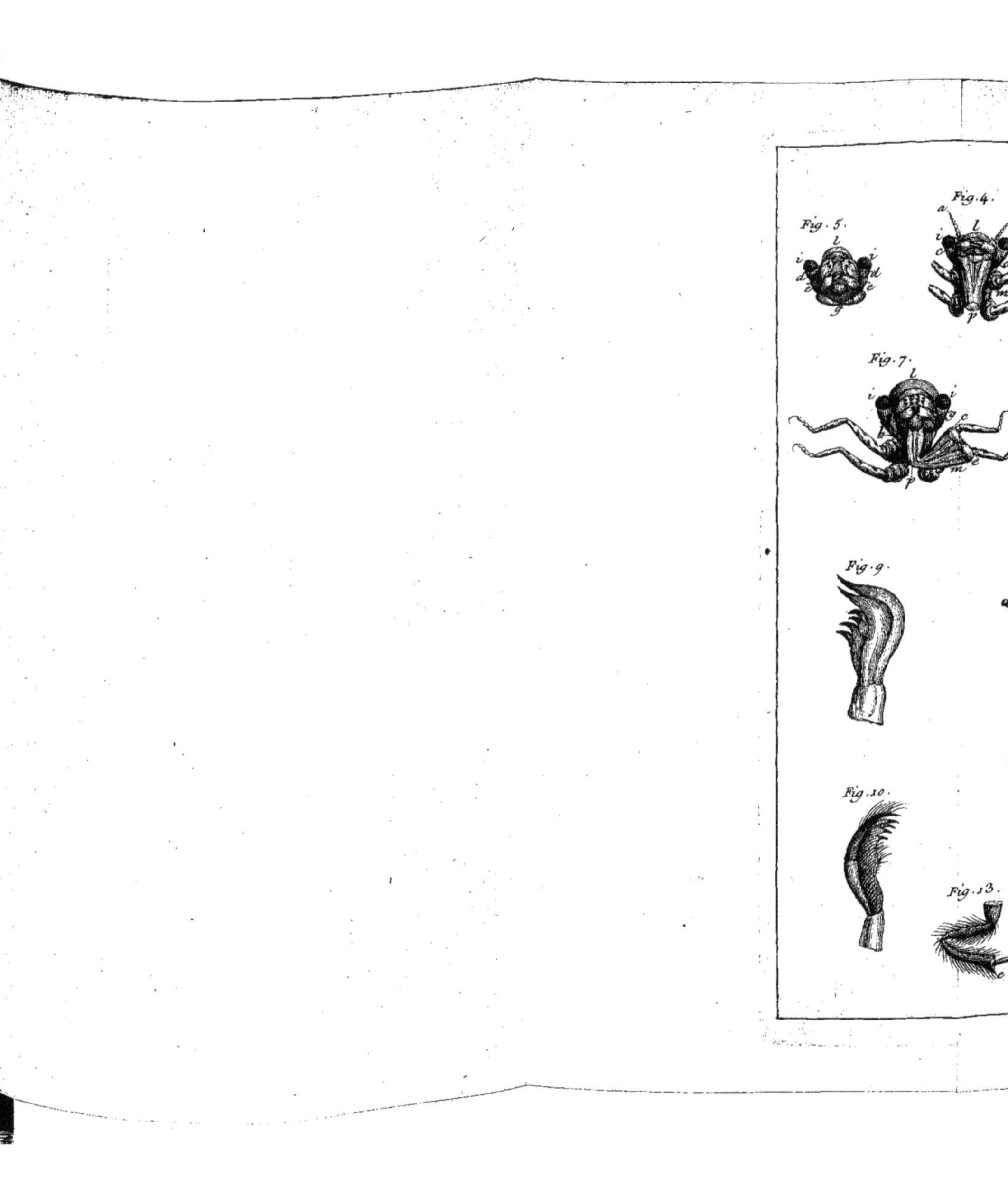
Fig. 5.
Fig. 4.
Fig. 7.
Fig. 9.
Fig. 10.
Fig. 13.

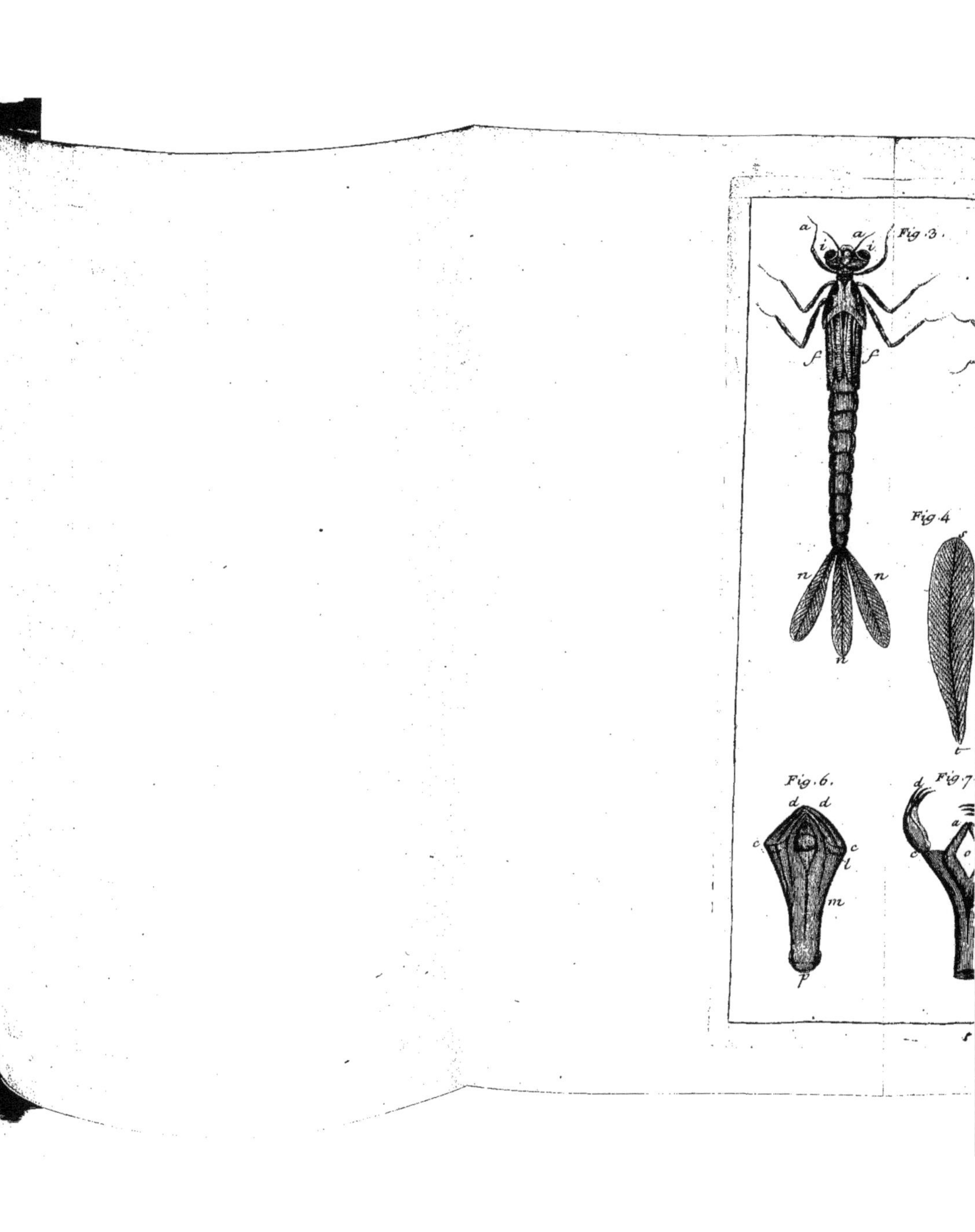
Fig. 3.
Fig. 4
Fig. 6.
Fig. 7

Fig. 4
Fig. 5.
Fig.

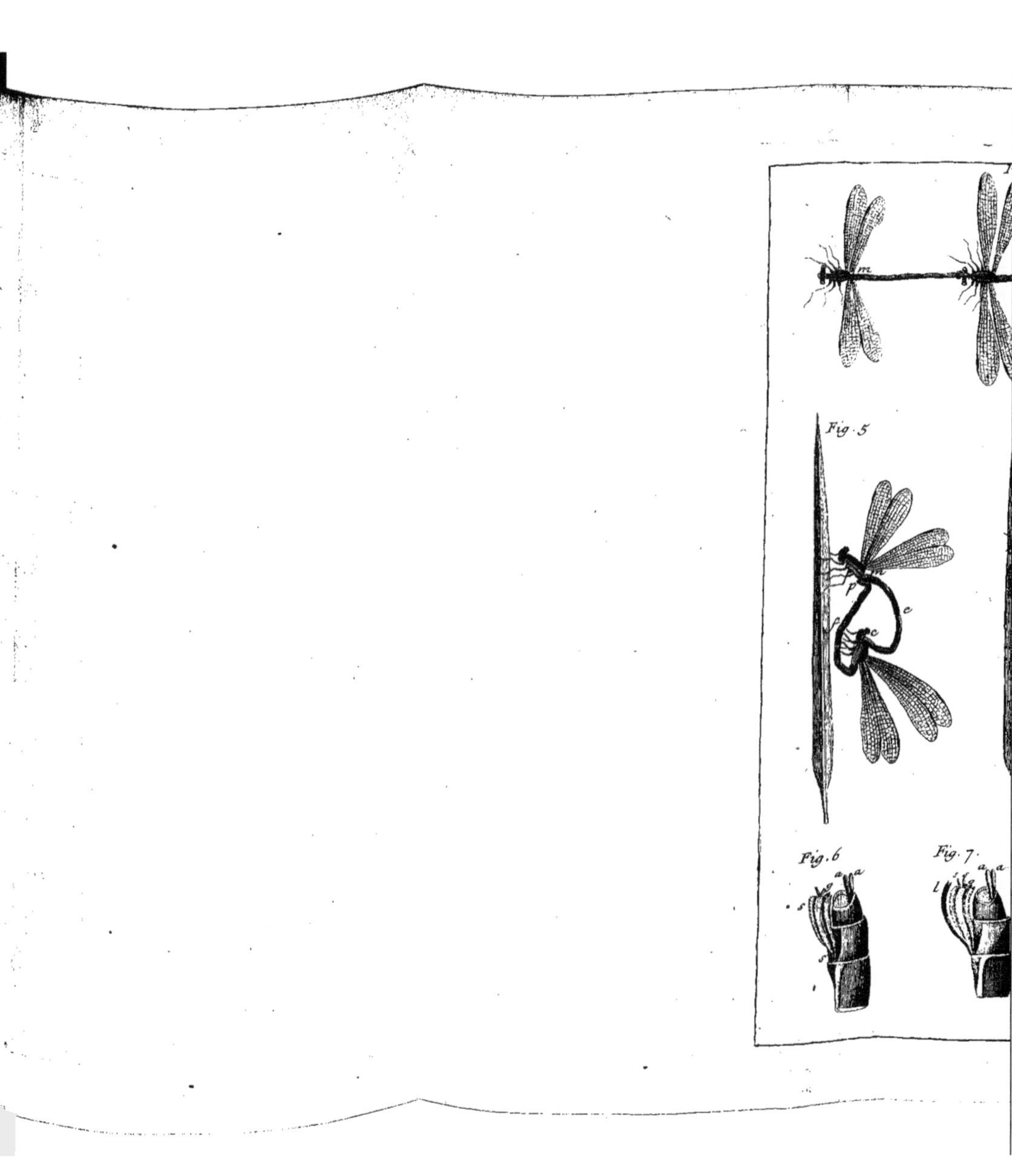
Fig. 5
Fig. 6
Fig. 7.

Fig. 6.
Fig. 5.
Fig. 8.
Fig. 7.

DOUZIE'ME MEMOIRE.

DES MOUCHES APPELLE'ES E'PHE'MERES.

DES Mouches de plusieurs especes différentes doivent mourir, & meurent le jour même où elles sont nées, le jour où elles sont devenuës mouches. On leur a donné le nom d'Ephémeres, qui n'exprime pas encore assés la courte durée qui a été prescrite à la vie de quelques-unes; il y en a qui ne doivent pas voir luire le soleil, qui ne naissent en Eté qu'après qu'il est couché, & qui périssent avant qu'il se leve. Dans quelques especes même, celles qui étant nées après le coucher du soleil, ne meurent que vers son lever, ont joui d'une vie aussi longue par rapport à celle du plus grand nombre de mouches de leur espece, que l'a été la vie des premiers hommes, par rapport à celle des hommes qui sont venus depuis le déluge: la plûpart des éphémeres dont nous parlons, vivent à peine une heure, ou une demi-heure.

Ce sont de très-jolies mouches*, qui doivent être rangées parmi celles qu'on nomme papillonnacées; car tous ceux qui n'ont point assés examiné les insectes pour s'être mis au fait des caractéres propres à leurs différentes classes, prennent pour des papillons les éphémeres qu'ils voyent pour la premiére fois. Par la forme, leurs aîles ressemblent plus à celles des papillons qu'à celles des mouches ordinaires, elles sont plus courtes & plus larges proportionnellement que les aîles du commun des mouches, ayant une grande base,

* Pl. 44. fig. 3, 4 & 6. & Pl. 46. fig. 8 & 13.

le côté extérieur fort long, & le côté intérieur court; mais elles different de celles des papillons, en ce qu'elles ne sont point couvertes de ces poussiéres qui colorent les autres & les rendent opaques; elles sont très-transparentes, très-minces, & joliment tissuës. Les éphémeres en ont quatre *, dont les supérieures * surpassent considérablement les deux autres * en grandeur; les inférieures de quelques-unes des especes au-dessous de la grandeur médiocre, sont si petites, que lorsqu'on cherche à les voir, on a peine à y parvenir: il y a même des especes * qui m'ont laissé incertain si elles en avoient réellement quatre, n'ayant pu leur trouver les deux inférieures. Quand l'insecte est en repos, il les porte souvent toutes quatre sur son dos * appliquées les unes contre les autres, & perpendiculaires au plan de position, comme la plûpart des papillons diurnes portent les leurs.

* Pl. 44. fig. 3, 4 & 5.
* l, l.
* n, n.
* Pl. 46. fig. 13.
* Fig. 14.

Le corps de l'éphémere est long, formé de dix anneaux, plus gros à son origine qu'auprès de son extrémité: de celle-ci part une queuë * beaucoup plus longue que tout l'animal, composée tantôt de trois filets d'une égale longueur, & tantôt seulement de deux longs filets, & d'un court qui est celui du milieu: les longs sont extrêmement fragiles, aussi est-il fort ordinaire de trouver de ces mouches à qui il en manque quelqu'un, ou qui n'ont pas tous les leurs bien entiers. Quelquefois même on n'en croit que deux à celle qui en a réellement trois, parce qu'un peu d'eau suffit pour en tenir deux collés ensemble.

* Pl. 44. fig. 3, 4, 5, &c. f, e, f.

Ce que nous avons dit de la forme & du port des aîles des éphémeres, suffit pour faire distinguer celles-ci des mouches papillonnacées dont nous avons parlé ailleurs*, qui viennent de teignes aquatiques, qui se font des fourreaux fort singuliers. Vallisneri qui a publié avant nous une agréable histoire de ces derniéres mouches, a soupçonné

* Tom. III.

qu'elles étoient les éphémeres des Anciens : il faut que les véritables éphémeres ſi communes en France & en tant d'autres pays, ſoient au moins rares en Italie, puiſqu'un obſervateur ſi attentif n'eſt pas parvenu à les y voir.

Toutes les éphémeres ont été d'abord des vers & enſuite des nymphes : c'eſt ſous ces deux formes qu'elles ont pris leur accroiſſement au milieu de l'eau, & cela ſi lentement, qu'elles ont été au moins auſſi bien traitées qu'aucun autre inſecte, par rapport à la durée de cette premiére vie, de celle pendant laquelle elles ſont des eſpeces de poiſſons. Swammerdam qui a donné une curieuſe hiſtoire de ces mouches, dont l'abbrégé a paru en François en 1681, & qui ſe trouve en entier dans l'édition de ſes œuvres imprimées en Hollandois & en Latin ; Swammerdam, dis-je, prétend qu'il y en a des eſpeces qui reſtent trois ans ſous l'eau. D'autres eſpeces qui me ſont connuës, y demeurent deux ans, & beaucoup d'autres une année ou environ. Mais quand les inſectes de pluſieurs de ces eſpeces ſont parvenus à être habitants de l'air, ils périſſent preſque ſur le champ : ils ne ſe ſont nourris & n'ont crû dans l'eau que pour arriver à l'état de mouches ; ils n'ont pu être conduits à cette métamorphoſe, qu'au moyen d'un prodigieux nombre de parties admirables par elles-mêmes, & plus admirables encore par leur arrangement : combien l'inſecte aquatique a-t-il à perdre de ces parties pour parvenir à être aîlé, & combien en a-t-il qui lui étoient d'abord inutiles ſous l'eau, qui ſe développent & lui ſont eſſentielles quand il devient en état de parcourir les airs ! Alors il paroît à nos yeux ſous une forme très-différente des premiéres, beaucoup plus agréable, & ſous laquelle il a réellement acquis ſon dernier degré de perfection : ce dernier état eſt cependant pour lui le terme fatal ; malgré le grand appareil qui a été employé pour l'y amener, il doit périr presque dans l'instant où il y arrive. Si l'histoire des éphémeres eût été mieux connuë de ceux à qui nous devons des leçons de morale, ils n'eussent pas manqué de proposer la vie de ces insectes comme une image de celle des hommes, dont les plus heureux après avoir été tourmentés pendant une suite d'années par des projets inspirés par l'amour de la gloire, ou par celui des richesses, ne les voyent pas plûtôt remplis, qu'ils se trouvent arrivés à un terme où tout leur devient inutile, où tout ce qui les environne, est pour eux un pur néant.

Il y a pourtant des mouches qui vivent pendant quelques jours, auxquelles nous donnerons le nom d'éphémeres, comme à celles qui le portent à plus juste titre : c'est ainsi que le nom de crisalide a été étendu à tous les insectes qui sont dans un état moyen entre celui de chenille & de papillon, quoique le nombre de ceux qui ont alors des enveloppes dorées, soit très-petit en comparaison du nombre de ceux qui en ont de moins riches.

Tant que l'insecte qui doit devenir mouche éphémere, vit dans l'eau, il y paroît sous une même forme à qui ne le considere pas avec attention *; lorsqu'il a passé à l'état de nymphe *, on lui trouve seulement sur le corcelet des fourreaux d'aîles * qu'on lui eût inutilement cherchés dans le même lieu lorsqu'il étoit ver * : en un mot les vers des éphemeres ne different pas plus des nymphes de ces mouches, que les vers aquatiques dont il a été parlé dans le Mémoire précédent, ne different des nymphes qui doivent se transformer en demoiselles. Dans l'un & dans l'autre état, l'insecte qui par la suite sera une éphémere, a six jambes écailleuses * attachées au corcelet; celui-ci est double en quelques especes, ou comme divisé en deux parties, & dans d'autres especes il semble l'être en trois; mais la partie du milieu * est étroite en comparaison des

* Pl. 42. fig. 3, 4 & 5.
* Pl. 43. fig. 1.
* m, m.
* Pl. 42. fig. 4 & 5.
* Pl. 43. fig. 1. & pl. 46. fig. 1 & 2.
* Pl. 43. f, f.

deux autres*. La tête est triangulaire, un peu applatie de dessus en-dessous: les deux yeux qui sont en-devant, se font distinguer du reste par leur grosseur & leur couleur, ils sont bruns dans la plûpart des especes. Assés près de la base de chaque œil, & du côté intérieur, part une antenne à filet grainé*. La bouche est munie de dents que nous ferons mieux connoître dans la suite. Le corps est composé de dix anneaux, dont le premier, celui qui tient au corcelet, a plus de diametre que les suivants, qui en ont de moins en moins: ainsi le dernier est le plus menu, & en même temps le plus court; c'est cependant de celui-ci que partent trois filets * presqu'aussi longs dans plusieurs especes de ces insectes, que le corps même: ils forment au petit animal qui les tient écartés les uns des autres, une queuë remarquable. Ceux * de quelques-uns sont depuis leur origine jusqu'à leur extrémité, bordés de deux côtés d'une frange de poils disposés comme les barbes d'une plume, & aussi proches les uns des autres que le sont ces barbes. D'autres * n'ont de ces poils que dans environ les deux tiers de leur longueur. D'autres * qui ont le filet du milieu barbu dans toute sa longueur, & des deux côtés, n'ont de barbe à chacun des autres filets, que du côté intérieur. Ces petites variétés à peine dignes d'être remarquées, nous paroîtroient peut-être importantes si nous en sçavions les causes; mais toûjours nous peuvent-elles aider à faire distinguer les unes des autres des especes de ces insectes.

* Pl. 43. *e e. m m.*

* *a, a.*

* *f, g, f.*

* *f, g, f.*

* Pl. 45. fig. 1 & 5.

* Pl. 46. fig. 11.

Toutes celles que je connois, n'ont rien à offrir de frappant en couleur: les unes sont plus ou moins brunes, plus ou moins jaunâtres, plus ou moins blancheâtres que les autres. C'en sera assés de parler de ces particularités peu intéressantes, à l'occasion de chacune des especes auxquelles nous nous arrêterons par choix: nous dirons encore alors en quoi certaines parties des unes different des parties analogues des autres ; mais nous devons apprendre à présent qu'entre ces insectes il y en a qui different par les inclinations que la nature leur a données, & qu'il leur est essentiel de suivre. Les uns * passent leur vie dans des habitations fixes : chacun a la sienne qui n'est qu'un trou qu'il s'est creusé au-dessous de la surface de l'eau, dans la terre * qui forme le bassin d'une riviere ou d'une autre eau moins courante : rarement quittent-ils ce trou pour nager ; ce n'est guéres que dans les circonstances qui demandent qu'ils se creusent un nouveau logement. Les autres sont, pour ainsi dire, errants ; tantôt il leur plaît de nager, & tantôt de marcher sur les corps qui se trouvent sous l'eau ; tantôt ils se cachent sous des pierres ou sous des morceaux de bois, tantôt ils se tiennent tranquilles sur ces mêmes corps.

* Pl. 42. fig. 3.

* Fig. 1.

Ceux qui ne changent point de place, & qui sont à portée d'être vûs, donnent à l'observateur un petit spectacle qui ne sçauroit manquer de fixer ses regards ; il voit avec plaisir de chaque côté, & dans la plus longue partie du corps, l'agitation vive dans laquelle sont des especes de houppes * d'une grandeur fort sensible, dont nous n'avons encore rien dit : chacune paroît au premier coup d'œil, faite de filets déliés, & il y en a qui en sont réellement composées. On ne sçauroit exprimer la vîtesse avec laquelle chacune décrit en même temps un arc d'une petite étenduë dans un sens, & ensuite dans un sens contraire ; on est tenté de la comparer à celle d'un éclair. On seroit assés disposé à prendre ces touffes pour les nageoires ou pinnes du petit poisson ; & quelques Auteurs, comme Clutius, les ont prises pour telles, parce qu'ils n'ont pas fait assés d'attention à leur structure. Pour rejetter cette idée, il leur devoit cependant suffire d'avoir remarqué que le temps où

* Pl. 46. figures 1 & 2. o, o, o, o, o, o, & fig. 10 & 11.

l'insecte reste fixe dans le même lieu, est celui où il les tient le plus en mouvement.

Quand pour mieux connoître ces houppes, on a recours à des loupes fortes, ou à des microscopes, on les admire encore plus qu'on n'avoit fait, & on croit connoître l'usage auquel elles sont destinées; on juge qu'elles sont les ouïes de cet insecte, qu'il est un vrai poisson, sur-tout lorsqu'on sçait que divers autres poissons, de ceux qui paroissent appartenir au genre des insectes, ont les ouïes placées en-dehors du corps. Enfin, si on étudie la conformation qu'elles ont dans différentes especes de ces insectes qui donnent des éphémeres, on leur en trouvera de différentes, & dignes d'être connuës. Mais ce qui peut être remarqué sans le secours des verres qui grossissent, & qui doit servir à diviser ces insectes en trois genres, c'est que tous ne portent pas leurs ouïes de la même maniére. Les uns tiennent les leurs paralleles au plan sur lequel ils sont posés*: elles sont disposées par rapport au corps du petit animal, comme les rames le sont par rapport à celui d'une galere; aussi un de nos Académiciens qui, quoique grand Astronome, aimoit à étudier les plus petits corps animés, feu M. Maraldi ayant vû ces insectes aquatiques, & voulant sçavoir s'ils m'étoient connus, me les désignoit par le nom de petites galeres, qu'il leur avoit imposé.

* Pl. 46. figures 1 & 2. o, o, o, o, o, o.

D'autres de ces insectes tiennent leurs ouïes perpendiculaires ou presque perpendiculaires au plan de position *, ou ils les tiennent droites & élevées au-dessus de leur dos: entre celles d'un côté & celles de l'autre, il reste comme une espece d'allée formée par deux rangées de très-petits arbres. Les ouïes de quelques autres suivent la courbûre du corps*, au-dessus duquel les bouts de celles d'un côté viennent rencontrer les bouts de celles de l'autre côté: elles sont couchées & dirigées vers la queuë.

* Pl. 45. fig. 1.

* Pl. 42. fig. 5.

Le nombre de ces ouïes n'est pas le même dans les insectes de différentes especes: Swammerdam n'en donne que douze ou six de chaque côté, à ceux de l'espece sur laquelle il a fait ses observations, & je n'en ai pas trouvé davantage à ceux de quelques autres; mais j'en ai compté sept de chaque côté à plusieurs de ceux de diverses autres especes. La premiére paire d'ouïes part du premier ou du second anneau, & chacune des autres paires, d'un des anneaux suivants; les trois derniers en sont seuls dépourvûs.

Lorsqu'on vient à examiner la structure des ouïes qui appartiennent aux vers ou aux nymphes de différentes especes, on y trouve des variétés plus considérables qu'on ne se seroit attendu d'en voir dans des parties destinées aux mêmes fonctions, & dans des parties d'animaux d'ailleurs assés semblables. Dès que le port des ouïes n'est pas le même, il est pourtant naturel de juger qu'elles ne doivent pas être toutes faites sur un même modéle. C'est principalement sur les nymphes * d'une espece commune dans la riviere des Gobelins, & dans beaucoup d'autres eaux, que j'ai observé comment sont faites les ouïes disposées comme les rames d'une galere *. Il ne faut que le secours d'une forte loupe pour reconnoître que chacune de celles-ci est composée de deux tiges à peu-près également longues & grosses, qui partent d'un même tronc * fort court, & qui, depuis leur origine jusqu'à leur extrémité *, diminuent de grosseur, en un mot qui sont à peu-près coniques; de deux côtés * de chacune diametralement opposés, partent des filets eux-mêmes coniques, disposés comme les barbes d'une plume, mais moins pressés les uns contre les autres: comme ces especes de barbes sont très-longues, celles qui partent du côté d'une tige qu'on peut appeller l'intérieur *, vont croiser celles qui partent du côté intérieur de l'autre

* Pl. 46. fig. 1 & 2.

* Fig. 2. o, o, o, o, o, o,

* Fig. 6. t.

* b.

* f f, g.

* g.

l'autre tige *. Si on ne se contente pas de ce qu'une loupe ordinaire fait voir, si on met dans un microscope à liqueur une portion d'une des tiges dont nous venons de parler, avec quelques-unes de ses barbes coupées assés près de l'endroit d'où elles partent, on voit que l'intérieur de la tige * est occupé par deux vaisseaux * dont la figure n'a nullement été dérangée par les sections. On découvre deux vaisseaux semblables *, mais plus petits dans la proportion que le demande le lieu où ils sont logés, on découvre, dis-je, deux vaisseaux semblables dans chacun des filets ou barbes *. Ces vaisseaux qui conservent si bien leur figure, & qui par conséquent ne peuvent être membraneux, sont en cela tels que ceux qui dans les insectes sont destinés à ne contenir que de l'air. On croit juger assés sûrement qu'ils sont faits pour le recevoir, lorsqu'après avoir cessé de les considérer, on a examiné l'intérieur de l'insecte : à l'origine de chaque ouïe on trouve deux trachées qui aboutissent au tronc d'où partent les deux tiges qui sont les principales parties des ouïes. Pourquoi ces deux trachées iroient-elles se rendre là, si ce n'est pour porter de l'air aux ouïes, ou pour recevoir celui que les ouïes leur renvoyent, ou plûtôt pour faire l'un & l'autre ! L'agitation vive & continuelle dans laquelle l'insecte tient chacune de ses ouïes, ne semble tendre qu'à y faire circuler l'air plus promptement : peut-être que lorsqu'elle se porte avec vîtesse vers un côté, elle facilite l'entrée à celui qui doit s'y introduire, & que quand elle retourne d'où elle étoit partie, elle facilite la sortie à celui qui doit rentrer dans le corps de l'animal. Il y a probablement ici une méchanique supérieure à celle qui fait jouer nos pompes, mais que nous ne sommes pas en état de découvrir.

Au reste il est aisé de s'assûrer que ces vaisseaux de l'intérieur qui se rendent aux ouïes, sont des trachées ; car si

* Pl. 46. fig. 6. *h.*

* Fig. 7. *t c.*

* *u, u.*

* *e, e.*

* *f, f.*

on les examine avec quelque soin, & sur-tout les troncs dont ils partent, on reconnoît qu'ils ont la structure singuliére qui est propre à ce genre de vaisseaux des insectes; que chaque vaisseau est fait d'une infinité de tours d'un fil prodigieusement fin & cartilagineux, roulé en spirale autour d'un cylindre ou d'un cône, & appliqués les uns contre les autres: on peut prendre au bout d'un vaisseau coupé, le bout de ce fil, & le dévider comme le fil d'un peloton.

* Pl. 46. fig. 1 & 2.

L'insecte aquatique * à qui les ouïes que nous venons de décrire, ont été données, a le corcelet & la tête d'un brun verdâtre: le corps est d'une couleur un peu plus claire, & a en-dessus trois rangs de taches, dirigés selon sa longueur: ces taches tirent sur le jaunâtre, & sont oblongues. Ses dents, comme celles des chenilles, sont en-dehors de la bouche, il en a deux paires: celles de la paire antérieure * ressemblent assés à une main ouverte; chacune a cinq dentelûres disposées comme les cinq doigts; une des dents de la seconde paire * est placée au-dessous d'une de celles de la premiére: ces dents postérieures sont plus petites que les deux premiéres, & n'ont que trois dentelûres dont l'extérieure est aussi courte par rapport aux autres, que le pouce l'est dans une main humaine par rapport au doigt qui le suit. C'est entre ces dents que se trouve la bouche, de laquelle, lorsqu'on presse la tête ou ses environs, on fait sortir un corps charnu * presqu'hémisphérique, qui doit faire l'office de langue: une petite rainure y est creusée vers le milieu de la bouche.

* Fig. 3, 4 & 5. *d, d.*

* Fig. 4 & 5. *e, e.*

* *m.*

* Pl. 45. figure 1. *o, o, o, o, o, o.*

Avec quelqu'attention qu'on observe à la loupe les ouïes * qui s'élevent en ligne droite au-dessus du corps de plusieurs especes de nymphes éphémeres, on ne sçauroit prendre une idée exacte de leur composition: lorsqu'on les voit le mieux, pendant qu'elles sont en place, elles paroissent faites de deux especes de lames, ou de deux feuilles appliquées l'une contre l'autre, & outre cela de plusieurs filets d'une grosseur sensible; mais quand on a détaché une ouïe du corps, en la coupant avec des ciseaux près de son origine, & qu'on l'examine avec la même loupe ou avec une plus forte, on reconnoît aisément que ce qu'on prenoit pour deux lames, en est une seule * pliée en deux*, & que les filets qu'on croyoit détachés, parce qu'ils sont un peu plus bruns que le reste, sont des vaisseaux logés dans l'intérieur de la lame. Tous ces vaisseaux tirent leur origine d'une tige * creuse & cartilagineuse. La lame est elle-même cartilagineuse; son contour approche de celui d'un demi-cercle, mais qui a une échancrûre *: c'est dans la partie échancrée, que la lame est pliée en deux parties inégales*. Lorsqu'elle est dans sa place & dans sa position naturelles, le plan de la feuille ne présente presque que sa tranche à celui qui regarde l'insecte par le côté: le pli est vers le dos; la plus large partie de la lame est la plus proche de la queuë, & la plus petite est la plus proche de la tête. Le mouvement que l'insecte fait faire à chaque ouïe ou lame, est de devant en arriére, & de derriére en devant; il agite souvent toutes ses ouïes à la fois; mais toûjours agite-t-il à la fois les douze premiéres; car en certains temps il laisse les deux derniéres tranquilles, pendant qu'il tient toutes les autres en mouvement.

* Pl. 45. fig. 2.

* Fig. 3. t e r r t, t f e t.

* Fig. 2. t.

* e.

* Fig. 3.

Dans presque toutes les eaux, soit tranquilles, soit courantes, on trouve des vers & des nymphes dont les ouïes ne sont faites que d'une seule lame: le dessus de leur corps est d'un brun verdâtre, leur ventre est blancheâtre, mais leurs ouïes sont plus blanches. Les trois filets * qui leur forment une queuë, n'ont des barbes que sur les deux tiers de leur longueur, ou environ; leur bout n'en a point *; le filet du milieu en a sur ses deux côtés; mais les deux autres n'en ont chacun que sur le côté qui est intérieur par

* Fig. 1. f, e, f.

* f q, e q, f q.

rapport à l'angle que forment l'un & l'autre de ces filets avec celui du milieu.

Quand j'ai examiné la ſtructure des ouïes d'une eſpece de vers ou de nymphes d'éphémeres * qui tient les ſiennes couchées ſur le deſſus de ſon corps, je l'ai encore trouvé différente de l'une & de l'autre de celles qui ont été décrites ci-devant : ſes ouïes ſont réellement compoſées de deux feuilles * poſées parallelement l'une à l'autre, & ſouvent appliquées l'une contre l'autre, mais de grandeur inégale : la plus petite a en tout ſens environ un quart de dimenſion de moins que la plus grande. L'une & l'autre ſont bien plus longues que larges, & c'eſt aſſés près de leur origine qu'elles ont le plus de largeur : un de leurs côtés eſt concave, c'eſt celui qui s'applique ſur le corps obliquement en ſe dirigeant vers la queuë ; l'autre, le ſupérieur, eſt convexe, ce dernier eſt bordé par une frange * de petits corps oblongs, & d'un diametre à peu-près égal dans toute leur longueur. Des corps plus gros & plus pointus * partent de diſtance en diſtance de la ſurface concave ; mais ils ne ſont pas aſſés proches les uns des autres pour former une frange. Enfin chaque feuille des ouïes, comme celles des plantes, eſt partagée en deux parties à peu-près égales, par une eſpece de groſſe nervûre * qui va de ſon origine à ſon extrémité. Cette nervûre eſt creuſe & eſt probablement le vaiſſeau deſtiné à recevoir l'air & à le diſtribuer juſqu'aux franges, juſqu'aux bords du côté convexe & du côté concave : de ce principal vaiſſeau partent des vaiſſeaux plus petits qui prennent leur route vers le bord, & qui en s'en approchant, ſe ramifient.

* Pl. 42. fig. 3, 4 & 5. & Pl. 43. fig. 1.

* Pl. 43. fig. 10. *tooſſli, it; neekfn.*

* *s, s.*

* *i, i.*

* *tl, nk.*

De tous les inſectes qui doivent ſe transformer en éphémeres, ceux qui portent ces derniéres ouïes, ſont les plus communs aux environs de Paris, & ceux qui y méritent le plus d'être obſervés : ils font voir la plûpart des années, pendant trois ou quatre jours, une sorte de Phénomene aux habitants des bords de la Seine, dont sont frappés sur-tout ceux qui logent nouvellement dans des maisons situées sur les quais de Paris : un spectacle bien nouveau, & bien peu attendu s'offre à leurs yeux, lorsqu'en sortant de leur maison le matin, ils voyent le pavé tout jonché d'une espece de jolies mouches qui ressemblent à des papillons, bien plus jonché de ces mouches qu'il ne l'est de fleurs dans les jours des processions solemnelles. La couche des mouches est quelquefois assés épaisse pour couvrir parfaitement le pavé : la terre n'est pas mieux cachée en hyver par la neige, qu'il l'est alors par des mouches. Ce spectacle qui ne sçauroit manquer de paroître étonnant, lorsqu'on le voit pour la premiére fois, surprend de plus en plus quelqu'un qui raisonne, quand il le retrouve pendant trois ou quatre jours de suite. On peut même être instruit de l'origine de ces mouches, sçavoir qu'elles viennent d'insectes qui après avoir pris leur accroissement dans l'eau, se sont métamorphosés pendant les nuits précédentes, & avoir cependant beaucoup de peine à concevoir que tant d'insectes ayent pu sortir à la fois de la riviere, & comme de concert. La difficulté qu'on se seroit faite, eût pu encore être augmentée, si l'on eût cherché de ces insectes dans la riviere même, sans sçavoir assés où on les doit trouver; il eût pu se faire que l'on n'en eût pas découvert un seul, où on les auroit cru entassés à milliers.

Ils ne nagent dans l'eau que très-rarement, & ce n'est pas dans l'eau même qu'il faut les chercher; ils ont des habitations dans lesquelles elle entre, & où ils sont très-bien cachés; ils sont de ceux qui se tiennent dans des trous percés dans les bancs d'une terre compacte *, qui servent à contenir la riviere. Pour examiner la forme & la

* Pl. 42. fig. 1.

disposition de leurs logements, pour avoir les insectes eux-mêmes, je me suis fait conduire plusieurs fois dans un petit bateau sur la riviere de Marne, le long de ses berges, depuis le pont de Charenton, jusqu'au confluent de cette riviere & de la Seine ; j'ai ensuite remonté la Seine en bateau, & j'ai suivi son bord le plus élevé par-delà le Port-à-l'Anglois. Lorsque ces rivieres n'étoient pas hautes, depuis le niveau de leurs eaux jusqu'à deux ou trois pieds au-dessus, j'ai toûjours vû, & on verra toûjours dans de semblables temps, la terre toute criblée de trous, dont les ouvertures avoient environ deux ou trois lignes de diametre. Si on détache des mottes de terre dans lesquelles il y en a de percés en très-grand nombre, on les trouvera tous vuides : on ne laissera pas d'en conclurre que ces trous ont été faits & habités par des insectes, mais qui les ont abandonnés dès qu'ils n'ont plus été baignés par l'eau : on en conclura encore que ces insectes sont descendus plus bas, & qu'ils ont creusé d'autres trous dans la terre qui est actuellement sous l'eau ; & on ne manquera pas de faire détacher de cette terre, si on s'est muni de bêches & de pioches propres à l'enlever, comme je n'avois pas oublié de le faire.

Les mottes de terre que j'ai fait ainsi détacher des bords de l'une ou de l'autre riviere, au-dessous du niveau de l'eau, étoient, comme je l'avois attendu, percées de trous habités : chaque trou avoit un ver ou une nymphe qui devoit par la suite devenir une éphémere. Les mottes que je faisois enlever à plusieurs pieds de profondeur, n'étoient pas moins criblées, & par conséquent pas moins peuplées que celles qui avoient été détachées assés près de la surface de l'eau. Après s'être convaincu du nombre prodigieux de trous, ou, ce qui est la même chose, du nombre prodigieux d'insectes qui se trouve dans chaque portion du bassin d'une riviere, si on fait un calcul grossier de l'étenduë des espaces criblés, on n'est plus surpris que ces espaces puissent fournir, comme ils le font en certaines années, assés de mouches pour joncher les bords de la riviere pendant plusieurs jours de suite, sur une largeur de plusieurs pieds, sur-tout lorsqu'on fait réflexion qu'au moyen de ses aîles qui ont de l'ampleur, chaque mouche peut couvrir une surface plusieurs fois plus grande que celle qu'elle couvroit étant ver. Enfin on n'est pas surpris de trouver dans certains endroits des bords d'une riviere une quantité d'éphémeres amoncelées, qui surpasse la quantité de vers & de nymphes, par qui la même portion de la riviere a pu être habitée, si l'on fait attention que les mouches ne sont pas distribuées également le long des bords, qu'il y a des endroits où on en trouve moins qu'on ne croiroit y en devoir trouver. Toutes ne périssent pas, comme nous le dirons dans la suite, vis-à-vis l'endroit où elles sont nées; plusieurs circonstances les déterminent ou les forcent à aller finir leur vie plus ou moins loin, tantôt d'un côté & tantôt d'un autre: elles sont souvent contraintes d'obéir au vent.

Pour l'ordinaire les trous sont dirigés horisontalement: la plûpart de leurs ouvertures sont un peu ovales *: on en peut néantmoins observer d'autres plus oblongues *, qui ont leur diametre horisontal plus que double du diametre horisontal des autres, sans avoir un plus grand diametre vertical. Quoique la distribution des unes & des autres n'offre d'abord rien de fort régulier, quoiqu'on ne voye d'abord qu'un morceau de terre compacte presqu'autant criblé qu'il a pu l'être, on remarque pourtant ensuite que les ouvertures peu ovales sont placées deux à deux * sur une même ligne horisontale, qu'il y en a toûjours deux très-proches l'une de l'autre. Après un léger examen on reconnoît aussi que ce n'est pas sans raison que deux

* Pl. 42. fig. 1. o, o.

* a a.

* oco, oco.

ouvertures presque circulaires sont si proches l'une de l'autre, on reconnoît qu'elles appartiennent à un seul & même logement, & qu'une ouverture très-oblongue * tient lieu à tel autre des deux circulaires, & qu'elle est faite de deux des autres qui ont été réunies, parce que la cloison * qui les séparoit, a été emportée: on est, en un mot, bien-tôt en état d'apprendre que le logement de chacun de nos vers d'éphémeres n'en est pas un aussi simple que le trou cylindrique dans lequel se tient un ver de terre, & que celui qu'habite le ver d'éphémere dont Swammerdam a donné une histoire détaillée; le nôtre loge dans une cavité qui a deux branches *, dans une cavité semblable à celle qui se trouveroit dans un tube de verre qu'on auroit plié en deux également, en ramenant par le secours de la lampe, une de ses moitiés s'appliquer sur l'autre: chaque trou est un tuyau double, ou, plus exactement, un tuyau coudé. Pour s'assûrer que leur structure est telle, on n'a qu'à couper la motte de terre de maniére que la section passe par l'ouverture de deux trous très-proches l'un de l'autre, on met ainsi à découvert une languette de terre * qui sépare dans la plus grande partie de leur étenduë, les deux branches creuses l'une de l'autre, mais qui ne les sépare pas jusqu'au bout: au fond du logement il y a un espace dont le diametre est à-peu-près égal à celui de chaque branche. L'habitation de notre ver d'éphémere est comme composée de deux piéces *: l'avantage qu'il se procure en la faisant telle, est manifeste, il peut y entrer & en sortir ensuite sans être obligé d'aller à reculons, ou sans être obligé de se retourner bout pour bout, comme le font en pareil cas beaucoup d'autres insectes, qui ne pourroient y parvenir s'ils n'avoient donné au trou dans lequel ils se tiennent, plus de diametre que leur corps n'en demande pour se loger. Notre ver d'éphémere a une porte pour entrer chés lui, & une porte pour en sortir.

* Pl. 42. fig. 1. *a a.*

* *c.*

* Fig. 2. *o l, a l.*

* *c l.*

* Pl. 42. fig. 2. *o l, o l.*

C'est

C'est toûjours dans une terre compacte, dans une terre dont la consistance approche de celle de la glaise, que ces trous sont percés; j'en ai trouvé dans une vraye glaise d'un gris bleuâtre, d'autres dans une terre plus grise, propre à faire de la fayence, & dont on en a fait autrefois; & d'autres dans une terre blanche comme la marne, mais moins dissoluble à l'eau. Je n'en ai jamais trouvé dans des bancs de gravier; mais j'en ai rencontré dans des terres médiocrement graveleuses. Les trous percés dans du gravier ne seroient pas des habitations solides, leurs voutes auroient trop de disposition à s'ébouler; d'ailleurs le corps tendre de l'insecte y pourroit être exposé à de trop rudes frottements. Les trous qui ne sont pas percés dans une terre assés douce, ont cependant un enduit d'une terre beaucoup plus fine: si cet enduit ne se trouvoit que sur la plus basse partie du trou, ou qu'il y fût sensiblement plus épais qu'ailleurs, on pourroit croire qu'il vient uniquement de la terre que l'eau de la riviere a déposée, lorsque de trouble elle est devenuë claire; mais comme cet enduit a autant d'épaisseur à la partie la plus élevée du trou, qu'à la partie la plus basse, il y a grande apparence que les manœuvres de l'insecte contribuent à l'étendre avec une sorte d'égalité.

Le logement est toûjours proportionné à la grandeur de l'animal qui l'habite: quand celui-ci est jeune, & par conséquent petit, le trou où il se tient, a peu de diametre, mais il a pour le moins une longueur double de celle du corps du ver. Les nymphes qui n'ont plus à croître, sont logées dans des trous dont le grand diametre est d'environ trois lignes & demie, & qui depuis leur porte d'entrée ou celle de sortie, jusqu'à la courbûre qui fait la communication de l'une à l'autre branche, ont deux pouces & quelques lignes de longueur.

Tous les vuides que le corps de l'insecte laisse dans son

logement, ne manquent pas d'être remplis par l'eau, dès que les ouvertures de l'un & de l'autre trou se trouvent au-dessous de son niveau : l'insecte en est donc environné de toutes parts, comme il le seroit au milieu de la riviere, & cela sans courir autant de risque d'être dévoré par les poissons voraces qui y nagent continuellement pour chercher de la proye.

Outre que son habitation sert à le mettre en sûreté, elle met à sa portée les aliments dont il se nourrit : la transparence de son corps permet de voir que ses intestins qui sont faits à peu-près comme ceux des chenilles, c'est-à-dire, qui vont presqu'en ligne droite d'un bout du corps à l'autre, après s'être renflés en certains endroits; que ses intestins, dis-je, sont remplis de terre. Les excréments qu'on lui peut voir rendre en certains temps, ne sont que des grains d'une terre à qui a été enlevé ce qu'elle avoit de succulent : les murs même de son habitation, leurs enduits, & ce que l'eau y dépose, lui fournissent donc une nourriture convenable.

J'ai lieu de croire que ces insectes passent sous l'eau deux années, & que ce n'est au plûtôt que dans les deux ou trois derniers mois de la seconde, qu'ils quittent l'état de ver pour prendre celui de nymphe, car je ne me souviens pas d'en avoir observé qui eussent des fourreaux d'aîles sur leur corcelet avant le mois de Juin; mais dans le temps où la derniére métamorphose, celle des nymphes, étoit prochaine, j'ai observé des vers encore petits, qui n'avoient pas la moitié de la grandeur de celles-ci; ils ne pouvoient pourtant être venus que d'œufs pondus l'année précédente, à peu-près dans le même mois; or comme ce n'étoit que dans le même mois de l'année suivante qu'ils pouvoient devenir des éphémeres, il s'ensuit que ces insectes devoient passer deux années dans l'eau avant que leur accroissement fût complet. Il est plus que probable que la régle est générale pour tous les individus de leur espece.

Tant qu'ils sont vers, leur couleur est un blanc tel que celui d'une chair blanche; le leur n'a qu'une très-foible teinte de jaune; ils n'ont presque de bruns que leurs yeux, & ces vaisseaux des ouïes*, qui sont des troncs ou des ramifications de trachées. Cette couleur des vaisseaux qui tranche avec celle des lames dans lesquelles ils sont renfermés, les fait paroître détachés du reste, & tromperoit quelqu'un qui s'arrêteroit à la premiére apparence, elle lui feroit juger les ouïes composées de plusieurs filets séparés. Les nymphes nouvellement transformées sont blanches comme les vers, mais quand elles sont prêtes à devenir mouches, leur corps prend des teintes de jaunâtre assés fortes; leur corcelet même en prend de brunes, mais toûjours plus claires que le brun des éphémeres à port d'ouïes en rames de galeres, & à port d'ouïes vertical: ces derniéres ont pourtant elles-mêmes en certains temps des nuances moins foncées que celles qu'elles ont en d'autres temps.

* Pl. 42. fig. 10. *t l, n k.*

Dans leur premier & dans leur second état, les insectes de l'espece à laquelle nous en sommes actuellement, paroissent conformés comme ils avoient besoin de l'être, pour fouiller dans une terre dure: ils portent assés loin en devant de leur tête, deux crochets* écailleux de couleur brune, dont chacun est arrêté au bout d'une espece de manche, ou d'une longue & forte tige un peu contournée en arc*, de façon que la convexité se trouve sur son côté extérieur. Chaque tige est articulée près de la base d'un œil, en-dessous de la tête, & a sur son côté convexe deux rangs de courtes, mais de roides dentelûres*, ou d'especes d'épines: près de sa base, & sur son côté extérieur, elle a quelques courtes épines arrangées plus singuliérement, elles y forment un demi-éperon*; ces

* Fig. 1. *c, c.*

* Fig. 5, 6 & 7.

* Fig. 5.

* Fig. 5 & 6. *e r.*

demi-éperons & les crochets ſont des inſtruments très-propres à percer des trous dans la terre. L'inſecte en a quatre autres qui ne ſemblent deſtinés qu'à détacher celle dont il veut ſe nourrir ; ce ſont quatre piéces * qui, appliquées les unes contre les autres, ſemblent former la lévre inférieure, mais qui peuvent s'écarter les unes des autres. Toutes quatre ſont aſſés maſſives près de leur baſe, & ſe terminent par un bout pointu, armé d'un crochet écailleux * : les deux du milieu * ont une articulation * aſſés proche de leur attache, que n'ont pas les deux autres; mais les baſes de ces derniéres * ſont plus groſſes, & ont des appendices que n'ont pas les piéces du milieu. La face de chacune des quatre qui eſt tournée vers la bouche, eſt creuſée en gouttiére bordée de poils de chaque côté, ce qui forme un conduit qui reçoit apparemment la terre qui a été détachée, & la préſente à la partie charnuë qui eſt dans la bouche.

* Pl. 42. fig. 7. *b, d, b.*

* Fig. 8 & 9. *c.*

* Fig. 8.

* *a.*

* Fig. 9.

Enfin les jambes de la premiére paire * ſont diſpoſées comme celles des inſectes qui ont à s'ouvrir des chemins dans la terre; comme les deux premiéres des taupes-grillons ; elles ſont toûjours dirigées en-devant, & ſe terminent l'une & l'autre par un ſolide crochet. Elles ne ſont guéres plus longues que celles de la ſeconde paire *, qui auſſi ſe tournent volontiers en-devant, mais elles ſont plus fortes. Celles de la troiſiéme paire * ſont les plus longues de toutes, & celles qui ſe dirigent ordinairement vers la partie poſtérieure. Les nymphes d'éphémeres que j'avois tirées de leurs trous, & miſes dans un bacquet où il y avoit de la terre ramollie par l'eau au point d'être réduite en bouë, ont ſouvent fait uſage devant moi de leurs jambes antérieures pour s'ouvrir un chemin, & aller ſe cacher dans une terre qui leur réſiſtoit moins que celle ſur laquelle elles ont ordinairement à travailler. L'ouvrage de s'ouvrir un nouveau trou, peut leur paroître rude ; au

* Pl. 43. fig. 1. *g, g.*

* *k, k.*

* *l, l.*

moins ai-je fait une observation qui m'a semblé prouver qu'elles cherchent à se dispenser de l'entreprendre, lorsqu'elles sont prêtes à se métamorphoser. J'ai dit que les trous sont dirigés horisontalement : il m'est pourtant arrivé de faire détacher des mottes de terre des bords de la riviere de Seine, qui en avoient d'inclinées en embas, dont plusieurs étoient presque perpendiculaires à l'horison. L'eau alors étoit basse, & baissoit journellement : je pensai que les nymphes, qui en peu de jours devoient devenir des mouches, avoient trouvé plus commode de donner une nouvelle direction à d'anciens trous, où elles ne se tiendroient pas long-temps, que d'en ouvrir de nouveaux.

Au reste les vers & les nymphes de cette espece d'éphémeres, sont délicats en eau, ils en veulent qui se renouvelle continuellement : non seulement ceux que j'ai tirés de leurs trous, mais ceux qui sont restés dans les mottes de terre où ils s'étoient logés eux-mêmes, ont péri au bout de quatre à cinq jours dans de grands bacquets bien remplis d'eau. D'autres especes de vers & de nymphes éphémeres au contraire sont très-vivaces, & entr'autres une petite espece très-commune, qui porte ses ouïes perpendiculaires au plan de position ; elle reste pendant des mois entiers dans des poudriers dont on néglige de renouveller l'eau, s'y fortifie, & s'y métamorphose en mouche.

Parmi les nymphes ou vers d'éphémeres dont les berges de la Seine & de la Marne sont si peuplées aux environs de Paris, j'en ai trouvé d'une autre espece, mais qui y sont assés rares. Les vers de celle-ci different principalement de ceux de la premiére espece, en ce que les tiges des crochets qu'ils portent en-devant de la tête sont plus droites : d'ailleurs la grandeur & la couleur des uns & des autres, sont à peu-près les mêmes. Au reste l'espece qui fournit tant de petits habitants aux bords de nos deux rivieres, n'est pas celle qui se multiplie dans la terre des bords de diverses autres rivieres; les bords des embouchûres du Rhin, ceux de la Meuse, du Wal & du Lech, nourrissent les insectes aquatiques qui se transforment en ces éphémeres dont Swammerdam a donné l'histoire. Ces éphémeres & les insectes dont ils viennent, different de nos éphémeres & de leurs insectes aquatiques, par plusieurs particularités dont quelques-unes mériteront que nous les fassions remarquer. Il n'est pas si aisé de décider si les éphémeres dont Clutius a donné une histoire faite dans un goût différent de celles qu'on veut aujourd'hui, remplie de citations, & vuide d'observations, il n'est pas, dis-je, si aisé de décider si ces éphémeres different réellement de celles de Swammerdam. La seule inspection des figures que Clutius a fait graver, apprend assés qu'elles ne sont pas de celles auxquelles on peut se fier. Quelqu'un qui s'attacheroit à observer la même riviere tout du long de son cours, pourroit la trouver peuplée en différents endroits de vers d'éphémeres de différentes especes. Le terrain de ses bords n'est pas par-tout de même qualité, à beaucoup près; & celui qui fournit une nourriture très-convenable aux vers d'une certaine espece, n'en offre qu'une fort mauvaise à ceux d'une autre espece, qui trouvent mieux de quoi se nourrir dans un autre terrain, où les autres seroient mal à leur aise.

Il en est de ces différentes especes d'insectes aquatiques, qui sont une sorte de production de différentes rivieres, comme des fruits de la terre qui ne sont pas tous à maturité dans le même temps. Les éphémeres de Hollande, ou celles dont Swammerdam & celles dont Clutius ont parlé, sont par rapport aux nôtres, ce que sont les especes de fruits précoces par rapport aux fruits d'Eté ou d'Automne. C'est vers la fête de la S. Jean que paroissent des nuées d'éphémeres dans un pays plus froid que le nôtre, & ce n'est guéres que vers la mi-Août que de pareilles nuées se montrent aux environs de Paris; car dans chaque pays les éphémeres viennent chaque année avec une sorte de régularité. Ce n'est aussi que pendant un certain nombre de jours consécutifs qu'elles remplissent l'air aux environs des rivieres. Enfin ce n'est qu'à une certaine heure de chaque jour, que les premiéres commencent à sortir de l'eau pour devenir habitantes de l'air; & cette heure n'est pas la même pour les éphémeres de différentes especes. Celles du Rhin, de la Meuse, du Leck, de l'Issel & du Ouahal, celles en un mot dont a traité Swammerdam, commencent à voler sur ces rivieres vers les six heures du soir, c'est-à-dire, environ deux heures avant que le soleil se couche; & les plus diligentes de celles de la Seine & de la Marne, ne s'élevent en l'air que lorsque le soleil est prêt à se coucher; & ce n'est qu'après qu'il l'est, que le gros de ces mouches forme des nuées. Aussi les saisons des différentes récoltes ne sont pas mieux connuës des laboureurs, que le temps où les éphémeres doivent paroître sur une riviere, l'est de ses pêcheurs: ils sçavent encore que ce temps est compris entre quelques limites, & elles ont quelquefois plus d'étenduë qu'ils ne leur en donnent. Plus de chaud ou plus de froid, des eaux plus hautes ou plus basses, & d'autres circonstances auxquelles nous ne pensons peut-être pas, peuvent rendre une année plus avancée ou plus tardive en éphémeres.

Ce fut en 1738 que je me proposai d'être plus attentif aux heures où elles naissent aux environs de Paris, & à ce qu'elles font après leur naissance, que je ne l'avois été jusqu'alors. Un pêcheur de Charenton que j'avois chargé de m'avertir du jour où les premiéres commenceroient à paroître, avoit compté que ce seroit entre la S. Laurent & la Notre-Dame d'Août, c'est-à-dire, entre le 10 & le 15 de ce mois: quelquefois elles devancent la S. Laurent, mais dans cette année elles furent plus tardives; elles ne sortirent de l'eau en assés grand nombre pour se faire remarquer par quelqu'un qui n'y regarde pas de plus près qu'un pêcheur, que trois jours après le terme fixé, que le 18 Août: c'étoit encore avoir assés bien prédit. Le 19 au matin mon pêcheur vint me promettre pour le soir le spectacle que je lui avois paru attendre avec impatience: je m'embarquai ce jour là dans son bateau plus de trois heures avant celle où le soleil devoit se coucher. L'examen que je fis des bords de la Marne & de la Seine, m'assûra que les éphémeres avoient réellement paru la veille en grand nombre: où le terrain étoit plat & un peu à l'abri du vent, je trouvai à sec, mais près de l'eau, des tas de ces mouches mortes.

Je ne dois pas oublier de dire, parce que j'aurai bientôt besoin qu'on le sçache, que pendant ma promenade sur l'eau, je fis détacher des mottes de terre des endroits des berges qui me paroissoient les plus criblés, & qui par conséquent devoient être les plus fournis de nymphes. A mesure qu'une motte étoit détachée, je la faisois mettre dans un grand bacquet plein d'eau, dont j'avois eu soin de me pourvoir, & je l'y faisois placer autant qu'il étoit possible dans une position semblable à celle où elle avoit été. Les endroits coupés ou brisés ne manquoient pas d'offrir des nymphes d'éphémeres mises hors de leurs logements, en entier ou en partie, & me prouvoient que l'intérieur de chaque motte en étoit extrêmement rempli. J'avois des occasions de reste d'examiner si dans un temps très-proche de celui de leur derniére transformation, l'extérieur de ces nymphes étoit en quelque chose différent de ce qu'il avoit été dans des temps où leur métamorphose étoit éloignée. Tout ce que je remarquai, c'est qu'elles étoient alors d'une couleur plus jaunâtre, & même brune

brune en quelques endroits. J'eus assés de quoi examiner & observer, pour m'amuser agréablement jusqu'à l'heure du coucher du soleil ; c'étoit le temps attendu, & auquel on m'avoit fait espérer que je verrois de toutes parts des milliers d'éphémeres sortir de la riviere, & s'élever en l'air. Le soleil enfin fut prêt à se coucher, & se coucha ; je vis alors quelques mouches de cette espece voler sur l'eau, mais ce n'étoit pas-là le spectacle promis. Je me tins sur la Seine jusqu'à plus de sept heures & demie, sans en voir le nombre augmenter ; je repassai sur la Marne où il en parut encore moins. Enfin la nuit qui étoit venuë, & des éclairs qui annonçoient un orage prochain, me firent prendre vers huit heures, le parti de rentrer dans le bras de la Marne, qui passe au bas de l'escalier de mon jardin. Quoique très-mécontent d'avoir vû si peu d'éphémeres, je fis néantmoins monter dans le jardin le bacquet dont j'ai parlé : à peine l'eut-on posé proche de la derniére marche de l'escalier, que ceux qui venoient de le placer se récriérent sur la grande quantité d'éphémeres qui en sortoit. Je me saisis promptement d'une des lumiéres avec lesquelles on avoit cru devoir venir au-devant de moi dans une nuit très-noire, & je courus au bacquet. J'y vis de tous côtés sur les parties supérieures de diverses mottes qui n'étoient pas couvertes d'eau, des éphémeres dont les unes commençoient à quitter leur dépouille, d'autres étoient plus prêtes à s'en tirer *, d'autres achevoient d'en sortir * & s'envoloient : on en voyoit aussi en différents endroits de la surface de l'eau, dont la transformation étoit plus ou moins avancée. Pendant que je jouissois d'un spectacle plus agréable que celui que j'avois espéré, pendant que j'avois le plaisir de voir tant d'insectes aquatiques passer à l'état d'insectes aîlés, & de bien plus près qu'il ne m'eût été permis de le voir sur la riviere, l'orage prévû arriva, & me força de gagner la

* Pl. 44. fig. 1.
* Fig. 2.

maiſon : la ſeule précaution que je pris en quittant à regret un bacquet ſi amuſant, fut de le couvrir d'une nappe, pour empêcher les éphémeres de s'envoler. La pluye violente ne fut pas de longue durée; au bout d'une demi-heure, c'eſt-à-dire, avant neuf heures, elle me permit de retourner dans le jardin. Dès que la couverture du bacquet eut été ôtée, le nombre des éphémeres y parut conſidérablement augmenté, & s'y multiplia encore ſous mes yeux : pluſieurs s'envolérent, mais j'en trouvai beaucoup plus de noyées; car dès que ces inſectes, qui ne pouvoient ſe paſſer d'eau, ont pris des aîles, l'eau eſt pour eux ce qu'ils ont de plus à redouter : s'ils tombent dedans, ſi elle mouille leurs aîles, c'en eſt fait d'eux, ils périſſent dans l'endroit même où ils viennent de naître en quelque ſorte.

Les éphémeres qui s'étoient transformées & qui ſe transformoient continuellement dans le bacquet, auroient ſuffi aſſûrément pour l'en faire paroître très-rempli; mais bien-tôt le nombre de celles qui y étoient, fut augmenté par des étrangéres qui, attirées par la lumiére que je tenois deſſus, venoient s'y rendre de plus loin, & s'y noyer pour la plûpart. Pour ôter à celles-ci l'occaſion de périr, & pour en examiner de ſaines, je fis recouvrir le bacquet de la nappe, au-deſſus de laquelle je fis tenir la lumiére : bien-tôt la nappe fut preſque cachée ſous une couche de ces mouches qui étoient tombées deſſus, on les prenoit par pincées ſur le pied du flambeau. Celles qui étoient tombées ne ſe trouvoient pourtant pas dans le cas des papillons, qui ne peuvent plus ſe ſoûtenir ſur leurs aîles parce qu'ils viennent de ſe les brûler, elles tomboient parce qu'il y a un temps où fatiguées de voler, elles veulent ſe poſer ou ſont dans la néceſſité de le faire.

Mais ce que je voyois autour du bacquet n'étoit rien en comparaiſon de ce que je devois voir au bord de la riviére :

j'avois ignoré jusque-là ce qui s'y passoit, les exclamations de mon jardinier qui étoit descendu au bas de l'escalier, m'y appellérent; je m'arrêtai sur la marche qui précédoit celle qui étoit presqu'au niveau de l'eau : ce fut alors que j'eus un spectacle qui surpassoit beaucoup celui que j'avois desiré & attendu. La quantité d'éphémeres qui remplissoient l'air au-dessus de tout le courant du bras de riviere, & surtout auprès du bord où j'étois, n'est ni exprimable ni concevable; mais c'étoit principalement autour de moi & de ceux qui m'avoient accompagné, qu'elle étoit plus prodigieuse. Lorsque la neige tombe à plus gros floccons, & plus pressés les uns contre les autres, l'air n'en est pas si rempli que celui qui nous environnoit, l'étoit d'éphémeres. A peine eus-je resté quelques minutes dans la même place, que la marche sur laquelle mes pieds posoient, fut toute couverte d'une couche d'éphémeres, qui n'avoit nulle part moins de deux ou trois pouces d'épaisseur, & qui en certains endroits en avoit plus de quatre. Près de la derniére marche, une étenduë de la surface de l'eau de cinq à six pieds au moins en tout sens, étoit entiérement cachée par une couche d'éphémeres; ce que le courant plus lent là qu'ailleurs, en emportoit, étoit plus que remplacé par celles qui tomboient continuellement dans cet endroit. Plusieurs fois je fus obligé d'abandonner ma place, & de remonter au haut de l'escalier, ne pouvant plus soûtenir cette pluye d'éphémeres, qui ne tombant pas ou aussi perpendiculairement qu'une pluye ordinaire, ou avec une obliquité aussi constante, frappoit sans discontinuation, & d'une maniére très-incommode, toutes les parties de mon visage; des éphémeres entroient dans mes yeux, dans ma bouche, dans mon nés. Si on a été quelquefois inquiété dans de belles soirées d'Eté par des papillons nocturnes, que l'on n'imagine pas l'incommodité qu'on a ressentie alors, comparable à celle dont je parle, elle ne l'est point, parce que le nombre de ces papillons est toûjours très-petit en comparaison de celui des éphémeres qui pleuvoient sur nous.

S'il est singulier que les especes de papillons qui ne volent que la nuit, qui semblent fuir le jour, soient précisément celles qui viennent chercher la lumiére jusque dans nos appartements, il le doit paroître encore davantage que ces éphémeres qui ne doivent naître qu'après que le soleil est couché & le jour tombé, qui ne doivent pas même voir le lever de l'aurore, ayent un amour si marqué pour ce qui est lumineux. C'étoit une mauvaise commission que d'être chargé de tenir un flambeau à la main, celui qui y en tenoit un, avoit dans peu d'instants son habit tout couvert de ces mouches, elles venoient de toutes parts l'accabler. La lumiére de ce flambeau occasionnoit, & mettoit à portée de voir un spectacle tout autre que celui d'une pluye qui tombe; on en étoit enchanté dès qu'on l'avoit apperçu. Tous ceux qui étoient avec moi, même les gens les plus grossiers, mes domestiques, ne se lassoient pas de le considérer. On n'a jamais fait de sphere, quelque compliquée qu'on l'ait faite, fournie d'autant de cercles qu'on voyoit de zones qui avoient la lumiére pour foyer *: il en paroissoit des infinités qui se croisoient en tout sens, qui étoient dans toutes les inclinaisons imaginables les unes par rapport aux autres, & qui étoient plus ou moins excentriques. Chaque zone étoit faite d'une file continuë d'éphémeres, & sembloit un galon d'argent contourné en cercle, & profondément découpé, un galon fait de triangles égaux, mis bout à bout, de maniére qu'un des angles de celui qui suivoit, étoit appuyé sur le milieu de la base de celui qui précédoit: c'étoit un galon mû avec une grande vîtesse. Des éphémeres dont

* Pl. 45. fig. 7.

on ne distinguoit alors que les aîles, & qui circuloient autour de la lumiére, formoient cette apparence: chacune de ces mouches, après avoir décrit une ou deux orbites, tomboit à terre, ou dans l'eau, mais sans s'être brûlée auparavant.

Au bout d'une demi-heure, & même plûtôt, la grande pluye d'éphémeres commença à s'affoiblir, les nuées de ces mouches furent moins épaisses, & le devinrent de moins en moins: enfin vers les dix heures, à peine en voyoit-on voler quelques-unes sur la riviere, & il n'y en avoit plus qui vinssent se rendre à la lumiére.

Je devois être curieux de sçavoir si le même phénoméne reparoîtroit le lendemain & les jours suivants: le vingt me fit voir une aussi prodigieuse quantité d'éphémeres, que celle que j'avois vûë le dix-neuf; mais elle fut notablement moins grande le vingt-un, à peine y en eut-il le tiers de ce qu'il y en avoit eu les deux jours précédents. Ce fut chaque jour entre huit heures & un quart & huit heures & demie qu'elles commencérent à paroître, ce fut vers les neuf heures qu'elles commencérent à remplir l'air, & ce fut dans la demi-heure suivante qu'il en parut aussi fourni qu'il l'est de floccons de neige, lorsqu'elle tombe en grande abondance: enfin vers les dix heures on cessa presque d'en voir voler. Le vingt dès neuf heures & demie, il en restoit très-peu en l'air; & je n'en voyois plus aucune se rendre à la lumiére.

Le vingt-un après-midi, l'air fut assés froid pour la saison, la liqueur du thermometre ne monta qu'à dix-sept degrés. Il sembleroit que la chaleur devroit accélérer la transformation des nymphes éphémeres: des expériences nous ont prouvé ailleurs qu'elle n'est pas moins puissante sur les crisalides que sur les œufs, pourquoi ne le seroit-elle pas de même sur les nymphes? Il sembloit donc que les éphémeres auroient dû se tirer plus tard de leur enveloppe, le jour où elles s'étoient trouvées dans une eau moins chaude; cependant ce jour-là, elles parurent à la même heure que les jours précédents, comme si c'étoit à une heure marquée par l'horloge qu'elles le dussent faire.

Le vingt-deux fut encore plus froid que ne l'avoit été le vingt-un. La liqueur du thermometre ne monta qu'à 15. degrés: il plut le matin à diverses reprises, & à verse pendant toute l'après-midi: cette derniére circonstance avoit rendu ma curiosité plus vive, par rapport à la maniére dont se comporteroient le soir les éphémeres; comme il en avoit moins paru la veille que le jour d'auparavant, j'appréhendois que le temps où elles devoient cesser de paroître, ne fût arrivé, mais il ne l'étoit pas encore. Celles qui devoient sortir le soir de la riviere, s'il y en avoit qui dussent sortir, prendroient-elles le temps d'une grosse pluye pour quitter leur dépouille, pour passer dans l'air, temps où les insectes, comme les autres animaux aîlés, cherchent l'abri? Enfin l'eau de la riviere ayant été encore plus refroidie que le jour précédent par une longue & abondante pluye, les éphémeres ne devoient-elles pas se métamorphoser plus tard? car étoit-il à présumer que pour une action si importante elles dussent se conduire, pour ainsi dire, à l'horloge? Si l'instant de leur métamorphose n'est pas fixé par le froid ou le chaud du jour, s'il est en leur pouvoir de le différer, si elles ne veulent paroître en l'air que lorsqu'un certain degré d'obscurité s'y est répandu; loin que le moment de leur transformation eût dû être retardé le jour dont il s'agit, il eût dû être avancé, la nuit étant venuë de meilleure heure qu'à l'ordinaire. Pour sçavoir comment tout se passeroit, je me rendis un peu avant huit heures du soir sur le bord de la riviere avec un parapluye qui m'étoit encore nécessaire, quoique la pluye fût bien diminuée; aucune éphémere ne paroissoit encore alors en l'air: vers les huit heures & un quart elles commencérent à y voler, leur nombre alla en augmentant, il ne fut pourtant pas aussi considérable qu'il avoit été le jour précédent, parce que le temps étoit arrivé où il restoit beaucoup moins de nymphes dans la riviere.

Quelle qu'ait été pendant le jour la température de l'air, qu'il ait fait chaud ou froid pour la saison, que le soleil ait toûjours brillé, ou qu'il ait plu abondamment, l'heure à laquelle nos éphémeres commencent à se tirer de leur fourreau, est donc la même, & une autre heure paroît marquée, par-delà laquelle il ne leur est plus permis de le faire. En moins de deux heures ce nombre de mouches assés immense pour former en l'air des nuées, & y faire tomber une grosse pluye & continue, sort donc de la riviere, & au bout de ces deux heures, elles laissent à l'air toute sa sérénité.

Mais qu'est devenuë cette prodigieuse quantité de mouches, quand il n'en paroît plus dans l'air? Elles sont déja mortes ou mourantes pour la plûpart, une grande, & très-grande partie est tombée dans la riviere même. Les poissons n'ont aucun jour dans l'année où ils puissent faire une aussi ample chére, où il leur soit aussi aisé de se gorger d'un mets délicat : gourmands comme ils sont, s'ils sçavent prévoir, ils voyent avec regret que leur estomach ne sçauroit suffire à recevoir toute la pâture qui est à leur disposition, & qu'ils en laisseront beaucoup plus perdre qu'ils n'en peuvent manger : ces jours sont donc pour eux des jours de régal, une manne leur tombe du ciel. Les pêcheurs ont aussi donné à nos éphémeres le nom de manne, & c'est celui sous lequel elles sont connuës d'eux le long des rivieres du royaume: ils disent que la manne a commencé à paroître, que la manne a tombé abondamment une telle nuit, pour faire entendre qu'on a commencé à voir des éphémeres, ou qu'il y en a eu beaucoup.

Celles qui étant tombées sur l'eau n'y ont pas été d'abord la proye des poissons, n'en périssent guéres plus tard, elles sont bien-tôt noyées: le reste des éphémeres tombe sur les bords de la riviere, ou aux environs. La durée de la vie de celles-ci n'est pas si courte; mais autant vaudroit-il pour elles que leur fin eût été plus proche: entassées les unes sur les autres, sans avoir assés de force pour changer de place, sans se donner aucun mouvement considérable, & très-mal à leur aise, elles meurent les unes après les autres: celles qui poussent leur vie le plus loin, & qui sont par rapport aux autres plus que des centénaires, voyent lever le soleil. Parmi des milliers que j'avois mis le soir dans une cloche de verre, & dans des poudriers, le lendemain à six heures du matin j'en trouvai deux en vie; mais ce sont-là de grandes exceptions à la régle générale; la vie ordinaire de ces mouches n'est que de deux ou trois heures, encore faut-il pour cela qu'elles ne tombent pas dans la riviere. La durée ordinaire de celles que Swammerdam a le plus observées, est de quatre à cinq heures.

Je retournai à Paris le vingt-deux à dix heures du soir; mais je laissai une personne chargée du soin d'observer si les éphémeres paroîtroient les jours suivants: elles se firent voir encore pendant quatre à cinq jours, leur quantité allant toûjours en diminuant. Ainsi quand les pêcheurs disent que la manne ne tombe que trois jours de suite, ils disent assés vrai, car ils ne veulent que faire entendre que ce n'est que pendant ce peu de jours qu'elle fournit de la nourriture aux poissons avec tant d'abondance. Dans les jours qui précedent, & dans ceux qui suivent, ce n'est guéres

guéres que pour des obſervateurs qu'elle paroît. Ceci au reſte, comme tout ce qui eſt de phyſique, peut varier entre certaines limites; auſſi quand j'ai fixé l'heure à laquelle nos éphémeres ſe métamorphoſent, à huit heures un quart, je n'ai voulu que faire entendre que c'eſt alors qu'elles commencent à paroître en aſſés grande quantité pour ſe faire remarquer, il peut s'en trouver dont la transformation ſoit plus preſſée. J'ai dit que j'avois vû voler vers le coucher du ſoleil quelques éphémeres ſur la riviere de Seine, elles pouvoient être précoces par rapport à celles qui vinrent près d'une heure plus tard; peut-être pourtant n'étoient-elles pas de la même eſpece: c'eſt ſurquoi je ne ſerois pas reſté dans l'incertitude, ſi j'euſſe pu en attraper quelqu'une.

Toute courte qu'eſt la durée de la vie de ces mouches, elle ſuffit pour leur donner le temps de remplir la fin pour laquelle elles ſont nées: elles ne paroiſſent au jour que pour perpétuer leur eſpece, ou plûtôt, puiſqu'elle dure ſi peu ſous la forme de mouches, pour perpétuer celle des vers & des nymphes aquatiques dont elles ſortent. Nous allons voir bien-tôt qu'à peine les éphémeres ſont nées, qu'elles ſont prêtes à pondre, & qu'elles pondent; mais nous devons nous arrêter un inſtant à admirer la facilité & la promptitude avec leſquelles elles naiſſent, c'eſt-à-dire, avec leſquelles elles ſe tirent de la dépouille de nymphe. Aucun des inſectes que je connois, n'exécute une opération ſi grande, qui ſemble devoir être ſi laborieuſe, & qui l'eſt réellement pour la plûpart d'eux, avec tant d'aiſance & de célérité. Le bacquet dont j'ai parlé, & d'autres que j'ai de même tenu pleins de mottes de terre bien peuplées de nymphes, m'ont mis à portée d'obſerver ce que je n'euſſe pas pu voir dans la riviere. Nous ne tirons guéres nos bras plus vîte d'un habit, que l'éphémere tire ſon corps, ſes aîles, ſes jambes, les longs filets qui lui font une queuë, du vêtement très-composé qui fournit un fourreau à chaque partie, & un fourreau dans lequel elle eſt pliſſée ou au moins très-gênée. Les éphémeres qui vouloient ſe transformer, étoient ſouvent ſur des mottes de terre que l'eau ne couvroit pas, & quelquefois à la ſurface de l'eau même. Dès qu'il s'étoit fait une fente au corcelet, dès qu'une portion du corcelet avoit commencé à paroître par cette fente, le reſte étoit achevé preſque dans un inſtant. On ne s'attendroit pas qu'une mouche qui, quand elle peut faire le plus d'uſage de ſes aîles, eſt foible & délicate, eût toute la force qu'a celle-ci pour finir une pareille opération: j'ai ſouvent tâché d'en arrêter les progrès pour mieux voir comment chaque partie étoit logée dans l'étui d'où elle étoit prête à ſortir, j'ai ſaiſi une mouche qui ne commençoit qu'à dégager ſa tête, j'ai preſſé la tête dans l'inſtant même où elle venoit de ſe montrer; j'ai pouſſé la cruauté quelquefois juſqu'à l'applatir & l'écraſer entre mes doigts: la métamorphoſe que je voulois ſuſpendre, s'accompliſſoit malgré moi. J'ai jetté dans de l'eſprit de vin des éphémeres qui ne s'étoient tirées qu'en partie de leur fourreau: elles ont achevé de ſe dépouiller dans cette liqueur ſi redoutable, & y ont péri ſur le champ. Trois filets* ou deux au moins qu'elles portent au derriére, plus longs que le corps, le corcelet & la tête pris enſemble, & plus longs que les étuis dans leſquels ils étoient logés, ſont ce qu'il y a de plus difficile à dégager: lorſque l'éphémere veut les retirer trop bruſquement de leurs étuis, elle les caſſe quelquefois: plus ſouvent l'éphémere qui a fait ſortir ſes parties antérieures de leurs fourreaux particuliers, & dont les aîles ſe ſont développées dans l'inſtant, eſt impatiente de faire uſage de celles-ci: avant que de s'être défaite de ſa dépouille, elle s'éleve dans les

* Pl. 44. fig. 4. f, e, f.

airs, & l'y transporte. Le plus souvent alors la dépouille ne tient qu'aux filets de la queuë *; l'éphémere qui la traîne après elle, paroît alors du double plus grande qu'elle n'est réellement. Dans le premier quart d'heure où elles commencent à paroître, on en voit beaucoup aux filets desquelles la dépouille est penduë; mais dans la suite il n'en paroît plus ou presque plus, à qui elle soit restée: il est apparemment plus ordinaire à celles qui naissent les premiéres, de l'emporter; elles s'en défont pendant qu'elles volent.

* Pl. 44. fig. 2.

Une observation que Swammerdam a faite sur une autre espece d'éphémeres que la nôtre, prouve parfaitement que la nature a tout disposé pour que chaque partie de ces mouches fût par elle-même en état de se développer promptement. Il détacha une aîle encore renfermée dans son fourreau, duquel il la tira lui-même sur le champ, & la posa sur l'eau; l'aîle s'y déplia, & prit toute l'étenduë qu'elle eût acquise si elle fût restée dans sa place naturelle, & qu'elle eût conservé une communication avec les vaisseaux du corcelet.

Cette dépouille dont notre éphémere a sçu se tirer si promptement, ne doit pourtant pas être regardée comme un simple habit dont elle s'est défaite parce qu'il étoit trop vieux. Si c'est un vêtement, c'en est un auquel restent attachées les dents, les lévres, les cornes propres à percer la terre, les ouïes, & enfin beaucoup de parties admirablement organisées, qui étoient essentielles à l'insecte tant qu'il a été habitant de l'eau, & qui lui deviennent inutiles lorsqu'il ne doit vivre que dans l'air.

Les éphémeres de notre espece sont d'assés grandes mouches, si on comprend dans leur longueur celle de leur queuë, ou des filets qu'elles portent au derriére *; mesurées ainsi, leur longueur est de plus de deux pouces; mais elle se réduit à 7 à 8 lignes, si on en retranche celle de

* Pl. 44. fig. 4. f, e, f.

leurs filets. De quelque façon qu'on les mesure, elles restent toûjours dans la classe des mouches à corps long; la forme du leur le demande; il a dix anneaux dont les premiers ont plus de diametre que ceux qui les suivent, ces derniers en ont de moins en moins. Les deux aîles inférieures * sont très-petites en comparaison des supérieures*, qui ont de l'ampleur, & dont la coupe ressemble beaucoup à celle des aîles du plus grand nombre des especes de papillons; aussi, comme nous l'avons déja dit, nos éphémeres sont-elles prises pour des papillons par tous ceux qui ignorent que pour être de la classe de ces derniers, il faudroit qu'elles eussent des aîles renduës opaques par des poussiéres ou écailles qui y seroient attachées. Les leurs sont très-transparentes, & semblent être faites d'une gaze blanche; leur blanc paroît sale & un peu rougeâtre, lorsque les grandes aîles étant appliquées l'une contre l'autre, composent un tout moins transparent. Les longs filets qui leur font une queuë, sont de la couleur des aîles. Les animaux aîlés qui sont posés à terre, ont besoin de leurs jambes pour se mettre en état de voler, il faut qu'elles élevent le corps assés haut au-dessus du plan sur lequel elles sont, pour que les aîles puissent battre l'air, sans frapper ce plan: les jambes antérieures de nos éphémeres ne sont que trop longues, mais étant portées en-devant, & presqu'à plat, elles ne sont pas aussi propres à soûlever le corps, que le seroient des jambes de longueur médiocre; les quatre autres sont courtes, & le sont peut-être trop; de-là il arrive que ces éphémeres s'élevent en l'air avec peine en bien des circonstances, & que pour s'y élever elles s'aident des longs filets de leur queuë. J'ai remarqué que les éphémeres qui étoient tombées sur une serviette étenduë sur mes genoux, ne parvenoient à s'envoler, qu'après s'être poussées enhaut avec les longs filets de leur queuë,

* Pl. 44. fig. 3 & 4. *n, n.*
* *l, l.*

& que ces filets soûtenoient même le corps en partie dans les premiers instants où les aîles le faisoient monter en l'air.

Leur tête est courte & triangulaire; elle a deux yeux à rézeau * d'un assés beau noir, & trois yeux lissés * bien luisants, placés & montés, pour ainsi dire, d'une maniére particuliére à ce genre de mouches, & qui a déja été expliquée ailleurs * : chacun de ceux-ci semble serti dans un chatton brun; l'œil est d'une couleur plus claire que le chatton. Ils sont disposés en triangle comme le sont les yeux analogues des mouches les plus communes; mais le triangle qui se trouve sur le derriére de la tête de celles-ci, est plus sur le devant de la tête des éphémeres, car un des petits yeux est posé vis-à-vis le milieu de l'espace que laissent entr'elles les deux antennes *, & plus près que ces derniéres du bout de la tête. Des deux autres yeux lissés, il y en a un de placé près de la base de chaque antenne, entre celle-ci & un des yeux à rézeau.

* Pl. 44. fig. 5. yy.
* i, i, i.
* *Tome IV. Mém.* 6. Pl. 19.
* a, a.

Le corcelet de cette mouche est de ceux qui sont divisés en deux: sa premiére partie ou l'antérieure est blanche, & c'est à elle que tiennent les deux premiéres jambes *, dont la longueur est excessive par rapport à celle des autres; elles sont brunes dans toute leur étenduë; l'insecte les porte en-devant, & si on n'y regardoit pas de près, on les prendroit pour des antennes, on lui en croiroit de longues, pendant qu'il les a courtes. La seconde partie du corcelet, plus grosse & plus longue que la premiére, est rougeâtre; c'est elle qui est chargée de soûtenir les quatre aîles & les quatre derniéres jambes; celles-ci sont blanches; trois mises bout à bout égaleroient à peine une des premiéres en longueur. Le dessus de chaque anneau est d'un blanc jaunâtre, sur lequel se trouve une tache longue faite de veines d'un brun clair qui tire sur

* g, g.

l'agathe. Tout le dessous du ventre & du corcelet est blancheâtre.

On croit bien que nos éphémeres n'appartiennent ni à la classe des mouches qui ont des dents, ni à la classe des mouches qui ont une trompe : quel usage pourroient-elles faire de celle-ci, ou de celles-là ! Dès qu'elles doivent mourir si vîte, il leur seroit fort inutile d'avoir des instruments propres à préparer & à ramasser des aliments. Quatre ou cinq petites barbes sont pourtant couchées au-dessous d'une ouverture à laquelle on donnera, si l'on veut, le nom de bouche *, mais qui n'en doit guéres faire les fonctions. Quand on presse la tête, on fait sortir par cette ouverture une petite vessie *.

* Pl. 43. fig. 11.

* *u.*

Parmi ces mouches on en trouve qui ont une queuë faite de trois filets égaux en longueur *, & d'autres qui n'ont que deux grands filets * : celui du milieu * est extrêmement court, il n'a pas la sixiéme ou la huitiéme partie de la longueur des autres. Celles à qui le filet du milieu manque presque, sont les mâles ; en échange de ce filet, ils en ont quatre courts * en-dessous du ventre, & qui semblent analogues aux parties données aux autres mâles pour saisir leurs fémelles.

* Pl. 44. fig. 4. *f, e, f.*

* Fig. 3. *f, f.*

* *e.*

* Fig. 11. *b, b. a, a.*

Les fémelles éphémeres ne paroissent guéres avoir autre chose à faire dans leur vie, que de pondre leurs œufs : elles sont en état de s'en délivrer dès qu'elles ont l'usage de leurs aîles : il semble même que ce soit un besoin dont elles soient pressées. C'est à l'eau de la riviere qu'elles les devroient confier, & à laquelle la plûpart les confient ; cependant, comme si elles n'en étoient pas instruites, comme si elles ne connoissoient pas la différence d'un solide à un liquide, elles laissent leurs œufs sur tous les corps sur lesquels il leur arrive de se poser ou de tomber. Tout a été ménagé pour qu'un insecte qui a si peu à vivre, pût finir ses différentes opérations en très-peu de temps. Il n'y a guéres de femelles qui doivent mettre au jour un nombre d'œufs aussi grand que celui qu'y met une éphemere, & tout a été disposé pour qu'elle pondît tant d'œufs dans le temps qui suffiroit à peine à une autre femelle pour en pondre un seul. Les siens sont arrangés en deux longs paquets, en deux especes de grappes, dont chacune est composée de grains qui se touchent *. J'ai mesuré de ces grappes qui avoient trois lignes & demie, & d'autres qui avoient quatre lignes de longueur: leur diametre est toujours de plus d'une demi-ligne, & quelquefois de près d'une ligne: aussi le corps des femelles, & sur-tout des femelles qui n'ont pas pondu, est plus long & plus gros que celui des mâles. Mais pour être en état de donner une idée plus juste de leur fécondité, qu'on ne la sçauroit prendre sur les dimensions des grappes, je détachai & séparai les uns des autres tous les grains ronds, ou tous les œufs qui en composoient une, & je les comptai avec soin; j'en trouvai plus de 350, il en entre peut-être plus de 400 dans d'autres grappes. Chaque éphemere a donc à pondre 7 à 800 œufs, & c'est pour elle une opération d'un moment, & qu'elle est, comme je l'ai dit, forcée de faire où elle se trouve, ou qu'elle fait au moins sans discernement. On se souvient de ce bacquet dont j'ai beaucoup parlé, & je ferai ressouvenir de plus que je le couvris d'une nappe pour empêcher les éphemeres qui y naissoient, d'en sortir: beaucoup d'étrangéres attirées par la lumiére vinrent se rendre sur cette nappe: quand j'examinai celles qui étoient tombées dessus, je trouvai un nombre de grappes d'œufs proportionné à celui des femelles qui étoient sur la nappe.

* Pl. 44. fig. 7 & 8.

Ce jour où il avoit tant plu, & où je fus obligé de tenir un parapluye sur ma tête pendant que j'attendois au bord de la riviere, l'heure où les éphémeres devoient paroître, j'étois assis sur une marche d'escalier, & j'avois étendu sur mes genoux une serviette pour recevoir les mouches qui, après s'être renduës autour de moi, devoient tomber; il en tomba en grand nombre sur la serviette, & j'y trouvai aussi un grand nombre de grappes d'œufs. Enfin je trouvai beaucoup plus de ces grappes parmi les éphémeres qui s'étoient accumulées en tas sur les marches de l'escalier. Celles que je prenois, & que je mettois dans un poudrier, y faisoient leurs œufs sur le champ.

Non seulement les œufs ont été disposés en grappes, ce qui accélere la ponte; mais pour la rendre encore une fois plus prompte, la mouche les fait sortir toutes deux en même temps*: leur sortie n'est pourtant pas si prompte, qu'on n'ait le loisir de l'observer, & on l'observe avec plaisir. L'éphémere pour se disposer à pondre, releve le bout postérieur de son corps*, à qui elle fait faire un angle presque droit avec le reste* de la partie supérieure; c'est alors qu'elle pousse en-dehors les deux grappes à la fois*: deux ouvertures placées en-dessous vers l'extrémité du sixiéme anneau, leur donnent un libre passage: les bouts de l'une & de l'autre commencent à se montrer en même temps: toutes deux avancent ensuite également en-dehors. Quand elles sont sorties plus d'à moitié ou presqu'en entier, elles semblent deux grosses cornes attachées au derriére de l'insecte, mais deux cornes qui deviennent de plus en plus longues à chaque instant: celui où elles sont entiérement mises hors du corps arrive bien-tôt, toutes deux ne tiennent plus à rien & tombent à la fois. Si on saisit l'éphémere entre ses doigts, on ne retarde en rien sa ponte, & on est en état de remarquer dès que les deux grappes sont sorties, les deux ouvertures par où elles ont passé. Peu après on voit paroître en-dehors de chacune de ces ouvertures une vessie blanche*, qui semble pleine d'air, & qui

* Pl. 44. fig. 6. *o, o.*

* Fig. 10. *q, r.*

* *s r.*

* Fig. 6. *o, o.*

* Pl. 44. fig. 10. *u, u.*

qui eſt peut-être une des veſſies pulmonaires. Si chacune de ces veſſies n'eſt pas le principal agent employé pour pouſſer hors du corps une des grappes, au moins paroît-il qu'elle eſt celui qui ſert à la faire tomber, qui l'empêche de reſter collée contre les bords du trou.

L'air qu'elles reſpirent, peut beaucoup les aider dans cette importante opération: celui dont elles rempliſſent la partie antérieure de leur corps, peut lorſqu'il eſt comprimé, faire effort contre les grappes. Elles ont ſur leur corcelet quatre ſtigmates * très-propres à lui donner entrée; les deux qui ſont placés à ſa partie poſtérieure, ſont les plus grands: ces quatre ſtigmates ſont cauſe apparemment que l'éphémere qui tombe dans l'eau, s'y noye ſi vîte. J'ai négligé, & j'ai eu tort, de tâcher de voir ce ce qui ſe paſſe dans l'intérieur de l'éphémere pendant qu'elle en fait ſortir ſes œufs; mais j'ai conſidéré avec plaiſir, proche & vis-à-vis d'une lumiére, & au travers d'une loupe d'un court foyer, le corps d'une éphémere qui avoit fait ſes œufs, & celui d'une éphémere mâle, ſes enveloppes ont un aſſés grand degré de tranſparence, auſſi permettent-elles de voir ce qui ſe paſſe dans l'intérieur, & on y voit beaucoup de choſes amuſantes. Les mouches des vers mangeurs de pucerons, nous ont donné autrefois occaſion de parler * d'eſpeces de nuages diſpoſés par tranches minces, qui ſe meuvent parallelement les uns aux autres, de l'origine du corps vers le derriére, & qui diſparoiſſent enſuite, mais qui ſont continuellement remplacés par de nouvelles couches nébuleuſes qui ne ceſſent de ſe former vers l'origine du corps: j'ai bien mieux vû ces couches dans le corps de l'éphémere, & en plus grand nombre, que dans les mouches qui viennent d'être citées, elles y cheminoient le plus ſouvent dans un ſens directement contraire. Je tenois la tête de l'éphémere en embas, & j'ai ſouvent

* Pl. 43. s, s.

* *Tome 3.*

vû à la fois six à sept tranches obscures dont chacune avoit, ou paroissoit avoir le diametre du corps, & qui toutes marchoient à la fois vers le premier anneau; celle qui y étoit arrivée disparoissoit dans le moment, mais une nouvelle couche se montroit près du derriére, & ne devoit s'évanouir que quand elle seroit arrivée assés près du corcelet. Dans d'autres circonstances, j'ai vû de semblables tranches marcher dans un sens directement contraire, partir d'auprès du corcelet, & se rendre vers le derriére; enfin d'autres fois j'ai vû partir en même temps d'un anneau plus proche du derriére que du corcelet, deux tranches obscures, dont l'une prenoit sa route du côté de la tête, & l'autre la sienne vers la queuë. L'air que ces mouches respirent, semble être la cause de ces apparences, comme j'ai dit ailleurs que je le soupçonnois. J'ai encore lieu de soupçonner que le cœur, ou le vaisseau qui en tient lieu, est placé dans les éphémeres près de leur derriére: là j'ai observé avec plaisir un vaisseau qui seringuoit par intervalles de la liqueur vers la partie antérieure.

Nos éphémeres qui paroissent aimer & chercher la lumiére d'un flambeau, n'ont pas apparemment des yeux faits pour la soûtenir; elles doivent naître pendant la nuit, & la lueur qui est répanduë alors dans l'air, trop foible pour nos yeux, est probablement celle qui convient le mieux à ces mouches pour voir les objets qu'elles ont besoin de discerner: un plus grand degré de lumiére les éblouit, & les met hors d'état de distinguer les uns des autres les différents corps; aussi viennent-elles les frapper en volant, elles ne sçavent pas les éviter en changeant de route: leur rencontre les détermine à tomber, ou à voler en embas, & elles laissent leurs œufs sur les corps où elles se trouvent. Celles qui ne sont pas éblouies par une trop grande lumiére, volent à fleur d'eau, & s'appuyent avec les filets de leur queuë sur l'eau même, pendant qu'elles lui confient leurs deux grappes d'œufs. Elles n'ont pas besoin d'en prendre d'autre soin, la pesanteur de ces grappes qui surpasse celle de l'eau, les fait tomber sur le champ au fond de la riviere. Là les œufs sont bien-tôt dispersés, ou au moins séparés les uns des autres; la colle qui les tient ensemble est dissoluble à l'eau ordinaire. J'ai mis le soir plusieurs de ces grappes dans des poudriers pleins d'eau; le lendemain au matin le fond du poudrier n'avoit que des tas de grains aussi fins que des grains de sable, mais de figure plus réguliére, & tous détachés les uns des autres, il ne restoit aucune forme de grappe. Si on met de celles-ci dans une liqueur d'une autre nature, dans de l'esprit de vin, elles y restent dans l'état où on les y a mises; cette liqueur spiritueuse n'est pas le dissolvant de la colle qui tient les grains attachés les uns aux autres.

Mais comment ces œufs sont-ils fécondés, comment ont-ils le temps de l'être? car il semble que chaque femelle ne s'est pas plûtôt élevée en l'air, qu'à peine y a-t-elle volé quelques instants, qu'elle se rabbat vers la surface de l'eau pour faire sa ponte. En quel temps les mâles s'accouplent-ils avec les femelles? C'est sur quoi je n'ai rien à dire d'assés précis: des insectes qui ne paroissent que pendant la nuit, ne prennent pas pour paroître, un temps où l'on puisse les bien suivre des yeux. Swammerdam qui a observé une autre espece d'éphémeres qui se montre de meilleure heure, qui commence à se répandre dans l'air, plus de deux heures avant que le soleil se couche, prétend que les œufs sont fécondés sans accouplement; que les mâles des éphémeres jettent sur les œufs que les femelles viennent de pondre, un lait, une liqueur vivifiante, comme on croit communément que le font les mâles de la plûpart des poissons. Si les œufs de l'espece d'éphémeres de Swammerdam ou de l'espece commune sur le Rhin, étoient fécondés ainsi, il seroit plus que probable que ceux des éphémeres de la Seine & de la Marne le seroient de la même maniére. Quand la nature varie extrêmement ses façons d'opérer, c'est rarement par rapport aux especes d'un même genre. Or il me paroît extrêmement difficile à concevoir que les œufs de nos éphémeres puissent être fécondés par une liqueur laiteuse, versée dessus par les mâles: les deux grappes ne sont pas plûtôt hors du corps de la fémelle, dont nous les avons vû sortir si promptement, qu'elles tombent au fond de l'eau, comme deux petites pierres. J'aurois dû voir des mâles répandre de la liqueur laiteuse sur les grappes d'œufs déposées sur les nappes & les serviettes; car pourquoi ne leur arriveroit-il pas de se méprendre, comme il arrive aux fémelles! si celles-ci ont l'imbécillité de laisser leurs œufs dans des endroits où les vers n'en sçauroient éclorre, pourquoi les mâles aussi mal-habiles n'iroient-ils pas arroser ces mêmes œufs! & c'est ce que je ne leur ai point vû faire. La quantité de liqueur dardée peut à la vérité être si petite qu'elle m'ait échappé, car ce que j'en ai fait sortir de leur corps en le pressant, étoit bien peu de chose; mais il en paroît d'autant moins concevable qu'elle puisse parvenir à agir sur des œufs qui se précipitent si vîte au fond de l'eau.

J'inclinerois plus à penser que les mâles s'accouplent avec les fémelles, mais que comme la vie des uns & des autres est la plus courte de celles des animaux connus, leur accouplement aussi est le plus court de tous, beaucoup plus court que celui des oiseaux qui dure si peu. Peut-être qu'il suffit à un mâle de se placer un instant sur sa fémelle, pour la rendre féconde; peut-être que celles-ci ne s'élevent après être sorties de l'eau, & ne volent quelques instants, que pour se mettre à portée des approches d'un mâle. Peut-être même ai-je vû des faits assés positifs pour décider cette question, & sur lesquels je compterois davantage, si je les avois vûs autrement qu'à la lueur de quelques bougies que je faisois tenir à fleur d'eau. J'ai remarqué alors que les éphémeres qui paroissoient tombées sur l'eau, ne s'y noyoient pas toutes, qu'il y en avoit beaucoup qui s'élevoient à quelques pieds de hauteur, pour redescendre ensuite, & qui répétoient ce manége à diverses reprises: j'ai cru voir même alors, & plusieurs spectateurs ont cru le voir comme moi, les mâles s'accoupler avec les femelles: on voyoit au moins voler des éphémeres si proche de la surface de l'eau, que le bout de leur queuë la touchoit, & étoit même un peu au-dessous, elles sembloient chercher avec activité à se poser sur d'autres éphemeres. Nous en prîmes quelques-unes de celles qui paroissoient accouplées; mais si elles avoient été jointes, elles cessoient de l'être lorsque nous voulions examiner ce qui en étoit. Sur cette serviette que je tenois étenduë sur mes genoux, pendant que j'avois un parapluye sur la tête, je vis des mâles se poser sur les femelles, & qui parurent se joindre à elles, mais je ne pus m'assûrer d'avoir rien vû de complet. Enfin les mâles ont des appendices charnuës sous le corps *, près du derriére, qui semblent leur avoir été données pour saisir celui de la femelle: elles sont placées & faites comme des parties accordées à d'autres mâles d'insectes pour un semblable usage.

* Pl. 44. fig. 11. *a, a, b, b.*

Il seroit plus aisé de s'instruire du nombre des jours au bout duquel les vers sortent des œufs qui ont été fécondés; je l'ignore cependant parce que je me suis contenté de mettre des grappes dans l'eau d'un poudrier, que je n'ai pas changée: cette eau n'a pas été apparemment favorable au développement des embryons, qui peut demander une eau courante, ou plus souvent renouvellée. Au reste il importe peu de sçavoir combien de jours ces vers restent à éclorre ; mais on ne doit pas douter que dès qu'ils sont nés, ils ne sçachent se faire des trous où ils sont plus en sûreté, moins exposés à être la proye des poissons voraces, que ne le sont les poissons naissants qui sont obligés de se tenir au milieu de l'eau. La fécondité des meres étant très-grande, comme nous l'avons vû, & les petits peu exposés, il n'est pas étonnant que certaines années nous fassent voir sur les rivieres, des nuées & des pluyes de ces mouches. Mais toutes les années ne sont pas également abondantes en éphémeres : quand une l'a été, il en devroit revenir une pareille au bout de deux ans : ce retour seroit réglé, si des circonstances à nous inconnuës, des mortalités extraordinaires, ne l'interrompoient pas, & cela parce que c'est au bout de deux ans que les nymphes d'éphémeres ont pris dans l'eau tout leur accroissement, & qu'elles arrivent à leur état de perfection.

Ce n'est pas à nous de sçavoir pourquoi il convenoit que la durée qui est prescrite à la vie de nos éphémeres, fût si courte : il y auroit trop de présomption à en vouloir deviner des raisons : les convenances sur lesquelles des termes différents de vie plus ou moins longs, devoient être donnés à différents animaux, dépendent d'une totalité de vûes qui n'est pas à notre portée. Mais peut-être est-il plus aisé de deviner pourquoi ces quantités immenses d'éphémeres devoient naître en deux ou trois jours, & dans deux à trois heures de chacun de ces jours ; car ces temps fixés à leur naissance semblent une suite nécessaire de la courte vie qui leur a été accordée. Dès que l'Etre, dont les volontés sont lumiére & puissance, vouloit que leur espece se conservât, & fournît chaque année le nombre d'individus qu'elle donne, quoique la maniére dont les mâles ope ent la fécondation des œufs, ne nous soit pas assés connuë, il est sûr qu'ils l'operent, & que pour l'opérer, ils doivent rencontrer les fémelles ou leurs œufs. Or s'il eût été réglé que la même quantité de fémelles & de mâles qui naît en trois ou quatre jours, & seulement pendant deux à trois heures de chaque jour, naîtroit à toutes les heures du jour, & cela pendant un ou plusieurs mois, il est évident qu'il seroit arrivé très-rarement que les fémelles & les mâles auroient pu se joindre : pour peu qu'il eût fallu se chercher, ils n'auroient pas eu le temps de se trouver avant que de mourir; la plûpart des fémelles seroient péries sans que leurs œufs fussent devenus féconds, la quantité des individus eût été chaque année en diminuant, & l'espece, quelque nombreuse qu'elle fût, eût pu être détruite.

La conjecture précédente est confirmée par des mouches de plusieurs especes, qui appartiennent à la classe des éphémeres : jamais on ne voit voler à la fois autant, à beaucoup près, des éphémeres de chacune de ces especes, qu'on en voit voler de celles de l'espece dont il s'est principalement agi jusqu'ici : les unes naissent dans des temps assés éloignés de ceux où sont nées d'autres mouches de leur espece ; aussi une plus longue vie leur a été accordée, une vie au moins de plusieurs jours : il y en a eu telle qui n'a péri chés moi qu'au bout de six à sept jours, & qui peut-être eût vécu plus long-temps, si la liberté de voler ne lui eût pas été refusée.

Ces derniéres éphémeres, après avoir quitté la dépouille sous laquelle elles ne pouvoient vivre que dans l'eau, après être devenuës en état de parcourir les airs, après en un mot être devenuës mouches, se trouvent dans un cas où n'est aucune mouche des autres especes connuës, ni aucun autre insecte aîlé. Rien ne semble leur manquer, & il ne paroît pas qu'elles ayent rien de trop; cependant elles doivent encore ſoûtenir une opération équivalente à celle d'une métamorphoſe, & qui ſemble même plus difficile, elles ont encore à ſe défaire d'une dépouille: qu'elles en puiſſent tirer leur tête, leurs jambes, leur corps, & les longs filets de leur queuë, ce ſont des merveilles avec leſquelles on s'eſt familiariſé en voyant quantité d'autres inſectes ſe transformer, ou ſimplement changer de peau; mais il y a ici une merveille toute nouvelle. Dans les transformations des autres mouches, & même dans la transformation de celles-ci, nous avons vû des aîles très-molles, & par conſéquent très-flexibles, ſortir des fourreaux dans leſquels elles étoient pliſſées; mais voilà ici des aîles bien développées, bien étenduës, qui ſemblent avoir pris toute leur conſiſtance, & par conſéquent être devenuës caſſantes, car celles qui ont une fois ſoûtenu un inſecte en l'air, le ſont, & ſe laiſſent très-peu plier. Enfin ces aîles qui ont beaucoup d'ampleur, ſont ſi minces qu'on n'imagine pas qu'elles ſoient renfermées dans une eſpece d'étui, & quand on ſçait que l'aîle en a un d'où elle ſe doit tirer, on ne conçoit pas comment malgré ſon ampleur, elle pourra ſortir ſaine par le bout étroit de cet étui, par une aſſés petite ouverture qui ſe fait auprès de l'origine de l'aîle: tout cela ſe fait cependant, & on a ſouvent des occaſions de ſe procurer le plaiſir de le voir.

Ces éphémeres, après être ſorties de l'eau, s'élevent ſouvent fort haut en l'air, elles y volent aſſés long-temps, ou au moins vont-elles en volant aſſés loin du lieu de leur naiſſance: on en trouve à la campagne dans des bois éloignés de toute eau, & à Paris, elles ſe rendent dans des maiſons éloignées de la riviere: il y eſt pourtant plus ordinaire d'en voir dans celles qui en ſont voiſines. Les endroits où elles s'y fixent le plus ſouvent, les mettent très à portée d'être vûës: leurs pieds ſont armés de crochets ſi fins

fins qu'ils trouvent suffisamment prise sur les carreaux de verre, pour s'y cramponner solidement. L'éphémere tient alors les quatre aîles appliquées les unes contre les autres, & perpendiculaires au plan du corps*: elles sont posées comme le sont celles de la plûpart des papillons diurnes. On trouve de même de ces éphémeres cramponnées contre des murs, contre des arbres, & souvent dans la position verticale, ayant la tête en enhaut; cette position pourtant ne leur est pas si essentielle qu'elles n'en prennent d'autres, & quelquefois une horisontale, lorsque l'appui sur lequel elles se sont arrêtées, le demande.

* Pl. 46. fig. 14.

Sans changer de place, sans se donner de mouvement sensible, l'éphémere attend le moment où elle pourra se tirer d'un vêtement qui lui est apparemment incommode, & dont il faut qu'elle se défasse; & quelquefois elle l'attend pendant plus de 24 heures. Le 19 Mai à midi, je renfermai dans un poudrier une éphémere plus grande que celles dont il a été tant parlé, & dont les aîles étoient d'un beau jaune citron: ce ne fut que le lendemain à neuf heures & demie du soir qu'elle parvînt à se dépouiller. Un Samedi du mois de Juin sur les cinq heures du soir, je renfermai dans un poudrier une éphémere d'une grandeur médiocre, que j'avois trouvé attachée à une feuille de saule, elle sortit de son fourreau la nuit du Dimanche au Lundi, ce ne fut que ce dernier jour à sept heures du matin que je l'en vis dehors Elle vécut encore au moins pendant quatre jours dans ce poudrier, c'est-à-dire, que je l'eus vivante pendant près d'une semaine, & j'ignore combien il y avoit de temps qu'elle étoit née quand je la pris. Au reste l'opération dans laquelle l'éphémere quitte sa derniére dépouille, ressemble dans l'essentiel à toutes celles où un insecte se défait d'une enveloppe; la durée n'en est pas longue: dès que la peau s'eſt fenduë au-deſſus du corcelet, la fente s'aggrandit de moment en moment; le corcelet s'éleve au-deſſus, la tête ſe dégage, & ſe porte en avant. Ce qu'on eſt plus curieux d'obſerver alors, c'eſt comment chaque aîle * eſt tirée hors de ſon étui *; on l'en voit ſortir pliſſée ſuivant ſa longueur, réduite à la groſſeur & à la figure d'un filet, dans ſa partie qui ſort *, & dans ſa partie qui s'eſt encore peu éloignée de l'ouverture qui lui a donné paſſage: c'eſt en avançant peu à peu, en ſe portant en devant que l'inſecte les dégage l'une & l'autre. Dès qu'elles ſont ſorties, elles ne ſont pas long-temps à s'étendre, à s'applanir, tous les plis s'effacent vîte. On devine aſſés pourquoi elles ont pu ſe pliſſer ſans ſe caſſer; que c'eſt que chacune d'elles avoit été conſervée humide & molle dans ſon fourreau; les fourreaux ſeuls s'étoient deſſéchés, & avoient ſeuls pris la conſiſtance néceſſaire pour battre l'air avec ſuccès, pour mettre l'inſecte en état de voler. La grande eſpece d'éphémeres, dont il vient d'être fait mention, tient plus à la vie, qu'il ne ſemble permis à une éphémere d'y tenir. Pour empêcher une de ces mouches de ſe tirer entiérement de ſa dépouille, lorſqu'elle en fut à moitié ſortie, je lui écraſai la tête, elle ſe trouva hors d'état d'achever l'opération; mais au bout de douze à quinze heures, le corps n'étoit pas encore mort, il ſe donnoit des mouvements.

* Pl. 46. fig. 9. *a, a.*

* *m, m.*

* *o, o.*

Parmi les éphémeres qui portent ce nom à bon titre, il y en a de très-petites eſpeces qui n'attendent pas long-temps après être ſorties de l'eau, pour quitter cette dépouille qu'elles ne peuvent laiſſer que lorſqu'elles ſont mouches. La riviere de Loire m'en a fait connoître deux eſpeces de celles-ci, dont les unes doivent être appellées diurnes, & les autres nocturnes. Le 11 Septembre 1741, vers les 5 heures du ſoir, pendant que j'étois ſur la levée qui conduit de Saint-Dié à Blois, & assés proche de cette derniére ville, j'observai en l'air autour de ma berline, de petites nuées de mouches de la grandeur desquelles je donnerai assés d'idée, en disant que je les crus être de ces tipules qu'on voit assés souvent attroupées en l'air, mais je ne fus pas long-temps sans les connoître pour ce qu'elles étoient. Des milliers de ces éphémeres s'attacherent en dehors à la glace de devant de la berline, & elles s'attacherent en nombre considérablement plus grand sur mes gens. A peine s'étoient-elles posées & cramponnées quelque part, qu'elles se tiroient de leur dépouille: ce n'étoit pour chaque petite mouche qu'une affaire d'une minute ou deux; aussi en moins d'une demi-heure les habits, & sur-tout les chapeaux de mes gens, furent tous blancs: le grand nombre de dépouilles qui y étoient resté accrochées, les rendirent tels. Ces petites éphémeres avoient le corps & le corcelet bruns, avec un peu de jaunâtre, & des filets bruns dans les aîles.

Quelques années auparavant, des éphémeres d'une autre espece, presqu'aussi petite que la précédente, parurent à Blois pendant la nuit; je ne les vis pas voler, mais lorsque le matin après être remonté dans ma berline, j'en levai les glaces, je les trouvai pleines de dépouilles d'éphémeres qui y étoient cramponnées; je trouvai aussi quelques-unes des éphémeres mortes dans l'opération, ou peu après. L'auberge où j'avois couché, est la Galere, qui est située sur le bord de la riviere.

Au reste je ne dois pas oublier de dire que le 11 de Septembre, où je vis avant soleil couché tant de petites éphémeres, & que le 26 Octobre où beaucoup d'autres se rendirent en grand nombre dans ma berline, il avoit fait beau & chaud pour la saison: le 26 Octobre la liqueur du thermometre monta à 15 degrés. Il y a lieu de croire que le temps chaud détermine celles de ces derniéres especes à se métamorphoser, & à sortir de l'eau. J'ai parcouru les bords de la Loire dans les mêmes saisons, pendant bien des années de suite, sans y avoir vû les unes ou les autres de ces éphémeres, apparemment parce que ce n'étoit pas dans des jours favorables à leur transformation.

Les éphémeres de l'espece sur laquelle Swammerdam a donné des observations, sont aussi de celles qui après avoir volé, ont encore à se défaire d'une dépouille; mais il prétend que les mâles y sont seuls obligés. S'il est singulier que dans certaines especes d'éphémeres, les mâles & les fémelles soient dans la nécessité, après leur transformation, de quitter, pour ainsi dire, un habit qui ne semble pas avoir eu le temps de devenir vieux; que dans d'autres especes les mâles soient seuls assujettis à cette loi; il l'est encore plus que les mâles & les fémelles de certaines especes en soient dispensés. J'avois vû tant de fois des éphémeres quitter une dépouille, que je ne doutois pas que celles qui pleuvent sur la Seine & sur la Marne dans certaines nuits, ne dûssent se dépouiller comme les autres, mais ç'a été inutilement que j'ai cherché à voir de celles-ci dans cette opération: quelque promptement qu'elle se fit, & quoique ce fût pendant la nuit, le moment n'auroit pu m'en échapper lorsque j'avois des nuées de ces mouches à ma disposition. Afin qu'il ne me restât sur cet article aucun lieu à doute, je pris dans mes bacquets, des éphémeres, dans l'instant où elles venoient de se transformer, j'y en pris de mâles & de fémelles, je les renfermai dans des poudriers, toutes y périrent sans se défaire d'une dépouille.

Si on ouvre le corps d'une nymphe, même plusieurs jours avant celui où elle doit se métamorphoser, on trouve à celle qui doit devenir une mouche fémelle, les deux grappes d'œufs bien distinctes, & dont les grains sont autant d'œufs sensibles. Si cette nymphe & celle qui doit devenir une éphémere mâle, passent à l'état d'insecte aîlé, c'est pour que l'une puisse pondre ses œufs, & que l'autre puisse les féconder. Enfin dans plusieurs especes, la mouche mâle ne peut opérer la fécondation des œufs, & dans d'autres especes, la femelle ne peut donner des œufs bien conditionnés, qu'après avoir quitté une dépouille complette, qui cependant ne changeoit rien dans leur forme extérieure.

Je n'oserois assûrer que toutes les femelles pondent leurs œufs réunis en une ou deux masses équivalentes aux grappes que nous avons décrites; mais il y a toute apparence que c'est une régle générale, au moins par rapport à celles dont la durée de la vie est courte. L'espece d'éphémeres de Swammerdam pond des grappes d'œufs assés semblables à celles des éphémeres de la Seine & de la Marne. Mais M. Guettard, dont l'attention à suivre les insectes, m'a déja valu beaucoup de bonnes observations, m'a fait voir des œufs d'éphémeres, arrangés plûtôt en maniére de laniére ou de cordon *, qu'en grappe: chacun de ces derniers œufs est brun & oblong, & ils sont collés à la file les uns des autres *: ils forment un étroit ruban, qui a pour toute largeur la longueur d'un œuf. Un des derniers jours du mois de Juillet, pendant qu'il étoit aux Thuilleries, des éphémeres parurent en grande quantité, vers le coucher du soleil, sur le grand bassin; il remarqua un corps longuet, une espece de filet qui pendoit au derriére de plusieurs de ces mouches, il en prit quelques-unes à qui ce filet pendoit, & il lui fut aisé de reconnoître alors que chaque filet étoit plat & fait d'œufs collés les uns contre les autres.

* Pl. 45. fig. 10 & 11.

* Fig. 12.

J'ignore si ces éphémeres ont tous leurs œufs réunis

dans un seul cordon, ou si elles en ont deux qu'elles font sortir l'un après l'autre de leur corps; au moins M. Guettard n'a-t-il remarqué aucune de ces mouches qui eût deux cordons à la fois pendus au derriére. Dans le corps d'une éphémere d'une autre espece qui vient d'une nymphe à port d'ouïes en rames, dans le corps, dis-je, de cette éphémere que j'ouvris, je ne trouvai qu'une seule grappe: les œufs dont elle étoit formée, étoient blancs, oblongs comme des œufs ordinaires, & ne pouvoient être vûs bien distinctement qu'avec le secours de la loupe.

Ce fut en 1738 que je vis naître tant d'éphémeres sur un bras de la Marne, & que je fus attentif à observer l'heure à laquelle elles commencerent à y voler pendant quelques jours de suite, & celle après laquelle elles cesserent de se montrer en l'air. L'année suivante je ne les oubliai pas: curieux de sçavoir si les allûres des mouches de cette espece étoient à peu-près les mêmes chaque année, je chargeai en 1739 mon pêcheur, comme je l'avois fait en 1738, de venir m'avertir dès qu'il en auroit vû paroître; il vint le 6 Août me donner un avis semblable à celui qu'il ne m'avoit donné que le 19 de l'année d'auparavant; ainsi en 1739 les éphémeres commencerent à paroître sur la Seine & sur la Marne 13 jours plûtôt qu'en 1738, mais la quantité n'en fut pas, à beaucoup près, si grande. Je ne pus profiter que le 7 de l'avis que j'avois reçu; j'allai ce jour-là à Charenton, & j'en revins le soir même: il ne me fut permis d'y retourner que le 9. Le 7 je repartis de Charenton à huit heures trois quarts, sans avoir eu le plaisir de voir voler une seule éphémere: elles parurent pourtant pendant la nuit, & en plus grand nombre que la veille: chaque jour dès le matin, j'avois des preuves de ce qui s'étoit passé pendant la nuit; mon jardinier arrivoit chés moi à Paris, avec un poudrier rempli d'éphémeres qui avoient volé la veille. J'ai lieu de croire aussi qu'il s'acquitta fidélement de la commission que je lui avois donnée, d'être attentif à remarquer l'heure à laquelle elles commenceroient à voler chaque soir: il ne lui étoit pas aussi indifférent qu'il eût pu l'être à d'autres hommes de son étoffe, de sçavoir comment ces mouches se conduisoient: il avoit pris intérêt à ce qui les regardoit. Il me rapporta que chaque soir elles n'avoient volé que vers les neuf heures & demie pour le plûtôt, ou vers les neuf heures trois quarts. Le 9 j'allai encore à Charenton, & j'en revins après neuf heures, sans en avoir vû une seule, & mon jardinier m'assûra les avoir attenduës jusqu'à près de dix heures sans en avoir vû paroître aucune. Chaque soir en 1739, les éphémeres parurent donc constamment une heure & un quart au moins plus tard qu'elles n'avoient fait en 1738. Il y a assûrément une cause de cette variété. Dès que les nymphes attendent pour se métamorphoser en mouches, que le soleil soit couché, & même quelque temps après qu'il l'est, si les éphémeres n'eussent paru en 1739 qu'environ 20 minutes plus tard qu'en 1738, elles auroient paru dans l'une & dans l'autre année à la même heure, après le coucher du soleil, car il se coucha d'environ 20 minutes plûtôt pour les éphémeres de 1738, que pour celles de 1739; mais la différence entre le temps où les unes, & celui où les autres se montrerent dans ces deux années, est quatre fois plus grande que celle de 20 minutes. Une autre cause que le coucher du soleil, plus avancé ou plus retardé, semble donc avoir influé dans ce qui détermina les éphémeres à paroître plus tard en 1739 qu'en 1738. On pourroit soupçonner qu'elles n'évitent pas seulement la lumiére du soleil, qu'elles craignent même celle de la lune. Mais le 7 Août 1739, elle se coucha à 8 heures 43 minutes, & le 19 Août 1738, elle ne se coucha qu'à 8 heures 59 minutes, cependant les éphémeres parurent bien avant 9 heures en 1738, & après en 1739; ainsi l'heure du coucher de la lune ne régle pas celle qu'elles choisissent pour se transformer. La cause qui avance ou retarde dans une année l'heure où elles commencent à se métamorphoser, dépend donc de quelqu'autre circonstance qui ne m'est pas connuë.

EXPLICATION DES FIGURES DU DOUZIE'ME ME'MOIRE.

PLANCHE XLII.

LA Figure 1 fait voir un morceau de glaise, qui a été détaché du bord de la riviere de Marne, au-dessous du niveau de l'eau, dans lequel plusieurs vers ou nymphes d'éphémeres étoient logés. *m m n n p q*, ce morceau de glaise. *o, o,* deux ouvertures qui appartiennent au même trou. *c,* languette de terre qui reste entre les deux ouvertures *o, o.* Quand la languette *c* est emportée, les deux ouvertures n'en font plus qu'une, telle que celle marquée *a a.*

La Figure 2 est celle d'une coupe d'une portion du morceau de glaise de la figure premiére, faite par un plan parallele à *m m n n,* & qui a passé par deux ouvertures *o, o.* La partie supérieure que la coupe a détachée, ayant été emportée, l'intérieur d'un trou de ver éphémere est à découvert: *o, o,* les ouvertures du trou. *c l,* languette qui divise le trou en deux dans presque toute sa longueur, & qui le rend semblable à un tuyau recoudé, dont les deux branches sont appliquées l'une contre l'autre.

La Figure 3 représente un ver éphémere de ceux qui habitent

habitent les trous des figures précédentes, un peu plus petit qu'il ne l'est quand il se transforme en nymphe.

Dans les Figures 4 & 5, le ver de la figure 3 est très-grossi; il est vû par-dessus dans l'une, & de côté dans l'autre. *a, a,* fig. 4, les antennes. *c, c,* les deux grands crochets qu'il porte en-devant de la tête. *i, i,* les yeux. *o s, o s,* la suite des ouïes qui sont couchées sur le dos; les bouts de celles d'un côté rencontrent les bouts de celles de l'autre côté, & se dirigent vers la queuë, comme on le voit sur-tout dans la figure 5. *f, e, f,* les trois filets qui font la queuë de ce ver.

La Figure 6 fait voir une portion d'un des filets *f,* figures 4 & 5, très-grossie. *f g,* tige du filet. *p p, p p,* poils qui bordent la tige.

La Figure 7 montre en grand & par-dessous, la tête du ver de la figure 3. *c, c,* les deux grands crochets. Quatre piéces dont les deux extérieures sont marquées *b, b,* & dont les deux intérieures se réunissent en *d,* sont ensemble équivalentes aux lévres inférieures de plusieurs insectes, à celles qui sont divisées en trois portions, dont chacune se peut mouvoir séparément. Le corps qui paroît entre les deux piéces *d,* est probablement analogue à la langue.

La Figure 8 représente plus en grand & détachée, une des piéces *d* de la figure 7. en *a* elle a une articulation, & elle se termine par un crochet écailleux *c.*

La Figure 9 nous montre une des piéces *b* de la figure 7, plus grande que dans cette derniére figure, & la fait voir de côté. *c,* crochet qui la termine.

Dans la Figure 10 une des ouïes du ver de la figure 3, est représentée très-grossie. *t o o s s l i i t,* une des lames dont cette ouïe est composée, & la plus grande. *n e e k f n,* l'autre lame de cette ouïe. *t l,* vaisseau qui va tout du long de la grande lame. *o, o,* quelques-uns des frangeons ou longs mammelons, qu'on a écartés les uns des autres à dessein; en *f f* les frangeons sont plus pressés les uns contre les autres. Sur le côté concave les mammelons *i, i,* &c. sont plus longs & plus écartés les uns des autres. L'autre lame a une structure assés semblable à celle de la précédente. *n k,* le vaisseau qui la partage en deux. *f,* la frange de son côté convexe. *e, e, e,* &c. les mammelons oblongs de son côté concave.

PLANCHE XLIII.

La Figure 1 représente très-grossie une nymphe d'éphémère, dont le ver est représenté dans les figures 3, 4 & 5 de la planche 42. La différence la plus remarquable qu'offre la nouvelle figure, consiste dans les deux fourreaux d'aîles *m, m,* qui se trouvent sur le corps de la nymphe, & qu'on ne voit pas sur celui du ver. *a, a,* les antennes. *c, c,* deux grands crochets. *i, i,* les yeux. *g g, k k, l l,* les trois paires de jambes. *o s, o s,* les deux rangées d'ouïes. *f, e, f,* les filets qui composent la queuë.

La Figure 2 est celle d'une jambe de la premiére paire, plus grossie que dans la figure premiére.

La Figure 3 est celle d'une jambe de la seconde paire.

La Figure 4 est celle d'une jambe de la troisiéme paire.

La Figure 5 montre plus en grand un des crochets *c* de la figure premiére, dans la même vûë, mais en entier. *c,* le crochet; la tige qui le porte, a deux rangs d'épines sur sa face supérieure: on voit aussi que d'un côté cette tige est bordée de poils; mais la piéce la plus singuliére qui tienne à cette tige, est une espece de molette d'éperon *e r,* qui se trouve à la hauteur de la bouche. Les dents de cette molette semblent devoir être celles de l'insecte.

La Figure 6 fait voir seulement la partie supérieure du

crochet de la figure 5; tout ce qui étoit dans celle-ci au-dessous du milieu de la molette d'éperon a été emporté, au moyen de quoi la molette *e r* paroît presqu'en entier dans la figure 6.

Dans la Figure 7 le crochet des figures précédentes est vû plus grossi & par sa face intérieure, qui par embas est un peu inclinée. La molette d'éperon ne paroît pas, & ne doit pas paroître dans cette figure: le bord intérieur a de grosses & courtes dents; quelques gros poils *p, p,* partent de ce même bord.

La Figure 8 représente la partie antérieure d'une nymphe, transformée plus nouvellement que celle de la figure premiére; dans celle-ci on ne voit que les deux fourreaux des grandes aîles, & dans la figure 8 on voit quatre fourreaux d'aîles; ceux des deux grandes *m, m,* & ceux des deux petites *l, l.*

La Figure 9 représente le corcelet d'une nymphe dont la transformation étoit aussi ancienne que celle de la nymphe de la figure premiére. *m,* un fourreau d'une grande aîle dans sa position naturelle. *n,* le fourreau de l'autre grande aîle, qui a été relevé pour mettre à découvert le fourreau *l* d'une petite aîle qu'il couvroit auparavant, comme le fourreau *m* couvre actuellement le fourreau de l'autre petite aîle.

La Figure 10 est très en grand celle de la partie antérieure d'une mouche éphémere venuë d'une nymphe telle que celle de la fig. premiére. On la voit de côté ayant les aîles relevées, parce qu'on s'y est sur-tout proposé de mettre en vûë les deux grands stigmates *s, s. y,* un des yeux à rézeau.

La Figure 11 montre très en grand & par-dessous, la partie antérieure de la mouche éphémere vûë de côté dans la fig. 10, à qui on a ôté les aîles. *a, a,* les antennes. *y, y,* les yeux à rézeau. *i*, un des petits yeux, ou de ceux qui ont un chatton. *u*, endroit où devroit être la bouche, & d'où on ne fait sortir qu'une vessie. Au-dessous on voit quatre languettes charnuës, dirigées vers la partie postérieure.

PLANCHE XLIV.

La Figure 1 représente une éphémere *e* de celles qui viennent des nymphes & des vers gravés dans les planches précédentes, vûë dans un moment où elle s'est tirée en grande partie de son fourreau *f*; elle est ici un peu plus grande que nature.

Dans la Figure 2 une éphémere *e* qui n'a qu'à peu-près sa grandeur naturelle, paroît presqu'entiérement hors de son fourreau *f*; elle n'a plus à en dégager que les filets de sa queuë.

La Figure 3 est celle d'une éphémere mâle, & la fig. 4 celle d'une éphémere fémelle; celle-ci, un peu plus grande que l'autre, a une queuë composée de trois filets égaux *f, e, f*, plus longs qu'ils ne sont dans la figure; & l'autre n'a que deux longs filets *f, f*, & un très-court *e*.

La Figure 5 représente l'éphémere de la figure 4 très-grossie. *a, a*, ses antennes. *i, i, i*, ses trois yeux lissés, dont chacun est monté dans une espece de chatton. *y, y*, les yeux à rézeau. *g, g*, les deux jambes de la premiére paire. *k, k*, les deux jambes de la seconde paire. *l, l*, les deux aîles supérieures. *n, n*, les deux aîles inférieures. Les trois filets de la queuë ont été coupés en *f, e, f*; il auroit fallu trop de place pour leur donner une longueur proportionnée à celle des autres parties.

La Figure 6 montre une éphémere qui a fait sortir ses deux grappes d'œufs *o, o* de son corps, auquel elles ne tiennent plus chacune que par leur extrémité.

La Figure 7 eſt celle d'une grappe d'œufs de grandeur naturelle.

Dans la Figure 8 la grappe d'œufs de la figure 7 eſt aſſés groſſie pour faire voir qu'elle eſt compoſée d'un très-grand nombre d'œufs collés les uns contre les autres.

La Fig. 9 repréſente en grand la partie poſtérieure d'une éphémere qui a commencé à faire ſortir de ſon corps ſes deux grappes d'œufs. Alors la partie poſtérieure du corps *q r*, fait preſqu'un angle droit avec la partie *r ſ*, qui la précede.

La Figure 10 fait voir encore la partie poſtérieure du corps d'une éphémere *q r*, qui fait un angle avec celle *r ſ*, qui la précede; mais elle la repréſente dans un moment où les deux grappes d'œufs ſont tombées. *u, u*, deux veſſies pleines d'air qui paroiſſent en la place des grappes.

La Figure 11 repréſente la partie poſtérieure d'une éphémere mâle, ou de celle de la figure 3 vûë par-deſſous, & très-groſſie. *a, a, b, b*, quatre appendices charnuës qu'on ne trouve point à la fémelle, & analogues aux parties au moyen deſquelles les mâles de divers inſectes ſaiſiſſent leur fémelle. *f, f*, les deux grands filets de la queuë qui ici n'ont qu'une partie de leur longueur. *e*, le court filet qui a toute la ſienne.

PLANCHE XLV.

La Figure 1 repréſente groſſie, une nymphe d'éphémere dont la véritable grandeur ne ſurpaſſe guéres celle de la nymphe de la planche 46, figure 15; elle eſt d'une eſpece qu'on trouve communément dans différentes eaux, & qui tient les oüies *o, o, o, o, o, o, o*, élevées au-deſſus de ſon corps. *q f g, q e g, q f g*, les trois filets de la queuë. Les extrémités *f g, e g, f g*, de tous les trois ſont raſées. La partie *q e* de celui du milieu a des poils de deux côtés; & la partie *q f* de chacun des deux autres n'a des poils qu'à ſon côté intérieur. *m,* fourreaux des grandes aîles. J'ai eu dans des bacquets pleins d'eau pluſieurs de ces nymphes, qui m'ont donné dans le mois de Mai des éphémeres dont les aîles, quoique tranſparentes, ſont brunes.

La Figure 2 montre une des ouïes *o* de la figure précédente, telle qu'elle paroît vûë au microſcope. *t,* tronc par lequel elle tenoit au corps, & auquel ſe rendent des trachées. *r, r, r, f,* différentes branches qui partent du tronc *t,* & qui ſe ramifient. *e,* échancrûre. Quand cette ouïe eſt portée par l'inſecte, elle eſt pliée en deux parties inégales; le pli qui ramene une partie vers l'autre partie, paſſe par l'échancrûre *e,* alors la portion *e f t* ſe trouve ſur la portion *e r r r t.*

Dans la Figure 3 on voit encore l'ouïe de la figure 2, mais moins grande, & pliée en deux comme elle l'eſt lorſqu'elle tient au corps de l'inſecte. *t,* la tige. *e,* l'échancrûre par laquelle paſſe le pli qui rapproche les bords de la portion *e f t,* des bords de la portion *e r r r t.*

La Figure 4 nous fait voir la nymphe de la figure 1 dans une autre poſition, & ayant ſes ouïes *o, o, o, o, o, o, o,* abbaiſſées. On y peut auſſi remarquer que les fourreaux *m, m* des grandes aîles, ſemblent avoir des fibres que n'ont pas ceux de la figure premiére; ces fibres appartiennent à l'aîle que le fourreau couvre, & on ne les apperçoit que quand le temps de la métamorphoſe approche.

La Figure 5 eſt en très-grand celle du filet du milieu de la queuë de la nymphe des figures 1 & 4. *q f, q f,* frange de poils qui la borde de deux côtés. *f g,* la partie qui eſt raſe; cette grandeur permet de voir qu'elle eſt, comme le reſte, composée d'eſpeces de vertébres ou d'anneaux, mais beaucoup plus courts.

La Figure 6 montre une portion d'un des filets extérieurs *q f* de la queuë, figures 1 & 4, groſſie au microſcope. *f f,* frange de poils qui borde le côté intérieur. *l l,* le côté extérieur qui est lissé.

La Figure 7 donne une image, mais très-imparfaite, des cercles que différentes files d'éphémeres formoient autour d'une lumiére dans les heures de la nuit où il pleuvoit de ces insectes sur la Marne: le nombre de ces cercles étoit beaucoup plus grand qu'il ne l'est ici.

La Figure 8 fait voir une portion d'une trachée d'éphémere, grossie au microscope; sa surface a de petites cannelûres comme en doit avoir celle d'un fil qui couvre entiérement la surface d'un tuyau, autour duquel il est roulé.

La Figure 9 est encore celle d'une portion de trachée plus courte que la précédente, mais qui n'est pas moins grossie. *f e c,* fil qui a été dévidé de cette trachée. *a a d c,* portion de tuyau qui a été mise à découvert lorsque le fil *f e c,* a été dévidé de dessus le tuyau. Je n'ai pas toûjours trouvé cette portion d'un tuyau membraneux : il est assés naturel cependant de croire qu'il y a toûjours une espece de tuyau qui recouvre les parois intérieures de celui qui est fait d'un fil roulé, car les tours de ce dernier, pour être maintenus les uns contre les autres, paroissent avoir besoin d'être attachés sur un tuyau membraneux; une membrane doit, ce semble, tapisser la cavité, mais elle est si fine qu'elle est ordinairement déchirée & mise en piéces lorsqu'on dévide le fil.

La Figure 10 montre dans sa grandeur naturelle un cordon d'œufs que des éphémeres d'une assés petite espece font sortir de leur corps, pendant qu'elles voltigent au-dessus de l'eau. Sur le soir d'un des derniers jours de Juillet 1740, M. Guettard vit l'air tout rempli de ces éphémeres au-dessus du grand bassin des Thuilleries, & il en remarqua beaucoup du derriére desquelles pendoit un cordon; il prit & m'apporta plusieurs de ces cordons; il m'apporta aussi des éphémeres, mais qui avoient été trop maltraitées par la main qui les avoit saisies en l'air, pour être en état d'être dessinées.

La Figure 11 représente en grand une petite portion du cordon de la figure 10; & la fig. 12 représente une beaucoup plus pètite portion du même cordon, mais beaucoup plus en grand : l'une & l'autre font voir qu'il est composé d'œufs, & montrent en même temps la figure & l'arrangement régulier de ces œufs.

PLANCHE XLVI.

La Figure 1 représente une nymphe d'éphémere de grandeur naturelle, qui est représentée grossie dans la fig. 2; cette nymphe est d'une espece commune dans la riviere des Gobelins & en beaucoup d'autres eaux; elle porte ses ouïes en rames de galere, ou paralleles au plan de position. *o, o, o, o, o, o,* figure 2, les six ouïes de chaque côté. *f, f,* les fourreaux des deux grandes aîles. *a, a;* les antennes. *i, i,* les yeux : l'arrangement des taches qu'elle a sur le corps, est sensible dans la figure 2, & ne peut être vû dans la figure premiére.

La Figure 3 est celle de la tête de la nymphe précédente, extrêmement grossie & vûë par-dessus. *i, i,* les yeux. *a, a,* les antennes coupées en *a. l,* lévre supérieure. *d, d,* les deux grandes dents qu'on a forcées à se porter en avant.

Les Figures 4 & 5 font voir par-dessous, la tête qui paroît en-dessus figure 3. *l,* la lévre supérieure. *d, d,* les deux grandes dents. *e, e,* deux dents plus petites. *m,* mammelon charnu & hémisphérique, que je regarde comme la langue. Souvent il a une espece d'entaille ou de coulisse qui semble le diviser en deux parties égales, figure 4, & qui

qui feroit croire qu'il y a deux parties charnuës, où il ne s'en trouve cependant qu'une, si dans d'autres temps la coulisse ne paroissoit pas effacée comme elle l'est dans la figure 5. *i, i,* les yeux.

Dans la Figure 6 une des ouïes *o* des figures 1 & 2 est représentée vûë au microscope. *t,* le tronc auquel des trachées se rendent. *t b, t c,* deux tiges à peu près égales qui partent du tronc *t,* mais dont l'une a été coupée en *c. f, f, g,* branches ou barbes, dont les unes partent d'un côté & les autres de l'autre côté de la tige *b t. h,* barbes qui partent de la tige *t c.* Dans l'angle *c t b,* les barbes d'une des tiges croisent celles de l'autre tige.

La Figure 7 est celle d'une portion d'une tige *t b,* ou *t c* de la figure précédente, vûë à un microscope qui grossit très-considérablement. *c t* la portion de tige. *u u* deux vaisseaux qui sont logés dans l'intérieur un plus grand, & qui paroissent être des vaisseaux à air. Cette fig. fait voir que chaque branche ou barbe *f f* est de même un vaisseau dans lequel sont logés deux vaisseaux plus petits, qui doivent aussi être regardés comme des vaisseaux à air.

La Figure 8 montre l'éphémere *e* de la nymphe de la figure premiére, dans le moment où elle acheve de se tirer de son fourreau *f.*

La Figure 9 représente en grand une éphémere telle que celle de la figure 8, ou une autre qui, après être devenuë mouche & avoir volé, avoit encore à quitter une dépouille complette, mais qu'elle laisse sans changer de forme. Ici l'éphémere a presque fini cette derniére opération. *a, a,* ses aîles qui se sont déja tirées en grande partie de leurs fourreaux *m, m.* En *o p* & en *q o* paroissent encore deux portions des aîles *a* qui sont plissées & prêtes à sortir par les ouvertures *o, o. f,* la dépouille dont le reste est caché sous le corps de l'éphémere. Cette éphémere eſt de celles qui ont quatre yeux à rézeau; outre les deux ordinaires *y, y,* elles en ont encore deux plus ſaillants *i, i.*

La Figure 10 eſt celle d'une petite nymphe d'éphémere, dont j'ai eu un grand nombre dans les cloches & les bacquets où je conſervois d'autres inſectes aquatiques.

Dans la Figure 11 la nymphe de la figure 10 eſt extrêmement groſſie.

La Figure 12 repréſente la dépouille laiſſée par l'éphémere qui étoit la nymphe de la figure 10, autant groſſie que l'eſt cette derniére nymphe dans la figure 11. *c f, c f,* les deux bords de la fente faite au-deſſous du corcelet. *t i, t i,* les deux bords de la fente faite au-deſſous de la tête. C'eſt au moyen de fentes pareilles, faites à ſon fourreau, que toute éphémere ſe trouve en état de s'en tirer.

La Figure 13 fait voir dans ſa grandeur naturelle l'éphémere qui a été la nymphe de la figure 10; ſes aîles ſont de couleur citron; je n'ai pu lui trouver les deux petites.

Dans la Figure 14 l'éphémere de la figure 13 eſt repréſentée beaucoup plus grande que nature, ayant ſes aîles ſur ſon dos, comme les y tiennent toutes les éphémeres qui ſe préparent à quitter leur derniére dépouille.

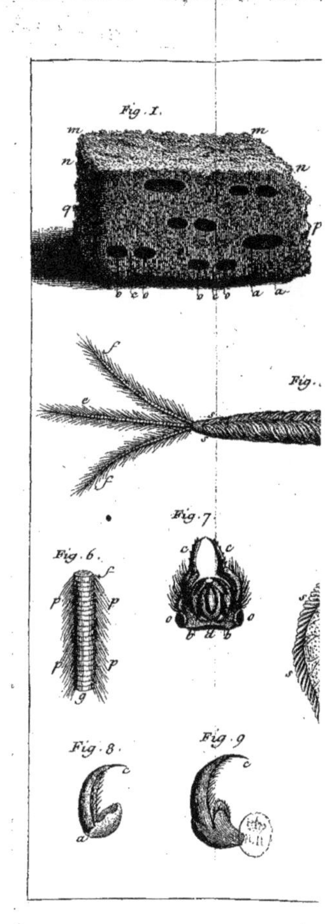
Fig. I.
Fig. 6.
Fig. 7
Fig. 8.
Fig. 9

Fig. 4.
Fig. 3.
Fig. 8.
Fig. 7.
Fig. 10.

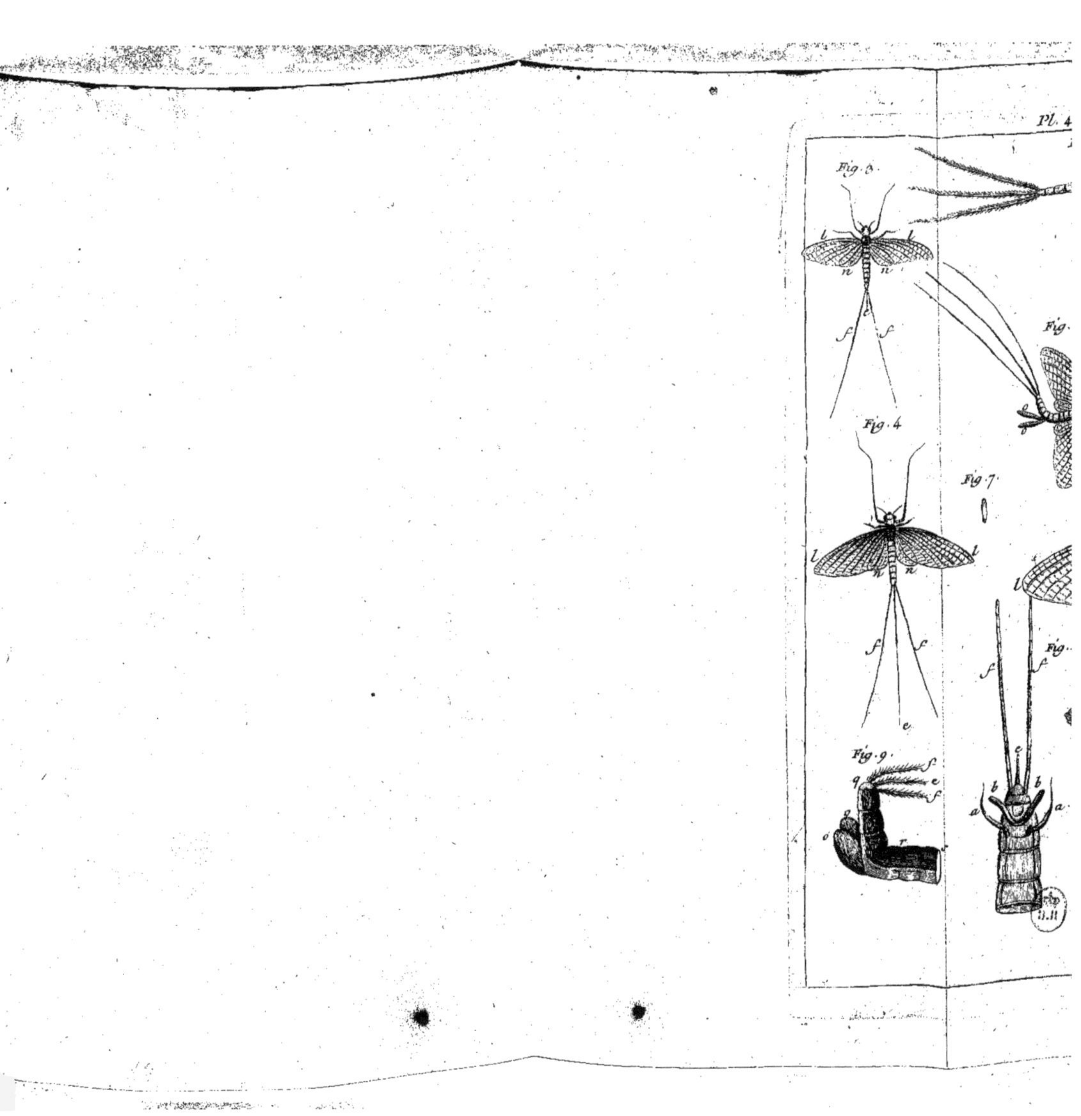
Pl. 4
Fig. 3.
Fig. 4
Fig. 7.
Fig. 9.

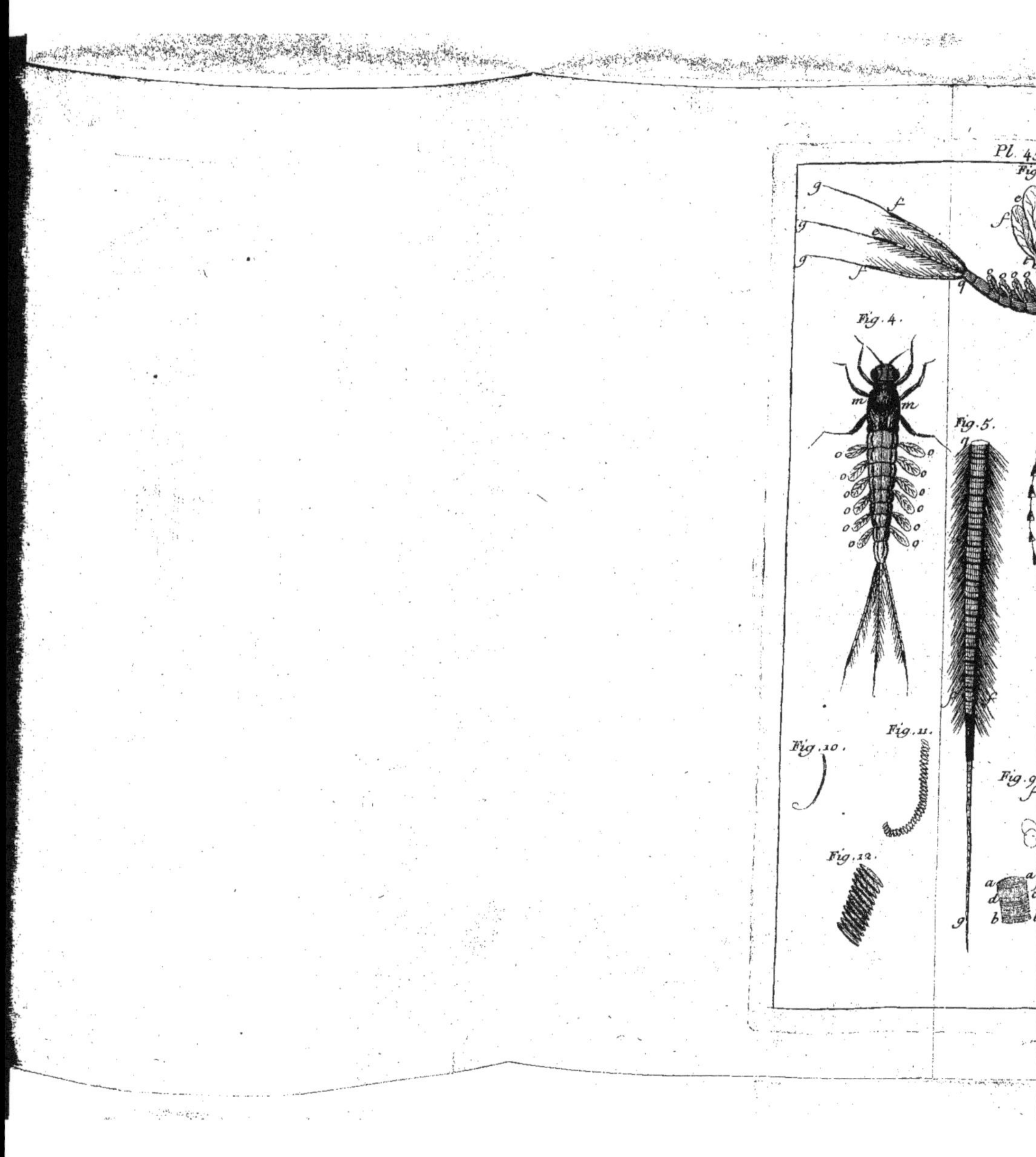
Pl. 45
Fig. 4.
Fig. 5.
Fig. 10.
Fig. 11.
Fig. 12.

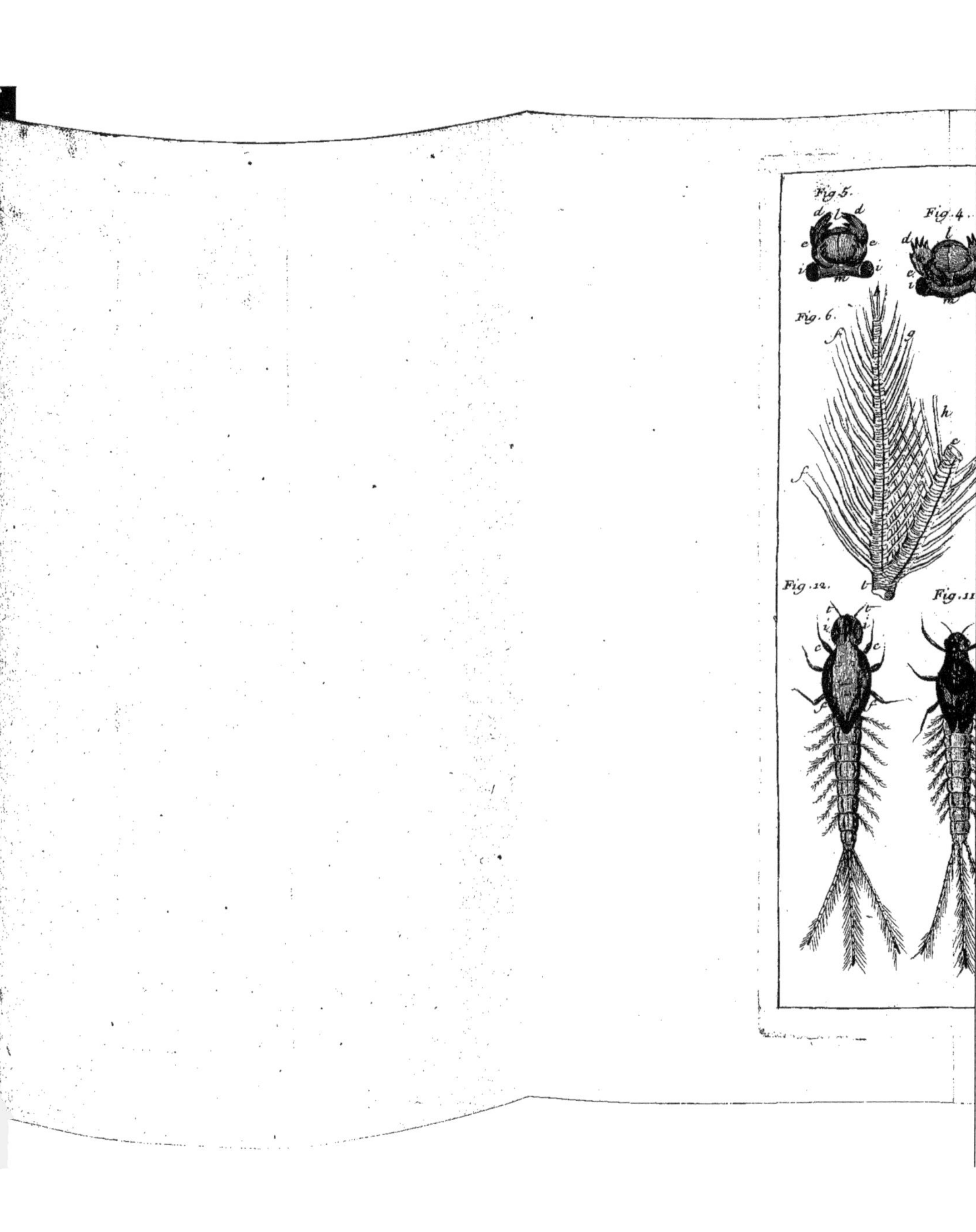
Fig.5.
Fig.4.
Fig.6.
Fig.12.
Fig.11

TREIZIEME MEMOIRE.

ADDITION A L'HISTOIRE DES PUCERONS,

DONNÉE DANS LE TROISIEME VOLUME *,

* 3e Mém.

Sur la maniére dont ils se multiplient.

PARMI les pucerons qui naissent d'une même mere, il y en a qui ne parviennent jamais à avoir des aîles, & d'autres qui, après leur derniére transformation, en ont quatre fort grandes, par rapport à la grandeur de leur petit corps. Ceux-ci appartiennent incontestablement à la classe des mouches à quatre aîles, à laquelle on ne sçauroit s'empêcher d'accorder aussi les pucerons dépourvûs d'aîles; comme on a été forcé de mettre dans celle des papillons, des fémelles de plusieurs especes *, à qui les aîles manquent, pendant que leurs mâles en ont d'amples & de belles. Quelqu'accoûtumés que nous soyons à ne donner le nom de mouche qu'à des insectes aîlés, nous devons en reconnoître de non aîlés pour de véritables mouches, & les pucerons nous font voir de ceux-ci en grand nombre. L'histoire des pucerons est par conséquent une partie de l'histoire générale des mouches à quatre aîles, & elle eût été naturellement placée dans ce sixiéme volume, si nous n'eussions été déterminés à la faire paroître d'avance dans le troisiéme, parce qu'elle fournit des faits propres à répandre un grand jour sur la formation des galles, dont il s'agit dans le dernier des Mémoires du volume qui vient d'être cité.

* Tom. 2, Mém. 9.

L'hiſtoire des pucerons que nous avons publiée alors, apprend quels ſont les caractéres propres à ces petits inſectes qu'on ne trouve que trop aiſément, & en trop grande quantité ſur les plantes, ſur les arbuſtes & ſur les arbres, ſoit de nos jardins, ſoit de la campagne; elle donne une idée du prodigieux nombre de leurs eſpeces, qui ne ſont pas ſeulement répanduës ſur les parties des végétaux qui s'élevent au-deſſus de la ſurface de la terre, mais dont pluſieurs ſe tiennent conſtamment attachées à leurs racines; & elle raconte les ſingularités les plus remarquables que ceux de pluſieurs eſpeces nous ont offertes; mais un article de leur vie, le plus important de tous, & ſur lequel nous n'étions pas en état de prononcer alors déciſivement, demande que nous revenions à eux. Nous avons bien prouvé qu'ils ſont vivipares, que les aîlés & non aîlés le ſont: nous avons expliqué comment ils parviennent à mettre leurs petits au jour; mais nous n'avons rien dit d'aſſés poſitif par rapport à la maniére dont leur fécondation eſt opérée. Ce point ſur lequel nous ſommes plus inſtruits à préſent, eſt peut-être la plus grande ſingularité que l'hiſtoire naturelle nous ait fait voir juſqu'ici, une ſingularité intéreſſante pour les phyſiciens, & même pour les métaphyſiciens, & très-propre à juſtifier l'emploi du temps paſſé à obſerver les plus petits inſectes.

On ne ſe ſeroit pas attendu que l'étude des pucerons eût dû nous apprendre, comme elle va le faire, à être réſervés à prononcer ſur la généralité des loix de la nature. S'il y en a quelqu'une qui ait paru n'être ſujette à aucune exception, c'eſt celle qui veut que deux animaux de chaque eſpece, ſoient obligés de concourir pour donner naiſſance à de nouveaux individus de leur eſpece. L'univerſalité de cette loi a été confirmée par les obſervations faites juſqu'à préſent, tant ſur les plus grands que sur les plus petits animaux. Il est vrai qu'après avoir trouvé pendant long temps parmi les uns & les autres des mâles & des femelles, depuis qu'on a mieux étudié les insectes que ne l'avoient fait les Anciens, on a reconnu que tous les individus de quelques-unes de leurs especes, réunissoient en eux les deux sexes; que les limaces, que les limaçons, que les vers de terre &c. étoient mâles & femelles en même temps. Mais la généralité de la loi qui exige pour la génération le concours de deux individus de la même espece, n'en a dû paroître que mieux établie, & plus nécessaire, puisqu'on a vû que des animaux qui sembloient être faits pour se soustraire à cette loi, y étoient cependant soûmis; car on a pu s'assûrer qu'un limaçon, quoique mâle & femelle, & qu'un ver de terre en qui se trouve de même ce qui constituë les deux sexes, n'étoient en état de mettre au jour des œufs féconds, qu'après que l'un s'étoit uni avec un second limaçon, & l'autre avec un second ver de terre. En un mot il n'a pas été accordé à ces animaux de se féconder eux-mêmes: des faits sans nombre ont donc confirmé une régle qui jusqu'à nos jours n'avoit paru démentie par aucun fait assés positif.

D'habiles observateurs, Leuwenhoeck & Cestoni, ont pourtant osé avancer que chaque puceron se suffisoit à lui-même; que sans s'être joint à un autre puceron, il mettoit au jour des petits qui lui devenoient semblables. Après avoir observé des pucerons à différentes heures du jour, & peut-être pendant la nuit, ils n'avoient jamais pu parvenir à en voir d'accouplés; & de-là ils ont cru être en droit de conclurre qu'ils ne s'accouploient pas. Il est vrai qu'il sembloit difficile que des insectes qui se tiennent assés tranquilles sur des feuilles où ils sont souvent à découvert, eussent pu cacher leurs accouplements à des yeux éclairés qui avoient cherché à les voir. Il faut pourtant avouer que cette preuve étoit trop légere pour établir une exception à une régle d'une généralité si reconnuë. Ce n'étoit pas assés de n'avoir jamais vû deux pucerons joints ensemble dans les circonstances où on avoit cherché à les surprendre dans cet état, il eût fallu prouver qu'il n'y a aucune circonstance où ils le soient. On pouvoit soupçonner qu'il n'y avoit que certains temps, que certaines heures, ou peut-être certains moments de la nuit qui fussent favorables à une opération si importante; on la pouvoit supposer d'une durée si courte qu'elle ne laissoit pas à l'observateur le temps nécessaire pour l'appercevoir. Enfin les pucerons sont appliqués les uns contre les autres, ils s'entre-touchent par des parties différentes, ils marchent en certains temps, & passent les uns sur les autres; on pouvoit soupçonner qu'alors les occasions de se rendre réciproquement féconds, ne leur manquoient pas. Or des soupçons suffisent pour empêcher d'accorder une proposition qui met une exception à l'ordre général: une telle proposition demande à être démontrée dans la plus grande rigueur. Enfin, s'il en étoit besoin, M. Cestoni nous fourniroit lui-même un exemple, & dans un cas précisément pareil à celui dont il s'agit actuellement, propre à apprendre à se tenir en garde contre des preuves négatives de la généralité desquelles on peut rarement être assés certain. Sur ce qu'il n'avoit jamais vû de gallinsectes accouplées, il a prétendu qu'elles étoient des hermaphrodites de la plus singuliére espece; que chacune avoit tout ce qui lui falloit pour devenir féconde sans aucun secours étranger. L'immobilité parfaite dans laquelle elles passent la plus grande & la derniére partie de leur vie, étoit très-favorable à ce sentiment. J'ai pourtant prouvé ailleurs * que ces gallinsectes si immobiles ont des mâles beaucoup plus petits qu'elles ne sont, & très-agiles, qui les viennent chercher, & qui se joignent à elles.

* *Tome 4, Mém. 1. p. 28 & suiv.*

Il y a des accouplements d'insectes, qui quoique réels, ne peuvent être apperçûs : tels sont ceux des reines des abeilles, qui commencent & s'accomplissent dans des lieux impénétrables à nos regards. Il y en a d'autres qui n'ont pas encore été observés, parce qu'on a ignoré les seules circonstances dans lesquelles ils peuvent être vûs. Quoique ceux des fourmis se fassent dans des endroits très-éclairés, je ne sçache pas qu'ils ayent été vûs encore par d'autres que ceux à qui j'ai appris à les voir.

Des faits que les pucerons m'avoient permis de bien observer, m'avoient au moins convaincu que l'Auteur de la Nature les avoit exceptés d'une loi qui avoit paru générale pour tous les insectes dont la condition est de passer par plusieurs métamorphoses, & qui a été donnée pour telle par Swammerdam. Cette loi veut que ce ne soit qu'après la derniére de leurs transformations, que les fémelles deviennent fécondes. Une chenille, par exemple, ne s'accouple point avec une autre chenille ; ce sont les papillons mâles qui s'accouplent avec les papillons fémelles, après quoi celles-ci pondent des œufs, d'où éclosent des chenilles. J'eus lieu de croire que les pucerons n'étoient pas soûmis à cette loi, sur ce qu'ayant ouvert le corps de plusieurs de ces insectes qui n'avoient pas subi leur derniére métamorphose, j'y trouvai des fœtus bien formés, & que je devois juger être vivants. Il m'a été facile de porter jusqu'à la démonstration, une conjecture plus que vraisemblable. J'ai renfermé un puceron qui devoit devenir aîlé, mais dont les aîles étoient cachées & pliées sous la dépouille dont il lui restoit à se défaire, j'ai dis-je, renfermé ce puceron dans un vase de verre où il ne pouvoit avoir de communication avec puceron quelconque : il lui étoit impossible d'en sortir, & il l'étoit à tout autre de s'y introduire. Ce puceron mis dans une solitude qui ne pouvoit être troublée, s'eſt métamorphoſé; il y eſt devenu aîlé, & n'a pas tardé enſuite à donner des petits vivants. Cette expérience qui a été répétée pluſieurs fois avec le même ſuccès, a donc prouvé inconteſtablement que les pucerons, pour devenir féconds, n'ont pas beſoin de s'accoupler avec d'autres pucerons après leur derniére métamorphoſe, & que s'il y a entr'eux des accouplements néceſſaires, ils la précedent.

En quel temps donc de leur vie les pucerons ſont-ils fécondés, dès que celui où ils doivent l'être, n'eſt pas le temps preſcrit aux autres inſectes ! Dans l'embarras où l'on étoit de ſçavoir à quel terme d'accroiſſement ils en étoient, lorſque les embryons pouvoient commencer à ſe développer dans leurs corps, on étoit conduit à ſoupçonner que non ſeulement ils avoient été ſouſtraits à la régle qui a fixé pour les autres inſectes le temps de l'accouplement après leur derniére transformation, qu'ils l'avoient même été à celle qui demande que tout animal connu juſqu'ici, ne puiſſe contribuer à la multiplication de ſon eſpece, ſans le ſecours d'un autre animal de cette eſpece. Enfin il étoit aſſés naturel de ſoupçonner que le puceron qui vient de naître, n'a pas beſoin d'être fécondé, qu'il ne lui reſte qu'à finir ſon croît, pour devenir en état de mettre au jour des petits. Au moins paroiſſoit-il qu'on pouvoit s'aſſûrer ſi une idée ſi étrange, mais non dénuée de probabilité, étoit vraye ou fauſſe, & cela par le moyen d'une expérience ſemblable à celle qui m'avoit appris que les pucerons n'avoient aucun beſoin de s'accoupler après leur derniére métamorphoſe, pour être en état de faire des petits. Tout ce que la nouvelle expérience demandoit de plus, c'étoit qu'on la commençât de meilleure heure. Il s'agiſſoit d'être attentif au moment où un puceron ſortiroit du corps de ſa mere, moment qui n'eſt pas difficile à trouver, à trouver, de saisir le puceron dès qu'il seroit né, de le séparer des autres, & de le renfermer dans un lieu où rien ne lui manqueroit de nécessaire à sa vie, mais où il ne lui seroit pas possible d'avoir de commerce avec aucun puceron, soit de son espece, soit d'espece quelconque.

J'ai rapporté dans le Tome 3 *, les tentatives que j'avois faites pour élever dans une parfaite solitude des pucerons du chou, dont chacun dans le moment même de sa naissance, avoit été séparé de sa mere, & de tous ses semblables. Divers accidents firent périr les uns plûtôt, & les autres plus tard; aucun d'eux ne parvint à l'âge où je le voulois voir arriver, à celui où ils n'ont plus de dépouille à quitter; mais j'ai eu lieu de croire, & j'en ai averti, qu'on parviendroit à élever jusqu'à cet âge des pucerons tenus dans une parfaite solitude, si on se donnoit la peine de répéter assés de fois l'expérience indiquée. J'espérai même qu'elle seroit bien-tôt tentée avec toutes les précautions & tous les soins propres à l'amener à une heureuse fin. Les insectes se sont acquis depuis quelques années des observateurs au zéle, à la sagacité & à la patience desquels rien, ce semble, ne doit échapper de ce que l'histoire de ces petits animaux peut offrir d'intéressant: ils sont toûjours disposés à diriger leur attention & leurs recherches vers le côté où il paroît rester à faire des découvertes; & je leur dois en mon particulier beaucoup de reconnoissance de ce qu'ils veulent bien me communiquer les nouveautés qui ont récompensé leurs travaux. Je pouvois donc me promettre que la seule annonce de l'expérience sur les pucerons, mettroit de bons ouvriers en œuvre. Il n'en eût pas fallu davantage pour engager M. Bonnet de Geneve, à la suivre; je l'y exhortai cependant encore dans une de mes lettres, en réponse à une des siennes, où il m'avoit obligeamment demandé de lui marquer les recherches dans lesquelles j'aimerois

* Page 229.

le mieux qu'il m'aidât. C'est à lui qu'étoit réservé le plaisir de voir réussir le premier une expérience très-importante : il s'en étoit rendu bien digne par les soins assidus & la scrupuleuse exactitude qu'il avoit apportés à la bien faire.

Il se détermina à prendre pour cette curieuse expérience, un puceron du fusain, dont une mere accoucha sous ses yeux le 20 Mai 1740, à 5 heures du soir ; car l'heure de la naissance d'un insecte qui alloit devenir précieux, ne nous est pas indifférente ; ne mériteroit-elle point que les faiseurs d'horoscope examinassent le concours des Astres qui y avoient présidé ! Leurs influences ont sans doute autant de pouvoir sur le sort des insectes, que sur celui des hommes. A peine le puceron étoit-il né, que M. Bonnet détacha une petite branche de l'arbuste sur lequel il se trouvoit ; il ne laissa à cette branche que cinq à six feuilles, qu'il examina de tous côtés avec la plus grande attention. Après s'être bien assûré qu'aucun puceron n'y étoit attaché, ni à la tige, il fit passer celui qui venoit de naître, sur une de ces feuilles. On a vû ailleurs que les pucerons ont une trompe qu'ils tiennent le plus souvent picquée dans les plantes, & avec laquelle ils pompent le suc dont ils se nourrissent. Pour mettre le nouveau né en état de vivre & de croître, il étoit donc essentiel de conserver les feuilles qui lui avoient été données, fraîches & succulentes ; c'est dans cette vûë que M. Bonnet fit entrer la tige qui les portoit dans une bouteille pleine d'eau, en-dehors de laquelle les feuilles resterent. Après avoir pourvû à sa nourriture, ce qu'il y avoit de plus important, étoit de prendre des précautions sûres pour le tenir dans une parfaite solitude. Entre les différents moyens de le faire, celui dont se servit M. Bonnet, est un des meilleurs : dans un vase de terre cuite * rempli de terre ordinaire, il enfonça la bouteille

* Pl. 47. fig. 1.

de verre* jusqu'auprès de son col* où elle se trouva bien soûtenuë & bien assujettie: il ne s'agissoit plus que de fermer toute entrée aux pucerons à qui il auroit pu prendre envie de venir rendre visite à celui qui étoit sur une des feuilles. Bien-tôt on s'assûra que ce dernier passeroit sa vie dans une parfaite solitude, en le couvrant d'un vase de verre*, comme on couvre les laituës d'une cloche: on eut grand soin d'appliquer exactement les bords de ce vase, beaucoup plus petit qu'une cloche, contre la terre: on imagine de reste qu'il étoit facile d'empêcher qu'il ne restât aucun vuide entre la terre & eux. Quand le puceron ainsi renfermé eût été mis auprès du pied de fusain le plus peuplé d'insectes de son espece, on n'eût eu nullement à craindre que quelques-uns de ceux-ci fussent parvenus jusqu'à lui; mais M. Bonnet le mit dans un lieu où on ne pouvoit pas même soupçonner que d'autres pucerons viendroient faire des tentatives en faveur du solitaire; il le transporta dans son cabinet; or quand on connoît les inclinations de ces petits insectes, quand on sçait combien ils sont peu allants, que rien ne les porte à entrer dans nos maisons, on jugera que là il ne pouvoit s'en rendre aucun qui fist des efforts, qui d'ailleurs auroient été inutiles, pour aller trouver le prisonnier.

* Pl. 47. fig. 2.
* Fig. 3.
* Fig. 4. p.

Ce puceron devint presque l'unique objet des attentions de M. Bonnet; il ne se contentoit pas de l'observer journellement, il l'observoit à toutes les heures du jour, & souvent plusieurs fois dans la même heure: plein d'inquiétude pour ce petit insecte, il prévoyoit tout ce qui pouvoit être à craindre pour une vie qui lui étoit devenuë chére: il appréhenda que sa prison ne fût peu saine, qu'il ne se trouvât mal dans un lieu où l'air rendu trop humide par les vapeurs qui ne pouvoient s'échapper, ne se renouvelloit point: il craignit que les feuilles de la petite branche ne s'altérassent, & que devenuës jaunes, elles ne donnassent plus au puceron qu'un suc mal conditionné. Pour aller au-devant de tous les accidents dont les suites eussent pu être funestes, M. Bonnet avoit soin de mettre son puceron à découvert plusieurs fois chaque jour, de le régaler d'un air nouveau & moins humide; mais pendant tout le temps où il le faisoit jouir d'un bon air, il n'ôtoit pas les yeux de dessus lui: souvent même il l'observoit avec la loupe, pour s'instruire de ses actions les moins importantes.

Un puceron si bien soigné ne pouvoit guéres manquer de prospérer. J'ai dit ailleurs que tous ont à quitter plusieurs dépouilles, & qu'après avoir laissé la derniére, ils sont parvenus à leur dernier terme d'accroissement. Je ne me suis pas trop embarrassé de faire les observations propres à apprendre quel est le nombre de celles dont ils se défont. Le puceron de M. Bonnet en avoit quatre à quitter: il se tira pour la premiére fois d'une peau qui déja étoit devenuë vieille, le 23 Mai, sur le soir; c'est-à-dire, lorsqu'il fut âgé de trois jours. Au bout de trois autres jours, le 26 Mai, à deux heures après-midi, il se dépouilla pour la seconde fois. Il quitta une troisiéme dépouille le 29 sur les sept heures du matin, & enfin il se défit de la quatriéme & derniére le 31 vers les sept heures du soir. C'est toûjours une rude & dangereuse opération pour un insecte, que de quitter un vêtement si complet, & appliqué si exactement sur toutes les parties qu'il couvre, & auxquelles il est si uni qu'il fait corps avec elles. M. Bonnet qui sçavoit que plusieurs insectes périssent dans leurs muës, ne pouvoit être tranquille lorsque quelqu'une de celles de son puceron étoit prête d'arriver; mais la derniére le jetta dans les plus vives allarmes: dans des moments qui la précéderent de peu, il le trouva sans mouvement, ayant le corps renflé & luisant. Cette derniére circonstance étoit bien inquiétante pour quelqu'un qui sçavoit qu'il arrive quelquefois aux pucerons d'être dévorés tout vivans par un ver logé dans leur intérieur, & qu'alors leur peau en devient plus brillante. Bien-tôt pourtant M. Bonnet fut rassûré par rapport à la dangereuse maladie qu'il avoit soupçonnée à ce puceron, qui devenoit de plus en plus cher à mesure qu'il approchoit du terme où il devoit donner la solution d'une question importante. Il commença à se tirer de sa dépouille; mais ce fut d'une maniére propre à renouveller les allarmes, ce ne fut pas avec son adresse ordinaire; il se coucha sur le côté, il se renversa même ensuite sur le dos, ayant les quatre jambes en l'air: posé alors sur une feuille pendante, & presque verticale, il n'eût pas manqué de faire une chûte fatale, si le bout de son corps n'eût été encore retenu par la dépouille qui étoit bien accrochée à la feuille. Tout néanmoins se termina heureusement, il se remit sur ses jambes, & acheva de se tirer de sa derniére dépouille: il étoit alors arrivé au terme où on avoit tâché de l'amener par tant de soins, il étoit devenu un puceron parfait.

Dès le lendemain, premier Juin, M. Bonnet fut récompensé de toutes les peines qu'il avoit prises pour ce petit insecte: sur les sept heures du soir, il vit enfin avec un grand contentement, que son puceron avoit accouché. Il lui parut alors bien décidé, qu'un puceron qui depuis l'instant de sa naissance n'a eu aucun commerce avec ceux de son espece, devient en état de mettre au jour des petits vivants. Le sien continua d'accoucher journellement, & souvent plusieurs fois dans le même jour, & sous ses yeux. M. Bonnet continua à donner ses attentions à un petit animal qui avoit si bien répondu à ses souhaits: il tint un regître de naissances d'une espece dont on n'en a pas encore tenu jusqu'ici; il y marqua le jour & l'heure de celle de chaque nouveau puceron dont la mere se délivra. Depuis le 1 Juin jusqu'au 21 du même mois, elle en mit 95 au jour,

& cela dans les temps marqués dans un regître, qui par sa singularité m'a paru mériter d'être publié.

TABLE des jours & heures des Pucerons mis au jour depuis le premier Juin jusqu'au 21 du même mois inclusivement, par celui qui depuis sa naissance avoit été tenu dans une parfaite solitude.

Comme M. Bonnet ne perdoit presque pas de vûe dans la journée la Mere puceron, la plûpart des petits sont nés sous ses yeux. Ceux qui sont marqués d'une étoile*, sont les seuls qui soient venus au jour dans un temps où il ne lui avoit pas été permis de continuer ses observations.

JOURS de JUIN.	NOMBRE DES PUCERONS nés dans chaque jour.	NOMBRE DES PUCERONS nés chaque matin, & les heures de leur naissance.	NOMBRE DES PUCERONS nés chaque après-midi, & les heures de leur naissance.
1	2 Pucerons...	.... 0 P.	à $7^{h}\frac{1}{2}$.... 1 P. 9 .... 1 P.
2	10 Pucerons...	à 5^{h} .... 2 P.* 6 .... 1 P. 6 $\frac{1}{2}$.... 1 P. 7 $\frac{1}{2}$.... 1 P. 8 $\frac{1}{2}$.... 1 P. 8 $\frac{3}{4}$.... 1 P.	à midi $\frac{1}{2}$... 1 P. 1 $\frac{1}{2}$.... 1 P. 6 $\frac{1}{2}$.... 1 P.
3	7 Pucerons...	à 10^{h} .... 1 P. 11 .... 1 P.	à 3^{h} .... 1 P. 4 .... 1 P.* 4 $\frac{3}{4}$.... 1 P. 6 .... 1 P. 9 .... 1 P.
4	10 Pucerons...	à 5^{h} .... 3 P.* 6 .... 1 P. 6 $\frac{3}{4}$.... 1 P.	à $12^{h}\frac{3}{4}$.... 1 P. 1 $\frac{1}{4}$.... 1 P. 6 .... 1 P. 9 .... 2 P.*
5	8 Pucerons...	à 5^{h} .... 4 P.*	à 1^{h} .... 1 P. 2 $\frac{3}{4}$.... 1 P. 6 $\frac{1}{2}$.... 1 P. 7 .... 1 P.*
6	5 Pucerons...	à 6^{h} .... 3 P.	à midi $\frac{1}{4}$.... 1 P. 2 $\frac{1}{2}$.... 1 P.

JOURS de JUIN.	NOMBRE DES PUCERONS nés dans chaque jour.	NOMBRE DES PUCERONS nés chaque matin, & les heures de leur naissance.	NOMBRE DES PUCERONS nés chaque après-midi, & les heures de leur naissance.
7	4 Pucerons...	à 5^h .... 1 P.* 10 .... 1 P.	à 7^h .... 1 P. 10 .... 1 P.*
8	8 Pucerons...	à $5^h\frac{1}{2}$.... 2 P.* 9 .... 1 P. $9\frac{1}{2}$.... 1 P. 10 .... 1 P.	à midi $\frac{1}{2}$... 1 P. $2\frac{1}{2}$.... 1 P. vers le soir... 1 P.
9	4 Pucerons...	à $6^h\frac{1}{4}$.... 1 P.* 11 .... 1 P.	à 1^h .... 1 P. $10\frac{1}{4}$.... 1 P.*
10	3 Pucerons...	à $10^h\frac{1}{4}$.... 1 P.	à 1^h .... 1 P.* $4\frac{1}{2}$.... 1 P.
11	6 Pucerons...	à $6^h\frac{1}{2}$.... 1 P. $7\frac{3}{4}$.... 1 P. 10 .... 1 P.	à $5^h\frac{1}{2}$.... 1 P. $6\frac{1}{2}$.... 1 P. $7\frac{3}{4}$.... 1 P.
12	3 Pucerons...	à 6 .... 2 P.*	à midi $\frac{1}{4}$... 1 P.
13	1 Puceron ...	à 11^h .... 1 P.	.... 0 P.
14	4 Pucerons...	à 6^h .... 3 P.* $7\frac{3}{4}$.... 1 P.	.... 0 P.
15	5 Pucerons...	à 5^h .... 3 P.* 8 .... 1 P.*	à 10^h .... 1 P.*
16	6 Pucerons...	à 5^h .... 3 P.* $9\frac{3}{4}$.... 1 P. $10\frac{1}{2}$.... 1 P.	à 6^h .... 1 P.*
17	3 Pucerons...	à 7^h .... 1 P.	à 3^h .... 1 P. 9 .... 1 P.*
18	2 Pucerons...	à 6^h .... 1 P. 10 .... 1 P.*	.... 0 P.
19	2 Pucerons...	à 5^h .... 1 P.*	à $4^h\frac{1}{2}$.... 1 P.
20	0 Puceron...	.... 0 P.	.... 0 P.
21	2 Pucerons...	.... 0 P.	à $7^h\frac{1}{2}$.... 2 P.*
SOMME TOTALE..... 95 Pucerons.			

Peut-être que la fécondité du puceron étoit épuisée par les 95 accouchements rapportés dans cette table, qu'ils remplissoient le nombre de ceux qu'il devoit faire dans sa vie; & c'en étoit bien assés: ils avoient été plus fréquents dans les premiers jours du mois, & devinrent plus rares plusieurs jours avant le 21. M. Bonnet n'en trouva aucun à écrire sur sa liste pour le 22, le 23, le 24 & le 25. Incertain pourtant si ce puceron, après quelque repos, ne recommenceroit pas à mettre des petits au jour, il ne cessa de l'observer que le 26 à 6 heures du matin, qu'il fut obligé de quitter la campagne pour aller à Geneve: il en fut ramené dès le lendemain à cinq heures du matin, par le desir de le revoir; mais son impatience fut mal payée. Il crut avoir fait une perte considérable, quand à son retour il ne trouva plus ce puceron sur les feuilles où il l'avoit laissé, & qu'il eut fait des recherches inutiles pour découvrir où il étoit allé. Depuis plusieurs jours, depuis qu'il avoit été constaté que sans avoir eu de communication avec aucun autre insecte de son espece, il avoit commencé & continué d'accoucher, M. Bonnet ne jugea plus qu'il fût nécessaire de le tenir renfermé sous l'espece de cloche de verre dont il avoit été couvert dans les temps précédents. Il se tenoit aussi tranquille sur les feuilles qui lui avoient été accordées, que lorsqu'il étoit prisonnier; s'il marchoit, c'étoit sur la même feuille, ou pour passer de celle-ci sur une autre: il y en eut même une sur laquelle il resta constamment dans la même place pendant huit jours; mais enfin le 26 il voulut faire usage de sa liberté pour aller voir de nouveaux pays. A vrai dire néanmoins le reste des faits que sa vie eût offerts, ne pouvoit être que peu important en comparaison de celui qu'il avoit appris. N'eût-il mis au jour qu'un seul petit, sans avoir eu commerce avec aucun autre puceron, le fait essentiel étoit prouvé, qu'il y a dans la nature des animaux qui

qui naissent en état de multiplier leur espece sans avoir besoin d'être fécondés par d'autres.

Sûr du plaisir que les observations de M. Bonnet feroient à l'Académie, je tardai peu à lui lire sa lettre du 13 Juillet, dans laquelle elles étoient détaillées. Il parut à l'Académie entiére que M. Bonnet avoit porté les précautions & les soins même au-delà de ce qu'on eût osé le souhaiter : quelque convaincuë qu'elle fût qu'il n'avoit rien négligé pour éclairer toutes les démarches de son puceron, qu'il avoit été pour lui un Argus plus difficile à tromper que celui de la fable, elle jugea néantmoins qu'une seule expérience, quoique très-bien faite, ne suffisoit pas pour ôter tout doute par rapport à un fait contraire à une loi dont la généralité avoit semblé établie par le concours unanime de tous les faits vûs jusqu'alors. On n'a que trop d'exemples de circonstances qui ont échappé à des yeux clairvoyants & attentifs. L'Académie ne put donc s'empêcher de desirer que la même expérience fût répétée par M. Bonnet, autant de fois, & sur le plus de pucerons de différentes especes qu'il lui seroit possible; je fus chargé de l'en prier de sa part, & je le fis. J'ose dire même qu'un fait si étrange demandoit à être vû & attesté par différents observateurs, & j'espérai que ceux avec qui j'ai le plaisir d'être en relation, feroient tout ce qui seroit en eux pour s'assûrer de sa réalité; c'étoit une grande & intéressante nouvelle dont je ne manquai pas de les informer: je l'écrivis d'abord à Strasbourg à M. Bazin, en l'exhortant à faire une expérience que je sçavois qu'il entreprendroit volontiers. M. Trembley qui est le premier à qui l'histoire naturelle a fait voir des faits plus étonnants encore, & plus merveilleux que celui d'un animal qui se suffit à lui-même, apprit celui-ci de M. Bonnet & de moi, & il en fit part à la Haïe où il demeure, à

M. Lyonet, un des plus assidus observateurs des insectes. Ces trois Messieurs firent chacun de leur côté des expériences, & M. Bonnet réitéra les siennes pour s'assûrer que les pucerons qui ont vécu dans une parfaite solitude depuis le moment de leur naissance, sont en état de mettre des petits au jour, dès qu'ils sont arrivés à leur dernier terme d'accroissement. Ils les firent sur des especes différentes, & prirent différents moyens tous très-bons pour s'assûrer que le puceron qui avoit été séparé de sa mere dans l'instant de sa naissance, & avoit passé sa vie sans avoir de communication avec aucun autre puceron, devenoit fécond. Enfin ils ont tous fait des expériences qui ont eu le succès desiré : ils ont vû & revû des pucerons de différentes especes qui ont mis des petits au jour, sans s'être joints depuis leur naissance avec aucun insecte de leur espece, & même sans s'être trouvés proche d'aucun d'eux.

Le choix de l'espece de pucerons que M. Bazin destina à sa premiére expérience, fut heureux : il tomba sur celle qui aime les pavots, dont les petits ont fini leur croît en moins de huit jours, & souvent en sept, c'est-à-dire, en quatre jours environ de moins qu'il n'en fallut à celui du fusain, mis en expérience par M. Bonnet ; & c'est quelque chose que de ménager quatre jours aux soins & à l'impatience de l'observateur, & de les retrancher sur ceux où la vie du petit insecte est exposée à des risques. Les premiéres tentatives que je fis pour m'assûrer si ces insectes étoient féconds par eux-mêmes, m'eussent appris la vérité de ce fait, si ceux sur qui je les fis, avoient été d'une espece dont les pucerons âgés seulement de sept jours, sont en état d'accoucher ; car un des pucerons du chou, à qui j'avois interdit tout commerce avec les autres pucerons, avoit neuf jours lorsqu'il périt. Ceux du pavot méritent encore d'être préférés à beaucoup d'autres, en ce qu'ils sont de ceux qui restent volontiers & plus long-temps dans une même place. Quoiqu'en général les pucerons soient assés sédentaires, il y en a pourtant qui aiment à marcher, & les courses, même fort courtes, sont souvent funestes à ceux qui sont renfermés : plus foibles peut-être que ceux qui jouissent d'un air libre, il leur arrive assés ordinairement de tomber de dessus leur feuille, & ils ont toûjours peine à se relever de leur chûte ; s'ils tombent dans l'eau, ou seulement sur des corps rendus humides par celle qui est employée à conserver la fraîcheur aux feuilles dont ils se doivent nourrir, ils périssent immanquablement. Ce fut donc sur un puceron du pavot que M. Bazin fit sa premiére expérience. Le 29 Juillet il tint sous ses yeux, & sur une feuille de cette plante, une mere à qui il avoit déja vû faire plusieurs petits, & qui en faisoit sortir un de son corps ; dès que celui-ci fut né, dès qu'il ne tint plus au corps de la mere, il l'enleva doucement, & le mit sur une feuille de pavot qu'il avoit examinée avec soin pour s'assûrer qu'aucun autre puceron n'y étoit attaché, il plongea la queuë de cette feuille dans l'eau qui remplissoit un poudrier, une partie de la feuille étoit soûtenuë par l'eau même. Enfin il fit entrer le poudrier qui étoit de grandeur médiocre, dans un plus grand qu'il couvrit d'un papier bien ficellé autour du bord du vase. Il ne craignit point que les vapeurs trop humides nuisissent à son puceron, parce qu'il avoit vû dans les jardins de ces insectes qui avoient soûtenu pendant plusieurs jours de forts brouillards, sans avoir paru en souffrir. Le sien se trouva bien où il l'avoit mis, il resta presque toûjours dans la même place, croissant journellement, & avec tant de succès, que lorsque M. Bazin alla l'examiner le 7 Août dès le matin, il vit qu'il avoit déja accouché de sept petits pucerons.

Il a depuis réïtéré cette expérience sur d'autres pucerons du pavot, & il l'a faite sur ceux du rosier, &c. plusieurs de ces expériences lui ont réussi.

M. Trembley s'y est pris autrement que Mrs Bonnet & Bazin, pour s'assûrer que les pucerons devenoient féconds sans s'être accouplés. Ce fut sur deux de ceux du sureau qu'il fit ses premiers essais. L'un sortit du corps de la mere le 28 Septembre à dix heures du soir, & l'autre le lendemain à huit heures du matin. Il en usa de la même maniére par rapport à l'un & à l'autre. Dès que le premier fut né, il le posa sur une des feuilles qu'il avoit laissées au bout d'un tendre jet de sureau dont il s'étoit muni. Il avoit aussi eu la précaution de s'assûrer, même avec la loupe, qu'aucun puceron ne se trouvoit, soit sur la tige, soit sur les feuilles. Il fit ensuite entrer ce jet de sureau dans un tube de verre*, ouvert par les deux bouts *, qui avoit cinq pouces de longueur, & cinq lignes de diametre; il plongea un des bouts de ce tube dans l'eau, qui s'élevoit d'un pouce au-dessus du fond d'un vase *, & qui s'éleva par conséquent d'autant dans le tube. Enfin il boucha le bout supérieur du tube avec du coton *, ce qui suffisoit pour ôter au puceron nouveau-né la liberté de sortir, & celle d'entrer à ceux à qui il eût pu prendre envie de se rendre auprès de lui. La saison dans laquelle il fit ses expériences, n'étoit pas favorable à l'accroissement des insectes; il fut obligé de changer plusieurs fois ses pucerons de branches. Ce ne fut que le 25 Novembre que le premier des deux accoucha; le seocnd qui n'étoit que de dix heures moins vieux que l'autre, ne commença à accoucher que le 28 du même mois. Ils continuerent l'un & l'autre de mettre des petits au jour; mais les intervalles entre les accouchements furent fort inégaux, & il y en eut de dix jours. L'un & l'autre n'ont point fait de petits dans les

* Pl. 47. fig. 5.

* t, b.

* Fig. 6.

* c c.

jours où la liqueur de mon thermometre s'est élevée à moins de cinq degrés au-dessus de la congélation; & pendant tout le temps où M. Trembley les a vû accoucher, la liqueur de mon thermometre ne s'est pas élevée à plus de dix; mais ils ont accouché plus rarement qu'ils n'eussent fait dans une saison plus douce, au Printemps ou en Eté.

Des pucerons naissants du rosier, & de ceux du saule, ont aussi été mis & tenus dans une parfaite solitude par M. Lyonet, au moyen d'un vase de verre qui recouvroit celui où trempoit dans l'eau la branche sur les feuilles de laquelle le puceron étoit posé. Là ils ont fait des petits vivants.

Quelqu'étrange qu'il puisse paroître qu'il y ait dans la nature, des animaux dont chacun est par lui-même en état de multiplier les individus de son espece, dont chacun y peut contribuer sans avoir eu de commerce avec aucun autre depuis l'instant de sa naissance, il n'est pas possible de ne pas regarder ce fait comme certain, quand on sçait qu'il est attesté par tant d'excellents observateurs qui l'ont vû & revû, & qui ont appris les moyens de le voir à ceux qui en seront curieux. Rien ne me semble moins nécessaire que de joindre mon témoignage au leur. Je mériterois cependant des reproches si je n'avois pas cherché à m'assûrer par mes propres yeux, d'une vérité qui avoit été démontrée par des expériences du soin desquelles d'autres avoient bien voulu se charger à mon instigation. Je ne me suis donc pas cru dispensé de tenter ces mêmes expériences. J'ai eu recours à deux moyens différents pour interdire à un puceron naissant toute communication avec ceux de son espece. Le premier a été de remplir d'eau un poudrier de grandeur médiocre, que j'ai couvert ensuite d'un parchemin mouillé bien tendu, & bien assujetti autour des bords du vase*. J'ai fait à ce couvercle un trou propre à laisser

* Pl. 47. fig. 11.

passer une petite tige; son bout supérieur qui s'élevoit au-dessus du couvercle, avoit quelques feuilles destinées à donner le suc qui devoit fournir à l'accroissement du puceron. Après en avoir pris un qui venoit de sortir sous mes yeux du corps de la mere, je le mettois sur une des feuilles. Cela fait, je posois le petit poudrier sur le milieu d'un lit de coton *, épais d'un pouce, & qui avoit beaucoup plus de diametre que le poudrier; il en avoit même plus qu'un second poudrier plus grand que le premier. Ce grand poudrier étoit renversé le haut en-bas *, & mis sur le petit qui se trouvoit renfermé dans l'autre. Les bords du grand étoient appliqués sur le lit de coton, contre lequel on avoit soin de les presser. Les pucerons que j'ai tenus en prison sous le grand poudrier, étoient de ceux du pêcher, de ceux du sureau, & de ceux du groseiller. Aucun d'eux n'y est parvenu à l'âge où ils accouchent, les uns sont péris plûtôt, & les autres plus tard, je n'en ai pas eu qui ayent vécu plus de cinq à six jours; ils tomboient de dessus les feuilles, & ne se trouvoient pas en état d'y remonter. Les pucerons sur lesquels j'ai fait ces essais, craignent apparemment plus l'air humide que ceux du pavot, sur lesquels M. Bazin a tenté avec un plein succès ses premiéres expériences. Cette maniére en est une très-sûre pour tenir un puceron dans une parfaite solitude; mais elle eût demandé que mes occupations m'eussent permis de donner autant de temps au puceron que j'avois renfermé sous chaque poudrier, que M. Bonnet en avoit donné au sien; qu'il m'eût été permis plusieurs fois dans le jour d'enlever le grand poudrier pour laisser jouir le petit insecte d'un air moins humide, & pour permettre à l'eau qui s'étoit attachée à ses différentes parties, de s'évaporer.

* Pl. 47. fig. 11. cc.

* Fig. 12.

Le second moyen dont je me suis servi, me convenoit mieux, & conviendra mieux à tous ceux qui chaque jour se doivent pendant plusieurs heures de suite à des occupations réglées. Ce second moyen exige moins d'assiduité de l'observateur, & revient à celui que j'ai indiqué ailleurs *. Le petit poudrier ayant été rempli d'eau, & couvert de parchemin *, comme il a été dit ci-dessus, & après que j'avois introduit dedans une tige de plante, & mis un puceron naissant sur une des feuilles de cette tige, je faisois entrer le petit poudrier dans un beaucoup plus grand *, sur le fond duquel je le fixois avec du coton entassé & pressé entre la surface intérieure du grand poudrier & la surface extérieure du petit. Quelquefois j'ai suspendu le petit poudrier dans le grand, au moyen de trois cordons * qui me donnoient la commodité de tirer sans peine le petit en-dehors toutes les fois que je le voulois. Enfin après que celui-ci avoit été ajusté dans le grand, je mettois à ce dernier un couvercle de gaze, bien tendu, & bien assujetti autour du colet du poudrier avec une ficelle. Les mailles de cette gaze étoient si petites qu'il n'étoit pas possible qu'elles donnassent passage au plus petit puceron naissant. D'ailleurs je n'ai jamais vû, & peut-être n'y a-t-il jamais eu de puceron qui ait fait des tentatives pour passer au travers de cette gaze. L'avantage d'un couvercle à jour sur les couvercles pleins, est visible dans le cas dont il s'agit: les vapeurs ont la liberté de s'échapper du grand poudrier, le puceron n'est pas exposé à être continuellement dans un air humide. Les premiers que je mis en expérience, quoique de ceux qui semblent craindre le moins l'humidité, ne vinrent pourtant pas tous à bien, & je dois avertir que quatre ou cinq périrent en autant de différents poudriers, afin qu'on sçache qu'on ne doit pas se rebuter lorsque les premiéres tentatives ne sont pas heureuses. Mais j'eus lieu d'être content d'un puceron du pavot, né devant moi le 12 Juin vers midi, & que je renfermai sur le champ

* *Tome 3.*

* Pl. 47. fig. 11.

* Fig. 13.

* *l, l.*

avec les précautions qui ont été expliquées en dernier lieu: il croissoit à souhait journellement; enfin âgé de moins de sept jours, dès le 19 du même mois à 10 heures du matin, il accoucha devant moi d'un petit vivant & bien conditionné. Dans la même journée, avant deux heures après-midi, il avoit encore mis au jour deux autres petits; il n'en accoucha que d'un le 20, & cela dès le matin; mais le 21 à 7 heures du matin, il avoit fait trois nouveaux petits.

Au reste j'ai négligé de tenir un regître de la suite de ses accouchements. Si je croyois qu'on fût curieux d'en voir plus d'un de cette espece, je pourrois encore en faire paroître deux nouveaux, tenus par M. Bonnet avec autant d'exactitude que le premier qu'on a trouvé ci-dessus. Les accouchements rapportés dans ces deux derniers regîtres, sont encore ceux de deux pucerons du fusain, qui furent renfermés dès le moment de leur naissance, & sur lesquels M. Bonnet répéta sa premiére expérience pour satisfaire au desir de l'Académie. L'un de ces pucerons naquit le 20 Mai à 10 heures du matin, & l'autre le même jour sur les 5 heures du soir; nous l'appellerons le plus jeune, quoiqu'il ne le fût que de 7 heures. L'ancien commença à accoucher le 30 Mai à 9 heures & demie du soir, & jusqu'au 15 Juin inclusivement, il mit au jour 90 petits. Le plus jeune ne commença à accoucher que le premier Juin à 4 heures & demie du soir, & jusqu'au 17 Juin inclusivement, il donna naissance à 49 petits seulement: ce plus jeune étoit moins gros en naissant, & il resta toûjours moins gros que l'autre; il avoit peut-être le corps moins rempli de fœtus, aussi fut-il moins fécond. Peut-être que l'un & l'autre auroient encore continué d'accoucher; mais une fiévre dont M. Bonnet fut attaqué, le força de cesser de les soigner; & il soupçonne qu'ils périrent

périrent de faim. Il y a pourtant apparence que le corps de l'ancien commençoit à être épuisé de fœtus, car il n'accoucha pas le 15. On doit présumer au contraire que le plus jeune eût encore mis des petits au jour, sur ce qu'il en fit sept le 17, quoiqu'il n'en eût fait que deux le 10.

Les pucerons des plus grandes especes connuës, sont encore de si petits animaux, qu'on ne sçauroit se promettre de découvrir par la dissection, si les parties des deux sexes se trouvent dans leur intérieur, si outre les parties propres aux fémelles vivipares, qui y sont incontestablement, ils y ont des parties analogues à celles au moyen desquelles se fait une jonction des mâles avec les fémelles, après laquelle les embryons se développent & croissent dans le corps de celles-ci. Au reste le concours des deux sexes n'a été jugé absolument nécessaire pour la génération, que sur ce qu'on avoit vû qu'elle ne se faisoit qu'après ce concours; mais les raisons pour lesquelles l'Auteur de tant de machines admirables a établi que les organes, par le moyen desquels il en paroîtroit journellement de nouvelles qui remplaceroient celles qui seroient détruites; les raisons, dis-je, pour lesquelles il a établi que ces organes, ne seroient pas réunis dans le même individu, ne sont pas de celles que nous pouvons deviner. Quand nous dirions que ce partage étoit nécessaire pour disposer les animaux d'une même espece à aimer à être ensemble & à se chercher, ce seroit en assigner une raison morale, qui pourroit paroître bonne par rapport aux animaux qui vivent en société; mais qu'importoit-il à ceux qui ne s'entr'aident pas dans leurs travaux, & qui menent la vie la plus solitaire, de devoir rester joints deux ensemble une seule fois, & pendant un temps très-court, après lequel ils se séparent tous deux, & ne se connoissent plus? Il feroit encore bien plus difficile d'en donner une raiſon phyſique, depuis qu'on ſçait que les organes de l'un & de l'autre ſexe ſe trouvent réunis dans des animaux aſſés petits, tels que les vers de terre, les limaçons, les limaces, &c. car ce n'eſt pas faute de place que ces deux ſortes d'organes n'ont pas été données à la fois au corps d'animaux beaucoup plus grands. C'eſt encore par des vûës dans leſquelles il ne nous eſt pas permis de pénétrer, que ces vers de terre, que ces limaçons, que ces limaces, &c. qui ſont mâles & fémelles, ne peuvent l'être pour eux-mêmes; que la multiplication de l'eſpece demande qu'un individu ſe joigne avec un autre; car il ſemble qu'il reſtoit très-peu à faire pour que l'animal qui a les deux ſexes, fût mis en état de ſe féconder lui-même.

Mais la queſtion que les pucerons font naître, & qu'ils ne mettent pas en état de décider, eſt s'ils ont les deux ſexes; s'il ſe paſſe dans leur intérieur un accouplement entre leurs parties fémelles & leurs parties mâles, analogue à celui qui ſe fait entre deux individus de différents ſexes, ou entre les individus qui ont l'un & l'autre ſexe. Peut-être que cela eſt ainſi; on ne voit pourtant pas la néceſſité abſoluë de cette opération intérieure; cette néceſſité ne pourroit être appuyée que par l'analogie; or il s'agit actuellement d'animaux par rapport auxquels l'analogie la plus conſtante ſe trouve en défaut. Nous ſommes obligés de reconnoître que la conception, que l'inſtant où la génération commence, eſt celui où un animal, un embryon d'une petiteſſe indéfinie, commence à ſe développer, & eſt mis en état de continuer à croître; car ſi l'on veut faire former des germes, ſi l'on veut imaginer des moyens de faire prendre l'organiſation du corps d'un animal à des liqueurs ou à des matiéres qui ont plus de conſiſtance, on ſentira bien-tôt l'impoſſibilité de faire exécuter un tel ouvrage par les parties qui contiennent les embryons, lorsqu'ils commencent à être sensibles; on n'y sçauroit trouver l'appareil nécessaire pour produire de si étonnantes machines; l'être créé le plus intelligent, & continuellement occupé à y mettre la main, n'en viendroit pas à bout. Un si grand ouvrage n'a pu être fait que par l'intelligence par excellence. Ou nous ne devons pas raisonner sur la génération, ou nous devons nous réduire à considérer l'embryon dans l'instant où il est mis en état de commencer à croître. Cet embryon étoit-il originairement dans la fémelle, & le mâle ne fait-il que fournir une liqueur ou des esprits sans lesquels il étoit hors d'état de commencer à se développer! ou la liqueur que le mâle fait pénétrer dans les organes de la fémelle, y porte-t-elle des embryons à milliers, entre lesquels il y en a un ou plusieurs qui s'introduisent dans des œufs, ou qui, de quelqu'autre maniére que ce soit, se trouvent ensuite dans un lieu où tout ce qui est nécessaire à leur développement leur est fourni! Les Sçavants sont partagés entre ces deux systemes, mais ils doivent se réunir pour reconnoître que les animaux qui sont féconds par eux-mêmes, ont dans leur intérieur des germes, des embryons qui doivent leur devenir semblables un jour. Or quelle difficulté peut-on trouver à concevoir que ces embryons, que ceux qui sont contenus dans le corps d'un puceron, commencent à se développer dès que le puceron commence à croître! que paroît-il leur falloir pour cela de plus que ce qu'il faut aux parties mêmes du puceron! Si lorsque le suc nourricier est porté aux parties du puceron, il est aussi porté aux embryons, ceux-ci doivent croître en même temps que ces parties. Si des faits sans nombre ne nous eussent pas appris qu'il faut quelque chose de plus pour faire commencer le développement des embryons dans les autres animaux; si nous n'avions pas vû des mâles & des femelles, nous eussions jugé que l'œuvre de la génération s'accomplissoit dans tous de la façon simple dont nous voulons faire penser qu'elle peut s'accomplir dans les pucerons. Tant qu'un insecte qui doit devenir papillon, reste chenille, les parties qui ne lui seront propres que lorsqu'il sera papillon, les aîles, par exemple, la trompe, &c. sont pour lui des parties aussi étrangéres que le peuvent être pour le puceron les petits qu'il mettra au jour après sa derniére transformation : comme ces aîles & cette trompe du papillon croissent dans la chenille dès qu'elle commence elle-même à croître, il est très-naturel de penser que de même les embryons se développent dans le corps du puceron, dès qu'il commence à croître; & c'est ce que paroissent prouver les fœtus bien formés qu'on trouve dans des pucerons encore éloignés du terme où ils ont fini leur croît, & où ils se transforment. Loin, ce me semble, qu'on doive avoir quelque peine à accorder que la génération des pucerons se puisse faire d'une maniére si simple, on ne doit être embarrassé que de ce que, pour opérer la génération des autres animaux, une voye plus composée a été prise par celui qui ne sçauroit manquer de choisir les moyens les plus parfaits & les plus convenables.

Mais plusieurs sçavants naturalistes, & de ceux même qui s'étoient assûrés par leurs propres yeux qu'un puceron, à qui depuis l'instant de sa naissance il avoit été impossible de communiquer avec aucun autre, devenoit en état de mettre au jour des petits vivants, ont cependant eu peine à croire qu'il fût assés démontré que les especes de ces insectes se conservassent sans accouplement. Ils ont eu un soupçon qui paroîtra singulier; mais il est permis de se prêter à des idées qui ont quelque chose d'étrange, lorsqu'il s'agit de rendre raison d'un fait qui met une exception aux loix les plus connuës & les plus générales. Ils ont pensé qu'il y avoit peut-être des accouplements parmi les pucerons, & beaucoup plus efficaces que ceux des autres animaux, que le même servoit pour plus d'une génération ; que les accouplements étoient nécessaires, mais qu'ils n'avoient besoin d'être répetés qu'après quelques générations ; que l'acte qui avoit fécondé la mere, avoit fécondé le petit qui en devoit naître ; que quoique celui-ci depuis sa naissance n'eût communiqué avec aucun autre, il pourroit, après avoir pris son accroissement, mettre au jour des pucerons, mais qui peut-être seroient des especes de mulets, ou incapables d'en produire d'autres ; ou que si l'effet de l'accouplement s'étoit étendu jusqu'à eux, ils ne pourroient faire naître que des petits inféconds ; en un mot, que l'accouplement pouvoit être efficace pour un nombre de générations déterminé, & non par-delà.

Les expériences nécessaires pour décider si une idée qui paroissoit au moins avancée assés gratuitement, étoit vraye ou fausse, méritoient plus d'être faites, qu'il ne pourroit le sembler, mais elles demandoient de la patience. M. Bonnet qui avoit voué celle dont il est si bien pourvû, à ces petits insectes, ne craignit point de se charger d'une suite d'observations qui devoit demander une longue assiduité. Il s'agissoit d'abord de tenir dans une parfaite solitude un puceron depuis le moment de sa naissance, jusqu'à ce qu'il eût accouché d'un petit qui seroit condamné, comme sa mere l'avoit été, à n'avoir commerce avec aucun autre puceron. Si après sa derniére métamorphose il donnoit des petits, il falloit s'assûrer par les mêmes précautions qu'on avoit prises pour ceux des deux premiéres générations, si sans s'être accouplés ils seroient encore en état de mettre des petits au jour, & continuer ainsi ses expériences ſur pluſieurs générations qui ſe ſeroient ſuccédées. Après des tentatives ſur des pucerons du roſier, ſur des pucerons du ſureau, ſur des pucerons du groſeiller, que divers contre-temps rendirent inutiles, M. Bonnet en commença de plus heureuſes ſur un puceron du ſureau, qu'il renferma à ſa maniére ordinaire le 12 Juillet ſur les 3 heures après-midi, c'eſt-à-dire, dès qu'il fut né. Le 20 du même mois à 6 heures du matin, il avoit déja fait 3 petits; mais M. Bonnet attendit juſqu'au 22 vers midi, à renfermer & à condamner à vivre ſeul un puceron de la ſeconde génération, parce qu'il ne put parvenir plûtôt à être préſent à la naiſſance d'un de ceux dont accoucha cette mere à qui le commerce avoit été interdit avec tout autre puceron, depuis qu'elle étoit née. Il uſa toûjours dans la ſuite de la même précaution; il ne condamna à vivre ſeuls que des pucerons nés ſous ſes yeux, & ſouſtraits à leur mere dans l'inſtant où ils venoient de naître. Une troiſiéme génération, ou la ſeonde de celles qu'on ſçavoit être venuës ſans accouplement, commença le premier Août; ce fut ce jour-là qu'accoucha le puceron qui avoit été renfermé le 22 Juillet. Le 4 du mois d'Août ſur les 4 heures après-midi, M. Bonnet ſéqueſtra du commerce des autres un puceron de la troiſiéme génération. Le 9 du même mois à 6 heures du ſoir, une quatriéme génération dûë à ce dernier, avoit déja vû le jour, il avoit donné naiſſance à quatre petits. Le même jour vers minuit, tout commerce avec ceux de ſon eſpece fut interdit à un puceron de la quatriéme génération, né à cette heure. Ce dernier fut trouvé le 18 du même mois entre ſix à ſept heures du matin avec quatre petits qu'il avoit mis au jour, ceux-ci étoient de la cinquiéme génération, ou de la quatriéme de celles qu'on ſçavoit ſûrement avoir été produites ſans jonction. Le lendemain

M. Bonnet renferma un puceron de la cinquiéme génération; mais n'ayant eu à lui offrir que des tiges de sureau qui, quoique jeunes, s'étoient trop endurcies, il mourut avant que d'être parvenu à l'âge où il eût pu donner postérité.

Il semble que c'en étoit bien assés d'avoir des observations qui prouvoient que quatre générations consécutives de pucerons pouvoient être fécondées, quoique les pucerons de chacune de ces générations fussent restés vierges. Cette durée de fécondité a été encore confirmée, & même, je crois, sur un plus grand nombre de générations, par M. Lyonet, & sur deux différentes especes de ces petits insectes, entr'autres sur une assés petite espece du saule. Les non-aîlés * de cette derniére sont verds, & ont les yeux noirs. Leur partie postérieure se termine par une fort petite queuë à chaque côté de laquelle est une corne recourbée en dedans, & placée plus bas que celle du commun des pucerons; leurs aîles sont noirâtres. De génération en génération M. Lyonet enleva à une mere non-aîlée le petit dont elle venoit d'accoucher, & souvent pour plus grande précaution, celui dont elle n'avoit pas encore achevé de se délivrer, & il le renferma dans un lieu aussi inaccessible à tout autre puceron, que celui où la mere avoit été tenuë, c'est-à-dire, sous un vase de verre qui en couvroit un autre, où trempoit une branche de saule sur une des feuilles de laquelle avoit été mis le puceron condamné à vivre seul. Tous les 8 à 10 jours il vit paroître une nouvelle génération, & il eut une suite de générations sans qu'aucun accouplement y eût contribué. Il a négligé de me marquer le nombre de ces générations, s'étant principalement proposé de m'apprendre un fait qui malgré toutes les expériences précédentes, donne lieu de douter si les especes de pucerons peuvent être perpétuées

* Pl. 47. fig. 7, 8, 9 & 10.

ſans accouplement, ſi leur fécondité ne s'épuiſe pas après un nombre de générations plus grand que le nombre de celles qu'on a obſervées. M. Lyonet établit une colonie de ces petits inſectes ſur une branche de ſaule à découvert, mais tenuë dans l'eau en partie, afin que ſes feuilles conſervaſſent plus long-temps de la fraîcheur. Cette colonie fut compoſée des pucerons ſurnuméraires, nés des meres forcées à vivre dans une parfaite ſolitude. Tous les pucerons nouvellement nés qui étoient de trop pour ſes expériences, il les tranſportoit ſur les feuilles de la branche de ſaule : examinant un jour les pucerons qui y étoient, il vit avec ſurpriſe un puceron aîlé dans la poſture où ſont ordinairement les mouches mâles qui fécondent des femelles. Bien-tôt il eut lieu de penſer que ce n'étoit pas le hazard qui avoit ainſi placé le puceron aîlé ſur le non-aîlé. Le premier ſe tenoit cramponné, & paroiſſoit tranquille ſur le ſecond, pendant que celui-ci ſembloit inquiet, allant tantôt d'un côté, & tantôt d'un autre. M. Lyonet chercha à obſerver ce couple de près, & parvint à ſe mettre à portée de l'examiner au travers d'une loupe: il vit que la partie poſtérieure du puceron aîlé ſe recourboit par-deſſus celle de l'autre, & venoit s'appliquer étroitement par-deſſous. Cette union dura près d'une heure, & enfin le puceron aîlé s'envola. La colonie que M. Lyonet avoit établie ſur la branche de ſaule, lui donna plusieurs occaſions de revoir des pucerons dans l'attitude de l'accouplement; mais ce qui acheva de le convaincre que les accouplements qu'il avoit vûs, étoient réels, c'eſt qu'ayant écraſé par mégarde deux pucerons unis, pendant qu'il donnoit ſon attention à ceux d'un autre couple, il trouva l'extrémité poſtérieure d'un des deux qu'il avoit fait périr, accrochée à l'extrémité poſtérieure de l'autre.

Il y a donc réellement des accouplements dans une eſpece

espece d'insectes où il sembloit si peu naturel d'en imaginer. Si c'est une grande merveille, & qui pour être crüë, demandoit à être prouvée par d'aussi longues suites d'expériences exactes, que celles que nous avons rapportées; si, dis-je, c'est une grande merveille qu'il y ait des animaux qui soient féconds sans s'être joints entr'eux depuis l'instant de leur naissance, c'en est une aussi grande qu'il y ait de ces mêmes animaux obligés de s'accoupler les uns avec les autres; car dès qu'il y a des accouplements parmi eux, ils ne sont pas inutiles, ils sont même nécessaires; mais à quoi doivent-ils servir? est-ce à réparer la fécondité épuisée dans des insectes qui de mere en mere ont été vierges pendant plusieurs générations? Nous devons avoir regret de ce que M. Lyonet n'a pu pousser ses curieuses observations aussi loin qu'il l'eût souhaité, elles nous eussent instruits de deux faits importants par rapport auxquels il est desagréable de rester dans l'incertitude, 1°. Si la fécondité étoit épuisée dans les pucerons de la derniére génération qu'il avoit euë, si des pucerons de cette génération qui en avoit donné qui s'étoient accouplés, s'étant trouvés en société, si, dis-je, des pucerons de la même génération, séquestrés de tout commerce, eussent été inféconds, ou s'ils eussent mis des petits au jour. 2° Si les pucerons qui naîtroient de pucerons qui s'étoient accouplés, seroient en tout semblables à ceux à la naissance desquels l'accouplement n'avoit eu aucune part. Malheureusement les feuilles de saule sur lesquelles étoient établis les pucerons qui avoient offert à M. Lyonet un phénomene dont les suites étoient intéressantes, se desfécherent, & cela dans une saison où il n'étoit pas possible de leur en substituer de fraîches. Les pucerons qui s'étoient accouplés, ne donnerent point de postérité, plusieurs périrent sur la branche, & ceux qui voulurent la quitter, se noyerent : il ne put par la même raison, s'assûrer si la fécondité étoit épuisée dans les pucerons renfermés chacun séparément depuis leur naissance, sous un vase de verre.

Nous devons avouer qu'il n'y a qu'un concours des preuves les plus décisives qui puisse forcer à croire que des animaux qui pendant quatre à cinq générations, & peut-être pendant un nombre de générations beaucoup plus grand, se sont suffi à eux-mêmes pour conserver leur espece, ayent besoin, après un nombre de générations déterminé, d'être fécondés pour plusieurs autres générations. L'âge où une femelle puceron seroit devenuë en état de soûtenir les approches du mâle, & où elle auroit besoin de les souffrir, ne se compteroit pas simplement comme dans les autres animaux, par le temps écoulé depuis sa naissance; cet âge se compteroit principalement par le nombre des générations dont sa naissance auroit été précédée.

On auroit moins de peine à accorder que les pucerons s'accouplent avant que d'être nés, dans le ventre même de leur mere, qu'à concevoir l'efficacité d'un accouplement qui s'étend si loin. M. Trembley a été attentif à examiner si les observations ne favoriseroient pas cette idée d'accouplements faits, pour ainsi dire, avant l'enfance. Si les pucerons s'accouploient les uns avec les autres lorsqu'ils sont prêts à naître, la mere en devroit accoucher de deux de suite; mais M. Trembley n'a rien vû de réglé dans les intervalles des accouchements.

Il est certain qu'il y a des accouplements entre des pucerons qui ont fini leur croît, & entre des pucerons venus de meres qui ne s'étoient pas accouplées; l'incertitude dans laquelle nous sommes sur la fin pour laquelle ils se font, & les recherches qui restent à faire pour nous en éclaircir, nous apprennent au moins combien les plus petits insectes sont dignes de notre attention, & combien ils demandent que nous fassions d'expériences & d'observations, si nous voulons être instruits des moyens qu'a choisis leur Auteur pour perpétuer leurs especes. Quelques faits de l'histoire des pucerons, qui méritent d'être rapportés, peuvent nous faire naître une idée fort singuliére sur l'effet que les accouplements produisent en eux, & qui ne sera pas dénuée de toute vraisemblance. M. Lyonet a vû des pucerons noirs, non-aîlés, qui se tiennent sur le gramen, s'accoupler entr'eux. M. Bonnet a beaucoup observé une espece de puceron du chêne, & une des plus grosses, parmi laquelle il y en a d'aîlés & de non-aîlés, à l'ordinaire. Le dessus du corps des non-aîlés est brun & mat, le dessous est de même couleur, & plus luisant; leurs antennes, leur trompe & leurs jambes sont d'un rougeâtre de marron; près du derriére, au lieu de cornes, ils n'ont que deux tubercules arrondis. Mais ce qui mérite plus d'être sçu, & à quoi on n'a pas fait assés d'attention dans les autres especes de pucerons, & quoiqu'il s'y trouve apparemment, c'est que dans celle-ci il y en a d'aîlés de différentes grandeurs. Les plus petits sont très-petits par rapport aux autres. M. Bonnet a vû ces très-petits pucerons aîlés s'accoupler avec des non-aîlés. Ce sont des mâles, & des mâles très-ardents. Celui qui se trouve près d'une fémelle, monte sur elle avant que de s'être donné le temps de se tourner comme il devroit: quoique sa tête se trouve vers le derriére de celle-ci, ce n'est que quand il est sur son corps qu'il se retourne bout pour bout. M. Bonnet a vû le même se joindre plus de douze fois avec des fémelles différentes, dans une seule matinée. Non seulement tout ce qui marque des accouplements complets entre des insectes, s'est passé sous ses yeux, mais soit dans le mâle vivant, soit dans le mâle mort, il a vû la partie qu'il doit introduire dans l'intérieur de la fémelle, qui est un petit corps longuet, blanc, & recourbé en faucille vers le dos. Il découvrit même au derriére du petit puceron aîlé deux appendices bruns, analogues aux crochets qui ont été donnés aux mâles d'insectes de divers genres, pour saisir leur fémelle. Enfin il n'a jamais fait sortir d'embryons du corps de ceux à qui on ne peut refuser le nom de mâles, & en a toûjours fait sortir du corps des fémelles non-aîlées, & des grosses fémelles aîlées.

Nous devons faire remarquer que les accouplements des différentes especes de pucerons dont nous venons de parler, n'ont été vûs que dans les approches de l'hyver, & que les observateurs les plus attentifs à suivre les pucerons dans les saisons où ils se multiplient beaucoup, & où ils couvrent les feuilles & les tiges des plantes, n'ont jamais vû de pucerons accouplés.

Une autre observation aussi essentielle pour la question à éclaircir, & plus curieuse, c'est que les pucerons non-aîlés avec lesquels M. Bonnet avoit vû le mâle aîlé se joindre, au lieu de mettre au jour des petits vivants, pondirent des especes d'œufs, ou plus exactement, se délivrerent de corps oblongs, plus petits qu'un puceron naissant n'eût dû être. Ces corps étoient enveloppés d'une membrane qui avoit du ressort, & qui étant brisée, laissoit épancher une liqueur épaisse que M. Bonnet compare au corps graisseux des chenilles; ceux qui avoient été déposés depuis quelques jours, donnoient une liqueur verte. M. Lyonet a fait plusieurs observations du même genre que celle-ci; il m'a écrit qu'il avoit vû plusieurs especes de pucerons vivipares, dont la derniére génération de chaque année avoit donné des corps oblongs, qui sembloient être des œufs. Mais ces corps sur lesquels on ne sçauroit distinguer les parties d'un puceron naissant, sont-ils réellement des œufs ! Ne font-ce pas plûtôt des faux-germes, des fœtus avortés ! La derniére idée est celle que je ferois le plus disposé à adopter, & cela sur ce qu'il m'est arrivé dans la plus belle saison de l'année de voir sortir du corps d'un puceron, & entr'autres du corps de plusieurs de ceux du groseiller, au lieu d'un petit puceron, une petite masse oblongue, incapable de se donner aucun mouvement, & sur laquelle je ne pouvois distinguer ni jambes, ni antennes, ni anneaux. Ces petites masses étoient incontestablement des fœtus avortés. Ce qui semble prouver que les corps oblongs dont se sont délivrés les pucerons de M. Bonnet, n'étoient pas autre chose, c'est qu'ils sont devenus noirs, & se sont desséchés au bout de quelques jours, malgré les soins qu'il a pris pour les conserver ; il en a vû en grand nombre qui avoient été laissés en pleine campagne, sur des branches de chêne, & n'en a vû aucun dont un puceron soit sorti.

On a donc lieu pour le moins de douter que les petits corps oblongs dont il s'agit, soient des œufs, il semble même beaucoup plus probable que ce sont des fœtus avortés. Les especes de pucerons que je connois, ne se conservent pas pendant l'hyver par des œufs : quelques pucerons de chacune, qui restent sur des plantes, ou des arbres, résistent au grand froid, quelque délicats qu'ils nous paroissent, & quand une saison douce a succedé à l'hyver, ils sont bien-tôt en état de multiplier les individus de leur espece ; mais tant que le froid dure, & dès qu'il commence à se faire sentir, ils ne sont plus en état d'accoucher. Les fœtus qu'une mere n'auroit pas mis au jour, ne pourroient croître, ni probablement vivre dans son corps, dès que le froid seroit devenu rude, ils y périroient, & en se corrompant, feroient périr la mere même. La vie des pucerons semble donc courir moins de risque pendant la fâcheuse saison, si avant qu'elle arrive, ils ont pu parvenir à se délivrer de tous les fœtus dont leur corps étoit plein, s'il n'y reste que des germes dont le développement ne commencera à se faire qu'au retour d'une saison plus douce. S'il étoit donc en leur pouvoir, dès que les froids commencent à se faire sentir, de se délivrer de tous leurs fœtus qui ne sont pas à terme, ils devroient sacrifier ces fœtus tardifs, hors d'état de résister au froid, & dont la fin ne sçauroit être que funeste, & se conserver eux-mêmes pour une postérité qu'ils feroient naître dans des temps plus heureux. Les insectes les plus tendres pour les petits qui méritent leurs soins, cessent de l'être pour ceux qui ne sçauroient venir à bien. C'est de quoi ce volume nous a donné des exemples remarquables dans l'histoire des guêpes; quand les approches de l'hyver se font sentir, elles tuent impitoyablement, ou peut-être charitablement, tous les vers & toutes les nymphes pour qui elles avoient montré tant d'affection; elles semblent sçavoir que ces vers & ces nymphes mourroient bien-tôt de froid & de faim, & qu'en abbrégeant leurs jours elles abbregent leurs souffrances. Mais s'il importe personnellement, pour ainsi dire, aux pucerons de faire périr leurs fœtus en les mettant au jour, dès-lors il est plus qu'à présumer que la nature les a mis en état de le faire.

Il y a donc grande apparence que ces petits corps oblongs dont M. Lyonet a vû accoucher des pucerons de plusieurs especes vivipares, aux approches de l'hyver, n'étoient autre chose que des fœtus avortés, dont ils s'étoient délivrés dans un temps où ils n'auroient pu fournir à leur accroissement complet. Il y a de même apparence que les corps semblables que des pucerons du chêne ont mis au jour dans le mois de Novembre, sous les yeux de M. Bonnet, n'étoient aussi que des avortons; ils étoient réellement plus petits que des fœtus à terme. Mais les pucerons qui s'étoient défaits de ces petits corps mal conditionnés, s'étoient accouplés avec un mâle. Puisque la suite de cette jonction avoit été de mettre au jour des fœtus avortés, & que les pucerons qui n'ont eu aucun commerce avec d'autres, donnent naissance à des petits à qui rien ne manque, nous sommes conduits à une conséquence étrange, mais qu'il est difficile de ne pas accorder, c'est que parmi les pucerons les accouplements ne semblent avoir d'autre usage, que celui de donner aux meres la facilité de se délivrer des fœtus qui ne sont pas à terme.

Cette conséquence ne doit pourtant être mise qu'au rang des conjectures, jusqu'à ce qu'elle soit établie par des observations nouvelles, & encore plus précises. Si celles qu'on fera par la suite, prouvoient que les petits corps que nous avons voulu faire regarder comme des avortons, sont des especes d'œufs, ou des fœtus enveloppés sous des membranes, si on voyoit éclorre des pucerons de ces petits corps, ce genre d'insectes auroit encore une grande singularité à nous offrir ; car alors les individus d'une même espece, selon la saison où ils travailleroient à se multiplier, mettroient au jour des petits vivants, ou pondroient des œufs ou des fœtus renfermés sous des enveloppes sous lesquelles ils pourroient soûtenir le froid de l'hyver, auquel ils n'eussent pu résister s'ils fussent nés sans ces enveloppes, lorsqu'il étoit prêt à commencer. Quoique ces petits insectes ayent été bien étudiés, ils méritent donc encore de l'être.

M. Bonnet auroit beaucoup de penchant à regarder ces petits corps dont nous avons tant parlé, comme des especes de sacs dans chacun desquels un embryon est renfermé jusqu'à ce qu'il soit en état de paroître au jour, ou à les comparer à ces œufs de fausses chenilles dont nous avons fait mention ailleurs *, qui ont besoin de se nourrir, & de croître. La quantité qu'il en a trouvée à la campagne sur certaines branches où il en a vû quelquefois plus de 60 les uns auprès des autres, & leur arrangement semblable à celui des œufs de certains papillons, font qu'il a peine à les regarder comme des avortons qui auroient été indignes de l'attention des meres. D'ailleurs plusieurs de celles-ci qu'il a observées pendant qu'elles se délivroient de ces petits corps, lui ont paru prendre les précautions nécessaires pour les mettre en état d'être collés par la liqueur dont ils étoient mouillés, contre l'écorce de l'arbre, & pour ne causer aucun dérangement dans leur figure. Elles auroient pourtant pu le faire simplement pour s'en délivrer avec plus de facilité. Il a remarqué, & m'en a fait part dans une de ses lettres, les attentions que paroît avoir le puceron vivipare pour empêcher que le petit qui sort de son corps, ne soit exposé à frotter trop tôt, & trop rudement, contre la feuille sur laquelle il doit naître. La mere cherche à tenir en l'air le petit naissant jusqu'à ce qu'il soit en état de s'appuyer sur ses jambes; pour cela elle éleve son derriére de plus en plus, à mesure que le petit en sort davantage. Les pucerons du chêne qui se délivroient d'un petit corps de forme d'œuf, loin d'élever ainsi leur derriére, le panchoient vers la branche sur laquelle le petit corps devoit être collé. De-là il suit au moins que les meres semblent sçavoir mettre au jour un fœtus vivant ou un corps sans vie.

* Tome 3.

Les petits pucerons auxquels les meres donnent naissance, sortent de leur corps le derriére le premier. M. Bonnet a cependant vû un petit qui sortit du corps d'un puceron aîlé du rosier, la tête la première, & qui vint à bien, car dès qu'il fut né il grimpa sur le corps de sa mere. Il reste à sçavoir si cette exception est générale pour tous les pucerons qui naissent des pucerons aîlés du rosier, ou si ce cas a été un phénomene parmi eux.

L'histoire de ces petits insectes a encore apparemment plusieurs particularités qui méritent d'être connuës, dont nous ne pourrons être instruits qu'avec le temps. C'en est une, commune aux especes qu'on trouve le plus souvent, d'être composées de pucerons qui deviennent aîlés, & d'autres qui ne prennent jamais d'aîles; les uns & les autres mettent au jour des petits vivants; & j'ai dit ailleurs * que les non-aîlés en font qui, comme leurs meres, sont toûjours dépourvûs d'aîles, & d'autres qui deviennent aîlés; mais j'ai laissé alors indécis si réciproquement les pucerons aîlés en faisoient d'aîlés & de non-aîlés. Quelques expériences que j'ai faites depuis, me mettent en état de parler plus positivement. Le 20 Mai je renfermai dans un très-grand poudrier, un autre plus petit, plein d'eau, dans laquelle trempoit une partie d'une tige de sureau chargée de feuilles *. Après m'être assûré du mieux qu'il me fut possible qu'il n'y avoit sur les feuilles aucun puceron, j'y en mis plusieurs de ceux qui aiment cet arbuste, mais seulement de ceux qui étoient aîlés. Enfin je couvris de gaze l'ouverture du poudrier. Je renfermai avec les mêmes précautions dans un autre grand poudrier, des pucerons aîlés du groseiller. Le 9 Juin je trouvai la petite branche de chaque poudrier bien peuplée de meres non-aîlées, & de pucerons plus petits dont les uns devoient rester sans aîles, & les autres en devoient prendre quelques jours après. Outre les pucerons vivants, les morts s'étoient accumulés sur le fond de chaque grand poudrier; & parmi ceux du sureau, il y en avoit au moins autant de non-aîlés que d'aîlés, qui tous devoient leur origine à des aîlés; mais parmi ceux du groseiller, il y en avoit beaucoup plus d'aîlés que de non-aîlés.

* *Tome 3.*

* Pl. 47. fig. 13.

Nous voyons bien que les aîlés, quoiqu'ils volent assés rarement, peuvent aller établir des familles dans des endroits où les non-aîlés ne pourroient se rendre qu'après un temps fort long. Mais est-ce là la seule raison pour laquelle la même mere, soit aîlée, soit non-aîlée, fait des pucerons aîlés, & des pucerons non-aîlés? Probablement il y en a quelqu'autre, qui peut-être n'est pas de celles que les observations peuvent nous découvrir.

Nous avons déja dit que ceux de plusieurs especes qui doivent paroître avec des aîles, n'y parviennent qu'après avoir quitté quatre dépouilles; ce n'est aussi qu'après en avoir laissé un pareil nombre que les non-aîlés des mêmes especes ont fini leur croît & sont en état d'accoucher. C'est ce que M. Bonnet a remarqué constamment dans les pucerons du fusain, & dans ceux du groseiller; mais il a vû d'autres pucerons, ceux du sureau, par exemple, qui ont à subir de moins une de ces rudes opérations; ils ne se défont que de trois dépouilles. Il en a observé qui n'aiment pas à laisser auprès d'eux celle dont ils viennent de se tirer, dès qu'ils en sont sortis, ils font des efforts pour la faire tomber. Elle est cramponnée dans la feuille sur laquelle le puceron se trouve, par les pointes qui sont au bout des pieds. Le puceron à qui il déplaît de voir cette dépouille auprès de lui, la souleve avec ses jambes postérieures, & dès qu'il a décroché un des pieds du fourreau, il parvient successivement à dégager les autres. Ce travail a quelque chose de rude pour un puceron dont les jambes n'ont pas eu encore le temps de s'affermir: plusieurs aussi s'en dispensent. Ceux de différentes especes, & même ceux de la même espece varient quelquefois par rapport à des procédés peu importants en eux-mêmes. M. Bonnet a, par exemple, observé un puceron du chêne qui s'élevoit presque droit sur la dépouille dont il achevoit de se tirer, à peu-près comme nous avons expliqué ailleurs * que le font les cousins, mais dans une circonstance où il ne leur est pas permis de le faire autrement.

* Tome 4.

Tous les pucerons se nourrissent du suc des plantes qu'ils pompent avec leur trompe; ils l'enfoncent quelquefois si avant dans l'écorce des arbres, qu'il ne leur est pas aisé de l'en retirer sur le champ. M. Bonnet a remarqué avec plaisir combien des pucerons du chêne mettoient quelquefois de temps à la dégager, & le moyen dont ils se servoient pour y parvenir. Après qu'il les avoit inquiétés en les touchant, il voyoit qu'ils n'étoient pas maîtres de quitter leur place aussi-tôt qu'ils l'eussent voulu, leur trompe les retenoit; pour la retirer, ils se balançoient alternativement de droite à gauche & de gauche à droite, ce manége étoit quelquefois long. Dans une autre circonstance il vit un puceron pour lequel il s'intéressoit, bien plus embarrassé à dégager sa trompe: c'en étoit un du fusain qui avoit commencé à se tirer de sa dépouille; il ne s'agitoit pas seulement de droite à gauche, il tournoya à différentes reprises sur lui-même pendant près de trois quarts d'heure; il décrivoit avec une vîtesse dont on ne l'eût pas jugé capable, des cercles dont la trompe étoit le centre, & ces tournoyements ne tendoient qu'à la tirer de l'endroit où elle avoit été picquée trop avant.

Nous en avons fait représenter ailleurs dont la trompe est si démesurément longue, qu'ils la font passer sous leur ventre, & qu'ils en portent le bout bien par-delà leur derriére; elle leur forme une queuë dont la longueur surpasse une ou deux fois celle du corps. Les trompes des pucerons dont les especes sont les plus communes, ne sont pas, à beaucoup près, si longues; quand ils les tiennent couchées, elles ne vont guéres par-delà l'origine ou le milieu de leur ventre, mais M. Bonnet soupçonne qu'ils peuvent l'allonger. En parlant des accouchements des pucerons du sureau, j'ai dit que sur la couche de ces petits insectes, qui couvre immédiatement un jet de cet arbuste, on voit souvent des meres qui mettent des petits au jour, & qui semblent n'avoir plus d'autre affaire que d'accoucher, & ne pas songer à se nourrir. Il y a souvent aussi sur ce lit des meres qui font des petits, & qui n'y font que cela; mais des observations attentives ont appris à M. Bonnet qu'entre les meres qui sont posées sur une couche de pucerons, il y en a qui font passer leur trompe entre ces pucerons, & qui la font parvenir jusqu'à l'écorce dans laquelle ils la tiennent picquée.

Ces petits animaux qui ne se nourrissent que d'un suc très-liquide, rendent aussi par l'anus des excréments qui ont peu de consistance: ils ont sur le derriére deux cornes singuliéres, par chacune desquelles ils rejettent une autre sorte d'excréments, qui n'est souvent qu'une liqueur transparente. M. Bonnet qui a vû presque tout ce qu'on peut voir par rapport aux pucerons, & qui a voulu deviner les raisons de tous leurs mouvements, a cherché pourquoi les pucerons, d'ailleurs tranquilles & occupés à succer, levent de temps en temps le derriére en l'air; & il a cru avoir remarqué que c'étoit toutes les fois qu'ils avoient à faire sortir une goutte de liqueur par une des cornes creuses qui en sont proche.

La façon dont se multiplient ces petits insectes, est après tout la plus grande merveille qu'ils ayent à nous offrir, & en est réellement une grande; mais nous voudrions fort avoir moins d'occasions d'admirer leur prodigieuse fécondité. Aussi ne sera-t-on pas fâché de sçavoir que les rudes hyvers leur sont extrêmement contraires. Pendant qu'on est retenu chés soi par des froids excessifs & longs, c'est une petite consolation de penser qu'au Printemps on ne verra pas les feuilles de ses pêchers & de ses abricotiers, frisées par les pucerons; qu'on aura le plaisir de voir les feuilles, & sur-tout les fleurs de chévrefeuille nettes & dans leur beauté, sans être salies ni couvertes de ces petits insectes. L'hyver de 1740, qui sera long-temps renommé par sa longueur, sembloit avoir presque détruit l'espece de pucerons qui dégoûte des chévrefeuilles, même ceux à qui ces arbustes plaisent le plus. A peine en vis-je, & très-tard, quelques-uns sur les chévrefeuilles de mon jardin, que je ne regardois qu'avec peine dans les années précédentes, tant les pucerons les rendoient desagréables. Ceux de beaucoup d'autres especes, ceux des pêchers, des abricotiers & des pruniers, furent aussi assés rares. Le Printemps & l'Eté prochain de cette année 1742, nous apprendront si un plus grand degré de froid, mais d'une courte durée, est aussi funeste à ces petits insectes qu'un froid moins violent, mais plus long, comme l'a été celui de 1740.

Au reste il n'est pas concevable à quel point les pucerons se multiplieroient dans le courant d'une année ordinaire, s'il n'avoit pas été établi qu'ils serviroient de pâture à un grand nombre d'autres especes d'insectes extrêmement voraces. Les feuilles de nos plantes, de nos arbustes & de nos arbres en seroient toutes couvertes; on en sera convaincu, si on veut tenter de calculer à peu-près le nombre des pucerons qui dans une année ont pu devoir leur origine à un seul. Depuis le 12 du mois de Juillet jusqu'au 18 Août, M. Bonnet a vû naître cinq générations de ces insectes. D'autres générations avoient précédé ces cinq, & d'autres pouvoient les suivre, puisque M. Trembley a eu des pucerons du sureau qui ont accouché en Novembre. Si on fait un calcul grossier de tous les pucerons qui peuvent venir d'un seul dans le cours d'une année, il sembleroit que quand il ne s'en sauveroit qu'un chaque hyver dans un jardin, toutes les feuilles des arbres de ce jardin ne suffiroient pas pour donner des places à ceux qui en naîtroient ; la terre même sembleroit devoir en être couverte. Car si on suppose à chacun de ces pucerons du sureau une fécondité égale à celle des pucerons du fusain, que chacun mette de même au jour 90 à 95 petits, la premiére génération d'un puceron sera au moins de 90 petits. Si chacun de ceux-ci en donne à son tour 90, la seconde sera de 8100 pucerons. La troisiéme sera de 8100 multiplié par 90 ou de 729000 pucerons. Ce dernier nombre doit encore être multiplié par 90, pour avoir celui des pucerons de la quatriéme génération, qui sera 65610000 pucerons, & en multipliant encore ce nombre par 90 pour avoir les pucerons de la cinquiéme, celle-ci sera trouvée de 5904900000. Nous ne sommes encore qu'à la cinquiéme génération, si nous prenions toutes celles qui peuvent venir d'un puceron qui a commencé à accoucher dès le mois d'Avril, & qui ne finit qu'en Novembre, combien pourroit-il donner de générations dans le cours de l'année, ou seulement en six mois! A les mettre au rabais il y en auroit plus de 20. Or si cinq générations ont produit 5904900000 pucerons, quelle innombrable quantité de ces petits insectes doit venir de 20 générations! Mais on est bien-tôt rassûré contre les inquiétudes qu'une si grande fécondité pourroit donner, quand on sçait combien d'autres insectes sont occupés journellement à les détruire pour s'en nourrir.

EXPLICATION DES FIGURES DU TREIZIE'ME ME'MOIRE.

PLANCHE XLVII.

LES Figures de cette Planche ſont principalement deſtinées à faire voir les différents moyens dont on s'eſt ſervi pour ôter à un puceron toute communication avec d'autres, depuis le moment de ſa naiſſance juſqu'à-ce qu'il ait mis des petits au jour. Si on excepte la figure 7, qui repréſente un puceron non-aîlé dans ſa grandeur naturelle, & les figures 8, 9 & 10, qui le repréſentent groſſi, toutes les autres ſont deſſinées plus petites que nature.

La Figure 1 eſt celle d'un pot de terre tel que ceux où on met des fleurs.

La Figure 2 eſt celle d'une bouteille de verre deſtinée à être miſe dans le pot de terre de la figure précédente.

La Figure 3 repréſente le pot de la figure 1 dans lequel la bouteille a été miſe, & qui eſt couverte juſqu'à une aſſés petite diſtance de ſon goulot, par la terre dont le pot a été rempli. Au-deſſus du goulot de cette bouteille s'éleve une petite tige qui porte des feuilles, ſur une deſquelles un puceron naiſſant a été poſé.

La Figure 4 a de plus que la Figure 3, un vaſe ou poudrier de verre ſous lequel ſont renfermées les feuilles qui doivent fournir des ſucs nourriciers au puceron condamné à vivre dans une parfaite ſolitude. Les bords du poudrier ſont exactement appliqués contre la terre, & en ſont couverts. Ce moyen d'interdire tout commerce à un puceron avec d'autres, eſt celui qui a été employé par M. Bonnet.

La Figure 5 eſt celle d'un tube de verre ouvert par les deux bouts *t* & *b*. M. Trembley s'eſt ſervi d'un pareil tube pour tenir un puceron dans une parfaite ſolitude: dans ce tube ſont contenuës quelques feuilles avec la tige d'où elles partent; un puceron ſéparé de ſa mere dès l'inſtant de ſa naiſſance, a été mis ſur une de ces feuilles.

La Figure 6 fait voir le tube de la figure précédente, poſé dans un vaſe qui contient de l'eau qui s'éleve juſqu'en *e e*, & dans laquelle trempe le bout de la tige qui eſt logée dans ce tube. *c c*, coton qui bouche le bout ſupérieur du tube.

La Figure 7 eſt celle d'un puceron non-aîlé d'une eſpece qui vit ſur le ſaule. M. Lyonet a vû des accouplements entre les pucerons non-aîlés & les pucerons aîlés de cette eſpece.

Les Figures 8, 9 & 10 montrent le puceron de la fig. 7 groſſi. Il eſt vû de côté fig. 8, par-deſſus le dos fig. 9, & ſous le ventre fig. 10. M. Lyonet a lui-même deſſiné les 4 figures précédentes.

La Figure 11 eſt celle d'un poudrier de verre *p*, plein d'eau & couvert de parchemin. Le couvercle eſt percé pour laiſſer paſſer la partie d'une tige qui doit tremper dans l'eau. Le reſte de la tige s'éleve au-deſſus du couvercle, & porte des feuilles ſur une deſquelles on a mis un puceron qui venoit de naître. *c c*, lit de coton ſur lequel le poudrier eſt poſé.

La Figure 12 fait voir le poudrier de la fig. 11 couvert par un poudrier plus grand, & dont les bords ont été bien preſſés contre le coton, & en ſont même recouverts.

La Figure 13 repréſente un poudrier tel que celui de la fig. 11, mis dans un plus grand ſur un lit de coton, & ſoûtenu de plus par trois cordons dont il n'en paroît ici que deux *l, l*. Le grand poudrier a un couvercle de gaze à mailles très-ſerrées, qui ne permettent pas le paſſage aux pucerons qui tenteroient d'aller trouver celui qui eſt priſonnier.

QUATORZIEME

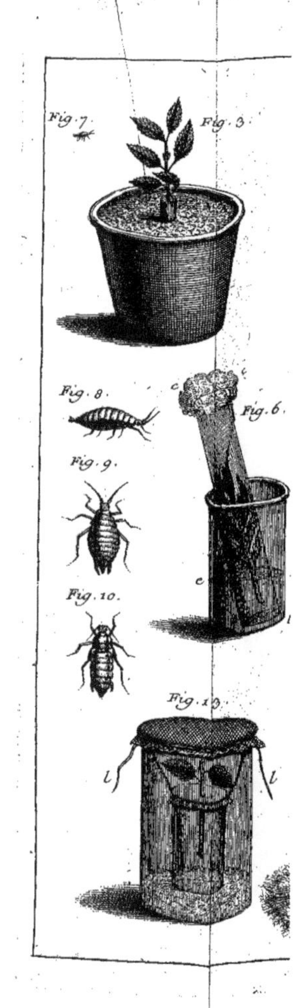
Fig. 7.
Fig. 3.
Fig. 8.
c
Fig. 6.
Fig. 9.
e
Fig. 10.
l
l

QUATORZIE'ME ME'MOIRE.

SUR LA MANIE'RE EXTREMEMENT SINGULIE'RE DONT NAISSENT QUELQUES ESPECES DE MOUCHES A DEUX AISLES, APPELLE'ES MOUCHES ARAIGNE'ES.

LE Mémoire précédent nous a appris que des loix de la nature, qu'une très-longue & très-nombreuse suite d'expériences & d'observations nous avoit fait juger générales, pouvoient avoir & avoient des exceptions; mais il ne nous a pas encore assés montré jusqu'où notre défiance doit être portée, par rapport à la généralité de celles qui nous sont connuës, & en conséquence desquelles de nouveaux êtres organisés & animés sont mis en état de remplacer ceux qui périssent journellement. S'il y a une loi de la nature qui semble nécessaire dans toute sa généralité, c'est celle qui veut que l'animal naissant ait à croître, qu'il soit plus petit que pere & mere. Quelqu'un qui attesteroit avoir vû de ses propres yeux une espece de quadrupédes dont la femelle d'une taille égale à celle d'un bœuf ou d'un chameau, met au jour un animal aussi grand qu'elle-même, qui dès qu'il est né, est parfait & n'a plus à croître, seroit pour le moins pris pour un homme qui débite ses rêveries. Il nous paroîtroit faire des contes aussi peu dignes d'être écoutés, s'il nous disoit qu'il a vû un grand oiseau pondre un œuf d'un volume si énorme, qu'il en sort par la suite un oiseau égal en grandeur & en tout semblable à celui qui a pondu l'œuf. La merveille racontée de l'animal ovipare ne seroit en rien plus croyable que celle qui auroit été rapportée du vivipare; elle le seroit même moins, car la coque de l'œuf augmente encore le volume d'une masse jugée beaucoup trop grande pour être contenuë dans le corps de la mere. En un mot on ne parviendroit pas à faire croire aux hommes les plus crédules, qu'il y a une espece de poules, par exemple, qui pond des œufs d'où sort une poule, ou un coq, qui, dans le moment même où il paroît au jour, ne cede aucunement en grandeur à la mere, ni au mâle par qui elle a été fécondée. Quelque petit que fût l'oiseau mere auquel le prodige seroit attribué, fût-il plus petit qu'un colibri, ou qu'un oiseau mouche, ce prodige n'en paroîtroit pas moins une fable. La merveille n'est ici en rien augmentée ou diminuée par la petitesse de l'animal. L'imagination & même la raison seront toûjours révoltées, lorsqu'on voudra faire concevoir un animal naissant aussi grand que pere & mere. J'ai pourtant été conduit par degrés à soupçonner que l'histoire des insectes avoit un tel prodige à nous montrer. J'ai osé me prêter à un soupçon qui paroît d'abord si déraisonnable; j'ai cherché à le vérifier; & quelques especes de mouches m'ont fait voir que le prodige étoit réel dans toute l'étenduë du sens singulier sous lequel nous venons de le présenter.

Ces mouches si dignes d'être connuës par l'état où elles paroissent dans le moment de leur naissance, sont de la classe de celles qui n'ont que deux aîles, & d'un genre dont nous n'avons parlé qu'en passant, quand il s'est agi de la distribution générale des mouches; nous ignorions alors combien elles méritoient d'être étudiées. Si nous eussions sçû ce qu'elles nous ont appris depuis, probablement nous l'eussions rapporté plûtôt; néantmoins en faisant reparoître des mouches à deux aîles à la suite de celles à quatre aîles, nous ne faisons rien que de conforme au véritable ordre, à celui de l'arrangement des vérités les plus essentielles. Deux Mémoires consécutifs concourront à prouver par des faits extrêmement singuliers, que l'Auteur de la Nature ne s'est pas contenté de varier prodigieusement les especes de petits animaux, qu'il semble s'être également plû à varier les moyens de les multiplier.

Dans le fond il n'est en rien moins admirable qu'une mouche, dès l'instant où elle sort de l'œuf, n'ait plus à croître, cet œuf n'ayant acquis aucune augmentation de volume, qu'il le seroit que quelque volatile couvert de plume fût en naissant un oiseau parfait. Aussi ne sçais-je si j'eusse osé assûrer la vérité d'un pareil paradoxe, si je ne l'avois vû que dans des pays extrêmement éloignés, & où il ne fût pas aisé à d'autres de l'aller revoir. Mais les mouches * faites pour montrer une si étrange singularité, ne sont pas rares dans ce pays; elles n'y sont que trop communes au gré de ceux qui aiment les chevaux, elles sont connuës pour être de celles qui les tourmentent le plus. On leur a donné des noms différents en différents endroits du Royaume: en Normandie on les appelle des mouches Bretonnes, & assés communément ailleurs, des mouches d'Espagne. Ce sont des mouches à deux aîles, plus petites que celles qui sont nommées des taons, & plus grandes que d'autres assés semblables à celles de nos appartements, qui en Eté s'attroupent & forment de grandes plaques sur le col, sur les épaules & sur d'autres endroits du corps du cheval. C'est aux parties des chevaux les moins défenduës par le poil, que les mouches appellées vulgairement Bretonnes ou d'Espagne, s'attachent plus volontiers, elles se tiennent souvent sous le ventre entre les cuisses postérieures, ou sur la face intérieure des

* Pl. 48. fig. 1.

cuisses mêmes ; quelquefois elles passent sous la queuë du cheval, & c'est alors qu'elles l'inquietent davantage. Si on se contente de les chasser, après un vol très-court elles reviennent sur le cheval qu'elles suivent obstinément.

Les chevaux ne sont pourtant pas les seuls animaux auxquels elles en veulent, on en trouve assés souvent sur les bêtes à cornes, & à la campagne elles se tiennent quelquefois sur les chiens; aussi un de leurs noms est encore
* Pl. 48. fig. 1. celui de mouches de chiens. Leur forme * est propre à les faire distinguer de beaucoup d'autres mouches. On nous permettra de nous arrêter un peu plus à la décrire, que nous ne ferions, si elles ne méritoient pas plus d'être connuës que le commun des autres. Ces mouches ont un air plus applati que celles de la viande & que celles de nos appartements : leur corps touche presque la surface sur laquelle elles sont posées, quoique leurs jambes soient lon-
* Fig. 2. gues * ; mais c'est qu'elles les portent loin du corps, elles s'en servent pour marcher vîte, & elles marchent volontiers lorsque les doigts qui les veulent saisir, s'approchent d'elles; pour fuir elles employent plûtôt leurs jambes que leurs aîles. Quand on leur a arraché celles-ci, leur
* Fig. 3. corps applati *, la longueur & le port de leurs jambes leur donnent une sorte de ressemblance avec des araignées de quelques especes, qui ont le corps plat, & qui s'élevent peu sur leurs jambes. Aussi le nom de mouches araignées me paroît convenir assés à celles de leur genre, & je l'ai déja
* *Tome 4.* donné * à d'autres mouches qui lui appartiennent.

Le bout de leur corps est plus large que ce qui le précede, & a à son milieu, au moins en certains temps, une échancrûre qui les pourroit faire appeller des mouches en
* Fig. 6. cœur. Leur tête * bien plus petite par rapport au volume du corps que celle du commun des mouches, tient de la
* Fig. 3. *c c.* figure triangulaire. Le dessus du corcelet * est plat & très-

luisant, quoiqu'il ait quelques poils; mais ce n'est qu'avec la loupe qu'on les découvre: il est sillonné transversalement en ligne courbe en trois différents endroits. Sa couleur dominante est un caffé brun sur lequel sont jettées des taches d'un blanc jaunâtre: quatre de ces taches sont plus remarquables que les autres, deux sont placées dans la ligne du dos, & deux courbées en arc se trouvent sur les côtés assés près de la tête. Le corps est encore plus plat que le corcelet, sur-tout par-dessus, car le dessous est un peu renflé, & tire sur le blancheâtre. Le dessus est brun, chargé de poils sur l'un & l'autre de ses côtés, & presque ras au milieu; il n'a nulle part le luisant du corcelet. Dans les états ordinaires il est plus large que long. Celui des femelles prêtes à pondre s'allonge un peu, mais plus sur les côtés que dans la ligne du dos, d'où il arrive que l'anus se trouve dans un enfoncement, & que le corps tient de la figure d'un cœur, ou de celle du corps de certaines araignées. Ordinairement leur ventre est peu rempli de matiéres succulentes, ce qui fait que ceux qui les prennent sur les chevaux, les trouvent difficiles à écraser; les doigts entre lesquels elles glissent, ont peine à venir à bout de les tuer.

Dans tous les temps où elles ne se servent pas de leurs aîles pour voler, elles les portent croisées sur le corps *, au-delà du bout duquel elles vont à une distance égale à la moitié de sa longueur. Leurs jambes que nous avons déja dit être longues, sont d'une couleur plus claire que celle du corcelet, d'un jaunâtre assés clair; chacune se termine par deux grands crochets très-courbes près de leur origine, mais dont la plus longue & derniére partie est presque droite *.

* Pl. 48. fig. 1 & 2.

* Fig. 5.

C'a été inutilement que j'ai cherché sur leur tête ces trois petits yeux disposés triangulairement, qu'on trouve ſur celle de la plûpart des autres mouches : une loupe de 7 à 8 lignes de foyer n'a pu me les y faire découvrir : ils leur manquent apparemment, & elles ne ſemblent pas en avoir beſoin, parce que les yeux à rézeau * s'étendent depuis le devant juſqu'au derriére de la tête ; ils ſont bruns. Le deſſus de la tête eſt plus blancheâtre, & forme une eſpece d'enfoncement. Cette mouche m'a paru dépourvûë d'antennes ; ſi elle en a, leur petiteſſe m'a empêché de les reconnoître pour ce qu'elles ſont. Parmi toutes les eſpeces de mouches que j'ai obſervées, je n'en ai vû aucune autre à qui ces deux parties manquaſſent.

* Pl. 48. fig. 6. *i, i.*

En devant, la tête a une eſpece de bec *, ou plûtôt paroît en avoir un aſſés long. Il eſt formé par deux petites palettes * de figure ovale d'un noir luiſant, poſées ſur une même ligne horiſontale, très-près l'une de l'autre, & qui dans les temps ordinaires s'appliquent l'une contre l'autre. Elles ont quelque reſſemblance par leur figure avec les antennes à palettes des mouches à deux aîles ; mais elles ſont autrement ſituées, & ont un tout autre uſage. Enſemble elles compoſent l'étui d'une trompe extrêmement déliée ; on la voit ſouvent ſortir d'entre les deux palettes, & ſe porter à une ligne ou deux par-delà * ; elle eſt ſi fine qu'on la prendroit pour un poil, ſi on lui voyoit conſtamment la même longueur ; à peine a-t-elle la groſſeur d'un cheveu : la mouche l'allonge & la raccourcit à ſon gré, & elle la fait diſparoître totalement quand elle le veut.

* Fig. 3 & 6. *p, p.*

* Fig. 2 & 4 *p, p.*

* Fig. 1, 2 & 4. *t.*

De cela ſeul que ces mouches araignées ou en cœur ſont au nombre des mouches incommodes, elles avoient un titre pour engager à étudier leur hiſtoire, elles avoient encore celui de n'être pas rares. On en voit quelques-unes au Printemps ; mais c'eſt en Eté, & ſur-tout en Automne qu'elles ſont le plus communes. Mes gens qui j'avois chargés de prendre celles qu'ils trouveroient sur mes chevaux, m'en ont apporté de vivantes pendant plusieurs années, qui ne m'ont rien appris de ce que je voulois sçavoir par rapport à la maniére dont elles se perpétuent. Enfin vers la mi-Octobre 1739, un de mes domestiques m'en apporta une qui avoit le ventre plus gros que je ne l'avois vû à aucune autre. L'ayant jugé prête à faire sa ponte, je la renfermai dans le premier poudrier qui se trouva sous ma main. A peine y avoit-elle été un quart d'heure, qu'ayant jetté les yeux sur le poudrier je vis un grain blanc d'une grosseur * qui ne me permettoit pas de soupçonner qu'il fût venu de la mouche : il avoit à peu-près celle d'un pois. La figure de ce grain différoit de la sphérique en ce qu'il étoit un peu oblong & applati, & qu'un de ses bouts moins gros que l'opposé, étoit un peu échancré, & avoit une espece de plaque noire. Je me hâtai de le tirer du poudrier. Ma premiére idée fut pourtant qu'il étoit une grosse graine de plante qui par hazard avoit été mise où je venois de la trouver; il me paroissoit d'ailleurs avoir la consistance d'une graine. Je le ratissai avec l'ongle pour m'assûrer si c'en étoit une, je le pressai entre deux doigts à différentes reprises, & trop fort à la derniére, le grain se creva : une liqueur épaisse & d'un blanc jaunâtre qui en sortit, m'apprit, mais trop tard, qu'il étoit un œuf. Un coup d'œil donné à ma mouche araignée m'assûra aussi qu'elle venoit de pondre. Son corps que j'avois vû si renflé, n'étoit pas plus gros alors que celui des mouches de son espece qui ont fait un jeûne forcé pendant quelques jours.

* Pl. 48. fig. 8 & 9.

Je restai étonné qu'une si grosse masse eût pu être sortie de son corps. L'analogie, qui souvent conduit bien, mais qui trompe quelquefois, portoit à juger que ce gros grain n'étoit pas un seul œuf, qu'il étoit une coque sous laquelle des centaines, & peut-être des milliers d'œufs étoient renfermés. Des insectes de plusieurs especes font toute leur ponte dans un instant, dans un instant ils rendent un volume d'œufs qui tenoit auparavant leur ventre très-distendu. C'est ce que les éphémeres nous ont fait voir dans le douziéme Mémoire. Je connois d'autres insectes qui pondent une espece de gousse où plusieurs œufs sont logés. Dans la liqueur qui étoit sortie du gros grain pondu par la mouche araignée, on appercevoit des especes de molécules arrondies qui pouvoient être autant d'œufs.

Des mouches araignées d'une autre espece dont j'ai parlé ailleurs *, qui sont du même genre que les précédentes, & qui n'en different guéres que parce qu'elles ont des aîles plus étroites; des mouches araignées, dis-je, d'une autre espece, me firent naître une idée plus singuliére, que je ne crus pourtant pas devoir rejetter sans examen. C'est dans les nids des hirondelles qu'elles se tiennent: dans les mêmes nids où j'en ai cherché & trouvé, j'ai vû des grains noirs aussi luisants que s'ils eussent été de jais, & plus gros que le corps des mouches mêmes. Ayant gardé chés moi de ces grains, j'ai eu le plaisir de voir sortir de chacun une mouche en tout semblable à celles du nid des hirondelles, c'est-à-dire, de même forme & de même grandeur. La loi générale & la seule connuë jusqu'ici pour perpétuer les especes de mouches ovipares, est que chaque mouche fémelle mette au jour des œufs de chacun desquels sort un ver qui, après avoir vécu dans des lieux & s'être nourri d'aliments convenables, parvient à son dernier terme d'accroissement; alors il se métamorphose en boule allongée, & ensuite en nymphe, & cette nymphe devient enfin une mouche. Toutes les mouches dont l'histoire est connuë, ne deviennent telles qu'après avoir passé

* *Tome 4. Mém. 3. Pl. 11.*

paffé par des formes fi différentes de leur derniére. Une des merveilles que ces changements offrent, eft que le ver qui va ceffer de l'être, & qui dans l'état de nymphe ne fera défendu que par une peau beaucoup plus délicate que celle dont il avoit été couvert jufque-là, fe fait une coque. Quelques-uns fe la filent avec un art admirable; mais d'autres par un art peut-être encore plus digne d'être admiré, fe font une coque dure & folide de la peau même qu'ils quittent; ils s'en détachent fans en fortir; ils font quelque chofe de femblable à ce que nous ferions, fi après avoir tiré nos bras d'une robe de chambre, nous nous en fervions pour nous en couvrir, non feulement le corps, mais de plus la tête & les pieds. Enfin cette peau devient une coque d'une dureté bien autre qu'on ne l'imagineroit.

Ces grains noirs trouvés dans les nids d'hirondelles, d'où je vis fortir des mouches femblables à celles qui habitent ces nids, me parurent être les coques que s'étoient faites de leur propre peau les vers auxquels ces mouches avoient donné naiffance. L'ordre établi & le feul connu pour perpétuer les efpeces de mouches, vouloit qu'on le jugeât ainfi. J'eus cependant beau chercher dans les nids d'hirondelles, & cela pendant plufieurs années, les vers qui auroient dû fe faire de ces fortes de coques, je ne pus parvenir à en découvrir un feul. Lorfque j'eus vû le gros œuf pondu par une mouche araignée des chevaux, je me rappellai les coques des nids d'hirondelles, & l'idée qu'elles me firent naître, & que j'eus peine à ne pas rejetter, fut que ces coques n'étoient elles-mêmes que des œufs; qu'il y avoit des mouches qui ne paffoient pas par l'état de ver, ni par celui de nymphe, ou au moins que nous ne pouvions voir dans ces différents états, comme nous y avions vû jufqu'ici les mouches de toutes les autres efpeces; qu'il y avoit des mouches dont chacune fortoit de fon œuf sous la forme de mouche, comme le poulet sort poulet du sien. Il restoit néantmoins une grande, &, je puis dire, une énorme différence qui étoit une suite nécessaire de l'état dans lequel j'avois vû les mouches araignées des hirondelles sortir de leur coque; c'est que le poulet naissant est bien éloigné de la grandeur de la poule, & encore plus de celle du coq, au lieu que si les coques d'où j'avois vû sortir des mouches, devoient être regardées comme celles des œufs, ces mouches naissoient absolument aussi grandes que les mouches peres & que les mouches meres.

Pour s'assûrer cependant si un fait si peu vraisemblable étoit vrai, il ne s'agissoit que d'avoir une mouche araignée qui fist chés moi un œuf. Cet œuf devoit d'abord m'apprendre si ceux de ces mouches sont d'une grandeur aussi démesurée que ce grain que j'avois cru en être un. Enfin je pouvois espérer de voir si de cet œuf conservé soigneusement, au lieu du ver qui sort de chacun de ceux des mouches des autres especes, il sortiroit une mouche égale en grandeur à celle par qui il avoit été pondu. Il me fallut attendre jusqu'à l'année qui suivit celle où j'avois eû ce soupçon, pour faire des observations capables de satisfaire ma curiosité. La saison étoit trop avancée, toutes les mouches araignées qu'on m'apportoit, avoient fait leur ponte, & toutes celles qu'on m'apporta l'année suivante jusqu'au mois de Septembre, ne sembloient pas prêtes à faire la leur, & ne la firent pas chés moi. Ce ne fut que le 18 de ce dernier mois que l'on m'en remit une telle que je l'avois desirée depuis si long temps. Son corps extrêmement renflé sembloit promettre un œuf à terme, aussi en contenoit-il un. Je ne tardai pas à la faire entrer dans un poudrier de verre dont je couvris le dessus de papier: elle y vola d'abord à quelques reprises pour chercher à s'échapper. A peine l'avois-je observée pendant quatre à cinq minutes, que dans un moment où elle étoit tranquille sur le fond du poudrier, son derriére me parut devenir blanc, & changer de figure : je sçus d'où venoient ces changements de couleur & de figure, avant que d'avoir eu le temps d'en chercher & d'en examiner la cause; dans l'instant je vis un grain blanc tout près de la mouche. C'étoit l'œuf dont elle venoit de se délivrer : sa grosseur approchoit de celle d'un pois ordinaire; son volume étoit tel que mon imagination avoit peine à concevoir qu'il eût pu être contenu dans le lieu d'où je venois de le voir sortir : il n'avoit du noir, comme celui que j'avois vû la premiére fois, qu'à son bout le plus menu & échancré *, tout le reste étoit blanc. * Pl. 48. fig. 12 & 13.

Cet œuf qui étoit pour moi d'un grand prix, devint bien-tôt le sujet de mes inquiétudes. J'ignorois où la mere l'auroit déposé, quelles précautions elle auroit prises pour lui, si elle l'eût placé à son gré. Je desirois sçavoir ce qui pouvoit le plus contribuer à faire venir à bien l'embryon qui y étoit renfermé. Dans l'incertitude, je crus devoir profiter de la leçon qui sembloit m'avoir été donnée par les mouches des nids des hirondelles. Je ne doutois presque plus que les grains noirs trouvés dans ces nids, ne fussent les œufs des mouches qui, sans en avoir instruit les hirondelles, les chargeoient du soin de couver les œufs qu'elles y alloient déposer. Je crus donc qu'il falloit tenir chaudement l'œuf que m'avoit donné une mouche araignée des chevaux. Après avoir rempli en partie de coton un poudrier de verre qui n'avoit pas deux pouces de haut, & qui avoit près de la moitié moins de diametre, je posai l'œuf sur le lit mollet que je lui avois préparé, & je lui donnai une couverture de même matiére que le lit; j'achevai de remplir de coton la bouteille, & je la bouchai.

Je ne voulus m'en fier qu'à moi-même pour tenir cet œuf dans une chaleur douce & égale. Je n'imaginai rien de mieux que de porter pendant le jour le poudrier dans mon gousset, & de le tenir pendant la nuit sous le chevet de mon lit, de le couver moi-même, pour ainsi dire, jour & nuit.

A peine avois-je encore tenu l'œuf chaudement pendant 4 heures, que j'eus impatience de le revoir. J'avois soupçonné qu'il ne devoit pas conserver sa blancheur; lorsque j'eus enlevé le coton qui le couvroit, je vis qu'il avoit déja pris une couleur de marron. Je ne l'observai une seconde fois que le lendemain, c'est-à-dire, 20 heures après qu'il eut été pondu : alors il étoit d'un beau noir, & aussi luisant que s'il eût été verni, ou que s'il eût été d'une écaille noire & polie avec soin : le bout qui étoit noir dans l'instant où l'œuf avoit paru au jour, n'avoit pas une nuance différente de celle du reste ; en un mot, il étoit devenu de la couleur de ceux des mouches des nids d'hirondelles.

Ce changement fait, l'œuf n'avoit plus rien à me montrer jusqu'au moment où l'insecte qu'il renfermoit dans son intérieur, se trouveroit en état d'en briser la coque dure & solide, jusqu'au moment où cet insecte seroit en état de naître. Chaque jour, & plusieurs fois même dans chaque jour, je regardois dans le poudrier pour examiner s'il n'y étoit rien arrivé de nouveau, si cet œuf qui étoit l'objet de mes soins, étoit encore entier, si l'insecte n'en étoit point sorti. Le moment si desiré se fit attendre près d'un mois. Ce ne fut que le 17 Octobre que je vis l'œuf ouvert, & que je trouvai auprès, non un insecte qui eût à croître & à subir des transformations, mais une mouche en tout semblable à celle par qui l'œuf avoit été pondu, & dont toutes les parties avoient des dimensions égales aux dimensions des parties de celle à qui elle devoit la naissance. Le ventre de la mouche nouvellement née étoit seul un peu flasque & retiré ; néantmoins il avoit encore autant de volume qu'en avoit eu celui de la mere mouche l'instant après qu'elle se fut délivrée de l'œuf. Je ne m'en fiai pas à ce que le premier coup d'œil m'avoit dit de la grandeur de cette mouche naissante : je l'approchai des poudriers où j'en tenois plusieurs autres de son espece, & où à la vérité elles jeûnoient depuis quelques jours. La comparaison ne laissoit aucun doute sur la grandeur de la mouche qui venoit de naître : il étoit visible & très-évident qu'elle ne le cédoit en rien à celle des autres de son espece.

Il est donc certain qu'il y a des mouches qui dans le moment de leur naissance, dans celui où elles sortent de l'œuf, n'ont plus à croître, qui naissent aussi grandes que les mâles ou les femelles à qui elles doivent le jour. C'est ce que j'ai eu occasion de revoir bien des fois. L'œuf dont j'ai parlé jusqu'ici, n'a pas été le seul que j'aye eu en ma possession : j'y en ai eu plusieurs autres qui m'ont mis en état de réïtérer l'observation la plus importante, & d'en faire d'autres moins essentielles, mais pourtant nécessaires à l'histoire des mouches araignées.

Le contentement que je témoignai, d'être possesseur du premier œuf qui me fut apporté, redoubla l'ardeur de mes domestiques pour la chasse des mouches qui en donnent de cette espece, ils s'y livrerent à l'envi : les chevaux de ceux qui venoient me voir, s'en trouvoient bien ; on ne manquoit pas de les visiter dès leur arrivée, parce qu'il est plus ordinaire à ceux qui ont été à la campagne d'avoir des mouches araignées, qu'à ceux qui ont séjourné dans l'écurie. Les chevaux & les bêtes à cornes qui ont passé plusieurs jours dans les prairies, en ont plus que les autres. Le produit des œufs ne répondit pourtant pas au nombre des mouches qui me furent apportées : on m'en prit des centaines, & je ne pus avoir pendant les vacances de cette année, que 7 à 8 œufs bien conditionnés; on attrapoit quelquefois des mâles, quoiqu'on n'eût voulu saisir que des femelles. Quand on en prenoit une de celles-ci, dont le ventre étoit bien gros, on me l'apportoit d'un air triomphant. Souvent pourtant la ponte de celles dont le ventre étoit renflé, n'étoit pas assés prochaine. Enfin les doigts du chasseur serroient quelquefois la mouche plus qu'il ne l'eût voulu, & s'ils ne la tuoient pas, ils la blessoient ou l'estropioient. Toutes celles qui n'ont donné leur œuf qu'un jour ou deux après qu'elles avoient été prises, en ont donné de plus petits que ceux qui viennent à bien, & qui ont toûjours mal réussi; mais il ne manquoit rien à ceux qui ont été pondus par des mouches qui n'étoient renfermées dans le poudrier que depuis quelques heures. Les efforts qu'elles font pour se tirer des doigts de celui qui les tient, avancent apparemment leur ponte. Telle mouche a fait son œuf dans la main même de celui qui venoit de l'attraper, ou quelquefois dans la mienne, dans l'instant où on venoit de me la remettre; d'autres ont été à peine emprisonnées dans le poudrier, qu'elles ont laissé le leur sur son fond.

Les œufs qui ne valent rien, eussent-ils la grosseur des autres, seroient aisés à reconnoître pour ce qu'ils sont, au moins au bout de 24 heures: alors leur couleur est encore blanche ou blancheâtre; ils peuvent devenir bruns, mais jamais ils ne deviennent de ce noir luisant qui ne manque pas de paroître au bout d'un jour sur les œufs bien conditionnés, quoiqu'ils ne soient pas tenus aussi chaudement que celui que je me chargeai de couver, quoiqu'on les laisse simplement dans une chambre.

J'en ai mesuré avec soin plusieurs de ceux qui étoient venus à terme, communément ils avoient plus de deux lignes de longueur. Le diametre de leur plus grande largeur étoit de plus d'une ligne & demie, & celui qui déterminoit l'endroit de la plus grande épaiſſeur, avoit plus d'une ligne & un quart. Les dimenſions de l'extérieur du corps de la mouche fémelle qui a fait ſa ponte, ou qui n'eſt pas prête à la faire, égalent à peine celles d'un de ces œufs; d'où il ſuit que la cavité intérieure du corps dans l'état ordinaire, n'eſt pas, à beaucoup près, capable d'en contenir un; mais il en eſt de la capacité du corps de cette mouche, comme de celle d'une bourſe, & d'une veſſie, qui s'étendent à meſure qu'on les remplit. En dehors & en-deſſus les corps des mouches que je meſurai, avoient environ deux lignes de longueur, & un peu moins en-deſſous; & environ deux lignes de largeur près de leur bout, qui eſt l'endroit où ils en ont le plus: leur épaiſſeur n'étoit que d'une ligne.

Nous avons déja dit qu'un des bouts de l'œuf eſt plus menu que l'autre; le plus menu * a une ſorte d'échancrûre, un enfoncement qui ſe trouve entre deux eſpeces de cornes * mouſſes, courtes, & tournées l'une vers l'autre; elles ſont plus ſenſibles quand on regarde l'œuf par une de ſes faces * que par celle qui lui eſt oppoſée *. Ces deux eſpeces de cornes ou de mammelons, l'eſpace qui eſt entr'eux, & une partie des environs de l'échancrûre, ſont ce que l'œuf qui vient d'être pondu, a de noir, le reſte eſt parfaitement blanc. La portion noire qui eſt en-dehors des mammelons, a quelques rugoſités, elle n'a pas le liſſe du reſte qui en a beaucoup, conſidéré à la vûë ſimple; mais quand on l'obſerve avec une forte loupe, tout l'extérieur paroît chagriné à grains fins. Quoique l'enveloppe de l'œuf ſoit encore blanche, elle eſt déja dure & ferme; elle le devient encore davantage pendant qu'elle brunit. Celle d'un œuf qui a pris le noir, réſiſte à une preſſion des doigts aſſés forte: auſſi cette enveloppe eſt-elle faite d'une

* Pl. 48. fig. 10, 11, 12 & 13.
* c, c.
* Fig. 12.
* Fig. 13.

espece de cartilage ou d'écaille d'épaisseur sensible, & que de bons ciseaux ne coupent pas aisément. Ces coques écailleuses ou cartilagineuses sont fortes, solides, & capables de soûtenir des chocs qui briseroient celles des œufs des petits oiseaux.

Ce doit être une grande opération pour une mouche que de faire sortir de son corps un œuf dont le volume surpasse celui du corps même. Cependant elle pond pour l'ordinaire cet œuf d'une grosseur si démesurée, avec autant de facilité que d'autres mouches en pondent d'une grosseur plus proportionnée à la leur. C'est une affaire d'un instant; au moins au bout d'un instant ai-je vû en entier l'œuf dont je venois de voir paroître le bout en-dehors du derriére de la mouche. Tout ce que la Nature a voulu qui fût fait par les animaux, leur a été rendu facile. Au-dessous de l'anus de la mouche il y a une ouverture qui est ordinairement couverte par une plaque triangulaire & cartilagineuse *. Cette ouverture se dilate au point nécessaire pour que l'accouchement ne soit point trop laborieux. C'est peut-être pour fournir à la dilatation de cette ouverture, pour mettre ses bords hors de risque d'être déchirés malgré la grande dilatation, que la partie postérieure du corps est plus large que le reste. La mouche qui vient de se délivrer d'un si gros œuf, n'en paroît pas plus fatiguée; elle marche, & vole sur le champ à son ordinaire. J'ai vû pourtant des pontes laborieuses, & je n'étois pas fâché qu'elles le fussent. Une mouche qui avoit été trop pressée par les doigts qui l'avoient prise, a quelquefois commencé à faire sortir entre les miens, un œuf * qui n'étoit pas encore à terme; l'opération alors a été longue, & j'en ai plus eu le temps d'observer la dilatation excessive qui se fait par degrés dans l'ouverture par laquelle l'œuf doit passer; son bout le moins gros, celui qui a une grande

* Pl. 48. fig. 15 & 16. l.

* Fig. 15. o.

grande tache noire, se présente le premier *. On voit d'abord paroître cette tache; après qu'elle s'est montrée, on ne tarde guéres à appercevoir une portion de couleur blanche*, l'œuf entier est ensuite poussé hors du corps.

* Pl. 48. fig. 15. o.

* Fig. 16.

Nous avons parlé ailleurs * d'œufs d'insectes qui croissent journellement, dont les dimensions augmentent journellement en tout sens. Ceux de nos mouches araignées, quelque gros qu'ils soient, sembleroient encore avoir besoin d'être dans le même cas, ils n'y sont pas cependant: leur volume, comme celui des œufs les plus connus, reste tel qu'il étoit quand ils ont été pondus; tout ce qui leur arrive, c'est que leur coque prend une teinte brune en moins d'une heure: au bout de deux ou trois heures elle est rougeâtre; & enfin en moins d'un jour entier, & quelquefois dans un demi-jour, elle devient du plus beau noir; elle se desseche, & acquiert plus de consistance & de dureté qu'elle n'en avoit d'abord. L'intérieur de cette coque a donc assés de capacité pour renfermer une mouche aussi complette & aussi grande que celle par qui l'œuf a été pondu.

* *Tome 5. Mém. 3.*

Mais cette mouche qui par sa façon de naître, par l'état de perfection où elle est arrivée dans l'instant même de sa naissance, a été soustraite à la loi qui veut que tous les autres animaux, après avoir été mis au jour, ayent à croître, & à croître beaucoup, a pourtant un temps pendant lequel elle croît. Pendant ce temps est-elle ou n'est-elle pas soûmise à la loi selon laquelle se fait l'accroissement de toutes les autres mouches! Ne devient-elle aîlée qu'après avoir passé par des métamorphoses semblables à celles auxquelles toutes les autres mouches ont été assujetties! A-t-elle d'abord été un ver qui s'est nourri des aliments qui se sont trouvés renfermés avec lui dans la coque! Ce ver, après avoir consumé sa provision d'aliments, a-t-il été en état de se transformer en boule allongée, comme s'y transforment les vers d'un grand nombre d'especes de mouches à deux aîles ! L'insecte a-t-il passé ensuite de l'état de boule allongée, à celui de nymphe ! enfin cette nymphe, après s'être défaite d'une enveloppe extrêmement mince, est-elle devenuë une mouche en état d'ouvrir la coque sous laquelle elle étoit renfermée, & d'en sortir ! C'est ainsi que tout se passe pour le parfait développement des mouches à deux aîles les plus communes. Mais l'analogie ne sçauroit nous éclairer par rapport à un insecte pour lequel la Nature s'est si fort écartée des voyes qu'elle a prises, pour conduire les autres animaux à leur état de perfection. On pouvoit même soupçonner que la mouche araignée n'avoit point de métamorphoses à subir, qu'elle croissoit dans son œuf, comme le poulet croît dans le sien ; que dès le premier instant où elle commençoit à se développer, elle étoit mouche ; que ses parties s'étendoient & se fortifioient journellement, & que parvenuë à être mouche parfaite, elle se trouvoit en état de forcer sa coque.

Il étoit intéressant de sçavoir laquelle de ces deux voyes l'Auteur de la Nature avoit choisie, ou s'il n'en avoit pas pris quelqu'autre. Le seul moyen de l'apprendre, étoit d'ouvrir des œufs de mouches araignées dans des temps plus proches, & dans des temps plus éloignés de celui où ils avoient été pondus, de faire sur ces œufs des observations semblables à celles qui ont été faites par Malpighi & par d'autres bons observateurs, sur l'incubation des œufs de poules. Le vrai est que les œufs des mouches araignées, quoiqu'excessivement gros pour des œufs de mouches, sont bien petits, lorsqu'on les compare à ceux des poules, & qu'on ne sçauroit se promettre d'avoir autant de facilité à voir l'embryon dans les premiers, qu'on en a à le voir dans les autres. D'ailleurs il n'est pas aussi aisé de se procurer une provision suffisante d'œufs de mouches araignées, qu'il l'est de l'avoir d'œufs de poules. Aussi ne fut-ce qu'un an après que j'eus vû naître la premiére de ces mouches, que je pus rassembler assés de leurs œufs pour fournir aux observations que j'avois à faire. A peine pourtant avois-je vû naître cette premiére mouche, que j'ouvris un œuf que j'avois couvé, comme celui d'où elle étoit sortie, mais quatre jours de moins, parce qu'il avoit été pondu quatre jours plus tard. La mouche ne devoit éclorre que dans quatre jours, je la trouvai sous la forme d'une nymphe * dont toutes les parties étoient très-distinctes, très-reconnoissables pour celles d'une mouche, & à qui il manquoit peu du côté de la consistance. La coque avoit été ouverte par le gros bout *, & c'est celui qui dorênavant sera nommé le bout antérieur; il étoit occupé par la tête. Les yeux à rézeau se faisoient remarquer par leur couleur qui tiroit sur un marron rougeâtre. Les deux palettes qui servent d'étui à la trompe, avoient presque la même nuance de rougeâtre. Tout le reste de la nymphe étoit blanc, excepté quelques touffes de poils, qui étoient grisâtres. Le derriére de la nymphe étoit posé sur le petit bout de la coque, sur celui qui en-dehors a une échancrûre à laquelle une convexité répond par dedans: aussi le derriére de la nymphe s'étoit-il moulé sur cette convexité, ce qui le rendoit échancré au milieu, & façonné comme l'est l'extérieur du petit bout, ou postérieur de la coque. D'ailleurs il n'y avoit dans la coque aucune goutte de liqueur, ni aucun grain d'excrément.

* Pl. 48. fig. 21 & 22.

* Fig. 11. *d d.* & fig. 20.

L'année suivante, j'ouvris le 12 Octobre un œuf qui avoit été pondu le 13 Septembre, & tenu depuis dans une chambre dont l'air n'avoit pas été assés échauffé pour avancer beaucoup le développement des parties de la mouche. Si on eût continué de le laisser dans un air à peu-près de pareille température, la mouche n'eût été en état de se tirer hors de sa coque qu'au bout de 5 mois ou environ; elle avoit pourtant dès-lors la forme de nymphe; mais la nymphe, quoique bien formée, étoit encore tendre & molle, & entiérement blanche. Les yeux à rézeau n'avoient pas la plus-légere teinte de rougeâtre.

Il est donc déja certain que toute mouche araignée a passé par l'état de nymphe; mais qu'a-t-elle été immédiatement auparavant que d'avoir été nymphe! A-t-elle été boule allongée, & cette boule allongée est-elle venuë d'un ver qui s'est transformé! Toutes les mouches qu'il a été permis de suivre jusqu'ici dès leur premiére origine, ont été des vers: les mouches araignées en ont-elles été aussi! Pour tâcher de le découvrir, j'ai ouvert des œufs un jour, d'autres trois jours, d'autres quatre à cinq jours après qu'ils avoient été pondus; dans tous ces œufs, & même dans ceux pondus depuis huit à dix jours, je n'ai vû qu'une espece de bouillie blancheâtre dans laquelle se trouvoient divers petits grains un peu jaunâtres, & quelques-uns presque noirs, ces derniers étoient près des parois de la coque. Dans les œufs nouvellement pondus, cette bouillie étoit plus fluide que dans ceux qui étoient plus vieux. Dans ceux-ci, la portion qui touchoit les parois de la coque, avoit même de la consistance. Mais dans quelque temps que j'aye ouvert des œufs très-bien conditionnés, je n'ai jamais trouvé un ver dans leur intérieur. Quelques-uns de ceux dont j'ai emporté une partie de la coque, avoient été pondus depuis plus de trois semaines. Si un ver y eût dû être renfermé, ce ver eût été alors gros & sensible, son accroissement eût été complet ou près de l'être, le ver eût été près de se transformer en nymphe; la quantité de la bouillie eût dû diminuer de jour en jour pour fournir à l'accroissement journalier du ver. Mais jamais je n'ai trouvé de ver, ni n'ai vû le volume de la bouillie diminué.

Si l'on se rappelle ce qui a été rapporté ailleurs de l'état où est l'insecte qui doit devenir une mouche à deux aîles, semblable aux grosses mouches bleuës de la viande, si, dis-je, l'on se rappelle l'état où est cet insecte lorsqu'il vient de passer de la condition de ver à celle de boule allongée, lorsqu'il vient de se détacher de sa peau pour s'en faire une coque solide dans laquelle il est renfermé, mais à laquelle il ne tient pas; on sçaura que l'insecte en perdant sa peau, a perdu tout ce qui lui donnoit de la consistance; ses parties semblent s'être liquéfiées. Quand on ouvre la coque, on ne la trouve remplie que d'une espece de bouillie. Les parties du petit animal sont si molles & si abbreuvées d'eau, qu'il n'est permis de distinguer ni leur arrangement, ni leur figure. Plusieurs jours même après cette premiére transformation, c'est-à-dire, lorsque la boule allongée commence à se métamorphoser en nymphe, l'intérieur de la coque ne paroît encore contenir que de la bouillie, mais devenuë un peu plus épaisse. Pour nous assûrer que les parties de la nymphe étoient pourtant bien formées alors, malgré l'espece de liquidité de la masse qu'elles composoient, nous avons fait bouillir dans de l'eau de ces coques avant que de les ouvrir, nous les avons fait cuire, comme on fait cuire des œufs frais. Nous avons eu recours au même expédient pour faire prendre de la consistance à cette espece de bouillie dont sont remplis les œufs des mouches araignées, trop nouvellement pondus pour que la nymphe s'y trouve avec des parties bien affermies. Les œufs de ces derniéres qui n'avoient que huit à dix jours au plus, & même de plus récemment pondus, après avoir été cuits, m'ont paru chacun remplis par un insecte semblable à celui qui est sous la forme de boule allongée dans ces coques d'où sort une grosse mouche bleuë de la viande. Dans les œufs de mouches araignées que je n'ai fait cuire que trois ſemaines après qu'ils ont été pondus, j'ai trouvé une boule allongée qui avoit commencé à ſe transformer en nymphe.

Toute cette bouillie qui remplit un œuf de mouche araignée, qui n'a que quelques jours, ou même que quelques ſemaines, ne doit donc pas être regardée comme une maſſe informe, elle a vie; elle eſt un animal qui, à parler exactement, n'a plus à croître, & dont les parties n'ont beſoin que d'acquérir de la conſiſtance, de ſe fortifier. L'œuf de mouche araignée n'eſt donc pas un œuf ſemblable aux autres œufs. Chacun de ceux-ci renferme un embryon extrêmement petit, & qui nage en quelque ſorte dans la liqueur qui le doit nourrir, au lieu que tout ce qui remplit la capacité de la coque de l'œuf d'une mouche araignée, eſt l'animal même.

Juſqu'ici on a diviſé les animaux en deux claſſes, celle des vivipares, & celle des ovipares: les mouches araignées demandent qu'à ces deux claſſes, on en ajoûte une troiſiéme, car elles ne ſont, à proprement parler, ni ovipares, ni vivipares. Les vivipares mettent au jour des petits qui ne ſont point renfermés ſous une coque; & dans les œufs qui viennent d'être pondus par les ovipares, l'embryon échappe à nos yeux par ſa petiteſſe. Si on vouloit regarder l'état de boule allongée, comme celui d'une nymphe, quoiqu'imparfaite, on pourroit appeller la nouvelle claſſe, celle des inſectes nymphipares. On aimera peut-être mieux ce nom que celui de boulipares, qui ſeroit plus exact.

Malgré la reſſemblance que l'eſpece de bouillie des coques des mouches araignées, ſoit cuite, ſoit non cuite, a avec la ſubſtance des inſectes qui ſont reconnus pour être dans l'état de boule allongée, on pourroit encore avoir quelque peine à la prendre pour un animal plein de vie, ſi nous n'avions à rapporter des obſervations propres à achever d'en convaincre. Il y a une circonſtance qui a la vérité ne peut guéres être fournie que par quelque hazard, dans laquelle on ne sçauroit s'empêcher de reconnoître que l'intérieur de la coque est habité par un animal vivant. Après avoir vû plusieurs œufs de mouches araignées dont l'enveloppe avoit une figure aussi constante, aussi peu variable que celle des œufs des oiseaux, j'en ai eu quelques-uns qui, dans l'instant où ils venoient de sortir du corps de la mouche pour tomber dans ma main, se donnoient des mouvements, non des mouvements propres à les faire changer de lieu, mais des mouvements qui faisoient changer de figure à certaines portions de la coque. C'est sur-tout à son gros bout, à l'antérieur qu'on en pouvoit voir de très-remarquables: dans l'état ordinaire, il a la convexité d'une calotte à peu-près sphérique *: dans le moment dont je veux parler, le sommet de cette convexité s'allongeoit très-sensiblement en mammelon conique *, & sur le champ le mammelon se raccourcissoit, le bout de la coque reprenoit sa premiére rondeur, mais c'étoit pour s'allonger de nouveau dans l'instant suivant, & se raccourcir ensuite. Pendant plus d'un quart d'heure, & quelquefois pendant près d'une demi-heure, j'ai vû ce mammelon paroître & disparoître alternativement; mais les intervalles pendant lesquels il disparoît, deviennent de plus en plus longs, plus le temps où il doit cesser de se montrer, est proche. Pendant que ce gros bout est en jeu, on apperçoit aussi des mouvements, mais moins considérables, dans différentes portions qui s'enfoncent & qui se relevent alternativement; mais ce n'est guéres qu'à deux ou trois reprises.

* Pl. 48. fig. 13. b.

* Fig. 14. b.

Au reste, comme je l'ai déja fait entendre, on n'observe point de pareils mouvements dans tous les œufs: inutilement chercheroit-on à les voir dans ceux qui ont été pondus depuis quelques heures. La coque qui a été exposée quelque temps à l'action de l'air, s'est desséchée & durcie.

Il ne feroit plus dans le pouvoir de l'infecte qu'elle renferme; de la faire céder, s'il tentoit de le faire; mais il y a tout lieu de croire qu'alors il ne le tente, ni n'eft en état de le tenter. Entre les œufs même que j'ai obfervés dans l'inftant où ils venoient d'être pondus, ceux où j'ai vû de ces mouvements ont été en petit nombre. J'ai penfé qu'on ne les voyoit qu'à ceux qui étoient fortis avant que d'être à terme, & l'expérience a juftifié cette idée. J'ai ouvert le corps de plufieurs mouches araignées qui avoient le ventre renflé, & où j'ai trouvé un gros œuf. Plufieurs des œufs que j'ai ainfi tirés du corps de différentes mouches, m'ont fait voir les mouvements que je viens de décrire. Il y a eu pourtant des œufs obtenus par une ponte fi forcée, dont la coque ne s'eft agitée dans aucune de fes portions, & felon toute apparence, ceux-ci étoient à terme.

L'œuf, ou plûtôt la coque que je crois devoir être dite à terme, eft celle dont l'infecte renfermé dans fon intérieur, eft devenu une boule allongée; c'eft-à-dire, celle aux parois intérieures de laquelle les parties de l'infecte ont ceffé d'être adhérentes. Je conçois qu'il eft un temps où la coque tendre, molle & flexible, a été pour cet infecte ce que la peau du ver qui doit devenir une groffe mouche bleuë, a été pour ce ver avant fa premiére transformation; alors toutes les parties de ce ver qui étoient touchées par fa peau, lui étoient adhérentes. Ces mêmes parties fe détachent enfuite de cette peau, qui devient une efpece de boîte dans laquelle eft contenu l'infecte nouvellement transformé. L'infecte qui par la fuite fe change en mouche araignée, a de même eu d'abord pour peau cette enveloppe qui n'eft plus pour lui dans la fuite qu'une coque: dans fon premier âge il a été uni à cette enveloppe. C'eft probablement quand il s'en détache, & lorfqu'il fait des mouvements pour s'en détacher, qu'on voit le bout

antérieur

ntérieur de la coque, celui où est la tête, s'allonger & se ccourcir alternativement, & qu'on voit d'autres portions de la coque s'enfoncer & se relever aussi alternativement.

Je me fis un plaisir d'apprendre à M. Bonnet que la mouche araignée, dès l'instant de sa naissance, est aussi grande que pere & mere; & je comptois bien qu'il y avoit pour moi à gagner en lui apprenant un fait singulier qui l'exciteroit à faire des observations. Celle des œufs qui sont capables de se donner certains mouvements, ne lui a pas échappé; il a même vû un œuf qui étant posé sur sa main, s'éleva sur un côté & se laissa retomber, & cela à diverses reprises. Le même œuf allongeoit & raccourcissoit alternativement son gros bout, il retiroit aussi en dedans, & relevoit ensuite différentes portions de la coque. M. Bonnet imagina de le plonger dans l'eau, dans l'instant tous ses mouvements furent arrêtés; il l'en retira au bout d'une heure, & il ne fut pas long-temps hors de l'eau sans commencer à faire reparoître des mouvements semblables aux premiers. L'eau avoit empêché la coque de se dessécher.

Outre ces mouvements, pour ainsi dire extérieurs, on en peut voir d'autres qui se font dans l'intérieur. Les mouches de vers mangeurs de pucerons, & les mouches éphémeres, m'ont donné occasion de parler de tranches minces & nébuleuses qu'on voit se succéder & marcher parallelement les unes aux autres dans l'intérieur de ces mouches dont le corps est transparent; elles vont d'un bout du corps vers l'autre. J'ai apperçu quelque chose de semblable dans l'intérieur de divers œufs de mouches araignées nouvellement pondus, que je regardois vis-à-vis d'un grand jour: ma vûë étoit pointée vers le milieu d'un de leurs côtés. Là est un endroit plus transparent que le reste, & qui m'a permis de distinguer très-bien des couches nébuleuses fort minces qui se succédoient les unes aux autres,

& qui toutes alloient vers le bout antérieur. M. Bonnet a non seulement vû comme moi ces especes d'ondes minces en mouvement dans des œufs à terme, il les a vûës dans un qui étoit bien éloigné d'y être, qui avoit été pondu quoique d'une grosseur fort inférieure à celle à laquelle il eût dû parvenir, & quoiqu'il n'eût pas encore la tache noire, Mais ce qui lui parut digne d'être remarqué, & ce qui l'est réellement, c'est que dans ce dernier œuf les couches nébuleuses avoient une route contraire à celle qu'elles ont dans des œufs plus avancés. Dans l'œuf encore éloigné d'être à terme, elles marchoient du bout antérieur vers le postérieur. Nous avons rapporté comme un fait singulier, que la circulation des liqueurs nous avoit paru se faire dans le papillon en un sens contraire à celui où elle se faisoit dans son corps, lorsqu'il étoit chenille. La circulation des lames nébuleuses, qui dans l'œuf à terme a un cours opposé à celui qu'elle a dans l'œuf qui n'y est pas, paroît donc prouver que l'œuf à terme renferme un insecte qui a changé d'état; & ce changement n'a pu être que celui de ver en boule allongée.

Enfin ces mouvements qu'on apperçoit dans l'intérieur des œufs, & d'autres beaucoup plus sensibles qu'on voit en certains temps dans diverses portions de la coque, prouvent que celle-ci renferme un animal vivant. Si lorsqu'on ouvre une coque, il n'en sort qu'une espece de bouillie, c'est que toutes les parties de l'animal ont encore alors trop peu de consistance; elles sont molles au point d'être presque fluides, & telles sont toutes les parties des insectes qui doivent par la suite être des mouches à deux aîles, & qui sont encore des boules allongées.

Si la coque étoit plus transparente qu'elle ne l'est, on pourroit distinguer les unes des autres les parties du petit animal, pendant qu'elle les soûtient. Le peu de transparence qu'elle a en certains endroits, suffit néantmoins pour en laisser appercevoir quelques-unes. Dans l'intérieur d'un œuf nouvellement pondu j'ai vû très-bien quatre gros vaisseaux que j'ai jugé être des trachées; on les suit dans les trois quarts de la longueur de l'œuf. Sur chaque face de l'œuf il y a un de ces vaisseaux assés proche de chaque côté. Les deux du même côté paroissent se rendre à une des cornes de ce côté; mais il y a plus d'apparence qu'arrivés à la portion qui est noire en-dehors, & qui empêche de les suivre, ils se courbent pour se rendre tous quatre entre les deux cornes, c'est-à-dire, dans l'endroit où le petit bout de la coque est échancré par dehors. Ce qui doit le faire juger ainsi, c'est que du centre de l'enfoncement s'éleve un très-court mammelon dont le bout paroît rebordé & percé*. Probablement ce petit tuyau tient lieu d'un stigmate.

* Pl. 48. fig. 14. s.

Mais quelle forme avoit cet insecte avant que d'être en état de se transformer en boule allongée! Le seul moyen de s'en instruire, étoit d'ouvrir sans pitié le ventre à différentes mouches dans des temps plus ou moins éloignés de celui où elles sont prêtes à pondre, ou, ce qui revient au même, d'ouvrir des ventres plus ou moins renflés. Dans celui de quelques-unes j'ai trouvé un corps entiérement blanc qui avoit déja la figure qu'a l'œuf qui vient d'être pondu, quoiqu'il n'eût pas la moitié du volume de ce dernier. Ce corps ne ressembloit donc en rien par sa forme aux vers les plus connus, & ne m'a paru capable d'aucun mouvement progressif: le nom de ver ne lui en étoit peut-être pas moins dû. La Nature qui s'est si fort plû à varier les figures des insectes, peut avoir donné à un ver celle d'un œuf; elle en a produit qui sont incapables de changer de place, & il n'y en a point à qui il fût plus inutile de se mouvoir, qu'à ceux qui doivent cesser d'être vers avant que d'être hors du corps de la mere. Ces vers, ou si l'on veut, ces œufs plus ou moins gros que j'ai tirés du corps de la mere, étoient contenus dans un canal membraneux* qui peut être appellé l'*Oviductus*, & qui est capable d'une grande dilatation : on est obligé de l'ouvrir pour mettre à découvert le corps qu'il contient : des trachées sensibles rampent sur sa surface. La partie de l'*Oviductus** qu'a quittée ce corps en forme d'œuf pour s'approcher de l'anus, n'a que la grosseur d'un fil. A cette partie déliée se rendent deux autres canaux membraneux*, dans chacun desquels j'ai trouvé un corps blanc, oblong*, & de la figure d'un cylindre dont les deux bouts auroient été arrondis. Celui* d'un des deux canaux étoit plus court & moins gros que celui de l'autre*. Il y a grande apparence que ces deux corps oblongs devoient venir successivement prendre la place qui avoit été occupée par l'œuf, ou plûtôt par la coque, quand la mouche s'en feroit délivrée; que par la suite ils devoient fournir à une seconde & à une troisiéme ponte. Lorsqu'on écrase ces corps oblongs, on en fait sortir une bouillie plus blanche que celle qui est dans les coques. Cette bouillie ne paroît pas remplir le bout le plus proche du derriére de la mouche ; une portion de ce bout est transparente pendant que le reste est opaque. Peut-être que ces petits corps sont de véritables vers, quoique je ne leur aye vû faire aucun mouvement, & que je ne sois pas parvenu à leur découvrir une bouche : la Nature peut les nourrir & les faire croître par une autre voye. Les sucs nourriciers leur sont peut-être fournis par des moyens semblables à ceux qui ont été employés pour faire croître les œufs des oiseaux, pendant qu'ils sont dans le corps des femelles. Quoi qu'il en soit, c'est après être entrés dans le grand *Oviductus* qu'ils prennent une figure plus courte & un peu applatie, en un mot celle qu'ont

* Pl. 48. fig. 17. *mm, nn.*
* *t.*
* *b, c.*
* *d, e.*
* *e.*
* *d.*

les coques ponduës par les mouches araignées. Ce changement de figure ne pourroit-il point être regardé comme une premiére métamorphose? C'en seroit une encore singuliére par l'état où est l'insecte dans le temps où elle se fait; car les vers des autres mouches à deux aîles, après s'être métamorphosés, n'ont plus à croître, au lieu que le corps oblong de figure plus courte & plus applatie, a encore à croître sous cette derniére figure. Il est difficile de n'en pas rester à des conjectures par rapport à ce qui se passe dans de si petits corps qu'on n'a pas à sa disposition en aussi grand nombre qu'on souhaiteroit les avoir, & qu'on n'a pas dans les temps précis où il conviendroit qu'on les eût.

Une observation au moins qui ne doit pas être passée sous silence, car il ne faut rien obmettre de ce qui tient à un phénomene dont l'histoire naturelle ne nous avoit pas encore donné d'exemple, une observation, dis-je, semble très-propre à prouver que cette solide coque* où l'on trouve l'insecte sous la forme de nymphe, & d'où il sort mouche araignée, n'est nullement une coque analogue à celle des œufs ordinaires, qu'elle a été la peau même de l'insecte avant qu'il se transformât. Ayant examiné l'intérieur d'une coque d'où une de ces mouches venoit de sortir, j'ai trouvé ses parois tapissées d'une membrane blanche, extrêmement mince, & je n'ai point trouvé une pareille membrane étenduë sur les parois d'une autre coque occupée par une nymphe prête à devenir mouche. De-là il suit que la membrane qui tapissoit la premiére coque, n'étoit autre chose que la dépouille dont la mouche s'étoit défaite dans l'instant de sa naissance. Mais quand l'insecte avoit eu à passer, soit dans le corps de la mere même, soit depuis qu'il en étoit sorti, de son premier état à celui de nymphe, il avoit eu à quitter une premiére dépouille, celle à laquelle il devoit sa premiére forme:

* Pl. 48. fig. 10, 11 & 12, &c.

inutilement ai-je aidé mes yeux d'une bonne loupe, & ai-je redoublé d'attention pour chercher dans la coque cette premiére dépouille, je n'ai pu en découvrir aucun vestige. Si l'insecte en avoit laissé une premiére, cette dépouille ne pouvoit donc être que la coque même de laquelle la mouche sort; c'est ainsi, comme nous l'avons dit & redit, que les vers qui se transforment en boule allongée, ont leur coque faite de la peau qu'ils ont laissée.

* Pl. 48. fig. 23.

* f, f, f, g, g, g.

Dans le fond de la coque* qu'une mouche naissante vient d'abandonner, c'est-à-dire, sur la surface intérieure du petit bout, ou postérieur, on remarque aisément six filets ou petits vaisseaux* qui partent trois à trois de deux centres différents; chacun de ces centres m'a paru répondre à une des cornes: chaque filet rampe sur la coque; il se termine par deux courtes branches, par une espece de fourche. Le filet est une tige, de chaque côté de laquelle partent des fils plus déliés, courts, & dirigés perpendiculairement à sa longueur. Les six filets qui servoient de tiges aux fils plus petits, sont probablement des vaisseaux; mais sont-ils des vaisseaux à air, des trachées? Ils sont moins blancs & moins brillants que les trachées ordinaires des insectes: peut-être sont-ce des vaisseaux qui servent à porter ou à préparer le suc nourricier. D'une coque nouvellement ponduë, & ouverte sur le champ, j'ai tiré un corps solide en forme d'y grec.

J'ai gardé dans mon cabinet, pendant l'hyver, des coques ou des œufs pondus à la fin de Septembre ou en Octobre; ils étoient entourés de coton de toutes parts, & renfermés dans un poudrier: quoique l'air où ils ont été tenus, fût assés doux, les premiéres mouches ne sont nées que vers la mi-Avril.

Lorsqu'on compare l'œuf qu'une mouche araignée vient de mettre au jour, avec le corps de cette même mouche, nous avons assés dit qu'on ne sçauroit manquer d'être surpris qu'il ait pu y être contenu. Le ventre de la mouche est une espece de bourse à ressort qui se contracte dès que l'œuf qui la tenoit dilatée, en a été tiré. On compare donc alors un ventre qui a perdu beaucoup de son volume, avec un œuf qui a conservé tout le sien. Cet œuf quoique plus gros que le ventre de la mouche dans lequel il a été logé, semble cependant avoir bien moins de volume que toutes les parties de celle-ci prises ensemble, que son corps, son corcelet, sa tête, ses aîles & ses jambes; en faisant donc une seconde comparaison, celle du volume total de la mouche avec celui de la coque, on a peine à concevoir que cette coque soit une boîte capable de contenir une mouche aussi grande que celle qu'on a sous ses yeux. La maniére dont les parties de cette derniére sont étalées, fait juger son volume plus considérable qu'il ne l'est réellement. Si ses aîles & ses jambes étoient pliées, si sa tête, son corcelet & son corps étoient comprimés & réduits en une espece de paquet, ce paquet ne seroit pas trop gros pour être logé dans la coque. Dans l'instant où la mouche naissante paroît au jour, ses parties s'allongent, se développent, & l'air qu'elle respire, aide à dilater celles qui sont susceptibles d'extension.

Des faits sans nombre nous ont appris combien les insectes de différentes especes prennent de soins pour leurs œufs, qu'ils sçavent leur choisir & souvent leur préparer des endroits où ils sont sûrement & avantageusement placés. J'ignore jusqu'où vont les soins que la mouche araignée des chevaux prend pour les siens, où elle les dépose; mais nous pouvons la soupçonner aussi-bien instruite que l'est une mouche araignée d'une autre espece, qui sçait charger les hirondelles de couver les siens, qui sçait aller les pondre dans leur nid. J'ai imaginé autrefois de faire couver des crisalides par des poules, de faire éclorre des papillons sous des poules ; si je me fusse sçu gré de la nouveauté de cette idée, j'aurois appris dans la suite que des mouches sembloient l'avoir euë avant moi, puisque de temps immémorial elles font couver leurs œufs, ou plûtôt leurs nymphes, par des hirondelles. J'ai déja dit que nos mouches araignées des chevaux se tiennent volontiers sur d'autres animaux : on en voit marcher entre les poils des chiens, & sur-tout des chiens qui, comme les barbets & les épagneuls, les ont fort longs. Si ces mouches ne sçavent pas faire couver par des oiseaux les coques qu'elles pondent, ne sçauroient-elles point les faire couver par des quadrupedes ! Quand l'œuf sort du corps de la mouche, il est assés gluant pour s'attacher solidement près de la racine des poils contre lesquels il aura été appliqué. J'en ai vû de très-fermement collés contre le verre du poudrier dans lequel ils avoient été pondus.

La dureté & la solidité de la coque de chaque œuf la rendent bien propre à défendre l'insecte qu'elle renferme ; mais cet avantage devroit tourner contre la mouche, lorsqu'avec des parties encore foibles qui n'ont pas pris toute la consistance que l'air doit leur donner, elle a à forcer les murs de sa prison. Nous avons admiré ailleurs comme tout a été préparé pour que d'autres mouches à deux aîles pussent se tirer d'une coque solide, faite de la peau que le ver a quittée lorsqu'il s'est transformé. Nous avons vû qu'un des bouts de ces sortes de coques se trouve fait d'une calotte, qui peut être séparée du reste par des efforts qui ne sont pas au-dessus de ceux dont la mouche est capable ; enfin que cette calotte peut être aisément divisée en deux piéces égales & semblables ; que la tête de la mouche est l'instrument au moyen duquel elle vient à bout de détacher la calotte, & de la diviser en deux ; que

que la tête de la mouche, qui dans le reſte de ſa vie ſera roide, eſt alors molle & capable de ſe gonfler & de ſe contracter alternativement; que c'eſt enfin en ſe gonflant qu'elle agit avec ſuccès contre la calotte, qui étant hors de place, laiſſe à la mouche une porte ouverte, & d'une grandeur ſuffiſante.

Le même art qui a été employé dans la conſtruction de ces derniéres coques, l'a été dans celle des coques des mouches araignées. Avec la pointe d'un canif l'on peut parvenir aiſément à faire ſauter du gros bout * de chacune, de celui où eſt la tête, une calotte qui étant preſſée, ſe diviſe en deux piéces égales & ſemblables *. Si on obſerve une coque entiére avec une loupe, on peut y appercevoir un foible trait * qui montre l'endroit où cette calotte ſe réunit avec le reſte de la coque. Quand le temps eſt venu où la mouche l'en doit ſéparer, elle a ſans doute le pouvoir de gonfler ſa tête, comme l'ont en pareil cas les autres mouches dont nous venons de parler.

* Pl. 48. fig. 20. *d d.*

* Fig. 19.

* Fig. 10. *d d.*

La loupe ne fait pas ſeulement découvrir ſur la coque le trait qui marque le terme de la calotte, elle fait voir de chaque côté une rangée * de ſix à ſept enfoncements qui ſemblent des ſtigmates. La coque n'eſt pourtant pas percée dans ces endroits; elle ne m'a paru avoir d'autre ouverture que celle que je ſoupçonne au bout du court & menu tuyau * qui ſe trouve entre les deux cornes; mais elle a pu avoir d'autres ſtigmates dans un autre temps, dans celui où l'inſecte étoit ver.

* Fig. 10. *d c.*

* Fig. 14. *s.*

Parmi ces mouches, comme parmi celles de la plûpart des eſpeces connuës, il y a des mâles & des fémelles. La fémelle qui vient de faire ſon œuf, ne ſurpaſſe pas ſenſiblement le mâle en grandeur, & n'offre pas d'ailleurs des différences marquées. Mais ſi on tient le mâle entre ſes doigts, il eſt aiſé à reconnoître pour ce qu'il eſt dès qu'on lui presse le corps: on fait sortir de son bout postérieur un tuyau charnu * qui est comme refendu pour se terminer par deux branches *; de la tige du tuyau part de chaque côté un corps plus gros & plus long * que les branches dont il vient d'être fait mention : ces deux corps sont chargés de poils, & plus gros vers leur extrémité qu'à leur origine. Toutes ces parties sont soûtenuës par une espece de vessie * qui change de forme, & qui se renfle de plus en plus à mesure que la pression augmente. Au-dessus de l'origine du tuyau charnu se trouve un espace triangulaire, dont deux côtés plus distincts que le troisiéme qui est l'inférieur, sont noirs & bordés de poils: au milieu de cet espace on croit voir un petit trou.

* Pl. 48. fig. 18.

* m, m.

* c, c.

* u.

Si j'eusse été incertain sur la façon dont ces mouches se nourrissent, si j'eusse douté que ce fil si délié * qui paroît quelquefois en-devant de la tête, & auquel j'ai donné le nom de trompe, en étoit réellement une, mon doute eût été levé par une expérience que je n'avois pas cherché à faire. Plusieurs mouches araignées s'échapperent malgré moi d'un poudrier où elles étoient renfermées, & où je n'avois voulu en prendre qu'une seule. Une de celles qui se mirent en liberté, n'alla pas loin; après un vol assés court elle vint se poser sur ma main. Je n'eus garde de la chasser, je fus curieux de sçavoir si elle n'aimeroit pas autant percer ma peau que celle d'un cheval ou d'un bœuf: elle ne tarda pas à m'apprendre que mon sang étoit à son goût; elle allongea le filet délié que j'ai appellé trompe, & presque sur le champ elle en fit pénétrer le bout dans ma peau. Sa piquûre ne me fut pas plus sensible que me l'eût été celle d'une puce. Les chevaux devroient soûtenir patiemment les piquûres de ces mouches, si elles ne leur sont pas plus douloureuses que celle-ci ne me le fut. La mouche suçça constamment mon sang pendant

* Fig. 1, 2 & 4.

près d'un quart d'heure, & dans tout ce quart d'heure je ne sentis qu'une forte demangeaison. La playe qui resta à découvert après que la mouche fut partie, ne fut marquée que par une petite tache rouge qui disparut en moins d'une demi-heure, & au-dessus de laquelle il ne se fit aucune élevûre. D'où il suit que ces mouches ne sont pas aussi redoutables que les cousins, qui ne manquent pas d'empoisonner les blessures qu'ils font. Celle qui bûvoit mon sang y étoit si occupée, qu'elle me laissa placer ma main dans un lieu éclairé par les rayons du soleil, & qu'elle me permit de l'y observer tout à mon aise avec une loupe de 6 à 7 lignes de foyer. D'abord elle enfonça sa trompe de plus en plus: quand elle l'eut fait pénétrer assés avant à son gré, & autant apparemment qu'il lui étoit possible, elle la retira un peu en-dehors pour la renfoncer ensuite d'autant qu'elle l'avoit retirée. C'est un jeu qu'elle répeta à bien des reprises, mais dans des intervalles inégaux. Je vis alors que la trompe partoit d'une espece de vessie membraneuse, de figure oblongue, plus grosse près de la tête que par-tout ailleurs. Tant que la mouche eut sa trompe enfoncée dans ma chair, les deux palettes* qui lui font un étui, furent tenuës écartées l'une de l'autre, de maniére qu'elles faisoient un angle assés considérable, ce qui permettoit à la partie de la trompe qui étoit entr'elles, de pénétrer dans la chair. La mouche ne partit que lorsqu'elle se fut bien rassasiée, que lorsque son ventre fut devenu bien renflé & bien tendu par le sang dont il avoit été rempli.

* Pl. 48. fig. 2. p, p.

Nous avons assés fait entendre en différents endroits de ce Mémoire, que la maniére de naître des mouches araignées des nids d'hirondelles, est la même que celle des mouches araignées des chevaux, puisque nous y avons rapporté que ce sont les coques d'où nous avions vû sortir des mouches de la premiére espece, qui nous ont conduits à ſoupçonner que de coques ponduës ſous nos yeux par des mouches de la ſeconde eſpece, il pourroit ſortir des mouches de cette même eſpece, à qui rien ne manqueroit. Mais je ne connois encore aucune autre ſorte de mouches, ni aucun autre inſecte qui, dans l'inſtant de ſa naiſſance, ait une grandeur égale à celle du pere ou de la mere. Nous devons pourtant ſoupçonner que cette diſtinction n'eſt pas propre ſeulement aux deux eſpeces à qui nous ſçavons qu'elle a été accordée. Mais ſi on nous demandoit pourquoi il a été établi que deux eſpeces d'inſectes, ou au plus un petit nombre d'eſpeces naîtroient d'une façon ſi ſinguliére, pourquoi elles ont été traitées avec une diſtinction qui nous doit paroître digne d'envie; car aſſûrément il ſeroit deſirable de naître avec la grandeur & la force de l'âge viril; ſi, dis-je, on nous demandoit pourquoi cette exception a été faite en leur faveur, nous ne rougirions point d'avouer que cette queſtion, comme toutes celles qui pour être réſoluës exigeroient que nous puſſions pénétrer dans les deſſeins de l'Intelligence & de la Sageſſe infinies, eſt au-deſſus des foibles lueurs de nos connoiſſances. Jouiſſons autant qu'il eſt en nous, du grand ſpectacle que la Nature nous offre: que tous les êtres qui concourent à ſa magnificence & à ſa variété, ſoient l'objet de nos contemplations, de nos méditations & de nos recherches: ne nous laſſons point d'admirer le nombre prodigieux d'eſpeces de plantes, & le nombre incomparablement plus grand d'eſpeces d'animaux qu'a en partage la partie de l'univers que nous habitons: comparons entr'elles les figures ſi variées que nous préſentent ces êtres organiſés: prenons les le plus près qu'il nous eſt poſſible de leur origine, & les étudions dans tout le cours de leur vie: ce n'eſt qu'en conſultant la Nature dans toutes ſes parties, que nous pouvons découvrir les loix que ſon

Auteur a établies. Les ſpéculations métaphyſiques des plus ſublimes génies abandonnés à eux, nous conduiroient mal. Des faits ſur leſquels on doit autrement compter, nous apprennent que l'Etre ſuprême ne s'eſt pas ſeulement plû à varier au-delà de ce qu'il eſt poſſible d'imaginer, les formes de différentes eſpeces d'animaux ; qu'il s'eſt plû encore à varier les loix en conſéquence deſquelles ils arrivent à l'état de perfection où il les veut.

EXPLICATION DES FIGURES DU QUATORZIEME MEMOIRE.

PLANCHE XLVIII.

LA Figure 1 eſt celle d'une mouche araignée des chevaux, de grandeur naturelle.

Les Figures 2, 3 & 4 repréſentent la mouche araignée de la figure 1, groſſie au microſcope; toutes les autres figures de cette planche, excepté les figures 8 & 9, ſont encore plus groſſies.

Dans la Figure 2 la mouche araignée eſt vûë en-deſſus. *t,* ſa trompe. *p, p,* deux palettes qui font un étui à la trompe lorſqu'elle n'eſt pas allongée.

Dans la Figure 3 la mouche araignée eſt encore vûë en-deſſus, & plus groſſie que dans la fig. 2 ; mais les aîles lui ont été ôtées, pour mettre à découvert ſon corcelet *cc,* & ſon corps *uu.* Les deux palettes *p, p* ſont appliquées l'une contre l'autre, & la trompe eſt entiérement rentrée en-dedans.

Dans la Figure 4 la mouche araignée eſt vûë en-deſſous. *p,p,* les palettes. *t,* la trompe.

La Figure 5 fait voir un ſeul des deux crochets qui ſe trouvent au bout de chaque jambe ou pied de la mouche araignée.

La Figure 6 montre la tête par-dessus. *i, i,* les yeux à rézeau. *p, p,* les deux palettes.

La Figure 7 est celle d'une des aîles de la mouche.

La Figure 8 & la figure 9 représentent un œuf de mouche araignée dans sa grandeur naturelle, dans celle qu'il a lorsqu'il sort du corps d'une mouche telle que celle de la figure 1. Dans la figure 8 il est vû par une de ses faces, & dans la figure 9 par la face directement opposée.

Les Figures 10 & 11 font voir l'œuf des figures 8 & 9 par ses deux différentes faces, mais très-grossi. *c, c,* deux especes de cornes entre lesquelles est une échancrûre. Le bout *c, c,* qui est le plus menu, peut être nommé le postérieur, il l'est par rapport à la position de la mouche qui doit sortir de la coque; elle sort par le gros bout. *dd,* fig. 11. trait qui se trouve sur l'œuf, & qui marque l'endroit où finit la calotte que la mouche détache & sépare du reste lorsqu'elle est prête à naitre. L'œuf de ces deux figures est noir par-tout, comme ils le deviennent tous en moins d'un jour. Entre *bc,* on voit d'un côté, de celui qui ici se trouve éclairé, une file de petits enfoncements assés semblables aux stigmates des insectes, & arrangés comme ils le sont.

Les Figures 12 & 13 sont celles d'un œuf nouvellement pondu, vû dans l'une par une de ses faces, & dans l'autre par la face opposée; alors les cornes & leurs environs sont d'un beau noir, & le reste est blanc.

La Figure 14 montre l'œuf de la fig. 13, ayant son bout postérieur plus en vûë, ce qui fait que les cornes sont plus effacées; mais ce qu'on a rendu un peu plus sensible qu'il ne l'est dans la Nature, c'est une espece de tuyau *s*, qui semble être analogue aux stigmates que les vers des mouches à deux aîles ont près du derriére. L'autre bout *b,* l'antérieur qui est arrondi dans la figure 13, est dans la figure 14 allongé en mammelon, & cela parce qu'il a été dessiné dans un moment où l'œuf s'étoit réellement allongé comme il l'est ici; il y a un temps qui a été déterminé dans le Mémoire, où le bout de l'œuf s'allonge & se contracte alternativement.

La Figure 15 représente le corps d'une mouche araignée, détaché du corcelet, vû par le bout, & dans le moment où un œuf commence à sortir. *l*, languette qui dans les temps ordinaires s'applique contre le ventre, & qui est relevée comme elle l'est ici, quand l'œuf sort. *o*, l'œuf dont on ne voit encore que le bout postérieur qui est noir.

La Figure 16 représente encore le corps d'une mouche araignée, détaché du corcelet, mais dans une position un peu plus oblique que celle de la fig. 15, & dans un moment où l'œuf est plus prêt à sortir. *l*, grande languette. *i*, languette plus petite, en fleur de lis, & qui n'est pas si sensible dans la fig. précédente. *o*, la partie de l'œuf qui est blanche. *s*, son bout postérieur qui est noir; *s*, y marque aussi le bout du tuyau rendu sensible dans la fig. 14. L'œuf se distingue aisément des bords de l'ouverture qui le laissent sortir; on a peine à concevoir, même lorsqu'on le voit, que ces bords puissent se prêter à une si grande dilatation.

La Figure 17 fait voir un œuf *o*, qui a été tiré du corps de la mere, encore renfermé dans l'*Oviductus*. *m m*, *n n*, restes des membranes qui recouvroient l'œuf, & qui ont été déchirées pour le mettre à découvert. *t*, partie de l'*Oviductus* par laquelle l'œuf a dû passer. *b*, *c*, deux branches, deux conduits qui aboutissent à la tige *t*. *d* marque un œuf encore petit renfermé dans le conduit *b*, & *e* un œuf encore plus petit logé dans le conduit *c*.

La Figure 18 est celle du bout postérieur du corps de la mouche araignée mâle, dessiné dans un moment, où par la pression des doigts on a forcé de paroître des parties qui ſont cachées dans les temps ordinaires. *u* eſt une veſſie blanche & plus ou moins groſſe, ſelon que la preſſion a plus ou moins agi. *c, c,* deux piéces écailleuſes, & chargées de poils, avec leſquelles le mâle peut ſaiſir la fémelle. *m, m,* deux autres piéces qui reſtent appliquées l'une contre l'autre tant que la preſſion n'eſt pas forte; elles ſont peut-être celles qui caractériſent le mâle, ou la partie qui opere la fécondation peut ſortir d'entr'elles. Les quatre piéces *c, c, m, m,* partent de la même tige.

La Fig. 19 eſt celle de la moitié d'une calotte détachée par une mouche de la coque dont elle eſt ſortie; cette moitié de calotte eſt vûë par ſon côté concave.

La Figure 20 montre la partie de la coque d'où une calotte a été enlevée. *c, c* ſont les cornes qu'on voit au bout poſtérieur des œufs des figures 10 & 11.

La Fig. 21 & la fig. 22 repréſentent une nymphe de mouche araignée tirée hors de la coque. La figure 21 la fait voir du côté du ventre, & la fig. 22 du côté du dos.

La Fig. 23 eſt celle du petit bout ou poſtérieur d'une coque d'où une mouche araignée eſt ſortie, vûë par la face intérieure. *f, f, f, g, g, g,* ſix filets ou tuyaux membraneux très-déliés, qui partent de deux centres différents. Chaque filet eſt la tige de fils beaucoup plus déliés, & très-courts, dont chacun eſt à peu-près perpendiculaire à la tige dont il part.

Fin du Tome ſixiéme.

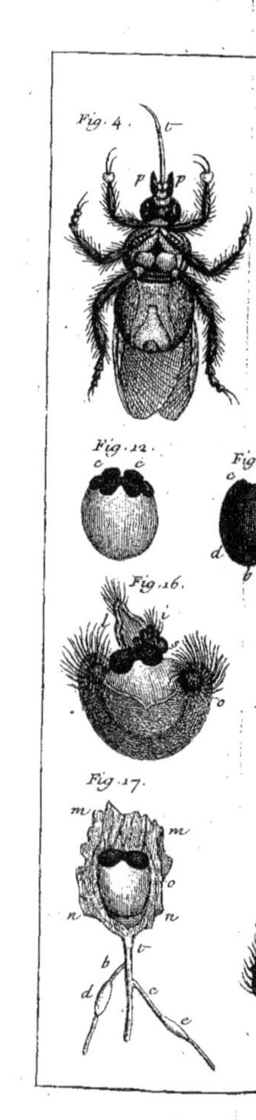

Fig. 4.
Fig. 12.
Fig.
Fig. 16.
Fig. 17.

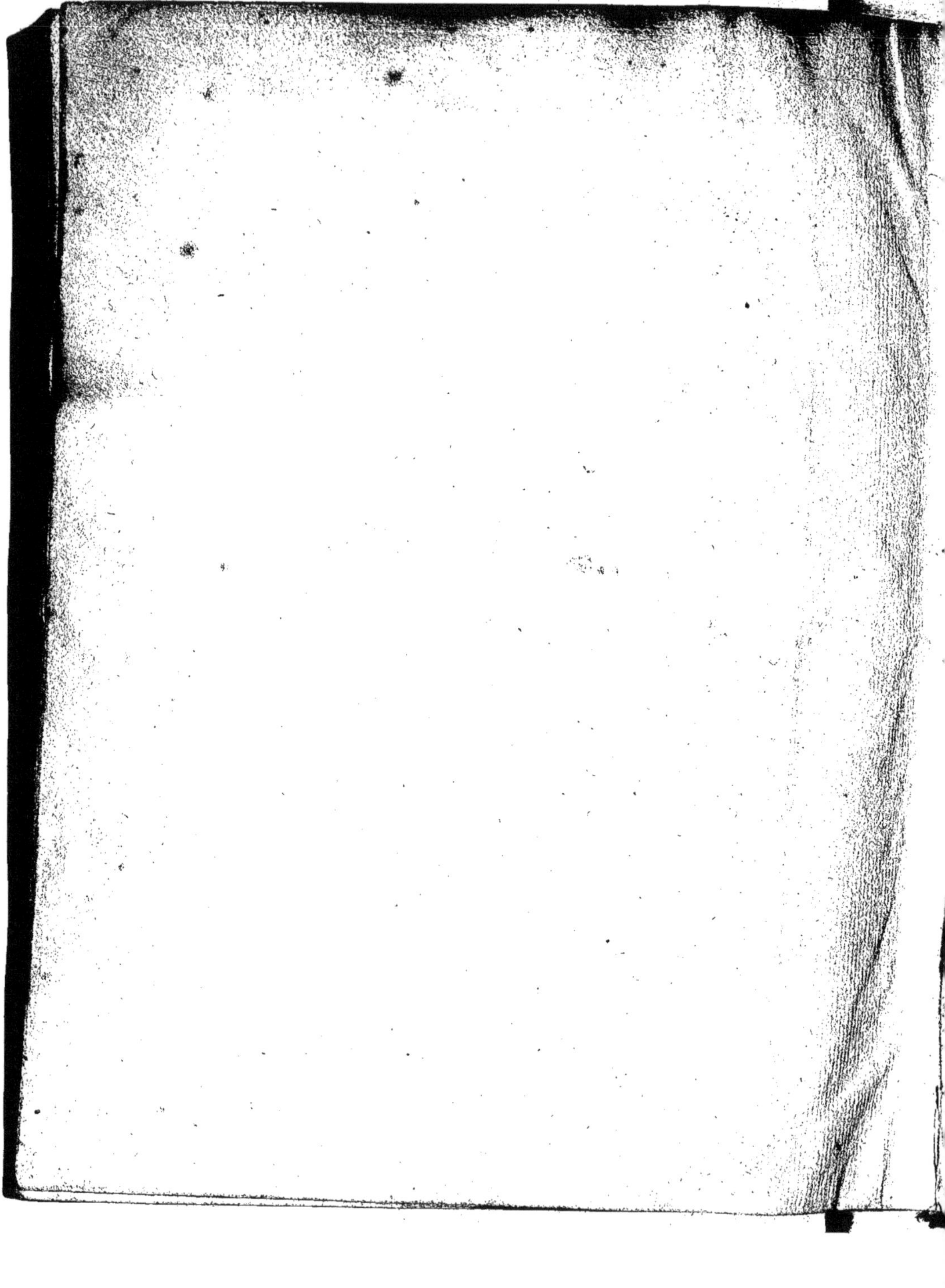

www.ingramcontent.com/pod-product-compliance
Ingram Content Group UK Ltd.
Pitfield, Milton Keynes, MK11 3LW, UK
UKHW020612230726
13926UKWH00005B/2346